有害物質分析ハンドブック

鈴木 茂

石井善昭　上堀美知子　長谷川敦子　吉田寧子
【編集】

朝倉書店

はじめに
―背景と目的―

　私たちの周りには，有害な物質，有害性が疑われる物質，有害性がわからない物質など，有害性について気になる物質がたくさんある．たくさんあるため，分析方法が用意されている物質は少なく，ない物質は必要に迫られた分析者が考えてつくることになる．分析方法をつくるには，さまざまな知識，経験が必要である．有害物質の物理化学的性質を調査し，要求感度を満たす検出方法を選び，試料調製（抽出，精製，濃縮）の方法を考えて分析方法のシナリオをつくる．繰り返し実験を行ってシナリオを修正し，さまざまな試料を用いて検証し，分析方法ができる．しかし，それを知りたいと思っても，知識，経験のある人が身近にいない，教えてもらう機会がないというのが一般的である．

　本書の出版は，その「身近にいない経験者」，「教えてもらう機会」を補うことを目指して企画された．その趣旨から，有害物質の現在の分析方法とその解説だけでなく，方法の背景にある原理，新しい分析方法をつくるための先人の豊富な知識，経験的知見を集約し，他に例のないハンドブックとして刊行することとした．執筆は，微量有機汚染物質分析で優れた方法を開発してきた多くの技術者，研究者にお願いした．執筆者のほとんどは，国および地方公共団体の環境保健研究機関，民間の分析機関や分析部門などで，環境，食品，製品，廃棄物分析等に長年携わっており，本書に分析方法とその原理，関連する基礎知識，最新技術，経験的知見を執筆いただいた．

　ハンドブックの構成は，本書の活用方法，有害物質分析方法（定量編），有害物質分析方法（定性編），有害物質分析の知恵袋となっている．「活用方法」では，読者が分析方法を考える際に，対象物質の部分構造，オクタノール/水分配係数（P_{ow}）および分析対象媒体を鍵としたシナリオの描き方について記した．「分析方法（定量編）」では，本書にない物質の分析方法開発の参考ともなるよう，分析方法とその解説をP_{ow}が高い順に掲載した．「分析方法（定性編）」では，有害物質のスクリーニング方法と未知の汚染物質を調べる最新の方法を紹介した．「分析の知恵袋」では，分析方法をつくる際に役立つ装置，試料処理のノウハウ，関連情報の調査と物性などの推定方法を記した．また，さまざまな知識，経験の断片を提供するため随所にコラムを挿入した．

　有害物質分析を担っている科学者，技術者，それを目指して学んでいる大学院生，学部生の皆様が，今ある分析方法と原理，関連する最新の技術を理解し，あらたな分析方法開発に取り組める基礎的な資料となれば，幸甚である．

　最後に，出版にご尽力いただいた本書の執筆者，編集委員および朝倉書店の諸氏に心より感謝の意を表する．

2014年1月

執筆者・編集委員代表　鈴木　茂

編集者・執筆者

■編集者

鈴木　　茂	中部大学大学院応用生物学研究科
石井　善昭	（株）環境管理センター 分析センター
上堀美知子	中部大学応用生物学部
長谷川敦子	神奈川県環境科学センター
吉田　寧子	（株）住化分析センター 技術開発センター

■執筆者

今中　努志	ジーエルサイエンス（株）
今村　　清	大阪府立大学 産官学連携機構
上堀美知子	中部大学応用生物学部
浦山　豊弘	岡山県環境保健センター環境科学部
大井　悦雅	（株）島津テクノリサーチ
大沼　章子	中部大学生命健康科学研究所
大場　和生	前 名古屋市環境局環境科学調査センター
落合　伸夫	ゲステル（株）
小野寺　潤	日本電子（株）MS事業ユニット
劒持　堅志	（公財）岡山県健康づくり財団 精度管理室
斎藤　　勲	東海コープ事業連合 商品検査センター
佐々木和明	岩手県環境保健研究センター 地球科学部
四ノ宮美保	環境省 環境調査研修所
鈴木　　茂	中部大学大学院応用生物学研究科
滝埜　昌彦	アジレント・テクノロジー（株）ライフサイエンス化学分析本部
長谷川敦子	神奈川県環境科学センター
原田　祥行	東海技術センター
麓　　岳文	和歌山県環境生活部環境政策局
星　　純也	東京都環境公社 東京都環境科学研究所
吉田　寧子	（株）住化分析センター 技術開発センター

（五十音順）

目　　次

第1章　ハンドブック活用方法
分析方法と選び方

1.1　分析したい物質の分析法がある場合 ……………………………………………………… 2
1.2　分析したい物質の分析法がない場合 ……………………………………………………… 2
　　1.2.1　オクタノール/水分配係数（$\log P_{ow}$）と極性から分析法のシナリオを描く ……… 4
　　1.2.2　対象物質の部分構造から，その物質と相互作用の大きい溶媒，固相を判断する ………… 7

第2章　有害物質の分析方法
定量編

2.1　ポリ臭素化ジフェニルエーテルのGC/MS分析法 ………………………〔小野寺　潤〕… 10
　　2.1.1　溶媒抽出-GC/MSによる樹脂中のポリ臭素化ジフェニルエーテル（PBDEs）の分析法 …… 10
　　2.1.2　熱脱着-GC/MSによる樹脂中のポリ臭素化ジフェニルエーテル（PBDEs）の分析法 …… 17
2.2　テトラブロモビスフェノールA，デカブロモシクロドデカン，トリブロモフェノール
　　（臭素化難燃剤）のLC/MS分析法 ……………………………………〔長谷川敦子〕… 23
2.3　塩素化パラフィンのLC/MS分析法 ………………………………〔浦山豊弘/劍持堅志〕… 29
2.4　多環芳香族炭化水素の加熱脱離・GC/MS分析法 ………………………〔上堀美知子〕… 47
　　2.4.1　多環芳香族炭化水素（PAHs）の分析 ………………………………………………… 48
　　2.4.2　多環芳香族炭化水素（PAHs）の液-液抽出・GC/MS分析法 ………………………… 52
2.5　ダイオキシン類のGC/HRMS分析法 ………………………………………〔大場和生〕… 55
2.6　N,N'-ジアリール-p-フェニレンジアミン等の分析法 ………………〔長谷川敦子〕… 67
2.7　カルボニル化合物のDNPH誘導体化分析法 …………………〔上堀美知子/今村　清〕… 73
2.8　揮発性有機化合物のGC/MS分析法 ………………………………………〔星　純也〕… 78
2.9　フッ素系界面活性剤の分析法 ………………〔佐々木和明/上堀美知子/大井悦雅〕… 85
　　2.9.1　ペルフルオロオクタンスルホン酸，ペルフルオロオクタン酸の分析法 …〔佐々木和明〕… 86
　　2.9.2　ペルフルオロオクタンスルホン酸，ペルフルオロオクタン酸のLC/MS/MS分析法
　　　　　（環境大気，底質） ……………………………………………………〔上堀美知子〕… 92
　　2.9.3　ペルフルオロオクタンスルホン酸，ペルフルオロオクタン酸のLC/MS/MS分析法
　　　　　（製品・材料） …………………………………………………………〔大井悦雅〕… 96
2.10　界面活性剤の分析法 …………………………………………………………〔吉田寧子〕… 102
　　2.10.1　アルキルフェノールエトキシレートのLC/MS分析法 …………………〔吉田寧子〕… 102
　　2.10.2　アルコールエトキシレートのLC/MS分析法 ……………………………〔吉田寧子〕… 109

2.10.3 塩化ベンザルコニウムのLC/MS分析法 〔吉田寧子〕… 114
2.11 イルガロールのLC/MS分析法 〔上堀美知子〕… **123**
2.12 農薬の分析法 〔吉田寧子〕… **128**
2.12.1 農薬のGC/MS分析 〔今中努志〕… 128
2.12.2 農薬のLC/MS分析 〔四ノ宮美保〕… 137
2.12.3 農薬のLC/MC分析 〔斎藤 勲〕… 145
2.13 4,6-ジニトロ-o-クレゾールおよび2,6-ジニトロ-p-クレゾールのLC/MS分析法
〔上堀美知子〕… **152**
2.14 パラヒドロキシ安息香酸エステル（パラベン）のLC/MS分析法 **157**
2.14.1 パラヒドロキシ安息香酸メチルエステル（メチルパラベン）の分析法 〔麓 岳文〕… 157
2.14.2 パラヒドロキシ安息香酸エステル類の一斉分析法 〔鈴木 茂／原田祥行〕… 161
2.15 水溶性物質の分析方法 **163**
2.15.1 メラミンのLC/MS分析法 〔吉田寧子〕… 163
2.15.2 アミトロールのLC/MS分析法 〔上堀美知子〕… 168
2.16 スクラロース，サッカリン，アセスルファムK（人工甘味料）のLC/MS分析法 〔長谷川敦子〕… **173**
2.17 放射能測定法 〔大沼章子〕… **177**
2.17.1 はじめに 177
2.17.2 γ線スペクトロメトリーにおける核種分析装置 182
2.17.3 試料採取と測定試料調製 185
2.17.4 測定 186
2.17.5 測定結果と評価 〔大沼章子〕… 187

第3章 有害物質の分析法
定性編：ターゲット分析とノンターゲット分析

3.1 スクリーニング分析法 **192**
3.1.1 LC/MSによるPRTR対象化学物質スクリーニング（target analysis）の前処理方法
〔上堀美知子〕… 192
3.1.2 スクリーニング用LC/MSデータベース（PRTR対象化学物質に関する検討）
〔上堀美知子〕… 195
3.1.3 LC/TOFMSによる有害物質のスクリーニング（target analysis） 〔滝埜昌彦〕… 206
3.2 未知物質を調べる分析法（target analysis） **213**
3.2.1 GC/MSによる有害物質の定性分析 〔滝埜昌彦〕… 213
3.2.2 LC/Q-TOFMS/MSによる定性分析（non-target analysis） 〔鈴木 茂〕… 219

第4章　有害物質分析の知恵袋
knowledge database

- 4.1 装置を用いた迅速分析 ……………………………………………………………………… **228**
  - 4.1.1 加熱脱着-GC-MS ……………………………………………………〔落合伸夫〕… 228
  - 4.1.2 スターバー抽出 ………………………………………………………〔落合伸夫〕… 231
- 4.2 有害物質分析のノウハウ …………………………………………………………………… **236**
  - 4.2.1 有害物質分析法の作り方：分析シナリオを作る ……………………〔鈴木　茂〕… 236
  - 4.2.2 知ると便利なLC/MSの技 ……………………………………………〔吉田寧子〕… 239
  - 4.2.3 知ると便利な抽出の技 ………………………………………………〔鈴木　茂〕… 246
  - 4.2.4 試料のクリーンアップ方法：疎水性有害物質を中心とする試料精製方法 …〔劔持堅志〕… 252
  - 4.2.5 試料の捕集方法 ………………………………………………………〔鈴木　茂〕… 267
  - 4.2.6 検出下限（IDL, MDL）の求め方 ……………………………………〔長谷川敦子〕… 270
- 4.3 有害物質分析法の情報源 …………………………………………………………………… **272**
  - 4.3.1 有害物質物性の調べ方 ………………………………………………〔鈴木　茂〕… 272
  - 4.3.2 既存分析方法の探し方 ………………………………………………〔鈴木　茂〕… 274

- 索　引 …………………………………………………………………………………………… **275**
- 資料編 …………………………………………………………………………………………… **285**

第2章　逆引き：有害物質の分析法

環境大気・大気粉じん

- 2.2 テトラブロモビスフェノールA，デカブロモシクロドデカン，トリブロモフェノール（臭素化難燃剤）のLC/MC分析法 ……………………………………………………… 23
- 2.4 多環芳香族炭化水素の加熱脱離・GC/MS分析法 ………………………………………… 47
- 2.5 ダイオキシン類のGC/HRMS分析法 ……………………………………………………… 55
- 2.6 N, N'-ジアリール-p-フェニレンジアミン等の分析法 …………………………………… 67
- 2.7 カルボニル化合物のDNPH誘導体化分析法 ……………………………………………… 73
- 2.8 揮発性有機化合物のGC/MS分析法 ………………………………………………………… 78
- 2.9.1 ペルフルオロオクタンスルホン酸，ペルフルオロオクタン酸の分析法 ……………… 86
- 2.12.1 農薬のGC/MS分析 ………………………………………………………………………… 128
- 2.17 放射能測定法 ………………………………………………………………………………… 177

環境水

- 2.2 テトラブロモビスフェノールA，デカブロモシクロドデカン，トリブロモフェノール（臭素化難燃剤）のLC/MC分析法 ……………………………………………………… 23
- 2.3 塩素化パラフィンのLC/MC分析法 ………………………………………………………… 29
- 2.6 N, N'-ジアリール-p-フェニレンジアミン等の分析法 …………………………………… 67

2.9.1　ペルフルオロオクタンスルホン酸，ペルフルオロオクタン酸の分析法 …………………… 86
2.10.1　アルキルフェノールエトキシレートの LC/MS 分析法 ………………………… 102
2.10.2　アルコールエトキシレートの LC/MS 分析法 ……………………………… 109
2.10.3　塩化ベンザルコニウムの LC/MS 分析法 …………………………………… 114
2.11　イルガロールの LC/MS 分析法 …………………………………………… 123
2.12.1　農薬の GC/MS 分析 ………………………………………………………… 128
2.12.2　農薬の LC/MS 分析 ………………………………………………………… 137
2.13　4,6-ジニトロ-o-クレゾールおよび 2,6-ジニトロ-p-クレゾールの LC/MS 分析法 …… 152
2.14　パラヒドロキシ安息香酸エステル（パラベン）の LC/MS 分析法 …………… 157
2.15　水溶性物質の分析法 ………………………………………………………… 163
2.16　スクラロース，サッカリン，アセスルファム K（人工甘味料）の LC/MS 分析法 …… 173
2.17　放射能測定法 ………………………………………………………………… 177

浸出水

2.2　テトラブロモビスフェノール A，デカブロモシクロドデカン，トリブロモフェノール
（臭素化難燃剤）の LC/MC 分析法 ……………………………………………… 23
2.6　N,N'-ジアリール-p-フェニレンジアミン等の分析法 ………………………… 67
2.13　4,6-ジニトロ-o-クレゾールおよび 2,6-ジニトロ-p-クレゾールの LC/MS 分析法 …… 152
2.15　水溶性物質の分析法 ………………………………………………………… 163

下水

2.10.1　アルキルフェノールエトキシレートの LC/MS 分析法 ………………………… 102

底質

2.3　塩素化パラフィンの LC/MC 分析法 ……………………………………………… 29
2.9.2　ペルフルオロオクタンスルホン酸，ペルフルオロオクタン酸の LC/MS/MS 分析法 …… 92
2.10.1　アルキルフェノールエトキシレートの LC/MS 分析法 ………………………… 102
2.10.2　アルコールエトキシレートの LC/MS 分析法 ……………………………… 109
2.10.3　塩化ベンザルコニウムの LC/MS 分析法 …………………………………… 114
2.15　水溶性物質の分析法 ………………………………………………………… 163

生物

2.3　塩素化パラフィンの LC/MC 分析法 ……………………………………………… 29

血清

2.9.1　ペルフルオロオクタンスルホン酸，ペルフルオロオクタン酸の分析法 …………… 86

食品

2.12.1　農薬の GC/MS 分析 ………………………………………………………… 128
2.12.3　農薬の LC/MS 分析 ………………………………………………………… 145

製品・材料

2.1　ポリ臭素ジフェニルエーテルの GC/MS 分析法 ……………………………… 10
2.9.3　ペルフルオロオクタンスルホン酸，ペルフルオロオクタン酸の LC/MS/MS 分析法 …… 96

コラム

ビフェニル，ビフェニルエーテルのハロゲン置換位置
　　とIUPAC番号　22
測定の落とし穴：マイクロシリンジ　28
測定の落とし穴：測定用バイアル　46
測定の落とし穴：サロゲート　54
ダイオキシン測定　66
測定の落とし穴：室温　72
測定の落とし穴：容器　84
測定の落とし穴：ビンを開ける　84
天然内標準物質　91
測定の落とし穴：共存物質　108
測定の落とし穴：試料保存期間と汚染　108
カートリッジに残留している水分の除去　124
検出下限　126
船底塗料　126
測定の落とし穴：DBP　136
測定の落とし穴：空試験　151
塩濃度の高い試料水は固相抽出に適さない　153
分析法開発と実試料への応用（その1）　156
分析法開発と実試料への応用（その2）　162

イオン性物質はイオン交換固相が使える　169
光電効果　177
自己吸収　178
光電子増倍管　182
エネルギー分解能　182
25 cm 相対効率　184
線減弱係数　184
日常食　186
検出下限値　187
預託実効線量　189
精密質量スペクトルの測定　220
MS/MS スペクトルの測定　220
炭素数推定方法　221
不飽和度（DBE）の計算方法　222
元素組成候補のスプレッドシートへの記述　224
調整試料の溶媒組成は移動相の溶媒組成に近づける必
　　要があるか？　242
SRM で気をつけること　251
分析法開発と検出下限　271

第1章　ハンドブック活用方法
分析方法と選び方

　有害物質は多種多様で，分析したい物質の分析方法がない場合が多く，また，分析対象物質が同じでも分析対象媒体が異なれば分析法は異なる．このことは，有害物質の分析が捗らないおもな原因の一つである．この解決は難しいが，分析法がない物質でもこうしたら分析できるのではないかという分析法作りのシナリオは描けることが少なくない．ここでは分析したい物質について，① 分析法が記載されている場合の本書の活用方法，② 分析法が記載されていない場合に本書を分析に活用する方法を解説する．

1.1 分析したい物質の分析法がある場合

媒体は異なっても，本書に分析対象物質の分析法があれば，本書活用して分析法をつくる可能性は十分にある．その考え方を表 1.1.1 にまとめた．

1) 同じ媒体の分析法がある場合

同じ媒体の分析法があれば，本書に掲載されている分析法の確かさはさまざまな試料で検証されているので，この方法をそのまま使える．しかし，どのような分析法であれ，添加回収実験などによって採用する分析法が自身の試料に適切であるか否かの検証は必要である．よく検討された分析法でも対象試料によっては不十分な場合もある．また検証は分析者の力量を高めるのに大いに有効な方法の一つである．

2) 同じ物質の分析法で媒体が異なる場合

本書の分析法はそのままは使えないが，試料採取や一部の試料処理方法を検討すれば，本書にある分析法の過程のどこかに「合流」させることが可能な場合が多い．以下のことを精査して分析法開発のシナリオを描く．また，「1.2 分析したい物質の分析法がない場合」には，オクタノール/水分配係数 $\log P_{ow}$（$\log K_{ow}$），極性，分子の部分構造などとシナリオを描く考え方を記した．参考にされたい．

1. 書かれている分析法に示されている対象物質の取扱いに関する情報を読み取る．以下の情報の多くは媒体が異なっても，有効な方法である．
    1. 対象物質の溶解，抽出，保存などに適する溶媒，固相，安定化剤，誘導体化試薬，保存条件
    2. 試料の採取，濃縮，精製の方法，保存方法，分析に影響する試料成分と試料の取扱い方法
    3. GC/MS，LC/MS など機器分析の条件，m/z など検出される物質の形態，検出感度
    4. 有害性，光，熱，酸化剤などによる分解性，吸着性，水溶解度，$\log P_{ow}$ などの物性
2. 1の情報を参考に，目的の媒体における物質の存在形態を予想し，試料の採取，濃縮，精製の方法，保存方法，分析方法開発のシナリオを描く．
3. シナリオに描いた分析方法の各過程を添加回収などの実験によって検証，修正し分析法を開発する．
4. 開発した分析法は，対象とする媒体での分析法の検出限界（検出下限），定量下限，分析精度，回収率，保存性などを検証して，分析法の適用範囲を判断して活用する．

1.2 分析したい物質の分析法がない場合

一般に，分析方法がない物質は，物質とそれが含まれる媒体の性質を考察して分析方法を開発する．その際もっとも重要な性質は，対象物質の ① オクタノール/水分配係数と極性，および ② 対象物質の部分構造である．それらが類似する分析法について，採用されている抽出，精製，濃縮などの試料処理方法，分析装置とその測定条件を参考にするとよい．分析法のシナリオを描き方について，以下の 1.2.1 項では，① オクタノール/水分配係数と pka などの極性指標から，1.2.2 項では ② 対象物質の部分構造から，その考え方を紹介する．

本書の分析方法とその考え方を十分参考にしていただくため，表 1.2.1 に，本書に掲載した有害物質分析法の節番号（例：2.7 節，2.12.3 項など）とそれらの物質のオクタノール/水分配係数，pka および部分構造を整理した．

また，対象物質やそれに類する物質について，データベース等を活用し，より広い視点から分析法のシナリオを考えることも大切である．そのような場合，あるいは表 1.2.1 に該当または類似する部分構造がない場合には，本書の第 4 章を活用していただきたい．第 4 章には，オクタノール/水分配係数などの物性データベースに関する情報源情報，物性データがない場合の物性シミュレーションソフトウェアに関する紹介，

表 1.1.1 分析したい物質の分析法がある場合の本書活用の考え方

		本書の分析法にある分析対象物質の試料媒体		
		大気	水	固体（土壌・底質・生物・製品・食品）
分析をしたい試料の媒体	大気	本書の方法が使える．添加回収率は自らの試料で確認する[注]．回収率が不良ならば方法の改良を検討する．	本文 1.1 の 2) を参考に，以下の点など大気捕集の際の物質の状態を想像して分析法シナリオを描く． ① 大気では試料捕集の手段（固相，溶媒，真空容器等）を分析法に加える． ② マトリクスが少ないため，試料精製方法を簡略化できる場合がある． ③ 空気を捕集する際，酸化，気温，湿度の影響の有無を検討する．	左の欄の記述はすべて該当する．固体からの抽出方法があれば大気粉じんなどの試料に適用しやすい．
	水	本文 1.1 の 2) を参考に，以下の点など水試料中の物質の状態を想像して分析法シナリオを描く． ① 水からの抽出方法の開発が必要．疎水性物質は，大気の捕集剤を利用できる場合もある．親水性物質は，pH 操作，塩析，イオンペア生成，誘導体化などにより疎水性にして抽出するか，イオン交換などにより捕集する． ② 揮発性物質は気化させて大気捕集と同様に行う可能性もある． ③ 大気試料の精製方法は利用できるが，大気に比べマトリクスが多いので，本書 4.2.4 の方法を検討し，追加の精製方法を開発する． ④ クロマトグラフィー，MS 条件などは利用可能性が高い．	本書の方法が使える．添加回収率は自らの試料で確認する[注]．回収率が不良ならば方法の改良を検討する．	本文 1.1 の 2) を参考に，以下の点など水試料中の物質の状態を想像して分析法シナリオを描く． ① 水からの抽出方法の開発が必要． ② 疎水性物質では，固体試料と同じ溶媒による抽出，精製方法を利用できる場合が多い． ③ 親水性物質は，固体から水に抽出した場合，固体試料とほぼ同じ精製方法が利用できる． ④ 固体試料の精製方法で不十分な場合は，本書 4.2.4 の方法を検討し，追加の精製方法を開発する． ⑤ クロマトグラフィー，MS 条件などは利用可能性が高い．
	固体（土壌・底質・生物・製品・食品）	本文 1.1 の 2) を参考に，以下の点など固体料中の物質の状態を想像して分析法シナリオを描く． ① 試料は磨り潰すなど表面積を大きくして，気相や液相に抽出する． ② 揮発性で安定な物質は不活性ガス中で加熱し気体として捕集し，大気分析法に「合流」する． ③ 中〜難揮発性物質は，水，親水性溶媒，疎水性溶媒など親和力の高い溶媒に抽出する． ④ 抽出効率を高めるため，固体への浸潤性の高い溶媒の添加，pH 調整，加熱などを検討する． ④ 酸化，熱分解，金属置換などが考えられる場合，還元剤，冷却剤，キレート剤の添加などを検討する． ⑤ 大量の油脂などのマトリクスの分離が必要な場合は，本書 4.2.4 の方法を検討する． ⑤ クロマトグラフィー，MS 条件などは利用可能性が高い．	本文 1.1 の 2) を参考に，以下の点など固体料中の物質の状態を想像して分析法シナリオを描く． ① 試料は磨り潰すなど表面積を大きくして，気相や液相に抽出する． ② 固体試料から水または有機溶媒に抽出する方法を開発し，本書分析法の水試料調製過程の何処かに「合流」させる． ③ 分析に影響が大きい試料マトリクスがある場合，本書 4.2.4 の方法を検討し試料精製方法を開発する．	固体の種類がまったく同じなら本書の方法が使える．添加回収率は自らの試料で確認する[注]．回収率が不良ならば方法の改良を検討． 異なる種類の固体なら，本書の分析法に以下のことを追加検討する． ① 固体への浸潤性の高い溶媒による抽出率． ② 固体固有の試料マトリクスがある場合，本書 4.2.4 の方法を検討し試料精製方法を開発する．

注）添加回収実験の方法には，本書の方法に従って ① 試料中の分析対象物質を取り除いた試料に標準を添加する方法，② 試料に ^{13}C または ^{2}H などで標識された標準物質を添加する方法，③ あらかじめ試料に含まれる分析対象物質の濃度を開発した分析方法で数回定量し，その標準偏差の 30 倍程度の標準を添加し無添加との差を評価するなどがある．

対象とする媒体ごとの分析法開発と検出下限などについて紹介した．これらの活用は分析法開発にも，また開発を試みる個人の「分析力」の向上にも大いに有効である．

1.2.1 オクタノール/水分配係数（$\log P_{ow}$）と極性から分析法のシナリオを描く

一般に有害物質の $\log P_{ow}$ に関する情報に比べ，pK_a など極性に関する情報は得難い．また，pK_a などの極性の指標は，極性物質同士の性質の違いを考えるには有用であるが，無・低極性物質の性質の違いはわからない．これらの理由から，本書では $\log P_{ow}$ を基本にする分析法シナリオの描き方を紹介することとし，有

表 1.2.1 本書掲載の有害物質の分析方法の節番号とその物質の部分構造およびオクタノール/水分配係数

対象物質の部分構造	対象物質のオクタノール/水分配係数			
	$\log P_{ow} < 1$	$1 < \log P_{ow} < 2$	$2 < \log P_{ow} < 7$	$7 < \log P_{ow}$
アルキル	2.7, 2.12.3	2.7, 2.8, 2.13, 2.14	2.6, 2.8, 2.10.1, 2.10.2, 2.10.3, 2.11, 2.12.2, 2.14, 2.15.1	2.15.1
シクロヘキサン	2.7	—	2.12.2	—
ベンゼン	2.12.2, 2.16	2.7, 2.13, 2.14	2.1, 2.4, 2.5, 2.6, 2.8, 2.10.1, 2.10.3, 2.12.2, 2.14	2.1, 2.4, 2.6
アルキル-F, Cl, Br, I	2.16	2.8, 2.12.2	2.8, 2.15.1	2.15.1
ベンゼン-F, Cl, Br, I	2.12.2	2.12.2, 2.12	2.1, 2.5, 2.8, 2.12.2	2.1
アミン類（第3級, 第2級, 第1級）	2.12.2, 2.12.3, 2.15.2, 2.16	2.12.2, 2.12.3	2.6, 2.10.3, 2.11, 2.12.2	2.6
チアゾリジン, イミダゾリジン	—	2.12.3	2.12.2	—
トリアゾール, ピラゾール, チアゾール	2.15.2, 2.16	2.12.2	2.12.2	—
トリアジン, ピラジン, ピリジン	2.12.2	2.12.2, 2.12.3	2.11, 2.12.2	—
—CN	—	2.12.3	2.12.2	—

構造				
(チオアミド/アミド構造)	—	2.12.2	2.12.2	—
—NO₂	—	2.13	—	—
—OH	2.16	2.7, 2.13, 2.14	2.10.1, 2.10.2, 2.14	—
アルデヒド (CHO)	2.7	2.7	—	—
>C=O	2.7, 2.16	2.7	2.12.2	—
糖 (グルコース/フルクトース)	2.16	—	—	—
カルボン酸 (COOH)	2.12.2	—	2.9	—
エーテル/チオエーテル	2.12.2, 2.12.3	2.12.2	2.1, 2.11, 2.12.2	2.1
スルホン酸/スルホンアミド/エステル類	2.12.3	2.12.2, 2.14	2.5, 2.9, 2.10.1, 2.10.2, 2.12.2, 2.14	—
—S—S—	—	2.12.2	—	—
リン酸エステル類	2.12.3	—	2.12.2	—

害物質の分析法は $\log P_{ow}$ の大きい順に紹介した．また，「第4章 有害物質分析の知恵袋」には，分析法の作り方（4.2.1），抽出方法（4.2.3），クリーンアップ方法（4.2.4）などを詳しく紹介している．参考になれば幸いである．

1） $\log P_{ow} < 1$ の物質

親水性が高く，溶媒抽出，イオン交換以外の固相抽出による水からの抽出が困難で，分析法を作るのが難しい物質群である．この物質群では，極性の違いが分析に大きく影響するが，これらの物質群は比較的 pka 情報があり，それらを考慮した分析法を作りやすい．この物質群の分析法開発シナリオの選択肢を図1.2.1 に示す．

a．イオン性の物質（$pK_a < 1$ または $pK_a > 10$）の物質は ①〜③ の方法で分析できる可能性がある．

① 弱イオン交換＋疎水性の mix 固相（$pK_a < 1$ は WAX，$pK_a > 10$ は WCX）に直接抽出し，クリーンアップとして，WAX はギ酸，WCX はアンモニアで弱イオン性物質を除去，中性物質をメタノールで除去する．捕集された物質はイオン対形成（$pK_a < 1$ の物質は WAX からはメタノール＋アンモニア，$pK_a > 10$ の物質は WCX からはメタノール＋ギ酸）により溶出させ，分析する．

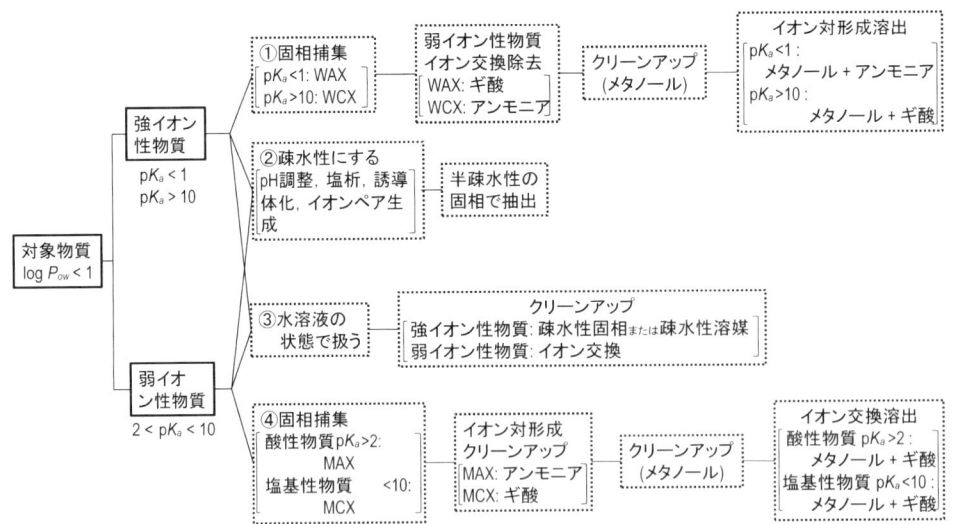

図1.2.1 極性有害物質（$\log P_{ow} < 1$）の分析法開発のシナリオ

② pH調整，塩析，誘導体化，イオンペア生成などにより疎水性とし，固相（いくぶん極性のある半疎水性固相）で抽出し，クリーンアップし，分析する．

③ 水溶液のまま扱い，疎水性物質を溶媒抽出，固相抽出によって取り除き，簡単な脱塩，水希釈などのクリーンアップを行い，水溶液のままLC/MSなどで分析する．

b. 弱イオン性の物質（$2 < pK_a < 10$）の物質は，以下④および上記②，③の方法で分析できる可能性がある．

④ 強イオン交換＋疎水性のmix固相（酸性物質はMAX，塩基性物質はMCX）に直接抽出し，クリーンアップとして，中～強イオン性物質をMAX，MCXでそれぞれイオン対を形成して固相に固定化して除去，中性物質をメタノールで溶出して除去する．捕集された弱イオン性物質はイオン交換（酸性物質はMAXからメタノール＋ギ酸，塩基性物質はMCXからメタノール＋アンモニア）により溶出させ，分析する．

c. 非イオン性の極性物質はb. ④のメタノールで溶出する成分に含まれる．それを分析対象とする場合は，メタノール溶出の前にヘキサンなどの疎水性溶媒で洗い，その後メタノールで溶出すると得られる．

2) $1 < \log P_{ow} < 2$ 程度の物質

この物質群は親水性，極性がある一方，固相，有機溶媒との親和力もある程度もっている．① $\log P_{ow} > 1$ であるため溶媒抽出は可能であるが，② pH調整，塩析，誘導体化など疎水性溶媒への抽出効率を高める方法，③ イオン交換固相による抽出方法などが効果的ある．

3) $2 < \log P_{ow} < 7$ 程度の物質

この物質群は疎水性で，溶媒抽出，固相抽出など多くの試料処理方法が採用されている．$\log P_{ow}$が7に近い物質は固相，器壁などに吸着して損失する場合が多い．固相に採集した物質を疎水性溶媒で抽出する前に，アセトンなどによって水分を取り除くことが効果的である．

4) $7 < \log P_{ow}$ の物質

この物質群は疎水性で吸着しやすいため，試料処理，分析方法開発ではその対策が必要な場合が多い．固相抽出では回収率が低下することがしばしばあり，原因は固相に残存する水などによる場合と物質自身の高い吸着性による場合があり（第2章2.2など），溶媒抽出法を用いるのも一つの解決法である．また，これらの物質は底質などからの抽出率がしばしば低い．水分除去，表面積の拡大など底質を抽出しやすい状態に変えるほか，親和力の高い溶媒（混合溶媒も含めて），抽出温度，pH，抽出時間など抽出条件の最適化，サロゲートの使用等を組み合わせて，定量性を確保する．

1.2.2 対象物質の部分構造から，その物質と相互作用の大きい溶媒，固相を判断する

- $\log P_{ow} < 0$ の物質など極性の高い物質は，分子の部分構造と無関係に極性分子に引き付けられる．
- 物質の極性にかかわらず，物質は構造が類似する分子に引き付けられる．とくに同じ部分構造をもつ分子同士は大きな「相互作用」を期待できる．
- 構造の「類似」部分は，必ずしも同じ元素で構成される必要はなく，構造部分同士が接近できるような「立体的な共通性」があれば「相互作用」を期待できる．たとえば，ジクロロメタンがさまざまな有機物を溶かすのは，その SP^3 の構造がさまざまな分子と共通することがひとつの要因である（他の因子として，C-Cl，C-H 間の大きすぎない分極がある）．
- 極性物質の捕集，抽出，精製には，① イオン交換，極性固相，極性溶媒を用いる方法と ② 部分構造が類似する固相，溶媒を用いる方法が考えられる．
- 低極性の物質は，部分構造が類似する分子とのみ相互作用するため，その捕集，抽出，精製には ② 部分構造が類似する固相，溶媒を用いる．〔鈴木　茂〕

第 2 章　有害物質の分析方法
定量編

　本章では，環境中での挙動が注目されている多くの化学物質を取り上げ，それらの定量法を収載した．第1章で解説したように，分析法は対象とする化学物質と媒体の物理的・化学的性質に応じて組み立て，検討・検証する．ここで取り上げた化学物質は水/オクタノール分配係数が-1から7程度までと非常に広い範囲にわたっており，媒体も環境水，下水，環境大気，室内空気，底質，製品・材料，血清とバラエティに富んでいる．

　検出方法としてはGC/MS，LC/MSなどが採用されて高感度分析に対応すると共に，抽出方法やマトリクスの除去方法もさまざまな手法が駆使され，精度，確度の高い分析方法として示されている．

　本章では，対象物質の水/オクタノール分配係数を指標として，おおよそ疎水性の高いものから低いものへと並ぶように構成し，最後に放射能測定法について掲載した．本対象物質を分析する際にはもちろん，新規物質の分析法を開発される際にも活用されたい．

2.1 ポリ臭素化ジフェニルエーテルの GC/MS 分析法

製品・材料

ポリ臭素化ジフェニルエーテル類（polybrominated diphenyl ethers: PBDEs）は，難燃剤[1-3]としておもに電気電子機器用の材料にパーセントレベルで添加され[4,5]，加熱や燃焼などによってポリ臭素化ジベンゾ-パラ-ダイオキシン類（PBDDs）およびポリ臭素化ジベンゾフラン類（PBDFs）[6]が生成されるおそれがある．

樹脂中の定性および定量には，① 溶媒抽出-GC/MS法，② 熱脱着-GC/MS法および ③ 蛍光X線元素分析法が用いられる．① 溶媒抽出-GC/MS法は，抽出効率とその再現性が高い分析方法であるが，抽出操作に時間を要する．② 熱脱着-GC/MS法は，測定の前処理は迅速簡便であるが，熱不安定物質の分析には適さず，概して ① 溶媒抽出-GC/MS法と比べて，定量精度が劣る．③ 蛍光X線元素分析法は，臭素原子を蛍光X線により検出する方法で，PBDE分子は分析できない．以下，① 溶媒抽出-GC/MS法，② 熱脱着-GC/MS法について記す．

化学構造・慣用名	英語名	CAS No./分子式/分子量	オクタノール/水分配係数
Br_m—〈 〉—O—〈 〉—Br_n ポリ臭素化ジフェニルエーテル	polybrominated diphenyl ether	$C_{12}H_{(10-n)}Br_nO$ （$1 \leq n \leq 10$） 分子量は表2.1.3参照	4.28〜9.9

備考．209種類の異性体が存在する．脂溶性が高く，光によって分解しやすい．異性体はすべてIUPAC番号が付せられている．本節では"#"を付した後の番号がIUPAC番号である．

2.1.1 溶媒抽出-GC/MSによる樹脂中のポリ臭素化ジフェニルエーテル（PBDEs）の分析法

1) 分析方法

溶媒抽出にはソックスレー抽出法もしくは，溶媒溶解分別法を用いる．ここでは溶媒抽出法としてソックスレー抽出法について記載する．

a．試薬および標準溶液

PBDEsの標準試薬：市販の検量線用標準液などを使用する．

サロゲートおよび内部標準試薬：^{13}C で標識された複数のPBDEs異性体標準混合試薬

　^{13}C で標識された10臭素化ジフェニルエーテル（DeBDE）

検量線用標準液：50〜500 pg/μL 程度の範囲で5種類の濃度を調製する（トルエン溶液）．

サロゲート標準原液：50 ng/μL 程度（トルエン溶液）

内部標準原液：0.2 ng/μL（トルエン溶液）

b．試料の前処理

測定試料は，はさみなどで初めに5 mm角程度に小片化し，さらにソックスレーによる抽出効率の確保の点から，凍結粉砕機により，0.5 mm 程度の粉末状にする．つぎにその粉末試料の約100 mgを秤量し円筒ろ紙に入れる．これにサロゲート標準原液（50 ng/μL）200 μLを加え，抽出時の試料の浮遊を防ぐため，あらかじめ450℃で焼き出しておいたグラスウールを用いて円筒ろ紙をふさぐ．100 mLの丸底フラスコを装着したソックスレー抽出器は，あらかじめ適当な溶媒を用いて洗浄しておき，抽出時は約60 mLの適当な溶媒を丸底フラスコに入れ，さらに，光によるPBDEsの熱分解を防ぐために器具をアルミホイルで覆う．約2時間の抽出を行った後，抽出液を100 mLのメスフラスコに移し，丸底フラスコは5 mLの溶媒で洗浄する．

なお，抽出溶媒は，樹脂の主成分である高分子化合物の種類に応じて選択する必要がある．たとえば，アクリロニトリルブタジエンスチレン（ABS），ポリスチレン（PS）などではトルエン，また，ポリアミド類やポリエステル類ではプロパノール，そしてポリオ

表 2.1.1　溶媒抽出-GC/MS 法における装置と測定条件

GC 条件	機種：Agilent 7890A
	注入口温度　：340℃（ウール入りライナー使用）
	注入方法　　：スプリット（10：1）
	分離カラム　：無極性の高耐熱性カラム（例：DB-5HT 等）
	（長さ 15 m　内径 0.25 mm　膜厚 0.1 μm）
	He 流量　　：毎分 1 mL
	オーブン温度：110℃（2 分保持）→ 40℃/分→ 200℃
	→ 10℃/分→ 260℃
	→ 20℃/分→ 340℃（2 分保持）
MS 条件	機種：日本電子　JMS-Q1000GC Mk II（四重極質量分析計）
	インターフェイス温度：300℃　　　イオン源温度：300℃
	イオン化電圧　　　：70 eV　　　イオン化電流：100 μA
	測定方法　　　　　：SIM 法
	モニターイオン　　：表 2.1.2 参照

レフィン類ではシクロヘキサンとジクロロメタンの 5：1 混合溶媒が適している．なお，事前に高分子化合物の種類の特定ができていない場合は，トルエンを使用する．

ガラスインサート管を入れた GC/MS 測定用試料バイアルに，マイクロピペットを用いて上記の抽出液 50 μL を入れ，さらに内部標準原液（0.2 ng/μL）50 μL を添加する．この試料バイアルを撹拌によって均質化したものを GC/MS 測定用試料溶液とする．

c. 装置および分析条件

装置および測定条件の例を表 2.1.1 および表 2.1.2 にそれぞれ示す．

SIM のモニターイオンは，表 2.1.2 の左列に示されている分子イオンか右列の開裂イオンのどちらかを用いる．表の上半分は定量対象化合物のイオン，下半分は内部標準である ^{13}C 標識体のイオンを示す．PBDEs は，一般的に右列の開裂イオンがマススペクトルでベースピークになる傾向（Mo～TrBDEs は除く）にあるため，絶対感度を得るには，開裂イオンをモニターした方が有利である．なお，各 SIM クロマトグラム上には，対象物質より臭素置換数の多い化合物の開裂イオンのピークも検出されるので，ピークのアサインには注意が必要である．これについては，あらかじめ臭素置換数ごとに最初と最後に溶出する異性体の標準（Window define STD）の測定を行うことにより，異性体群の溶出時間範囲を確認しておくことが重要である．また，レシオチェック[*1] も有効である．

2) 分析法の解説

a. 定性解析

図 2.1.1 に，表 2.1.1 の測定条件で測定した PBDEs の標準混合溶液の各同族体の SIM クロマトグラムの例を示す．

PBDE の高臭素化体の質量スペクトルは一般的なライブラリーデータベースである NIST 等には登録されていない．プライベートライブラリーがあると確認に便利である．参考に PBDEs の各同族体の分子イオン群および開裂イオンの精密質量とその安定同位体比の理論値を表 2.1.3 および表 2.1.4 にそれぞれ示す．

b. 検量線と装置検出下限（IDL）

0 および 0.1～10 ng/μL の濃度範囲で調製した PBDEs の標準溶液を 1 μL 注入して作成した 9 臭素化ジフェニルエーテル（NoBDE-#206）と DeBDE の絶対検量線の例を図 2.1.2 に，それらの相対検量線の例を図 2.1.3 にそれぞれ示す．絶対検量線では二次曲線，相対検量線では検量線は直線となる．1 臭素化体（MoBDE-#2）～8 臭素化体（OcBDE-#205）の 0.1 ng/μL 標準液の 7 回連続分析から計算した装置の検出下限は，それぞれ 0.04～0.06 ng/μL であった．

[*1] 臭素置換体ごとに相対強度の高い 2 種類の安定同位体のイオンを検出し，理論的な相対強度比と実際に得られた強度比を比較することによって，定性的な評価を行う．これをレシオチェックと呼ぶ．表 2.1.3 および表 2.1.4 に各臭素置換体における分子イオンおよび開裂イオンの理論的な相対感度比を示す．一般的な基準としては，理論値に対して，測定で得られた相対強度比すなわちレシオが ± 15% 以内の差であれば，対象化合物であると判定する．

表 2.1.2　PBDEs の SIM 測定におけるモニターイオン

	臭素置換体	分子イオン		開裂イオン	
分析対象物質	MoBDE (1臭素化体)	247.98 $(M)^+$	249.98 $(M+2)^+$	—	—
	DiBDE (2臭素化体)	325.89 $(M)^+$	327.89 $(M+2)^+$	—	—
	TrBDE (3臭素化体)	405.80 $(M+2)^+$	407.80 $(M+4)^+$	245.97 $(M-2Br)^+$	247.97 $(M-2Br+2)^+$
	TeBDE (4臭素化体)	483.71 $(M+2)^+$	485.71 $(M+4)^+$	323.88 $(M-2Br)^+$	325.88 $(M-2Br+2)^+$
	PeBDE (5臭素化体)	563.62 $(M+4)^+$	565.62 $(M+6)^+$	403.79 $(M-2Br+2)^+$	405.79 $(M-2Br+4)^+$
	HxBDE (6臭素化体)	641.53 $(M+4)^+$	643.53 $(M+6)^+$	481.70 $(M-2Br+2)^+$	483.70 $(M-2Br+4)^+$
	HpBDE (7臭素化体)	721.44 $(M+6)^+$	723.44 $(M+8)^+$	561.61 $(M-2Br+4)^+$	563.60 $(M-2Br+6)^+$
	OcBDE (8臭素化体)	799.35 $(M+6)^+$	801.35 $(M+8)^+$	639.52 $(M-2Br+4)^+$	641.51 $(M-2Br+6)^+$
	NoBDE (9臭素化体)	879.26 $(M+8)^+$	881.26 $(M+10)^+$	719.43 $(M-2Br+6)^+$	721.42 $(M-2Br+8)^+$
	DeBDE (10臭素化体)	957.17 $(M+8)^+$	959.17 $(M+10)^+$	797.34 $(M-2Br+6)^+$	799.33 $(M-2Br+8)^+$
内標準物質	$^{13}C_{12}$MoBDE*	260.02 $(M)^+$	262.02 $(M+2)^+$	—	—
	$^{13}C_{12}$DiBDE*	337.93 $(M)^+$	339.93 $(M+2)^+$	—	—
	$^{13}C_{12}$TrBDE*	417.84 $(M+2)^+$	419.84 $(M+4)^+$	258.01 $(M-2Br)^+$	260.01 $(M-2Br+2)^+$
	$^{13}C_{12}$TeBDE*	495.75 $(M+2)^+$	495.75 $(M+4)^+$	335.92 $(M-2Br)^+$	337.92 $(M-2Br+2)^+$
	$^{13}C_{12}$PeBDE*	575.66 $(M+4)^+$	577.66 $(M+6)^+$	415.83 $(M-2Br+2)^+$	417.83 $(M-2Br+4)^+$
	$^{13}C_{12}$HxBDE*	653.57 $(M+4)^+$	655.57 $(M+6)^+$	493.74 $(M-2Br+2)^+$	495.74 $(M-2Br+4)^+$
	$^{13}C_{12}$HpBDE*	733.48 $(M+6)^+$	735.48 $(M+8)^+$	573.65 $(M-2Br+4)^+$	575.64 $(M-2Br+6)^+$
	$^{13}C_{12}$OcBDE*	811.39 $(M+6)^+$	813.39 $(M+8)^+$	651.56 $(M-2Br+4)^+$	653.55 $(M-2Br+6)^+$
	$^{13}C_{12}$NoBDE*	891.30 $(M+8)^+$	893.30 $(M+10)^+$	731.47 $(M-2Br+6)^+$	733.46 $(M-2Br+8)^+$
	$^{13}C_{12}$DeBDE*	969.21 $(M+8)^+$	971.21 $(M+10)^+$	809.38 $(M-2Br+6)^+$	811.37 $(M-2Br+8)^+$

＊．PBDE の 1～10 臭素化体の 12 個の炭素を ^{13}C で標識した物質

2.1 ポリ臭素化ジフェニルエーテルの GC/MS 分析法

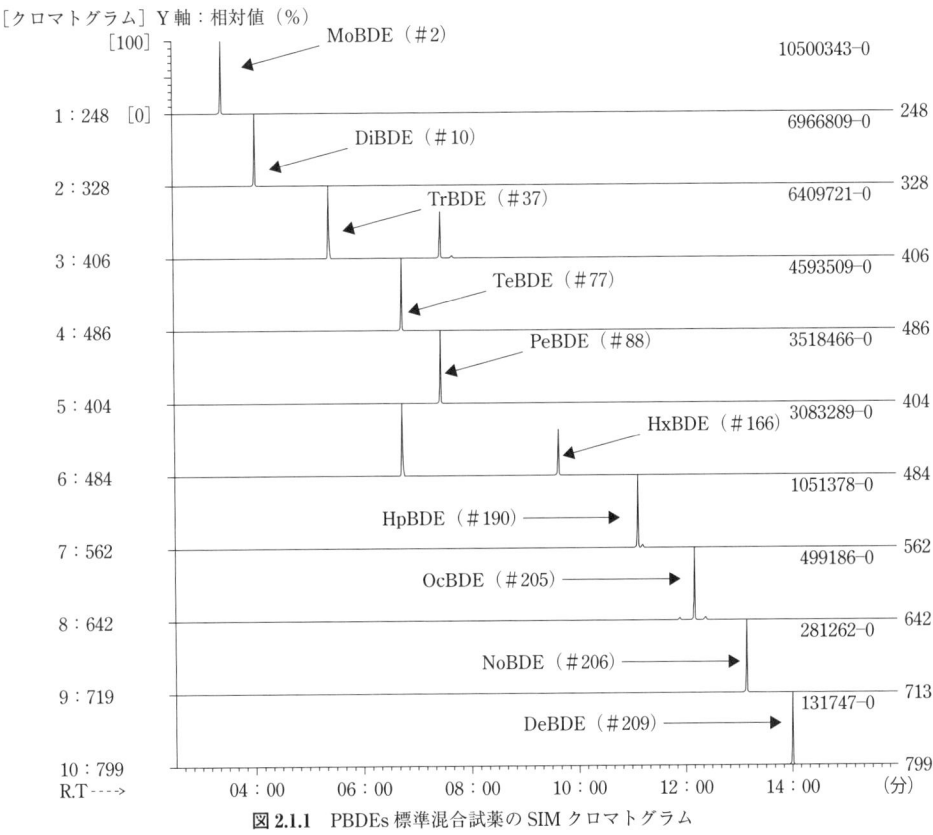

図 2.1.1 PBDEs 標準混合試薬の SIM クロマトグラム

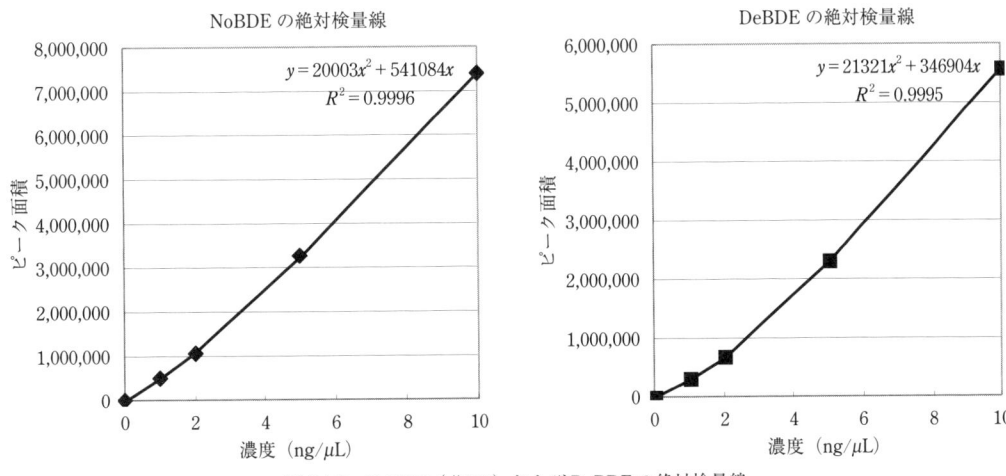

図 2.1.2 NoBDE（#206）および DeBDE の絶対検量線

c. GC における PBDEs の吸着とその抑制方法

GC/MS では，試料マトリクス中の極性物質が分析系の吸着活性点を一時的にふさぎ，標準溶液と異なる分析感度となることがある．その対策のひとつとして，疑似試料マトリクスを繰り返し注入して GC の吸着活性点をふさぎ，感度を実試料に近づける方法が報告[7]されている．PBDEs も同様の吸着が観測されるため，疑似試料マトリクスを注入する効果を検討した．

新品の注入口ライナーとよくエイジングされたキャ

表 2.1.3 PBDEs 各同族体の分子イオンにおける安定同位体の質量（上段）と存在比（下段）

	臭素置換体	M⁺	(M+2)⁺	(M+4)⁺	(M+6)⁺	(M+8)⁺	(M+10)⁺	(M+12)⁺	(M+14)⁺	(M+16)⁺	(M+18)⁺	(M+20)⁺
分析対象物質	MoBDE	247.98 100.00	249.98 98.32									
	DiBDE	325.89 51.13	327.89 100.00	329.89 49.41								
	TrBDE	403.80 34.15	405.80 100.00	407.80 97.97	409.80 32.44							
	TeBDE	481.72 17.49	483.71 68.23	485.71 100.00	487.71 65.42	489.71 16.33						
	PeBDE	559.63 10.51	561.62 51.24	563.62 100.00	565.62 97.79	567.62 48.07	569.62 9.64					
	HxBDE	637.54 5.39	639.53 31.51	641.53 76.82	643.53 100.00	645.53 73.41	647.53 28.91	649.52 4.85				
	HpBDE	715.45 3.08	717.44 21.03	719.44 61.51	721.44 100.00	723.44 97.69	725.44 57.42	727.43 18.88	729.43 2.73			
	OcBDE	793.36 1.58	795.36 12.33	797.35 42.04	799.35 81.98	801.35 100.00	803.35 78.19	805.35 38.33	807.34 10.82	809.34 1.38		
	NoBDE	871.27 0.88	873.27 7.71	875.26 30.06	877.26 68.36	879.26 100.00	881.26 97.62	883.26 63.64	885.25 26.76	887.25 6.62	889.25 0.75	
	DeBDE	949.18 0.45	951.18 4.40	953.17 19.28	955.17 50.08	957.17 85.43	959.17 100.00	961.17 81.38	963.16 45.49	965.16 16.75	967.16 3.69	969.16 0.38
内標準物質	¹³C₁₂MoBDE	260.02 100.00	262.02 97.50									
	¹³C₁₂DiBDE	337.93 51.30	339.93 100.00	341.93 48.80								
	¹³C₁₂TrBDE	415.84 34.20	417.84 100.00	419.84 97.40	421.84 31.70							
	¹³C₁₂TeBDE	493.76 17.60	495.75 68.50	497.75 100.00	499.75 65.00	501.75 15.90						
	¹³C₁₂PeBDE	571.67 10.60	573.66 51.40	575.66 100.00	577.66 97.40	579.66 47.50	581.66 9.30					
	¹³C₁₂HxBDE	649.58 5.40	651.57 31.70	653.57 77.00	655.57 100.00	657.57 73.00	659.57 28.50	661.56 4.70				
	¹³C₁₂HpBDE	727.49 3.10	729.48 21.00	731.48 61.60	733.48 100.00	735.48 97.40	737.48 56.90	739.47 18.50	741.47 2.60			
	¹³C₁₂OcBDE	805.40 1.58	807.40 12.40	809.39 42.20	811.39 82.20	813.39 100.00	815.39 77.90	817.39 37.90	819.38 10.60	821.38 1.38		
	¹³C₁₂NoBDE	883.31 0.88	885.31 7.80	887.30 30.20	889.30 68.50	891.30 100.00	893.30 97.30	895.30 63.20	897.29 26.40	897.29 6.40	901.29 0.75	
	¹³C₁₂DeBDE	961.22 0.45	963.21 4.40	965.21 19.40	967.21 50.30	969.21 85.60	971.21 100.00	973.21 81.10	975.20 45.10	977.20 16.50	979.20 3.60	981.20 0.38

ピラリーカラムで，(1) NoBDE (#206) と DeBDE の標準試料を7回連続測定，つぎに，(2) 擬似試料マトリクス（臭素系難燃剤を含まないポリスチレン樹脂をトルエンに溶解し，ろ過した1000 ppm程度の溶液）を10回連続注入後，標準試料を7回連続測定した．図2.1.4にマトリクス添加前後のNoBDE (#206) およびDeBDEの相対ピーク面積値を示す．擬似試料マトリクスの測定前では，NoBDE (#206) およびDeBDEは，% RSDでそれぞれ11.0および13.2，擬似試料マトリクス測定後で，それぞれ1.9および1.7と格段に再現性が向上した．

d. キャピラリーカラムのサイズによる検出感度と分析時間の比較

PBDEsは，分離カラム内での熱分解や吸着が起こりやすく，これはDeBDEなど臭素置換数が多い同族体ほど顕著である．

図2.1.5に① 標準的カラム（長さ30 m，膜厚0.25 μm），② 薄膜のカラム（長さ30 m，膜厚0.1 μm），③ 薄膜で短いカラム（長さ15 m，膜厚0.1 μm）の3種類のサイズのキャピラリーカラムでDeBDEの標準

表 2.1.4　PBDEs 各同族体の開裂イオン（[M−2Br]⁺）における安定同位体の質量（上段）と存在比（下段）

	臭素置換体	$(M-2Br)^+$	$(M-2Br+2)^+$	$(M-2Br+4)^+$	$(M-2Br+6)^+$	$(M-2Br+8)^+$	$(M-2Br+10)^+$	$(M-2Br+12)^+$	$(M-2Br+14)^+$	$(M-2Br+16)^+$
分析対象物質	MoBDE									
	DiBDE									
	TrBDE	245.97 100.00	247.97 98.30							
	TeBDE	323.88 51.13	325.88 100.00	327.87 49.40						
	PeBDE	401.79 34.15	403.79 100.00	405.79 97.96	407.78 32.43					
	HxBDE	479.70 17.49	481.70 68.23	483.70 100.00	485.69 65.42	487.69 16.32				
	HpBDE	557.61 10.51	559.61 51.24	561.61 100.00	563.60 97.79	565.60 48.06	567.60 9.64			
	OcBDE	635.52 5.39	637.52 31.51	639.52 76.82	641.51 100.00	643.51 73.40	645.51 28.91	647.51 4.86		
	NoBDE	713.43 3.08	715.43 21.03	717.43 61.51	719.43 100.00	721.42 97.68	723.42 57.41	725.42 18.87	727.42 2.73	
	DeBDE	791.34 1.58	793.34 12.33	795.34 42.04	797.34 81.98	799.33 100.00	801.33 78.19	803.33 38.33	805.33 10.82	807.33 1.38
内標準物質	¹³C₁₂MoBDE									
	¹³C₁₂DiBDE									
	¹³C₁₂TrBDE	258.01 100.00	260.01 98.30							
	¹³C₁₂TeBDE	335.92 51.13	337.92 100.00	339.91 49.40						
	¹³C₁₂PeBDE	413.83 34.15	415.83 100.00	417.83 97.96	419.82 32.43					
	¹³C₁₂HxBDE	491.74 17.49	493.74 68.23	495.74 100.00	497.73 65.42	499.73 16.32				
	¹³C₁₂HpBDE	569.65 10.51	571.65 51.24	573.65 100.00	575.64 97.79	577.64 48.06	579.64 9.64			
	¹³C₁₂OcBDE	647.56 5.39	649.56 31.51	651.56 76.82	653.55 100.00	655.55 73.40	657.55 28.91	659.55 4.86		
	¹³C₁₂NoBDE	725.47 3.08	727.47 21.03	729.47 61.51	731.47 100.00	733.46 97.68	735.46 57.41	737.46 18.87	739.46 2.73	
	¹³C₁₂DeBDE	803.38 1.58	805.38 12.33	807.38 42.04	809.38 81.98	811.37 100.00	813.37 78.19	815.37 38.33	817.37 10.82	819.37 1.38

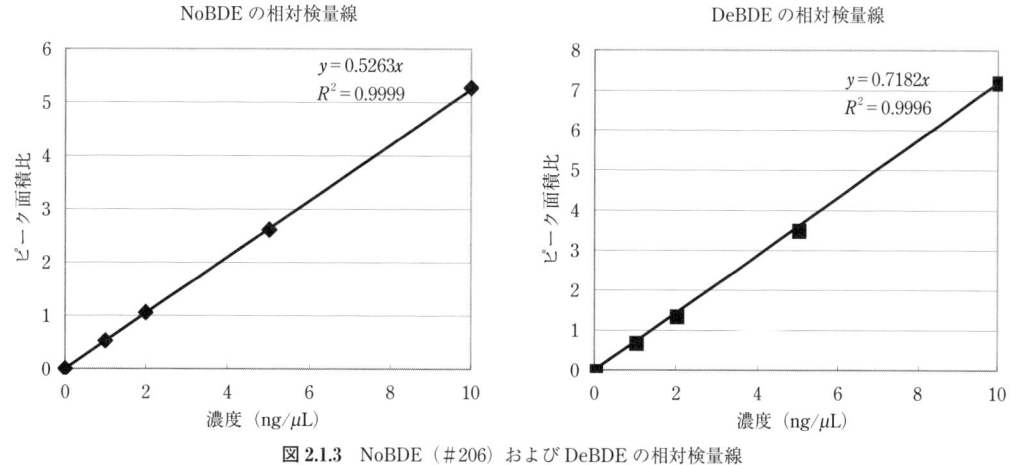

図 2.1.3　NoBDE（#206）および DeBDE の相対検量線

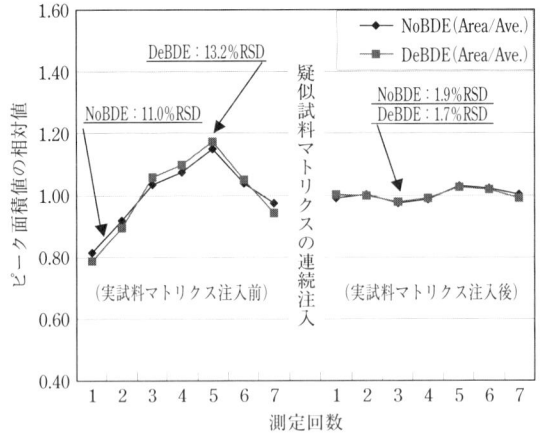

図 2.1.4 NoBDE（#206）および DeBDE の疑似試料マトリクス注入前後での再現性結果

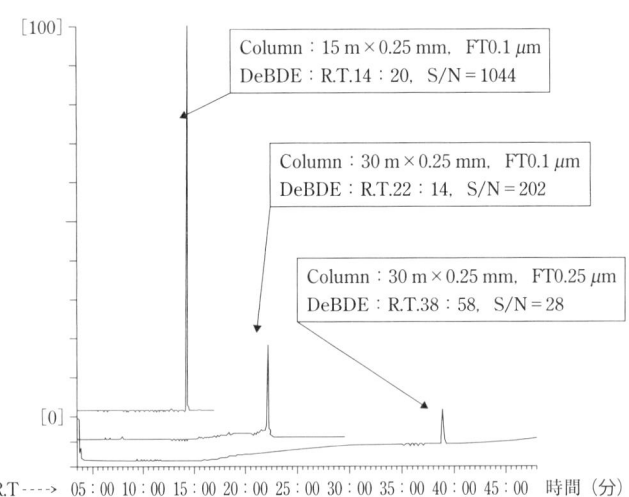

図 2.1.5 キャピラリーカラムのサイズによる DeBDE のリテンションタイムと感度の比較

溶液を測定したクロマトグラムの比較を示す．PBDE は揮発性が低いため，膜厚が 0.1 μm でカラム長さが短い 15 m のカラムがもっとも適する．最近ではさらに膜厚の薄い 0.05 μm のカラム（Ultra ALLOY-PBDE，フロンティアラボ）も PBDEs 測定用として入手できる．

e. 質量校正物質の選択

PBDE は測定イオンが，最高で m/z 980 程度に及ぶため，質量校正物質は 1,000 程度以上までのイオンが観測される物質を選択する．磁場型の質量分析計では PFK（ペルフルオロケロセン，perfluoro kerosene），四重極型の質量分析計では，トリス（ペルフルオロヘプチル）$-s-$トリアジンが使用できるが，常温で気化し，イオン源に導入できる PFTBA（ペルフルオロトリブチルアミン，perfluorotributylamine）と異なり，本物質や PFK は，十分な量をイオン源に導入するためには，70〜100℃ 程度に加温する必要があることに留意する．

2.1.2 熱脱着-GC/MS による樹脂中のポリ臭素化ジフェニルエーテル（PBDEs）の分析法

1）分析法

a. 試薬および標準溶液

熱脱着-GC/MS 法では，調製した PBDEs 試料には溶媒が含まれておらず，その全量が導入されるため，使用する標準溶液の溶媒量も少なくする．そのため溶媒抽出-GC/MS の PBDEs の標準混合試薬よりも高濃度の標準混合試薬が必要となる．すべての臭素数置換体の異性体を含む高濃度の標準混合試薬はないが，比較的高濃度でかつ主要な異性体が混合されている試薬の例（AccuStandard Inc.「BDE-COC」および「BDE-CSM」の2種類）を表2.1.5に示す．いずれも8および9臭素化体が含まれていないため，必要に応じてそれぞれの単一成分の標準試薬（AccuStandard Inc. より，50 µg/mL の濃度で販売されている）を混合して使用する．

b. 装置および分析条件

パイロライザー（PY2020iD，フロンティアラボ）と GC/MS（JMS-Q1000GC Mk II，日本電子社製）をオンライン接続したシステムを例に分析法を説明する．図2.1.6に装置の概略図を示す．パイロライザーは，一つの試料に対して熱脱着と熱分解の2段階に分けた測定が可能である[8]が，本測定では，熱分解測定は行わず，加熱温度350℃程度を上限とした熱脱着測定用の装置として使用する．

パイロライザーをプログラム昇温し，目的成分である添加剤化合物を樹脂試料中から気化・脱着する．脱着した物質を，GC 注入口を介してオンラインにて GC/MS に導入する．なお，オートサンプラーを備えた装置もある．

装置および測定条件の例を表2.1.6に示す（SIM 測定の場合は，表2.1.2を参照）．

c. 試料導入

① 標準試料測定

目的の検量線濃度範囲に応じて PBDEs の標準混合溶液をマイクロシリンジで一定量採取し，試料カップへ注入する．検量線は高臭素化体ほど二次曲線になる傾向があるため，検量線測定における PBDEs 標準の試料導入量の範囲は可能な限り広くする．たとえば実試料量 0.5 mg の導入では，1,000 ppm の PBDEs の含有量は 500 ng に相当する．したがって，検量線測定における PBDEs の試料導入量の範囲は，500 ng を中心に 50 ng（100 ppm 相当）から 1,000 ng（2,000 ppm 相当）程度が一般的である．

② 実試料測定

図2.1.7に実試料の導入手順を示す．

②-1 試料の小片化：通常，試料導入は試料をニッパー等で小片化させるだけで十分である．試料量はおおむね 200 µg～1 mg（あらかじめ Br 含有量が高いことがわかっている実試料では，試料量を 200 µg 程度に減らす）．なお，試料の粉砕を行うと，オートショットサンプラーを使用する場合は，装置の誤動作の原因となることがある．

②-2 試料カップへの充填：試料数分用意したパイロライザーの専用試料カップ（80 µL）に小片化した試料をピンセット等を用いて取り，正確な試料量を化学天秤によって秤量する．

②-3 パイロライザーへの試料導入：手動による測定の場合は，専用の試料カップスティックとプランジャーを用いてパイロライザーにセットし，測定を開始する．オートショットサンプラーを使用

表 2.1.5 市販の PBDEs 標準混合試薬

異性体	濃度（µg/mL）	
	BDE-COC	BDE-CSM
2,4,4'-TrBDE	5	20
2,2',4-TrBDE	5	—
2,2',4,4'-TeBDE	5	20
2,3',4,4'-TeBDE	5	—
2,3',4,6'-TeBDE	5	—
2,2',4,4',6-PeBDE	5	20
2,2',4,4',5-PeBDE	5	20
2,2',3,4,4'-PeBDE	5	—
2,2',4,4',5,5'-HxBDE	5	20
2,2',4,4',5,6'-HxBDE	5	20
2,2',3,4,4',5'-HxBDE	5	—
2,2',3,4,4',5',6-HpBDE	5	20
2,3,3',4,4',5,6-HpBDE	5	—
DeBDE	25	200

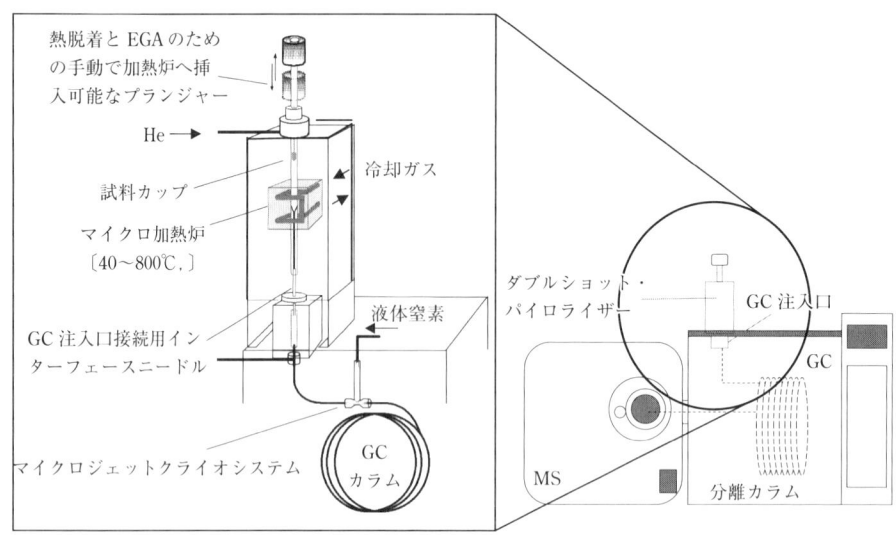

図 2.1.6 熱脱着-GC/MS システムの概略図

表 2.1.6 熱脱着-GC/MS 法における装置と測定条件

熱脱着条件		
	機種	：Frontier Lab PY-2020iD
	熱分解炉温度	：150℃ → 10℃/min → 350℃
	インターフェイス温度	：240 → 380℃ （auto）
GC 条件		
	機種	：Agilent 7890A
	注入口温度	：330～340℃
	注入方法	：スプリット　スプリット比：50：1 以上
	分離カラム	：無極性の高耐熱性カラム（例；DB-1 ht 等）（長さ 15 m　内径 0.25 mm　膜厚 0.1 μm）
	He 流量	：毎分 1.5 mL
	オーブン温度	：60℃（1分保持）→ 20℃/min → 340℃（1分保持）
MS 条件		
	機種	：日本電子　JMS-Q1000GC Mk II（四重極質量分析計）
	インターフェイス温度	：300℃　イオン源温度：300℃
	イオン化電圧	：70 eV　イオン化電流：100 μA
	測定モード	：スキャン法　マスレンジ：m/z 70～980

する場合は，試料カップホルダーの任意の番号位置に試料カップをセットし，オートショットサンプラーの連続測定を開始する．

以上の行程は，5分もあれば十分である．なお，オートショットサンプラーを使用する際は，熱脱着管内での試料の飛散を予防するために，適量の石英ウールをカップ内の試料の上に詰めることを推奨する．

2）分析法の解説

a．全臭素量の事前確認と高濃度試料への対策

PBDEs の分析では，あらかじめ測定試料を蛍光X線分析し，樹脂試料中の全臭素量を確認することを推奨する．連続測定において測定順序の決定やブランク試料挿入の必要性を判断する上で重要である．連続測定では全臭素量の少ないものから順に実施し，約 1,000 ppm 以上の高濃度試料がある場合は，直後に空カップによるブランク測定を追加すると，つぎの実試料へのキャリーオーバーを防ぐことができる．

製品に難燃剤としてもっとも多く使用されている PBDE 同族体は 10 臭素化体で，10 臭素化体に限っては，%オーダーで検出されることもある．蛍光X線分析で推定された臭素濃度が PBDEs や PBBs によるとは限らないが，PBDEs であることを想定して，試料量を 200～300 μg 程度に減らし，他の低濃度試料より

も後に測定する．

b. 試料カップの取扱い

パイロライザー専用の試料カップは基本的に使い捨てである．従来の熱分解分析では，試料測定後，カップ内の残渣を取り除いた後，バーナーで焼き出す方法が取られることもあるが，試料カップ内壁の表面に活性点を生じるため，本分析では，焼出しによる洗浄は避ける．

c. 熱脱着温度の検討

試料のプログラム昇温加熱による発生ガス成分をリアルタイムで検出するEGA-ダイレクトMS分析法[9,10]（パイロライザーと質量分析計の間を3m程度のキャピラリーブランクチューブによって接続）を用いて，DeBDE含有ABS樹脂試料の測定を行った．

その結果を図2.1.8に示す．図の下段に示したm/z960（DeBDEの発生ガス）のマスクロマトグラムより，DeBDEは270℃から発生し始め，340℃でピークを経た後，410℃で発生が終了することを確認した．他方，上段のTICクロマトグラムからわかるように，樹脂自身の熱分解生成物が330℃近辺から発生し始めるため，410℃までの加熱を行った場合，大量の熱分解生成物が分離カラムへ導入され分析系内の汚染源となる．そこで，本手法における試料の加熱温度プログラムは，150℃から昇温を開始し，最終温度を350℃とした．これにより試料中の臭素系難燃剤の抽出時間は20分間となる．なお，さまざまな種類のプラスチック試料が想定されること，DeBDE熱脱着温度が全てのPBDEsの発生を保証できないこと，熱分解反応も

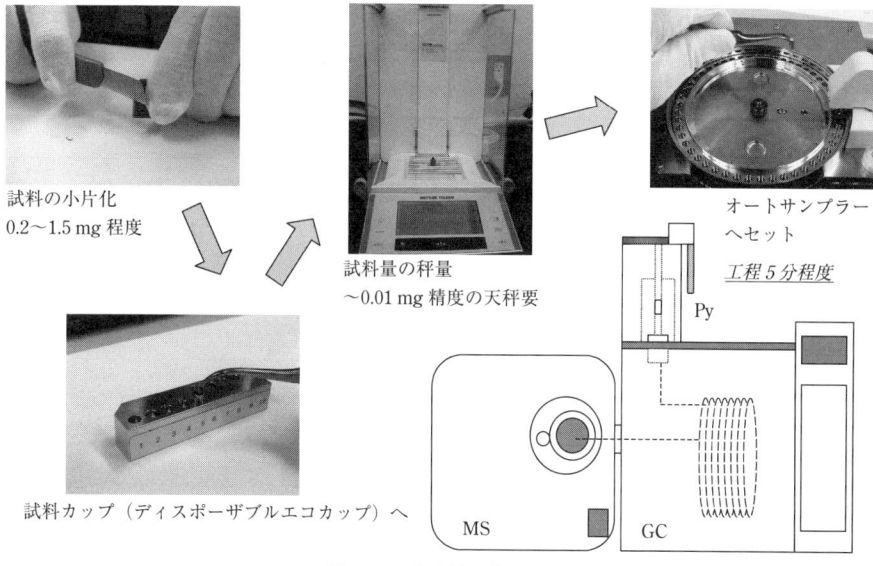

図2.1.7 実試料の導入行程

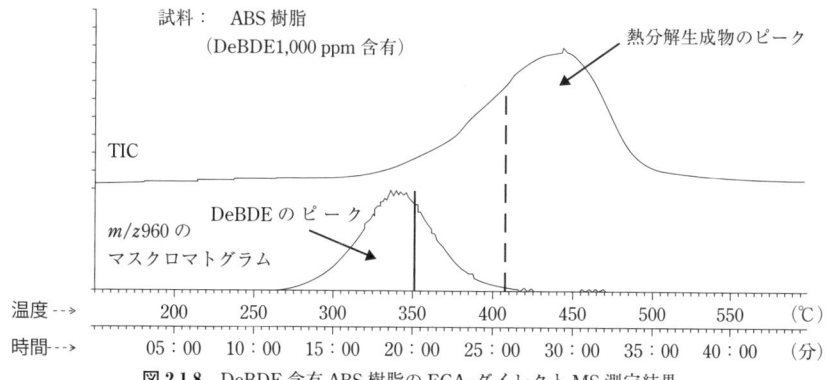

図2.1.8 DeBDE含有ABS樹脂のEGA-ダイレクトMS測定結果

懸念されることなどから，精度の高い分析には，あらかじめこれらの条件を検討する必要がある．

d. スプリット比によるメモリーの比較結果

試料の加熱によって脱離・発生した臭素系難燃剤は，パイロライザーのインターフェイスとGC注入口を通って分離カラムに導入されるが，DeBDEは沸点が425℃と高いため導入経路に吸着する恐れがある．この吸着を抑制するため，インターフェイスを高温とし，またキャリヤーガスの流量を増やすためスプリット注入を採用し，スプリット比の最適化を検討した．

図2.1.9に，1,000 ppmのDeBDEを含有したABS試料をスプリット比10：1および50：1の2種類の注入方法で測定した後のブランク測定結果を示す．この結果，スプリット比10：1では，ブランク測定で50％相当のメモリーが確認された．それに対し50：1のスプリット条件では，メモリーは格段に低減され，十分なスプリット比による注入が必須であることが確認された．

e. PBDEの確認

図2.1.10に，PBDEsの標準混合試薬を上記の測定条件で測定して得られたトータルイオンクロマトグラムを，図2.1.11にDeBDEのマススペクトルをそれぞれ示す．SIM測定では，標準混合試薬の測定で得られたリテンションタイムと安定同位体によるイオン強

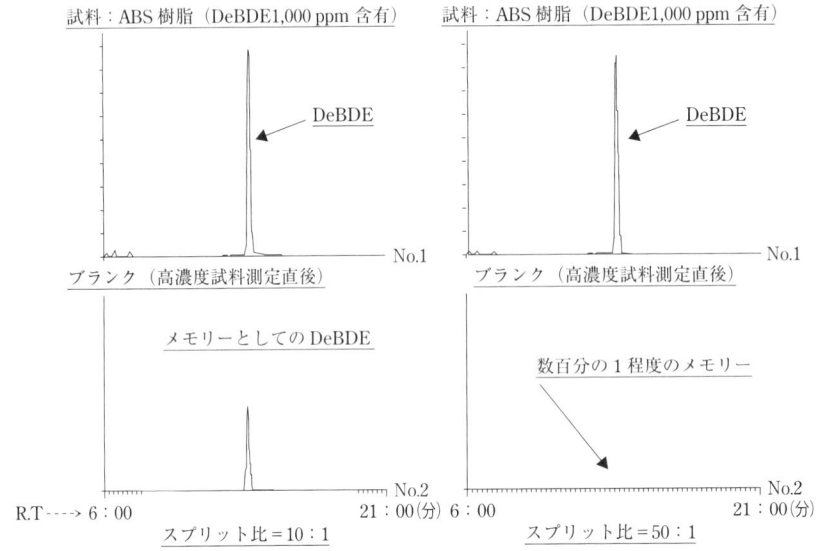

図2.1.9　DeBDE含有ABS樹脂とブランク測定によるスプリットとメモリー

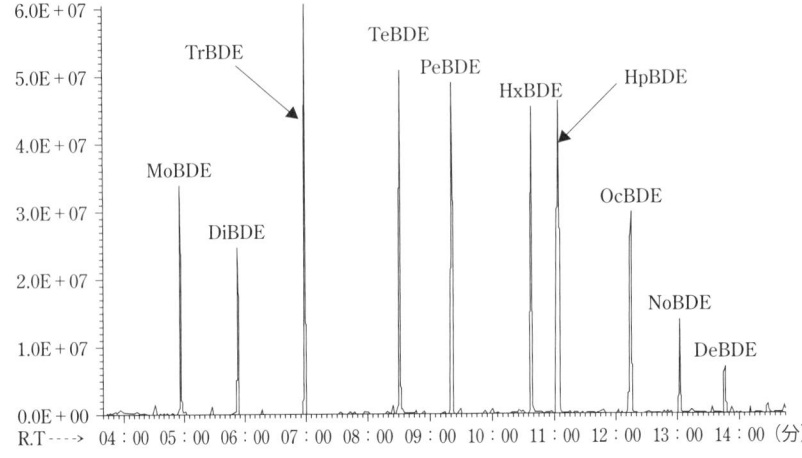

図2.1.10　PBDEsの標準混合試薬のトータルイオンクロマトグラム

度比とで定性，定量する．DeBDE のリテンションタイム付近では，代替の臭素系難燃剤のピークが溶出する可能性があり，それらは安定同位体のパターンが類似しているので十分注意が必要である．

f. 定量

4臭素化ジフェニルエーテル（TeBDE（#77））～DeBDE の標準混合試薬の 50，150，そして 250 ng のそれぞれの絶対量を測定して作成した検量線の例を図 2.1.12 に示す．臭素数の増加にともない，二次曲線となる傾向が見られるものの，R^2 値 0.9987～0.9995 の良好な関係が得られる．本分析法では，実試料中に内部標準試薬を添加することが不可能であるが，測定試

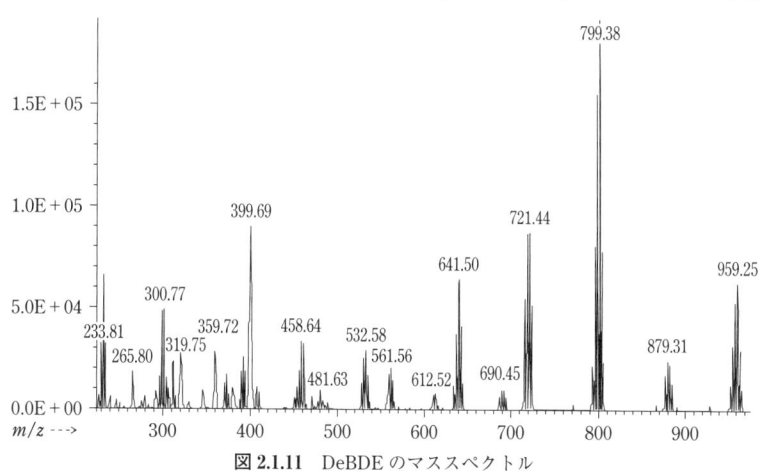

図 2.1.11　DeBDE のマススペクトル

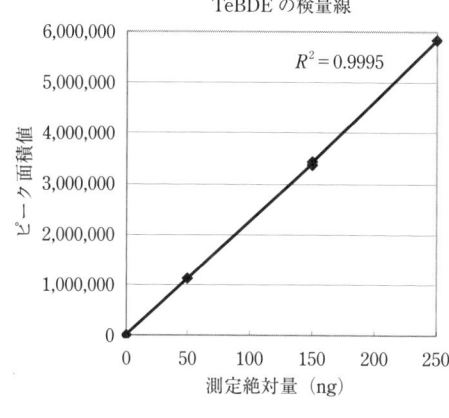
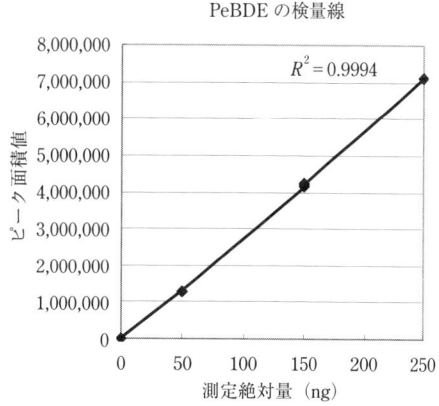
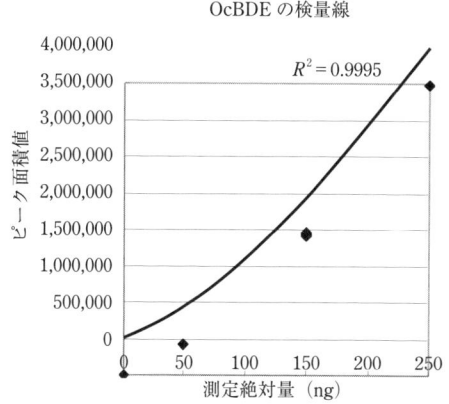
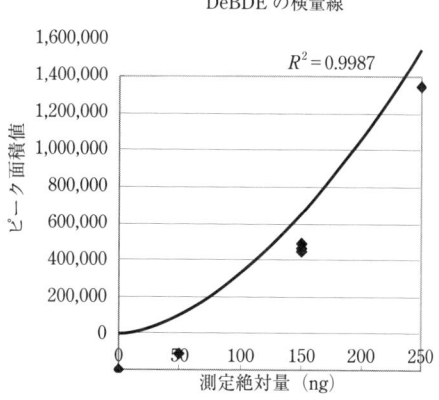

図 2.1.12　PBDEs の検量線

表 2.1.7　PBDEs 標準混合物各 150 ng の繰返し測定による IQL および IQL 試料換算値

	DeBDE	NoBDE	OcBDE	HpBDE	HxBDE	PeBDE	TeBDE
1（150 ng）	140.42	145.77	148.30	146.43	147.75	147.60	150.37
2（150 ng）	142.75	146.27	147.17	151.41	150.12	151.22	150.71
3（150 ng）	146.19	148.07	146.33	148.41	148.94	149.15	148.92
SD	2.90	1.21	0.98	2.51	1.19	1.81	0.95
IQL（10×SD）（ng）	29.0	12.1	9.8	25.1	11.9	18.1	9.5
IQL 試料換算値（ppm）	72.6	30.2	24.6	62.7	29.6	45.3	23.8

表 2.1.8　市販 DeBDE 1,000 ppm 含有 ABS 標準樹脂試料の定量結果

	定量値（ppm）	
	DeBDE	NoBDE
1（0.38 mg）	583.0	94.8
2（0.38 mg）	563.0	101.6
3（0.39 mg）	536.4	77.1
4（0.42 mg）	555.2	89.4
5（0.42 mg）	434.3	91.1
SD	58.38	8.99
Ave.	534.4	90.8
% RSD	10.93	9.90

料量を調節して検量線の濃度範囲に収めることによって，ある程度の定量性は確保できる．検量線の中間点である 150 ng の 3 回繰返し測定による定量値の標準偏差から求めた装置の定量限界 IQL（標準偏差（ng）の 10 倍）と試料量を 0.4 mg と仮定した場合の IQL 試料換算値（装置の定量限界 /0.4 mg）の一例を表 2.1.7 に示す．

市販の DeBDE 1,000 ppm 含有 ABS 標準樹脂試料約 400 mg を 5 回の連続測定を行った例を表 2.1.8 に示す．前述のように，樹脂自体の熱分解生成物による分析系内の汚染を防ぐため，すべての PBDEs を抽出する熱脱着温度としていない．したがって，今回の DeBDE の定量値である 500 ppm は，妥当な結果である．

〔小野寺　潤〕

参考文献

1) J. De Boer, K. De Boer, J.P. Boon: "The handbook of Environmental Chemistry", p. 61–96 (2000), Sprimger
2) A. Sjodin, H. Carlsson, K. Thuresson, S. Sjodin, A. Bergman, C. Ostman: *Environ. Sci. Technol.*, **35**, p. 448 (2001).
3) K. Noren, D. Meironyte: *Chemosphere*, **40**, p. 1111 (2000).
4) 日本電子（株）応用研究センター：図解　よくわかる WEEE&RoHS 指令．p. 32–47．日刊工業新聞社（2004）．
5) REACH 研究会：図解　REACH 規制と企業対応 p. 10–14．日刊工業新聞社（2008）．
6) S. Sakai, J. Watanabe, Y. Honda, H. Takatsuki, I, Aoki, M. Furamatsu, K. Shiozaki,: *Chemosphere*, **42**, p. 519 (2001).
7) 奥村為男：キャピラリー・GC/MS による水中の農薬及びその酸化生成物の定量　―標準液の PEG 共注入法―．環境化学．Vol.5．No.3．575（1995）．
8) フロンティア・ラボ株式会社：ダブルショットパイロライザー PY-2020D の特長　3 つの分析法：その③ 多段階熱分析法．PYT-006（2001）．
9) フロンティア・ラボ株式会社：ダブルショットパイロライザー PY-2020D の特長　3 つの分析法：その① 発生ガス分析法．PYT-004（2001）．
10) フロンティア・ラボ株式会社：難燃化ポリマーの分析　その②：質量分析計を用いた発生ガス分析．PYA3-004（2001）．

ビフェニル，ビフェニルエーテルのハロゲン置換位置と IUPAC 番号

ポリブロモジフェニルエーテル（PBDE），ポリブロモビフェニル（PBB），PCB など，ビフェニル，ビフェニルエーテルのハロゲン置換位置とそれらの IUPAC 番号は，共通の関係がある．

2.2 テトラブロモビスフェノールA，デカブロモシクロドデカン，トリブロモフェノール(臭素化難燃剤)のLC/MS分析法

環境水，環境大気，浸出水

化学構造・慣用名	英語名・IUPAC名	CAS No./分子式/分子量	オクタノール/水分配係数
テトラブロモビスフェノールA	tetrabromobisphenol A (TBBP-A)	79-94-7/ $C_{15}H_{12}Br_4O_2$/ 543.88	$\log P_{ow} = 3.25$
備考．水溶解性：1,000 ppm　用途：熱硬化型樹脂など　自動車，家電，OA機器　国内需要(2005)：30,000 t			
デカブロモシクロドデカン	hexabromocyclododecane (HBCD)	25637-99-4（異性体混合物），3194-55-67（1,2,5,6,9,10体のみ），臭素の付き方によってα, β, γなどの異性体がある．/ $C_{12}H_{18}Br_6$/ 641.7	$\log P_{ow} = 7.59$
備考．水溶解性：20 ppm　用途：添加型難燃剤　TVなどのハウジング素材　国内需要(2005)：2,600 t			
トリブロモフェノール	2,4,6-tribromophenol (TBP)	118-79-6/ $C_6H_3OBr_3$/ 330.8	$\log P_{ow} = 4.17$
水溶解性：43.3 ppm　用途：フェノール樹脂など，他の臭素系難燃剤の原料　国内需要(2005)：4,150 t			

家電製品やOA機器，自動車など身の回りのあらゆる製品に使用されている合成樹脂類には難燃剤が含まれている．難燃剤には環境汚染物質として高い関心を集めている有機ハロゲン系化合物が多く，なかでもテトラブロモビスフェノールA（TBBP-A）が大きな割合を占めている．図2.2.1にここで扱う臭素化難燃剤

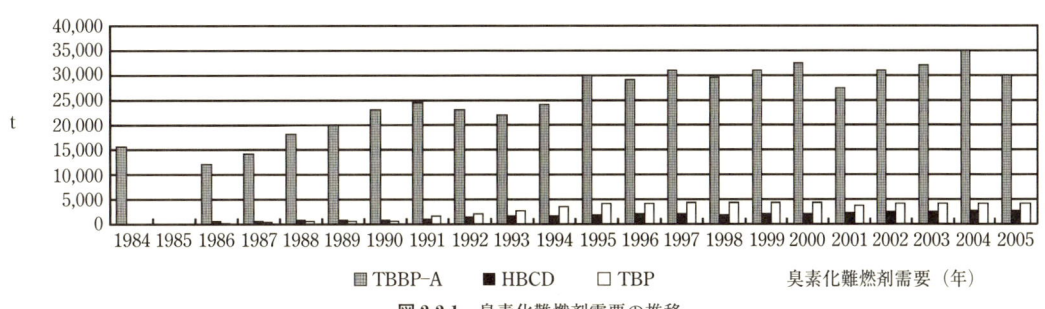

図2.2.1　臭素化難燃剤需要の推移

の需要の推移を示す．この他にポリブロモジフェニルエーテルやブロモポリスチレンなどがある．プラスティック製品などに添加された臭素化難燃剤は，製品の使用や廃棄物処理過程で加熱されることによって大気中に揮散してくる可能性があると考えられる．また廃棄物として埋立て処分され，処分場からの浸出水に含まれる可能性もある．

1) 臭素化難燃剤の分析法（LC/MS）

大気，水質試料とも固相抽出カートリッジ（ここではAgilent社製　Abselut NEXUS 500 mg を使用する）に一定流量で通して対象物質を採取し，溶出，濃縮してLC/MSで分析する．臭素化難燃剤はGC/MSで測定されることが多かったが，LC/MSを用いることにより，誘導体化や複雑なクリーンアップを行うことなくこれらの物質を簡易に測定することが可能となる．分析方法のフローチャートを図2.2.2に示す．

a. 試薬および標準溶液

各対象物質はできるだけ純度の高い試薬を標準とし，アセトニトリルに溶解して1 mg/mLの標準原液を調製する．この標準原液を適宜アセトニトリルで希釈して検量線作成用標準溶液とする．各濃度の標準溶液には，内標準物質としてTBBP-A-^{13}C$_{12}$体を10 ng/mLの濃度となるよう添加する．アセトニトリル，水はLC/MSグレード，アセトンは残留農薬やダイオキシン測定用を用いる．

b. 器具等

大気試料，水質試料ともに試料の捕集，抽出には固相抽出カートリッジNEXUS 500 mg（Agilent社製）を用いる．その他必要なものは以下の通り．

　大気試料採取：エアーポンプ，ガスメータ
　水試料抽出：固相抽出カートリッジ用濃縮装置
　共通：窒素吹付け濃縮装置，マイクロシリンジ

c. 装置および分析条件

装置および分析条件の例を表2.2.1，2.2.2に示す．HPLCを用い，APCIイオン化をする方法とUPLCを用い，ESIイオン化をする方法である．

ここにあげたのはSIM（selected ion monitoring）で定量する手法だが，LC/MSの機種によってはSRM（selected reaction monitoring）で定量した方が選択性が高くて精度がよいこともある．実際に用いる機器に適した条件を選択する必要がある．

c. 大気試料捕集法

固相抽出カートリッジにアセトン5 mLを通過させて洗浄し，乾燥させたものを捕集管とする．図2.2.3に示すようにカートリッジをポンプとガスメーターに接続し，10 L/minの流量で24時間大気試料を捕集する．捕集管はアルミホイルなどで遮光する．

d. 水質試料前処理法

水質試料は1,000 mLを直径47 mmの石英繊維ろ紙でろ過する．石英繊維ろ紙はアセトン5 mLで溶出しろ液とあわせる．ろ液をアセトン5 mL，ついで純水5 mLで洗浄した固相抽出カートリッジに10 mL/minの流速で通水して対象物質を濃縮する．濃縮後別の固相抽出カートリッジを上流側に接続しポンプで空気を通してカートリッジを乾燥させる．

e. 試料溶液調製法

試料を採取した固相抽出カートリッジからアセトン5 mLで溶出させる．内標準物質として^{13}C$_{12}$-TBBP-Aを添加し，窒素気流下でほとんど乾固するまで濃縮し，アセトニトリルで1.0 mLとしたものをLC/MS用試料溶液とする．

2) 解説

分析法を調査に応用しようという場合，その方法で正しく測定できるか確認する必要がある．まずは添加回収率の検証である．実際に調査する媒体となるべく

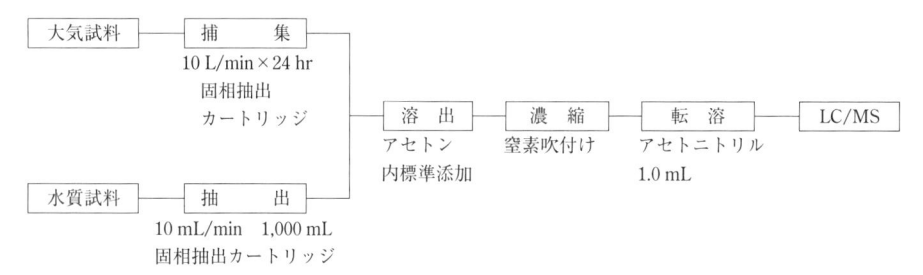

図2.2.2 分析方法のフローチャート

表 2.2.1 装置および分析条件（その1）

LC条件	機　種	: Agilent 1100
	カラム	: 野村化学 Develosil C30-UG-3　2.0 mm×150 mm　3 μm
	溶離液	: A：水　B：アセトニトリル
	0 → 1 min	A：B = 95：5
	1 → 9 min	A：95 → 0　B：5 → 100 linear gradient
	9 → 26 min	A：B = 0：100
	26 → 27 min	A：0 → 95　B：100 → 5 linear gradient
	27 → 45 min	A：B = 95：5
		0.2 mL/min
	カラム温度	: 40℃
	注入量	: 10 μL
MS条件	機　種	: Applied Biosystems API4000
	イオン化法	: APCI negative
	モニターイオン	: TBBP-A　　　　543　［M-H］-
		HBCD　　　　　641　［M-H］-
		TBP　　　　　 331　［M-H］-
		TBBP-A-$^{13}C_{12}$　555　［M-H］-（内部標準）

表 2.2.2 装置および分析条件（その2）

LC条件	機　種	: Waters ACQUITY　UPLC
	カラム	: ACQUITY UPLC BEH-C18　2.1×50 mm　1.7 μm
	溶離液	: A：アセトニトリル　B：水
	0 → 5 min	A：90 → 10　B：10 → 90 linear gradient
	5 → 8 min	A：B = 10：90
	8 → 9 min	A：10 → 90　B：90 → 10 linear gradient
	9 → 10 min	A：B = 90：10
		0.2 mL/min
	カラム温度	: 40℃
	注入量	: 5 μL
MS条件	機　種	: Waters Quattro Premier XE
	イオン化法	: ESI negative
	モニターイオン	: TBBP-A　　　　　543　［M-H］-
		HBCD　　　　　　641　［M-H］-
		TBP　　　　　　 331, 329　［M-H］-
		TBBP-A-$^{13}C_{12}$　　555　［M-H］-（内部標準）
		α-HBCD-$^{13}C_{12}$　653　［M-H］-（内部標準）

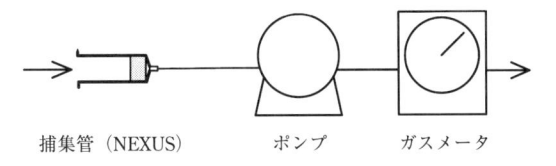

図 2.2.3　大気採取装置の例

近いものに調査したい物質を添加し，未添加の試料と一緒に分析し，定量値の差が添加量に見合うかどうかで判断する．続いては必要に応じて試料の保存安定性を検証する．これは採取した試料をすぐに分析できない場合，どの程度保存しても分析値は変わらないか，保存にpHを変えるとか酸化防止剤などを添加しておく必要はあるか，採取した試料のままで保存可能か，それとも前処理を済ませておく必要はあるかなどの確認である．

a. 添加回収実験

大気試料の場合，濃度既知の標準ガスを調製して添加することは困難である物質が多いので，高濃度のガ

表 2.2.3 回収率（$n=5$）と相対標準偏差（RSD）

化合物	試料量 (mL)	添加量 (ng)	回収率（ろ液）(%)	回収率（ろ紙）(%)	回収率（合計）(%)	RSD (%)
TBBP-A	1,000	10	85.0	5.5	90.5	7.2
α-HBCD	1,000	11	72.9	12.5	85.4	16
β-HBCD	1,000	12	50.7	15.8	66.5	11
γ-HBCD	1,000	60	37.0	17.1	54.1	19
TBP	1,000	10	87.6	0.0	87.6	8.8

スや標準溶液を試料採取の開始時に添加することで代用することが多い．試料採取装置を2系統用意し，同時に大気試料採取を開始し，片方の捕集剤などを通過する大気の流れにのせるように標準を添加する．このとき標準溶液は直接捕集剤に触れないよう前部に石英ウールなどを置いてそこに添加するとよい．分析するときは石英ウールなどに残留している物質も定量値にあわせるか，添加量から差し引く必要がある．

水質試料の場合は，試料水に標準溶液を添加したものと無添加の試料を前処理して分析し，その定量値の差から添加回収率を求める．ただし対象が水に溶けにくい物質である場合，容器の内壁や試料水中にある不溶性成分（SS分など）に吸着することがある．ここで扱う臭素化難燃剤を添加してろ液と石英繊維ろ紙に残留したものを別々に定量すると，表2.2.3に示すようにTBP，TBBP-Aはほとんどろ液から回収され，ろ紙に残った不溶成分への吸着は少なかった．HBCDはろ紙からも回収され，吸着する割合が大きいことがわかった．

b. 保存試験

大気試料を保存する場合，まずは試料採取した捕集剤，ろ紙などの状態のままで対象物質が変化しないかどうか確認する．定量精度を確保できるほどの検出量が見込めない場合は試料採取後の捕集剤に標準物質を添加する．通常は遮光，密閉した容器に入れて冷蔵庫に保存し，数日ごとに分析して定量値もしくは回収率を確認する．試料採取した捕集剤に添加するのは，大気中に含まれる物質との共存によって保存傾向が変化する場合があるからである．臭素化難燃剤の場合，図2.2.4のようになり1週間後は回収率に大きな変化は見られなかったが，15日後には低下した．試料採取した捕集管の保存は冷蔵庫内で1週間程度までとする．TBBP-Aは添加直後から回収率が80％を下回っていた．このような物質はこの方法では定量精度が十分とはいえず，半定量的な取扱いになる．

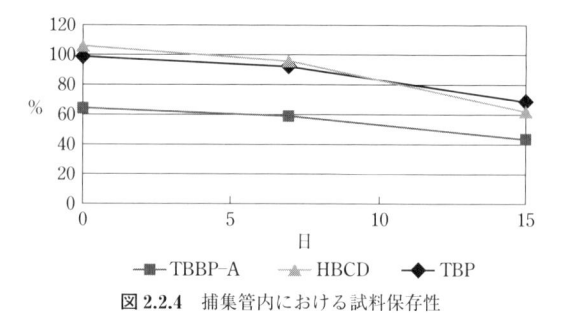

図 2.2.4 捕集管内における試料保存性

水質試料は遮光性のビンなどに入れて冷蔵保存することが多い．そのままかpH調整などして数日ごとに分析し，定量値の変化を確認する．臭素化難燃剤の場合，保存期間が1カ月を超えると濃度が半減する試料もあったが，おおむね1週間程度は安定であった．

試料水や捕集剤などでの保存が難しい場合，抽出など前処理をして試験溶液として保存することもある．

c. 実試料への適用

神奈川県内のリサイクル事業所プラスチックゴミ破砕機の排気口近くや敷地境界付近の大気，廃棄物埋立て処分場浸出水と周辺河川水を分析した．得られた結果を表2.2.4に，SIMクロマトグラムの一例を図2.2.5，2.2.6に示した．ここの破砕機からはTBPやTBBP-Aを含む粉じんが排気ガスとともに排出されると思われるが，敷地境界付近からはTBPがわずかに検出されたのみで，周辺環境に影響を及ぼすほどではなかった．廃棄物処分場浸出水からはTBBP-Aが高い確率で検出された．同じ処分場でも採取日が違うと検出濃度は大きく違った．降雨などの影響と思われる．おもに埋め立てられているものは廃プラスチック主体の産業廃棄物や燃えがら，焼却灰などであるが，TBBP-Aはほとんどの試料から検出され最大値は540 ng/Lであった．不検出は石炭燃えがらのみを埋め立てている処分場であった．このことは廃棄物処分場からの浸出水にTBBP-Aが含まれることは一般的な現象であることを示唆している．また処分場のいくつか

2.2 テトラブロモビスフェノール A, デカブロモシクロドデカン, トリブロモフェノール(臭素化難燃剤)の LC/MS 分析法

表 2.2.4 臭素化難燃剤測定結果

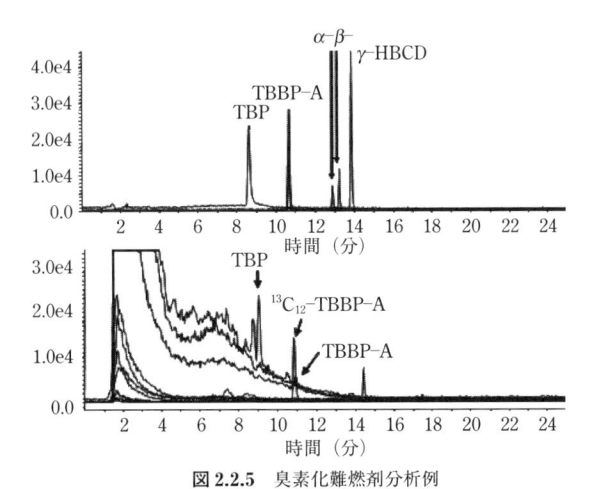

	TBBP-A	HBCD	TBP
リサイクル工場プラスチックゴミ			
破砕機排気口そば (ng/m^3)	3.6〜12	<0.2〜0.8	3.1〜7.3
検出数／試料数	4/4	1/4	4/4
敷地境界付近 (ng/m^3)	<0.2	<0.4	<0.2〜1.2
検出数／試料数	0/4	0/4	2/4
廃棄物埋立て処分場浸出水 (ng/L)	<0.1〜540	<1〜8	<0.1〜14
検出数／試料数	14/15	5/10	4/5
河川水 (ng/L)	<0.1	<0.1	<0.1
検出数／試料数	0/3	0/3	0/3

図 2.2.5 臭素化難燃剤分析例
上：標準物質　下：廃棄物処分場浸出水　測定条件　表 2.2.1

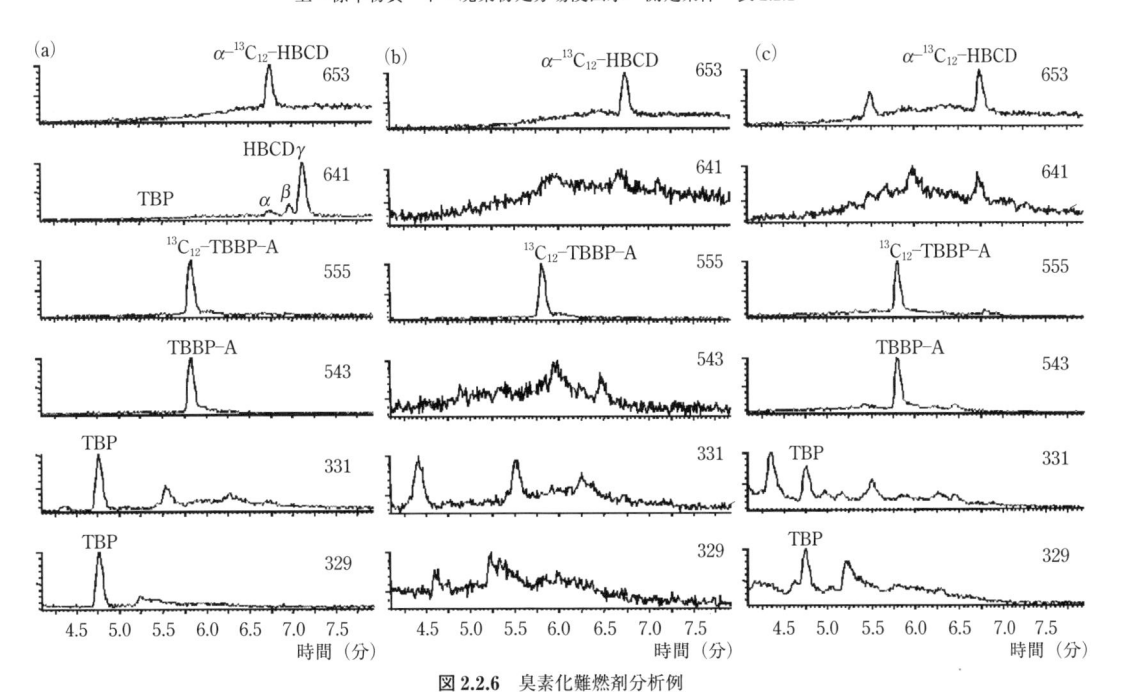

図 2.2.6 臭素化難燃剤分析例
(a) 標準物質　(b) 敷地境界付近の環境大気　(c) プラスチックゴミ破砕装置排気付近　(測定条件は表 2.2.2 参照)

は埋立て終了から試料採取まで 10～20 年も経過していることから，TBBP-A は長期間にわたって流出し続けてきたと考えられる．このことは，埋め立てられた状態では TBBP-A は長期間安定に存在することを示唆している．これらのことから，わき水などから TBBP-A が検出されれば，近傍に TBBP-A を含む廃棄物が埋められていると推定することができ，不法投棄廃棄物の調査にも役立つと考えられる．TBP, HBCD はわずかに検出された．検出された HBCD はすべて γ 体であった．河川水からは 3 種類の臭素化難燃剤は検出されなかった．

d. 考察

LC/MS を用いて臭素化難燃剤の分析法を検討し，GC/MS を用いた従来法より簡易な操作で高感度分析が可能となるなど良好な結果が得られた．本分析法を用いて浸出水などの試料から TBBP-A や TBP などの臭素化難燃剤を検出することができた．簡易な前処理で定量可能であったことから，本分析法は臭素化難燃剤に対して有用な分析法であることが示された．このように LC/MS を用いた環境中化学物質の分析は，GC/MS で分析するためにはさまざまなクリーンアッ

プや誘導体化が必要であった物質や，分子量が大きく GC/MS での測定が困難である物質も対象にでき，広い応用範囲が期待できる．

河川水，廃棄物処分場浸出水の分析に適用したところ，測定した浸出水試料のほとんどから TBBP-A が検出された．検出されなかった浸出水はプラスチック系廃棄物が埋め立てられていない処分場のものであった．浸出水から検出された TBBP-A は，難燃化処理されたプラスチックなどを含む廃棄物が土中で劣化，分解し，染み込んできた雨水に溶け込んで浸出してきたものと考えられる．検出率の高さから見て，廃棄物処分場からの浸出水に TBBP-A が含まれることは一般的な現象であると考えられる．またいずれの処分場も埋立てが始まってから 16～29 年の年月が経過しており，埋立てが終了してからも長いところでは 25 年経過していることから，TBBP-A は長期間にわたって流出し続けてきたと考えられる．このことは，埋め立てられた状態では TBBP-A は長期間安定に存在することを示唆している．しかし冷暗所で保存した浸出水試料中の TBBP-A は約 1 カ月で半減した．地表に浸出してからは徐々に分解されるものと思われる．また河川水試料からは全検体不検出であったことからも，廃棄物埋立て処分場から浸出した TBBP-A は拡散および分解などによって減少し，一般環境水に影響を及ぼすことはほとんどないと考えられる．添加回収実験の結果，水質試料中の TBBP-A はわずかに不溶成分に吸着することがわかったので，一部は底質に吸着して水中から除かれる可能性がある．これらのことから，環境水から TBBP-A が検出されれば，近傍に TBBP-A を含む廃棄物が埋められていると推定することができる．TBBP-A は，難燃化処理されたプラスチック系廃棄物のマーカーに利用できると考えられる．

〔長谷川敦子〕

参考文献

化学工業日報社調査及び日本難燃剤協会（FRCI）作成資料
長谷川敦子，鈴木茂：環境化学 **14**, p. 73（2004）．
長谷川敦子，鈴木茂：神奈川県環境科学センター研究報告 **28**, p. 45（2005）．

測定の落とし穴　マイクロシリンジ

分析操作でしばしば使うものにマイクロシリンジがある．実験用注射器といったものだが，普通の注射器を使う場合に比較して，少ない試料量で操作できることが多く，ダウンサイジングやエコに役立つことが期待できる．ただいくつか注意点があって，その最たるもののひとつが，コンタミしやすい，ということであろう（マイクロシリンジは正規の計量器具として認められていないが，実用上支障はない）．シリンジのニードル部分にはデッドボリュームがあり，数回のポンピングでかなり前回の影響は少なくなるが，ゼロにするのは難しい．物質によっては吸着もありうる．マイクロシリンジを使うなら，使用する溶液ごと，同じ溶液でも濃度ごとに使い分けたほうがよい．100 ppm の溶液に使い，その 0.1 % が残留したとして，次回に 1 ppm の溶液に使うと，10 % の誤差を生む恐れがある．とくに標準溶液と内標準溶液のマイクロシリンジは，厳密に使い分けた方が無難である．

2.3 塩素化パラフィンのLC/MS分析法

環境水，底質，生物

化学構造・慣用名	英語名	CAS No./分子式/分子量	オクタノール/水分配係数
$C_nH_{2n+2-x}Cl_x$ 塩素化パラフィン	polychlorinated paraffins	85535-84-8（短鎖），85535-85-9（中鎖） 85535-86-0（長鎖）/$C_nH_{2n+2-x}Cl_x$ 表 2.3.1 参照	表 2.3.1 参照

備考．物性：表 2.3.1 参照

　塩素化パラフィン類（CPs）は，C_{10}～C_{30} までの炭素鎖に塩素が30～70％（w/w）付加した混合物であり，炭素鎖の長さによって，短鎖（C_{10}-C_{13}），中鎖（C_{14}-C_{17}），長鎖（C_{18}-C_{30}）に分類される．パラフィン系炭化水素に塩素を付加して製造されるが，個々の炭化水素に対する塩素置換量および置換位置は塩素化条件によってそれぞれ異なるとともに，基礎原料である炭化水素の炭素数もある一定の分布をもつ異性体混合物となっている．

　短鎖塩素化パラフィンは主として切削油，金属加工油剤，封止剤，ゴム，繊維等の難燃剤，皮革処理剤，塗料，コーティング剤に，中鎖塩素化パラフィンは塩化ビニルポリマーの可塑剤として，長鎖塩素化パラフィンは船舶の防火塗料，塩ビ可塑剤，合成ゴム不燃化剤，印刷インキ，潤滑油等として使用される．

　とくに短鎖塩素化パラフィンは高い毒性があり難分解性と高蓄積性も有する[1),2)]ことから，欧州などで規制対象となり，残留性有機汚染物質に関するストックホルム条約（POPs条約）の対象物質への追加について検討がされているほか，日本国内でも2005年2月に「化学物質の審査及び製造等の規制に関する法律」（化審法）の第1種監視化学物質に指定されている．

　環境省が実施した化学物質環境実態調査結果[3)～5)]において，水質では長鎖が最大0.83 μg/L，底質では中鎖が最大390 ng/g-dry，長鎖が最大2,000 ng/g-dry，生物では中鎖が最大160 ng/g-wet検出されている（表 2.3.2）．

1）短鎖および中鎖塩素化パラフィン類の分析法

　水質試料は，ジクロロメタンで抽出後，アルミナカートリッジカラムでクリーンアップし，LC/MS（APCI-negative）で分析する[6)～12)]．

　底質および生物試料は，アセトンで抽出後，アセトニトリル／ヘキサン分配，硫酸洗浄を行った後，アルミナカートリッジカラムおよびGPC（gel permeation chromatography）でクリーンアップし，LC/MS（APCI-negative）で分析する[6)～12)]．分析方法のフローチャートを図 2.3.1 に示す．

a. 試薬および標準溶液

　個々の異性体の標準物質はほとんど市販されていないため，下記に示すPromochem社製の鎖長ごとの混合標準品とわが国で生産されている主要な工業用製品を標準物質として用いた．

● 短鎖塩素化パラフィン標準品：
① Promochem社製混合標準品（C_{10}，C_{11}，C_{12}，C_{13}）
② 味の素ファインテクノ社製エンパラL-45（鎖長

表 2.3.1　塩素化パラフィン類の物性

区分	Cl%	C	H	Cl	分子量	比重(kg/dm^3)	分解温度(℃)	logP_{ow}	外観
短鎖	38.9	12	23	3	273.7	1.13	250	—	低粘性液体
短鎖	51.7	12	21	5	342.6	1.22	250	4.39-6.93	低粘性液体
短鎖	63.6	12	18	8	445.9	1.40	250	5.47-7.3	粘稠性液体
中鎖	40.5	15	28	4	350.2	1.17	260	5.5-8.2	粘稠性液体
中鎖	50.8	15	26	6	419.1	1.26	260	5.5-8.2	粘稠性液体
中鎖	58.1	15	24	8	488.0	—	—	—	粘稠性液体
長鎖	39.0	24	44	6	545.3	1.16	300	—	高粘稠性液体
長鎖	51.9	24	40	10	683.1	1.26	300	—	高粘稠性液体
長鎖	70.1	24	29	21	1062.0	1.65	—	—	白色固体

表 2.3.2 環境中での検出状況

			検出地点	検出範囲	実施年度
水質	短鎖	(C_{10}〜C_{13})	0/2	nd	H16
	中鎖	C_{14}($Cl_{:5〜8}$)	0/4	nd	H17
	長鎖	塩素化率 40%	1/7	0.49〜0.77	H13
		塩素化率 70%	1/7	0.46〜0.83	H13
底質	短鎖	(C_{10}〜C_{13})	0/2	nd	H16
	中鎖	C_{14}($Cl_{:5〜8}$)	4/4	19〜390	H17
	長鎖	塩素化率 40%	6/7	42〜2000	H13
		塩素化率 70%	6/7	11〜390	H13
生物	短鎖	(C_{10}〜C_{13})	0/2	nd	H16
	中鎖	C_{14}($Cl_{:5〜8}$) 貝類	6/6	nd〜8.5	H17
		C_{14}($Cl_{:5〜8}$) 魚類	17/19	nd〜160	H17
		C_{15}($Cl_{:5〜9}$) 貝類	6/6	0.26〜3.3	H17
		C_{15}($Cl_{:5〜9}$) 魚類	18/18	nd〜84	H17

検出範囲の単位は，水質：μg/L，底質：ng/g-dry，生物：ng/g-wet

①水質

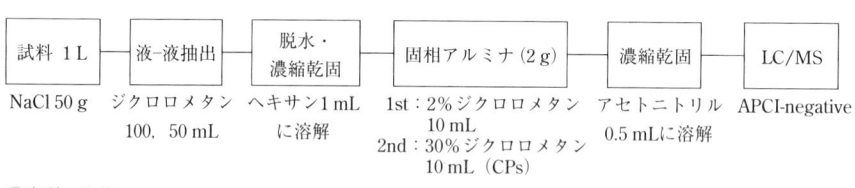

試料 1 L → 液-液抽出 → 脱水・濃縮乾固 → 固相アルミナ (2 g) → 濃縮乾固 → LC/MS

NaCl 50 g　ジクロロメタン　ヘキサン 1 mL　1st：2% ジクロロメタン　アセトニトリル　APCI-negative
　　　　　100, 50 mL　　に溶解　　　　　10 mL　　　　　　0.5 mL に溶解
　　　　　　　　　　　　　　　　　　　　2nd：30% ジクロロメタン
　　　　　　　　　　　　　　　　　　　　10 mL（CPs）

②底質・生物

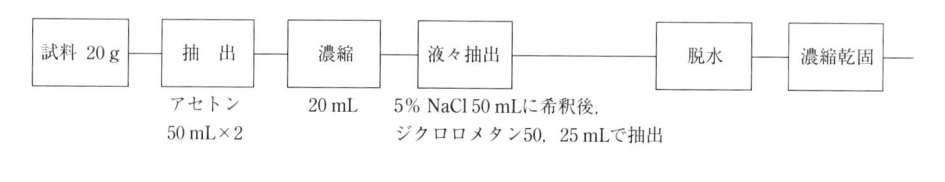

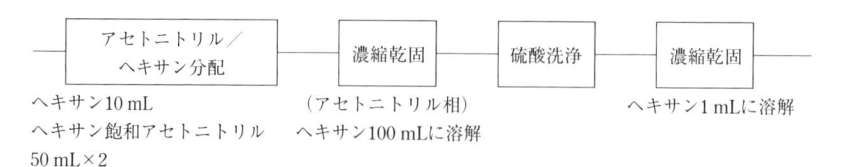

試料 20 g → 抽　出 → 濃縮 → 液々抽出 → 脱水 → 濃縮乾固

　　　　　アセトン　20 mL　5% NaCl 50 mL に希釈後，
　　　　　50 mL×2　　　　ジクロロメタン 50, 25 mL で抽出

— アセトニトリル／ヘキサン分配 → 濃縮乾固 → 硫酸洗浄 → 濃縮乾固

ヘキサン 10 mL　　　　　（アセトニトリル相）　　　　　　ヘキサン 1 mL に溶解
ヘキサン飽和アセトニトリル　ヘキサン 100 mL に溶解
50 mL×2

— 固相アルミナ (2 g) → GPC クロマトグラフィー → 濃縮乾固 → LC/MS

1st：2% ジクロロメタン 10 mL　　CLNpak PAE-2000AC　アセトニトリル 0.5 mL
2nd：30% ジクロロメタン 10 mL（CPs）（CPs：12.75-14.5 min）　に溶解

図 2.3.1 分析方法のフローチャート（短鎖および中鎖塩素化パラフィン）

12, 塩素化率45％), L-50（鎖長12, 塩素化率51％), K-65（鎖長12, 塩素化率63％)
③ 東ソー社製トヨパラックス 250（鎖長12, 塩素化率50％), 265（鎖長12, 塩素化率64％), 270（鎖長12, 塩素化率69％)
- 中鎖塩素化パラフィン標準品：
  東ソー社製トヨパラックス145（平均鎖長14.8, 塩素化率44％), 150（平均鎖長14.8, 塩素化率50％)
- 長鎖塩素化パラフィン標準品：
  和光純薬製40％および70％塩素化物
- 標準溶液の調整方法
  各標準物質100 mgを正確に秤取り, ジクロロメタンを用いて溶解し, 正確に100 mLに定容して, 1000 μg/mLの標準原液とする. 標準原液10 mLを正確に採取し, 窒素吹付けにより乾固直前まで濃縮した後, アセトニトリルを用いて正確に100 mLに定容して, 100 μg/mLの標準溶液を作成する.
- ヘキサン, アセトン, ジクロロメタン, アセトニトリル, シクロヘキサン, 無水硫酸ナトリウム, 塩化ナトリウム：残留農薬分析用またはHPLC分析用を用いる.
- 硫酸：精密分析用
- その他試薬は, 特級試薬を用いる.
- 精製水：超純水製造装置による精製水をジクロロメタンで2回洗浄して用いる.
- アルミナカートリッジカラム：Supelclean LC-Alumina N 6 mL Tube, 2g（SUPELCO社製)
- ディスポーザブルシリンジフィルター：PURADISK 25GD（25 mmφ, 1 μm, GMF-150）（Whatman社製）を用いる.

b. 装置および分析条件
装置および分析条件の例を表2.3.3に示す.

c. 試料の前処理
1. 水質

試料1 Lを2 Lの分液ロートに採取し, 塩化ナトリウム50 gを加えて十分混合・溶解する. 試料容器（ガラス製）をジクロロメタン用いて数回洗浄し（ジクロロメタン総容量100 mL), 得られたジクロロメタン洗浄を分液ロート内の試料水に合わせ, 約10分間振とう抽出し, 十分静置してジクロロメタン抽出液を採取する. 水層はジクロロメタン50 mLを用いて振とう抽出操作をさらに1回繰り返し, 得られたジクロロメタン抽出液は200 mLのトールビーカーに合わせ, ヘキサン20 mLを添加した後, 無水硫酸ナトリウムを用いて脱水する. 抽出液をデカンテーションにより200 mLのナス型フラスコに移し, 残渣の無水硫酸ナトリウムはヘキサンを用いて数回洗浄し, 洗液はナス型フラスコ中の抽出液に合わせる. 抽出液は, ロータリーエバポレーターを用いて35℃以下で減圧濃縮乾固後, ヘキサン5 mLを添加して再度減圧濃縮乾固し, ヘキサン約1 mLを添加した後, 超音波を照射して溶解し, 試料抽出液とする.

表2.3.3 装置および分析条件

（LC条件）	
使用機種	：Waters社製　Alliance2695
カラム	：ジーエルサイエンス　Inertsil C8-3（2.1φ, 100 mm, 3μm)
移動相	：A：水, B：アセトニトリル
	0〜0.5 min　　A：B = 50：50
	0.5〜7 min　　A：50 → 0　B：50 → 100 linear gradient
	7〜20 min　　A：B = 0：100
	20〜20.1 min　A：0 → 50　B：100 → 50 linear gradient
	20.1〜33 min　A：B = 50：50
流量	：0.2 mL/min
カラム温度	：40℃
注入量	：20 μL
（MS条件）	
使用機種	：Waters社製　Quattro micro API
コロナ電流	：10 μA, ソース温度：100℃, APCIプローブ温度：150℃
コーンガス流量	：60 L/Hr, デソルベーションガス流量：500 L/hr
イオン化法	：APCI negative, SIM
コーン電圧	：15 V
モニターイオン	：モニターイオンとイオンの組成を表2.3.4〜2.3.6に示す.

表 2.3.4 モニターイオンとイオンの組成（短鎖）

鎖長	塩素数	イオンの組成	定量イオン	確認イオン	
10	4	$C_{10}H_{19}Cl_3O_2^-$	276.0	278.0	280.0
10	5	$C_{10}H_{18}Cl_4O_2^-$	312.0	310.0	314.0
10	6	$C_{10}H_{17}Cl_5O_2^-$	346.0	344.0	348.0
11	5	$C_{11}H_{20}Cl_4O_2^-$	326.0	324.0	328.0
11	6	$C_{11}H_{19}Cl_5O_2^-$	360.0	358.0	362.0
11	7	$C_{11}H_{18}Cl_6O_2^-$	393.9	391.9	395.9
12	5	$C_{12}H_{22}Cl_4O_2^-$	340.0	338.0	342.0
12	6	$C_{12}H_{21}Cl_5O_2^-$	374.0	372.0	376.0
12	7	$C_{12}H_{20}Cl_6O_2^-$	408.0	406.0	410.0
13	5	$C_{13}H_{24}Cl_4O_2^-$	354.1	352.1	356.0
13	6	$C_{13}H_{23}Cl_5O_2^-$	388.0	386.0	390.0
13	7	$C_{13}H_{22}Cl_6O_2^-$	422.0	420.0	424.0

注）API3000で測定対象とするイオンは，目的物質から塩素が脱離したイオンを測定しているため，定量結果等を記載する際には，異性体が本来もっている塩素数で記述した．

表 2.3.5 モニターイオンとイオンの組成（中鎖）

鎖長	塩素数	イオンの組成	定量イオン	確認イオン	
14	5	$C_{14}H_{26}Cl_4O_2^-$	368.1	366.1	370.1
14	6	$C_{14}H_{25}Cl_5O_2^-$	402.0	400.0	404.0
14	7	$C_{14}H_{24}Cl_6O_2^-$	436.0	434.0	438.0
14	8	$C_{14}H_{23}Cl_7O_2^-$	469.9	468.0	471.9
15	5	$C_{15}H_{28}Cl_4O_2^-$	382.1	380.1	384.1
15	6	$C_{15}H_{27}Cl_5O_2^-$	416.0	414.0	418.0
15	7	$C_{15}H_{26}Cl_6O_2^-$	450.0	448.0	452.0
15	8	$C_{15}H_{25}Cl_7O_2^-$	484.0	482.0	486.0
15	9	$C_{15}H_{24}Cl_8O_2^-$	519.9	517.9	521.9

注）API3000で測定対象とするイオンは，目的物質から塩素が脱離したイオンを測定しているため，定量結果等を記載する際には，異性体が本来もっている塩素数で記述した．
標準品として用いた中鎖CPs（トヨパラックス145および150）の平均鎖長はMSDSに14.8であると記載されているが，LC/MSのマススペクトルから得られる主成分は，鎖長が14であったため，添加回収率等の検討は鎖長14の成分についてのみ実施した．

表 2.3.6 モニターイオンとイオンの組成（長鎖）

モニターイオン m/z	40% CPs	514.1	528.1	562.1	576.1	610.1	624.1	658.1	672.1
	（組成）	$C_{22}-Cl_5$	$C_{23}-Cl_5$	$C_{23}-Cl_6$	$C_{24}-Cl_6$	$C_{24}-Cl_7$	$C_{25}-Cl_7$	$C_{25}-Cl_8$	$C_{26}-Cl_8$
	70% CPs	984.7	998.7	1032.6	1046.6	1080.6	1094.6	1128.6	1142.6
	（組成）	$C_{21}-Cl_{19}$	$C_{22}-Cl_{19}$	$C_{22}-Cl_{20}$	$C_{23}-Cl_{20}$	$C_{23}-Cl_{21}$	$C_{24}-Cl_{21}$	$C_{24}-Cl_{22}$	$C_{25}-Cl_{22}$

注）目的物質から塩素が脱離したイオンであることが確認できていないため，塩素が離脱していないと仮定した塩素数で記述した．
また，70% CPsについては，奇数イオンの組成を $[M+33]^-$ と仮定して組成を記載した．

2. 底質および生物

試料約20 g（底質は乾泥換算試料量として10 g相当）を100 mLの遠心分離管に採取し，精秤する．アセトン50 mLを加え，密栓して10分間振とうした後，10分間超音波抽出する．遠心分離（3,000 rpm，10分）を行い，得られたアセトン抽出液は，あらかじめアセトンで洗浄したガラス繊維ろ紙（GF/A，110 mmφ）でろ過した後，200 mLのナス型フラスコに移す．残渣にアセトン（長鎖ではジクロロメタン）50 mLを加え，振とう・超音波抽出・遠心分離・ろ過操作を繰り返し，得られた抽出液は先の抽出液と合わせる．

アセトン抽出液は，ロータリーエバポレーターを用いて約20 mLまで減圧濃縮し，あらかじめ5%塩化ナトリウム溶液50 mLを加えた200 mLの分液ロートに移し，濃縮に用いたナス型フラスコは，ジクロロメタン50 mLを用いて洗浄し（数回に分けて洗浄），洗液は分液ロートに移し，10分間振とうを行い，十分静置後，分液する．水層は，再度ジクロロメタン25 mLを用いて再抽出し，抽出液は先のジクロロメタン試料抽出液と合わす．ヘキサン20 mLをジクロロメタン試料抽出液に添加した後，無水硫酸ナトリウムを用いて脱水する．抽出液をデカンテーションにより200 mLのナス型フラスコに移し，残渣の無水硫酸ナトリウムはヘキサンを用いて数回洗浄し，洗液はナス型フラスコ中の抽出液に合わせる．抽出液は，ロータリーエバポレーターを用いて35℃以下で減圧濃縮乾固した後，5 mLのヘキサンを添加して超音波照射により溶解する．

抽出液を100 mLの分液ロートに移し，さらにヘキサン5 mLおよびヘキサン飽和アセトニトリル50 mLを用いて抽出液を分液ロートに洗い込み（数回に分け

て洗い込む），10分間振とうを行い，十分静置後，アセトニトリル層を分液し，200 mLのナス型フラスコに移す．ヘキサン層は，再度ヘキサン飽和アセトニトリル50 mLを添加後，10分間振とうし，十分静置後，分液し，先のアセトニトリル抽出液と合わせる．

アセトニトリル抽出液は，ロータリーエバポレーターを用いて約35℃以下で乾固寸前まで減圧濃縮し，ノナン1 mLおよびヘキサン10 mLを添加して再度減圧濃縮した後，ヘキサン10 mLを添加し，超音波照射を照射して溶解する．

試料液は，ヘキサン90 mLを用いて250 mLの分液ロートに移し，濃硫酸10 mLを加え，穏やかに振とうする．分液により硫酸層を除去した後，さらに濃硫酸5 mLを加え振とう洗浄する．この操作を硫酸層が着色しなくなるまで繰り返す．洗浄後，ヘキサン試料液は，あらかじめ5%塩化ナトリウム溶液30 mLを加えた250 mLの分液ロートに移し，穏やかに振とうして洗浄する．ヘキサン試料液は，再度5%塩化ナトリウム溶液20 mLを用いて再度振とう洗浄する．得られたヘキサン試料液は，200 mLのトールビーカーに移して無水硫酸ナトリウムを用いて脱水する．試料液を200 mLのナス型フラスコに移し，ロータリーエバポレーターを用いて35℃以下で減圧濃縮乾固し，ヘキサン約1 mLを添加した後，超音波を照射して溶解し，試料抽出液とする．

3．試料液の調製（底質および生物）

あらかじめヘキサン10 mLで洗浄したアルミナカートリッジカラムにスピッツ型試験管（10 mL）をセットした後，試料抽出液をカラムに負荷し，液面をカラムベッドまで下げてから，2%ジクロロメタン含有ヘキサン10 mLを用いて濃縮容器およびカラム壁面を洗いながら試料をカラムに負荷する．スピッツ型試験管（10 mL）を交換し，さらに30%ジクロロメタン含有ヘキサン10 mLを用いてCPsを溶離（第2分画）する．第2分画の溶出液は，窒素吹付けにより0.5 mLまで濃縮し，アセトンを用いて2 mLとする．

試料液（アセトン溶液）をGPC装置に注入し，CPsの溶出する分画（短鎖および中鎖は12.75～14.5 min，長鎖は11.5～13.5 min）を分取する．分取液は，窒素吹付けにより溶媒を除去した後，アセトニトリル0.5 mLを正確に添加した後，超音波を照射して溶解し，試料液とする．

GPC装置の操作条件は，表2.3.7のとおりである．

2）解説

a．測定法の検討

1．LC/MSイオン化条件の検討

短鎖，中鎖および長鎖CPsのいずれも，APCI-negativeモードでイオン化が認められた．

Quattro Ultimaでは，C_{10}標準品のイオン化は，含水アセトニトリルを移動相に使用した場合は，イオン強度が非常に弱く，また，コロナ電流値を変化させることでマススペクトルのパターンが変わるなどの現象が生じた．この現象は，炭素数と塩素数が少なくなるほど顕著になることから，移動相を純アセトニトリルにしたところ，イオン化効率が改善され，明瞭なスペクトルを得ることができた（図2.3.2）．Quattro Ultimaで得られた短鎖CPsのイオンは，ネブライザーガスを純窒素することで消失したことから，M＋32＝$[M+O_2]^-$と推定され，GC/MS-NCI測定のスペクトルと類似していた．

一方，API3000の場合は，移動相の影響は認められず，50%含水アセトニトリルまたはメタノールを移動相としても，Quattro Ultimaと類似したマススペクトルが得られ，イオン化効率の変化も認められなかった（図2.3.3）．

表2.3.7 GPC条件例

カラム：昭和電工 CLNpak PAE-2000 AC（プレカラム：PAE-G AC）
ラインフィルター：ジーエルサイエンス社製テフロン製ラインフィルター
移動相および流速：シクロヘキサン／アセトン（5：95）4 mL/min
カラム温度：40℃
注入量：2 mL（サンプルループ容量：2 mL）
サイクルタイム：30 min（洗浄時間を含めると1時間）
検出器：紫外吸収検出器（UV：330 nm）または示差屈折検出器（RI）
なお，分取開始前および分取終了の度に，テトラヒドロフラン（THF）/トルエン（1：1）2 mLをGPC装置に注入し，カラムを洗浄する．

なお，長鎖 CPs は，島津 LCMS-2010，HP-1100MSD 等で高感度に検出できた（図 2.3.4）が，API3000 では検出感度が劣る傾向が認められた．

2. モニターイオンの選定とその組成

モニターイオンの候補となる各イオンの組成を決定するため，鎖長が定まった標準品である Promochem 社製標準品（短鎖，$C_{10} \sim C_{13}$）のマススペクトルを測定し，各イオンの示す塩素同位体パターン（図 2.3.5）からイオンに含まれる塩素数を推定し，その組成を検討した（表 2.3.8）．

その結果，API3000 で観測されるイオンの組成は，Promochem 社が公表している組成や Waters 社製 LC/MS 装置（ZQ）で得られるイオンに比較して塩素数が 1 個少ないこと，また，GC/MS-NCI 測定では，[M-HCl]$^-$ が生成することが報告されていることから，API3000 で検出されるイオンは，塩素が脱離して二次的に生じた分子イオン [M]$^-$ に酸素 [O_2]$^-$ イオンが付加して M+32＝[M+O_2]$^-$ イオンが生成しているものと推定された．

一方，工業的に使用されている短鎖 CPs（エンパラ L-45 および L-50）の場合は，鎖長の異なる炭化水素が原料となっており，鎖長と塩素化率の異なった異性体の混合物となっている（図 2.3.6，2.3.7）．このため，工業製品に含まれる異性体を定量する場合は，鎖長の定まった CPs 標準品のモニターイオン以外にこれら工業製品に含まれる異性体のイオンを測定するとともに，工業製品に含まれる主要異性体の含有率を求めておく必要があった．

図 2.3.2　C_{10}（短鎖）標準品のマススペクトル（Quattro Ultima）

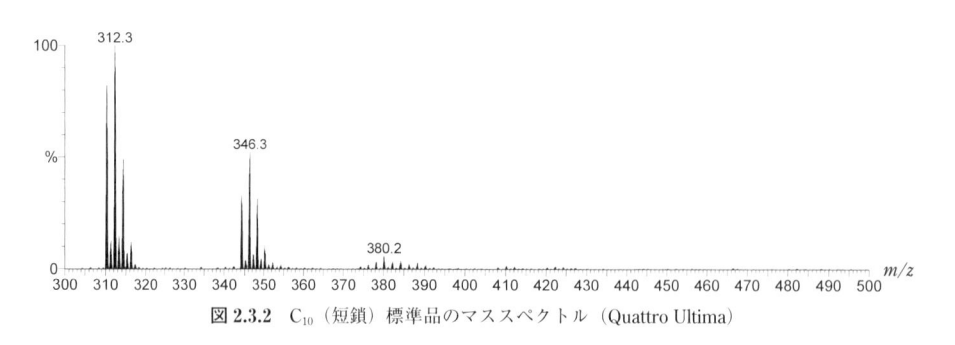

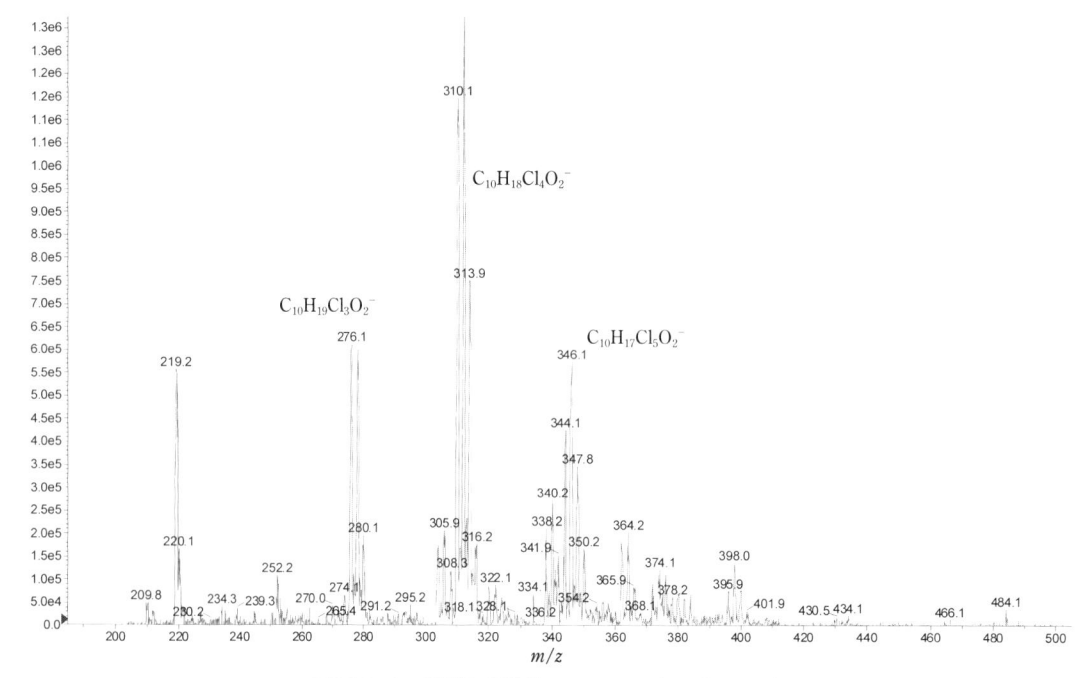

図 2.3.3　C_{10}（短鎖）標準品のマススペクトル（API3000）

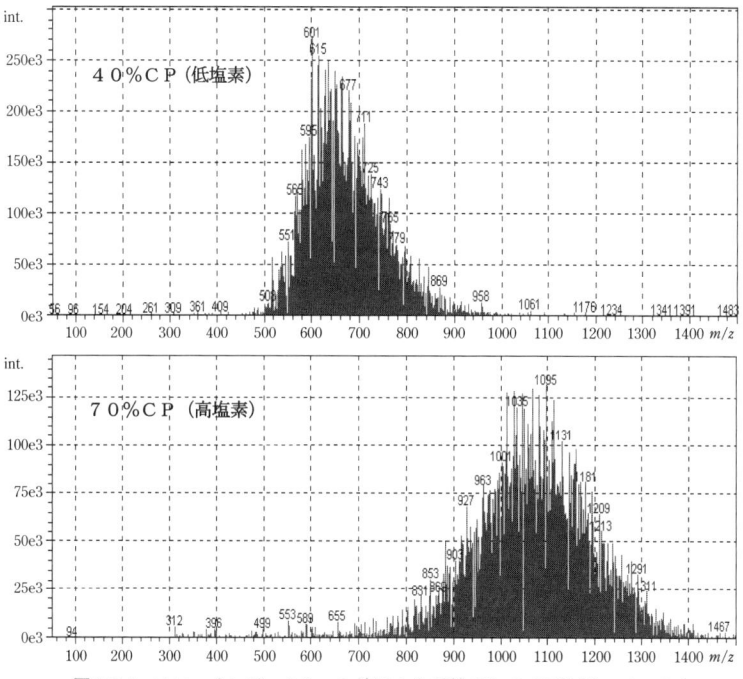

図 2.3.4 フローインジェクション法による長鎖 CPs の APCI/Neg スペクトル（LCMS-QP8000）

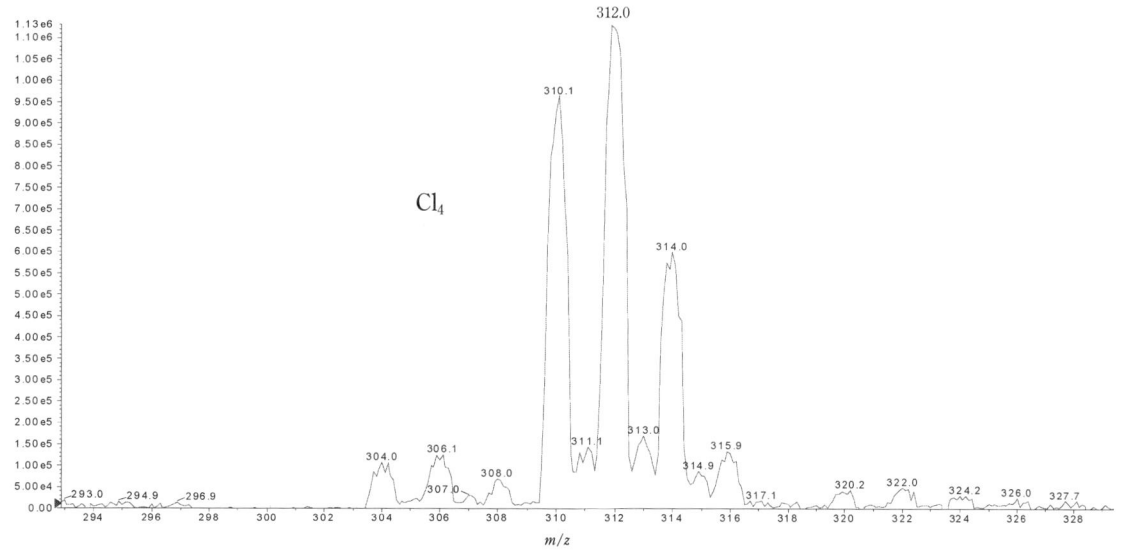

図 2.3.5 塩素同位体パターンの例（四塩化物，$C_{16}H_{18}Cl_4O_2^-$）

また，中鎖についても短鎖と同様に，塩素化率の異なる異性体が存在することから，定量値は，各標準品の総量で作成した検量線から求めた定量結果にあらかじめ求めた含有率を乗じて算出することとした．

なお，工業用短鎖 CPs の中で塩素化率が 60％を越えるエンパラ K-65（トヨパラックス 265 もほぼ同一成分）およびトヨパラックス 270 では，奇数イオンが検出された（図 2.3.8）．これらの高塩素化短鎖 CPs のマススペクトルは，API3000 と Waters 社製 LC/MS 装置（ZQ）で完全に一致したことから，API3000 で生じる低塩素化 CPs のイオン化過程における塩素脱離は，高塩素化短鎖 CPs では生じていないことが判

表 2.3.8 短鎖塩素化パラフィン（C_{10}）の分子量と各分子種の存在比

\multicolumn{7}{c	}{C_{10}, 4 塩素化物}	\multicolumn{7}{c}{C_{10}, 5 塩素化物}
C	H	^{35}Cl	^{37}Cl	O	塩素化率（％）	分子量	存在比（％）	C	H	^{35}Cl	^{37}Cl	O	塩素化率（％）	分子量	存在比（％）

C	H	^{35}Cl	^{37}Cl	O	塩素化率（％）	分子量	存在比（％）	C	H	^{35}Cl	^{37}Cl	O	塩素化率（％）	分子量	存在比（％）
10	18	4	0	2	45.1	310.0	78.2	10	17	5	0	2	50.8	344.0	62.5
10	18	3	1	2	45.5	312.0	100.0	10	17	4	1	2	51.1	346.0	100.0
10	18	2	2	2	45.8	314.0	48.0	10	17	3	2	2	51.4	348.0	64.0
10	18	1	3	2	46.2	316.0	10.2	10	17	2	3	2	51.7	350.0	20.5
10	18	0	4	2	46.5	318.0	0.8	10	17	1	4	2	51.9	352.0	3.3
								10	17	0	5	2	52.2	354.0	0.2

C	H	^{35}Cl	^{37}Cl	O	塩素化率（％）	分子量	存在比（％）	C	H	^{35}Cl	^{37}Cl	O	塩素化率（％）	分子量	存在比（％）
\multicolumn{8}{c	}{C_{10}, 6 塩素化物}	\multicolumn{8}{c}{C_{10}, 7 塩素化物}
10	16	6	0	2	55.5	377.9	52.1	10	15	7	0	2	59.4	411.9	44.7
10	16	5	1	2	55.8	379.9	100.0	10	15	6	1	2	59.6	413.9	100.0
10	16	4	2	2	56.0	381.9	79.9	10	15	5	2	2	59.8	415.9	95.9
10	16	3	3	2	56.2	383.9	34.1	10	15	4	3	2	60.0	417.9	51.1
10	16	2	4	2	56.4	385.9	8.2	10	15	3	4	2	60.2	419.9	16.4
10	16	1	5	2	56.7	387.9	1.0	10	15	2	5	2	60.4	421.9	3.1
10	16	0	6	2	56.9	389.9	0.1	10	15	1	6	2	60.6	423.9	0.3
								10	15	0	7	2	60.8	425.9	0.0

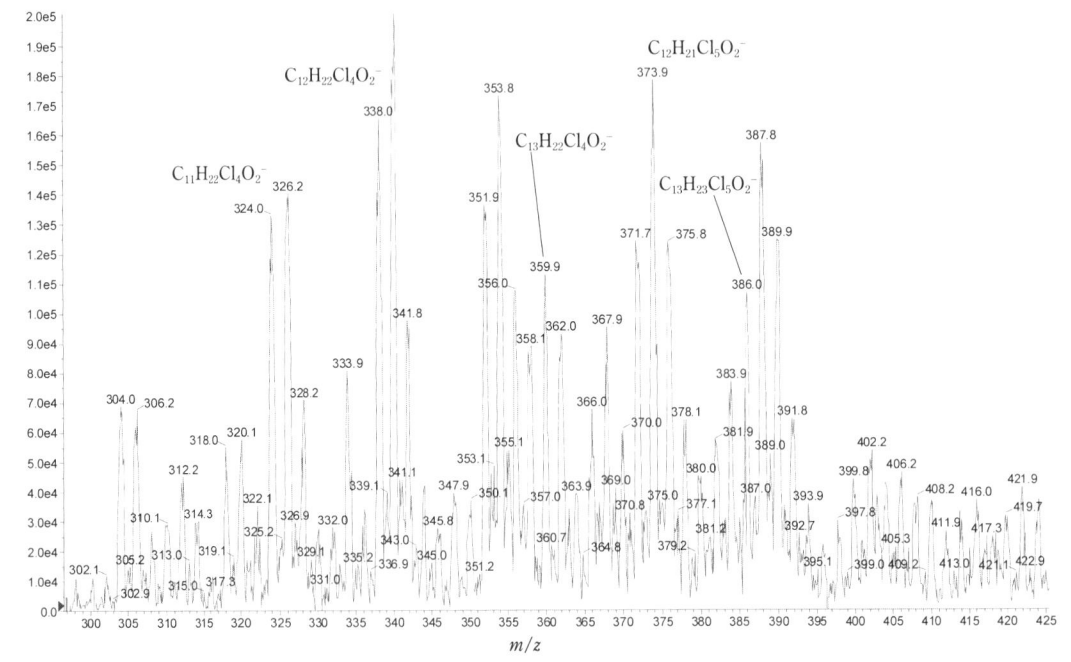

図 2.3.6 エンパラ L-45（短鎖工業製品）（平均鎖長：12, 平均塩素数：3.6, 塩素化率 44％）のマススペクトル（API3000）

明した．しかし，各物質の鎖長が確定できなかったため，イオンの組成を確定するに至らなかった．

3. HPLC 分離の検討

Quattro Ultima では，純アセトニトリルを移動相とする必要があることから，排除限界の小さい分子ふる

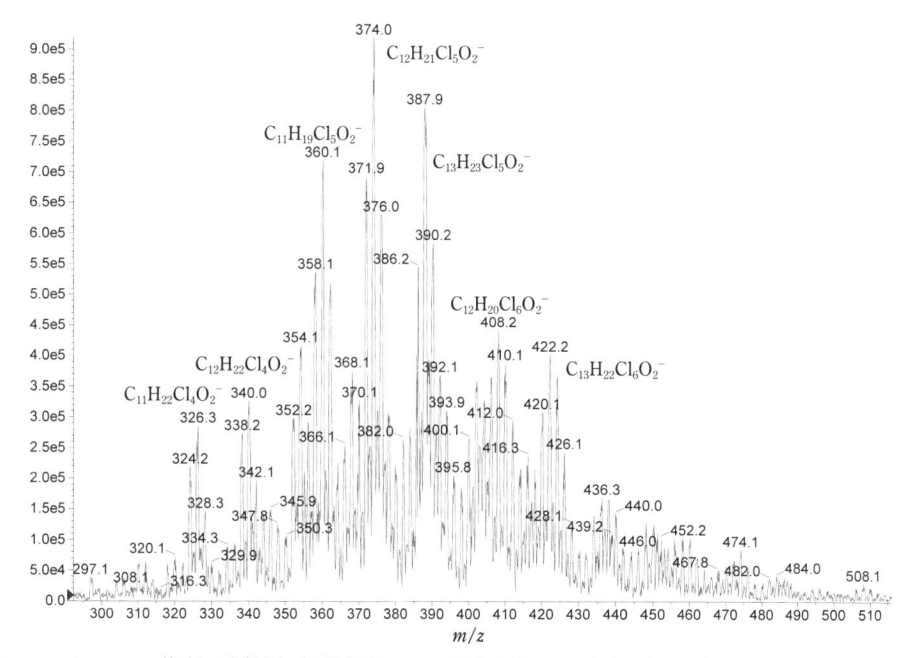

図 2.3.7 エンパラ L—50（短鎖工業製品）（平均鎖長：12，平均塩素数：4.7，塩素化率 50%）のマススペクトル（API3000）

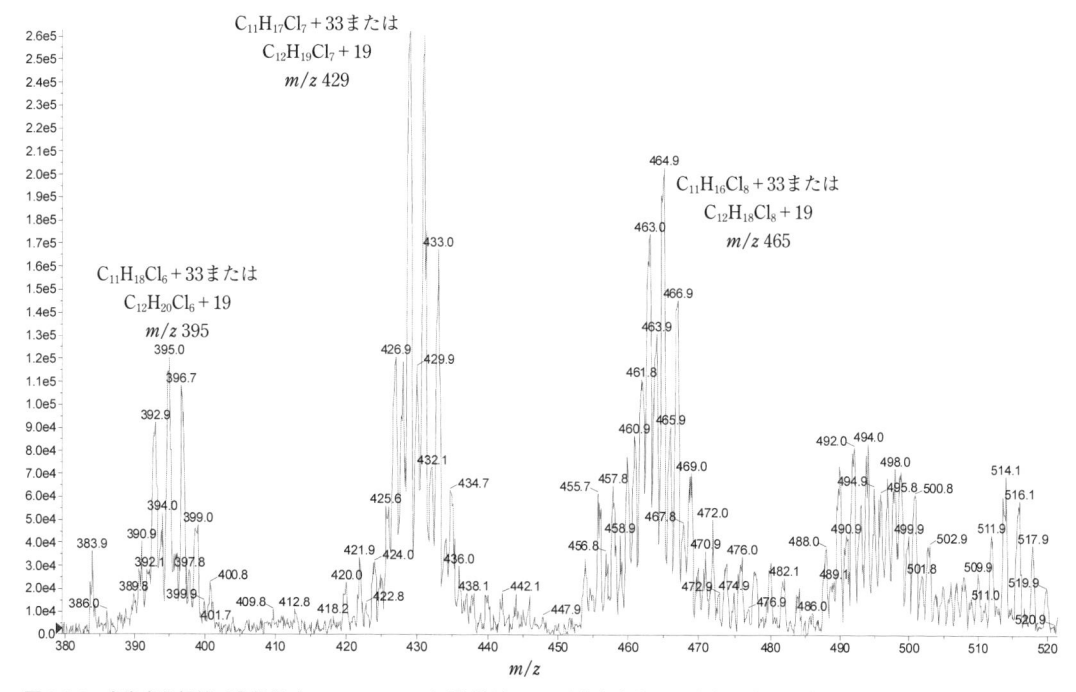

図 2.3.8 高塩素化短鎖工業製品（エンパラ K-65（平均鎖長：12，平均塩素数：8，塩素化率 64%））のマススペクトル（API3000）

い（SEC）カラムを用いて，炭素数・塩素数の異なる塩素化パラフィン（CPs）の分離を試みたが，CPs を相互に分離することはできなかった（図 2.3.9）．

一方，ODS 系カラムでも，短鎖および中鎖 CPs の完全分離はできなかったが，API3000 では移動相に水系溶媒が使用できること，また水系溶媒による妨害物質除去効果が期待できることから，C18 または C8 系をカラムとして採用した（図 2.3.10，2.3.11）．

4. 定量法の検討

鎖長の定まった短鎖 CPs 標準品中においても，塩

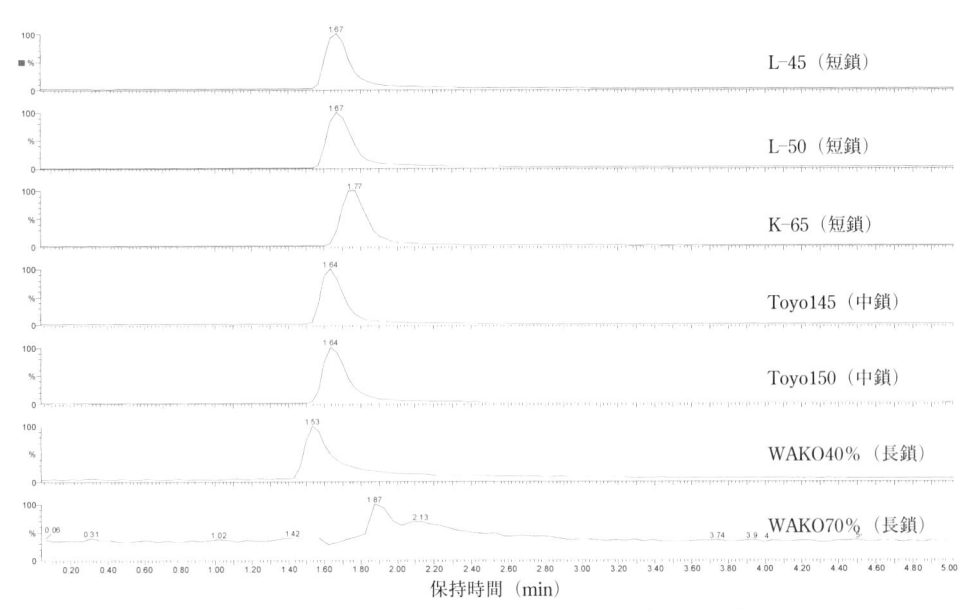

図 2.3.9 分子ふるい（SEC）系カラム（Vmpack）の LC 分離

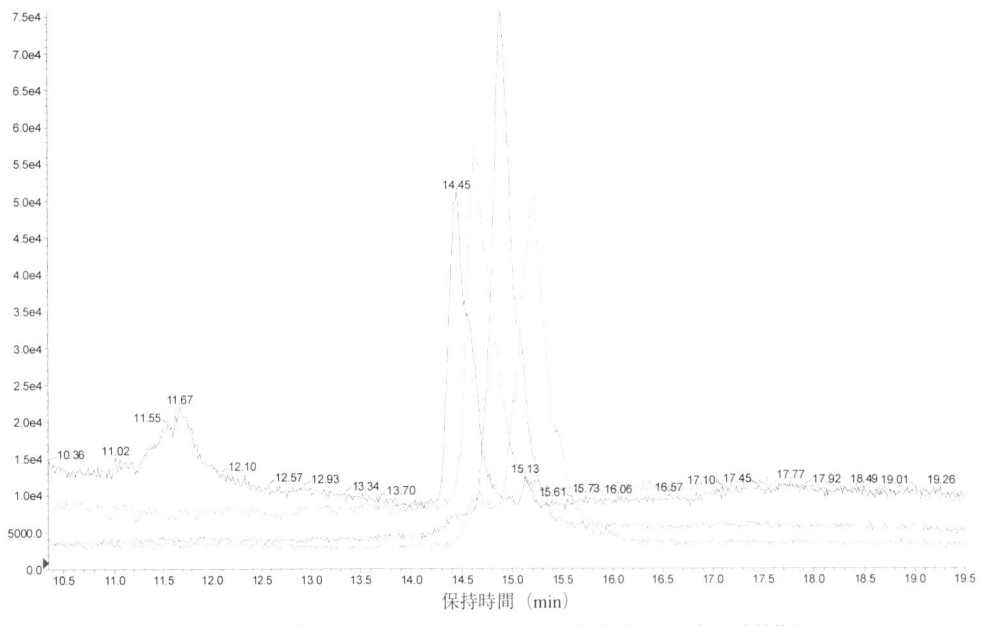

図 2.3.10 ODS 系カラム（C18, 50 mm）における短鎖（C_{10}〜C_{13}）の分離状況

素化率の異なる異性体が存在すること，また工業用に使用される CPs に含まれる異性体を標準品として入手することが不可能なことから，これら工業用製品および標準品に含まれる分析目的異性体の含有率算出法を検討した．含有率は，各標準品に存在する各異性体に特有なイオン（図 2.3.12）の面積を測定し，その面積（同位体イオンも積算する）比から各標準品に含まれる異性体の含有率を算定し，その結果を表 2.3.9 に示した．

表 2.3.9 に示すように，鎖長が定まった標準品（C_{10}〜C_{13}）においても，塩素化率の異なる異性体が存在することから，短鎖 CPs の定量値は，各標準品の総量で作成した検量線から求めた定量結果（表 2.3.9）の含有率を乗じて算出する．

中鎖 CPs も同様に各異性体に特有なイオン（図 2.3.13）の面積を測定して求めた含有率（表 2.3.10）

2.3 塩素化パラフィンの LC/MS 分析法

短鎖 C_{10} (m/z 312)

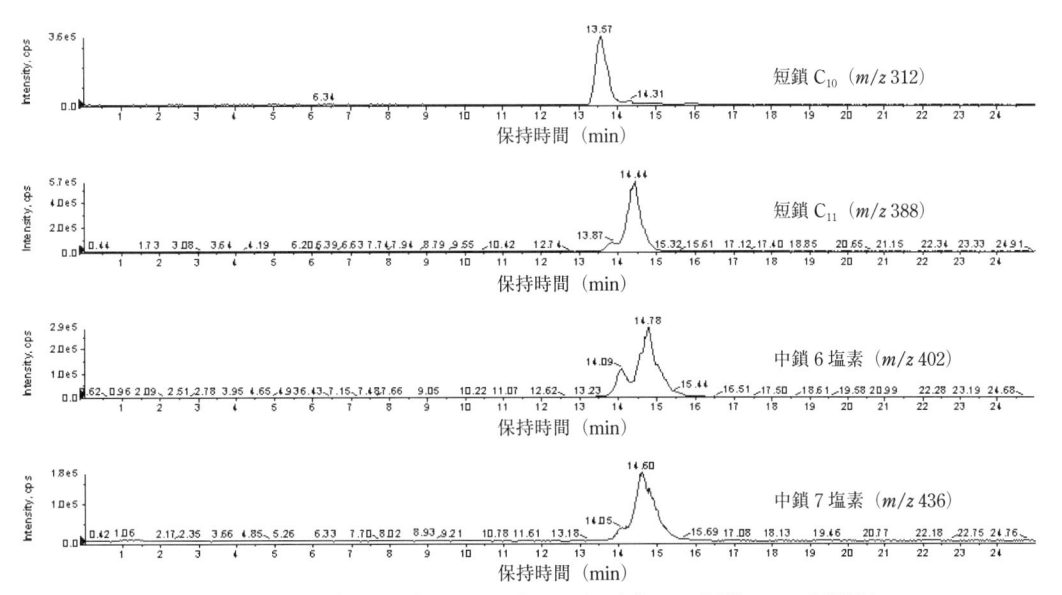

保持時間（min）

短鎖 C_{11} (m/z 388)

保持時間（min）

中鎖 6 塩素 (m/z 402)

保持時間（min）

中鎖 7 塩素 (m/z 436)

保持時間（min）

図 2.3.11 ODS 系カラム（C18, 50 mm）における中鎖および短鎖 CPs の分離状況

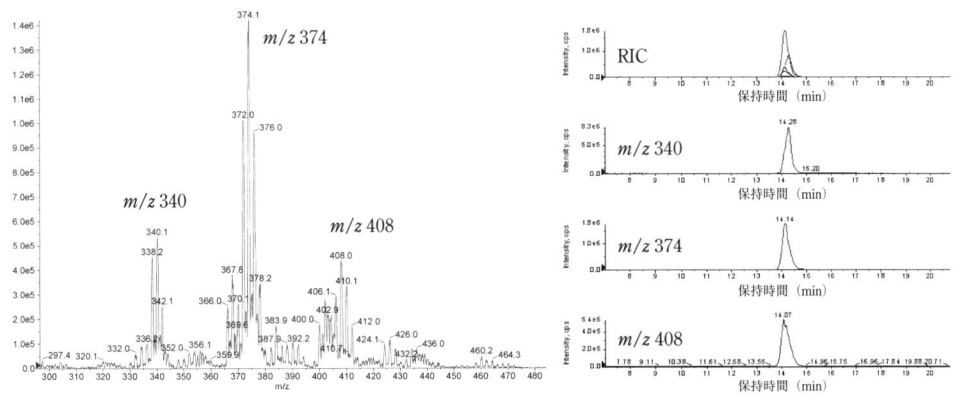

図 2.3.12 短鎖標準品中に含まれる異性体とイオン面積比を用いた含有率の算定（例：C_{12}）

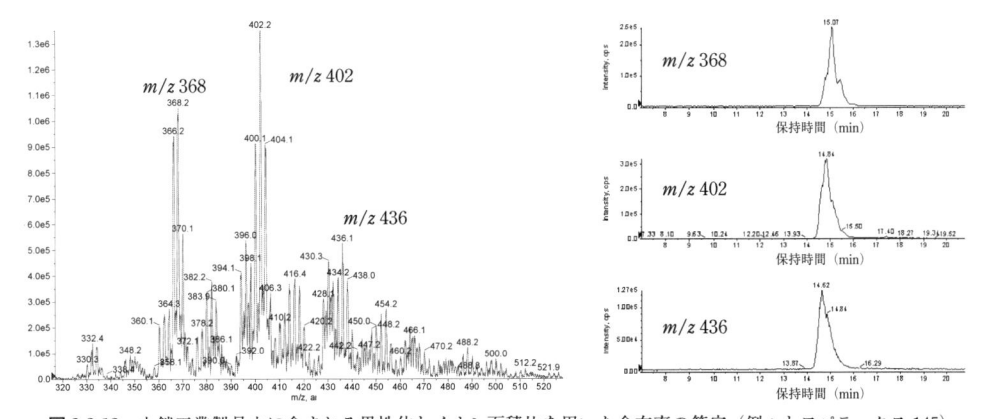

図 2.3.13 中鎖工業製品中に含まれる異性体とイオン面積比を用いた含有率の算定（例：トヨパラックス 145）

表 2.3.9 短鎖 CPs に含まれる主要異性体の含有率

標準品	m/z	鎖長	塩素数	含有率（%）	標準品	m/z	鎖長	塩素数	含有率（%）
C_{10}	276	10	4	2.9	L-50	326	11	5	7.8
C_{10}	312	10	5	57.2	L-50	340	12	5	9.0
C_{10}	346	10	6	40.0	L-50	360	11	6	16.0
C_{11}	326	11	5	30.4	L-50	374	12	6	25.3
C_{11}	360	11	6	55.7	L-50	388	13	6	17.4
C_{11}	394	11	7	13.9	L-50	408	12	7	13.1
C_{12}	340	12	5	22.1	L-50	422	13	7	11.5
C_{12}	374	12	6	56.5	T250	326	11	5	22.9
C_{12}	408	12	7	21.4	T250	360	11	6	55.3
C_{13}	354	13	5	35.6	T250	394	11	7	21.8
C_{13}	388	13	6	49.4	K-65 (T265)	395	11	6	24.8
C_{13}	422	13	7	15.0	K-65 (T265)	431	11	7	42.4
L-45	326	11	5	14.8	K-65 (T265)	465	11	8	32.8
L-45	340	12	5	22.8	T270	465	11	8	30.0
L-45	354	13	5	15.0	T270	499	11	9	45.1
L-45	374	12	6	27.3	T270	533	11	10	24.9
L-45	388	13	6	20.1					

注）鎖長および塩素数は，イオン化しない状態における各異性体の鎖長と塩素数を示した．
また，K-65（T265），T270 の高塩素化 CPs で測定される奇数イオンを［M＋33］⁻と仮定した組成を示した．

表 2.3.10 中鎖 CPs に含まれる主要異性体の含有率

標準品	m/z	鎖長	塩素数	含有率（%）	標準品	m/z	鎖長	塩素数	含有率（%）
T145	368	14	5	29.8	T150	368	14	5	8.4
T145	402	14	6	48.4	T150	402	14	6	33.3
T145	436	14	7	21.8	T150	436	14	7	35.1
					T150	470	14	8	23.1

注）鎖長および塩素数は，イオン化しない状態における各異性体の鎖長と塩素数を示した．

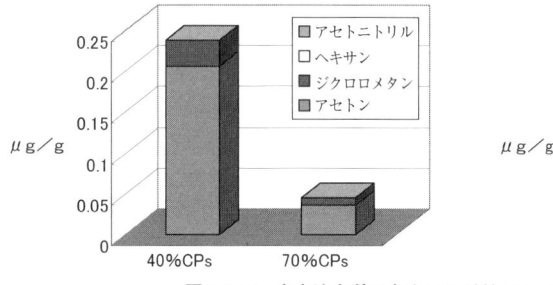

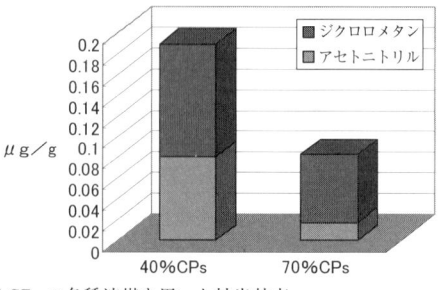

図 2.3.14 東京湾底質に含まれる長鎖 CPs の各種溶媒を用いた抽出効率

を乗じて算出する．なお，今回の含有率の算定では，C_{14} の成分のみを対象としたが，標準品中には主成分である鎖長 C_{14} の成分以外に C_{15} の成分も含有されていることから，含有率を求める際には C_{15} の成分も考慮して算定することが望ましい．

b．抽出溶媒の検討

東京湾底質を対象に，アセトン，ジクロロメタン，ヘキサン，アセトニトリルの順に各 50 mL で 2 回抽

出を行い，東京湾底質に含まれている長鎖 CPs の抽出量を比較検討した結果を図 2.3.14 左側に示した．

長鎖 CPs は，アセトンのみでは完全に抽出されず，ジクロロメタンの画分に若干残存したが，その後のヘキサンおよびアセトニトリル抽出液からは検出されなかった．一方，アセトニトリルで抽出後にジクロロメタンで抽出した場合（図 2.3.14 右側）には，アセトニトリルでの抽出量は低く，全体の抽出量も低下した．このため，長鎖 CPs では，アセトンで湿泥を振とう・超音波抽出後に，さらにジクロロメタンで振とう・超音波抽出する方法としたが，短鎖および中鎖 CPs は，長鎖 CPs に比較して，アセトンへの溶解性が良好で吸着性も低いことから，アセトンのみを抽出溶媒として採用することとした．

また，水質についても，懸濁物質に吸着した CPs を効率的に抽出する目的で，ジクロロメタンを用いた液-液抽出法を採用したが，高い回収率を得るためには，塩析を必要とした．

c．クリーンアップの検討
1．アセトニトリル/ヘキサン分配の検討

中鎖 CPs は，炭化水素であるにもかかわらずアセトニトリル層に分配された（図 2.3.15）．アセトニトリル/ヘキサン分配は，底質中の鉱物油成分，生物試料中の脂肪等の夾雑成分の除去にきわめて効果的であるため，本操作を行うことで，後の精製操作である硫酸洗浄がきわめて容易となった．

2．硫酸洗浄および銅粉処理

CPs は硫酸洗浄を行うことが可能であり，夾雑物の分解・除去にきわめて効果的であった．また，底質中に多量に存在する可能性のあるフタル酸エステル類，リン酸トリエステル類等が抽出・除去される効果もあった．なお，硫酸洗浄は底質中の単体硫黄を除去することができないが，単体硫黄はアルミナカラムクロマトグラフィーおよび GPC 操作で分離できるため，銅粉処理は省略することとした．

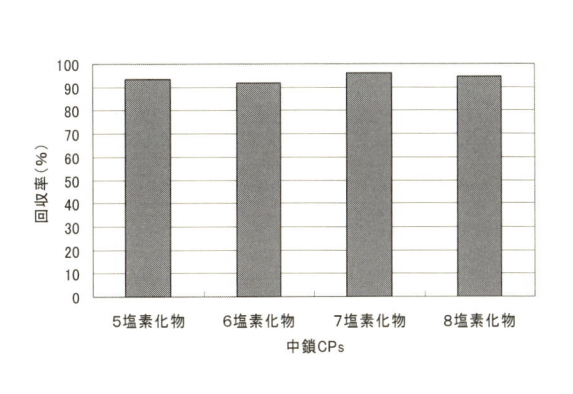

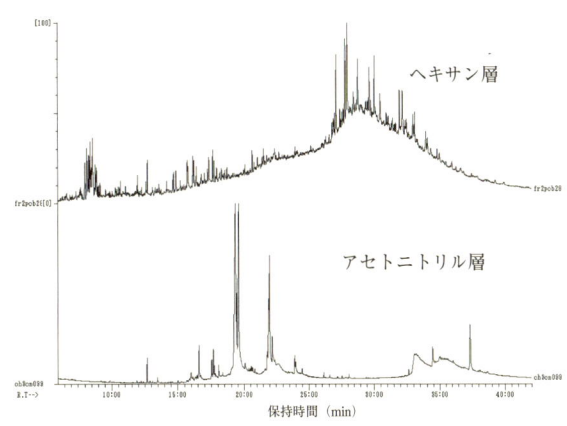

図 2.3.15 アセトニトリル/ヘキサン分配の回収率と底質試料における効果

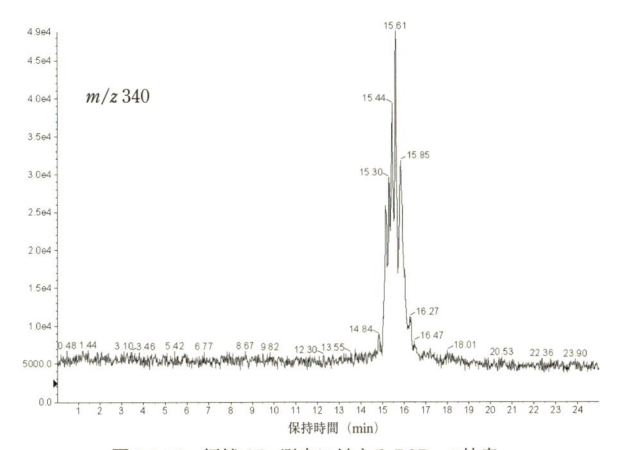

図 2.3.16 短鎖 CPs 測定に対する PCBs の妨害

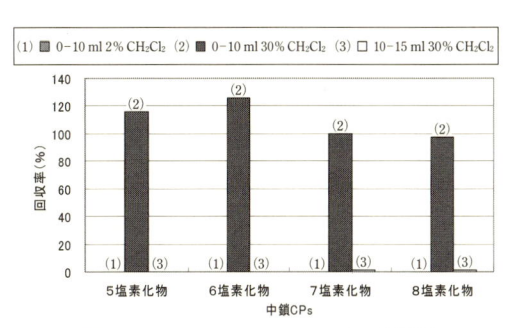

図 2.3.17 アルミナカラムにおける分離状況

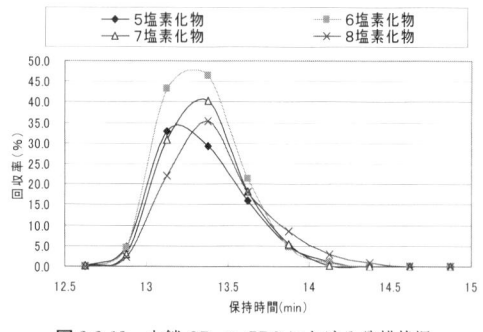

図 2.3.18 中鎖 CPs の GPC における分離状況

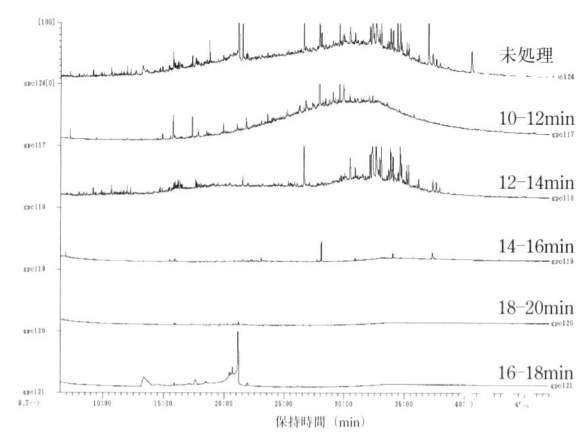

図 2.3.19 底質試料の GPC における分離状況

表 2.3.11 短鎖塩素化パラフィンの検出下限および定量下限

	水質 （μg/L）				底質 （μg/kg-dry）				生物 （μg/kg）			
	C_{10}	C_{11}	C_{12}	C_{13}	C_{10}	C_{11}	C_{12}	C_{13}	C_{10}	C_{11}	C_{12}	C_{13}
	(5塩素)	(6塩素)	(6塩素)	(6塩素)	(5塩素)	(6塩素)	(6塩素)	(6塩素)	(5塩素)	(6塩素)	(6塩素)	(6塩素)
検出下限	0.0090	0.0147	0.0086	0.0055	0.77	1.41	0.34	0.92	0.53	0.60	0.20	0.56
定量下限	0.027	0.044	0.026	0.017	2.3	4.2	1.0	2.8	1.6	1.8	0.59	1.7

表 2.3.12 中鎖塩素化パラフィンの検出下限および定量下限

	水質 （μg/L）				底質 （μg/kg-dry）				生物 （μg/kg）			
	5塩素	6塩素	7塩素	8塩素	5塩素	6塩素	7塩素	8塩素	5塩素	6塩素	7塩素	8塩素
	(C_{14})	(C_{14})	(C_{14})	(C_{14})	(C_{14})	(C_{14})	(C_{14})	(C_{14})	(C_{14})	(C_{14})	(C_{14})	(C_{14})
検出下限	0.011	0.011	0.018	0.0034	2.3	4.1	3.0	2.0	0.28	0.65	0.62	0.20
定量下限	0.034	0.034	0.054	0.010	6.9	12	9.0	6.1	0.84	2.0	1.9	0.59

表 2.3.13 長鎖塩素化パラフィンの検出下限および定量下限

	水質		底質		生物	
	40% CPs μg/L	70% CPs μg/L	40% CPs μg/g	70% CPs μg/g	40% CPs μg/g	70% CPs μg/g
検出下限	0.28	0.14	0.038	0.011	0.0080	0.0037
定量下限	0.83	0.41	0.12	0.033	0.024	0.011

3. アルミナカラムクロマトグラフィーの検討

PCBs は中鎖 CPs の測定を妨害しないが，短鎖 CPs の場合は図 2.3.16 に示すように妨害が生じることから，PCBs を完全に除去する必要がある．しかし，長鎖 CPs の分析法[6),9)]に採用したシリカゲル，フロリジル等のカートリッジカラムでは，PCBs との分離は不可能であった．このため，保持力の強いアルミナについて検討し，その結果を図 2.3.17 に示した．アルミナカラムでは，中鎖および短鎖 CPs は 30％ジクロロメタン（CH_2Cl_2）含有ヘキサンの分画に溶出し，2％ジクロロメタン含有ヘキサン 10 mL の分画に溶出する PCBs の妨害を完全に排除することができた．

4. ゲル浸透クロマトグラフ（GPC）の検討

CPs は，GPC 処理で，中鎖および短鎖は 12.75〜14.5 min，長鎖は 11.5〜13.5 min の分画に溶出した（図 2.3.18）．この 14 min より保持時間の短い分画には，図 2.3.19 に示すように，底質中の鉱物油成分や生体成分が溶出するが，これらの夾雑物は，ヘキサン/

2.3 塩素化パラフィンのLC/MS分析法

表 2.3.14 短鎖塩素化パラフィンの低濃度添加回収実験結果

媒体	試料量	添加量	n	C_{10} 回収率(%)	変動率(%)	C_{11} 回収率(%)	変動率(%)	C_{12} 回収率(%)	変動率(%)	C_{13} 回収率(%)	変動率(%)
海水	1 L	0.5 μg	4	94.2	9.3	100.8	9.8	86.5	7.0	85.1	15.6
海水	1 L	0.1 μg	7	102.3	4.9	90.0	9.3	96.7	5.0	99.4	3.6
底質	20 g	1.0 μg	7	83.4	5.1	94.1	5.1	88.7	5.1	92.2	7.0
底質	20 g	0.2 μg	7	72.0	7.8	70.1	8.1	79.9	3.5	100.2	3.9
底質	20 g	0.1 μg	7	61.2	6.5	86.0	9.3	80.7	2.4	95.1	6.2
生物	20 g	0.1 μg	7	66.7	8.8	84.8	8.1	78.3	2.8	83.5	8.7

注)添加量は,Promochem社製標準品の添加量を示す.

表 2.3.15 中鎖塩素化パラフィンの低濃度添加回収実験結果

媒体	試料量	添加量	n	5塩素化物 回収率(%)	変動率(%)	6塩素化物 回収率(%)	変動率(%)	7塩素化物 回収率(%)	変動率(%)	8塩素化物 回収率(%)	変動率(%)
海水	1 L	0.1 μg	7	101.0	9.5	97.4	4.9	96.7	9.7	94.8	5.1
底質	20 g	0.1 μg	7	67.8	28.5	46.0	36.9	54.7	30.6	49.3	56.4
生物	20 g	0.1 μg	7	81.8	5.7	73.8	6.9	71.9	9.7	75.0	7.2

注)添加量は,トヨパラックス145および150の添加量を示す.
　　底質試料には,添加量の2倍以上の中鎖CPsが存在したため,変動率が大きくなった.

表 2.3.16 長鎖塩素化パラフィンの低濃度添加回収実験結果

40% CPs(水質:1 μg/L,底質:0.15 μg/g-dry,生物:0.15 μg/g)									
媒体	無添加	添加1	添加2	添加3	添加4	添加5	添加6	平均値	回収率(%)	CV(%)
水質	ND	0.806	0.872	1.179	0.841	0.860	0.862	0.903	90.3	15.2
底質	0.07	0.175	0.185	0.200	0.152	0.170		0.176	69.1	10.1
生物	ND	0.114	0.108	0.116	0.118	0.116		0.114	76.4	3.4

70% CPs(水質:1 μg/L,底質:0.04 μg/g-dry,生物:0.04 μg/g)									
媒体	無添加	添加1	添加2	添加3	添加4	添加5	添加6	平均値	回収率(%)	CV(%)
水質	ND	1.025	1.073	1.183	1.090	1.190	1.159	1.12	112	6.0
底質	0.007	0.032	0.035	0.038	0.026	0.029		0.032	62.2	14.8
生物	ND	0.027	0.025	0.026	0.029	0.027		0.027	67.1	5.5

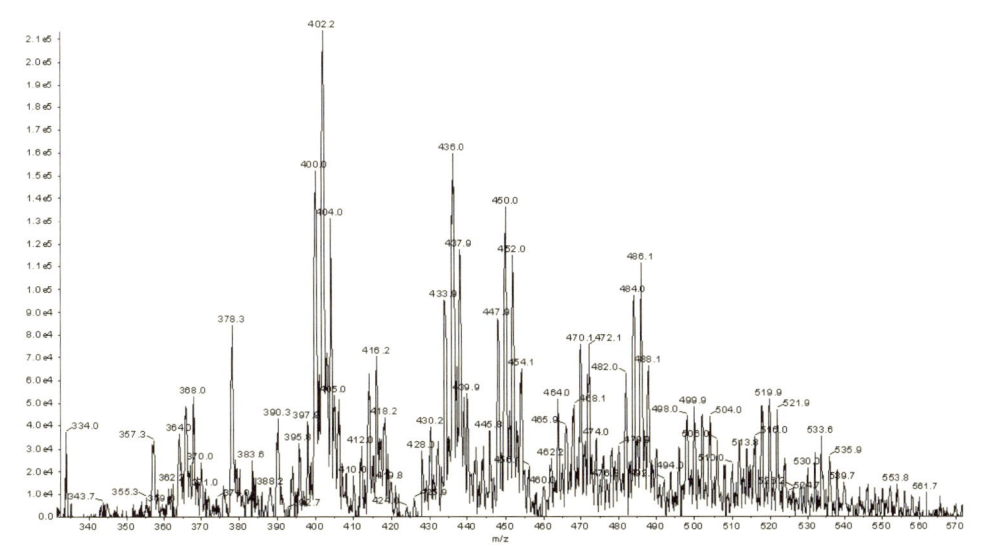

図 2.3.20 東京湾底質から検出される中鎖CPsのマススペクトル

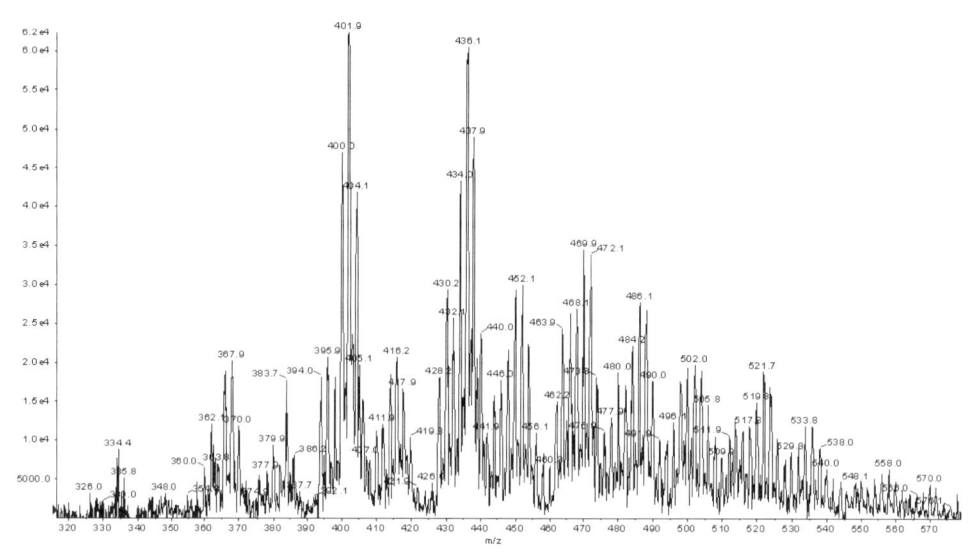

図 2.3.21　工業用中鎖 CPs トヨパラックス 150（平均鎖長 14.8，塩素化率 50％）のマススペクトル

図 2.3.22　底質無添加試料のクロマトグラム（中鎖）

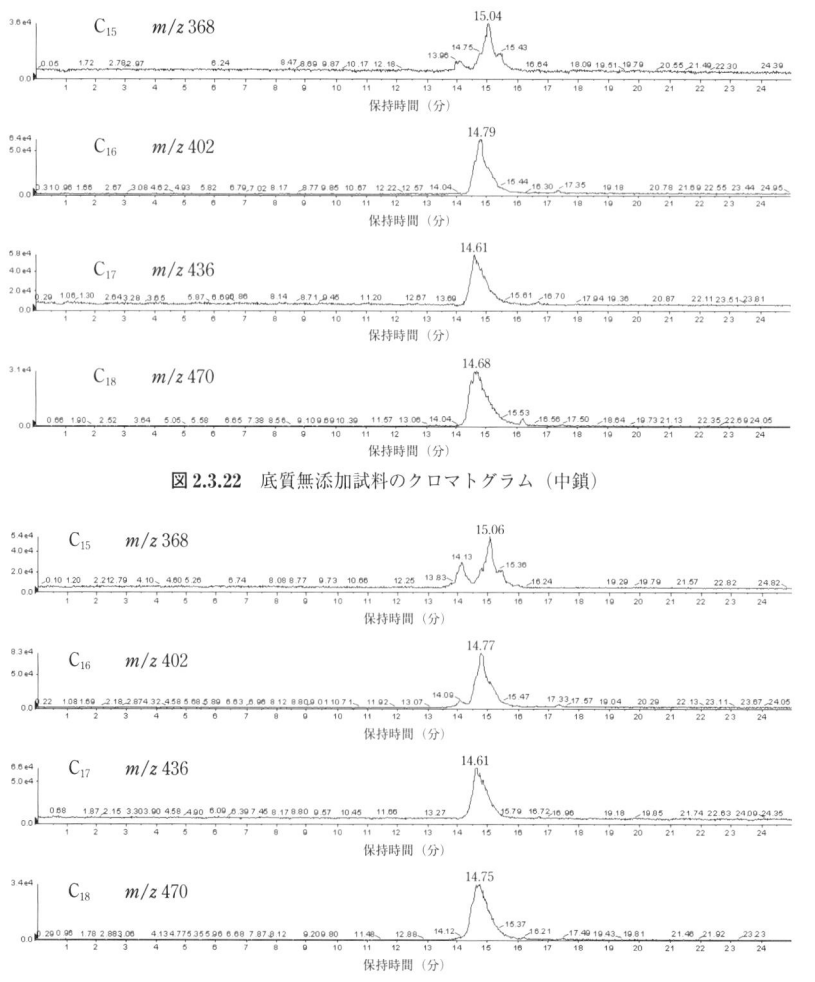

図 2.3.23　底質添加試料のクロマトグラム（中鎖）（添加量：0.1 μg／湿泥 20 g）

図 2.3.24 生物（ボラ）無添加試料のクロマトグラム（中鎖）

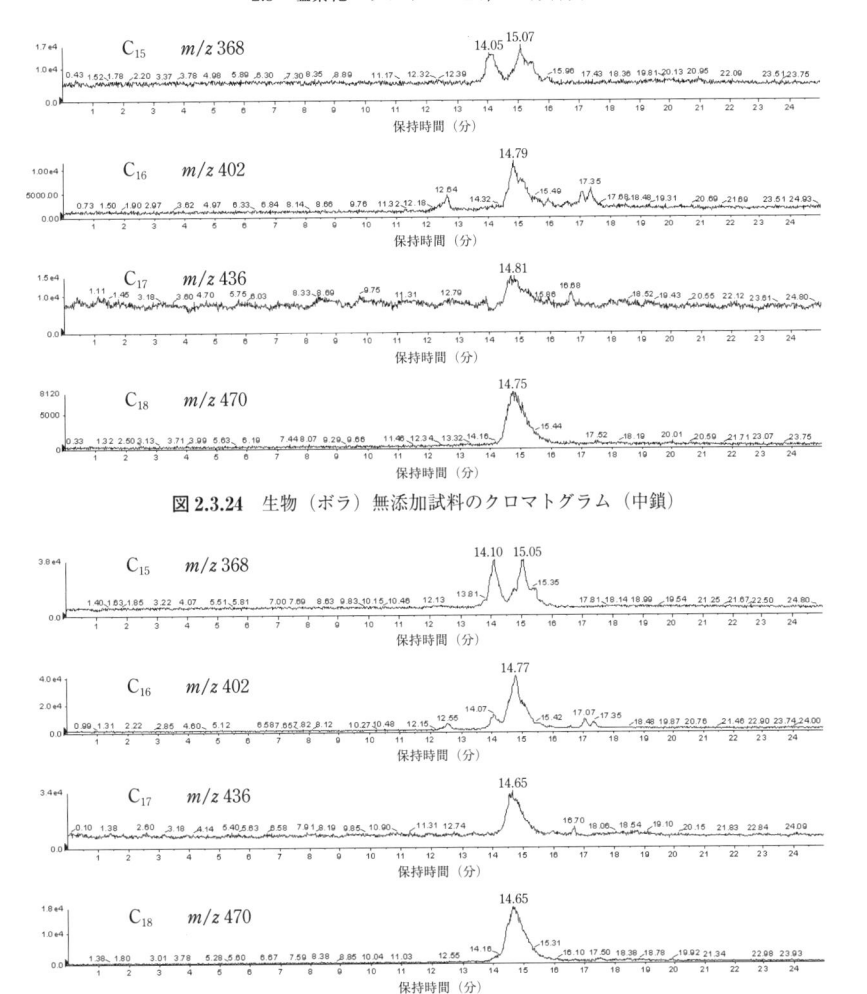

図 2.3.25 生物添加試料のクロマトグラム（中鎖）（添加量：0.1 μg / 20 g）

アセトニトリル分配およびシリカゲルカラム処理で除去することが可能であった．また，底質中の単体硫黄は 18〜20 min に溶出し，14 min 以後には，PCBs，PCNs，PCTs，PAHs，ダイオキシン類，農薬，フタル酸エステル類，リン酸トリエステル類等の主要な環境汚染物質が溶出することから（表 4.2.6），これらの物質の妨害を効果的に排除できた．なお，CPs は GPC 装置やカラムの劣化程度の違いにより，保持時間が異なる場合があるので注意する必要があった．また，テーリングが著しい場合には，移動相へのシクロヘキサン添加量の増加，ヘキサン，ジクロロメタン等の添加を検討する必要がある．

d. 検量線および検出下限（MDL）

短鎖および中鎖は 0.01 μg/mL〜1 μg/mL，長鎖の 40% CPs は 0.6〜20 μg/mL，70% CPs は 0.15〜5 μg/mL の濃度範囲でアセトニトリル標準溶液を調製し，20 μL を注入して検量線を作成した．

本分析法の検出下限および定量下限を表 2.3.11〜2.3.13 に示す．底質は乾泥換算値を示した．

なお，添加回収実験に用いた底質中には，添加量の 2 倍以上の中鎖塩素化パラフィンが存在したため，検出下限が高くなったが，中鎖塩素化パラフィンが存在しない試料を用いた場合には，生物と同等の検出下限が得られると考えられる．

e. 添加回収実験

低濃度添加回収実験の結果を表 2.3.14〜2.3.16 に示した．

f. 実試料の分析

 底質から中鎖 CPs および長鎖 CPs が検出され（図 2.3.20），そのマススペクトルは工業用中鎖 CPs（図 2.3.21）ときわめて類似していた．また，生物試料からも中鎖 CPs が検出された．

 図 2.3.22～2.3.25 に添加回収実験のクロマトグラムを示した．　　　　　　　　〔浦山豊弘／劒持堅志〕

参考文献

1) EU（1999）．European Risk Assessment Report, Alkanes, C10-13, Chloro-, European Union.
2) EU（2005）．European Union Risk Assessment Report, alkanes, C14-17, chloro（MCCP）PartI-environment, European Union.
3) 環境省環境安全課：平成 14 年度版化学物質と環境，p.66（2003）．
4) 環境省環境安全課：平成 17 年度版化学物質と環境，p.35（2006）．
5) 環境省環境安全課：平成 18 年度版化学物質と環境，p.50（2007）．
6) 環境省環境安全課：平成 14 年度化学物質分析法開発調査報告書（長鎖塩素化パラフィン：岡山県環境保健センター），p.172（2003）．
7) 環境省環境安全課：平成 16 年度化学物質分析法開発調査報告書（短鎖塩素化パラフィン：岡山県環境保健センター），p.204（2005）．
8) 環境省環境安全課：平成 16 年度化学物質分析法開発調査報告書（中鎖塩素化パラフィン：岡山県環境保健センター），p.246（2005）．
9) 劒持堅志，西島倫子，吉岡敏行：岡山県環境保健センター年報，**25**，p.10（2001）．
10) 劒持堅志，難波順子，武志保，今中雅章，吉岡敏行，林隆義，山辺真一，斎藤直己：岡山県環境保健センター年報，**27**，p.83（2003）．
11) 劒持堅志，伊藤安紀，山本潤，林隆義，浦山豊弘，杉山広和，藤原博一：岡山県環境保健センター年報，**28**，p.45（2004）．
12) 劒持堅志，浦山豊弘，伊藤安紀，山本潤，杉山広和，鷹野洋，藤原博一：岡山県環境保健センター年報，**29**，p.33（2005）．

測定の落とし穴　測定用バイアル

GC や LC で測定を行う場合，オートサンプラーとかオートインジェクターで，試料の注入操作を機械で行うことが多い．測定者の習熟度に左右されず，夜中でも無人で測定を続けられるので，作業効率がよく，最近の厳しい精度管理にも有利である．こういった機器では，試料を測定用のバイアルビンに入れ，トレイに並べる使い方がほとんどであろうが，ここで注意しなければならないのは，測定用バイアルに入れた試料は，長持ちしないおそれがある，ということである．いちおうふたがきっちり閉まるようにはなっているが，高気密をうたう機材には及びもつかず，とくに一度でも測定したら，セプタムにはインジェクションニードルの穴が開いている．測定対象物質が揮発も分解もせず，内部標準物質もきわめて安定で，その内部標準物質を基準にした相対検量線法で定量する，というなら少しぐらい溶媒が揮発して，容量が狂っても定量精度は保てるかもしれないが，そうでない場合，時間をおき過ぎるのは致命的な誤差要因になりうる．測定法を作る場合に想定しているのは，測定用バイアルに入れたら，せいぜい一両日中にさっさと測定を終わらせることであって，長期間おいても大丈夫かどうか，断りのないものは，自分で確認しないと危険である．

2.4 多環芳香族炭化水素の加熱脱離・GC/MS 分析法[1,2]

環境大気

化学構造・慣用名	英語名	CAS No./分子式/分子量	オクタノール/水分配係数
フルオランテン	fluoranthene	206-44-0 $C_{16}H_{10}$ 202	4.90
ベンゾ[a]ピレン	benzo[a]pyrene	50-32-8 $C_{20}H_{12}$ 252	6.06
コロネン	coronene	191-07-1 $C_{24}H_{12}$ 300	

　本節で対象とする多環芳香族炭化水素 (PAHs) 成分とそれらの物理的性状を表 2.4.1 に示す.

　PAHs は，数個のベンゼン環が縮合した化合物であり，2 環のナフタレンから 7 環のコロネン等にいたる非常に多くの化合物の総称を示す. 一部の PAHs は防虫剤あるいは合成染料の原料として使用されている. 環境中における PAHs の発生源は船舶の事故あるいは燃料の廃棄による原油成分に由来するもの (天然由来) と燃料による不完全燃焼に由来するもの (燃焼由来) といわれている. PAHs の中でもベンゾ[a]ピレンの発がん性が注目されて以来，環境中における PAHs の分析法開発がなされ，汚染状況を把握するための調査が実施されてきた. 大気中ではその性状によって気体状あるいは粒子状で存在する PAHs がある. 気体状 PAHs を分析する方法について参考文献 3, 粒子状 PAHs については参考文献 4 を参照されたい. 環境中の水質・底質試料を対象とした分析法については参考文献 5-7 を参照されたい. これらの分析方法は，採取した試料を溶媒抽出した後，クリーンアップ操作を経て，ガスクロマトグラフ/質量分析計 (GC/MS) で分析する方法である. この節では，大気中の粒子状 PAHs (4～7 環) を加熱脱離することによって直接分析する方法について記載する.

表 2.4.1 分析対象物質の物理的性質[注] および CAS 番号

		分子式	分子量	CAS 番号	m/z		mp (℃)	bp (℃)	$\log P_{ow}$	水溶解度 (mg/L)	蒸気圧 (mmHg)
(4環)											
1	fluoranthene	$C_{16}H_{10}$	202	206-44-0	202	101	111	382	4.90	0.27	
2	pyrene	$C_{16}H_{10}$	202	129-00-0	202	101	150	393	4.48	0.15	
3	benzo[b]fluorene	$C_{17}H_{12}$	216	243-17-4	216	215	214	398		0.002	
4	benzo[a]anthracene	$C_{18}H_{12}$	228	58-55-3	228	114	161	425	5.61	0.011	
5	naphtacene	$C_{18}H_{12}$	228	92-24-0	228	114	357	440		0.0010	
6	triphenylene	$C_{18}H_{12}$	228	217-59-4	228	113	199	429		0.041	
7	chrysene	$C_{18}H_{12}$	228	218-01-9	228	114	254	448	5.76	0.004	
8	7-methylbenz[a]anthracene	$C_{19}H_{12}$	242	2541-69-7	242	241	139	411		0.012	
(5環)											
9	benzo[b]fluoranthene	$C_{20}H_{12}$	252	205-99-2	252	126	167	480	6.12	0.10	1.0×10^{-8}
10	benzo[j]fluoranthene	$C_{20}H_{12}$	252	205-82-3	252	126	165	480	6.07	0.0025	
11	benzo[k]fluoranthene	$C_{20}H_{12}$	252	207-08-9	252	126	217	480	6.08	0.0068	9.59×10^{-11}
12	benzo[e]pyrene	$C_{20}H_{12}$	252	192-97-2	252	126	178	493	6.95	0.0046	
13	benzo[a]pyrene	$C_{20}H_{12}$	252	50-32-8	252	126	178	496	6.06	0.0038	
14	perylene	$C_{20}H_{12}$	252	198-55-0	252	125	278	497		0.0030	
(6環)											
15	dibenz[a,h]anthracene	$C_{22}H_{14}$	278	53-70-3	278	139	266	524	6.77	0.005	1.01×10^{-10}
16	indeno[1,2,3-cd]pyrene	$C_{22}H_{12}$	276	193-39-5	276	138	164	536	6.58		
17	benzo[ghi]perylene	$C_{22}H_{12}$	276	191-24-2	276	138	278	545	7.10	0.0003	1.01×10^{-10}
(7環)											
18	coronene	$C_{24}H_{12}$	300	191-07-1	300	150	439	590		0.0001	
内標準物質											
1	fluoranthene-d_{10}	$C_{16}D_{10}$	212	206-44-0	212	106					
2	chrysene-d_{12}	$C_{18}D_{10}$	240	1719-03-5	240	120					
3	benzo[b]fluoranthene-d_{12}	$C_{20}D_{12}$	264	252-99-2	264	132					
4	benzo[a]pyrene-d_{12}	$C_{20}D_{12}$	264	50-32-8	264	132					
5	benzo[ghi]perylene-d_{12}	$C_{22}D_{12}$	276	191-24-2	288	144					
6	coronene-d_{12}	$C_{22}D_{12}$	312	191-07-1	312	156					

注）物理的性状については参考文献 8 および 9 などから引用

2.4.1 多環芳香族炭化水素（PAHs）の分析

大気試料の粒子状物質を石英ろ紙に捕集する[*1]．ろ紙上の試料採取部分を直径 6 mm の切片[*2]に切り取り，ガラス管（長さ 6 cm 内径 5 mm）に挿入する．このガラス管を加熱脱着システム（Gerstel 製 MPS2-TDU）に導入して GC/MS 分析する．分析方法のフローチャートを図 2.4.1 に示す．

1）分析方法

a. 試薬および標準溶液

多環芳香族炭化水素（PAHs）の標準物質は Supelco，Accu Standard，和光純薬などの市販の標準品を使用し，ヘキサンあるいはベンゼンに溶解して 2～200 ng/mL の標準溶液を調製する．内標準物質 6 物質（fluoranthene-d_{10}，chrysene-d_{12}，benzo[b]fluoranthene-d_{12}，benzo[a]pyrene-d_{12}，benzo[ghi]perylene-d_{12}，coronene-d_{12}）は Cambridge Isotope Lab. などの市販の標準品を使用し，ヘキサンあるいはベンゼンに溶解して 50 ng/mL の標準溶液を調製する．

[*1] 直径 49 mm のろ紙を用いる場合は流量 5 L/min で 24 時間，全量 7.2 m³ 程度を採取する．

[*2] 市販のろ紙カッターを使用して精確に切り取ること．

2.4 多環芳香族炭化水素の加熱脱離・GC/MS分析法

流量　5 L/mimn　24時間

全量　7.2 m³ 採取

```
[試料採取] → [ろ紙切断] → [内標準物質添加] → [加熱脱着・GC/MS分析]
```

内標準物質:
- fluoranthene-d_{10}
- chrysene-d_{12}
- benzo[b]fluoranthene-d_{12}
- benzo[a]pyrene-d_{12}
- benzo[ghi]perylene-d_{12}
- coronene-d_{12}

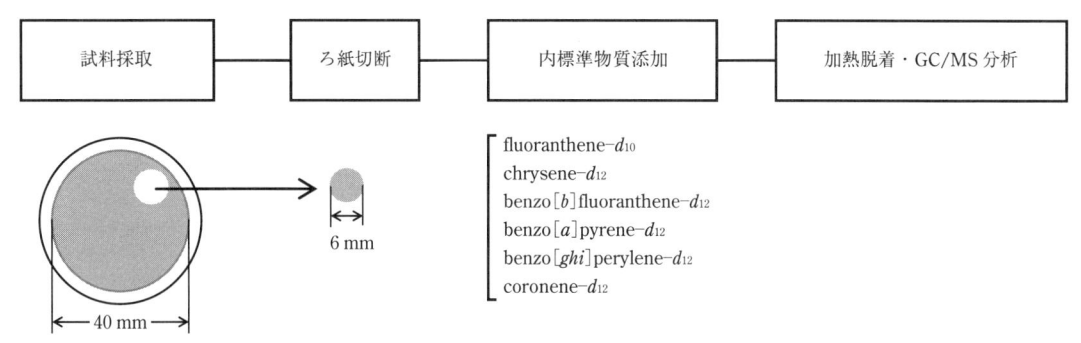

ろ紙: 40 mm → 切り出し 6 mm

図 2.4.1 分析方法のフローチャート

表 2.4.2 加熱脱着・GC/MS 測定条件

・加熱脱着条件	
加熱脱着装置	：Gerstel 社製 MPS2-TDU
脱着条件	：50℃ (2 min) – 720℃/min – 350℃ (7 min)
脱着ガス流量	：He 80 mL/min
低温濃縮温度	：–30℃
試料導入方法	：Splitless Mode
インジェクション温度	：350℃（昇温速度 12℃/sec）
・GC/MS 測定条件	
GC/MS 装置	：Agilent 社製 6890GC/5973MSD
カラム	：DB-5MS 30 m × 0.25 mm i.d., 膜厚 0.25 μm
カラム温度	：70℃ (4 min) – 20℃/min – 230℃ – 5℃/min – 310℃ (8 min)
インターフェイス温度	：200℃ (5 min) – 10℃/min – 230℃ (23 min)
キャリヤーガス流量	：He 1.0 mL/min
パージ時間	：3.0 min
試料導入方法	：Splitless Mode

b. 装置および分析条件

装置および分析条件を表 2.4.2 に示す．

c. 捕集ろ紙の洗浄

石英ろ紙（直径 40 mm）はあらかじめ 600℃で 4 時間程度加熱して有機成分によるコンタミネーションを除去する．

2) 解説

a. PAHs の捕集

PAHs は物理的性状により大気中では気体状で存在するものもあれば，粒子状で存在する成分もある．便宜上，ろ紙に捕集される成分を粒子状，ろ紙を通過する成分を気体状と区別している．本節で測定対象としている成分は粒子状 PAHs である．発がん性で注目されている 5 環の benzo[a]pyrene は気温が高い夏期（30℃程度）にはろ紙を通過するものがあることが知られている．気体状の成分を分析対象とする場合はろ紙の後方にポリウレタンフォーム（PUF），TENAX 捕集剤，活性炭ろ紙等を設置して捕集する．

b. PAHs の分析

PAHs の分析には，検出器に蛍光検出器を用いた高速液体クロマトグラフ（HPLC）や高感度で分離能に優れている GC/MS が用いられている．検出器の安定性（再現性）については蛍光検出器が優れていると言われているが，本節では加熱脱離システムと連結した GC/MS を用いる．

c. 試料の前処理

ろ紙に捕集した試料は超音波装置あるいはソックスレー抽出装置を用いて PAHs 成分を抽出し，シリカゲルカラムクロマトグラフィーでクリーンアップした後，HPLC あるいは GC/MS により分析する方法が一般的に用いられている．ここでは PAHs の昇華性を利

用して，加熱脱着システムを用い窒素気流中で加熱することにより昇華するPAHs成分を分析する方法である．7環のコロネン（MW300）を分析するためには，高温で操作できる加熱脱着システムが必要である．

d. 検量線および検出下限（MDL: method of detection limit）

石英ろ紙の切片（直径6 mm）に標準物質を2～200 pgの範囲で添加する．各々の切片に内標準物質50 pgを添加した後，ガラス管（長さ6 cm 内径5 mm）に挿入する．このガラス管を加熱脱着システムに導入して分析する．濃度範囲，検量線の一次回帰直線，相関係数（R^2）を表2.4.3に示す．相関係数は0.9956～1.0000にあり良好な直線性が得られた．

検出下限は標準物質 10 pg，内標準物質 50 pg を石英繊維ろ紙に添加し，加熱脱着 GC/MS 分析して算出した（$n = 7$）．繰返し分析の変動係数（CV：%），試料採取量に換算した MDL を算出した（表2.4.4）．MDL は 0.010～0.070 ng/m³ の範囲に入った．標準物

表2.4.3 検量線

No.	化合物	一次回帰直線	R^2
1	fluoranthene	$y = 1.44 \times + 0.11$	0.9986
2	pyrene	$y = 1.22 \times + 0.06$	0.9994
3	benzo[b]fluorene	$y = 0.67 \times$	0.9990
4, 5	benzo[a]anthracene/naphtacene	$y = 0.59 \times$	0.9992
6	triphenylene	$y = 0.64 \times$	0.9998
7	chrysene	$y = 1.05 \times$	0.9998
8	7-methylbenz[a]anthracene	$y = 1.19 \times$	0.9994
9, 10	benzo[b]fluoranthene/benzo[j]fluoranthene	$y = 2.29 \times$	1.0000
11	benzo[k]fluoranthene	$y = 1.30 \times$	0.9998
12	benzo[e]pyrene	$y = 1.10 \times$	0.9998
13	benzo[a]pyrene	$y = 1.04 \times$	0.9992
14	perylene	$y = 0.93 \times$	0.9976
15	dibenz[a, h]anthracene	$y = 2.37 \times$	0.9964
16	indeno[1,2,3-cd]pyrene	$y = 2.35 \times$	0.9992
17	benzo[ghi]perylene	$y = 2.83 \times$	0.9956
18	coronene	$y = 1.50 \times$	0.9992

注）濃度範囲（pg）：2～200

表2.4.4 分析精度（CV（%））および MDL（method of detection limit）

No.	PAHs	CV（%）(10 ng)	CV（%）(100 ng)	MDL (pg)	試料換算 MDL（ng/m³）
1	fluoranthene	13	3.7	8.3	0.051
2	pyrene	20	3.5	11	0.070
3	benzo[b]fluorene	15	28	6.1	0.038
4, 5	benzo[a]anthracene/naphtacene	11	7.2	4.4	0.027
6	triphenylene	6.6	3.5	3.1	0.019
7	chrysene	3.7	2.6	1.7	0.010
8	7-methylbenz[a]anthracene	27	39	7.5	0.046
9, 10	benzo[b]fluoranthene/benzo[j]fluoranthene	5.7	2.8	2.4	0.015
11	benzo[k]fluoranthene	4.6	4.2	2.0	0.012
12	benzo[e]pyrene	4.4	3.3	1.9	0.012
13	benzo[a]pyrene	21	15	8.0	0.049
14	perylene	29	12	9.7	0.060
15	dibenz[a, h]anthracene	6.7	9.6	2.6	0.019
16	indeno[1,2,3-cd]pyrene	4.7	7.1	1.9	0.012
17	benzo[ghi]perylene	4.3	2.3	1.8	0.011
18	coronene	6.7	4.3	3.0	0.021

注）MDL $= t(n-1, 0.05) \times \sigma_{n-1} \times 2$
　　CV（%）および MDL：$n = 7$
　　試料換算 MDL：試料量 7.2 m³ として計算（5 L/min，24時間採取）

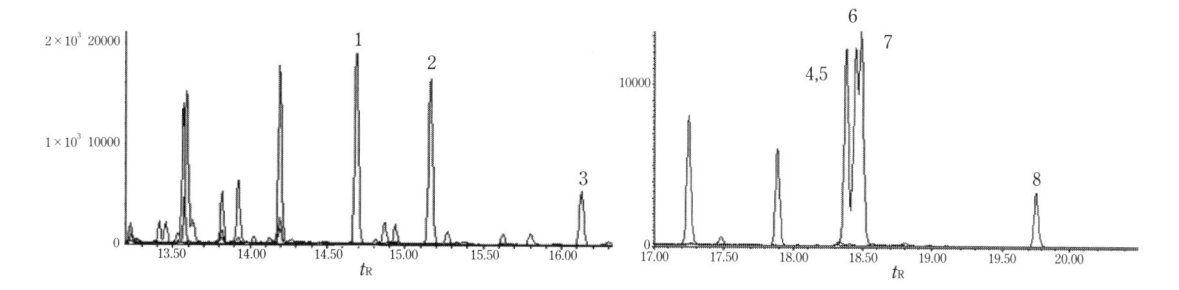

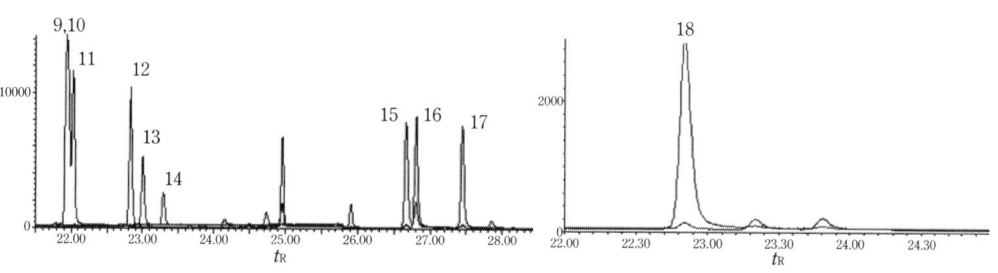

2.4 多環芳香族炭化水素の加熱脱離・GC/MS 分析法

図 2.4.2 標準物質のクロマトグラム（添加量 100 pg，化合物名は表 2.4.4 参照）

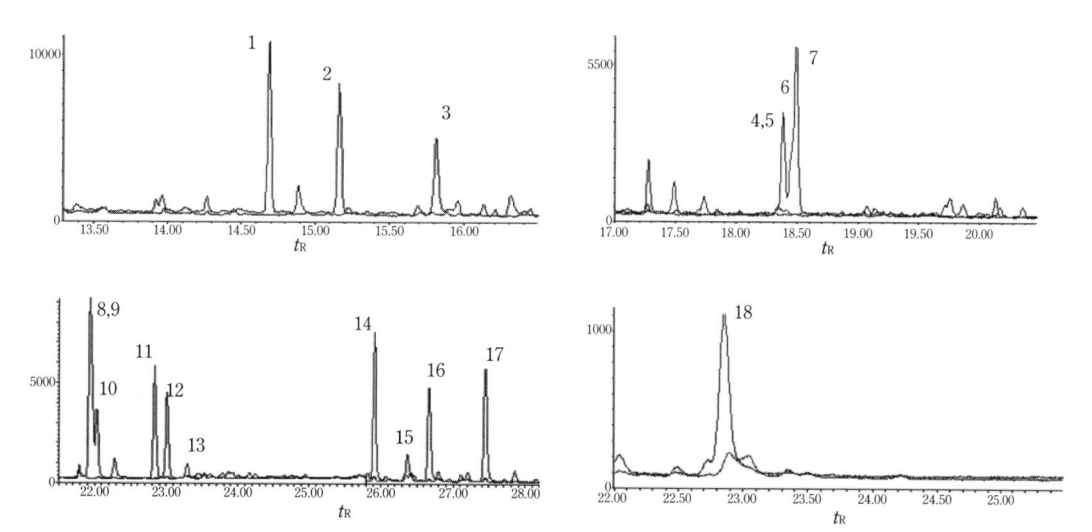

図 2.4.3 一般環境大気中の粒子状 PAHs（粒径 2.5 μm 以下）のクロマトグラム（化合物名は表 2.4.4 参照）

質（100 ng）の分析例を図 2.4.2 に示す．

e．実試料の分析例

大阪市内の環境大気について，粒径 2.5 μm 以下の粒子状 PAHs を捕集し（流量 5 L/min，24 時間，全量 7.2 m³），分析した結果の一例を図 2.4.3 に示す．15 種類の PAHs が検出され，濃度は 0.050〜0.73 ng/m³ であった．同一試料を繰返し測定（$n=5$）した結果，変動係数は 2.9〜14％に収まった．一般都市環境大気の粒子状 PAHs 分析に適用可能である．〔上堀美知子〕

参考文献

1) 伊藤耕志，大山浩司，前川智則，菜切剛，上堀美知子，今村清：第 17 回環境化学討論会要旨集 p. 204（2008）．
2) K. Itoh, M. Uebori, K. Imamura, Y. Maeda, N. Takenaka, T. T. Hien, T. T. Ngoc Lan, N. T. Phuong Thao, P. H. Viet,: Proceeding of The 7th General Seminar of the Core University Prorgam（2008）．
3) 平成元年度分析法開発報告書（北九州市） 環境省環境安全課
4) 平成元年度分析法開発報告書（広島県） 環境省環境安全課
5) 平成 11 年度分析法開発報告書（岡山県） 環境省環境安全課
6) 平成元年度分析法開発報告書（愛知県） 環境省環境安全課
7) 昭和 59 年度分析法開発報告書（大阪府） 環境省環境安全課
8) http://chrom.tutms.tut.ac.jp/JINNO/
9) http://www.chemicaldictionary.org/

2.4.2 多環芳香族炭化水素（PAHs）の液-液抽出・GC/MS 分析法

環境：水質

本項で対象とする PAHs 成分は以下の 15 成分である．物理的性状については，前項（2.4.1）の表 2.4.1 を参照．

アントラセン，ベンゾ[a]アントラセン，ジベンゾ[a, h]アントラセン，フェナントレン，フルオランテン，ベンゾ[b]フルオランテン，ベンゾ[k]フルオランテン，ベンゾ[j]フルオランテン，ピレン，ベンゾ[a]ピレン，ベンゾ[e]ピレン，インデノ[1,2,3-cd]ピレン，クリセン，ペリレン，ベンゾ[ghi]ペリレン

1) 分析方法

水質試料はヘキサンで抽出後，シリカゲルカートリッジカラムでクリーンアップし，GC/MS-SIM で定量する．分析操作フローを図 2.4.4 に示す．

2) 試料の処理

a. 前処理液の調製[*3]

試料水 1 L を褐色透明摺り合わせ分液漏斗 2 L に採取し，サロゲート混合標準液（10 μg/mL）を正確に 10 μL および塩化ナトリウム 30 g を加え十分混合し，溶解する．試料容器をアセトンで数回洗浄（アセトン総容量 50 mL 以下）し，さらにヘキサン 100 mL を用いて試料容器を洗浄する．得られたアセトンおよびヘキサンを分液漏斗内の試料水に合わせ，約 15 分間振とう抽出し，十分に静置してヘキサン層を褐色透明摺り合わせ三角フラスコ 300 mL に採取する．水層に再度ヘキサン 100 mL を加え同様な振とう抽出を行い，ヘキサン層を先の褐色三角フラスコに合わせる．

このヘキサン抽出液を無水硫酸ナトリウムで脱水した後，褐色透明摺り合わせナス型フラスコ 300 mL に移し，ロータリーエバポレーターを用いて，水浴を加熱せずに約 10 mL 弱まで減圧濃縮する．このヘキサン濃縮液を褐色透明摺り合わせ試験管 10 mL に移し，窒素ガスを吹き付けて 1 mL 弱にした濃縮液を前処理液とする．

b. 測定試料液の調製

使用直前に 1％アセトン/ヘキサン 10 mL で洗浄したシリカゲルカートリッジカラム[*4]の下に褐色透明摺り合わせ試験管 10 mL をセットした後，前処理液をカラムに負荷し，液面をカラムヘッドまで下げてか

[*3] PAHs は一般に疎水性であるので，懸濁物質に吸着しやすい．試料容器等に残存した対象物質を溶出する目的で溶媒洗浄操作を行う．また，ロータリーエバポレーター濃縮（5 mL 程度），窒素ガス吹き付け濃縮（乾固させないこと）時は注意する．

[*4] シリカゲルカートリッジカラムはロットにより，コンタミネーションや妨害物質の溶出，対象物質の溶離パターンが変化する場合があるので，あらかじめコンタミネーション，妨害物質の有無，対象物質の溶離パターンを確認する．

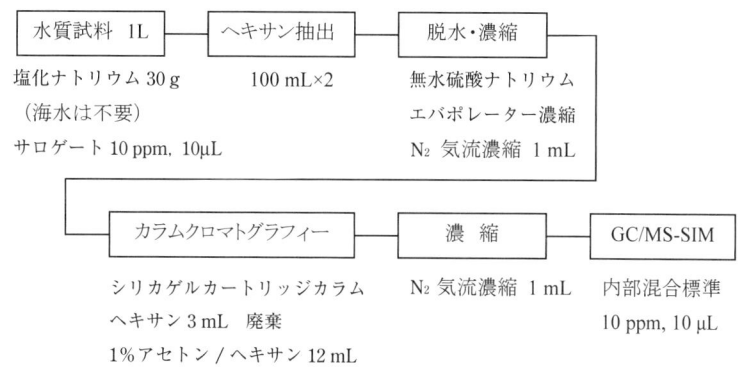

2.4 多環芳香族炭化水素の加熱脱離・GC/MS分析法

```
水質試料 1L → ヘキサン抽出 → 脱水・濃縮
塩化ナトリウム 30 g        100 mL×2      無水硫酸ナトリウム
（海水は不要）                           エバポレーター濃縮
サロゲート 10 ppm, 10μL                  N₂ 気流濃縮 1 mL

→ カラムクロマトグラフィー → 濃 縮 → GC/MS-SIM
シリカゲルカートリッジカラム    N₂ 気流濃縮 1 mL  内部混合標準
ヘキサン 3 mL 廃棄                          10 ppm, 10 μL
1%アセトン/ヘキサン 12 mL
```

図 2.4.4　分析操作フロー

ら，ヘキサン 3 mL で前処理液の入っていた試験管と注射筒の壁面を洗いながら，前処理液をカラムに負荷する．このヘキサン溶出液は捨てる．この後，ヘキサンが断続しないように 1%アセトン/ヘキサン 12 mL を用いて溶出させる．この溶出液に窒素ガスを吹き付けて 1 mL に濃縮した後，内部標準液（10 μg/mL）を正確に 10 μL 加え，測定試料液とする．

3）測定

a. GC/MS の測定条件[*5]

・カラム：溶融シリカキャピラリーカラム（30 m × 0.25 mm i.d., 0.25 μm）
　液相は，メチルシリコンまたは 5%フェニルメチルシリコン
・カラム温度：50℃（2 分）-20℃/分-120℃-7℃/分-310℃（10 分）
　または 50℃（2 分）-7℃/分-310℃（10 分）
・注入口温度：300℃
・注入法：スプリットレス法（1.5 分後パージ），1 μL 注入
・キャリアーガス：He，平均線速度：40 cm/秒
・インターフェース温度（またはデテクター温度）：310℃
・イオン化法：EI
・イオン化電圧：70 eV
・イオン源温度：310℃（機種により 200℃以下でも可能）

・検出モード：SIM
・モニターイオン等は表 2.4.5 参照

b. 検量線の作成[*6]

対象物質の混合標準液（0.005～1.0 μg/mL，5段階以上）1 mL にサロゲート物質の混合標準液（10 μg/mL）10 μL を添加した標準液 1 μL を GC/MS に注入し，各対象物質のピーク面積（または高さ）とサロゲート物質のピーク面積（または高さ）の比から検量線を作成する．これを用いて，試料中の各対象物質を定量する．

c. 試料液の測定および定量

測定試料液 1 μL を GC/MS に注入し，各対象物質のピーク面積（または高さ）とサロゲート物質のピーク面積（または高さ）の比から検量線により検出量を求める．つぎに検出量，分析した試料量から，次式により試料中の濃度を計算する．なお，サロゲート物質の回収率が，50～120%の範囲内にあることを確認する．

$$水質試料濃度(mg/L) = 検出量(mg) \times (1/試料量(L))$$

（検出量とは試料液中に存在する対象物質の全量である．）

〔上堀美知子〕

参考文献

要調査項目等調査マニュアル（水質，底質，水生生物），平成15年3月環境省環境管理局水環境部企画課
http://www.env.go.jp/water/chosa/h15-03.pdf

[*5] 昇温条件はベンゾ[a]アントラセンとクリセン，ベンゾ[e]ピレンとベンゾ[a]ピレンおよびペリレンが完全に分離できる条件に設定する．

[*6] ベンゾ[b]フルオランテンとベンゾ[k]フルオランテンは 3.1 の GC/MS の測定条件では分離できなかった．またベンゾ[j]フルオランテンも前2物質とも完全に分離しないので，3物質の面積値の合計を用いて定量する．

表 2.4.5 モニターイオンおよびサロゲート

対象物質	(m/z)		注)		サロゲート物質	(m/z)
アントラセン	178	152	A	A	アントラセン-d_{10}	188
ベンゾ[a]アントラセン	228	114	H	B	ジベンゾ[a,h]アントラセン-d_{14}	292
ジベンゾ[a,h]アントラセン	278	139	B	C	フェナントレン-d_{10}	188
フェナントレン	178	152	C	D	フルオランテン-d_{10}	212
フルオランテン	202	101	D	E	ベンゾ[k]フルオランテン-d_{12}	264
ベンゾ[b]フルオランテン	252	126	E	F	ピレン-d_{10}	212
ベンゾ[k]フルオランテン	252	126	E	G	ベンゾ[e]ピレン-d_{12}	264
ベンゾ[j]フルオランテン	252	126	E	H	クリセン-d_{12}	240
ピレン	202	101	F	I	ペリレン-d_{12}	264
ベンゾ[a]ピレン	252	126	G	J	ベンゾ[ghi]ペリレン-d_{12}	288
ベンゾ[e]ピレン	252	126	G			
インデノ[1,2,3-cd]ピレン	276	138	B		内標準物質	
クリセン	228	114	H		p-ターフェニル-d_{14}	244
ペリレン	252	125	I			
ベンゾ[ghi]ペリレン	276	138	J			

注) 用いたサロゲート物質

測定の落とし穴　サロゲート

複雑な試料処理，極微量の分析では，分析対象物質と"同じ挙動"を示す物質をサロゲート（代用）として添加し，その回収率から分析対象物質の濃度を求める方法がしばしば使われている．サロゲートには対象物質と同じ化学構造で，炭素原子を^{13}Cで，あるいは水素原子をD（^{2}H）で標識した物質が使われる．しかし，これらのサロゲート物質は"同じ挙動"を示すとは限らない．とくにLC/MS測定では，^{13}CやDの標識体は対象物質よりイオン化し難く，サロゲートとしてだけでなく試料調製過程の回収率や試料注入量の補正に使えない場合がしばしばある．また，比較的"同じ挙動"を示すGC/MS測定でも，底質や土壌などへの吸脱着は，"同じ挙動"を示すとは限らない．

2.5 ダイオキシン類のGC/HRMS分析法

環境大気

化学構造・慣用名	IUPAC名	CAS No./分子式/分子量	オクタノール/水分配係数[1] 水溶解度[1]
ダイオキシン	2,3,7,8-tetrachlorodibenzo-p-dioxin	1746-01-6/ $C_{12}H_4Cl_4O_2$/ 322.0	$\log P_{ow} = 6.8$ 1.93×10^{-5} mg/L（25℃）
ジベンゾフラン	2,3,7,8-tetrachlorodibenzofuran	51207-31-9 $C_{12}H_4Cl_4O$ 306.0	$\log P_{ow} = 6.1$ 4.19×10^{-4} mg/L（25℃）
PCB	3,3′,4,4′-tetrachlorobiphenyl	32598-03-3/ $C_{12}H_6Cl_4$/ 292.0	$\log P_{ow} = 6.5$ 1.0×10^{-3} mg/L（25℃）

　ダイオキシン類は，廃棄物焼却や塩素系農薬製造などにおいて非意図的に生成される物質である．これは単一の物質ではなく，ポリ塩化ジベンゾ-パラ-ジオキシン（PCDDs: polychlorinated dibenzo-p-dioxins），ポリ塩化ジベンゾフラン（PCDFs: polychlorinated dibenzofurans）およびコプラナーポリ塩化ビフェニル（Co-PCBs: coplaner-PCBs，ダイオキシン様PCB：DL-PCBs：dioxin-like polychlorinated biphenyls）からなる[2]．塩素数と置換位置の違いにより，PCDDsは75種類，PCDFsは135種類，PCBsは209種類の異性体があるが，毒性の強さはさまざまである．そのため，各異性体の毒性を，もっとも強い毒性をもつ2,3,7,8-テトラクロロジベンゾ-パラ-ジオキシン（2,3,7,8-TeCDD）の毒性に換算し，その合計をダイオキシン類の量（毒性等量；TEQ: toxic equivalent）として表示する[3-7]．この換算係数が毒性等価係数（TEF: toxic equivalency factor）であり，表2.5.1のように2,3,7,8-位に塩素をもつ7種のPCDDs，10種のPCDFsおよび12種のCo-PCBsに割り当てられている[4-10]．測定はこれら29種をおもに行うが，調査目的により他の異性体を加える．また塩素数別の同族体濃度も測定する（表2.5.1）．

排ガス・排水についてはJIS[4,5]が，大気・土壌・底質等については環境省マニュアル[6,7]が定められており，詳細はそれらを参照されたい．

1) 大気中ダイオキシン類の分析法[6]

　石英繊維ろ紙とポリウレタンフォーム（PUF）を装着したハイボリュームエアサンプラー等で採取した試料に内標準物質（クリーンアップスパイク）を加え，ソックスレー抽出する．抽出液を硫酸処理，カラムクロマトグラフィーなどで精製し，ガスクロマトグラフ/高分解能質量分析計（GC/HRMS）で測定する．フローを図2.5.1に示す．

　定量はサロゲート法[11]を用いた相対感度係数法（RRF法）[11]で行う．サロゲート法は，抽出から測定までの分析操作全体の変動を補正するため，試料に一定量の内標準物質（分析対象の安定同位体標識物質）を添加し分析する方法である．さらにダイオキシン類の場合，毎測定時に検量線作成の必要を無くするため，分析対象物質およびクリーンアップスパイクの濃度比とピーク強度比から計算した相対感度係数（RRF: relative response factor）から濃度（または量）を算出するRRF法を用いる[4-7]．

表 2.5.1 ダイオキシン類の測定結果

化合物の名称			実測濃度 (pg/m³)	定量下限値 (pg/m³)	検出下限値 (pg/m³)	回収率 (%)	重なって定量された異性体	毒性等価係数 (TEF)	毒性等量 (pg-TEQ/m³)
PCDDs		1,3,6,8-TeCDD	0.23	0.009	0.003	87		—	—
		1,3,7,9-TeCDD	0.078	0.009	0.003	—		—	—
		2,3,7,8-TeCDD	<0.003	0.009	0.003	88		1	0.0015
		1,2,3,7,8-PeCDD	<0.003	0.009	0.003	87		1	0.0015
		1,2,3,4,7,8-HxCDD	<0.007	0.02	0.007	89		0.1	0.00035
		1,2,3,6,7,8-HxCDD	(0.008)	0.02	0.007	84		0.1	0.0008
		1,2,3,7,8,9-HxCDD	(0.009)	0.02	0.007	88		0.1	0.0009
		1,2,3,4,6,7,8-HpCDD	0.067	0.02	0.007	90		0.01	0.00067
		OCDD	0.15	0.03	0.01	92		0.0003	0.000045
PCDFs		1,2,7,8-TeCDF	0.022	0.009	0.003	—		—	—
		2,3,7,8-TeCDF	0.009	0.009	0.003	89		0.1	0.0009
		1,2,3,7,8-PeCDF	0.022	0.009	0.003	83	1,2,3,4,8-PeCDF	0.03	0.00066
		2,3,4,7,8-PeCDF	0.016	0.009	0.003	90		0.3	0.0048
		1,2,3,4,7,8-HxCDF	(0.019)	0.02	0.007	86	1,2,3,4,7,9-HxCDF	0.1	0.0019
		1,2,3,6,7,8-HxCDF	(0.015)	0.02	0.007	83		0.1	0.0015
		1,2,3,7,8,9-HxCDF	<0.007	0.02	0.007	86		0.1	0.00035
		2,3,4,6,7,8-HxCDF	(0.019)	0.02	0.007	84		0.1	0.0019
		1,2,3,4,6,7,8-HpCDF	0.075	0.02	0.007	85		0.01	0.00075
		1,2,3,4,7,8,9-HpCDF	(0.017)	0.02	0.007	85		0.01	0.00017
		OCDF	0.09	0.03	0.01	85		0.0003	0.000027
Co-PCBs	ノンオルト	3,4,4′,5-TeCB (#81)	0.048	0.02	0.007	88		0.0003	0.0000144
		3,3′,4,4′-TeCB (#77)	0.38	0.02	0.007	92		0.0001	0.000038
		3,3′,4,4′,5-PeCB (#126)	0.036	0.02	0.007	91		0.1	0.0036
		3,3′,4,4′,5,5′-HxCB (#169)	(0.009)	0.02	0.007	91		0.03	0.00027
	モノオルト	2′,3,4,4′,5-PeCB (#123)	0.048	0.02	0.007	90		0.00003	0.00000144
		2,3′,4,4′,5-PeCB (#118)	2.0	0.02	0.007	89		0.00003	0.00006
		2,3,3′,4,4′-PeCB (#105)	0.75	0.02	0.007	87		0.00003	0.0000225
		2,3,4,4′,5-PeCB (#114)	0.072	0.02	0.007	88		0.00003	0.00000216
		2,3′,4,4′,5,5′-HxCB (#167)	0.053	0.02	0.007	91		0.00003	0.00000159
		2,3,3′,4,4′,5-HxCB (#156)	0.041	0.02	0.007	93		0.00003	0.00000123
		2,3,3′,4,4′,5′-HxCB (#157)	0.032	0.02	0.007	91		0.00003	0.00000096
		2,3,3′,4,4′,5,5′-HpCB (#189)	(0.013)	0.02	0.007	93		0.00003	0.00000039
PCDDs		TeCDDs	0.38	—	—	—		—	—
		PeCDDs	0.14	—	—	—		—	—
		HxCDDs	0.15	—	—	—		—	—
		HpCDDs	0.14	—	—	—		—	—
		OCDD	0.15	—	—	—		—	—
		Total (PCDDs)	0.96	—	—	—		—	0.0058
PCDFs		TeCDFs	0.58	—	—	—		—	—
		PeCDFs	0.38	—	—	—		—	—
		HxCDFs	0.18	—	—	—		—	—
		HpCDFs	0.14	—	—	—		—	—
		OCDF	0.090	—	—	—		—	—
		Total (PCDFs)	1.4	—	—	—		—	0.013
Co-PCBs		ノンオルト	0.47	—	—	—		—	—
		モノオルト	3.0	—	—	—		—	—
Total (PCDDs+PCDFs)			2.3	—	—	—		—	0.019
Total Co-PCBs			3.5	—	—	—		—	0.004
Total (PCDDs+PCDFs+Co-PCBs)			5.8	—	—	—		—	0.023

注) 実測濃度の ( ) は,検出下限以上,定量下限未満の濃度,<は検出下限未満の濃度を示す.
　毒性等価係数は WHO-TEF (2006) を使用した.
　毒性等量は検出下限以上はそのままの値を用い,検出下限未満は検出下限値の 1/2 を用いて算出した.
　集計値は,有効数字処理の都合上,表からの計算値と一致しないことがある.
　Co-PCBs 後の ( ) 内は,IUPAC No. を表す.
　化合物の名称で,Te はテトラ,Pe はペンタ,Hx はヘキサ,Hp はヘプタ,O はオクタを表す.
　表の検出下限値・定量下限値は,目標検出下限値・目標定量下限値[6]を記した.

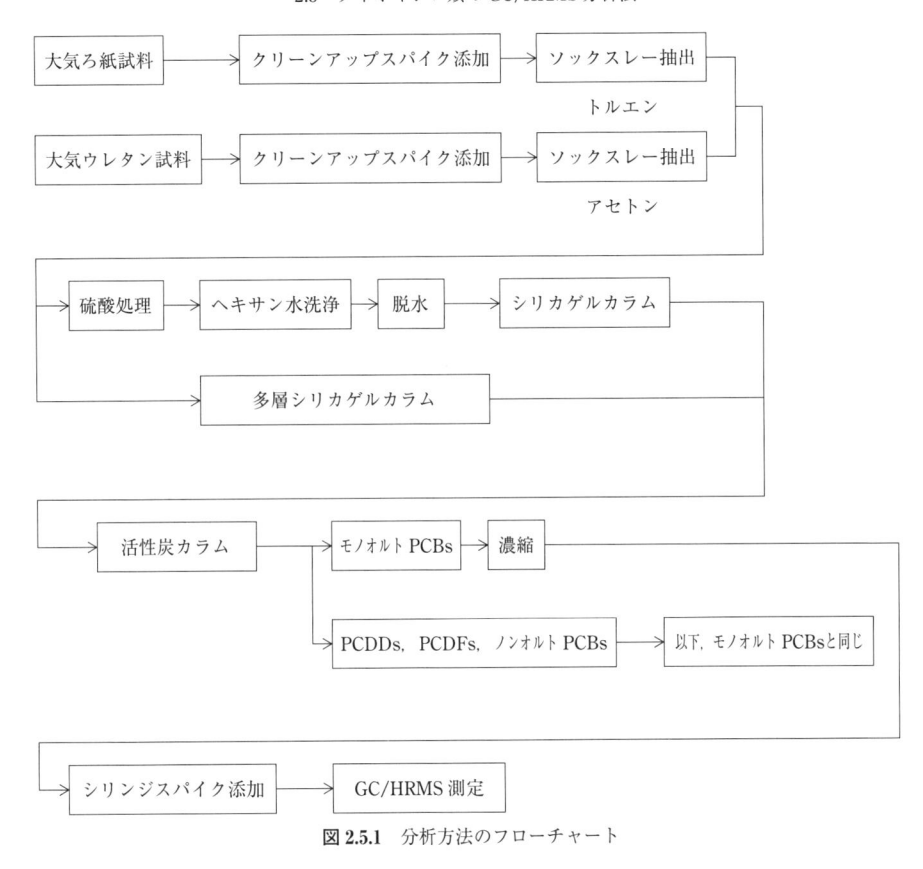

2.5 ダイオキシン類のGC/HRMS分析法

```
大気ろ紙試料 → クリーンアップスパイク添加 → ソックスレー抽出
                                              トルエン
大気ウレタン試料 → クリーンアップスパイク添加 → ソックスレー抽出
                                              アセトン

→ 硫酸処理 → ヘキサン水洗浄 → 脱水 → シリカゲルカラム
         → 多層シリカゲルカラム →

→ 活性炭カラム → モノオルトPCBs → 濃縮
              → PCDDs, PCDFs, ノンオルトPCBs → 以下, モノオルトPCBsと同じ

→ シリンジスパイク添加 → GC/HRMS測定
```

図2.5.1 分析方法のフローチャート

なお, ダイオキシン類は紫外線で分解するため, 保存時等の遮光, 近接での照明を避ける等の配慮が必要である. また, ダイオキシン類は有害であり, 分析作業は十分な設備を備えた実験室で行い, 吸引や皮膚接触を避ける安全用具を用いる等, 取扱いは慎重に行う[6]. 文中の商品名は参考であり, 推奨するものではない. また, 各種条件については, 標準試料等による確認が必要である.

a. 試薬および標準溶液

ダイオキシン類の標準溶液(検量線作成用, サンプリングスパイク, クリーンアップスパイク, シリンジスパイク)は調製標準品をそのまま, もしくは混合, 希釈して使用する.

・検量線作成用: 表2.5.1のTEFを有する29種類すべてとその他の測定対象物質およびサンプリングスパイク, クリーンアップスパイク, シリンジスパイクの内標準物質を混合し, GC/HRMSの検出下限の3倍程度の低濃度から5段階の濃度を用意する.

・サンプリングスパイク(ss): 試料採取の確認に使用. 揮発性が高く毒性の低い$^{13}C_{12}$-1,2,3,4-TeCDD, $^{13}C_{12}$-1,2,3,4-TeCB (#79)等を用いる.

・クリーンアップスパイク(cs): 前処理操作の確認に使用. 表2.5.1のTEFを有する29種類すべての$^{13}C_{12}$体を用いることが望ましいが, PCDDs, PCDFsについては$^{13}C_{12}$-2,3,7,8-塩素置換異性体を各塩素数ごとに1種類以上, Co-PCBsでは, ノンオルトPCBsはすべて, モノオルトPCBsは各塩素数ごとに1種類以上の添加でもよい.

・シリンジスパイク(rs): クリーンアップスパイクの回収率確認に使用. ss, cs以外の$^{13}C_{12}$-1,2,3,4-TeCDF, $^{13}C_{12}$-1,2,3,4,6-PeCDF, $^{13}C_{12}$-1,2,3,4,6,8,9-IIpCDF, $^{13}C_{12}$-2,3′,4′,5-TeCB (#70)等が用いられる.

アセトン, ヘキサン, トルエン, ノナンはダイオキシン分析用, 硫酸は精密分析用, 無水硫酸ナトリウムはPCB試験用を用いる.

・シリカゲルカラムクロマト管: 内径10 mm, 長さ300 mmのカラムクロマト管に活性化したシリカゲル3 gをヘキサンで湿式充填し, その上に無水硫酸ナトリウムを約10 mm積む.

・多層シリカゲルカラムクロマト管: 図2.5.2のよう

に内径 15 mm, 長さ 300 mm のカラムクロマト管に石英ガラスウールを詰め, シリカゲル, 2% 水酸化カリウムシリカゲル等を充填し, 多層シリカゲルカラムとする. 市販の充填済多層シリカゲルカラムクロマト管も使用できる.

・活性炭カラムクロマト管：マニュアル[6]では内径 10 mm, 長さ 300 mm のカラムクロマト管の底部に石英ガラスウールを詰め, その上に無水硫酸ナトリウム 10 mm, 活性炭シリカゲル 1 g, 無水硫酸ナトリウム 10 mm を積層したものを用いている. 今回はカラムを逆転させるため市販品を使用する.

b. 装置および分析条件

キャピラリーカラム GC と二重収束型 MS のガスクロマトグラフ/高分解能質量分析計（GC/HRMS）を用いて, 分解能 10,000 以上に調整し, SIM 法（ロックマス法）で測定する. 設定質量数（モニターイオン）を表 2.5.2, 2.5.3 に示す. 各物質について 2 つ以上のモニターイオンを設定する. 測定対象が多く, 質量範囲が広いため, 1 試料について GC/MS 条件を変えた複数回の測定が必要である. GC/MS 分析条件の一例を次に示す. その他の例については参考文献[4-7, 12, 13]を参照されたい.

① TeCDDs, PeCDDs, HxCDDs, TeCDFs, PeCDFs, HxCDFs

GC カラム：SP-2331　内径 0.32 mm, 長さ 60 m, 膜厚 0.2 μm

カラム温度：100℃（1.5 min）→（20℃/min）→ 200℃ →（2℃/min）→ 260℃（24 min）

注入口温度：260℃　注入方法：スプリットレス

キャリアガス：ヘリウム　2.0 mL/min

MS イオン源温度：280℃

イオン化エネルギー：38 eV

イオン化電流：500 μA

加速電圧：10 kV

② HpCDDs, OCDD, HpCDFs, OCDF

GC カラム：DB-17　内径 0.32 mm, 長さ 30 m, 膜厚 0.25 μm

カラム温度：100℃（1.5 min）→（20℃/min）→ 280℃（20 min）

注入口温度：280℃　注入方法：スプリットレス

キャリアガス：ヘリウム　1.5 mL/min

MS：① に同じ

③ Co-PCBs

GC カラム：HT8-PCB　内径 0.25 mm, 長さ 60 m

カラム温度：100℃（1.5 min）→（20℃/min）→ 180℃ →（10℃/min）→ 320℃（20 min）

注入口温度：280℃　注入方法：スプリットレス

キャリアガス：ヘリウム　1.1 mL/min

MS：① に同じ

各カラムにおけるクロマトグラムの保持時間の例を

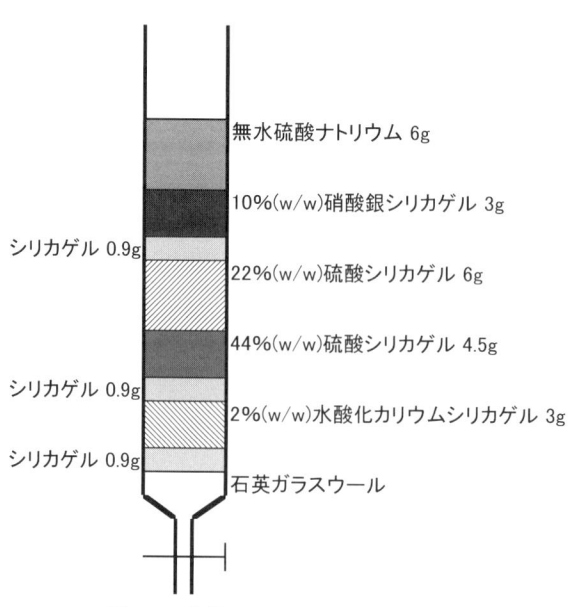

図 2.5.2 多層シリカゲルカラムクロマト管

2.5 ダイオキシン類の GC/HRMS 分析法

表 2.5.2 PCDDs, PCDFs 測定の設定質量数

	塩素置換体	M⁺	(M+2)⁺	(M+4)⁺
対象物質	TeCDDs	319.8965	321.8936	
	PeCDDs	353.8576	355.8546	357.8517[注]
	HxCDDs	387.8186	389.8156	391.8127[注]
	HpCDDs		423.7767	425.7737
	OCDD		457.7377	459.7348
	TeCDFs	303.9016	305.8987	
	PeCDFs		339.8597	341.8568
	HxCDFs		373.8207	375.8178
	HpCDFs		407.7818	409.7788
	OCDF	439.7457	441.7428	443.7398
内標準物質	$^{13}C_{12}$–TeCDDs	331.9368	333.9339	
	$^{13}C_{12}$–PeCDDs	365.8978	367.8949	369.8919
	$^{13}C_{12}$–HxCDDs	399.8589	401.8559	403.8530
	$^{13}C_{12}$–HpCDDs		435.8169	437.8140
	$^{13}C_{12}$–OCDD		469.7780	471.7750
	$^{13}C_{12}$–TeCDFs	315.9419	317.9389	
	$^{13}C_{12}$–PeCDFs		351.9000	353.8970
	$^{13}C_{12}$–HxCDFs		385.8610	387.8580
	$^{13}C_{12}$–HpCDFs		419.8220	421.8191
	$^{13}C_{12}$–OCDF	451.7860	453.7830	455.7801
質量校正用標準物質 (PFK)	330.9792（4, 5-塩素化物定量用）			
	380.9760（5, 6-塩素化物定量用）			
	430.9729（7, 8-塩素化物定量用）			
	442.9729（7, 8-塩素化物定量用）			

注）PCB の妨害を受けることがある．

表 2.5.3 Co-PCBs 測定の設定質量数

	塩素置換体	M⁺	(M+2)⁺	(M+4)⁺
対象物質	TeCBs	289.9224	291.9194	293.9165
	PeCBs	323.8834	325.8804	327.8775
	HxCBs	357.8444	359.8415	361.8385
	HpCBs	391.8054	393.8025	395.7995
内標準物質	$^{13}C_{12}$–TeCBs	301.9626	303.9597	305.9567
	$^{13}C_{12}$–PeCBs	335.9237	337.9207	339.9178
	$^{13}C_{12}$–HxCBs	369.8847	371.8817	373.8788
	$^{13}C_{12}$–HpCBs	403.8457	405.8428	407.8398
質量校正用標準物質 (PFK)	304.9824			
	330.9792			
	380.9760			

図 2.5.3〜2.5.5 に示す．各ピークについて 7 以上の測定点を確保するように，SIM サンプリング周期を設定する．チャネル数が多い場合は，各ピークの保持時間を考慮し，適切な時間分割によるグルーピングを用いて測定する．

c. 試料採取

ハイボリュームエアサンプラーまたはミドルボリュームエアサンプラーに石英繊維ろ紙 1 枚（サンプリングスパイクを一定量添加したもの）および PUF2 枚を装着し，24 時間の場合 700 L/min，1 週間の場合 100 L/min の流量で大気を約 1,000 m^3 採取する．

ろ紙は 600℃ で 6 時間程度加熱したものを用いる．PUF は水およびアセトン洗浄後，16〜24 時間のアセトンソックスレー抽出，アセトン超音波抽出（30 分 ×3 回）等で洗浄し，十分乾燥し，密閉保存したものを用いる．

また，採取用と同一ロットのろ紙と PUF を用意し，採取以外は試料と同様に扱い，トラベルブランク試験

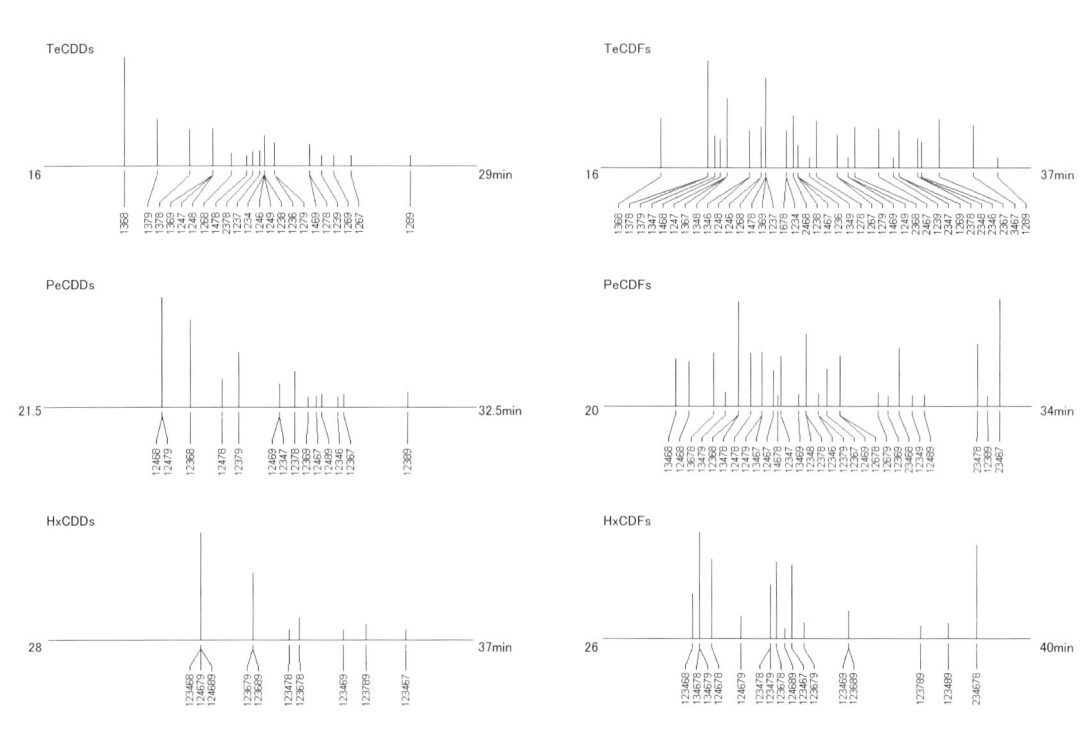

図 2.5.3 Te/Pe/HxCDDs, Te/Pe/HxCDFs のクロマトグラムの保持時間の例（SP-2331）

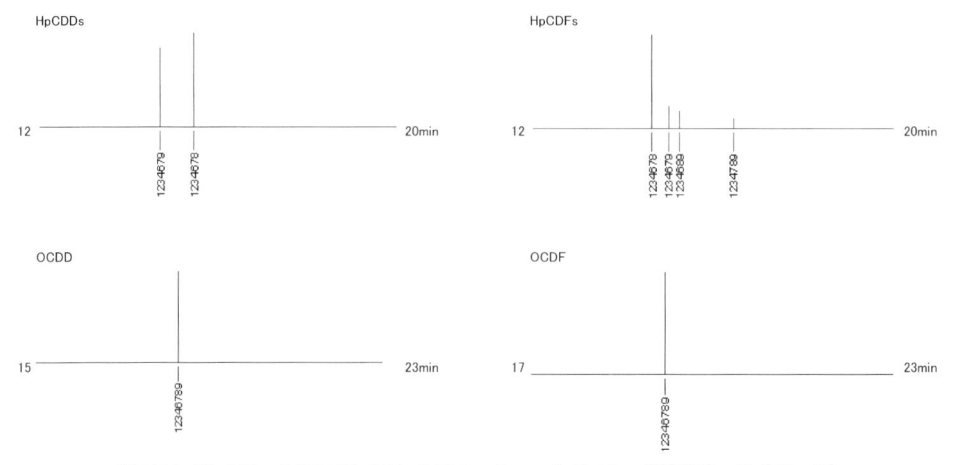

図 2.5.4 HpCDDs, OCDD, HpCDFs, OCDF のクロマトグラムの保持時間の例（DB-17）

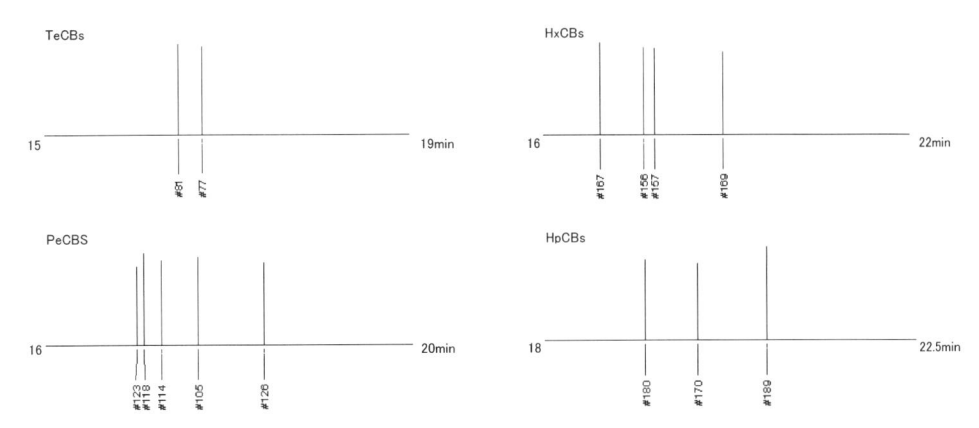

図 2.5.5 Co-PCBs のクロマトグラムの保持時間の例（HT8-PCB）

を行う．これは試料数の10%程度の頻度で，3試料以上行う[6]．別に操作ブランク試験用にろ紙とPUFを用意する．

d. 抽出

試料ろ紙とPUFはそれぞれクリーンアップスパイク（cs）を一定量添加し，別々に抽出する．

試料ろ紙をソックスレー抽出器に入れ，csを添加し，トルエンで16～24時間抽出を行う．PUFも同様にアセトンで16～24時間抽出を行う．各抽出液を濃縮混合し，ヘキサンに転溶，定容する．全量使用する場合は，定容操作は不要である．

なお，ろ紙とPUFを一緒にトルエン抽出する方法もある[6]．

e. 硫酸処理

分液ロートにdの試料を分取し，ヘキサン約50 mLで洗い込む．濃硫酸5～10 mLを加え，穏やかに振とうし，静置し硫酸層を除去する．硫酸層の着色が薄くなるまで同じ操作を繰り返す．

ヘキサン層にヘキサン洗浄水10～20 mLを駒込ピペットで加え，静かに振り，水洗する．水層を捨て，pHが5～7になるまで，水洗を繰り返す（4回程度必要）．

ロートに無水硫酸ナトリウムを入れ，ヘキサン層を脱水する．流出液はロータリーエバポレーター等の濃縮器で数mLに濃縮する．乾固の恐れがあれば，最後を窒素気流による濃縮にする．

f. シリカゲルカラムクロマトグラフィー

カラムをヘキサンで十分洗浄した後，液面を無水硫酸ナトリウムの上面まで下げる．試料濃縮液をパスツールピペット等で，充填物を乱さないように入れ，液面をカラム上端まで下げる．少量のヘキサンで濃縮器を洗い，洗液をカラムに入れる．洗浄をもう一度行う．カラムに少量のヘキサンを入れた後，ヘキサン150 mLを入れた滴下用分液ロートをカラムに付け，2.5 mL/min程度（約1滴/秒）で滴下させる．カラムの着色が著しい場合は，シリカゲルカラムクロマトグラフィーを繰り返す．

g. 多層シリカゲルカラムクロマトグラフィー

硫酸処理とシリカゲルカラムクロマトグラフィーに替えて，多層シリカゲルカラムクロマトグラフィーを用いることができる（図2.5.2）．

カラムをヘキサンで十分洗浄した後，液面を無水硫酸ナトリウムの上面まで下げる．dの試料を分取し，静かにカラムに入れ，液面をカラム上端まで下げる．少量のヘキサンで濃縮器を洗い，洗液をカラムに入れる．洗浄をもう一度行う．カラムに少量のヘキサンを入れた後，ヘキサン120 mLを入れた滴下用分液ロートをカラムに付け，2.5 mL/min程度（約1滴/秒）で滴下させる．カラムの着色が著しい場合は，多層シリカゲルカラムクロマトグラフィーを繰り返す．

h. 活性炭カラムクロマトグラフィー

充填済活性炭カラムがSupelco[14,15]，ジーエルサイエンス[16,17]，関東化学[18,19]，和光純薬等から販売されている．ここでは関東化学製活性炭分散シリカゲルリバースカラム（活性炭カラム）を例に挙げる．

シリカゲルもしくは多層シリカゲルカラムクロマトグラフィーの溶出液を，濃縮器で1 mL以下に濃縮する．乾固の恐れがあれば，最後を窒素気流による濃縮にする．

活性炭カラム（コンディショニングは不要）にパス

ツールピペットで試料を添加する．少量のヘキサンで濃縮容器を洗い，洗液も活性炭カラムに添加する．この際，活性炭カラム下部に乾燥部分が残るようにする．約30分置いた後，自然落下（0.5～0.7 mL/min）で①ヘキサン40 mLを流した後，②25％（v/v）ジクロロメタン/ヘキサン40 mLでモノオルト Co-PCBs を溶出する．その後，活性炭カラムを上下反転させ，③トルエン60 mLでノンオルト Co-PCBs と PCDDs/PCDFs を溶出させる．

②と③の画分をそれぞれ濃縮器で数 mL に濃縮し，さらに窒素気流により約 0.5 mL に濃縮する．ここに一定量のシリンジスパイクと 0.1 mL 程度のノナンを加え，窒素気流により一定量（20～100 μL）に濃縮する．濃縮液を少量用インサートを入れた GC バイアルに移し，GC/HRMS 分析用試料とする．

i. GC/HRMS 測定

HRMS に PFK を導入，分解能等の調整を行い，GC/HRMS を所定の条件に設定し，検量線用標準溶液，分析用試料を測定する．各データについて試料の注入，ロックマスの安定，妨害成分の有無，クロマトピークの分離を確認し，同定，定量を行う．

1. 検量線の作成

検量線作成用標準溶液の各濃度について3回の測定を行い，全濃度で合計15点のデータを得る．各標準物質および対応するクリーンアップスパイクの濃度とピーク面積から，次式により相対感度係数（RRF_{cs}）を算出し，その平均を検量用 RRF_{cs} とする．この変動係数は 5％ を目安にできるだけ小さくし，10％ を超えないようにする．

$$RRF_{cs} = \frac{C_{csi}}{C_s} \times \frac{A_s}{A_{csi}} \quad (1)$$

C_{csi}：標準溶液中のクリーンアップスパイクの濃度

C_s：標準溶液中の分析対象物質の濃度

A_s：標準溶液中の分析対象物質のピーク面積

A_{csi}：標準溶液中のクリーンアップスパイクのピーク面積

また，クリーンアップスパイクとシリンジスパイク，サンプリングスパイクとクリーンアップスパイクについても RRF_{rs} および RRF_{ss} を算出する．

$$RRF_{rs} = \frac{C_{rsi}}{C_{csi}} \times \frac{A_{csi}}{A_{rsi}} \quad (2)$$

C_{rsi}：標準溶液中のシリンジスパイクの濃度

A_{rsi}：標準溶液中のシリンジスパイクのピーク面積

$$RRF_{ss} = \frac{C_{csi}}{C_{ssi}} \times \frac{A_{ssi}}{A_{csi}} \quad (3)$$

C_{ssi}：標準溶液中のサンプリングスパイクの濃度

A_{ssi}：標準溶液中のサンプリングスパイクのピーク面積

定期的に検量線作成用標準溶液を一つ以上測定し，検量線作成時の値に比べ RRF_{cs} では ±10％ 以内，RRF_{rs} では ±20％ 以内であることを確認する．

2. 同定と定量

分析対象物質ピークの2つのモニターイオンの面積比が同位体存在比からの計算値とほぼ一致することを確認する．分析対象物質および対応するクリーンアップスパイクのピーク面積から，1. で求めた RRF_{cs} を用い，式(4)により抽出液全量中の分析対象物質の量を算出する．

$$Q_s = \frac{A_s}{A_{csi}} \times \frac{Q_{csi}}{RRF_{cs}} \quad (4)$$

Q_s：抽出液全量中の分析対象物質の量（pg）

A_s：GC/MS 分析試料中の分析対象物質のピーク面積

A_{csi}：GC/MS 分析試料中の対応するクリーンアップスパイクのピーク面積

Q_{csi}：対応するクリーンアップスパイクの添加量（pg）

RRF_{cs}：クリーンアップスパイクに対する分析対象物質の相対感度係数

3. 回収率の確認

式(5)によりクリーンアップスパイクの回収率を計算し，50～120％ の範囲にないときは，再度前処理を行い，再測定をする．

$$R_c(\%) = \frac{A_{csi}}{A_{rsi}} \times \frac{Q_{rsi}}{RRF_{rs}} \times \frac{V_e}{V_e} \times \frac{100}{Q_{csi}} \quad (5)$$

A_{csi}：GC/MS 分析試料中のクリーンアップスパイクのピーク面積

Q_{csi}：クリーンアップスパイクの添加量（pg）

A_{rsi}：GC/MS 分析試料中の対応するシリンジスパイクのピーク面積

Q_{rsi} ：対応するシリンジスパイクの添加量（pg）

RRF_{rs}：シリンジスパイクに対するクリーンアップスパイクの相対感度係数

V_e ：定容液量（mL）

V'_e ：分取量（mL）

同様に式(6)によりサンプリングスパイクの回収率を計算し，70～130%の範囲にあることを確認する．

$$R_s(\%) = \frac{A_{ssi}}{A_{csi}} \times \frac{Q_{csi}}{RRF_{ss}} \times \frac{100}{Q_{ssi}} \quad (6)$$

A_{ssi} ：サンプリングスパイクのピーク面積

Q_{ssi} ：サンプリングスパイクの添加量（pg）

A_{csi} ：対応するクリーンアップスパイクのピーク面積

Q_{csi} ：クリーンアップスパイクの添加量（pg）

RRF_{ss}：クリーンアップスパイクに対するサンプリングスパイクの相対感度係数

4. 検出下限と定量下限

大気環境基準値（0.6 pg-TEQ/m³）の1/30の目標検出下限値，1/10の目標定量下限値が設定され（表2.5.4）[6]，実測濃度についても目標検出下限値，目標定量下限値が示されている（表2.5.1）．次の4種類の検出下限値および定量下限値を測定する．

(1) 装置の検出下限値（IDL），定量下限値（IQL）

最低濃度の検量線作成用標準液を5回以上GC/HRMSで測定する．各化合物の測定値について標準偏差を求め，その3倍を装置の検出下限値，10倍を装置の定量下限値とする．検出下限は有効数字を1桁とし，定量下限は検出下限と同じ桁まででまとめる．

この検出下限値が，TeCDDs/DFs・PeCDDs/DFs 0.1 pg，HxCDDs/DFs・HpCDDs/DFs 0.2 pg，OCDD/DF 0.5 pg，Co-PCBs 0.2 pg以下であることを確認する[6]．

(2) 測定方法の検出下限値（MDL），定量下限値（MQL）

試料と同様の石英繊維ろ紙とPUFの抽出液に，式(7)により算出した量の標準物質を添加し，前処理，GC/HRMS測定を行う．これを5回以上行い，測定値の標準偏差を求め，その3倍を測定方法の検出下限値，10倍を測定方法の定量下限値とする．桁数の扱いは上と同様である．

$$Q = QL' \times \frac{v}{v_i} \quad (7)$$

Q ：標準物質添加量（pg）

QL' ：装置の定量下限（pg）

v ：測定用試料の液量（μL）

v_i ：GC/HRMSへの注入量（μL）

(3) 試料における検出下限値（SDL），定量下限値（SQL）

上で求めたMDL，MQLから，式(8)，(9)により試料における検出下限値および定量下限値を算出し，これが目標値（表2.5.1）を満たすことを確認する．

$$SDL = MDL \times \frac{v}{v_i} \times \frac{V_e}{V'_e} \times \frac{1}{V} \quad (8)$$

$$SQL = MQL \times \frac{v}{v_i} \times \frac{V_e}{V'_e} \times \frac{1}{V} \quad (9)$$

SDL：試料における検出下限値（pg/m³）

SQL：試料における定量下限値（pg/m³）

v ：測定用試料の液量（μL）

v_i ：GC/HRMSへの注入量（μL）

V_e ：定容液量（mL）

V'_e ：分取量（mL）

V ：試料採取量（m³）

(4) 試料測定時の検出下限値（PDL），定量下限値（PQL）

試料測定時に，TEFを有する2,3,7,8-位に塩素をもつPCDDs/PCDFsおよびCo-PCBsのうちピークが検出されないものについて，その近くのSIMクロマトグラムのベースラインのノイズ幅から，試料測定時の検出下限を推定する[6]．

データ解析ソフトにより，対象付近のノイズピークのS/Nと面積を求め，S/N=3に相当するピーク面積を計算する．これに対応するクリーンアップスパイクの面積とRRFcsから式(4)によりQsを算出する．このQsから式(10)により大気相当濃度を計算し，試料測定時の検出下限値（PDL）とする．同様にS/N=10に相当するピーク面積から試料測定時の定量下限値（PQL）を算出し，これらが試料における検出下限値，定量下限値以下であることを確認する．

表2.5.4 環境大気中ダイオキシン類の目標検出下限値・目標定量下限値[6]

環境大気基準値	0.6 pg-TEQ/m³
目標定量下限値	0.06 pg-TEQ/m³
目標検出下限値	0.02 pg-TEQ/m³

5. 結果の表示

2. で求めた定量値から式(10)により大気中PCDDs/PCDFsおよびCo-PCBs濃度を算出する.

$$C = \frac{(Q_s - Q_t)}{V} \quad (10)$$

C ：分析対象物質の大気濃度（pg/m³, 20℃, 101.3 kPa）
Q_s：抽出液全量中の分析対象物質の量（pg）
Q_t：トラベルブランク試験用抽出液全量中の分析対象物質の量（pg）
V ：試料採取量（m³, 20℃, 101.3 kPa）

表2.5.1のようにPCDDsおよびPCDFsについては，各2,3,7,8-塩素置換異性体（および必要なその他異性体）の濃度と，四塩化物から八塩化物の各同族体とその総和を表示する．Co-PCBsは各異性体濃度とノンオルト・モノオルト置換体濃度の各総和および全Co-PCBsを表示する．

各異性体の濃度は，定量下限以上の値はそのまま記載し，定量下限未満・検出下限以上の値は（ ）をつける等の表示をする．検出下限未満の値はそのことがわかるように記載する（表2.5.1）．

上で得た各2,3,7,8-塩素置換異性体濃度に毒性等価係数（TEF）を掛けて毒性等量（pg-TEQ/m³）を算出しそれらの和を全毒性等量とする．ただし，検出下限未満のものは検出下限値の1/2にTEFを掛けて毒性等量を計算する．

濃度の有効数字は2桁を原則とするが，検出下限より下の桁は表示しない．また，検出下限は有効数字を1桁とする．毒性等量の算出では，各異性体の毒性等量については丸めを行わず，合計値について有効数字を2桁にする．

2）解説

a. 試料採取

ローボリュームエアサンプラーによる1カ月の長期採取も行われている[20]．ハイボリュームエアサンプラーと同様に石英繊維ろ紙1枚およびPUF2枚を装着し，26 L/min程度の低流量で大気を約1,000 m³採取する．

b. 抽出

高速溶媒抽出法による測定例も報告されている[21]．

c. 活性炭カラムクロマトグラフィ

活性炭カラムを上下反転させることにより，OCDD/OCDFの溶出が早くなり，使用溶媒量を少なくできる[18, 19]．また，他の製品では，① ヘキサン40 mL（1 mL/min），② 50%（v/v）ジクロロメタン/ヘキサン50 mL（2.5 mL/min）でモノオルトCo-PCBsが，カラム上下反転，③ トルエン50 mL（2.5 mL/min）でノンオルトCo-PCBsとPCDDs/PCDFsが溶出されるが[16]，別の条件では① ヘキサン60 mL（1 mL/min），② 20%（v/v）トルエン/ヘキサン40 mL（2.5 mL/min）でCo-PCBsが，カラム上下反転，③ トルエン60 mL（2.5 mL/min）でPCDDs/PCDFsが溶出された[17]．活性炭，溶媒により溶出の状況が異なるため，使用に際しては分画の確認が必要である．

なお，PCDDs/PCDFsとCo-PCBsを同一分画に溶出させ，BPX-DXNとRH-12msの2種類のGCカラムで分離する方法も開発された．[13, 24, 25]

d. 検出下限値

大気中のダイオキシン類の濃度は年々低下し，平成23年度の全国平均値[22]は0.028 pg-TEQ/m³，濃度範囲は0.0051〜0.45 pg-TEQ/m³と，目標検出下限より低いデータもあり，調査目的によっては検出下限値をさらに下げる必要がある．試料における検出下限（SDL）の式(8)において，SDLを小さくするためにはv/v_iとV_e/V_cを小さくする必要がある．再測定の必要がなければ全量使用によりV_e/V_cは1となる．また測定用試料を少量にし（vを小さく），注入量v_iを多くすることにより，SDLは小さくなる．ただし，注入後GCバイアルのセプタムに穴が空いたまま放置しておくと，蒸発により液量が減少してしまうので注意すること．

e. 濃度表示

TEFについては表2.5.5のように，対象物質および数値の変更があった．また，各化合物の毒性等量の算出方法には，次のものがある[4-7]．

① 定量下限以上の値はそのまま，定量下限未満は0（ゼロ）として計算する．

② 検出下限以上の値はそのまま，検出下限未満は検出下限値を用いて計算する．

③ 検出下限以上の値はそのまま，検出下限未満は検出下限値の1/2を用いて計算する．

現在，大気，水質等は③であるが，排ガス，排水，土壌は①と，対象により，また年代により異なっており，データ比較の際は注意が必要である．

〔大場和生〕

2.5 ダイオキシン類の GC/HRMS 分析法

表 2.5.5 毒性等価係数の推移[9, 10, 23]

化合物の名称			I-TEF (1988)	WHO-TEF (1993)	WHO-TEF (1998)	WHO-TEF (2006)
PCDDs		2,3,7,8-TeCDD	1		1	1
		1,2,3,7,8-PeCDD	0.5		1	1
		1,2,3,4,7,8-HxCDD	0.1		0.1	0.1
		1,2,3,6,7,8-HxCDD	0.1		0.1	0.1
		1,2,3,7,8,9-HxCDD	0.1		0.1	0.1
		1,2,3,4,6,7,8-HpCDD	0.01		0.01	0.01
		OCDD	0.001		0.0001	0.0003
PCDFs		2,3,7,8-TeCDF	0.1		0.1	0.1
		1,2,3,7,8-PeCDF	0.05		0.05	0.03
		2,3,4,7,8-PeCDF	0.5		0.5	0.3
		1,2,3,4,7,8-HxCDF	0.1		0.1	0.1
		1,2,3,6,7,8-HxCDF	0.1		0.1	0.1
		1,2,3,7,8,9-HxCDF	0.1		0.1	0.1
		2,3,4,6,7,8-HxCDF	0.1		0.1	0.1
		1,2,3,4,6,7,8-HpCDF	0.01		0.01	0.01
		1,2,3,4,7,8,9-HpCDF	0.01		0.01	0.01
		OCDF	0.001		0.0001	0.0003
Co-PCBs	ノンオルト	3,4,4′,5-TeCB (#81)		—	0.0001	0.0003
		3,3′,4,4′-TeCB (#77)		0.0005	0.0001	0.0001
		3,3′,4,4′,5-PeCB (#126)		0.1	0.1	0.1
		3,3′,4,4′,5,5′-HxCB (#169)		0.01	0.01	0.03
	モノオルト	2′,3,4,4′,5-PeCB (#123)		0.0001	0.0001	0.00003
		2,3′,4,4′,5-PeCB (#118)		0.0001	0.0001	0.00003
		2,3,3′,4,4′-PeCB (#105)		0.0001	0.0001	0.00003
		2,3,4,4′,5-PeCB (#114)		0.0005	0.0005	0.00003
		2,3′,4,4′,5,5′-HxCB (#167)		0.00001	0.00001	0.00003
		2,3,3′,4,4′,5-HxCB (#156)		0.0005	0.0005	0.00003
		2,3,3′,4,4′,5′-HxCB (#157)		0.0005	0.0005	0.00003
		2,3,3′,4,4′,5,5′-HpCB (#189)		0.0001	0.0001	0.00003
	ジオルト	2,2′,3,3′,4,4′,5-HxCB (#170)		0.0001	—	—
		2,2′,3,4,4′,5,5′-HpCB (#180)		0.00001	—	—

参考文献

1) 環境省環境管理局総務課ダイオキシン対策室:ダイオキシン類挙動モデルハンドブック(2004) http://www.env.go.jp/chemi/dioxin/hand/index.html
2) ダイオキシン類対策特別措置法第二条 http://law.e-gov.go.jp/htmldata/H11/H11HO105.html
3) ダイオキシン類対策特別措置法第八条第二項第一号
4) JIS K 0311 排ガス中のダイオキシン類の測定方法
 日本工業標準調査会ホームページの「JIS 検索」画面で,K0311 を入力して検索
 http://www.jisc.go.jp/app/JPS/JPSO0020.html
 JIS K 0311:2005 は改正され JIS K 0311:2008 となった.追補分も上記で閲覧できる.
 冊子体「JIS K 0311:2005 排ガス中のダイオキシン類の測定方法」日本規格協会
 解説付図にクロマトグラムの例を記載
5) JIS K 0312 工業用水・工場排水中のダイオキシン類の測定方法
6) 環境省水・大気環境局:ダイオキシン類に係る大気環境

調査マニュアル（2008） http://www.env.go.jp/air/osen/manual/index.html
7) 環境省HP：ダイオキシン類対策，技術的指針，マニュアル等　http://www.env.go.jp/chemi/dioxin/guide.html
8) 環境省報道発表資料：「ダイオキシン類対策特別措置法施行規則の一部を改正する省令」について（2007）　http://www.env.go.jp/press/press.php?serial=8458
9) 環境省：ダイオキシン類の測定マニュアル等の改訂状況（TEFの見直し）について（2008）　http://www.env.go.jp/chemi/dioxin/guide/tef_rev.html
10) WHO: http://www.who.int/ipcs/assessment/tef_update/en/
11) 環境省総合環境政策局環境保健部環境安全課：化学物質環境実態調査実施の手引き（平成20年度版）（2009）http://www.env.go.jp/chemi/anzen/chosa/tebiki-h20.pdf
12) J. H. Ryan et al.: *J. Chromatography*, **541**, p. 131 (1991).
13) 松村徹ほか：第11回環境化学討論会講演要旨集，p. 152 (2002).
14) 前岡理照ほか：第11回環境化学討論会講演要旨集，p. 298 (2002).
15) 西村幸弘ほか：第11回環境化学討論会講演要旨集，p. 300 (2002).
16) 川野勝之ほか：第12回環境化学討論会講演要旨集，p. 352 (2003).
17) 小林貴司ほか：第14回環境化学討論会講演要旨集，p. 338 (2005).
18) 増崎優子ほか：第11回環境化学討論会講演要旨集，p. 288 (2002).
19) 清家伸康ほか：第11回環境化学討論会講演要旨集，p. 648 (2002).
20) 吉岡秀俊ほか：東京都環境科学研究所年報，2003, p. 44. http://www.tokyokankyo.jp/kankyoken_contents/report-news/2003/taiki7.pdf
21) 東野和雄ほか：東京都環境科学研究所年報，2000, p. 187. http://www.tokyokankyo.jp/kankyoken_contents/report-news/2000/bunseki1.pdf
22) 環境省報道発表資料：平成23年度ダイオキシン類に係る環境調査結果について（2013）　http://www.env.go.jp/press/press.php?serial=16467
23) 環境庁水質保全局水質管理課：ダイオキシン類に係る水生生物調査暫定マニュアル（1998）　http://www.env.go.jp/chemi/dioxin/guide/aquatic/index.html
24) いであ：BPX-DXNおよびRH-12msに関する技術者向け資料
http://ideacon.jp/contents/technology/dioxin/dxn_expert.htm
25) 三浦環境科学研究所：
http://www.miuraz.co.jp/e_science/products/gcms.html

ダイオキシン測定

JISに規定されたダイオキシン測定には，分解能10,000の高性能GC/MSが必要で，その性能を発揮させるためには，温湿度がコントロールされ，振動も電磁波の影響もない測定室に設置する必要がある．試料処理の実験室は，外部からの汚染と外部への汚染を防止するために，気圧は低く保たれ，特殊なフィルターを通した空気が供給される．こうした設備は，もちろん高価で，ダイオキシン測定を始めようとすると，最初のひとつのデータを出すまでに，およそ3億円の投資が必要であった．そのかいあって（？）ダイオキシンの排出はみるみる減っていった．

2.6　N,N'-ジアリール-p-フェニレンジアミン等の分析法

環境水, 大気粉じん, 浸出水

化学構造	IUPAC 名	CAS No./分子式/分子量	オクタノール/水分配係数
(CH₃)ₘ — 構造図 — (CH₃)ₙ	$n = m = 0$ N,N'-diphenyl-p-phenylenediamine（DPPD）	74-31-7/ $C_{18}H_{16}N_2$/	$\log P_{ow} = 4.04$
	$n = m = 1$ N,N'-ditolyl-p-phenylenediamine（DTPD）	27417-40-9/ $C_{20}H_{20}N_2$/ 288.4	
	$n = 1, m = 2$ N-tolyl-N'-xylyl-p-phenylenediamine（TXPD）	28726-30-9/ $C_{21}H_{22}N_2$/ 302.4	
	$n = m = 2$ N,N'-dixylyl-p-phenylenediamine（DXPD）	70290-05-0/ $C_{22}H_{24}N_2$/ 316.4	

備考. $n, m = 1$ または 2 は化審法の第一種特定化学物質

	N-(1,3-dimethylbutyl)-N'-phenyl-1,4-phenylenediamine（6PPD）	793-24-8/ $C_{18}H_{24}N_2$/ 268.4	$\log P_{ow} = 5.4$

備考. 水溶解性：0.01 g/100 mL（20℃）　2006 年推定生産量 200 t

　これらの物質は, おもに自動車用タイヤのゴム老化防止剤として添加されていた. ゴム材に混合させることによって熱や屈曲に強い製品にすることができた. いずれも水にはほとんど溶けず, 気化もしない. 環境中へ出てくるとしたら, タイヤの摩耗によって粉じんとなったものが多いと思われる. n, m が 1 または 2 の化合物は, 平成 12 年末に「化学物質の審査及び製造等の規制に関する法律」（化審法）によって第一種特定化学物質に指定されており, PCB などと同様に事実上使用が禁止されている. 製造は平成 5 年くらいから中止されていた. 現在も使用されているのは DPPD と 6PPD である.

1) ゴム老化防止剤の測定（GC/MS）

　実際に使用されていたゴム老化防止剤は混合物である. また DTPD, TXPD, DXPD はメチル基のつく位置によって複数の異性体が存在する. 禁止前に製造されていた老化防止剤の 1 製品を GC/MS で測定すると図 2.6.1 のようなクロマトグラフが得られた.

　標準物質で確認したのは 15.42 分に溶出した DPPD（約 27%）, 16.05 分の DooTPD（DTPD のオルトオルト体：約 21%）, 17.14 分の DppTPD（パラパラ体：約 6%）である. $m/z = 288$ の他の 4 本のピークを DooTPD, DppTPD 以外の DTPD 異性体とし, GC/MS-SIM 分析における感度が DooTPD, DppTPD の平均であるとして計算すると, DTPD は約 50% 含まれていることがわかった. またフェニルトリルパラフェニレンジアミン（PTPD）と思われる $m/z = 274$ の微少なピークが 3 本検出された. それぞれの o-, m-, p-体と思われる. DXPD は検出されなかった.

2) ゴム老化防止剤の測定（LC/MS）

　石英繊維ろ紙に環境大気を一定流量で 24 時間通気して大気中粉じんを採取し, 抽出, 濃縮, 転溶して LC/MS/MS-SRM で分析する. 対象物質は LC/MS ではほとんど異性体分離はしないが GC/MS で測定すると図 2.6.1 のように異性体が多くのピークを生じ, 定量が困難になる. また GC/MS の感度は LC/MS に比べて数百分の一であった. このため LC/MS の方が簡易で高感度な測定が可能となる. 分析方法のフロー

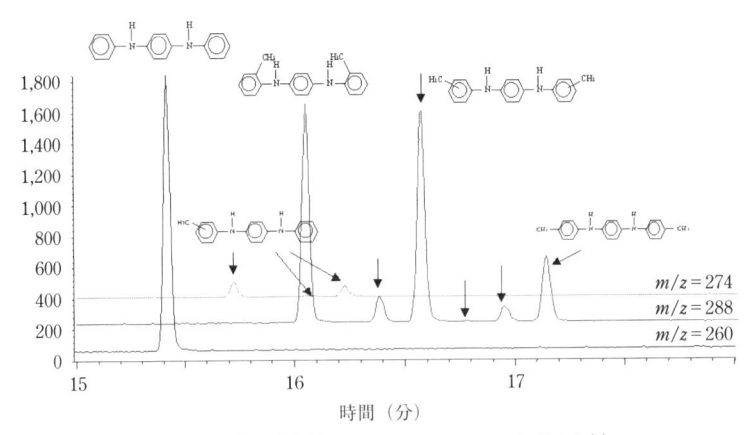

図 2.6.1 老化防止剤の GC/MS-SIM クロマトグラム例

測定条件　キャピラリーカラム　ultral　0.2 mm×0.33 μm×25 m
　　　　　キャリアガス　He：17 psi
　　　　　昇温条件　60℃（1 min）→280℃（20℃/min）→300℃（5℃/min）

チャートを図 2.6.2 に示す.

a. 試薬および標準溶液

各対象物質はできるだけ純度の高い試薬を標準とし，メタノールに溶解して 1 mg/mL の標準原液を調製する．この標準原液を適宜メタノールで希釈して検量線作成用標準溶液とする．各濃度の標準溶液には，内標準物質として DPPD-d_{10} を 1.0 ng/mL の濃度となるよう添加する．メタノール，水は LC/MS グレード，ジクロロメタンは残留農薬やダイオキシン測定用を用いる．

b. 器具等

大気試料採取：エアーポンプ，ガスメータ，石英繊維ろ紙

・水質試料採取：固相抽出カートリッジ NEXUS 500 mg（Agilent 社製），固相抽出カートリッジ用濃縮装置
・試料調製：窒素吹付け濃縮装置，マイクロシリンジ，ねじ口試験管，チップフィルター（カラムガード LCR4（ミリポア社製），13 mmGD/X シリンジフィルタ PVDF 0.2 μm（ワットマン社製）など

c. 装置および分析条件（表 2.6.1 参照）

ここにあげたのは LC 移動相を酸性にして ESI でイオン化し，生じた［M＋H］⁺イオンをプレカーサーイオンとする手法だが，LC/MS の機種によっては移動相を中性にして水素が脱離した［M-2H］分子を APCI でイオン化し，見かけ上［M-1］⁺イオンを用いた方が感度が高くて定量精度がよいこともある．実際に用いる機器に適した条件を選択する必要がある．なお，TXPD と DXPD は検討過程で道路粉じんおよび環境大気粉じんからの検出例がまったくなかったので測定対象からはずした．

d. 大気粉じんの採取

47 mmφ の石英繊維ろ紙をアセトンで洗浄し，乾燥させて用いる．図 2.6.3 に示すように石英繊維ろ紙をろ紙ホルダーに装着し，10〜14 L/min の流量で 24 時間大気試料を捕集する．採取したろ紙はアルミ箔に包み，密封して分析まで保存する．

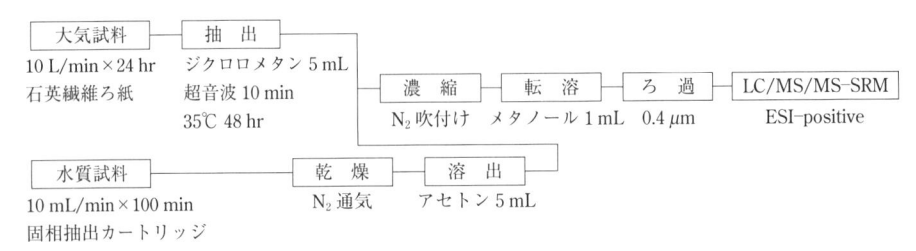

図 2.6.2 分析方法のフローチャート

2.6 N,N'-ジアリール-p-フェニレンジアミン等の分析法

表2.6.1 装置および分析条件

LC条件	機　種	：Waters ACQUITY　UPLC
	カラム	：ACQUITY UPLC BEH-C18　2.1×50 mm 1.7 μm
	溶離液	：A：0.005％ギ酸水溶液　B：メタノール
	0 → 5 min	A：90 → 10　B：10 → 90 linear gradient
	5 → 8 min	A：B = 10：90
	8 → 9 min	A：10 → 90　B：90 → 10 linear gradient
	9 → 10 min	A：B = 90：10
		0.2 mL/min
	カラム温度	：40℃
	注入量	：5 μL
MS条件	機　種	：Waters Quattro Premier XE
	イオン化法	：ESI positive
	モニターイオン	：DPPD　　　261 → 184
		DTPD　　　289 → 198
		6PPD　　　269 → 184
		DPPD-d_{10}　271 → 189（内部標準）

e. 試料溶液調製法

大気試料を採取した石英繊維ろ紙は容量10 mLのねじ口試験管に入れ，ジクロロメタン5 mLを加える．試験管に内標準溶液（DPPD-d_{10} 0.1 μg/mL メタノール溶液）10 μLを加えてしっかり栓を閉め10分間超音波抽出する．ついで48時間以上35℃に保持して抽出する．抽出液を濃縮管に移し，窒素ガスを吹き付けて乾固寸前までに濃縮したものにメタノール1.0 mLを加えて，フィルターをつけた注射筒に入れてろ過したものを試験溶液とする．未使用のろ紙を同様に処理したものを空試験溶液とする．LC/MS/MS-SRM（selected reaction monitoring）モードで分析し定量する．

f. 水質試料前処理法

試料水1000 mLにアンモニア水を滴下してpH 10に調整し，固相抽出用カートリッジに毎分10 mLで通液して捕集する．さらに純水10 mLを通液してから窒素ガスを通気して乾燥させておく．SS分が多い試料はアセトンで洗浄した石英繊維ろ紙でろ過し，ろ紙は純水，アセトンそれぞれ5 mLで洗浄し，洗液は試料水に加えておく．試料を抽出した固相抽出カートリッジにアセトン5 mLを加えて溶出する．溶出液に内標準溶液（DPPD-d_{10} 0.1 μg/mL メタノール溶液）10 μLを加え窒素ガスを吹き付けて濃縮する．ほとんど乾固するまで濃縮し，以下大気試料と同様に処理する．未使用の固相抽出カートリッジを同様に処理したものを空試験溶液とする．

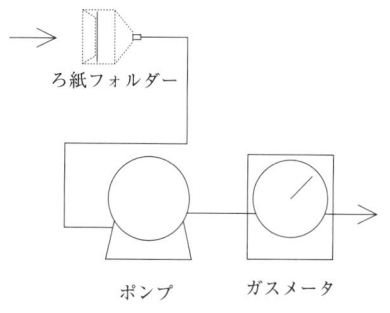

図2.6.3 大気採取装置の例

3) 解説

a. 道路粉じんの分析

対象物質はタイヤ等のゴムの老化防止剤として，ゴム材に練り込まれるように使用されていたため，タイヤが摩滅して生じた粉じんなどに含まれて環境中に拡散した可能性がある．対象物質は平成12年末に第一種特定化学物質に指定され事実上使用が禁止されたが，行政指導による事業者の自主規制はすでに10年ほど前から始まっていた．自主規制前の道路粉じんには対象物質が含まれている可能性が高いと考え，昭和57年東名高速道路都夫良野トンネルの内壁から採取された粉じん，昭和61年に逗子市長柄トンネル内壁から採取された粉じんをジクロロメタンで抽出したところ，400～900 pg/mgのDPPD，210～270 pg/mgのDTPDが検出された．保存中の変化が不明であるため定量的なことは明言できないが，トンネル内の粉じんに対象物質が含まれ検出することが可能であることはわかった．この他道路堆積物，建物の壁面に付着し

た粉じんなど，現在までに検討したすべての粉じん試料から数十 pg/mg 程度の DPPD, DTPD が検出された．交通量のとくに多い川崎市池上交差点付近で採取した粉じんからは DPPD が 130 pg/mg, DTPD が 55 pg/mg 検出された．これらの採取は平成 15 年に行われ，DTPD の使用が中止されてから何年もたっているにもかかわらず，高い確率で環境から検出された．6PPD の測定は平成 16 年から行い，川崎市池上交差点付近で採取した粉じんから 5,000 pg/mg 検出された．

b．添加回収実験（大気粉じん）

はじめ行った標準物質を有機溶剤に溶解して捕集材に添加する通常の添加回収実験では回収率は通気時間の増加とともに急激に低下した．酸化防止剤や誘導体化試薬を添加してみたが効果はなかった．しかし，回収率が低いにもかかわらず分析法開発時の環境大気採取で，しばしば痕跡量の対象物質が検出された．標準溶液の代わりに道路粉じんを用いて添加回収実験を実施したところ，分解は見られず良好な成績であった．対象物質はゴム材等とともにあるときは安定で，対象物質だけで，いわば裸で添加した実験では急激に分解されたと思われる．仮に対象物質がガス体で存在するとすると本法で測定することはできず対象は粒子状物質に限られるが，通気すると急速に分解する物質がガス体で長期間安定であるとは考えにくく，浮遊粉塵を対象とした測定法で環境大気汚染実態の把握は可能と思われる．今回は対象物質の含有量既知の道路粉じんを用いて添加回収実験を行った（表 2.6.2）．

c．粉じんの粒径と老化防止剤の含有率

大気粉じんを粒径別に採取し，老化防止剤がどの粒径に分布しているか調査した．その結果図 2.6.4 に示すように，道路沿道も一般環境でも 10 μm を超える粗大粒子にもっとも多く含まれており，肺の奥まで届いてとくに問題が大きいとされる 2.5 μm 以下，つまり PM2.5 に含まれる割合はごく小さいことがわかった．この結果は大気粉じんに含まれる DPPD や DTPD のおもな発生源が自動車タイヤの摩耗ではないかという推定と矛盾しない．大気汚染の原因物質とされている浮遊粒子状物質（SPM）は，環境基準として「大気中に浮遊する粒子状物質であってその粒径が 10 μm 以下のものをいう」と定められているが，この調査に用いた粉じんは DTPD の製造が中止された数年後に採取されたものであり，DTPD が長期間残留していることがわかる．

d．実試料への適用（大気粉じん）

平成 15 年に神奈川県平塚市で連続 6 日間大気試料を採取して分析した結果，DTPD はごく低濃度で変化が少なく，DPPD は比較的濃度変動が大きいことがわかった（図 2.6.5）．DTPD は環境に残留しているが使用されなくなったため新たな排出がほとんどなく，DPPD は当時も環境への排出があるためと思われる．また平成 16 年に行った調査では 0.03〜0.28 ng/m³ の 6PPD が検出された．

e．実試料への適用（廃棄物埋立て処分場浸出水，河川水）

平成 15 年に行った浸出水調査で，老化防止剤では DPPD, DTPD が検出された．得られた結果を表 2.6.3 に示した．埋め立てられた廃ゴム製品もしくは埋立処分場の遮水用ゴムシートなどから長期間にわたって浸出水中に溶け出してきている可能性がある．河川水調査のうち DPPD と DTPD の 3 カ所は浸出水と同時期に近傍の河川で行いすべて不検出であったが，6PPD を調査対象に含めた 63 回は平成 19 年から 20 年に神奈川県内 18 カ所で実施したものであり，6PPD のみ半数以上で検出された．図 2.6.6 に標準物質と河川水試料を分析したときの LC/MS クロマトグラフの例を示す．

表 2.6.2　回収率と相対標準偏差（RSD）

化合物	試料量 (m³)	n	添加量 (粉じん：mg)	添加量 (対象物質：ng)	検出量 (ng)	回収率 (％)	RSD (％)
DPPD	18	5	50	105	96.4	92	10
	18	1	0		0.09		
DTPD	18	5	50	26.1	25.1	96	11
	18	1	0		0.04		
6PPD	15	5	10	5000	4600	92	16
	15	1			0.75		

4) 考察

　DTPD は化審法第一種特定化学物質に指定され，事実上使用が禁止されている有害物質であり，検出率が高いわけではないが浸出水を通じて現在も廃棄物埋立て処分場からの排出が続いているといえる．また指定から 3 年以上たっても大気粉じんから検出され，20 年以上前に採取された道路粉じんからも検出されるということは残留性の高さを示している．物質そのものはとくに安定性が高いものではないので，ゴム材に保護されるような形で長期間存在しているのだろうと考えられる．製造は禁止されこれ以上環境へ放出されることはほとんどなくなった DTPD だが，現状でこれ以上できる対策はなく自然に減少していくのを期待して待つほかはない．

　平成 16 年から調査対象に加えた 6PPD は現在も製造，使用されており，大気粉じん，河川水から検出されている．濃度レベルはかつて使用されていた DTPD より高いが不検出であることも多く，DTPD より環境へ出た場合の分解性が高いことが伺える．

〔長谷川敦子〕

参考文献

長谷川敦子，鈴木茂：神奈川県環境科学センター研究報告 **28**, p.45 (2005).

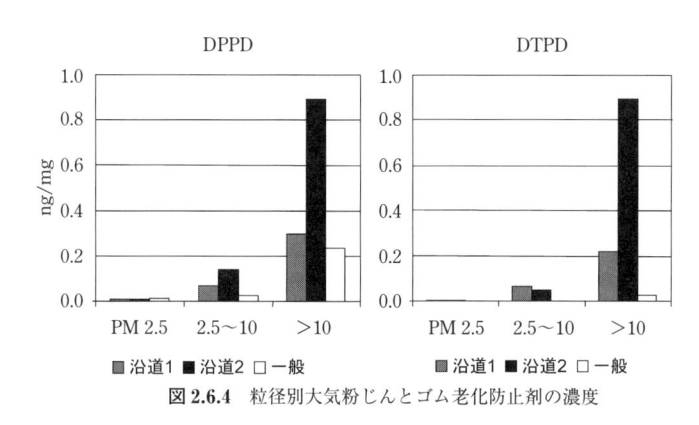

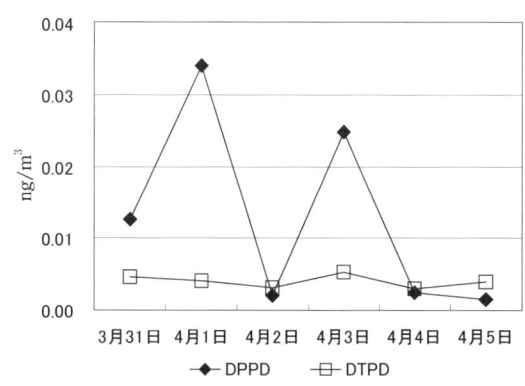

図 2.6.4　粒径別大気粉じんとゴム老化防止剤の濃度

図 2.6.5　大気中ゴム老化防止剤濃度の測定例

表 2.6.3　水系ゴム老化防止剤測定結果

	DPPD	DTPD	6PPD
廃棄物埋立て処分場浸出水 (ng/L)	<0.02〜13	<0.05〜9.6	not analyze
検出数/試料数	7/12	7/12	
河川水 (ng/L)	<0.02	<0.05	<0.1〜5.6
検出数/試料数	0/3+63	0/3+63	37/63

図 2.6.6　ゴム老化防止剤分析例
(a) 標準物質　(b) 河川水（平成 20 年採取）

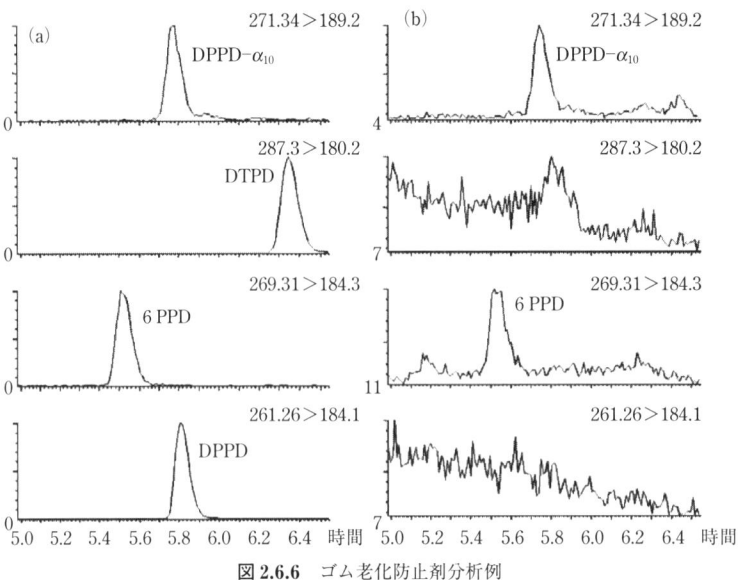

測定の落とし穴　室温

実験室や分析機器の設置してある測定場所が，24時間温度コントロールされているなら問題ないが，夜間等そうでない場合，注意しなければならないことがある．GCでしばしば用いられる昇温分析では，初期温度は低めに，最後は高温に設定することがほとんどであるが，1回の分析が終わり，次回のためガスクロのオーブンを初期温度まで下げる時間の長さは，室温に依存する．早い話，夏場5時にエアコンが止まると，オートサンプラーで測定は続けられるとしても，所要時間は延びてきて，同じ条件での測定ではなくなってくるのである．ヘッドスペース法など，平衡化時間が大きく定量値に影響するような測定は，危険だし，初期温度と室温の差が小さくなりすぎると，いつまでも初期温度で安定せず，次回の測定が始まらない，という事態もありうるのである．

2.7 カルボニル化合物のDNPH誘導体化分析法[1]

環境大気

分析対象とするカルボニル化合物と物理的性状を表2.7.1に示す.

カルボニル化合物は合成樹脂等の原料,食品あるいは化粧品等の添加物として使用されている.環境中におけるアルデヒドの発生源としては,工場からの排ガスによるもののほかに,大気中では炭化水素成分の光化学反応によるもの,あるいは,燃料の燃焼工程から発生するもの,身近な例では煙草の煙にも存在することが知られている.アルデヒド成分の中ではホルムアルデヒド等のように毒性による人体影響が危惧されているものもある.

環境大気中におけるカルボニル化合物は,多量に存

表2.7.1 カルボニル化合物の物理的性状およびCAS番号

No.	カルボニル化合物	分子式	分子量	CAS番号	mp (℃)	bp (℃)	log P_{ow}	水溶解度 g/100 mL (20℃)	蒸気圧 (20℃)
1	formaldehyde	CH_2O	30.03	50-00-0	−118	−19.2	−1.00	易溶	101.3 kPa (−19℃)
2	acetaldehyde	C_2H_4O	44.05	75-07-0	−123.5〜−123.3	20.8〜21		易溶	987 hPa
3	acrolein	C_3H_4O	56.06	107-02-8	−88〜−87	52.5〜52.7	−0.09	200,000 ppm (25℃)	285 hPa
4	propionaldehyde	C_3H_6O	58.08	123-38-6	−81	47.5〜49.0	−0.01	11.9% (w/v)	
5	acetone	C_3H_6O	58.08	67-64-1	−94.6	56.2〜56.5	−0.24	易溶	53 hPa (39.5℃)
6	crotonaldehyde	C_4H_6O	70.09	4170-30-3	(trans体): −76.5 (cis体): −69	104	0.63	15〜18 g	4.0 kPa
7	methacrolein	C_4H_6O	70.09	78-85-3	−81	68		6 g	16 kPa
8	2-butanone	C_4H_8O	72.10	78-93-3	−86	80.00	0.29	29 g	10.5 kPa
9	n-butylaldehyde	C_4H_8O	72.10	123-72-8	−96	75			
10	iso-butylaldehyde	C_4H_8O	72.10	78-84-2	−65	63			
11	n-valeraldehyde	$C_5H_{10}O$	86.10	110-62-3	−91	103	1.31	1.4 g	3.4 kPa
12	iso-valeraldehyde	$C_5H_{10}O$	86.13	590-86-3	−60	90			
13	furfural	$C_5H_4O_2$	96.10	98-01-1	−36.5	162	0.41	8.3 g	0.144 kPa
14	cyclohexanone	$C_6H_{10}O$	98.14	108-94-1	−32.1	156	0.81	8.7 g	500 Pa
15	hexaldehyde	$C_6H_{12}O$	100.16	66-25-1	−56	130〜131			
16	methyl iso-butyl ketone	$C_6H_{12}O$	100.16	108-10-1	−84	114〜17			
17	benzaldehyde	C_7H_6O	106.12	100-52-7	−26	178〜179	1.47	難溶 (25℃)	1.33 hPa (26.2℃)
18	2-methylcyclohexanone	$C_7H_{12}O$	112.19	583-60-8	−14	164〜168		不溶	
19	acetophenone	C_8H_8O	120.14	98-86-2	20	202	1.58	不溶	1.33 hPa (15℃)
20	o-tolualdehyde	C_8H_8O	120.15	529-20-4	−35	199〜200			
21	m-tolualdehyde	C_8H_8O	120.15	620-23-5		199			
22	p-tolualdehyde	C_8H_8O	120.15	104-87-0	−6	204〜205			
23	salicylaldehyde	$C_7H_6O_2$	122.12	90-02-8	−7	196〜197	1.70	微溶	
24	2,5-dimethyl benzaldehyde	$C_9H_{10}O$	134.17	5779-94-2		104.4〜106.4 (14 torr)			
25	isophorone	$C_9H_{14}O$	138.20	78-59-1	−8.1	215	1.67	1.2 g (25℃)	40 Pa
26	methyl n-propyl ketone	$C_5H_{10}O$	86.07	107-87-9	−78	100〜103		4.3 g	
27	methyl n-amyl keton	$C_7H_{14}O$	114.20	110-43-0	−35.5	151		難溶	0.2 kPa (25℃)
28	methyl n-hexyl ketone	$C_8H_{16}O$	128.21	111-13-7	−16	173			
29	nonylaldehyde	$C_9H_{18}O$	142.24	76718-12-6		93 (23 torr)			
30	dodecylaldehyde	$C_{12}H_{24}O$	184.32	112-54-9	12	237〜239			

以下のWeb siteより引用
国際化学物質安全性計画(IPCS: International Programme on Chemical Safety) 環境保健クライテリア89[2]
Nem Net(Global Chemical Network)[3] http://www.chemnet.com/
化学物質安全情報提供システム(kis-net)[4] http://www.k-erc.pref.kanagawa.jp/kisnet/menu.asp
国際化学物質安全性カード(ICSC)[5] http://www.nihs.go.jp/ICSC/

在する炭化水素成分との選択的な分離・検出が困難なことから，2,4-dinitrophenylhydrazine（DNPH）誘導体に変換して分析する方法が用いられている．DNPH誘導体化法は古くは天然のカルボニル化合物を同定確認するための有効な手段であり，その結晶は非常に安定である．しかし，溶液中におけるアクロレイン等の不飽和アルデヒド類のDNPH誘導体はあまり安定ではないことが明らかになってきている．最近では，同じオキシム誘導体ではあるが o-(4-cyano-2-ethoxybenzyl) hydroxylamine（CNET）誘導体として分析する方法も実用化されている[6,7]．

ここでは，捕集したカルボニル化合物DNPH誘導体を高速液体クロマトグラフ/タンデム質量分析計（LC-MS/MS）により分析する方法について記載する．DNPH誘導体を分析する方法としては高速液体クロマトグラフ（HPLC）法のほかに，ガスクロマトグラフ（GC）法がある（検出器として熱イオン化検出器（FTD）を用いるGC/FTD，質量分析計（MS）を用いるGC/MS[8]．LC/MS/MS法はHPLCあるいは液体クロマトグラフ質量分析法（LC/MS法）に比較して感度，選択性に優れているが，SRM（selected reaction monitoring）モードを用いることによりさらに選択的にかつ高感度で分析できる利点がある．

1) カルボニル化合物の分析

先端にオゾンスクラバー（ヨウ化カリウムを充填したカートリッジ）を取り付け，大気試料をDNPHカートリッジに通気する．カルボニル化合物をDNPH誘導体として反応捕集する[*1]．DNPH誘導体はアセトニトリル4 mLでカートリッジから溶出する[*2,3]．溶出液を4 mLに定容した後，内標準物質（アセトン-d_6 DNPH）を添加し，10 µLをLC/MS/MSを用いて分析する[*4]．分析方法のフローチャートを図2.7.1に示す．

a. 試薬および標準溶液

各カルボニル化合物DNPH誘導体（ジーエルサイエンス，Supelco等）の標準物質をアセトニトリルに溶解し，カルボニル化合物濃度で10 µg/mLの標準液を調製する．あるいは市販の各カルボニル化合物DNPH誘導体の混合標準溶液を用いる．内標準物質（アセトン-d_6 DNPH誘導体）も同様にアセトニトリルに溶解し，アセトン濃度で10 µg/mLの標準溶液を調製する．検量線作成のための標準溶液はカルボニル化合物標準溶液を0.1～200 ng/mLの範囲で5段階に希釈し，その4 mLに内標準溶液20 µLを添加して調製する．

b. 装置および分析条件

装置および分析条件を表2.7.2に示す．

```
オゾンスクラバー＋
DNPHカートリッジ
[試料採取] → [溶出] → [内標準物質添加] → [LC/MS/MS分析]
流量 100～200 mL/min    アセトニトリル 4 mL    Acetone-$d_6$ DNPH誘導体
24時間(150～300L)
```

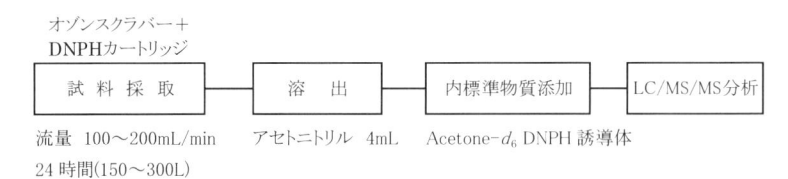

図2.7.1 分析方法のフローチャート

[*1] 可能な採取量については市販のDNPHカートリッジに記載された採取量を参照のこと．有害大気モニタリングでは0.1～0.2 L/minで24時間採取する．DNPHカートリッジを2連連結して捕集効率を評価してもよい．

[*2] 高湿度の条件下で採取する場合はオゾンスクラバーとDNPHカートリッジを恒温槽等に40℃程度に保持することによって，分析上の妨害を除く．大気中のオゾンはオゾンスクラバーに充填したヨウ化カリウムと反応することによって除去されるが，生成したヨウ素はヨウ化カリウムが吸湿した水分に溶け込み，DNPHカートリッジに移動し，ホルムアルデヒドなどの分析の妨害となる．

[*3] 未反応のDNPHが分析の妨害になる場合は強陽イオン交換樹脂カートリッジを用いて除去する．（GC/MS法，GC/NPD法あるいはLC法など）

[*4] ホルムアルデヒドおよびアセトアルデヒドについては分析上無視できないブランク値が検出される．ブランクは溶媒のアセトニトリルに含まれるカルボニル化合物およびDNPHカートリッジに含まれるカルボニル化合物DNPH誘導体であり，両者は区別できないが，ホルムアルデヒドで0.15 µg/カートリッジ以下である必要がある[9]．溶媒中のカルボニル化合物類を除去するには，アセトニトリルに2,4-DNPHのリン酸溶液を加えて，蒸留する方法がある．初留を除くこと，乾固しないよう注意する必要がある．

2.7 カルボニル化合物のDNPH誘導体化分析法

表2.7.2 LC/MS/MSの分析条件

MS条件	
装　置	：API4000（Applied Biosystems Japan）
イオン化法	：Heated nebulizer（APCI）-negative mode
イオン源温度	：250℃
カーテンガス	：N_2 30 mL/min
SRMモニターイオン	：表2.7.3参照
反応ガス	：N_2 5 mL/min.
LC条件	
装　置	：HP1100（Agilent Technologies Inc.）
カラム	：A；Discovery HS-C18（4.6 mm i.d., 150 mm long, 5 μm）（SUPELCO, Tokyo, Japan）
	B；Discovery HS-C18（2.1 mm i.d., 50 mm long, 5 μm）and
	Discovery HS-PEG（4.6 mm i.d., 250 mm long, 5 μm）（SUPELCO, Tokyo, Japan）
移動相	：A；50% water（4 min, hold）-（linear gradient 16 min）-66% acetonitrile
	-（linear gradient 6 min）-90% acetonitrile（3 min, hold）
	B；40% water（4 min, hold）-（linear gradient 15 min）-70% acetonitrile（7 min, hold）
流　量	：1.0 mL/min
カラム恒温槽温度	：40℃
注入量	：10 μL

表2.7.3 カルボニル化合物の保持時間，モニターイオンおよびMDL

No.	カルボニル化合物	保持時間（min） HS-C18	保持時間（min） HS-PEG[注1]	モニターイオン (Q_1/Q_3)[注2]	MDL[注3] ng/m³ cv(%)[注4]	No.	カルボニル化合物	保持時間（min） HS-C18	保持時間（min） HS-PEG[注1]	モニターイオン (Q_1/Q_3)[注2]	MDL[注3] ng/m³ cv(%)[注4]
1	formaldehyde	5.6	6.6	209/151	3.0（409）	16	methyl iso-butyl ketone	22.1	14.4	209/151	1.8（4.6）
2	acetaldehyde	7.7	7.4	223/46	1.4（2.5）	17	benzaldehyde	23.3	13.5	223/46	1.9（9.4）
3	acrolein	10.2	9.3	235/158	3.2（4.1）	18	2-methylcyclo-hexanone	22.2	14.3	235/158	0.9（2.7）
4	propionaldehyde	11.4	9.4	237/151	2.9（9.5）	19	acetophenone	19.5	14.1	237/151	7.6（9.5）
5	acetone	10.3	8.2	237/207	0.8（4.1）	20	o-tolualdehyde	20.1	15	237/207	14（9.8）
6	crotonaldehyde	13.5	10.9	249/172	2.9（7.2）	21	m-tolualdehyde	20.7	15	249/172	15（2.6）
7	methacrolein	14.4	11.4	249/172	3.4（8.5）	22	p-tolualdehyde	20.7	15	249/172	
8	2-butanone	14.7	10.7	251/152	0.9（5.7）	23	salicylaldehyde	12.8	12.4	251/152	9.4（4.7）
9	n-butylaldehyde	15.2	11.4	251/152	8.8（6.8）	24	2,5-demethyl benzaldehyde	23.5	16.4	251/152	11（6.6）
10	iso-butylaldehyde	15.2	11.4	251/152		25	isophorone	25.5	16.7	251/152	3.1（3.9）
11	n-valeraldehyde	19.4	13.5	265/152	3.6（9.0）	26	methyl n-propyl ketone	19.1	12.6	265/152	4.5（5.6）
12	iso-valeraldehyde	18.7	13.2	265/152	3.0（7.5）	27	methyl n-amyl ketone	27.5	16.6	265/152	2.5（3.2）
13	furfural	10.4	10.4	275/228	8.2（9.4）	28	methl n-hexyl ketone	28.6	18.4	275/228	2.9（3.6）
14	cyclohexanone	18.5	12.7	277/247	0.8（5.1）	29	nonylaldehyde	>29	20.2[注5]	277/247	―
15	hexaldehyde	23.3	15.5	279/152	2.7（6.8）	30	dodecylaldehyde	>29	22.8[注5]	279/152	―

注1）Short HS-C18 + HS-PEG カラム． 注2）Q_1：前駆イオン，Q_3：生成イオン（定量用イオン）．
注3）MDL：試料採取量300Lとして換算． 注4）変動係数CV（%）：$n=5$． 注5）保持時間の計算値．

c. イオン化法およびモニターイオン

LC/MS分析の最適条件を決定する方法としてフローインジェクション法が用いられる[10]．2つのイオン化モードの内，エレクトロンスプレー（ESI）法で検討した結果，DNPH誘導体はほとんどイオン化しないが，大気化学イオン化（APCI）法では，分子量関連イオン（M-1）が基準ピーク（イオン）を示す．

したがって，脂肪族およびケトン-DNPH誘導体はm/z 152が，芳香族アルデヒドではm/z 163が定量イオンとなる．モニターイオンを表2.7.3に示す．

d. DNPHカートリッジ

市販のカートリッジを使用する．環境試料を定量するにあっては，採取に使用したと同じLotのDNPHカートリッジ3本を同様に分析し，その平均値をブラ

ンク値として評価する．

2) 解説

a．カルボニル化合物の捕集

　DNPH法はアルデヒドあるいはケトン等のカルボニル化合物が酸性条件下で，2,4-DNPHと反応してその誘導体2,4-dinitorohidorazoneを生成することを応用したものである．DNPHカートリッジは2,4-DNPHのリン酸溶液をシリカゲル粒子に塗布したものが用いられている．CNET法も同様に生成する類似のオキシム誘導体を定量するが，HPLCで分析する場合はUV吸収波長が240 nmであるためDNPH法に比較して選択性は低いが，不飽和アルデヒド類の誘導体の安定性は比較的よいといわれている．いずれの方法も反応には水分が影響する．

b．カルボニル化合物の分析

　カルボニル化合物の分析には，検出器には紫外線吸収検出器を用いたHPLCや高感度で選択性に優れているLC/MSが用いられている．LC/MS/MSはSRM法を用いることによって，定量イオンが同じであっても分子量に違いがあれば選択的に検出可能であり，GCに比較して分離能が低いHPLC法にとって検出器としてMS/MSは必須である．

c．試料の前処理

　DNPHカートリッジからカルボニル化合物DNPHはアセトニトリル4 mLでほぼ完全に溶出する[*5]．

d．検量線および検出下限

　調製したDNPH標準溶液（2.7.2　1）参照）10 μLをLC/MS/MSに導入して分析する．0.1～200 ngの濃度範囲で相関係数は0.986～1.000の範囲に入り，検量線は良好な直線性が得られた．

　検量線が直線性を示す濃度範囲で最低濃度の標準溶液の繰返し分析精度（標準偏差：$n=7$）から装置の検出下限（IDL）を算出した．各カルボニル化合物の分析値の変動係数は2.5～9.8％であり，IDLは0.03～0.6 ng/mLに入った．大気試料採取量を300 Lとした場合，分析方法の検出下限（MDL）は0.8～15 ng/m^{3}の範囲に入った（表2.7.3）．標準物質のDNPH誘導体のクロマトグラムを図2.7.2に示す．

e．実試料の分析例

　2003年7月から10月にかけて大阪市内の3地点で，月1回の頻度で調査した．主要なアルデヒド成分はホルムアルデヒドおよびアセトアルデヒドで濃度はそれぞれ3.0～6.9 μg/m^3，1.3～4.6 μg/m^{3}であった．主要なケトン成分はアセトンと2-butanoneで，濃度はそれぞれ3.9～14 μg/m^3，1.3～5.0 μg/m^{3}であった．その他脂肪族アルデヒド（C_3～C_6）は0.02～6.9 μg/m^3，bennzaldeydeは0.1～1.9 μg/m^{3}およびacetophenoneは0.1～1.8 μg/m^{3}の濃度範囲にあった．都市環境大気カルボニル化合物の分析例を図2.7.3に示す．

〔上堀美知子／今村　清〕

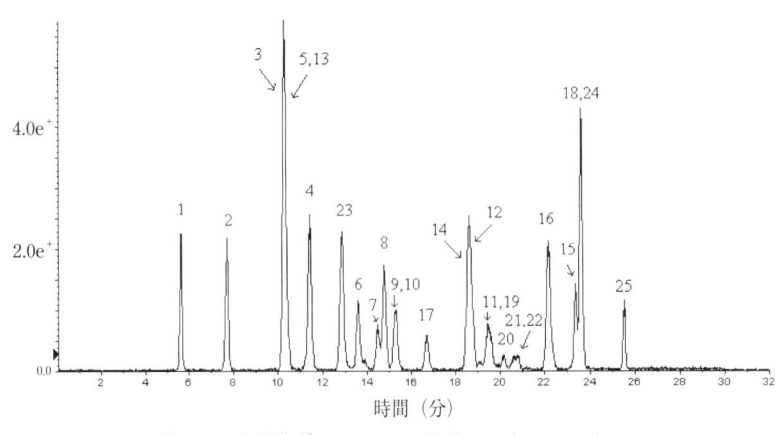

図 2.7.2　標準物質のマスクロマトグラム（10 ng/mL）

[*5] 未反応のDNPHも同時に溶出するので，DNPHの黄色の相が溶出する状況が確認できる．

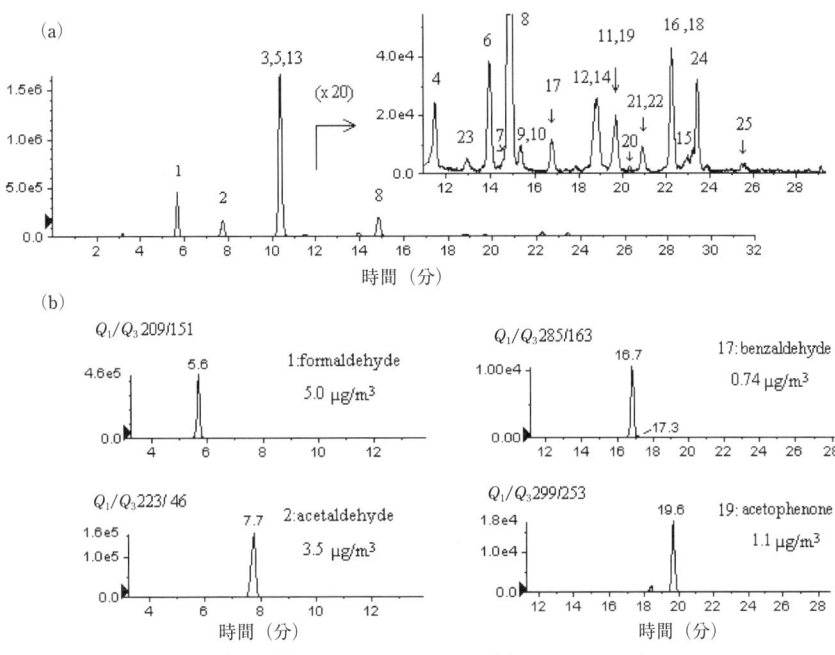

図 2.7.3　分析例 (a) TIC クロマトグラム，(b)：SRM クロマトグラム

参考文献

1) M. Uebori, K. Imamura: *Anal. Sci.*, **20**, p. 1459 (2004).
2) 国際化学物質安全性計画（IPCS: International Program on Chemical Safety）環境保健クライテリア 89"
3) Nem Net (Global Chemical Network)　http://www.chemnet.com/
4) 化学物質安全情報提供システム（kis-net），http://www.k-erc.pref.kanagawa.jp/kisnet/menu.asp
5) 国際化学物質安全性カード（ICSC），http://www.nihs.go.jp/ICSC/
6) 杉浦揮一，北坂和也，島尻はつみ，佐竹　肇：第192液体クロマトグラフィー研究懇談会（2006）．
7) 上堀美知子，今村　清，服部幸和，坂東　博：環境化学, **18**, p. 73（2008）．
8) 環境庁大気保全局大気規制課：「有害大気汚染物質測定方法マニュアル・排ガス中の指定物質の測定方法マニュアル」（平成20年10月）．
9) Compendium of Methods TO-11A: Determination of Formaldehyde in ambient Air using Adsorbent Cartridge Followed by High Performance Liquid Chromatography, (1999) EPA of USA.
10) 環境省環境保健部環境安全課：「化学物質環境実態調査におけるLC/MSを用いた化学物質の分析法とその解説」（平成18年3月）．

2.8 揮発性有機化合物のGC/MS分析法

環境大気

揮発性有機化合物（volatile organic compounds: VOC）とは大気中に放出されたときに気体である有機化合物の総称である．対象化合物一覧を表2.8.1に示す．WHOでは沸点範囲が50℃～260℃の有機化合物をVOCと定義し，沸点が50℃以下の有機化合物は高揮発性有機化合物（VVOC）として区別している．大気中には500種以上のVOCが存在するといわれ[1]，この中には発がん性などの有害性を示す物質も多く含まれている．また，大気に放出されたVOCは光化学オキシダントや浮遊粒子状物質（SPM）の生成に関与し，二次生成による大気汚染を引き起こす．

1）揮発性有機化合物（VOC）の分析法

GC/MSを用いた環境大気中のVOC測定法としては，試料の採取やGC/MSへの導入法などが異なるいくつかの手法が採用できる[2]．汎用されている手法としては，①キャニスターと呼ばれるステンレス製容器で採取し，冷却濃縮してGC/MSに導入，分析する方法（容器採取法），②カーボンモレキュラーシーブおよびグラファイト化カーボンを二層に充填した捕集管を用いて採取し，試料を採取した捕集管を加熱してVOCを脱着し，再濃縮してGC/MSに導入，分析する方法（固体吸着-加熱脱着法），③カーボンモレキュラーシーブを充填した捕集管を用いて捕集し，適切な溶媒で抽出した後，抽出液をGC/MSに導入，分析する方法（固体吸着-溶媒抽出法）がある．ここでは，低沸点から中沸点の広範なVOCの一斉分析に適し，表2.8.1に示したVOCを同時に測定できる容器採取法について解説する．

分析方法のフローチャートを図2.8.1に示す．

a．試薬および標準ガス

1．水

VOCを含まない精製水を使用する．市販の試薬としてはジーエルサイエンス社製標準水（パージ&トラップGC/MS　VOC分析用）等がある．市販のミネラルウォーターは配管や採取容器の内部に塩類が析出することがあるので注意する．

2．ゼロガス

ゼロガスには高純度窒素または精製空気を用いる．使用に際しては測定対象物質の濃度を確認する．ゼロガスは有機化合物を含有しないことが重要であり，測定対象以外に物質については全炭化水素で0.01 ppm以下，一酸化炭素0.05 ppm以下，二酸化炭素0.3 ppm以下，水分濃度2 ppm以下（露点－70℃以下）で純度99.999％以上のものが望ましい．

キャニスターのブランク試験や検量線作成用の加湿混合標準ガスの作成には加湿ゼロガスを用いる．加湿ゼロガスはゼロガスを水にバブリング（通気）して調製する（25℃での相対湿度は約60～70％）．または，あらかじめ減圧にしたキャニスターにゼロガスを流しながら，シリンジで水（6 L容器で約100 μL程度：加圧したときの25℃での相対湿度として約50％）を注入して調製する．ただし，加湿時の汚染に注意する．

3．標準ガス

VOC測定のための標準ガスは市販のボンベ入り混合標準ガスなどを使用する．検量線の作成用には市販の標準ガスを各測定対象物質の定量範囲に応じて，加湿ゼロガスを用いて希釈し，0～0.1 ng/mLの5段階程度の加湿混合標準ガスを調製する．

標準ガスの希釈はキャニスターを用いて行う．希釈方法としては圧希釈，容量比混合，流量比混合等がある．

圧希釈ではキャニスター内に標準ガスを導入したときの圧力の増加と加湿ゼロガスを導入したときの圧力の増加分を計測し，その比から希釈倍率を計算する．圧希釈の場合は一度の希釈で高倍率の希釈をすることは困難である．

容量比混合は一般的には，ガスタイトシリンジで一定量の標準ガスを分取してキャニスターに導入し，その後加湿ゼロガスをキャニスターに導入して希釈する．導入した標準ガスの容量と加湿ゼロガスの容量の比から希釈倍率を計算する．キャニスターに導入した加湿ゼロガスの量は導入後のキャニスター内圧力からも算出できるが，この場合はキャニスターの正確な容量を計測しておく必要がある．

流量比混合は標準ガスと加湿ゼロガスをガス混合器を用いて混合し，加湿混合標準ガスを作成する方法である．標準ガスの流量と加湿ゼロガスの流量の比率が

2.8 揮発性有機化合物の GC/MS 分析法

表 2.8.1 対象物質の物性

No.	化合物名	CAS No.	分子式	分子量	融点(℃)	沸点(℃)	$\log P_{ow}$	水溶解度 (mg/L) (25℃)	蒸気圧 (mmHg) (25℃)
1	HCFC-22 (chlorodifluoromethane)	75-45-6	$CHClF_2$	86.5	-157	-40.7	1.08	2,770	7,250
2	CFC-12 (dichlorodifluoromethane)	75-71-8	CCl_2F_2	120.9	-158	-29.8	2.16	280	4,850
3	CFC-114 (dichlorotetrafluoroethane)	76-14-2	$C_2Cl_2F_4$	170.9	-94	3.8	2.82	130	2,010
4	HCFC-142b (1-chloro-1,1-difluoroethane)	75-68-3	$C_2H_3ClF_2$	100.5	-131	-9.7	2.05	1,400	2,540
5	chloromethane	74-87-3	CH_3Cl	50.5	-97.7	-24	0.91	5,320	4,300
6	vinyl chloride	75-01-4	C_2H_3Cl	62.5	-154	-13.3	1.62	8,800	2,980
7	1,3-butadiene	106-99-0	C_4H_6	54.1	-109	-4.4	1.99	735	2,110
8	bromomethane	74-83-9	CH_3Br	94.9	-93.7	3.5	1.19	15,200	1,620
9	chloroethane	75-00-3	C_2H_5Cl	64.5	-139	12.3	1.43	6,710	1,010
10	HCFC-123 (2,2-dichloro-1,1,1-trifluoroethane)	306-83-2	$C_2HCl_2F_3$	152.9	-107	27	2.17	2,100	718
11	CFC-11 (trichloromonofluoromethane)	75-69-4	CCl_3F	137.4	-111	23.7	2.53	1,100	803
12	HCFC-225ca (1,1-dichloro-2,2,3,3,3-pentafluoropropane)	422-56-0	$C_3HCl_2F_5$	202.9	-94	51.1		25.3	240
13	HCFC-141b (1,1-dichloro-1-fluoroethane)	1717-00-6	$C_2H_3Cl_2F$	116.9	-104	32	2.37	420	600
14	CFC-113 (1,1,2-trichloro-1,2,2-trifluoroethane)	76-13-1	$C_2Cl_3F_3$	187.4	-35	47.7	3.16	170	363
15	HCFC-225cb (1,3-dichloro-1,1,2,2,3-pentafluoropropane)	507-55-1	$C_3HCl_2F_5$	202.9	-97	56.1		25.3	286
16	1,1-dichloroethylene	75-35-4	$C_2H_2Cl_2$	96.9	-123	31.6	2.13	2,420	600
17	dichloromethane	75-09-2	CH_2Cl_2	84.9	-95.1	40	1.25	13,000	435
18	acrylonitrile	107-13-1	C_3H_3N	53.1	-83.5	77.3	0.25	74,500	109
19	1,1-dichloroethane	75-34-3	$C_2H_4Cl_2$	99.0	-96.9	57.4	1.79	5,040	227
20	cis-1,2-dichloroethylene	156-59-2	$C_2H_2Cl_2$	96.9	-80	60.1	1.86	6,410	200
21	chloroform	67-66-3	$CHCl_3$	119.4	-63.6	61.1	1.97	7,950	197
22	1,1,1-trichloroethane	71-55-6	$C_2H_3Cl_3$	133.4	-30.4	74	2.49	1,290	124
23	carbon tetrachloride	56-23-5	CCl_4	153.8	-23	76.8	2.83	793	115
24	1,2-dichloroethane	107-06-2	$C_2H_4Cl_2$	99.0	-35.5	83.5	1.48	8,600	78.9
25	benzene	71-43-2	C_6H_6	78.1	5.5	80	2.13	1,790	94.8
26	trichloroethylene	79-01-6	C_2HCl_3	131.4	-84.7	87.2	2.42	1,280	69
27	1,2-dichloropropane	78-87-5	$C_3H_6Cl_2$	113.0	-100	95.5	1.98	2,800	53.3
28	cis-1,3-dichloropropene	10061-01-5	$C_3H_4Cl_2$	111.0	-50	104.3	2.06	2,180	26.3
29	toluene	108-88-3	C_7H_8	92.1	-94.9	110.6	2.73	526	28.4
30	trans-1,3-dicholopropene	10061-02-6	$C_3H_4Cl_2$	111.0		112	2.03	2,800	34
31	1,1,2-trichloroethane	79-00-5	$C_2H_3Cl_3$	133.4	-36.6	113.8	1.89	4,590	23
32	tetrachloroethylene	127-18-4	C_2Cl_4	165.8	-22.3	121.3	3.4	206	18.5
33	ethylene dibromide	106-93-4	$C_2H_4Br_2$	187.9	9.9	131.6	1.96	3,910	11.2
34	ethylbenzene	100-41-4	C_8H_{10}	106.2	-94.9	136.1	3.15	169	9.6
35	chlorobenzene	108-90-7	C_6H_5Cl	112.6	-45.2	131.7	2.84	498	12
36	m-xylene	108-38-3	C_8H_{10}	106.2	-47.8	139.1	3.2	161	8.29
37	p-xylene	106-42-3	C_8H_{10}	106.2	13.2	138.3	3.15	162	8.84
38	o-xylene	95-47-6	C_8H_{10}	106.2	-25.2	144.5	3.12	178	6.61
39	styrene	100-42-5	C_8H_8	104.2	-31	145	2.95	310	6.4
40	1,1,2,2-tetrachloethane	79-34-5	$C_2H_2Cl_4$	167.9	-43.8	146.5	2.39	2,830	4.62
41	1,3,5-trimethylbenzene	108-67-8	C_9H_{12}	120.2	-44.7	164.7	3.42	48.2	2.48
42	1,2,4-trimethylbenzene	95-63-6	C_9H_{12}	120.2	-43.8	169.3	3.63	57	2.1
43	1,2,3-trimethylbenzene	526-73-8	C_9H_{12}	120.2	-25.4	176.1	3.66	75.2	1.69
44	p-dichlorobenzene	106-46-7	$C_6H_4Cl_2$	147.0	52.7	174	3.44	81.3	1.74
45	o-dichlorobenzene	95-50-1	$C_6H_4Cl_2$	147.0	-16.7	180	3.43	156	1.36
46	1,2,4-trichlorobenzene	120-82-1	$C_6H_3Cl_3$	181.5	17	213.5	4.02	49	0.46

出典：Hazardous Substance Data Bank

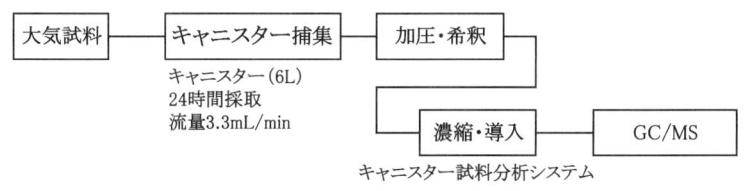

図 2.8.1 分析方法のフローチャート

大気試料 → キャニスター捕集 → 加圧・希釈 → 濃縮・導入 → GC/MS

キャニスター(6L)
24時間採取
流量3.3mL/min

キャニスター試料分析システム

希釈倍率となる．

4．内部標準ガス

内部標準ガスにはトルエン-d_8（$\rho=0.943$），フルオロベンゼン（$\rho=1.024$），クロロベンゼン-d_5（$\rho=1.157$）等を用いる．市販のガスを加湿混合標準ガスと同様に希釈して 0.01 ng/mL 程度の加湿内部標準ガスを作成する．ここで ρ は比重（20℃：4℃の水に対して）である．

b．装置および分析条件

1．試料採取容器（キャニスター）

内面を不活性化処理（電解研磨，酸化皮膜処理，シリカコーティング等）したステンレス容器で内容量が 3 L から 15 L 程度のものを用いる．一般的には 6 L のものが用いられている．漏れがなく，300 kPa（約 2200 mmHg）程度の加圧および大気圧下で 13 Pa（約 0.1 mmHg）以下の減圧に耐えるものを使用する．また，キャニスターは洗浄することで繰り返し使用できる．

2．キャニスターの洗浄およびブランクの測定

洗浄は，キャニスターを 13 Pa（約 0.1 mmHg）以下に減圧した後，加湿ゼロガスを大気圧程度まで導入する操作を 3 回以上繰り返して行う．洗浄操作中はキャニスターを 100℃ 程度に加温しておく．洗浄後は加湿ゼロガスを充填して 24 時間放置し，「4 の試料の濃縮および分析」の条件に従って内部のゼロガスを測定し，目標とする定量下限値以下であることを確認する．

3．試料の採取

試料はあらかじめ減圧（13 Pa（約 0.1 mmHg）以下）にしたキャニスターを用いて採取する．試料採取には，機械式マスフローコントローラまたはサーマルマスフローコントローラを用いて一定流量で試料をキャニスターに採取する．大気圧以下で採取を終了する減圧採取法と，加圧ポンプを用いて 200 kPa（約 1,500 mmHg）程度まで採取する加圧採取法がある[3]．

減圧採取法はマスフローコントローラによって採取流量を制御しながら，キャニスターの内圧と大気圧の差圧によって大気を採取する方法である．採取終了時の圧力はマスフローコントローラが一定流量を確保できる範囲内であることが必要であり，この圧力は一般に 80 kPa（大気圧の 80%）程度である．したがって，6 L の試料採取容器を用いる場合，24 時間採取における採取流量は約 3.3 mL/min 以下である．減圧採取法は試料採取に電源を必要としない利点があるが，採取後にキャニスターを加湿ゼロガスで 200 kPa 程度まで加圧する必要があり，採取した試料が希釈されることに注意が必要である．

加圧採取法はポンプおよびマスフローコントローラを用いて，採取終了時の圧力が 200 kPa（約 1,500 mmHg）程度となるよう採取する．6 L の試料採取容器を用いる場合，24 時間採取における採取流量は約 8.3 mL/min となる．加圧採取法の場合は分析時に加圧する必要はなく，減圧採取法に比べ定量下限が低くなるが，ポンプを通過したガスをキャニスターに導入することになり，採取流路での汚染に注意する必要がある．

4．試料の濃縮および分析

キャニスターに採取した試料は濃縮した後，GC/MS に導入して分析する．試料濃縮条件の例を表 2.8.2，2.8.3 に GC/MS の分析条件の例を表 2.8.4 に，分析時のモニターイオンの例を表 2.8.5 に示す．

2）解説

a．検量線および検出下限

各化合物の濃度が 0.01 ppb～5.0 ppb の濃度範囲で加湿混合標準ガスを調製し，600 mL の試料を濃縮して検量線を作成した．表 2.8.2，2.8.4，2.8.5 に示した条件で分析した結果，相関係数が 0.9978～1.0000 の直線が得られた（表 2.8.6）．また，有害大気汚染物質測定方法マニュアル[2]に従って 0.01 ppb の加湿混合標

表 2.8.2　試料濃縮の装置および濃縮条件（その 1）

機種	Entech-7000
濃縮条件	モジュール 1：ガラスビーズ 　　　　　　－155℃（trap 150 mL/min）→ 20℃（desorption） モジュール 2：Tenax TA 　　　　　　15℃（trap 30 mL/min）→ 180℃（desorption） モジュール 3：溶解シリカキャピラリーカラム 　　　　　　－160℃（trap キャリアーガス流量）→ 80℃（desorption）

2.8 揮発性有機化合物の GC/MS 分析法

表 2.8.3 試料濃縮の装置および濃縮条件（その2）

機種	Tekmer AutoCan	
濃縮条件	濃縮管	：Tenax TA
		−100℃（trap 65 mL/min）→ 275℃（5 min）（desorption）
	MCS	（除湿）
	クライオフォーカス：溶解シリカキャピラリーカラム	
		−190℃ → 130℃（1 min）（desorption）

表 2.8.4 試料の分析条件

機種	Agilent 6890GC−5972A MSD	
分析条件	カラム	：ジーエルサイエンス　AQUATIC
		60 m × 0.32 mm, 1.4 μm
	カラム温度	：40℃（4 min）→ 5℃/min → 140℃ → 15℃/min → 220℃（5 min）
	キャリアーガス	：He 1.0 mL/min
	イオン化法	：EI

準ガスを測定し，得られた測定値の標準偏差から得られた検出下限，定量下限はそれぞれ $0.002\ \mu g/m^3$ ～ $0.03\ \mu g/m^3$（検出下限），$0.007\ \mu g/m^3$ ～ $0.11\ \mu g/m^3$（定量下限）であった．ただし，分析装置の感度向上に伴い，今後さらに低レベルまでの測定が可能となると考えられる．

b. キャニスターからの試料の回収試験

容器採取法による VOC の測定では，採取容器（キャニスター）を繰り返し使用できる利点があるが，使用履歴の古いキャニスターや，高濃度試料の測定に使うなど酷使したキャニスターの場合は，採取した試料の回収が悪い場合がある．そこで都市域の一般環境および道路沿道で2年間にわたり，毎月1回のモニタリングに使用したキャニスターからの試料の回収についてチェックした．大気試料の採取に用いている6個のキャニスターに各々0.5 ppb になるように加湿混合標準ガスを作成し，測定を行った．定量時の検量線は加湿混合標準ガスの作成専用に用いているキャニスターによって作成した．結果を表2.8.7に示した．回収は96～118%となり，一般的な大気のモニタリングに使用している場合は1～2年でキャニスターの劣化は見られなかった．

c. 大気試料の分析

これまでに都市域での一般環境および道路沿道の大気を継続的に測定した．試料の採取は減圧採取法で行い，分析は表2.8.2，2.8.4，2.8.5 に示した条件で行った．表2.8.7に結果を示した．測定対象とした成分のうち一般環境で6成分，道路沿道で10成分が検出限界以下となった．また，いずれの地点においてももっとも高濃度で検出されたのはトルエンであった．

d. 市販の試薬を用いた標準ガスの作成方法

新規対象物質の分析法を開発する場合にはボンベ入り標準ガスが市販されていない場合が多く，液体状の試薬からガスを作成する必要がある．作成にはガラス製真空採取ビンとキャニスターを用いる．

1 L 程度のガラス製真空採取ビンに大気圧まで窒素を封入し，測定対象物質の試薬（特級等純度の高いもの）数十 mg をマイクロシリンジを用いて注入した後，約80℃の恒温槽で1時間程度加熱し，室温で2時間放置し液体状の試薬を気化させる．真空採取ビンの容量は満水にして重量を測るなど，正確に求めておく必要がある．また，試料の注入量は，用いたマイクロシリンジの注入前後の重量差から求めると精度よく測定できる．

つぎにあらかじめ洗浄したキャニスターに，気化した試薬 0.5～2 mL 程度をガスタイトシリンジで注入し，高純度窒素で加圧し，標準原ガスを作成する．作成した標準原ガスを別のキャニスターを用いて順次希釈し，環境大気の測定に適した濃度範囲の検量線用標準ガスを作成する．

真空採取ビンからガスを分取する際には真空採取ビンおよびガスタイトシリンジ内がわずかに減圧状態になり，ガスタイトシリンジを採取ビンから抜いた際に室内の空気が流入する可能性がある．精度よく標準ガスを作成するためには横穴式のシリンジ針を用い，必要量より多くのガスをシリンジ内に引き込んだ後，シ

表 2.8.5 モニターイオン

No.	化合物名	定量用	確認用
1	HCFC-22	51	67
2	CFC-12	85	87
3	CFC-114	50	52
4	HCFC-142b	65	85[注]
5	chloromethane	50	52
6	vinyl chloride	62	64
7	1,3-butadiene	54	53
8	bromomethane	94	96
9	chloroethane	64	66
10	HCFC-123	85	133
11	CFC-11	101	103
12	HCFC-225ca	83	85
13	HCFC-141b	81	61
14	CFC-113	151	153
15	HCFC-225cb	167	100
16	1,1-dichloroethylene	61	96
17	dichloromethane	84	86
18	acrylonitrile	52	53
19	1,1-dichloroethane	63	65
20	cis-1,2-dichloroethylene	96	98
21	chloroform	83	85
22	1,1,1-trichloroethane	97	99
23	carbon tetrachloride	117	119
24	1,2-dichloroethane	62	64
25	benzene	78	77
26	trichloroethylene	130	132
27	1,2-dichloropropane	63	62
28	cis-1,3-dichloropropene	75	77
29	toluene	91	92
30	trans-1,3-dicholopropene	75	77
31	1,1,2-trichloroethane	99	85
32	tetrachloroethylene	166	164
33	ethylene dibromide	107	109
34	ethylbenzene	91	106
35	chlorobenzene	112	77
36,37	m+p-xylene	91	106
38	o-xylene	91	106
39	styrene	104	103
40	1,1,2,2-tetrachloethane	83	85
41	1,3,5-trimethylbenzene	105	120
42	1,2,4-trimethylbenzene	105	120
43	1,2,3-trimethylbenzene	105	120
44	p-dichlorobenzene	146	148
45	o-dichlorobenzene	146	148
46	1,2,4-trichlorobenzene	180	182

注) CFC114 による影響に注意

表 2.8.6 検出下限,定量下限および検量線の相関係数

No.	化合物名	検出下限 ($\mu g/m^3$)	定量下限 ($\mu g/m^3$)	相関係数
1	HCFC-22	0.01	0.05	0.9997
2	CFC-12	0.005	0.017	0.9997
3	CFC-114	0.007	0.025	0.9998
4	HCFC-142b	0.005	0.017	0.9998
5	chloromethane	0.01	0.05	0.9993
6	vinyl chloride	0.01	0.03	0.9998
7	1,3-butadiene	0.01	0.04	0.9999
8	bromomethane	0.03	0.11	0.9993
9	chloroethane	0.009	0.031	0.9996
10	HCFC-123	0.008	0.028	0.9997
11	CFC-11	0.009	0.029	0.9998
12	HCFC-225ca	0.01	0.04	0.9997
13	HCFC-141b	0.02	0.05	0.9998
14	CFC-113	0.005	0.016	0.9999
15	HCFC-225cb	0.009	0.030	0.9997
16	1,1-dichloroethylene	0.003	0.009	1.0000
17	dichloromethane	0.007	0.025	0.9999
18	acrylonitrile	0.03	0.11	1.0000
19	1,1-dichloroethane	0.01	0.05	1.0000
20	cis-1,2-dichloroethylene	0.004	0.013	0.9999
21	chloroform	0.002	0.007	1.0000
22	1,1,1-trichloroethane	0.007	0.024	1.0000
23	carbon tetrachloride	0.00	0.03	1.0000
24	1,2-dichloroethane	0.008	0.026	0.9999
25	benzene	0.01	0.04	1.0000
26	trichloroethylene	0.03	0.10	1.0000
27	1,2-dichloropropane	0.03	0.11	1.0000
28	cis-1,3-dichloropropene	0.003	0.009	0.9999
29	toluene	0.008	0.025	0.9998
30	trans-1,3-dicholopropene	0.008	0.025	0.9999
31	1,1,2-trichloroethane	0.007	0.025	0.9999
32	tetrachloroethylene	0.02	0.07	1.0000
33	ethylene dibromide	0.01	0.04	1.0000
34	ethylbenzene	0.003	0.001	1.0000
35	chlorobenzene	0.01	0.04	0.9999
36,37	m+p-xylene	0.006	0.021	0.9999
38	o-xylene	0.007	0.024	0.9999
39	styrene	0.004	0.014	0.9998
40	1,1,2,2-tetrachloethane	0.008	0.028	0.9995
41	1,3,5-trimethylbenzene	0.005	0.015	0.9998
42	1,2,4-trimethylbenzene	0.005	0.018	0.9997
43	1,2,3-trimethylbenzene	0.006	0.020	0.9995
44	p-dichlorobenzene	0.01	0.03	0.9996
45	o-dichlorobenzene	0.009	0.029	0.9988
46	1,2,4-trichlorobenzene	0.02	0.05	0.9978

リンジ針の横穴を採取ビンのセプタムの部分まで引き抜き（針の穴を塞いだ状態にする），シリンジのシリンダーをやや押し込んでシリンジ内を加圧の状態にした後，採取ビンから引き抜くと室内空気の流入を防ぐことができる．

e. 他の VOC の測定の可能性について

化学物質排出移動量届出制度（PRTR 制度）の第一種指定化学物質に指定されている物質や悪臭物質，排出量が多く光化学オキシダント生成に寄与する物質等の測定が期待できる．ここに紹介した成分以外にもキ

表 2.8.7 キャニスターの回収率および環境大気測定

No.	化合物名	回収率（％）（$n=6$）	一般環境の例（$\mu g/m^3$）	道路沿道の例（$\mu g/m^3$）
1	HCFC-22	102	2.3	2.0
2	CFC-12	103	3.4	3.2
3	CFC-114	105	0.15	0.12
4	HCFC-142b	98	0.32	0.15
5	chloromethane	111	1.8	1.6
6	vinyl chloride	114	0.04	0.02
7	1,3-butadiene	111	0.38	0.89
8	bromomethane	106	0.17	ND
9	chloroethane	105	0.033	0.085
10	HCFC-123	103	0.025	ND
11	CFC-11	96	1.8	1.7
12	HCFC-225ca	99	0.18	0.27
13	HCFC-141b	97	0.39	0.65
14	CFC-113	99	0.81	0.66
15	HCFC-225cb	102	0.030	0.014
16	1,1-dichloroethylene	102	ND	ND
17	dichloromethane	103	2.9	2.5
18	acrylonitrile	108	0.06	0.11
19	1,1-dichloroethane	101	0.01	ND
20	*cis*-1,2-dichloroethylene	103	ND	ND
21	chloroform	99	0.25	0.22
22	1,1,1-trichloroethane	97	0.10	0.094
23	carbon tetrachloride	96	0.70	0.65
24	1,2-dichloroethane	100	0.12	0.14
25	benzene	104	1.5	3.8
26	trichloroethylene	101	1.8	2.2
27	1,2-dichloropropane	107	0.09	ND
28	*cis*-1,3-dichloropropene	105	0.011	0.022
29	toluene	106	15	27
30	*trans*-1,3-dicholopropene	105	0.009	0.014
31	1,1,2-trichloroethane	106	ND	ND
32	tetrachloroethylene	103	0.57	0.60
33	ethylene dibromide	107	ND	ND
34	ethylbenzene	107	2.8	4.5
35	chlorobenzene	109	ND	ND
36,37	$m+p$-xylene	108	3.0	7.2
38	o-xylene	107	1.0	2.8
39	styrene	111	0.20	0.46
40	1,1,2,2-tetrachloethane	109	0.014	0.065
41	1,3,5-trimethylbenzene	109	0.29	1.1
42	1,2,4-trimethylbenzene	109	1.2	4.2
43	1,2,3-trimethylbenzene	110	0.25	0.78
44	p-dichlorobenzene	115	0.94	1.6
45	o-dichlorobenzene	114	ND	ND
46	1,2,4-trichlorobenzene	118	0.03	0.03

ャニスターを用いた分析法の検討がなされている[4-8]．分析法の開発の際にはキャニスターからの回収率，キャニスター内での安定性（保存性），キャニスターのブランク管理の他，濃縮装置による試料濃縮過程での回収にも注意を払う必要がある．とくに水溶解度の高い極性物質の場合，濃縮装置での除湿過程で水分と同時に測定対象物質が除去され，GC/MSでの感度が極端に低くなる可能性があるので十分な検討が必要であろう．

〔星　純也〕

参考文献

1) Lewis, A. et al.: *Nature*, **405**, p. 778 (2000).
2) 環境省水・大気環境局大気環境課編:有害大気汚染物質測定方法マニュアル (2011).
3) 村山等ら:環境化学, **10**, p. 27 (2000).
4) J. Thomas Kelly, J. Patrick Callahan: *Environ. Sci. Technol.*, **27**, p. 1146 (1993).
5) J. Thomas Kelly, W. Michael Holdren: *Atmospheric Environment*, **29**, p. 2595 (1995).
6) N. Ochiai et al.: *J. Environ. Monit.*, **4**, p. 879 (2002).
7) 長谷川敦子:環境化学, **11**, p. 163 (2001).
8) J. Hoshi et al.: *Analytical Sciences*, **23**, p. 987 (2007).

測定の落とし穴　容器

VOCなど沸点の低い化学物質の捕集には、しばしばキャニスターが用いられる。キャニスターは、中空のステンレスのボールで、そこにある気体をそのまま捕まえることができるが、冷えると比較的沸点の高い物質は、内壁に吸着してしまい、組成が変わってしまうおそれがある。試料を採取したキャニスターは冷やさず、測定前は長い時間をかけて室温に馴らしておく必要がある。揮発性は高いけれど、常温では液体などの化合物は要注意である。

測定の落とし穴　ビンを開ける

溶媒抽出法でフロン等を測定していたころ、抽出ビンから測定用バイアルビンに試料液を移すのに、ふたを開けないまま、セプタムにニードルを付けた注射筒を刺して行ったものである。なぜかというと、ふたを開けるということは、大気開放することになり、沸点の低いフロンが揮散してしまい、試験液の濃度が下がるおそれがあったからである。フロンほどでなくても、揮発性のある物質を測定する場合、ふたを開けたままほうっておいたり、ろ過したりすると、試験液の濃度が狂うおそれがある。

2.9 フッ素系界面活性剤の分析法

環境水，血清，環境大気，底質，製品・材料

フッ素系界面活性剤ペルフルオロオクタンスルホン酸（perfluorooctanesulfonic acid: PFOS）およびペルフルオロオクタン酸（perfluorooctanoic acid: PFOA）等の有機フッ素化合物は，炭素にフッ素の結合した非常に安定な化合物であり，親水性と疎水性の両方の性質をもつ界面活性剤の性質を有している．化学的に安定な構造をもつため用途が広く，1950年代から撥水撥油剤（衣類，じゅうたん，カーテン，皮革，食品包装紙），泡消火剤，スポットクリーナー，殺虫剤などの日用品として，またフッ素樹脂合成分散剤等の工業製品の原材料として産業界で広く使用されてきた．

ところが，1938年にテフロンが開発されてから約30年後の1966年ころには，ヒト血液中や環境中で有機フッ素化合物が検出される等，問題となっており，環境中の残留性や毒性等については，多くの研究・報告がされている[1-34]．

PFOA等の規制に関しては，残留性有機汚染物質に関するストックホルム条約（POPs条約）における2009年5月の締約国会議において，POPs条約の新規対象物質リスト（附属書B：制限付き廃絶）にPFOSとその塩およびペルフルオロオクタン酸フルオリド（PFOSF）が追加された[35,36]．

わが国においても2002年には，PFOAおよびPFOSは化学物質審査規制法（化審法）の第二種監視化学物質に指定されており，PFOSについては，POPs条約の附属書Bに追加された後の2009年10月には化審法の第一種特定化学物質に指定され製造・輸入・使用が禁止もしくは制限されることになった[36,37]．

一方，PFOAについては，米国環境保護庁が提示するPFOA自主削減プログラム（PFOA 2010/15 Stewardship Program）「2010年に2000年比95%削減，2015年に全廃する」に世界の大手フッ素樹脂メーカー8社が同意し，削減に取組んでいる[38]．

PFOSおよびPFOAの分析法は試料媒体により異なり，環境試料については，環境省「化学物質と環境 化学物質分析法開発調査報告書」による報告[39,40]があり，工業用水・工場排水中の分析法は2011年3月 JISに規定されている[41]．また，製品中のPFOS類の測定方法は，欧州標準化委員会（CEN）がCEN/TS15968：2010 [42]として規定している．

今後，リスク評価や汚染実態を把握するために，精度管理されたデータおよび分析技術の向上が重要である．
〔佐々木和明／上堀美知子／大井悦雅〕

化学構造・慣用名	IUPAC名・英語名	CAS No./分子式/分子量	オクタノール/水分配係数
F F F F F F F O F-C-C-C-C-C-C-C-C-S-OH F F F F F F F O ペルフルオロオクタンスルホン酸（PFOS）	perfluorooctane-1-sulfonic acid heptadecafluorooctane-1-sulfonic acid	1763-23-1/ $C_8HF_{17}O_3S$/ 500.13	$\log P_{ow} = 4.9$
備考．融点（℃）：90℃（白色結晶）　pka：-3.27（OECD, 2002）　水溶解度：>10 w%（NCBI Pub Chemより）			
F F F F F F F O F-C-C-C-C-C-C-C-C-OH F F F F F F F ペルフルオロオクタン酸（PFOA）	perfluorooctanoic acid pentadecafluoroocatanoic acid	335-67-1/ $C_8HF_{15}O_2$/ 414.07	$\log P_{ow} = 6.30$
備考．融点（℃）：54°C（白色結晶）　沸点（℃）：189（736mm）　pka：2.5（USEPA, 2002）　水溶解度：3,400 mg/L（MEYLAN WM&HOWARD, PH（1995）より）			

2.9.1　ペルフルオロオクタンスルホン酸，ペルフルオロオクタン酸の分析法

環境水，血清

1) PFOS および PFOA の分析法

水試料については，水試料をスチレンジビニルベンゼン-メタクリレート系ポリマー固相カートリッジに通水し PFOS および PFOA を同時に濃縮する．固相からの溶出液を LC/MS または LC/MS/MS で定量する[16,17]．分析法のフローチャートを図 2.9.1 に示す．血清については，Johnson[21] らの方法により，試料をメチル tert-ブチルエーテルで抽出し，溶媒を窒素パージして除去後にメタノールに再溶解して LC/MS/MS で定量する．分析のフローチャートを図 2.9.2 に示す．

a. 試薬および標準溶液

PFOS および PFOA の標準物質については，Wellington 社製等の標準品を用いる．

Fluka 社製 Heptadeca fluorooctane sulfonic acid potassium salt（純度 98% 以上）等の標準品を用いた場合は，カリウムを除いた PFOS 部の分子量に換算する必要がある．

また，PFOS については，メインピークの前に固有のいくつかの同属体と推定されるピークが表れるため，標準品については，製造会社名およびロット番号を記録して保管する．

メタノール，アセトニトリル，メチル tert-ブチルエーテル，tetrabutylammonium hydrogen sulfate については，LC/MS 用または HPLC 用を用いる．酢酸アンモニウム，水酸化ナトリウム，炭酸ナトリウム，塩酸については，試薬特級を用いる．

精製水は，Elix 純水製造装置（ミリポア社製）で製造した逆浸透水を EDS-Pak を接続した Milli-Q 超純水装置（ミリポア社製）で処理したものを用いる．PFOS および PFOA 濃縮用固相カートリッジは，和光純薬製 Presep-C Agri（200 mg）を使用する．

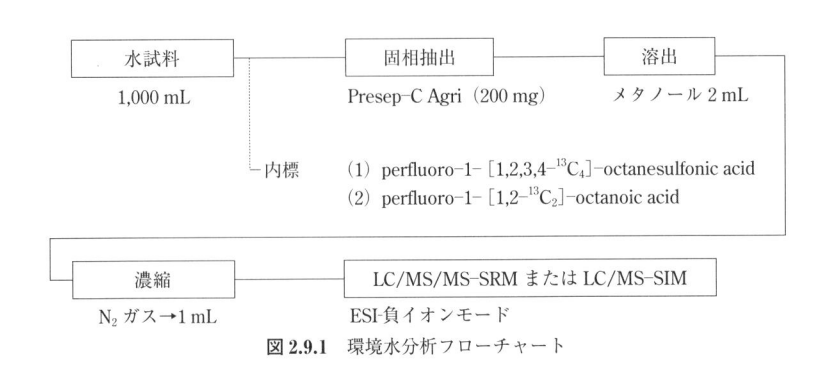

b. 装置および分析条件

装置および分析条件の例を表 2.9.1（SRM 分析）および表 2.9.2（SIM 分析）に示す．

c. 試料の前処理

水試料を 1N 塩酸または 1N 水酸化ナトリウムを用いて，pH が 6 から 11 の範囲内に調整する．10 mL の HPLC 用メタノールと 5 mL の精製水でコンディショニングした固相カートリッジをコンセントレーターにセットし，試料 1,000 mL を 10 mL/min で通水し抽出する．通水終了後の固相カートリッジに精製水 10 mL を通して洗浄した後，シリンジで約 10 mL の空気を送り間隙水を除去する．ついで 2 mL のメタノールで溶出し 5 mL 容 KD 目盛付受器に受ける．窒素ガスを吹き付けて 1 mL に定容し，分析試料液とする．

血清試料については，試料 1.0 mL を 15 mL ポリプロピレン蓋付き遠沈管にとり，0.5 mol/L tetrabutylammonium hydrogen sulfate 1 mL，0.25 mol/L 炭酸ナトリウム 2 mL を加え十分に混和する．メチル tert-ブチルエーテル 5 mL を加えて 1 分間振とうし，3,000 rpm で 10 分間遠心分離後，tert-ブチルエーテル層をポリプロピレン蓋付き遠沈管に分取し，窒素パージによりほぼ乾固させる．これを 90% メタノール水溶液 1.0 mL に転溶する．これを 0.2 μm ナイロンメッシュフィルターでろ過して，ろ液を分析試料とする．

```
水試料         →   固相抽出              →   溶出
1,000 mL           Presep-C Agri (200 mg)    メタノール 2 mL

  └─ 内標  (1) perfluoro-1-[1,2,3,4-¹³C₄]-octanesulfonic acid
           (2) perfluoro-1-[1,2-¹³C₂]-octanoic acid

濃縮           →   LC/MS/MS-SRM または LC/MS-SIM
N₂ ガス → 1 mL     ESI-負イオンモード
```

図 2.9.1　環境水分析フローチャート

2.9 フッ素系界面活性剤の分析法

```
┌─────────────┐    ┌─────┐    ┌─────┐
│ 血清試料    │───▶│ 混和 │───▶│ 振とう│
└─────────────┘    └─────┘    └─────┘
  ─ 試料 1.0 mL    メチル tert─ブチルエーテル（MTBE）5 mL   (1 min)
  ─ 0.5 M tetrabutylammonium hydrogen sulfate 1 mL
  ─ 0.25 M 炭酸ナトリウム緩衝液 2 mL
  ─ 内標  (1) perfluoro-1-[1,2,3,4-¹³C₄]-octanesulfonic acid
          (2) perfluoro-1-[1,2-¹³C₂]-octanoic acid
  （15 mL 容量　ポリプロピレン遠沈管）
```

```
┌─────────┐    ┌─────┐    ┌─────┐
│ 遠心分離 │───▶│ 分液 │───▶│ 乾固 │
└─────────┘    └─────┘    └─────┘
 (3,000 rpm, 10 min)   MTBE 層　分取      N₂ ガス
                     （15 mL 容量　ポリプロピレン遠沈管）
```

```
┌────────────────┐    ┌─────┐
│ 超音波による溶解 │───▶│ ろ過 │
└────────────────┘    └─────┘
 90% メタノール水溶液 1 mL    Watman AUTOVIAL, R5（φ 0.2 µm）
       (3 min)
```

```
┌──────────────────────────────┐
│ LC/MS/MS-SRM または LC/MS-SIM │
└──────────────────────────────┘
        ESI-負イオンモード
```

図 2.9.2 血清試料分析フローチャート

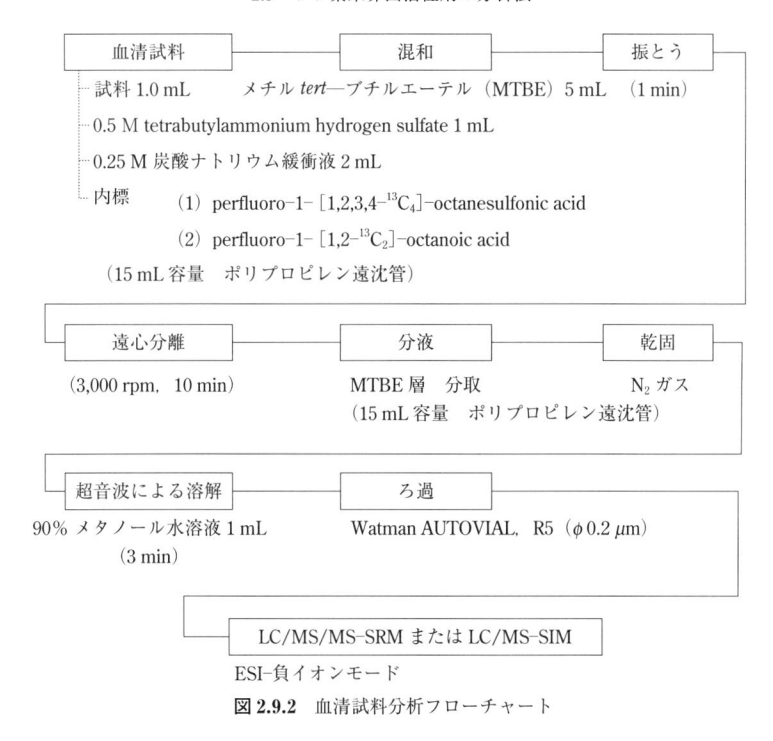

表 2.9.1 装置および分析条件（その 1, SRM 分析）

LC 条件	機種	Agilent Technologies 社製　1200
	カラム	Agilent Technologies 社製　ZORBAX Eclipse Plus C₁₈（2.1×100 mm, 1.8 µm）
	移動相	A：CH₃CN　B：10 mM CH₃COONH₄/H₂O
	カラム温度	40℃
	注入量	10.0 µL
MS 条件	機種	Agilent Technologies 社製　6410
	イオン化法	ESI（negative mode）
	モニターイオン	PFOA　413/369
		PFOS　499/99, 80
	フラグメンター電圧	50-100（perfluorocarboxylic acids）
		150-200（perfluorosulfonic acids）
	CE 電圧	5（perfluorocarboxylic acids）
		55（perfluorosulfonic acids）
	ドライングガス	N₂（5 L/min, 300℃）
	Vaper 温度	150℃　ネブライザー　N₂（60 psi）
	キャピラリー電圧	2,000 V　Delta EMV 400V

移動相グラジエント条件

時間 [min]	流量 [mL/min]	溶離液 A [%]
0	0.2	30
4	0.2	30
20	0.2	75
25	0.2	75
26	0.3	90
34	0.3	90
35	0.2	30
45	0.2	30

2) 解説

a. LC/MS および LC/MS/MS の分析条件について

LC/MS および LC/MS/MS の分析条件については，本測定に使用した機種（Agilent MSD SL，Agilent6410）特有のものである．移動相のグラジエント条件については，30％アセトニトリル水溶液からスタートしている．30％以下のアセトニトリル水溶液でスタートすると，ブランクピークが大きくなる．また，移動相に用いる精製水は，最終的に活性炭カートリッジを通したものを用いるとベースラインの上昇を抑えることができる．市販の LC/MS 用精製水を移動相に使用しても，グラジエント時ベースラインが上昇し，ブランクピークが大きくなるものがあるので注意が必要である．

PFOS については，プリカーサーイオン m/z = 499，プロダクトイオン m/z = 80 で定量すると，taurodeoxycholic acid（$C_{26}H_{45}O_6S$ m/z = 498.4）のように PFOS と同様の分子量をもち SO_3^- 基をもつ物質の

表 2.9.2 装置および分析条件（その 2．SIM 分析）

LC 条件	機種	Agilent Technologies 社製　1100			
	カラム	Agilent Technologies 社製　ZORBAX XDB C$_{18}$ （2.1×150 mm, 3.5 μm）			
	移動相	A：CH$_3$CN　B：10 mM CH$_3$COONH$_4$/H$_2$O			
			移動相グラジエント条件		
	カラム温度	40℃			
	注入量	10.0 μL	時間 [min]	流量 [mL/min]	溶離液 A [%]
MS 条件	機種	Agilent Technologies 社製　1100MSD SI			
	イオン化法	ESI（negative mode）	0	0.2	35
	モニターイオン	PFOA　413（確認イオン 369）	5	0.2	45
		PFOS　499（確認イオン 500）	20	0.2	45
	フラグメンター電圧	PFOA 5 分～10 分　100V	25	0.2	90
		PFOS 10 分～20 分　200V	30	0.2	90
	ドライングガス	N$_2$（10 L/min, 350℃）	35	0.2	35
	Vaper 温度	150℃　ネブライザー　N$_2$（50 psi）	40	0.2	35
	キャピラリー電圧	4,000 V			

ピークが出現する可能性がある．クロマトグラム上でこれらの物質と PFOS とのピーク分離を行うため，十分保持時間を確保する必要がある．LC/MS/MS での分析では，プロダクトイオン m/z = 99 で定量することにより，これらの妨害を排除できる．

また，PFOS 測定時，MS の条件の中でとくにドリフト（フラグメンター）電圧については，対象物質のピーク強度を考慮して通常物質測定の設定値より数倍高い値を採用している．

b．コンタミネーションの防止について

PFOS, PFOA は，広く日用品に使用されているので，分析中に非常に混入しやすい．これを防ぐため，前処理等に使用する器具は，メタノールでよく洗浄した物を用いる．水試料を濃縮するのに用いるコンセントレーターは，使用前日からメタノールで流路を満たし，使用当日直前に 5 分程度メタノールを流路に流し，流路および流路切り替えコック等をよく洗浄した後，精製水を 10 分程度流しメタノールを排除して使用する必要がある．これにより，PFOA のブランク濃度を 0.02 ng/L 以下に抑えることができる．

また，日本人の血清試料については，通常有機フッ素化合物が数 10 μg/L 検出されることから[3]，汚染された容器からのコンタミネーションを考慮して，分析時に用いた 15 mL ポリエチレン遠沈管は，使い捨てとした．

LC/MS 装置からのコンタミネーションについては，PFOS および PFOA 類似の有機フッ素化合物が，LC 用イオンペア剤として各種市販されており，それらを使用した後は，顕著に現れる．

また，LC/MS の分析条件設定時に高濃度の標準溶液を使用するとブランクとして大きなピークが検出される．このような場合，何度も LC/MS 用メタノールを注入して，PFOS および PFOA のピークが検出しなくなるまで，装置全体をクリーニングしてから本分析を行う必要がある．高濃度が予想される検体については，1 μL 程度を注入して，およその濃度を把握して，試料測定による汚染を防ぐために希釈して測定する必要がある．

c．検量線および検出下限

0.02 ng/mL～100 ng/mL の濃度範囲で，PFOS および PFOA の 70% メタノール水溶液を調製し，表 2.9.1 の条件で作成した LC/MS/MS の検量線，表 2.9.2 の条件で作成した LC/MS 検量線は，PFOS および PFOA ともに相関係数は 0.995 以上と良好な直線性を示した．

化学物質分析法開発マニュアル（環境省）に従って，0.1 ng/mL 標準液の測定値から計算した装置の検出下限は，PFOS, PFOA ともに 0.01 ng/L であった．標準のクロマトグラムを図 2.9.3（SRM）および図 2.9.4（SIM）に示した．

分析法の検出下限（MDL）は，0.05 ng/L に調製した水試料 1,000 mL，0.5 ng/mL に調製した血清試料 1.0 mL を「2.9.1　1）c．試料の前処理」の操作手順に従って処理し，分析して求めた．化学物質分析法マニュアルに従って測定値の標準偏差から求めた両物質の MDL は，水試料では，PFOS 0.02 ng/L, PFOA 0.03 ng/L 血清試料では，PFOS, PFOA ともに 0.1 ng/mL であった．

d．添加回収試験

PFOA および PFOS を添加して河川水 1.5 ng/L，血

清 5.0 ng/mL に調製した試料を「2.9.1 1) c. 試料の前処理」の操作手順に従って処理し，実試料からの回収率を求めた．各 7 試料について分析した結果，河川水からの平均回収率は，PFOS 106%，PFOA 98.0% であり，相対標準偏差は，それぞれ 2.4%，3.6%，血清からの平均回収率は，PFOS 103%，PFOA 97%，相対標準偏差は，それぞれ 4.9%，4.1% であった．

e. 実試料の分析

これまで，河川水，下水処理場処理水等を多数分析した．K 川の流域の有機フッ素化合物調査結果については，都市部上流では 1 ng/L 以下の濃度であった（図 2.9.5）．これに対して，都市部下流では，下水処

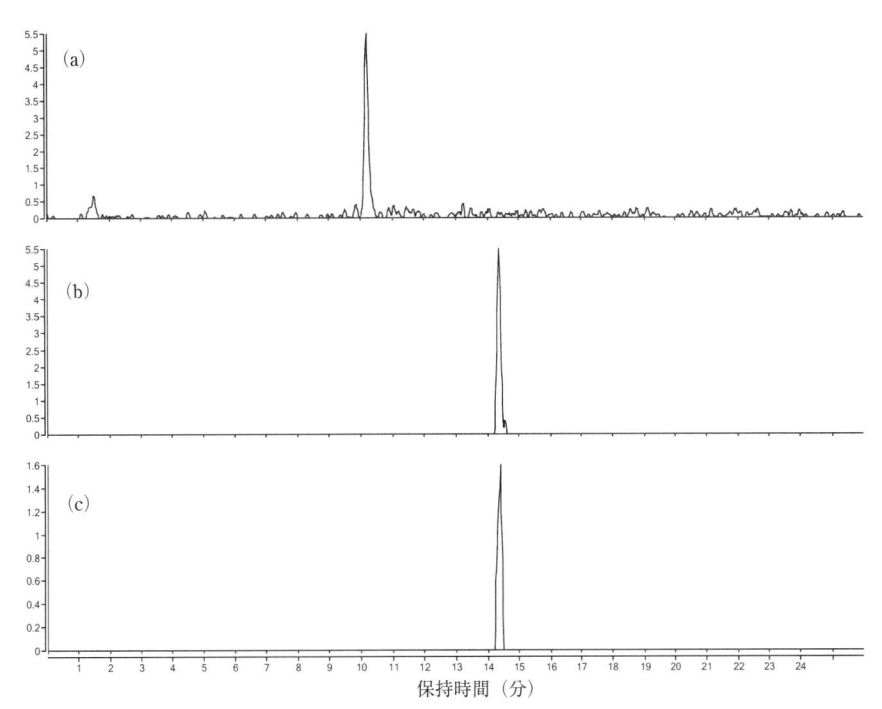

図 2.9.3 PFOS，PFOA 標準液（0.02 ng/mL）の LC/MS/MS による SRM クロマトグラム（a）PFOA（413/369），（b）PFOS（499/80），（c）PFOS（499/99）（表 2.9.1 の測定条件）

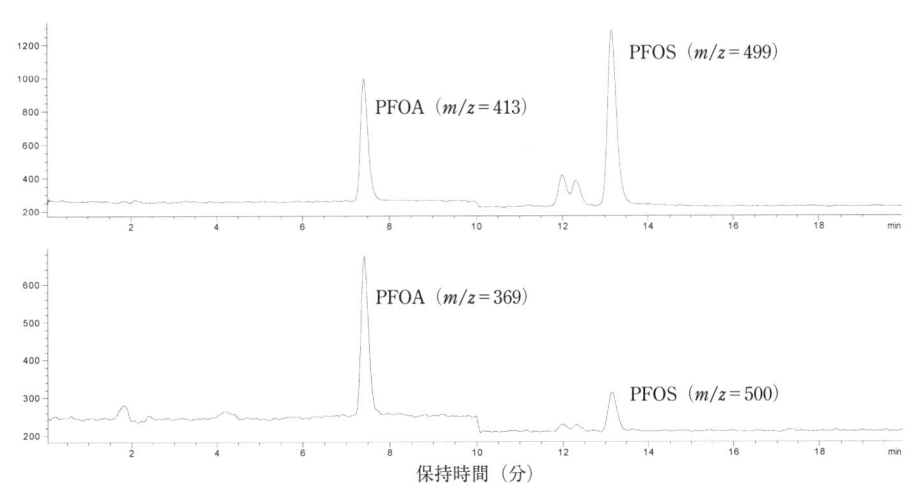

図 2.9.4 PFOS，PFOA 標準液（1.0 ng/mL）の LC/MS による SIM クロマトグラム（上段）定量用，（下段）確認用（表 2.9.2 の測定条件）

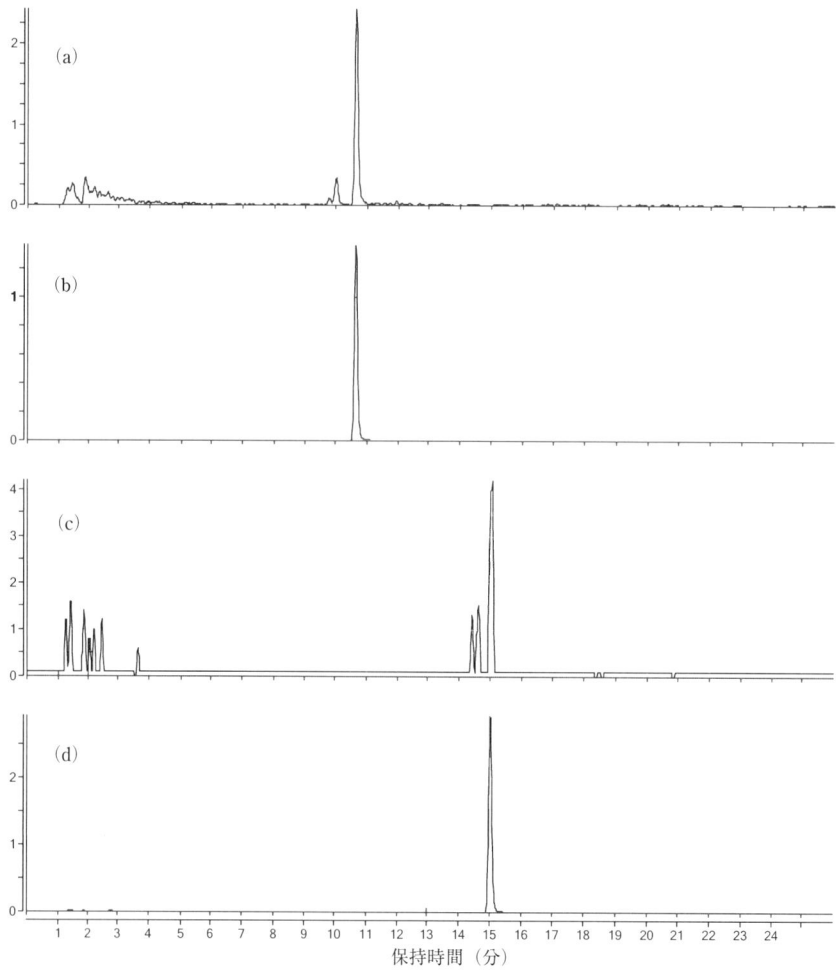

図 2.9.5 河川水の LC/MS/MS による分析例（SRM 表 2.9.1 の測定条件）
(a) PFOA（413/369），(b) $^{13}C_2$-PFOA（415/370），(c) PFOS（499/99），
(d) $^{13}C_4$ PFOS（503/80） 河川水分析結果 PFOA（0.17 ng/L），PFOS（0.03 ng/L）

理場処理水，工業団地排水等の影響を受けて，10 ng/L 以上の値が検出された[16]．また，日本人の血清試料については，とくに高い地域を除くと PFOS が 10 ng/mL, PFOA が 3 ng/mL 前後の値であった[15]．

f. その他の有機フッ素化合物同時分析の可能性

有機フッ素化合物については，PFOS および PFOA のそれぞれ炭素数の異なる有機フッ素化合物が多種類存在する（表 2.9.3）．表 2.9.1 に示した LC/MS/MS の分析条件で，表 2.9.3 の物質を同時定量した場合，すべての物質で MDL を，0.05 ng/L 以下で測定することが可能であった．

これらの物質は，炭素数の違いにより物性が大きく異なる．このことから，炭素数の違いによりグループ分けして，それぞれのグループに固相抽出，液-液抽出等効率的な前処理を行えば，これらの物質の LC/MS/MS による同時分析は可能である．〔佐々木和明〕

表 2.9.3 PFOS および PFOA と同時分析可能な有機フッ素化合物

A. ペルフルオロオクタンスルホン酸

	プリカーサーイオン	m/z	化合物名
C_4	$CF_3(CF_2)_3SO_3^-$	299.1	perfluorobutanesulfonic acid
C_6	$CF_3(CF_2)_5SO_3^-$	399.1	perfluorohexanesulfonic acid
C_7	$CF_3(CF_2)_6SO_3^-$	449.1	perfluoroheptanesulfonic acid
C_8	$CF_3(CF_2)_7SO_3^-$	499.1	perfluorooctanesulfonic acid
C_{10}	$CF_3(CF_2)_9SO_3^-$	599.1	perfluorodecanesulfonic acid
I.S: Mass−Lablled C_8	$CF_3(CF_2)_3(^{13}CF_2)_4SO_3^-$	503.1	perfluoro−1−[1,2,3,4−$^{13}C_4$]−octanesulfonic acid

B. ペルフルオロカルボン酸

	プリカーサーイオン	m/z	化合物名
C_5	$CF_3(CF_2)_3COO^-$	263.1	perfluoropentanoic acid
C_6	$CF_3(CF_2)_4COO^-$	313.1	perfluorohexanoic acid
C_7	$CF_3(CF_2)_5COO^-$	363.1	perfluoroheptanoic acid
C_8	$CF_3(CF_2)_6COO^-$	413.1	perfluorooctanoic acid
C_9	$CF_3(CF_2)_7COO^-$	463.1	perfluorononanoic acid
C_{10}	$CF_3(CF_2)_8COO^-$	513.1	perfluorodecanoic acid
C_{11}	$CF_3(CF_2)_9COO^-$	563.1	perfluoroundecanoic acid
C_{12}	$CF_3(CF_2)_{10}COO^-$	613.1	perfluorododecanoic acid
C_{13}	$CF_3(CF_2)_{11}COO^-$	663.1	perfluorotridecanoic acid
C_{14}	$CF_3(CF_2)_{12}COO^-$	713.1	perfluorotetradecanoic acid
C_{16}	$CF_3(CF_2)_{14}COO^-$	813.2	perfluorohexadecanoic acid
I.S: Mass−Lablled C_8	$CF_3(CF_2)_4(^{13}CF_2)_2COO^-$	415.1	perfluoro−1−[1,2−$^{13}C_2$]−octanoic acid

---

天然内標準物質

特定フロン類の全廃が叫ばれているころ，大気中の四塩化炭素濃度は，地球上のどこで測っても 0.1 ppb くらいあって，測定がちゃんとできているか，ひとつの目安になったものである．四塩化炭素には長い使用の歴史があったが，近年は，めったに使われなくなって，排出がほとんどなくなったのに，成層圏にいたるまでほとんど分解されず，いわば地球全体がバックグラウンドレベルになっていたのである．おかげで風向きがどうでも，高さがどうでも，いつも 0.1 ppb かそれ以上検出され，0.1 ppb を大きく下回るような値が出たら，測定になんらかの不都合があったか，計算間違いでもしたかと見直すきっかけになったのである．測定対象と同時分析できて，濃度の予想できる物質があると，一種の精度管理ができて便利である．

2.9.2　ペルフルオロオクタンスルホン酸，ペルフルオロオクタン酸のLC/MS/MS分析法
環境大気，底質

1) PFOSおよびPFOAの分析法

大気試料は，石英繊維ろ紙を装着したハイボリュームエアーサンプラー（例：柴田科学製　HV-700F）（HVサンプラー）で700 L/minで24時間採取する．PFOSおよびPFOAを捕集したHVろ紙は，10%メタノールの水溶液で高速溶媒抽出する．抽出液は，スチレンジビニルベンゼン-メタクリレート系ポリマー固相カートリッジに通水しPFOSおよびPFOAを同時に濃縮し，溶出液をLC/MS/MSで定量する．

底質試料は，湿泥約10 g程度をメタノールで高速溶媒抽出し，抽出液は，10%程度のメタノール水溶液として大気試料と同様の方法で固相カートリッジに通水し，溶出液をLC/MS/MSで定量する．分析法のフローチャートを図2.9.6に示す．

a. 試薬および標準溶液

PFOSおよびPFOAの標準物質にはWellington社製等の標準品を使用する．Wellington社製の標準品には各濃度が50 μg/mLメタノール溶液およびPFOA等数種の混合溶液として2 μg/mLメタノール溶液がある．これらの標準品をメタノールで希釈し，0.1〜50 ng/mLの標準溶液を調製する．

アセトニトリル，メタノール，蒸留水および酢酸アンモニウムは液体クロマトグラフ用程度のものを使用する．

石英繊維ろ紙はあらかじめ600℃で4時間程度加熱して有機成分によるコンタミネーションを除去する．

PFOSおよびPFOAの標準物質については，Wellington社製以外にFluka社製Heptadeca fluoro-octane sulfonic acid potassium salt（純度98％以上）等の標準品がある．また，PFOSについては，直鎖のPFOSのみの標準品および側鎖のPFOSを含む混合標準品がある．標準品については，製造会社名およびロット番号を記録して保管する．

精製水は，純水製造装置（ミリポア社製）で製造した逆浸透水をMilli-Q超純水装置（ミリポア社製）で処理し，メタノール10 mL精製水5 mLでコンディショニングした活性炭カートリッジ（GL-Pak活性炭Jr.400 mg）を連結して10 mL/minで通水したものを用いる．PFOSおよびPFOA濃縮用固相カートリッジは，Waters社製Oasis HLB（200 mg）を使用する．

b. 装置および分析条件

装置および分析条件の例を表2.9.4に示す．

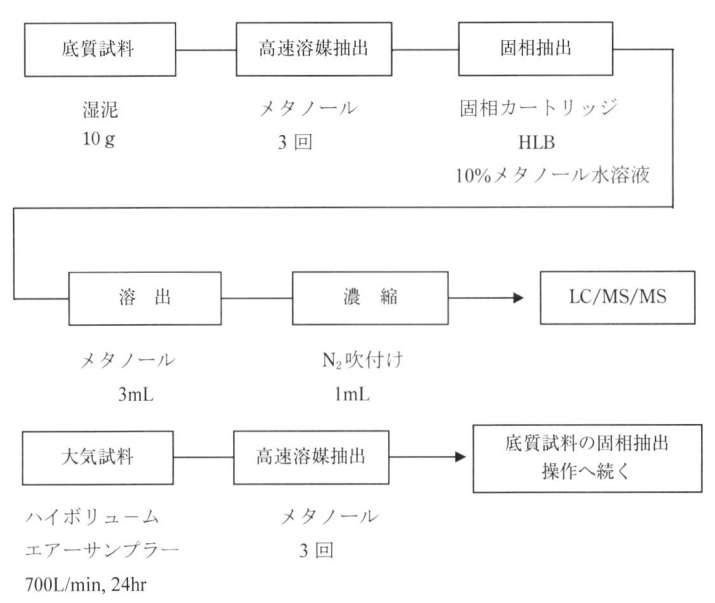

図2.9.6　分析方法のフローチャート

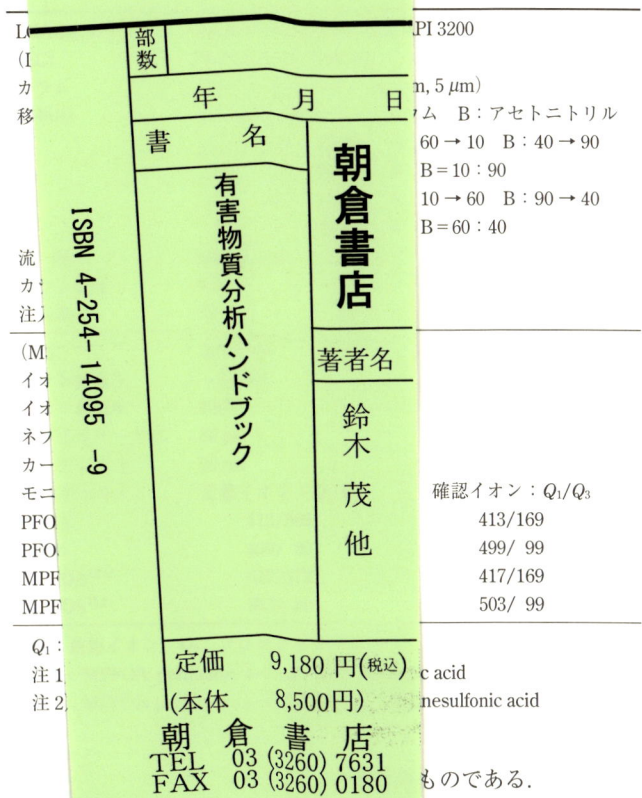

c. 試料の前処理

大気試料を捕集した HV ろ紙を，(中略) 含む水溶液を用いて高速溶媒抽出 (中略) ッシャーサイエンティフィック (中略) 抽出液は，5 mL メタノールと 5 mL の精製水でコンディショニングした固相カートリッジで 10 mL/min で通水し抽出する．通水終了後の固相カートリッジに精製水 10 mL を通して洗浄した後，シリンジで約 10 mL の空気を送り間隙水を除去する．ついで，3 mL のメタノールで溶出し，窒素ガスを吹き付けて 1 mL に定容し，分析試料液とする．

底質試料は，遠心分離（3,000 rpm，20 分）して水分をある程度除去した湿泥約 10 g 程度を正確に秤量し，メタノールで高速溶媒抽出する．メタノール抽出液は，10%程度のメタノール水溶液とし，大気試料と同様の方法で固相カートリッジに通水，1 mL に濃縮して分析試料とする．

2) 解説

a. LC/MS/MS の分析条件について

表 2.9.4 に示す LC/MS/MS の分析条件は，本測定に使用した機種（Applied Biosystems 社製 API 3200）のものである．

相に用いる精製水は，最終的に活性炭カートリッジを通したものを用いるとベースラインの上昇を抑えることができる．市販の LC/MS 用精製水を移動相に使用しても，グラジエント時ベースラインが上昇し，ブランクピークが大きくなるものがあるので注意が必要である．

b. コンタミネーションの防止について

PFOS および PFOA は，広く日用品に使用されているので，分析中に非常に混入しやすい．これを防ぐため，前処理等に使用する器具は，メタノールでよく洗浄した物を用いる．

ASE 抽出液を濃縮するのに用いるコンセントレーターは，使用前日からメタノールで流路を満たし，使用当日直前に 5 分程度メタノールを流路に流し，流路および流路切り替えコック等をよく洗浄した後，精製水を 10 分程度流しメタノールを排除して使用する必要がある．

とくに，PFOA の分析では，移動相および室内環境等からの汚染がクロマトグラムにブランクピークとして検出される．したがって，これらの影響を除くことが重要である．その対策として，① 移動相の水系流

路に活性炭を充填した固相カートリッジを接続する．
② グラジエント条件の移動相初期濃度は有機溶媒の割合を 30％程度までとする等の方法がある．最近は，移動相溶媒を混合するミキサーと分析カラムの間に分析カラムと同程度の性能を有するカラム（補助カラム）を接続し，試料注入までの汚染を補助カラムで保持し，分析対象の PFOA のピークと分離する方法が用いられている（図 2.9.7, 2.9.8）．

c. ハイボリュームエアーサンプラー（HV）からの汚染について

HV のろ紙ホルダー部分にテフロン製の材質が使用され，とくに PFOA（および対象物質ではないがペルフルオロノナン酸（PFNA））が検出されることがある．

た．検討
であり，
静置
時
鈴木茂他

石英
（対照
間捕集し
示す．対照
大気濃度に換算
が，今回の室内空
となる濃度ではな
試料の捕集に汎用さ

d. 検量線および検出下限

検量線は，0.1 ng/mL～
PFOS および PFOA のメタノ
た．PFOS および PFOA は，相

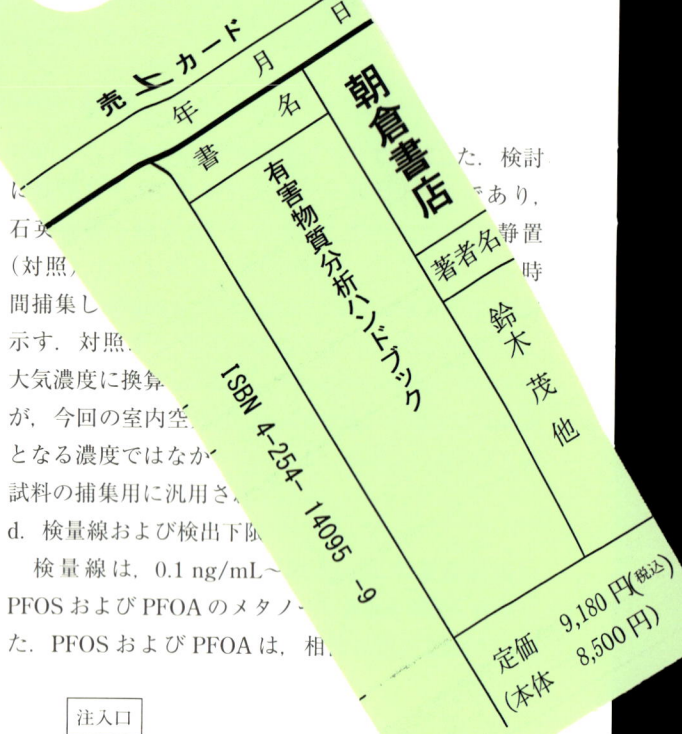

図 2.9.7 補助カラム接続例

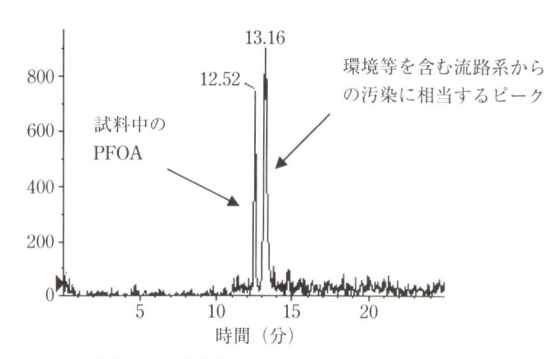

図 2.9.8 補助カラム使用時における PFOA のマスクロマトグラム （$Q_1/Q_3 = 413/316$）

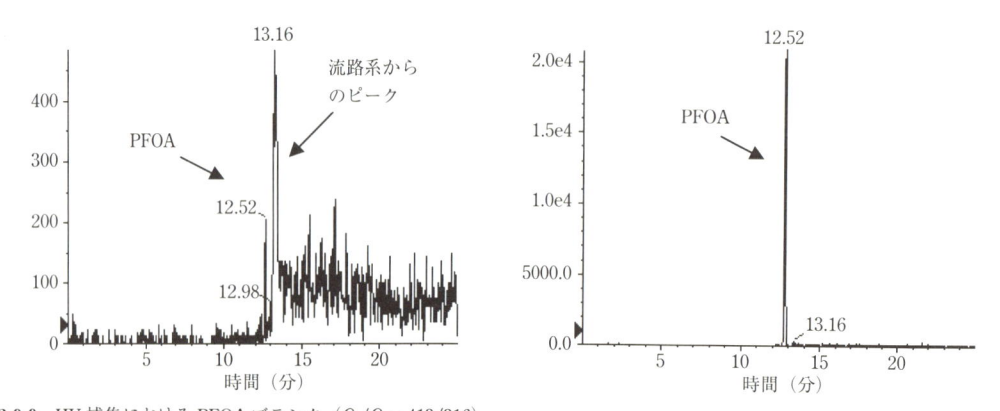

図 2.9.9 HV 捕集における PFOA ブランク （$Q_1/Q_3 = 413/316$）
　　左：対照（0.05 ng/mL：0.05 pg・m^3 相当）　右：室内空気（700 L/min, 24 hr 捕集，5 pg/m^3）

の直線性を示した．化学物質分析法開発マニュアル（環境省）に従って，0.1 ng/mL 標準液の測定値から計算した装置の検出下限（IDL）は，PFOS が 0.02 ng/mL，PFOA は 0.05 ng/mL であった．

大気試料の分析法の検出下限（MDL）は，IDL の 10 倍の値から試料換算した濃度とした場合，PFOS は 0.25 pg/m^3，PFOA は 0.5 pg/m^3 である．

底質試料の分析方法の MDL は，PFOA および PFOS 濃度を含まない試料の採取が困難であったので，微量に含む試料（PFOA: 0.6, PFOS: 0.3 ng/g-dry）を用いて算出した．6 試料について処理し算出した結果，PFOA および PFOS の MDL は，PFOA は 0.3（変動係数，CV＝11％）および PFOS は 0.1 ng/g-dry（CV＝3.5％）であった．

e. 添加回収試験

底質試料については，MDL 算出用の試料（無添加，6 試料）および同試料に 20 ng の PFOA および PFOS を添加した 2 試料について，「2.9.2 1) c. 試料の前処理」の操作手順に従って処理し，実試料からの回収率を求めた．無添加試料については，サロゲートの回収率が 89％（CV＝4.2％）および 109％（CV＝5.8％）であり，添加試料についての平均回収率は，74 および 120％であった．

f. 実試料の分析

大気試料については，A 研究所屋上で採取した試料について分析した．研究所屋上での PFOA および PFOS 濃度は，100 pg/m^3 および 1 pg/m^3 であった．分析例を図 2.9.10 に示す．

底質試料については，B, C および D 河川の底質について分析した．各地点の PFOA および PFOS 濃度は，0.6 および 0.3，0.5 および定量下限未満（0.1），73 および 4.3 ng/g-dry であった．また，B および C 地点での河川水中の PFOA および PFOS 濃度は，560 および 11，16 および 10 ng/L であり，河川水濃度に比べて低く，底質への蓄積はほとんど見られなかった．

3) その他の有機フッ素化合物同時分析の可能性

有機フッ素化合物については，PFOS および PFOA のそれぞれ炭素数の異なる有機フッ素化合物が多種類存在する（2.9.1 頁参照）．　　　〔上堀美知子〕

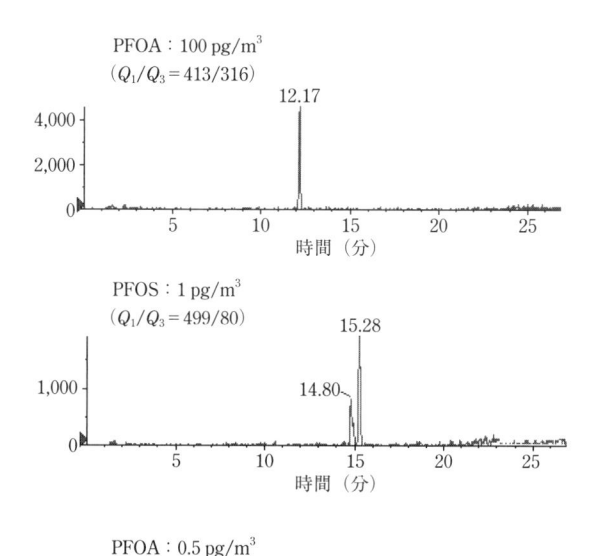

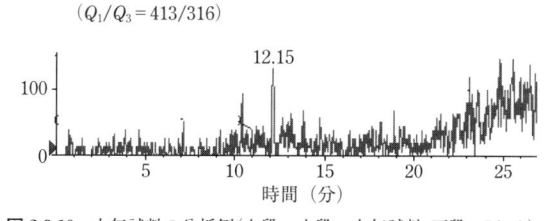

図 2.9.10 大気試料の分析例（上段・中段：大気試料，下段：Blank）

2.9.3　ペルフルオロオクタンスルホン酸，ペルフルオロオクタン酸のLC/MS/MS分析法

製品・材料

1) 製品中のPFOSおよびPFOA分析法

製品中のPFOSおよびPFOAの測定分析は，ガスクロマトグラフ–質量分析法（GC/MS）やイオンクロマトグラフ法（IC）および高速液体クロマトグラフ–質量分析法（LC/MS）による機器分析があるが，一般にはLC/MS/MS（またはLC/MS）による機器分析が主流である．GC/MSでのPFOSおよびPFOAの測定分析は，誘導体化が必要であるうえに，感度不足がある．またICでは，スクリーニング法としての位置付けであり，総量フッ素イオンとしての定量を行い，個別のPFOSおよびPFOAの定量は難しい．そのため選択性や精度をある程度確保し，低価格，短時間での簡易分析方法として分離分析法を補完する位置づけになる．一方LC/MS/MSでは，PFOSおよびPFOAの個別定量が可能となり，極性物質であるPFOSおよびPFOA分析には適した測定方法といえる．しかしながらLC/MS/MS分析を行うには，一般のLC/UV分析と異なり，LC/MS/MSに適したLC条件を設定する必要がある．またMS部の最適化を測定対象化合物毎に設定し，条件を決定する必要がある．

具体的に製品（樹脂等）試料中のPFOSおよびPFOA測定分析は，最初に高速溶媒抽出法（ASE）や超音波抽出法を用いてPFOSおよびPFOAを抽出する．その抽出液を固相カートリッジを用いて濃縮，精製し，ついで固相カートリッジからPFOSおよびPFOAを溶出させ，その溶出液をLC/MS/MS法で定性定量分析する．分析方法のフローチャートを図2.9.11（分析法フローチャート）に示す．

a. 試薬・器具および標準溶液

試薬は，① メタノール・アセトニトリル（高速液体クロマトグラフ（HPLC）用または残留農薬試験用）），酢酸アンモニウム（特級），② 固相カートリッジ（例としてWaters製　OasisHLB（60–200 mg）），③ 精製水または超純水（超純水装置で精製した比抵抗 $16\,\mathrm{M}\Omega\cdot\mathrm{cm}$ 以上の水）などが必要である．

PFOSおよびPFOAの標準物質や ^{13}C-体安定同位体の標準物質は，① 標準物質PFOS（Fluka社 Heptadeca fluorooctane sulfonicacid potassium salt 純度98％以上），② 標準物質PFOA（和光純薬工業社 Pentadeca fluorooctanoic acid 純度95％以上），③ ^{13}C-体安定同位体の標準物質PFOSおよびPFOA（関東化学社 Sodium perfluoro-1-$[1,2,3,4-^{13}C_4]$-octane-sulfonate 純度99％以上，perfluoro-n-$[1,2,3,4-^{13}C_4]$-octanoic acid 純度99％以上）などがあり，それ以外にFluorochemやCambridge Isotope LaboratoriesやAccuStandardからも市販されている．

標準溶液の調製は，Heptadeca fluorooctane sulfonicacid potassium salt および Pentadeca fluorooctane acid Ammonium salt を正確にそれぞれ 10.8 mg および 10.4 mg 秤量し，メタノールを用い正確に 10 mL にして標準原液を作成する．PFOSおよびPFOAの標準原液としての濃度は，それぞれ 1.0 ng/mL となる．この標準原液をメタノール：水（7：3）で順次希釈し，標準溶液を作成する．標準溶液の各濃度は，0.1〜50 ng/mLとする．またそれぞれの内部標準溶液は $^{13}C_4$-PFOSおよび $^{13}C_4$-PFOA が 50 ng/mL となるように調製する．なお各試料には内部標準溶液（内部標準物質 $^{13}C_4$-PFOS, $^{13}C_4$-PFOA: 50 ng/mL）を 40 μL 添加

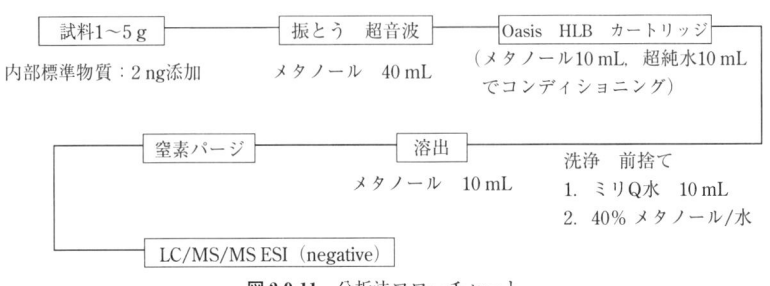

図2.9.11　分析法フローチャート

b. 試料の前処理

　一般には有機溶媒等による化学的抽出による場合が主たる抽出方法だが，溶媒抽出法で樹脂から目的対象物質を抽出する場合，樹脂と抽出溶媒の関係が非常に重要な意味をもっている．樹脂等の試料が抽出溶媒に完全可溶であっても，PFOSおよびPFOA（またはPFCs）の抽出効率の悪い溶媒で抽出を行った場合，目的対象物質は抽出されず，結果的に「不検出」または「非含有」の誤った結果がでる可能性もある．高速溶媒抽出法やソックスレー抽出法，または超音波抽出法であっても同様の現象が起こり得る可能性がある．しかしながら万一樹脂等が完全溶解している場合でも，複数回の繰返し抽出を行い分析することで，含有されている試料を非含有と誤って判断することは避けられる可能性がある．逆に目的対象物質が検出された場合，複数回の繰返し抽出を行い分析することで，再現性の確認ができ，より精度の高い結果が得られる．

　溶媒抽出時により効率のよい方法として加熱や超音波などを利用した方法がある．加熱による溶解度の向上や物質の表面に残留した化学物質の物理的振動により分離効率を高くする超音波を利用し，物理的に振動を与えて試料から測定対象物質を効率よく抽出できる．試料量は代表性が得られるように，十分に細分化・粉砕されたものを1～5 g程度用いる．一例として，完全溶解しない樹脂試料の前処理および試料液の調製を以下に示す．

　最初に微細化・微粉化を行い，その試料約1～5 gを秤量して50 mL容のポリエチレン（PE）またはポリプロピレン（PP）製チューブに入れる．その中に$^{13}C_4$-PFOSおよびPFOA内部標準物質を加える．つぎにメタノール40 mLを加え，60℃に設定した超音波抽出器にて2時間抽出を行う．つぎに，抽出液を別のPPまたはPEチューブに移し，再びメタノール40 mLを加え，同様な操作を行い，抽出液を別のPPまたはPEチューブに移す．抽出液の一部（例として10 mL）に5～10倍容の超純水を加え，あらかじめコンディショニングした固相カートリッジ（例としてOasisHLB, Waters製）に通水し濃縮する．通水終了後の固相カートリッジに40％メタノール水溶液5 mLで洗浄した後，メタノール10 mLでPFOSおよびPFOAを溶出させ（必要に応じて窒素ガスを吹き付けて2 mLに定容），試料溶液とする．その場合，LC/MS/MS測定に導入することを考慮し，ピーク拡がりを防止する上でも，最終試料液は移動相の初期濃度の溶液（表2.9.5のLC/MS/MS分析条件を参照）を用いて2 mL定容するのが望ましい．なお必要に応じて，メタノール20 mLで予備洗浄した0.2 μmのフィルターでろ過を行う．

c. 装置および分析条件

　装置および分析条件の例を表2.9.5（装置および分析条件（SRM分析））に示す．

　PFOSおよびPFOAの分析は，分析装置として，高速液体クロマトグラフ-質量分析計（LC/MS, LC/

表2.9.5 装置および分析条件（SRM分析）

LC条件	機種	：SHIMADZU LC-20A システム	
	カラム	：Inertsil ODS-SP　2.1×150 mm（5 μm）GLサイエンス社製	
	移動相A	：10 mM 酢酸アンモニウム	
	移動相B	：アセトニトリル	
		0～2 min	A：65%　B：35%
		2～7 min	A：65→20%　B：35→80%
		7～10 min	A：20%　B：80%
		10～15 min	A：65%　B：35%
	流量	：0.2 mL/min	
	カラム温度	：40℃	
	注入量	：10 μL	
MS条件	機種	：Applied Biosystems LC-MS/MS API 3200	
	イオン化法	：ESI negative	
	モニターイオン：PFOS	498.7→79.9　（定量イオン），498.8→98.9　（確認イオン）	
	PFOA	412.7→368.9（定量イオン），412.7→169.0　（確認イオン）	
	$^{13}C_4$-PFOS	502.9→79.9	
	$^{13}C_4$-PFOA	416.9→372.0	

MS/MS）を用いる場合がほとんどであり，とくに，微量濃度を測定する場合，LC/MSと比較して，選択性が高く，高感度分析が可能なLC/MS/MSが使用される．

LC/MS/MSにおける分析は，一般にLC分離カラムとして汎用カラムである逆相系充填剤を用いたODS（C_{18}）カラムで十分な分離が得られ，移動相としてメタノールやアセトニトリルなどの有機溶媒と，酢酸アンモニウム溶液を用いたグラジエント条件を用いる方法が主流である．

また使用する分析機器によりMS部の最適化値は異なるため，あらかじめ使用する機器での最適化が必要である．実際の測定に際して，測定対象試料により，試料量や検量線濃度範囲が異なるため，LC/MS/MS条件以外にもあらかじめ検討を要する項目がいくつかある．

(1) PFOSおよびPFOAの定量の際に発生する注意点として，クロスコンタミネーションの低減がある．実験室においても多く使用されているテフロン製品や作業環境中に存在するPFOSおよびPFOAからの汚染を防ぐために，分析する際には，使用する器具や機器接続部品のからの汚染を極力避ける対策が必要である．

(2) 分析に用いる超純水についてもあらかじめ濃度確認を行い，分析結果に与えるブランクレベルの低減に配慮する必要がある．超純水を固相カートリッジ（例としてODSやHLBなど）に通過させることにより，ブランクレベルの低減が図れる．

(3) LC装置系におけるデッドボリュームや配管内に残るメモリーについて，十分な配慮をする必要がある．

d. 定量方法

試料溶液10 μLをLC/MS/MSに導入し，PFOSおよびPFOAのMS/MS（プリカーサーイオン→プロダクトイオン）イオンをモニターし，標準品と同じ溶出時間に相当し，内部標準物質とも同じ溶出時間に相当するピークをPFOSおよびPFOAとして同定する．同定したPFOSおよびPFOAを，あらかじめ求めた検量線を用いて，内部標準物質の添加量を基に内標準法によりS/N 3以上のピークについてピーク面積で定量する．

また，別な定量方法として，標準液と同様に対象物質の各ピーク成分の内部標準物質に対する相対感度係数（RRF）を算出するには，検量線作成用混合標準液の濃度範囲におけるRRFの平均を用いて各ピーク成分の重量を求める．つぎに各ピーク成分の重量を合計し，これに係数を乗じて対象物質の総量に換算し，これに基づき，試料中の対象物質の濃度を算出する．

以下に示す式を用いてRRFを算出し，検量線作成用混合標準液の濃度範囲におけるRRFの平均を求める．

$$RRF = (AS \times CSIS)/(ASIS \times CS)$$

AS ：標準液中の各ピーク成分の面積
ASIS：標準液中の内部標準物質のピーク面積
CS ：標準液中の各ピーク成分の濃度（ng/mL）
CSIS：標準液中の内部標準物質の濃度（ng/mL）

なお同定定量は，検量線濃度域を考慮し，必要があれば再測定を行うようにする．

2) 解説

a. 超音波による抽出法の選択

測定機器の高感度化にともない，実際の試料では1 g以下の少量の試料で分析することが可能である．一般に用いる粉砕方法では，散逸の危険性や汚染の可能性が高い．またミル等の粉砕機材は容器の洗浄工程を経ても軸心周辺や上部カバーのノッチ付近に前試料が残留する可能性があり，クロスコンタミネーションの危険性が懸念される．クロスコンタミネーションの危険を限りなく低減した器具・道具で破砕や粉砕を行い，散逸の危険性をなくし，なおかつ少量の代表試料で抽出操作が可能な超音波抽出法は，PFOSおよびPFOAの試料調製には非常に有効な方法である．

b. 抽出効率の確認

抽出効率等の確認は非常に重要である．採用した前処理方法で続けて最低2回以上の抽出操作を行い，それぞれの結果から1回目の抽出効率と2回目の抽出効率を算出し回収率を確認する必要がある．

たとえば，1回目の抽出操作での測定分析結果をC_1，2回目の抽出操作での測定分析結果をC_2，……n回目の抽出操作での測定分析結果をC_nとすると，真の測定結果（C）は，

$$C = \sum_{n=1}^{\infty} C_n$$

また抽出効率は，以下の式から求めることが可能で

ある.

$$抽出効率（\%）= |1-(C_2/C_1)| \times 100$$

この抽出効率が低いと判断される場合は，抽出液量や抽出溶媒を変更する必要がある．このようにして確認した結果をもとに真の測定結果を求めることが重要である．

また抽出効率については，抽出溶媒の温度，時間，pHが影響する．たとえば室温より高めに設定した（50℃程度）加温などによる抽出効率の向上が期待できる

c. 器具等の再利用によるクロスコンタミネーションの防止

目的対象物質の濃度は，検出限界付近または1 ppb程度から0.1%オーダー超まで広範囲にわたる．高濃度含有試料を扱った抽出や前処理等の器具を洗浄しても低濃度域でのメモリーは避けられない．仮にPFOSおよびPFOA 1%含有試料の0.1%の割合で残留が起きたとすると極低濃度試料取扱い時に残留するPFOSおよびPFOAは，10 ppmの影響を与えることになる．使用する器具を使い捨てとし，クロスコンタミネーションを起こさない分析方法の確立が必要である．

d. 内部標準物質を利用した定性定量分析

LC/MS/MS機器分析においても極低濃度から高濃度域まで良好な直線性が得られるとは限らない．前処理効率やLC/MS/MSに注入された絶対量でMSの応答量が変わる場合がある．内部標準物質（^{13}C安定同位体標準物質）を用いることで，精度の高い定量結果を得ることが可能になる．

e. 高性能LC/MS/MSを用いた高感度分析

高性能LC/MS/MSを用いて分析する利点は，① 試料中の樹脂等妨害成分からの分離・高選択性による偽判定を回避できる，② 極少量試料（約0.01 gの樹脂部材など）での分析が可能となる，③ 試料量の低減による精製負荷の低減が図れる，④ 使用する試薬類の低減による環境負荷への配慮が可能である，などがあげられる．

この選択性の高い高性能LC/MS/MSを用いた分析機器による測定分析を行うためには，それらの利点を生かした前処理方法も同時に必要となる．

またMS/MS分析を行う際には，1つ以上のモニターイオンを設定することで選択性が向上する（とくにPFOS $m/z=498.7 \rightarrow 79.9$は，ときとして$498.8 \rightarrow 98.8$の出現ピークと異なる場合があるため注意が必要である）．

f. その他注意すべき点

（1）ガラス器具やPPチューブ等は，使用前にメタノールで洗浄すること．

（2）LC/MS/MS測定時は，ときにブランクとして大きなピークが検出される場合があるため，HPLC用メタノールやアセトニトリルなどを注入し，PFOSおよびPFOAのピークが検出しなくなるまで溶離液を流し装置全体をクリーニングしてから測定すること．

（3）ろ過に使用するナイロンフィルターは，使用前にメタノール20 mLで洗浄すること．

（4）同じODSカラムであっても選択性など若干の違いがある．できれば2種類以上のカラムによる溶出および定量の確認をすることが望ましい．

（5）移動相の酢酸アンモニウム濃度は，2 mMや5 mM濃度より10 mM程度の方が，試料液からの影響を受けにくかった．

g. 検量線および検出下限（MDL）

0.1～50 ng/mL濃度範囲でのPFOSおよびPFOAの検量線作成用標準溶液を調製し，10 μLをLC/MS/MSに導入し，対象物質の内部標準物質に対する相対ピーク面積と濃度の比から検量線を作成した．表2.9.5の条件で，相関係数はそれぞれ0.9999および0.9998の直線関係が得られた．化学物質分析法開発マニュアル（環境省）に従ってPFOSおよびPFOAそれぞれ0.1 ng/mLおよび0.2 ng/mL標準液の測定値の標準偏差から計算した装置の検出下限は，それぞれ1.1および6.7 ng/g（ppb）であった．標準のクロマトグラムを図2.9.12（PFOSおよびPFOA標準品のクロマトグラム）に示した．

h. 固相カートリッジからの溶出

固相カートリッジからのメタノール溶出は試料によっては，若干アンモニアを添加することで安定した回収が得られる場合がある．

PFOSおよびPFOA標準品を用いた場合，メタノールのみの溶出でも問題はないが，母乳を用いた検討等では，メタノール溶出のみでは，^{13}C安定同位体の回収率はPFOSが60～90%程度，PFOAが45～80%程度であった．しかしながら，2%アンモニア/メタノール溶出では，PFOAおよびPFOAともにバラツキが少なく，平均80%以上の回収が得られた．

i. 移動相溶媒の違いについて

分析初期条件における移動相の安定化時間の長短に

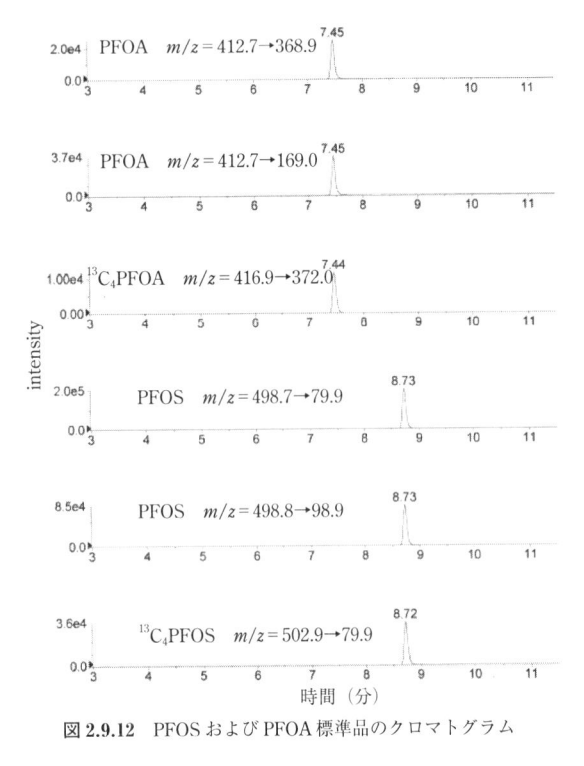

図 2.9.12 PFOS および PFOA 標準品のクロマトグラム

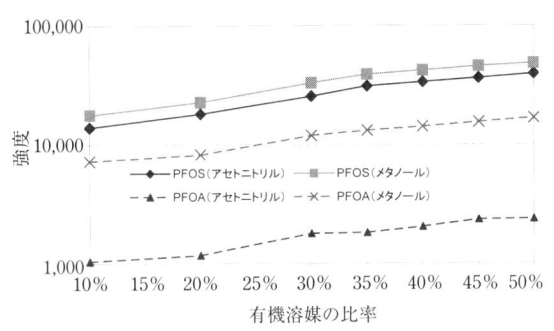

図 2.9.13 メタノールとアセトニトリル溶媒違いによる感度差確認

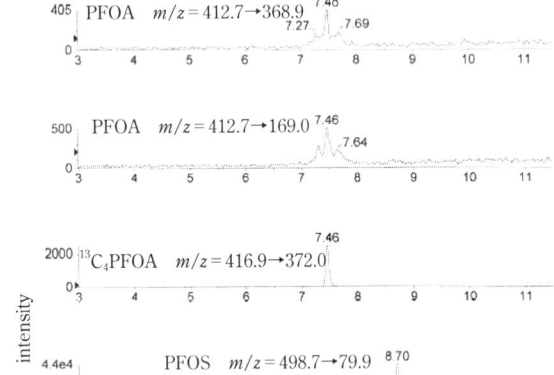

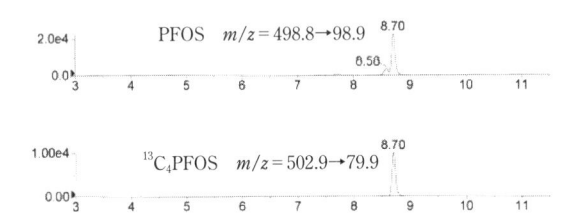

図 2.9.14 PFOS および PFOA 実試料のクロマトグラム

よっても PFOA のブランク値は異なってくる．LC 条件において，とくに移動相条件の初期アセトニトリル溶媒の割合が低い場合，かなり大きな PFOA ピークが確認される．できるだけ感度を損なわず，ブランクを下げるためには，移動相のグラジエント条件を工夫する必要がある．

(1) 移動相 B のアセトニトリルの初期割合を 35～40% 程度にすることで，LC 装置や移動相等に含まれるカラムヘッド面に濃縮される PFOA 量は低減される．
(2) 移動相の急激な濃度勾配条件では，PFOS のピーク分離が不十分となる．
(3) PFOA の溶出する時間における有機溶媒割合により，感度が大きく異なる．
(4) 酢酸アンモニウム溶液移動相のデガッサーと LC ポンプ入口との配管部分に，ODS（C_{18}）や活性炭カートリッジを挿入することで，酢酸アンモニウム溶液に存在する PFOA ブランクをトラップ除去する事が可能となる．
(5) 移動相に使用するメタノールとアセトニトリルとでは，保持時間・カラム圧力や感度が異なる．感度差に関しては，図 2.9.13 に参考データとして記載した．

また，LC 条件の変更により PFOA ブランクが改善されない場合，移動相条件をアイソクラテックで行うとよい．

j. 実試料の分析

製品に関する PFOS および PFOA 濃度は，一部の製品を除いて，規制を上回る濃度レベルの含有はほとんど確認されていない．全体的には PFOA が微量ではあるが検出される場合が多い．規制値が比較的高いため，低濃度域での測定は必ずしも必要ではなく，実際には 1～5 ppm 程度を下限値として報告する場合が

多い．参考までに検出された製品中の PFOS および PFOA のクロマトグラムを図 2.9.14 に示した．

〔大井悦雅〕

参考文献

1) G.W. Olsen, J.M. Burris, J.H. Mandel, L.R. Zobel: *J. Occup. Environ. Med.*, **41**, p.799-806 (1999).
2) J.D. Johnson, S.J. Gibson and R.E. Ober: Riker Laboratories, Inc. U.S.EPA AR226-0007 (1979).
3) P.E. Noker and G.S. Gorman: Southern Research Institute, Birmingham, Alabama, Southern Research Institute Study ID: 9921.6 U.S.EPA AR226-1356 (2003).
4) G.W. Olsen, J.M. Burris, D.J. Ehresman, J.W. Froehlich, A.M. Seacat, J.L. Butenhoff, L.R. Zobel: *Environ. Health Perspect.*, **115**, p.1298-1305 (2007).
5) R.A. Kemper: Perfluorooctanoic acid: U.S.EPA AR226-1499 (2003).
6) J.L. Butenhoff, G.L. Kennedy, P.M. Hinderliter, P.H. Lieder, R. Jung, K.J. Hansen, G.S. Gorman, P.E. Noker, P.J. Thomford: Toxicol. Sci., 82, p.397-406 (2004).
7) W.P. Dean, D.C. Jessup, G. Thompson, G. Romig, D. Powell: Study No.137-083., International Research and Development Corporation. U.S.EPA AR226-0955 (1978).
8) J. Butenhoff, G. Costa, C. Elcombe, D. Farrar, K. Hansen, H. Iwai, R. Jung, G. Jr. Kennedy, P. Lieder, G. Olsen, P. Thomford: *Toxi.Sci.*, **69** (**1**), p.244-57 (2002).
9) A.M. Seacat, P.J. Thomford, J.L. Butenhoff: *Toxicol. Sci.*, **66** (Suppl.), p. 185 (2002).
10) P.J. Thomford: Covance study No. 6329-183. Covance Laboratories Inc. U.S.EPA AR226-1070a, AR226-0956 (2002).
11) C. Lau, J.R. Thibodeaux, R.G. Hanson, J.M. Rogers, B.E. Grey, M.E. Stanton, J.L. Butenhoff, L.A. Stevenson: *Toxicol. Sci.*, **74**, p.382-392 (2003).
12) C. Lau, K. Anitole, C. Hodes, D. Lai, A. Pfahles-Hutchens, J. Seed:*Toxicol. Sci.*, **99**, p.363-394 (2007).
13) B.H. Alexander, G.W. Olsen, J.M. Burris, J.H. Mandel, J.S. Mandel: *Occup. Environ. Med.*, **60** (**10**), p.722-729 (2003).
14) F.D. Gilliland, J.S. Mandel: Mortality among emoloyees of a perfluorooctanoic acid production plant. *J. Occup. Med.*, **35**, p.950-954 (1993).
15) J.D. Johnson, J.T. Wolter, G.E. Colaizy, P.A. Rethwill, R.M. Nelson: St. Paul. MN: 3M Environmental Laboratory (1996).
16) 佐々木和明：第 14 回　日本水環境学会シンポジウム講演集（平成 21 年度）．
17) Giesy JP, Kannan K. Environ Sci. Technol 35: 1339-1342 (2001).
18) R. Renner : Environ. Sci. Technol., **35**, p.154A (2001).
19) J. P. Giesy, K. C. Kannan: Environ. Sci. Technol., **36**, p.146A (2002).
20) K. Kannan, N. Choi, N, Iseki, K. Senthil Kumar, S. Masunaga, J.P.Giesy, J.P.: Chemosphere, 49, p.225-231 (2002).
21) S. Masunaga, K. Kannan, R. Doi, J. Nakanishi, J.P. Giesy,: Organohalogen Compounds, 59, p.319-322. (2002).
22) R. Renner: Environ. Sci. Technol., **37**, p.201A (2003).
23) M. M. Schultz, D. F. Barofsky, J. A. Field: Environ. Eng. Sci., 20, p.487 (2003).
24) N.Saito, K.Sasaki, K. Nakatome, K.Harada, T.Yosinaga, A.Koizumi: Arch Environ Contam Toxicol.45, p.149-158 (2003).
25) H.S. Cho, K. Kannan: USA-SETAC 2003.
26) K. Harada, N. Saito, K. Sasaki, K. Inoue, A. Koizumi: Bulletin of Environmental Contamination and Toxicology, **71**, p.31-36. (2003).
27) S. Taniyasu, K. Kannan, Y. Horii, N. Hanari, N. Yamashita: Environmental Science and Technology, **37**, p.2634-2639. (2003).
28) N. Saito, K. Harada, K. Inoue, K. Sasaki, T. Yoshinaga, A. Koizumi: J. Occup. Health, **46**, p.49-59. (2004).
29) K. Sasaki,T. Yoshida, K. Ozawa, N. Saito, Y-H. Jin, A. Koizumi: Proceeding of China-Japan Joint Symposium on Environmental Chemistry, p.100-101. (2004).
30) S. Serizawa, T.Isobe,D-M. Kim, T. Horiguchi, H. Shiraishi, M. Morita: Proceeding of China-Japan Joint Symposium on Environmental Chemistry, p.197-198. (2004).
31) K. Senthilkumar, K. Kannan, E. Ohi, A. Koizumi, T. Takasuga: Occurrence of Perfluorinated Contaminants in Water, Sediment and Fish from Kyoto Area, Japan Organohalogen Compounds 67, p.229-231 (2005).
32) S. Nakayama, A. Lindstrom, M. Strynar, L. Helfant, P. Egeghy, X. Ye: SETAC North America 27th, November 5-9, 2006, Montreal, Canada.
33) S. Taniyasu, K. Kannan, M. KaSo, A. Gulkowska, E. Sinclair, T. Okazawa, N Yamashita,: J.Chrom.A., **1093**, p.89-97 (2005).
34) M. Strynar X. Ye, A. Lindstrom, S. Nakayama, L. Helfant, J. Varns, J. Lazorchak: SETAC North America 27th, November 5-9, 2006, Montreal, Canada.
35) POPs 条約ホームページ：http://www.pops.int/
36) http://www.env.go.jp/press/press.php?serial=11117
37) http://www.meti.go.jp/policy/chemical_management/kasinhou/files/about/laws/laws_order256_091030.pdf
38) USEEPA ホームページ：http://www.epa.gov/opptintr/pfoa/pubs/stewardship/index.html
39) 環境省環境保健部環境安全課：化学物質と環境．平成 14 年度化学物質分析法開発調査報告書，p. 1-11 (2003).
40) 環境省環境保健部環境安全課：化学物質と環境．平成 15 年度化学物質分析法開発調査報告書，p. 37-50 (2004).
41) 工業用水・工場排水中のペルフルオロオクタンスルホン酸及びペルフルオロオクタン酸試験方法　LC-MS/MS, http://kikakurui.com/k0/K0450-70-10-2011-01.html
42) http://www.evs.ee/products/cen-ts-15968-2010

2.10 界面活性剤の分析法

　石鹸，洗剤といった界面活性剤は古くからわれわれの生活に密着して使用されてきた．20 世紀初頭に合成洗剤が開発・供給されるようになり，現在工業的にも汎用品としてもさまざまな用途で大量に用いられている．界面活性剤は一つの分子内に親水性部分と疎水性部分をもち，水と油の両方に親和性を有している．その構造および特性のため，分析上留意すべき点がいくつかある．

① 実際に使用されている界面活性剤は炭素数やその分岐，エトキシ鎖数などが異なる成分の混合品であることが多い．LC-MS では，各成分によりイオン化効率が異なるため，どの試薬を標準品として用いるかで異なる定量結果が得られる．個別の標準品が入手可能な場合は，それらを用いるのが望ましいが，実際に配合されている界面活性剤が入手可能であればそれを標準品として用い，合計量として定量してもよい．しかしそれらが不可である場合には使用した標準品を明示する必要がある．試薬として市販されている界面活性剤も多くは混合物であり，CAS 番号が同一であっても含有割合の相違があるので注意が必要である．

② 親水性が高く，濃縮方法としては固相抽出が有効である．

③ 分子量が大きく，揮発性が低いため GC/MS よりも LC/MS での検出が向いている．

④ 界面活性剤によってはサンプリング容器あるいは前処理容器への吸着が顕著に見られる場合があり，対策が必要である． 〔吉田寧子〕

2.10.1 アルキルフェノールエトキシレートの LC/MS 分析法

環境水，下水，底質

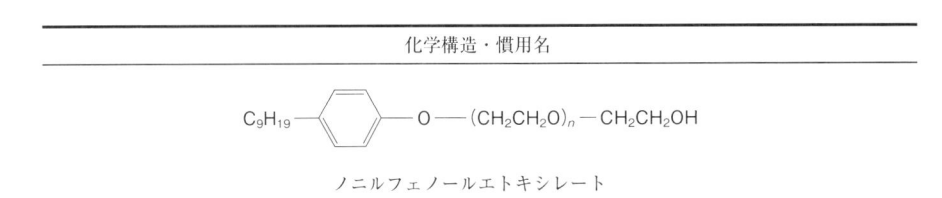

化学構造・慣用名		
C_9H_{19}—⟨ ⟩—O—$(CH_2CH_2O)_n$—CH_2CH_2OH ノニルフェノールエトキシレート		
英語名	CAS No./分子式	備考
nonylphenol ethoxylates	9016-45-9/ $(C_2H_4O)_nC_{15}H_{24}O$	水環境に排出された場合，生分解によりノニルフェノールへ形態変化する．
化学構造・慣用名		
C_8H_{17}—⟨ ⟩—O—$(CH_2CH_2O)_n$—CH_2CH_2OH オクチルフェノールエトキシレート		
英語名	CAS No./分子式	備考
octylphenol ethoxylates	9036-19-5/ $(C_2H_4O)_nC_{14}H_{22}O$	水環境に排出された場合，生分解によりオクチルフェノールへ形態変化する．

2.10 界面活性剤の分析法

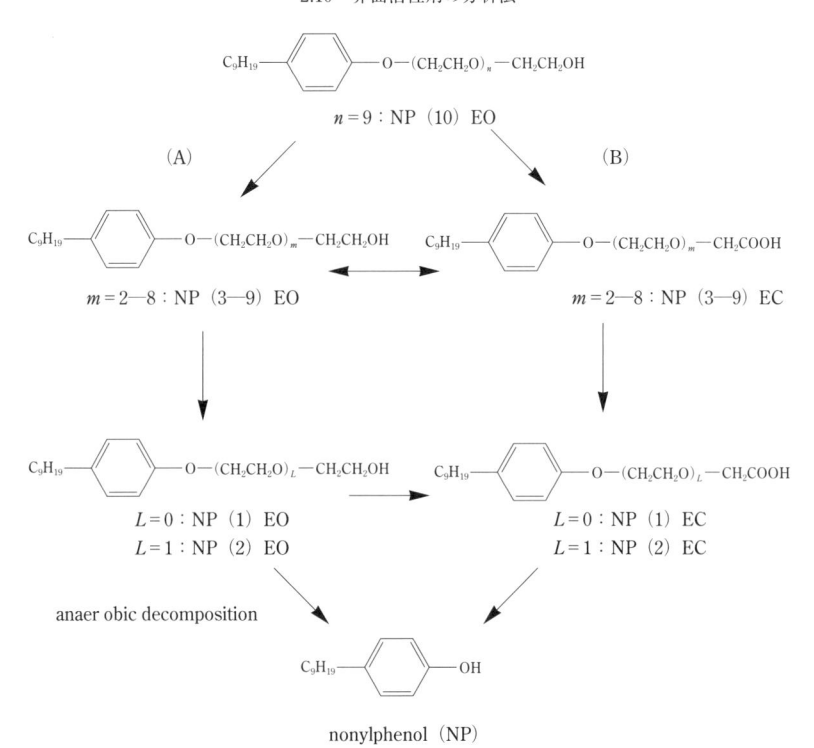

図 2.10.1 NPEO の環境中生分解経路

アルキルフェノールエトキシレート（APEOs）は非イオン系界面活性剤として，さまざまな産業用および汎用用途に広く使用されてきた．それらはノニルフェノールエトキシレート（NPEO）とオクチルフェノールエトキシレート（OPEO）を主成分としており，その比はおよそ4：1である[1]．日本における2003年のAPEOs生産量はNPEOsが18,000トンでOPEOが17,000トンである[2]．

ノニルフェノール（NP）とオクチルフェノール（OP）はこれらの界面活性剤の製造に使用され，あるいは環境中での分解生成物であり，魚類（メダカ）において内分泌撹乱性を示すことが確認されている[3-6]．

OPの無影響濃度予測値（predicted no effect concentration: PNEC）は0.992 μg/Lで，これより低い濃度では魚類へ影響はおよぼさないとされている．そして，OPの環境濃度予測値（predicted environmental concentration: PEC）は0.03 μg/L程度であるので，この化合物が環境中の魚類に与える内分泌撹乱性のリスクは小さいといえる．しかしながら，NPのPNECは0.608 μg/Lで，実際の環境試料中濃度（<0.03〜21 μg/L[7-9]）がこの濃度を越える場合も見られ

る．そのため，NPが生態系に有害な影響を与える可能性がある．

APEOsの水環境における分解経路には2つの経路が知られている．NPEOの生分解経路を図2.10.1に示す[10,11]．一つの経路（Pathway A）は，NP(n)EOからNP(n-1)EO（nはエトキシ鎖（EO）の長さ）への段階的な分解をともなうものであり，最終的にNPとなる．もう一つの経路（Pathway B）はノニルフェノールエトキシカルボン酸（以降NPECと略す）を経由するものである．

1) APEOsの分析法

水試料は固相ディスクあるいは固相カートリッジに通液することにより対象物質を捕集し，メタノールを加えて溶出させ，ゲルパーミエーションクロマトグラフィー（GPC）により精製・分取した後，この液を濃縮・定容しLC-MSにより定量を行う．分析方法（水質試料）のフローチャートを図2.10.2に示す[*1]．

[*1] 底質試料の場合には2.10.2に示すアルコールエトキシレートと同様に抽出・濃縮することが可能である．

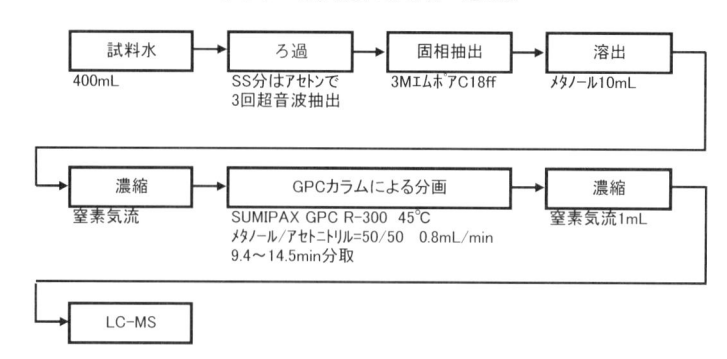

```
試料水 → ろ過 → 固相抽出 → 溶出
400mL   SS分はアセトンで  3MエムポアC18ff  メタノール10mL
        3回超音波抽出

→ 濃縮 → GPCカラムによる分画 → 濃縮
  窒素気流  SUMIPAX GPC R-300 45℃    窒素気流1mL
          メタノール/アセトニトリル=50/50 0.8mL/min
          9.4～14.5min分取

→ LC-MS
```

図 2.10.2 分析方法のフローチャート

a. 試薬および標準溶液

$^{13}C_2$-NP(1)EO と $^{13}C_2$-NP(2)EO の2種のサロゲート化合物が市販されているが，それらは長鎖のAPEOsとは挙動が異なることと，^{13}Cの数が少ないために，LC-MS分析においては同位体の影響を避けられず，定量範囲を狭くする傾向にある．そのため別途NP(8)EO-$^{13}C_4$ および NP(10)EO-$^{13}C_4$ を合成し，本分析法に適用する．表2.10.1に標準試薬および^{13}Cラベル化サロゲート試薬の一覧を示す．

アセトニトリルとメタノールはHPLCグレードを使用する．NP(n)EOとOP(n)EOの標準試薬はアセトニトリル溶液として一次調整・保管し，検量線作成にはこの一次調整液から適宜希釈して使用する．

b. 装置および分析条件

GPCによる精製条件を表2.10.2に，LC-MS測定条件を表2.10.3に示す．

c. 試料の前処理

試料はグラスファイバーろ紙（GF/F Whatman）によりろ過して用いる．下水処理場流入水の場合には，ろ紙は河川水より多く，2枚以上必要である．ろ紙とSS分は5mLのアセトンを加えて超音波を10分かけて溶出する工程を3回繰り返して抽出する．抽出液は

表 2.10.1 試薬一覧

対象物質	製造会社	濃度
NP(1-15)EO	林純薬工業株式会社	100 mg/L mixture
OP(1-10)EO	林純薬工業株式会社	100 mg/L mixture
NP(1)EO-$^{13}C_2$	林純薬工業株式会社	1,000 mg/L
NP(2)EO-$^{13}C_2$	林純薬工業株式会社	1,000 mg/L
NP(8)EO-$^{13}C_4$	株式会社住化分析センター	99.5%
NP(10)EO-$^{13}C_4$	株式会社住化分析センター	99.5%

表 2.10.2 GPC 精製条件

装置	liquid chromatograph Shimadzu LC-10
カラム	SUMIPAX GPC R-300
	4.6 mm × 500 mm (250 mm × 2), 5 μm
カラムオーブン（℃）	45
移動相	methanol/acetonitrile (50/50)
流量（mL/min）	0.8
フラクション（min）	9.5～14.5

表 2.10.3 LC-MS 測定条件（APEOs）

MS; HP1100MSD（Agilent）	イオン化法	positive-ESI
	乾燥ガス	10 L/min
	ネブライザー	50 psig
	フラグメンター電圧	80 V
HPLC; HP1100（Agilent）	カラム	GF-310 2D（Shodex）
	移動相	A：50 mM 酢酸アンモニウム B：アセトニトリル 30% B-(10 min)-50% B-(30 min)-90% B
	カラムオーブン	40℃
	流量	0.2 mL/min
	注入量	10 μL

ロータリーエバポレーターで約 1 mL まで濃縮し，ろ液とあわせる．その後，あらかじめメタノール 10 mL と精製水 10 mL でコンディショニングした固相ディスク（Empore TM Disk C18 ff 47 mmφ, 3M 社製）に通水する．対象物質をメタノール 10 mL で固相ディスクから溶出し，抽出液は窒素気流下，40℃で濃縮し，その後メタノール/アセトニトリル＝50/50 混合溶液 1 mL で再溶解する．抽出した試料は表 2.10.2 に示した条件で GPC 工程を実施し，9.5 分から 14.5 分の分画を分取し，窒素気流により濃縮して表 2.10.3 に示した LC-MS 条件で測定に供する．

2) 解説

a. 捕集剤（固相ディスク）の選択理由

抽出工程として，初期にはディスク型固相の Empore TM Disk SDB-XC 47 mmφ（3M 社製）を用いて検討を行い，回収率と再現性は良好であったのに対して，通水速度が非常に遅かった．そのため Empore TM Disk C18 ff（3M 社製）というファストフロータイプのディスクについて検討した結果，抽出時間を短縮することが可能であった．

b. GPC による精製

ESI-LC-MS における感度はサンプルマトリクスによる影響を大きく受ける．たとえば，流入水抽出液を精製することなく直接 LC-MS に導入して分析する場合には大幅な感度の低下が見られる．この問題は GPC カラムを用いて色素および高分子量化合物を除去することで，解決が可能であり，測定クロマトグラム上に妨害となるようなピークは見られなかった．

流入水および放流水中の着色物質は除去することが可能であった．GPC 工程を実施した場合には，実施しない場合と比較してピーク面積は増大し，たとえば OPEOs では，1.41 倍［OP(10)EO］から 2.41 倍［OP(1)EO］であった．サンプルマトリクスによるイオンサプレッションが減少したためと考えられる．さらに，GPC 工程における対象物質の回収率は良好で損失は見られなかった．

c. 検量線の作成

検量線の作成にあたっては，NP(1)EO-$^{13}C_2$ を NP(1)EO および OP(1)EO の内標準物質として使用した．同様に NP(2)EO-$^{13}C_2$ を NP(2-3)EO および OP(2-3)EO の内標準物質として，NP(8)EO-$^{13}C_4$ を NP(4-9)EO および OP(4-9)EO の NP(10)EO-$^{13}C_4$ を NP(10-15)EO および OP(10-15)EO の内標準物質として使用した．図 2.10.3，2.10.4 に，検量線の例を示した．検量線の範囲は 0.01～1.0 μg/L で，その相関係数は 0.998 以上と良好であった．

d. 装置検出下限（IDL）および分析法の検出下限（MDL）

装置検出下限（instrument detection limit : IDL）は，4 μg/L の標準溶液（実試料中 0.1 μg/L に相当する）の繰返し測定を行い，得られた結果の標準偏差の 3 倍として求めた．得られた IDL は，NPEOs では 0.0023［NP(2)EO］～0.0065［NP(12)EO］μg/L であり，OPEOs では 0.0029［OP(5)EO］～0.0086［OP(10)EO］μg/L であった．いずれも目標とした検出下限 0.05 μg/L を十分に満足することが可能であった．表 2.10.4 に算出した IDL の一覧を示した．一方，分析法の検出下限（method detection limit : MDL）は式(1)および表 2.10.5 より算出した．算出した結果は，NP(n)EO では 0.015［NP(2)EO］～0.037［NP(12)EO］μg/L であり，OP(n)EO では 0.011［OP(3,6)EO］～0.024［OP(4)EO］μg/L であった．この結果，目標とした MDL 0.05 μg/L を満足することが可能であった．MDL の一覧を表 2.10.6 に示した．

$$\mathrm{MDL} = t(n-1, 0.05) \times s \qquad (1)$$

s : standard deviation

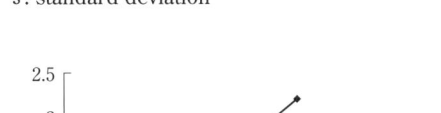

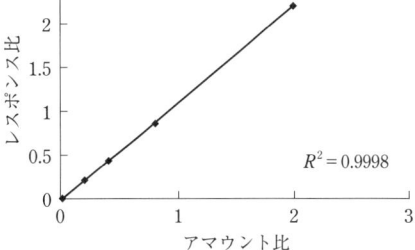

図 2.10.3 NP(10)EO 検量線

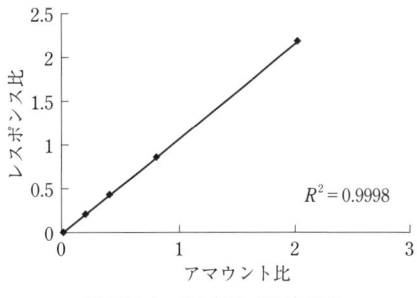

図 2.10.4 OP(10)EO 検量線

e. 精製水および実試料を用いた添加回収試験

　精製水における添加回収試験では，^{13}C標識サロゲートの回収率はNP(1)^{13}C$_2$が81％，NP(2)^{13}C$_2$が90％，NP(8)^{13}C$_4$が73％，and NP(10)^{13}C$_4$が67％であった．表2.10.7には，このメソッドを下水処理場流入水および最終放流水に適用した結果を示した．試験に用いた試料は分析法の検証を目的として，都市型下水処理場にて，4月午前11時にスポットサンプリングしたものである．採取したNP(n)EOの濃度は最終放流水中で0.09［NP(4)EO］〜0.52［NP(2)EO］µg/L，流入水中で1.2［NP(15)EO］〜15［NP(7,8)EO］

µg/Lであった．OP(n)EOは最終放流水中で0.05［OP(2)EO］〜0.15［OP(1)EO］µg/L，流入水中で0.34［OP(10)EO］〜1.1［OP(2,3)EO］µg/Lであった．図2.10.5に添加回収試験の測定クロマトグラムを

表2.10.5　繰返し数と$t(n-1, 0.05)$

繰返し数 (n)	自由度 ($n-1$)	$t(n-1, 0.05)$，片側
5	4	2.132
6	5	2.015
7	6	1.943

表2.10.4　装置検出下限（IDL）

	対象物質	濃度（µg/L）	3σ（µg/L）
IS1	NP(1)EO–^{13}C$_2$	0.63	—
IS2	NP(2)EO–^{13}C$_2$	0.63	—
IS3	NP(8)EO–^{13}C$_4$	0.25	—
IS4	NP(10)EO–^{13}C$_4$	0.25	—
Tgt	NP(1)EO	0.09	0.0043
Tgt	NP(2)EO	0.10	0.0023
Tgt	NP(3)EO	0.10	0.0042
Tgt	NP(4)EO	0.10	0.0029
Tgt	NP(5)EO	0.10	0.0041
Tgt	NP(6)EO	0.10	0.0058
Tgt	NP(7)EO	0.10	0.0040
Tgt	NP(8)EO	0.10	0.0032
Tgt	NP(9)EO	0.10	0.0055
Tgt	NP(10)EO	0.10	0.0058
Tgt	NP(11)EO	0.10	0.0025
Tgt	NP(12)EO	0.10	0.0065
Tgt	NP(13)EO	0.09	0.0051
Tgt	NP(14)EO	0.10	0.0055
Tgt	NP(15)EO	0.10	0.0049
Tgt	OP(1)EO	0.10	0.0043
Tgt	OP(2)EO	0.11	0.0067
Tgt	OP(3)EO	0.10	0.0037
Tgt	OP(4)EO	0.11	0.0040
Tgt	OP(5)EO	0.10	0.0029
Tgt	OP(6)EO	0.10	0.0052
Tgt	OP(7)EO	0.10	0.0056
Tgt	OP(8)EO	0.10	0.0055
Tgt	OP(9)EO	0.10	0.0047
Tgt	OP(10)EO	0.10	0.0086

表2.10.6　分析法の検出下限（MDL）

	対象物質	2.132σ（µg/L）	平均回収率（％）
IS1	NP(1)EO–^{13}C$_2$	—	81
IS2	NP(2)EO–^{13}C$_2$	—	90
IS3	NP(8)EO–^{13}C$_4$	—	73
IS4	NP(10)EO–^{13}C$_4$	—	67
Tgt	NP(1)EO	0.023	75
Tgt	NP(2)EO	0.015	96
Tgt	NP(3)EO	0.019	92
Tgt	NP(4)EO	0.025	110
Tgt	NP(5)EO	0.022	105
Tgt	NP(6)EO	0.028	109
Tgt	NP(7)EO	0.022	101
Tgt	NP(8)EO	0.020	97
Tgt	NP(9)EO	0.019	94
Tgt	NP(10)EO	0.028	94
Tgt	NP(11)EO	0.022	91
Tgt	NP(12)EO	0.037	88
Tgt	NP(13)EO	0.028	83
Tgt	NP(14)EO	0.033	89
Tgt	NP(15)EO	0.029	84
Tgt	OP(1)EO	0.017	119
Tgt	OP(2)EO	0.013	100
Tgt	OP(3)EO	0.011	99
Tgt	OP(4)EO	0.024	123
Tgt	OP(5)EO	0.014	113
Tgt	OP(6)EO	0.011	108
Tgt	OP(7)EO	0.012	102
Tgt	OP(8)EO	0.019	95
Tgt	OP(9)EO	0.021	87
Tgt	OP(10)EO	0.015	89

表 2.10.7 下水処理場関連試料の定量分析結果

試料 対象物質	操作ブランク 濃度（μg/L）	回収率（%）	処理場　放流水 濃度（μg/L）	回収率（%）	処理場　流入水 濃度（μg/L）	回収率（%）
NP(1)EO-^{13}C$_2$	—	72	—	64	—	43
NP(2)EO-^{13}C$_2$	—	86	—	84	—	54
NP(8)EO-^{13}C$_4$	—	71	—	76	—	37
NP(10)EO-^{13}C$_4$	—	71	—	76	—	50
NP(1)EO	<0.05	—	0.22	—	3.2	—
NP(2)EO	<0.05	—	0.52	—	4.8	—
NP(3)EO	<0.05	—	0.30	—	5.7	—
NP(4)EO	<0.05	—	0.09	—	7.7	—
NP(5)EO	<0.05	—	<0.05	—	8.9	—
NP(6)EO	<0.05	—	<0.05	—	10	—
NP(7)EO	<0.05	—	<0.05	—	15	—
NP(8)EO	<0.05	—	<0.05	—	15	—
NP(9)EO	<0.05	—	<0.05	—	14	—
NP(10)EO	<0.05	—	<0.05	—	11	—
NP(11)EO	<0.05	—	<0.05	—	8.8	—
NP(12)EO	<0.05	—	<0.05	—	8.2	—
NP(13)EO	<0.05	—	<0.05	—	3.5	—
NP(14)EO	<0.05	—	<0.05	—	2.0	—
NP(15)EO	<0.05	—	<0.05	—	1.2	—
OP(1)EO	<0.05	—	0.15	—	0.72	—
OP(2)EO	<0.05	—	0.05	—	1.1	—
OP(3)EO	<0.05	—	<0.05	—	1.1	—
OP(4)EO	<0.05	—	<0.05	—	1.0	—
OP(5)EO	<0.05	—	<0.05	—	0.74	—
OP(6)EO	<0.05	—	<0.05	—	0.39	—
OP(7)EO	<0.05	—	<0.05	—	0.12	—
OP(8)EO	<0.05	—	<0.05	—	0.11	—
OP(9)EO	<0.05	—	<0.05	—	<0.05	—
OP(10)EO	<0.05	—	<0.05	—	0.34	—

示した．測定クロマトグラム上，対象物質の測定に妨害は見られなかった．NP(n)EO でも同様であった．

f. 標識化合物の合成と GPC 精製について

NP(8)EO-^{13}C$_4$ および NP(10)EO^{13}C$_4$ を合成し，これら^{13}C 標識化合物を内標準物質として LC/MS を用いることは有効である．また，GPC を用いた精製工程はマトリクスによる影響を効果的に除去し，結果として安定した高感度な LC-MS 測定を行うことが可能である．界面活性剤のように多くの異性体を含む場合や，高極性物質についてはマトリクスの除去が課題となるため，このような手法による精製あるいは LC-MS 検出時における効果を低減する方法が今後重要になると考えられる．

〔吉田寧子〕

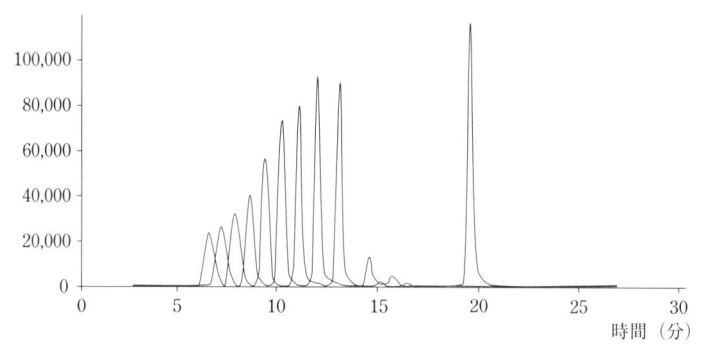

図 2.10.5　下水処理場流入水を用いた添加回収試験測定クロマトグラム：OP（n）EO

測定の落とし穴　共存物質

LC/MSでの測定ではしばしば見られるが，共存物質によって増感されたりイオン化が抑制されたりして，共存物質のほとんどない標準溶液と，何が入っているかわからない実試料では，応答感度が違う，という場合がある．これが起こっているかどうかは，標準添加法（試料溶液に異なる数段階の濃度の標準物質を添加して，「検量線」を描き，それを用いて「無添加」時の濃度を求める方法）を用いてみればわかる．起こっているなら，試料液をうすめるとか，インジェクション量を減らすとか，カラム等測定条件を変えるなどして，感度の変化がほとんどなくなるか，許容範囲に収まるよう工夫する必要が生じる．それでもだめなら，測定対象物質の安定同位体置換物質を添加して，一緒に測定して補正すると，同程度の影響を受けて，定量精度を上げられる場合がある．

測定の落とし穴　試料保存期間と汚染

頑丈すぎて問題になるぐらいのPOPs（残留性有機汚染物質：PCBや有機塩素系農薬など）や特定フロン類ならともかく，たいていの物質は時間とともに減衰していく．総じて酸化防止剤は，自身は酸化されやすいのである．せっかく採取してきた試料は，なるべく早く分析したほうがよい．また測定対象物質の用途によっては，試料の汚染が心配になるものもある．界面活性剤とガラス器具洗いの洗剤，床ワックスの添加剤，化粧品やハンドクリームに含まれる物質，また試料を保管していた冷蔵庫には，標準溶液の溶媒が充満し，同じ棚にしまっていた試薬類は，ほかの試薬の汚染を受けている，と考えたほうがいい．

2.10.2 アルコールエトキシレートの LC/MS 分析法

環境水, 底質

化学構造・慣用名	英語名
R―O(CH₂CH₂O)ₙH アルコールエトキシレート	alchol ethoxylates

ポリオキシエチレンアルキルエーテル（AE）はアルコールエトキシレートとも呼ばれ，近年広く使用されている非イオン系界面活性剤の一種である．農薬や切削油をはじめ多くの工業用エマルジョンの乳化剤，インキ関係の分散剤，化粧品，医薬品の乳化・分散剤，可溶化剤として使用され[12]，近年ノニルフェノールエトキシレートの代替品としても使用される傾向にある．AE は第 1 種 PRTR 指定物質にも登録されており（第 1 種 307 号；[ポリ（オキシエチレン）＝アルキルエーテル（アルキル基の炭素数が 12 から 15 までのものおよびその混合物に限る]），環境中へ排出される濃度を把握することは非常に重要である．上に化学構造を示した．アルキル鎖；R-およびエトキシ（EO）鎖；$(CH_2CH_2O)_n$ の分布をもつ本物質は広い分子量範囲をもっている．AE の河川中の分解挙動については，21℃で2～3日で95％以上分解したと報告されており[13]，その残留性は高くない．

1) アルコールエトキシレートの分析法

分析法としては非イオン界面活性剤に含まれて固相抽出-吸光光度法[14] や分解・誘導体化して臭化エチレンとして GC/MS[15,16] あるいは PTFE 製メンブランフィルター捕集-チオシアン酸鉄（Ⅲ）錯イオン発色による定量方法[17] が報告あるいはすでに環境モニタリングに用いられている．AE の環境中の毒性評価については，アルキル基の鎖長やエチレンオキシドの付加モル数とその分布により大きく異なると報告されており[18]，環境影響を評価する上で，これらの分布が明確に得られるモニタリング方法が必要である．

ここでは高速液体クロマトグラフ質量分析装置（LC-MS）を用いて，より簡便で高精度な分析法として，$C_{12}EO(1-14)$ の個別定量法と，PRTR 対象物質としての AE 定量法の 2 法について記載する．LC-MS による定量法について既報はあるが[19]，本分析法はサロゲートを用いた精度管理の下での定量方法と，排出量管理を目的とした簡便な定量方法として示す．

a. $C_{12}EO(1-14)$ の個別定量法

試料水 100 mL を Oasis HLB 固相カートリッジ（Waters 社製）に通水して目的物質を捕集する．その後，イオン交換カラムカートリッジ Sep Pak Accell plus CM および QMA（Waters 社製）を装着してバックフラッシュ法にてアセトニトリル 20 mL を用いて溶出する．溶出液を窒素気流により濃縮した後，1 mL に定容して LC-MS 測定供試液とする．前処理フローチャートを図 2.10.6 に示す．

1. 試薬および標準溶液

$C_{12}EO(1-8)$ の個別標準品は日光ケミカルズ社製 BL-1SY～BL-8SY を，$C_{12}EO(9-14)$ の個別標準品およびサロゲート $C_{12}EO(7)-d_{25}$ は林純薬製を用いた．標準試薬の一覧を表 2.10.8 に示す．

2. 装置および分析条件

ESI/ ポジティブモードにて [M＋NH₄]⁺ イオンが特徴的に得られたので，これを定量用イオンとし，溶離液は 50 mM 酢酸アンモニウムおよびアセトニトリルとする．エトキシ鎖が 1 の対象化合物では [M＋

図 2.10.6 $C_{12}EO(1-14)$ 個別定量法　前処理フローチャート

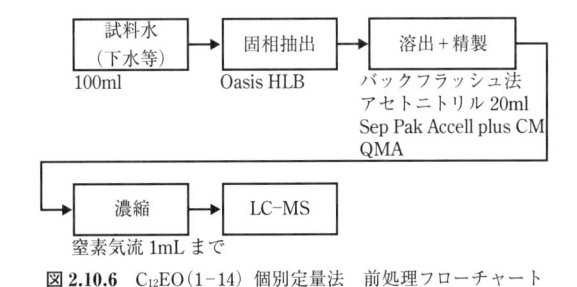

表 2.10.8 $C_{12}EO(1-14)$ 個別定量法に用いた試薬

試薬	入手先
$C_{12}EO(1-8)$	日光ケミカルズ株式会社
$C_{12}EO(9-14)$	林純薬工業株式会社
$C_{12}EO7-d_{25}$	林純薬工業株式会社

表 2.10.9　$C_{12}EO(1-14)$ 個別定量法 LC-MS 測定条件

MS；装置	Agilent 1100MSD SL	HPLC；装置	Agilent 1100
イオンソース	ESI	流量	0.2 mL/min
極性	positive	カラム	Shodex GF-310 2D
モード	SIM	移動相	(A) 50 mM 酢酸アンモニウム
乾燥ガス温度	320℃		(B) アセトニトリル
乾燥ガス流量	10.0 L/min	グラジエント	30/70(5 min) - 10 min - 80/20(3 min)
フラグメンター電圧	50～150 V	注入量	10 μL
ネブライザー	50 psig		
キャピラリ電圧	3,500 V	カラム温度	40℃
定量用イオン (m/z)	$[M+NH_4]^+$		

表 2.10.10　$C_{12}EO(1-14)$ 個別定量法　定量用イオン

対象物質	定量用イオン (m/z)	対象物質	定量用イオン (m/z)
$C_{12}EO_1$	248	$C_{12}EO_9$	600
$C_{12}EO_2$	292	$C_{12}EO_{10}$	644
$C_{12}EO_3$	336	$C_{12}EO_{11}$	688
$C_{12}EO_4$	380	$C_{12}EO_{12}$	732
$C_{12}EO_5$	424	$C_{12}EO_{13}$	776
$C_{12}EO_6$	468	$C_{12}EO_{14}$	820
$C_{12}EO_7$	512	$C_{12}EO_7\text{-}d_{25}$	537
$C_{12}EO_8$	556		

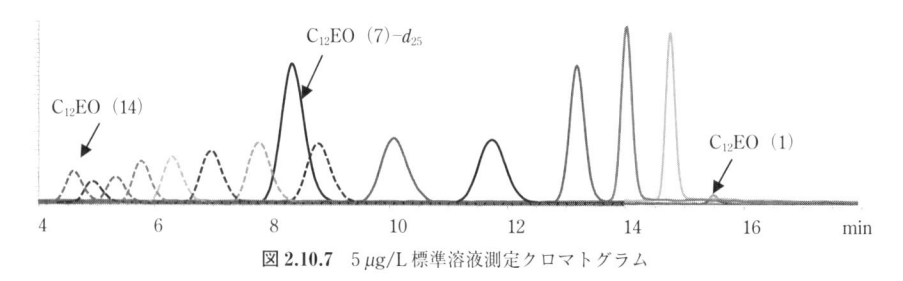

図 2.10.7　5 μg/L 標準溶液測定クロマトグラム

$NH_4]^+$ に加えて $[M+Na]^+$ も観測されるが，いずれもピーク強度としては弱い．ピーク強度は一般的な ODS カラムよりも GF-310（昭和電工社製）を用いた場合に改善する傾向が見られるので，個別定量法では GF-310 2D (2 mm i.d.×150 mm) を用い，一方 PRTR 対象としての AE 分析法では，C_{12}～C_{15} の炭素数ごとにグルーピングして簡易に定量を実施するため ODS 系の SUMIPAX ODS-L-05-2015 (5 μm, 2 mm i.d.×150 mm, 住化分析センター社製) を用いている．個別定量法の LC-MS 測定条件を表 2.10.9 および表 2.10.10 に，5 μg/L（試料中濃度として 0.05 μg/L 相当）の標準溶液測定クロマトグラムを図 2.10.7 に示す．

3. 試料の前処理

水質試料は 100 mL を事前にアセトニトリルと精製水でコンディショニングした Oasis HLB 固相カートリッジ（Waters 社製）に 10 mL/min で通水して目的物質を捕集する．その後，アセトニトリルで洗浄しておいたイオン交換カラムカートリッジ Sep Pak Accell plus CM および QMA（Waters 社製）を後段に装着[*2]した HLB カートリッジよりバックフラッシュ法[*3]にてアセトニトリル 20 mL を用いて溶出する．溶出液を窒素気流により濃縮した後，1 mL に定容して LC-MS 測定供試液とする．

[*2] アルコールエトキシレート等の非イオン性成分が対象である場合，濃縮されたカートリッジから溶出する際にイオン交換系のカートリッジを後段に装着し溶出することでイオン性の夾雑成分を除くことが可能である．Sep Pak Accell plus CM および QMA はそれぞれ弱陽イオン交換体，強陰イオン交換体の充填剤である．

4. $C_{12}EO(1-14)$ 個別定量法の解説

(1) 検量線および検出下限

各測定対象物質の $[M+NH_4]^+$ イオンを定量用イオンとした SIM モード測定を実施し，$C_{12}EO(7)-d_{25}$ を内標準物質として検量線を作成した．1～300 μg/L（試料相当濃度 0.01 μg/L～3 μg/L）の範囲で作成した検量線の相関係数 r^2 は $C_{12}EO(1~14)$ すべてで 0.999 以上となり，良好な値を得ることができた．

5 μg/L（試料中濃度として 0.05 μg/L 相当）の標準溶液を用いて 7 回繰返し測定の結果から下記式 (2) により，装置検出下限（IDL: instrument detection limit）を求めた結果，得られた IDL は 0.0018($C_{12}EO(6)$) ～ 0.0091($C_{12}EO(1)$) μg/L であった．結果を表 2.10.11 に示した．精製水を用いた添加回収試験の結果，サロゲートの平均回収率は 85.1%，個別対象化合物の回収率は 91.3($C_{12}EO(14)$)～100.2($C_{12}EO(10)$) % であった．

$$IDL = 2 \times \sigma \times t(0.05, n-1) \quad (2)$$

(2) 実試料への適用

ある都市型下水処理場の流入水および処理水について本分析法を適用した．試験に用いた試料は分析法の検証を目的として，4 月午前 11 時にスポットサンプリングしたものであり，時間や日間，季節変動を考慮したものではない．この際のサロゲート物質の平均回収率は流入水で 96.7%，処理水で 88.2% と良好であった．流入水の測定クロマトグラムを図 2.10.8 に示した．流入水および処理水中の濃度は，$C_{12}EO(1-14)$ の合計濃度として，処理水中では 0.47 μg/L，流入水中では 55 μg/L であった．結果を図 2.10.9 に示した．EO 付加モル数が多いほど流入水中濃度は高い傾向であった．

5. $C_{12}EO(1-14)$ 個別定量法のまとめ

AE には広い分子量分布をもつという特徴があり，エトキシ鎖長毎の環境中濃度を詳細に知ることは対象物質の挙動や影響を考える上で非常に重要である．LC-MS を検出装置として用い，適切な前処理を用いることでこれらの微量定量が可能である．

b. PRTR 対象物質としての定量法

PRTR 指定物質としての AE は「アルキル基の炭素数が 12 から 15 までのものおよびその混合物に限る」とされている．GC-MS による誘導体化法ではエトキシ鎖の短い対象物質しか検出できず，広い分子量分布をもつ本対象物質に適していない．LC-MS を用いた場合には本法令の対象物質を広く検出できることが可能であり，また LC 分離においてアルキル鎖長毎に面積値を得ることによって多くの同族体を含むグループの簡便な定量が可能である．

1. 標準溶液

標準物質は Neodol 25-9（丸善ケミカル社製，アルキル基の炭素数が 12 から 15，エトキシ鎖の中心分布が 9）を用いる（表 2.10.12）．

2. 装置および分析条件

Neodol 25-9 の SCAN 分析により，マススペクトルが確認されるアルキル鎖 12 から 15，エトキシ鎖 1 から 20 の範囲を対象とする．定量を簡便にするため，HPLC カラムは ODS 系を用いてアルキル鎖ごとの TIC から面積値の合計を求め，検量線を作成・定量を実施する．本定量法の LC-MS 測定条件を表 2.10.13 および表 2.10.14 に，100 μg/L（試料中濃度として 1 μg/L 相当）の標準溶液測定クロマトグラムを図 2.10.10 に示す．

表 2.10.11 装置検出下限（IDL）算出結果

対象物質	IDL (μg/L)	精製水における回収率 (%)
$C_{12}EO_1$	0.0091	95.7
$C_{12}EO_2$	0.0036	94.7
$C_{12}EO_3$	0.0039	97.7
$C_{12}EO_4$	0.0024	99.1
$C_{12}EO_5$	0.0026	97.0
$C_{12}EO_6$	0.0018	98.6
$C_{12}EO_7$	0.0034	99.2
$C_{12}EO_8$	0.0027	99.8
$C_{12}EO_9$	0.0027	99.7
$C_{12}EO_{10}$	0.0020	100
$C_{12}EO_{11}$	0.0036	98.6
$C_{12}EO_{12}$	0.0044	97.6
$C_{12}EO_{13}$	0.0067	93.5
$C_{12}EO_{14}$	0.0041	91.3
$C_{12}EO_7-d_{25}$	—	85.1

[*3] カートリッジ型の固相を用いる場合，シリンジタイプのものとは異なり，両方向からの溶出が可能である．サンプルの通液と同じ方向で溶出する場合はフォワードフラッシュ，逆の場合はバックフラッシュ法という．充填剤により選択性よく吸着された成分は試料側の先端に濃縮されるため，フォワードフラッシュの方が溶出する際の溶媒組成により夾雑成分からの分離がしやすく，多用されている．一方，固相からの脱離に多くの溶媒を使用するような場合には，溶出までの距離が短いバックフラッシュ法の方が少ない溶媒量での溶出が可能である．ただし試料由来の SS の混入や夾雑成分の除去が必要になる場合もあるので注意が必要である．

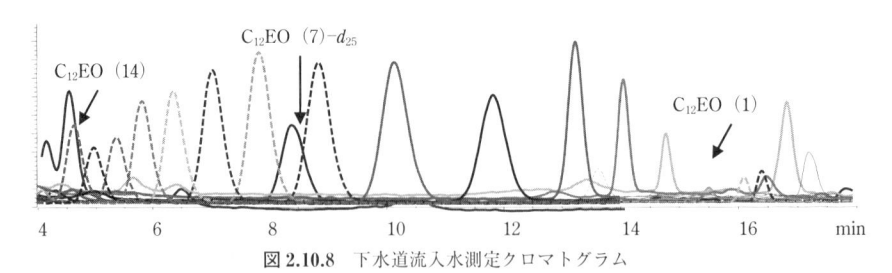

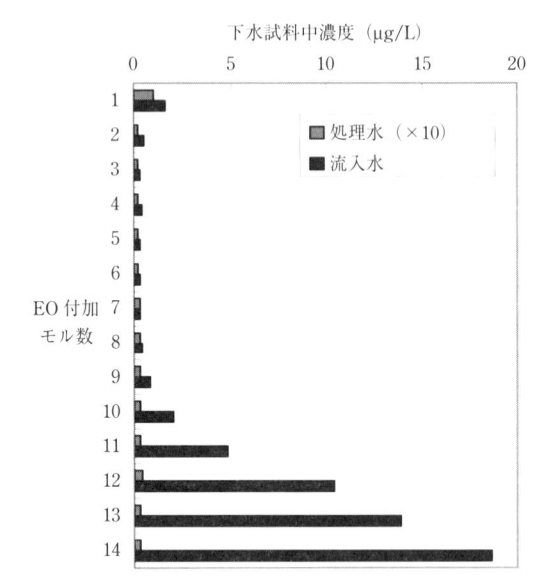

図 2.10.8 下水道流入水測定クロマトグラム

図 2.10.9 下水処理場流入水および処理水中の $C_{12}EO(1\sim14)$ の濃度分布

表 2.10.12 PRTR 対象物質としての定量法に用いる試薬

試薬	入手先
Neodol 25-9	丸善ケミカル株式会社

3. 試料の前処理

図 2.10.11 および図 2.10.12 には,水質試料(PRTR法対応である排出水を想定している)および汚泥試料の前処理フローチャートを示す.また,表 2.10.15 には PRTR 対象物質としての定量法の対象試料と検出下限を示す.

4. 測定上の注意点

留意すべき点として,AE を含む製品のアルキル鎖およびエトキシ鎖の分布,分岐状況などがあげられる.これらのパターンが大きく異なる場合には,個々の物質の感度が異なるために正確な定量をすることができない.あるいは,今回標準試薬として用いた Neodol と異なるイオンを生成するものも多々見かけられる.そのような場合,実際に使用している AE(AE 含有用が既知のもの)を使用して特徴的なイオンを選択し,定量することが必要である.

〔吉田寧子〕

2.10 界面活性剤の分析法

表 2.10.13 PRTR 対象物質としての定量法 LC-MS 測定条件

MS：装置	Agilent 1100MSD SL	HPLC：装置	Agilent 1100		
イオンソース	ESI	カラム	SUMIPAX ODS L-05-2015		
極性	positive		$5\,\mu m \times 2\,mm\phi \times 15\,cm$		
モード	SIM	移動相	(A) 50 mM 酢酸アンモニウム		
乾燥ガス温度	320℃		(B) アセトニトリル		
乾燥ガス流量	10.0 L/min	グラジエント	time	solv.B	flow
フラグメンター電圧	50～150 V		0.00	60.0	0.2
ネブライザー	50 psig		15.00	90.0	0.2
キャピラリ電圧	3,500 V		25.00	95.0	0.2
定量用イオン（m/z）	$[M+NH_4]^+$		25.01	60.0	0.2
			35.00	60.0	0.2
		カラム温度	40℃		

表 2.10.14 PRTR 対象物質としての定量法 定量用イオン

グループ名	MSD1	MSD2	MSD3	MSD4
アルキル鎖 \ エトキシ鎖数	C_{12}	C_{13}	C_{14}	C_{15}
1	248	262	276	290
2	292	306	320	334
3	336	350	364	378
4	380	394	408	422
5	424	438	452	466
6	468	482	496	510
7	512	526	540	554
8	556	570	584	598
9	600	614	628	642
10	644	658	672	686
11	688	702	716	730
12	732	746	760	774
13	776	790	804	818
14	820	834	848	862
15	864	878	892	906
16	908	922	936	950
17	952	966	980	994
18	996	1,010	1,024	1,038
19	1,040	1,054	1,068	1,082
20	1,084	1,098	1,112	1,126

表 2.10.15 PRTR 対象物質としての定量法

対象試料	検出下限
排水	1 μg/L
汚泥	1 μg/g-wet

図 2.10.10 PRTR 対象物質としての定量法 標準溶液測定クロマトグラム

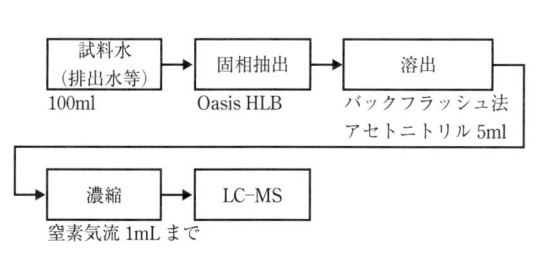

図 2.10.11 PRTR 対象物質としての定量法 前処理フローチャート（水質）

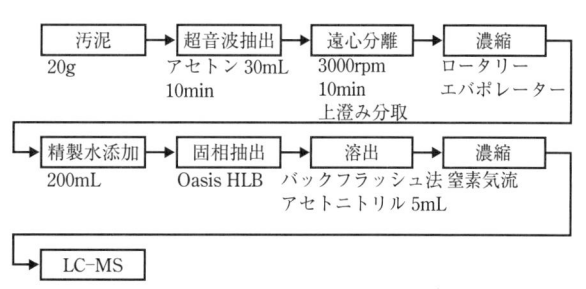

試料水（排出水等）100ml → 固相抽出 Oasis HLB → 溶出 バックフラッシュ法 アセトニトリル 5ml → 濃縮 窒素気流 1mL まで → LC-MS

図 2.10.12 PRTR 対象物質としての定量法 前処理フローチャート（汚泥）

汚泥 20g → 超音波抽出 アセトン 30mL 10min → 遠心分離 3000rpm 10min 上澄み分取 → 濃縮 ロータリーエバポレーター → 精製水添加 200mL → 固相抽出 Oasis HLB → 溶出 バックフラッシュ法 アセトニトリル 5mL → 濃縮 窒素気流 → LC-MS

2.10.3 塩化ベンザルコニウムの LC/MS 分析法

環境水，底質

化学構造・慣用名	英語名	CAS No./分子式/分子量
(構造式) 塩化ベンザルコニウム	(alkylbenzyldimethyl ammonium chlorides, [benzalkonium chlorides], N-dodecyl-N,N-dimethyl-benzenemethanaminiumchloride	8001-54-5 はアルキル鎖長の異なる成分の混合物
備考．殺菌消毒剤		

塩化ベンザルコニウム（塩化アルキルジメチルベンジルアンモニウム，alkylbenzyldimethyl ammonium chlorides : BAC）はカチオン系界面活性剤（逆性石鹸）であり，病院や家庭で手指の殺菌消毒剤として用いられるなど，殺菌剤，防かび剤，防汚剤として広く使用されている．また，殺菌消毒剤として日本薬局方に収載されている医薬品でもあり，近年日本においても医薬品の水環境調査が行われ始めている．既報では，本対象物質はその高い吸着性のために，水質試料ではオンライン固相抽出法[20,21]あるいは直接LC/MS，LC/MS/MS[22-24]などが報告されている．しかしながら装置がまだ汎用ではないことや，検出下限値がこれまで環境モニタリングに用いられてきた水準よりも高い（$0.X〜X\ \mu g/L$など）ことから，より高感度で汎用な環境モニタリングに適した方法を開発する必要がある．一方，土壌・底質試料では高速溶媒抽出－オンライン固相抽出法[25] 18時間のソックスレー抽出[26]が報告されている．高速溶媒抽出は非常に優れた抽出方法であるが，土壌・底質試料の性状により抽出液は濁ることもあり，そのまま測定に供するのは困難である．また，試料性状によっては回収率が下がるものもあり，抽出および精製の両面から汎用でありながらも高感度・高精度で環境モニタリングに適用可能な定量法が必要である．

1) 塩化ベンザルコニウムの分析法

水質試料は採取した試料全量を固相抽出カートリッジにて濃縮し，有機溶剤によって対象物質を溶出・濃縮した後LC-MSにより定量を実施する．底質試料は高速溶媒抽出（accelerated solvent extractor : ASE）法および超音波抽出により対象物質を抽出し，溶媒抽出および固相抽出カートリッジにて濃縮し，有機溶剤によって対象物質を溶出・濃縮した後LC-MSにより定量を実施する．分析方法のフローチャートを図2.10.13および図2.10.14に示す．

a. 試薬および標準溶液

試薬メーカーから販売されている試薬および逆性石鹸塩化ベンザルコニウム液等として市販されている製品について，LC-MSにてSCAN分析を実施し，アルキル鎖長8から18の対象物質のピーク面積強度について情報を得た結果主成分として得られたアルキル鎖12，14，16各々のBAC個別定量法として検討を実施する．標準品を表2.10.16に示す．CAS No. 8001-54-5と示されているものはこれら3成分を主成分とした混合品であることが多いので注意が必要である．アセトニトリルは高速液体クロマトグラフ用グレード，アセトンおよびメタノールは残留農薬分析試験用グレードを用いる．標準試薬はアセトニトリルで適宜溶解，希釈して用いる．試料の前処理に用いるガラス器具はアセトンおよびメタノールで洗浄・乾燥して使用する．

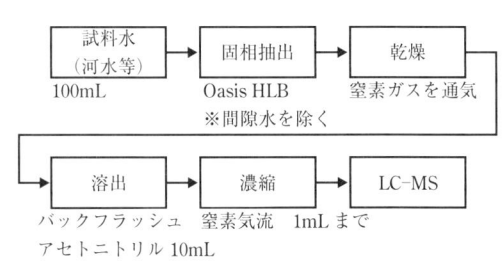

図 2.10.13 分析方法のフローチャート（水質試料）

2.10 界面活性剤の分析法

```
[底質]  → [ASE抽出]         → [液-液抽出]
 5g       アセトニトリル         精製水 200mL
          /精製水 = 70/30       ジクロロメタン 60mL
          残渣 ↓                塩化ナトリウム 10g
          [超音波抽出]          10min 振とう, 20回
          アセトニトリル/精製水
          = 70/30 (pH4)
          10min
          ↓
[濃縮]          → [固相負荷（精製）]    → [窒素気流]
ロータリーエバポレーター  QMA カートリッジ       1mL まで
窒素気流
          ↓
        [LC-MS]
```

図 2.10.14 分析方法のフローチャート（底質試料）

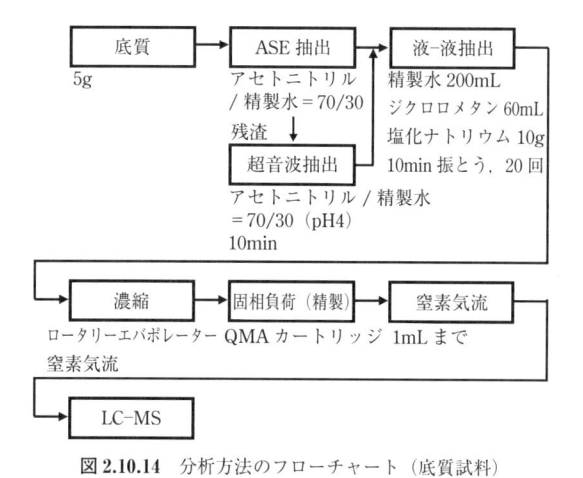

b. 装置および分析条件

移動相としてアセトニトリル，カラムは L-column ODS-L（化学物質評価研究機構製）を用い，イオン化はエレクトロスプレーイオン化法（electro spray ionization: ESI），SIM（selected ion monitoring）モードで定量を行う．その他の条件を表 2.10.17 に示す．

c. 試料の採取

水質試料は容量約 100 mL の容器（フラン瓶など，容器容量が確認されているもの）に採取し，分析に供するまでの期間冷蔵庫にて保管する．一方，底質試料はステンレス製容器に採取し，シールテープなどで密封して，分析までの期間冷凍保管する．採取に使用する器具および容器はすべて使用前にアセトンおよびメタノールで洗浄し，乾燥させて用いる．

2) 解説

a. イオン化条件の検討

C_8-C_{18} 混合 BAC 試薬（benzalkonium chloride, alkylbenzyldimethylammonium chloride（$R = C_8H_{17}$-$C_{18}H_{39}$）関東化学製）について，100 mg/L アセトニトリル溶液を作成し，FIA（flow injection analysis）モードにて ESI および APCI（atmospheric pressure

表 2.10.16 標準試薬一覧

対象物質	試薬名	CAS	製造元（Cat. No.）
C_{12}BAC	benzyldimethyldodecylammonium chloride（$R = C_{12}H_{25}$）	139-07-1	Fluka（13380）
C_{14}BAC	benzyldimethyltetradecylammonium chloride（$R = C_{14}H_{29}$）	139-08-2	SIGMA-Aldrich（B 4136）
C_{16}BAC	benzyldimethylhexadecylammonium chloride（$R = C_{16}H_{33}$）	122-18-9	SIGMA-Aldrich（B 5651）

表 2.10.17 LC-MS 測定条件

HPLC 条件		
移動相 (A)	10 mM 酢酸アンモニウム	
(B)	アセトニトリル	
グラジエント	0 min	50% B
	15 min	99% B
	30 min	99% B
流量（mL/min）	0.2	
カラム	L-column ODS-L 2.1 mm×150 mm 5 μm	
カラム温度（℃）	40	
注入量（μL）	5	
MS 条件		
イオンソース	ESI	
極性	positive	
乾燥ガス温度（℃）	320	
乾燥ガス流量（L/min）	11.0	
ネブライザー（psig）	50	
フラグメンター電圧（V）	150	
定量用イオン（m/z）	304(C_{12}BAC), 332(C_{14}BAC), 360(C_{16}BAC)	

chemical ionization）両イオン化法，positive および negative モードによりマススペクトルを測定し，良好なイオン強度が得られる MS 条件の選択を行った．

もっとも感度良好に特徴的なイオンが得られたのは ESI positive モードであり，その際のフラグメンター電圧は 150 V が最適であった．

得られたマススペクトルを図 2.10.15 に示す．本試薬の場合には C_{14}BAC から塩素が脱離した［M-Cl］$^+$，332（m/z）がメインピークとして得られた．また，他の同族体のスペクトルは非常に弱いイオン強度であった．

b. 測定対象物質の選定

組成に関する情報を得ることを目的として，逆性石鹸塩化ベンザルコニウム液等として市販されている製品について，C_8 から C_{18} のアルキル鎖長毎のピーク面積比を求めた．C_{12}, C_{14}, C_{16} については個別標準品とのリテンションタイムの比較によりピークの同定を行って相当ピーク面積を求め，そのほか C_8, C_9, C_{10}, C_{11}, C_{13}, C_{15}, C_{17}, C_{18} についてはクロマトグラムのパターン（C_{12}, C_{14}, C_{16}）から予想される保持時間に相当するピーク面積から求めた．測定は SIM にて実施し，すべてのイオンに対して同じフラグメンター電圧を用いた．製品は 1 ppm 程度となるようにアセトニトリルで調整し，測定に供した．得られた結果を図 2.10.16 に示した．塩化ベンザルコニウム液等として市販されている製品について 3 種類を試験に供した結果，総ピーク面積に対する C_{12}, C_{14}, C_{16}BAC の 3 成分のピーク面積和の比は 99.2 ％ から 99.5 ％ であったが，その組成パターンは若干異なる結果が得られた．これ

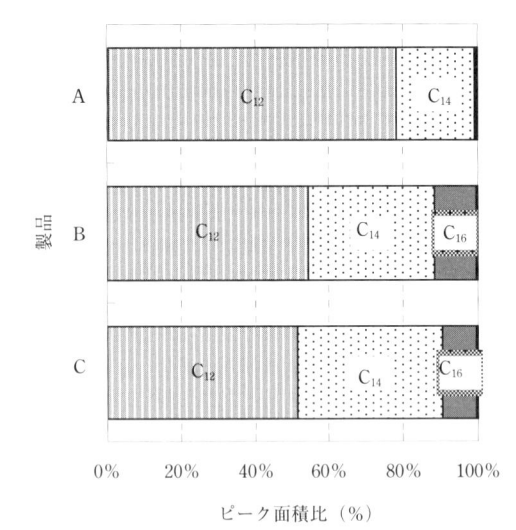

図 2.10.16 ベンザルコニウム液（汎用品）における BAC のアルキル鎖ごとのピーク面積比

らの結果により，試薬・製品中の主成分は C_{12}, C_{14}, C_{16}BAC の 3 成分であり，それらの個別定量法として検討を進める方針とし，定量には表 2.10.16 に示した各々の純品を標準試薬として用いた．

c. 水質試料の前処理・定量

1. 固相カラムの選択

ポリマー系固相カートリッジ 2 種を用い，回収率の確認および溶出液量の確認を行った．検討に用いたのは Oasis HLB Plus（カートリッジ型 Waters 社製）および Agilent 社製 Nexus（シリンジバレル型，200 mg 6 mL）である．HLB は疎水性のジビニルベンゼンと親水性の N-ビニルピロリドンを組み合わせて重合させた多孔性ポリマー，Nexus は高架橋構造の球状コンビネーションポリマー充填剤である．

あらかじめ対象物質を既知量（10 ng）添加した精製水 50 mL（対象物質濃度として 0.2 μg/L）を用いて前処理を実施した．試料は固相カートリッジの上段に接続した 60 mL 容のリザーバーより供給し，減圧マニホールドを用いて通液した．試料負荷後のカートリッジは窒素気流を一瞬通気して固相内に残る水を除去した．溶出はアセトニトリル 100 ％ を用い，HLB の場合はバックフラッシュ（BF）法にて試料通液方向と反対側から溶出し，Nexus は通液と同方向（FF）に溶出した．試験は n = 2 で実施し，得られた回収率を表 2.10.18 に示した．HLB では平均回収率 91～105 ％ と良好な結果が得られ，n = 2 のばらつきも少な

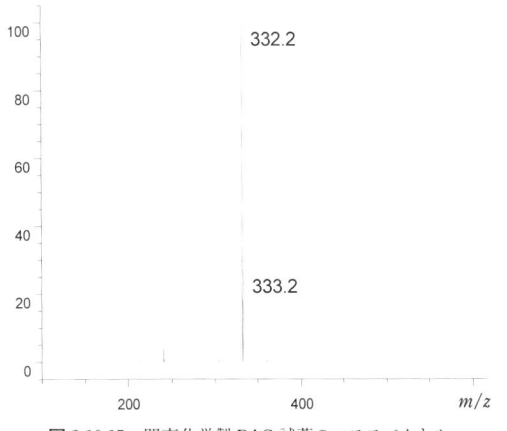

図 2.10.15 関東化学製 BAC 試薬のマススペクトル

2.10 界面活性剤の分析法

い傾向であった．一方，Nexusを用いた場合には平均的には50%以上の回収率が得られているが，$n=2$ のばらつきの大きな結果が得られた．また，この際の溶出パターンの例を図2.10.17および図2.10.18に示した．この結果，HLBを用いてBF法で溶出した場合アセトニトリル0~5 mLの画分でほとんど溶出しているのに対して，Nexusを用いてFF方向に溶出した場合には5~10 mLの画分が主分画として得られた．また，HLBでは主分画は$n=2$で安定して得られた

が，Nexusの場合には主画分が15~20 mLの画分で得られる場合があった．このため，以降の検討はHLBを用いて行うこととした．

2. 窒素気流によるSPEカートリッジの脱水

HLBについて，試料通水後の窒素気流による乾燥時間の変化による回収率変化を確認し，結果を表2.10.19に示した．乾燥時間の影響を受けることなく，良好な回収率が得られることが確認された．

3. 検量線

C_{12}, C_{14}, C_{16} の3成分について絶対検量線法により検量線を作成した．図2.10.19にその一例を示した．0.5 μg/L（試料中0.005 μg/L相当）から50 μg/L（試料中0.5 μg/L相当）の範囲で作成した各々の検量線の相関係数はすべて0.999以上の値が得られ，良好な直線性を得ることができた．BACsは吸着性の強い化合物であり，直前に測定した試料のキャリーオーバーに留意する必要がある．オートサンプラーの洗浄プログラムを使用する（例；試料注入前に，別々のバイアルに入れたアセトニトリルで3回ニードル洗浄するあるいは常時ニードル洗浄を実施する）等で影響をなくすことが可能であった．

表2.10.18 SPEカートリッジによる回収率［単位 %］

対象物質＼固相カラム	HLB	Nexus
C_{12}BAC	105 (104, 106)	87 (102, 72)
C_{14}BAC	96 (95, 97)	79 (97, 63)
C_{16}BAC	91 (91, 91)	72 (92, 53)

注）上段：平均回収率　下段；$n=1$ および $n=2$

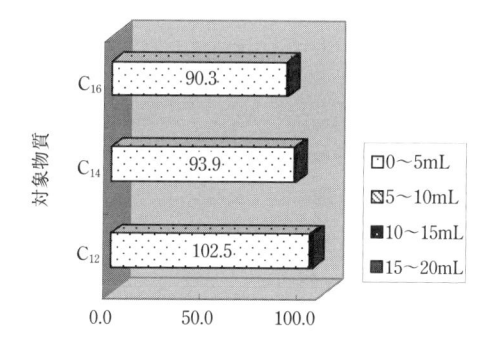

図2.10.17 HLBカートリッジにおける分画パターン

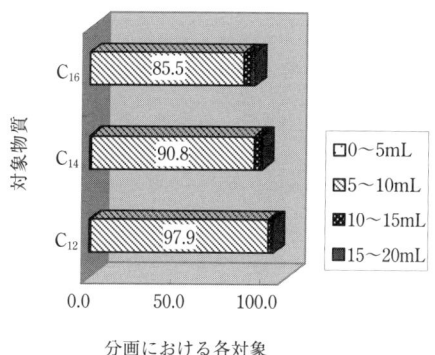

図2.10.18 Nexusカートリッジによる分画パターン

表2.10.19 乾燥時間の影響

回収率：（%）

対象物質＼時間（min）	0	5	15	30
C_{12}BAC	99	101	104	100
C_{14}BAC	89	92	98	91
C_{16}BAC	85	86	92	87

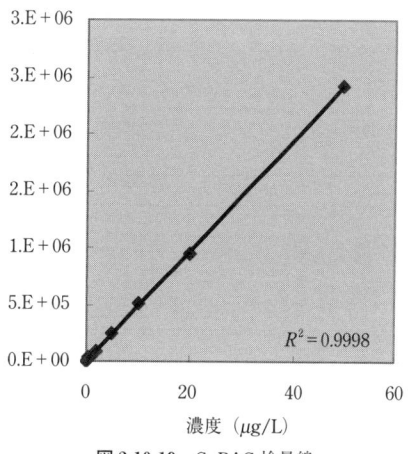

図2.10.19 C_{12}BAC 検量線

4. 最終液の組成

C_{12}, C_{14}, C_{16} の3成分について，前処理後の濃縮液組成がLC-MS測定におけるピーク面積に与える影響を調べた結果を図2.10.20に示した．バイアル中のアセトニトリルと水の組成を変更して，その面積比をアセトニトリル100%の場合を100%として表示した．C_{12} よりも C_{14}, C_{16} と炭素数が増加するに従い，アセトニトリル比の減少にともなってピーク面積も減少する傾向が得られた．バイアル壁面等への吸着が影響していると考えられるため，LC-MS供試液中の残存水分については注意が必要である．アセトニトリルが50%以上になるように，溶出液を0.5 mL以下まで濃縮して1 mLに定容する工程とした．

5. 検出下限の算出

(1) IDLおよびIQLの算出

試料量100 mLとした場合の目標検出下限を0.01 μg/Lとし，標準溶液の繰返し測定の結果から得られる標準偏差 s より装置検出下限 (instrument detection limit: IDL) および装置定量下限 (instrument quantification limit: IQL) を算出した．5 μg/L（試料中濃度0.05 μg/L相当）の標準溶液を用い，7回の試行結果から式(3)，(4)により算出した結果を表2.10.20に示した．いずれも目標検出下限0.01 μg/Lを満足することができた．

$$\text{IDL} = t(n-1, 0.01) \times s \tag{3}$$
$$\text{IQL} = 3 \times \text{IDL} \tag{4}$$

繰返し回数7のとき，$t(n-1, 0.01)$ は3.143

(2) 水質試料における MDL (method detection limit) の算出

精製水100 mLに標準溶液を添加して0.05 μg/Lとし，図2.10.13に示した前処理フローに従って分析した．減圧マニホールドを用いて試料を負荷し，窒素気流によりカートリッジ内の水を除去した後，BF方向からまず容器を洗浄したアセトニトリル2 mLを加えて溶出し，さらにアセトニトリル5 mLを負荷して溶出液 (2+5=7 mL) とした．溶出液は窒素気流により0.5 mL以下まで濃縮したのち，アセトニトリルを用いて1 mLに定容し，LC-MSにより測定した．

この操作を8回繰り返して，その時の標準偏差から式(5)，(6) により分析方法の検出下限 (method detection limit: MDL) および分析方法の定量下限値 (method quantification limit: MQL) を算出した．また，結果を表2.10.21に示した．得られた分析法の検出下限値は目標とした0.01 μg/L未満となり，良好な値を得ることができた．また，その際の回収率は71.3～86.0%，RSD3.7～5.9%と良好であった．

$$\text{MDL} = t(n-1, 0.01) \times s \tag{5}$$
$$\text{MQL} = 3 \times \text{MDL} \tag{6}$$

繰返し回数8のとき，$t(n-1, 0.01)$ は2.998

6. 実試料への適用

河川水および海水について図2.10.13の前処理フローに従い分析を実施した．試験に用いた河川水および海水はSSがほとんどなく無色透明な試料であり，事前にろ過は実施しなかった．また，標準溶液を0.1 μg/L試料相当添加し，その回収率を求めた．実試料と添加回収試験は各々 $n=2$ で測定し，結果を表2.10.22に示した．実試料を用いた場合の回収率は河川水の場合62.7～76.9%，海水の場合72.4～83.9%で，精製水よりも若干低めの傾向が得られた．一方，炭素数の増加にともない回収率が減少する傾向は精製水の場合と同様であった．また，LC-MS測定においては定量の障害となるようなバックグラウンド等は見られなかった．目標検出下限値付近濃度，河川水，河川水

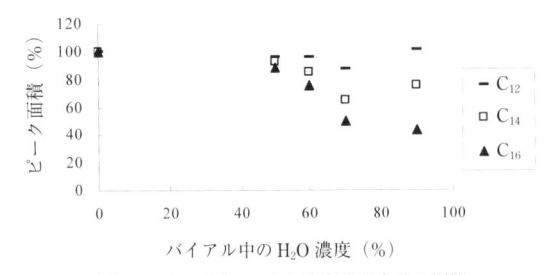

図2.10.20　バイアル中に残存する水分の影響

表2.10.20　装置検出下限IDLの算出

対象物質	IDL (μg/L)	IQL (μg/L)	RSD (%)
C_{12}BAC	0.00229	0.00688	1.7
C_{14}BAC	0.00054	0.00161	0.5
C_{16}BAC	0.00116	0.00349	1.1

表2.10.21　分析法の検出下限MDL算出結果（水質試料）

対象物質	回収率 (%)	MDL (μg/L)	MQL (μg/L)	RSD (%)
C_{12}BAC	86.0	0.00482	0.0145	3.7
C_{14}BAC	77.5	0.00538	0.0161	4.6
C_{16}BAC	71.3	0.00635	0.0191	5.9

表2.10.22 実試料中のBACs濃度（水質試料）

対象物質	河川水			海水		
	濃度 (μg/L)	添加濃度 (μg/L)	回収率 (%)	濃度 (μg/L)	添加濃度 (μg/L)	回収率 (%)
C_{12}BAC	＜0.01	0.1	76.9	＜0.01	0.1	83.9
C_{14}BAC	＜0.01	0.1	68.8	＜0.01	0.1	77.2
C_{16}BAC	＜0.01	0.1	62.7	＜0.01	0.1	72.4

の添加回収試験，海水の測定クロマトグラフを図2.10.21～図2.10.24に示した．

d．底質試料の前処理・定量

1．底質試料からの抽出

（1）高速溶媒抽出法

高速溶媒抽出装置 ASE（Accelerated Solvent Extractor ASE-200 サーモフィッシャーサイエンティフィック社製）による抽出について検討した．湿試料10 gを用い，表2.10.23の設定でASEによる抽出を行った．抽出液は抽出溶媒で50 mLに定容し，1 mL程度を分取してLC-MSにより測定した．測定結果を表2.10.24に示した．アセトニトリル/水＝70/30およびアセトニトリル100％で比較したところ，アセトニトリル/水＝70/30による抽出の方が良好な回収率で得られ，既報と同様の傾向であった．泥質では70.7～85.9％と高い回収率で得られたが，砂質では34.0～46.4％と低い傾向であった．また，泥質では炭素数が多いほど回収率が下がる傾向，砂質では逆に若干上が

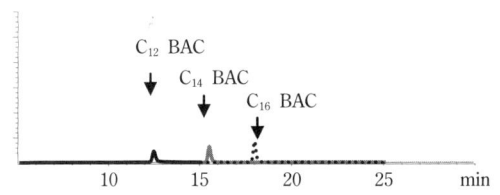

図2.10.21 標準溶液測定クロマトグラム（1 μg/L溶液：試料中 0.01 μg/L に相当）

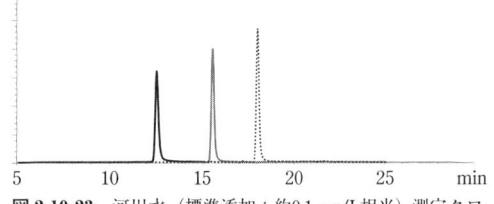

図2.10.23 河川水（標準添加：約0.1 μg/L相当）測定クロマトグラム

図2.10.22 河川水測定クロマトグラム

図2.10.24 海水測定クロマトグラム

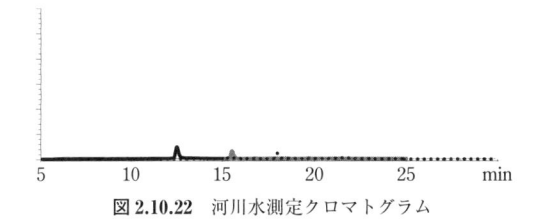

表2.10.23 ASE抽出条件

装置	Dionex ASE 200 System
試料	10（g-wet）or 5（g-wet）
セル	33（mL）
チューブ	VARIAN CHEM TUBE-HYDROMATRIX
温度	120（℃）
加熱時間	6（min）
放置時間	10（min）
回数	3（回）

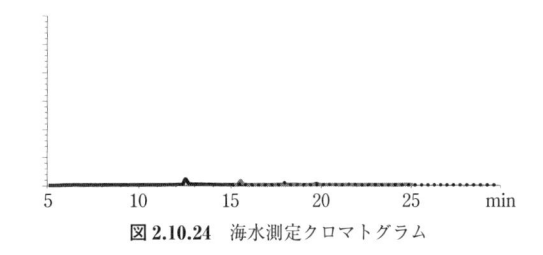

表2.10.24 ASE抽出によるBACの回収率（％）

試料	性状	対象物質	抽出溶媒	
			アセトニトリル/H_2O＝70/30	アセトニトリル100％
底質（泥質）	wet	C_{12}BAC	86	77
		C_{14}BAC	77	76
		C_{16}BAC	72	71
底質（砂質）	wet	C_{12}BAC	43	34
		C_{14}BAC	44	37
		C_{16}BAC	46	40

る傾向であった.

砂質試料について,凍結乾燥後同様の試験を行った結果を表2.10.25に示したが,改善することはできなかった.

(2) 超音波抽出法

湿試料10 gを用い,抽出溶媒を15 mL加えて10分間超音波により抽出を行った後,遠心分離(3,000 rpm,10分間)して上澄みを分取した.アセトニトリルを加えて50 mLとし,1 mL程度を分取してLC-MSにより測定した.結果を表2.10.26に示した.アセトニトリル/水=70/30混合溶媒に酢酸を加えて約pH4として超音波抽出を行った場合が泥質・砂質の乖離が少なく,50%以上の回収率を示した.そのため,2法を連続して抽出工程に用いることとした.

2. 濃縮・精製

実試料からASEにて抽出した溶液をロータリーエバポレーターで約1 mLまで濃縮し,精製水100 mLを加えて水質試料と同様に固相抽出を行ったが,不溶物が生成してカートリッジが詰まり,手順として不適当であった.そのため濃縮・精製法について検討を行った.

(1) 溶媒抽出法

ASE抽出液が水を含んでいることから,ジクロロメタンによる液液抽出を検討した.精製水100 mLに標準溶液を添加し,ジクロロメタン30 mLを加えて10分間振とう抽出を行って下層を分取する工程を2回繰り返し,ロータリーエバポレーターと窒素気流により1 mLに濃縮し,測定した.回収率を確認したところ,pHの影響なく,いずれも対象物質も良好な回収率を示した.結果を表2.10.27に示した.

(2) 固相カートリッジによる精製

陰イオン交換系の固相カートリッジAccell Plus QMA(Wates製)を用いて検討した.対象成分はQMAに保持されず,通過させることで精製可能であ

表2.10.25 ASE抽出によるBACの回収率(凍結乾燥試料)(%)

試料	性状	対象物質	抽出溶媒	
			アセトニトリル/H_2O =70/30	アセトニトリル 100%
底質 (砂質)	凍結乾燥済み	C_{12}BAC	31	—
		C_{14}BAC	29	—
		C_{16}BAC	29	—

表2.10.26 超音波抽出法によるBACs回収率(%)

試料	対象物質	抽出溶媒				
		アセトニトリル 100%	メタノール 100%	アセトニトリル/H_2O=70/30		
				pH4	pH6	pH9
底質 (泥質)	C_{12}BAC	145	46	75	36	30
	C_{14}BAC	145	47	64	30	29
	C_{16}BAC	149	51	52	25	17
底質 (砂質)	C_{12}BAC	62	14	90	35	184
	C_{14}BAC	64	11	81	29	187
	C_{16}BAC	67	15	79	31	62

表2.10.27 液液抽出による回収率(%)

対象物質	溶媒:ジクロロメタン pH		
	pH4	pH6	pH11
C_{12}BAC	101	100	98
C_{14}BAC	97	98	98
C_{16}BAC	94	96	95

った．アセトニトリル 2 mL で負荷して，その後さらに 8 mL までの画分に溶出することを確認した．得られた分画とその回収率を表 2.10.28 に示した．

3. 底質試料の前処理

底質試料の前処理フローを図 2.10.14 のように作成した．試料量は ASE 抽出用セルに試料を詰める際の容器あるいは器具への吸着・作業性を考慮して 5 g とした．湿試料 5 g を 50 mL 遠沈管に取り，ケイ藻土約 2 g と混合する．ASE 用セルに先にケイ藻土 3 g を入れておき，試料と混合したケイ藻土を詰め，最後に容器に空隙ができないように再びケイ藻土を詰める．ASE による抽出 Table 10 の条件で実施した．ASE 抽出液はあらかじめ 10 g の塩化ナトリウムと精製水 200 mL を入れておいた 500 mL 分液漏斗に移し，容器内壁を約 1 mL のアセトニトリル/水＝70/30 で 3 回洗浄し分液漏斗に加えた．抽出後のケイ藻土および試料は，試料調整に使用した 50 mL 遠沈管に戻した後，アセトニトリル/水＝70/30 に酢酸を加え pH4 とした溶液を 25 mL 加え（加える際 ASE の抽出セルの内壁を洗い込んで加える），10 分間超音波抽出した後，3,000 rpm で 10 分間遠心分離して上澄みを 500 mL 分液漏斗に加えた．同様に抽出する工程を 2 回繰り返す．つぎにジクロロメタン 60 mL を加え，10 分間振とうして液液抽出を 2 回繰り返して行い，抽出液をロータリーエバポレーターで濃縮した．濃縮液は乾固直前でアセトニトリルを 10 mL 加え，さらに約 1 mL まで濃縮した．アセトニトリルでコンディショニングした QMA カートリッジにこの液を負荷し，容器洗浄液を負荷したのち，アセトニトリル 8 mL で溶出して 10 mL とした．これを窒素気流下で濃縮して 1 mL とし，LC-MS 測定用液とした．

4. 底質試料における精度管理　底質試料における MDL および MQL の算出

目標検出下限を 1 μg/kg-wet とし，標準溶液を添加して前処理および測定の繰返し試験を行った結果から式(5) および式(6) により MDL および MQL を求めた結果は，MDL が 0.80(C_{14}BAC) ～0.96(C_{16}BAC)μg/kg, MQL が 2.40 (C_{14}BAC) ～2.89 (C_{16}BAC)μg/kg であった．また，その際の平均回収率は 76.7(C_{12}BAC)～80.5 (C_{16}BAC)%，C.V. 値は 5.9(C_{12}, C_{14}BAC)～7.2(C_{16}BAC)% であった．得られた結果を表 2.10.29 に示した．操作ブランクについては，ピークはみとめられるが 1 μg/kg-wet 未満の濃度であった．

5. 実試料（底質）への適用

湖沼底質（泥質）および河川底質（砂質）を用い，$n=2$ 測定試験および添加回収試験を行った結果，湖沼底質では 77.3(C_{12}BAC) ～87.6%(C_{16}BAC)，河川底質では 63.9(C_{16}BAC) ～65.6(C_{12}BAC)% の回収率が得られた．また，いずれの測定クロマトグラムにおいても定量の阻害となるようなピークは認められなかった．測定結果を表 2.10.30 に示した．なお，濃度は回収率補正を行っていない値を示した．

3）異性体を含む界面活性剤の標準試薬の選択とまとめ

標準試薬を選択する場合，混合品を用いる場合には各試薬メーカーによりその組成が異なるので注意を要する．塩化ベンザルコニウム液などとして市販されて

表 2.10.28　QMA カートリッジによる回収率（%）

対象物質	試料のロード 2 mL	溶媒量（アセトニトリル）					計
		2 mL	2-4 mL	4-6 mL	6-8 mL	8-10 mL	
C_{12}BAC	63.9	31.5	2.4	1.6	0.8	0.0	102
C_{14}BAC	60.2	30.3	1.7	0.9	0.0	0.0	95.7
C_{16}BAC	58.9	30.0	1.3	0.5	0.0	0.0	91.9

表 2.10.29　分析法の検出下限算出結果（底質試料）

対象物質	回収率 (%)	MDL (μg/kg)	MQL (μg/kg)	RSD (%)
C_{12}BAC	76.7	0.821	2.46	5.9
C_{14}BAC	79.5	0.800	2.40	5.9
C_{16}BAC	80.5	0.963	2.89	7.2

表 2.10.30　実試料中の BACs 濃度（底質試料）

対象物質	湖沼底質（泥質）		河川底質（砂質）	
	濃度 (μg/kg)	回収率 (%)	濃度 (μg/kg)	回収率 (%)
C_{12}BAC	30	77.3	1	65.6
C_{14}BAC	29	85.3	<1	65.8
C_{16}BAC	21	87.6	<1	63.9

いる製品について3種類を試験に供した結果，総ピーク面積に対する C_{12}, C_{14}, C_{16} の3成分のピーク面積和の比は 99.2～99.5% であり，環境への排出量を求めることを目的として C_{12}, C_{14}, C_{16} を対象成分として各々の標準品を用い，個別定量法として分析法の開発を行った．

本対象物質のように吸着性の高い化合物の定量においては，LC-MS 供試液中の残存水分によって吸着の影響が見られるため注意が必要である．

底質試料の分析方法について，対象物質の抽出には ASE および超音波抽出法を組み合わせて用いるのが有効である．　　　　　　　　　　　　　〔吉田寧子〕

参考文献

1) 宇都宮暁子：水環境学会シンポジウム非イオン界面活性剤に関する最近の動向講演資料集，p. 15 (2001).
2) 独立行政法人製品評価技術基盤機構：「2003 年度界面活性剤流通状況調査報告書」(2003).
3) Ministry of the Environment, Government of Japan: "Approach to Chemicals Suspected of Having Endocrine Disrupting Effects" (2002).
4) 浜中裕徳：第5回内分泌撹乱化学物質に関する国際シンポジウムプログラム・アブストラクト集，p. 14 (2002).
5) E. Routledge, J. Sumpter: *Environ. Toxicol. Chem.*, **15**, p. 241 (1996).
6) M. Gray, C. Metcalfe: *Environ. Toxicol. Chem.*, **16**, p. 1082 (1997).
7) 建設省：環境化学，**4**, p. 965 (1998).
8) 環境省：環境化学，**1**, p. 160 (1999).
9) 環境庁：水環境中の内分泌撹乱化学物質（いわゆる環境ホルモン）の実態概況調査結果 (1998).
10) R. Renner: *Environ. Sci. Technol.*, **31**, p. 316A (1997).
11) H. Ball, et al.: *Environ. Sci. Technol.*, **23**, p. 951 (1989).
12) 化学工業日報社：「14504 の化学商品」, p. 1368-1369.
13) 脇宗平，菊池幹夫：第36回日本水環境学会年会講演集，p. 309 (2002).
14) 厚生労働省告示第二百六十一号　別表第二十八
15) 日本水環境学会関東支部・水環境と洗剤研究委員会：シンポジウム　非イオン界面活性剤に関する最近の動向講演資料集，p 33 (2001).
16) 環境庁水質保全局水質管理課：要調査項目等調査マニュアル（水質，底質，水生生物），p 197 (2000).
17) 中村栄子ら：工業用水，**578**, p. 74 (2006).
18) 菊池幹夫：日本水環境学会関東支部・水環境と洗剤研究委員会シンポジウム講演資料集，p. 33 (2001).
19) 日本水環境学会〔水環境と洗剤研究委員会〕編：非イオン界面活性剤と水環境，p. 142 (2000).
20) M. Shibukawa, et al.: *J. Chromatogr.*, **A 830**, p. 321 (1999).
21) I. Ferrer, E.T. Furlong: *Environ. Sci. Technol.* **35**, p. 2583 (2001).
22) M.J. Ford, et al.: *J. Chromatogr.*, **A 952**, p. 165 (2002).
23) F. Merino, et al.: *Anal. Chem.*, **75**, p. 6799 (2003).
24) O. Nunez, et al.: *J. Chromatogr.*, **A 1058**, p. 89 (2004).
25) I. Ferrer, E.T. Furlong: *Anal. Chem.*, **74**, p. 1275 (2002).
26) E.M. Carballo, et al.: *Environmental Pollution*, **146**, p. 543 (2007).

2.11 イルガロールの LC/MS 分析法

環境水, 浸出水

化学構造・慣用名	IUPAC 名	CAS No./分子式/分子量	オクタノール/水分配係数
(構造式) イルガロール	2-methylthio-4-tert-butylamino-6-cyclopropyl amino-s-triazine	$C_{11}H_{19}N_5S$/ 253.272/ 28159-98-0	$\log P_{ow}=3.95$

備考. 水溶解性：280 g/L 溶解（25℃）

イルガロール 1051（2-methylthio-4-tert-butylamino-6-cyclopropylamino-s-triazine）は，海棲生物防除剤（防汚剤）として使用されている．イルガロール 1051 については，水生生物に対する有害性および分解過程についての調査[1-3]が多く報告されている．また，有機スズ化合物系より生物毒性や生分解性が低いとされているが，他のトリアジン系化合物と比較した場合はかなり高いことが指摘されている．

1) イルガロール 1051 の分析法

水試料は ODS 系捕集剤を充填したカートリッジ（例：Waters 製 Sep-Pak Plus C-18）を用いてイルガロール 1051 を捕集する．ODS 系捕集剤で捕集したイルガロール 1051 はアセトニトリルで溶出し，LC/MS/MS で分析する．分析方法のフローチャートを図 2.11.1 に示す．

a. 試薬および標準溶液

イルガロール 1051 の標準物質は残留農薬試験用標準品（例：Riedel-de Haen 社製）の標準品などを使用する．標準品をメタノールに溶解して 1.0 mg/mL のメタノール溶液を調製し標準原液とする．標準溶液（0.02～200 ng/mL）は標準原液をアセトニトリルで適宜希釈して調製する．

メタノール，アセトニトリルおよび蒸留水は液体クロマトグラフ用を用いる．水質試料の捕集剤には Sep-Pak Plus C-18（C-18 カートリッジと略す）（Waters 社製）を用いる．C-18 カートリッジ，アセトニトリルおよびメタノール等使用溶媒からイルガロール 1051 が検出されないことを確認する．

b. 装置および分析条件

装置および分析条件の例を表 2.11.1 に示す．

c. 試料の前処理

メタノール 5 mL，アセトニトリル 5 mL および蒸留水 10 mL で洗浄した C-18 カートリッジに試料水を 10 mL/min の流速で 500 mL 通水する（通水は，加圧通水装置，減圧通水装置などを用いると便利である）．海水については蒸留水をさらに 20 mL 通水し，塩分を除く．通水後，20 mL のディスポーザブル注射器で空気を通気して C-18 カートリッジに残留している水分を除去し（次ページのコラムを参照），アセトニトリル 5 mL で溶出し，5 mL に定容し分析試料とする．

2) 解説

a. 捕集剤（固相）の選択

環境水中に存在するイルガロール 1051 を捕集するための捕集剤（固相）として活性炭，シリカ系 C_{18}，スチレンジビニルベンゼン共重合体等ポリマー系およびグラファイトカーボンブラック等のグラファイト系活性炭等 7 種類の固相について検討した．50 ng/mL のイルガロール 1051 を含む水溶液 25 mL を各固相に通水し，さらに精製水 50 mL を通してアセトニトリ

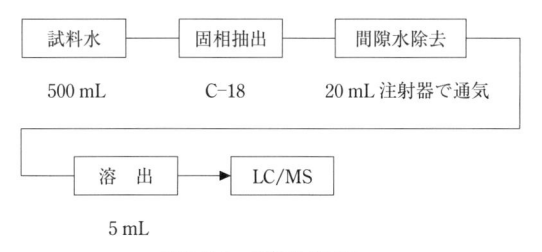

図 2.11.1 分析操作フロー

表 2.11.1　Irgarol 1051 の LC/MS 分析条件

(LC)	: Alliance 2690 (Waters)
カラム	: SUMIPAX ODS A-210MS (2.0 mmφ×150 mm, 5 μm) (SCAS[注])
移動相	: A：アセトニトリル　B：水
	0→3 min　　A：B=20：80
	3→23 min　A：20→80　B：80→20 linear gradient
	23→28 min　A：B=80：20
流　量	: 0.2 mL/min
カラム温度	: 40℃
注入量	: 5 μL
(MS)	ZMD 4000 (Waters)
キャピラリー電圧	: 3 kV
イオン化モード	: ESI-positive
コーン電圧	: 30 V
モニターイオン	: m/z 254

注) Sumika Chemical Analysis Service, LTD.

カートリッジに残留している水分の除去
① カートリッジに残留している水分が多いと，溶媒で捕集した成分を脱離するとき，水分子によって希釈され，十分な抽出効果が得られないため，通気により水分を除去する．
② 通気による水分除去で，物質によっては捕集剤中で分解する場合もある．

ル 5 mL で溶出し捕集効率を求めた．グラファイト系活性炭および活性炭の固相での捕集効率は 50～80％であったが，その他の固相では 90％以上であり，C-18 カートリッジ（Waters 社製）がもっとも高い捕集効率が得られたので C-18 カートリッジを選択した．

試料水を C-18 カートリッジに通水して捕集した後，C-18 カートリッジからイルガロール 1051 を溶出する場合の溶出液量について検討した．最適な溶出液量は 0.1，1.0 および 10 ng/mL のイルガロール 1051 を含む各水溶液を 25 mL 通水後，アセトニトリルで溶出し求めた．最初の 3 mL で 98～99％回収されたが溶出液量は 5 mL とした．

b. 捕集量と捕集効率

C-18 カートリッジを 3 個直列に接続し，濃度が 1 および 10 ng/mL のイルガロール 1051 試料水を 100 ～1,000 mL 通水して，各段の C-18 カートリッジに捕集されたイルガロール 1051 を分析してその割合を求めた．

通水量が 1,000 mL までについて濃度に関係なく各試料水とも 2 および 3 段目の捕集管からイルガロール 1051 は検出されず 1 段目の捕集管で 97～100％捕集することができた．捕集量と検出されたイルガロール 1051 のピーク面積との間には相関係数が 0.9998 および 0.9993 である直線関係が得られた．したがって，1,000 mL までの水試料を処理する場合には 1 本の捕集管で十分であることがわかった．

c. 検量線および検出下限

0.02～200 ng/mL 濃度範囲でのイルガロール 1051 のアセトニトリル標準溶液を調製し，5 μL を注入して検量線を作成した．検量線の相関係数が 0.9999 である直線関係が得られた．

装置の検出下限（IDL）は 0.05 ng/mL 標準溶液を 7 回測定し次式により求めた[4]．

　　　IDL＝$t(n-1)×Sd$
　　　$t(n-1)$：自由度 $n-1$ で 95％片側スチューデント分布から得られた値
　　　Sd：標準偏差

相対標準偏差（CV）は 3.8％であり IDL は 0.004 ng/mL であった．標準のマススペクトルおよびクロマトグラムを図 2.11.2 および図 2.11.3 に示した．

測定方法の検出下限（MDL）は 0.5 ng/L に調製した水試料 500 mL を 3) の操作手順に従って 7 検体を処理し，IDL と同様の方法で求めた．その結果，MDL は 0.05 ng/L（CV＝4.3％）であった．

d. 添加回収試験

海水に 50 ng/mL のイルガロール 1051 標準溶液を添加し調製した 0.5 ng/L の試料溶液を 10 mL/min の流速で C-18 カートリッジに全量 500 mL を通水し

て，アセトニトリル5 mLで溶出することにより実試料からの回収率を求めた．4試料溶液について前処理して分析した結果，平均回収率は95.5％であり，CVは8.4％であった．精製水についても，0.25, 0.5および1.0 ng/Lについて同様に試験した（表2.11.2）．

e. 実試料の分析

海水試料（例：平成16年10月採水の11試料，図2.11.4）について500 mLを処理し分析した．結果を表2.11.3および検出例のクロマトグラムを図2.11.5に示す．海水試料は表層1 m下で採水した．各試料水のSS濃度は2～8 mg/L程度であり試料水はろ過せずにC-18カートリッジに通水した．すべての地点においてイルガロール1051が0.4～3.6 ng/L検出された．比較的高い濃度を示した地点の地域は漁業が盛んな地域でもあり，魚網等にイルガロール1051を防汚剤として使用していることも考えられることから他の地点より高い結果を示したと考えられた．防汚剤として使用されるイルガロール1051の大阪湾や瀬戸内海海域における濃度は<0.8～296 ng/L[5-7]との報告例もある．

〔上堀美知子〕

参考文献

1) V.A. Sakkas, D.A. Lambropoulou, T.A. Albanis: *J. Photchem. Photobiol. A*, **147**, p. 135 (2002).
2) H. Okamura, T. Watanabe, I. Aoyama, M. Hasobe: *Chemosphere*, **46**, p. 945 (2002).
3) A.R. Fernandez-Alba, M.D. Hernando, L. Piedra, Y. Christi: *Anal. Chim. Acta.*, **456**, p. 303 (2002).
4) 環境庁環境保健部保健調査室：化学物質分析法開発マニュアル (1987)
5) D. Liu, G.J. Pacepavicius, R.J. Maguire, Y.L. Lau, H. Okamura, and I. Aoyama: *Wat. Res.*, **33**, p. 2833 (1999)
6) H. Okamura, I. Aoyama, D. Liu, R.J. Maguire, G.J.

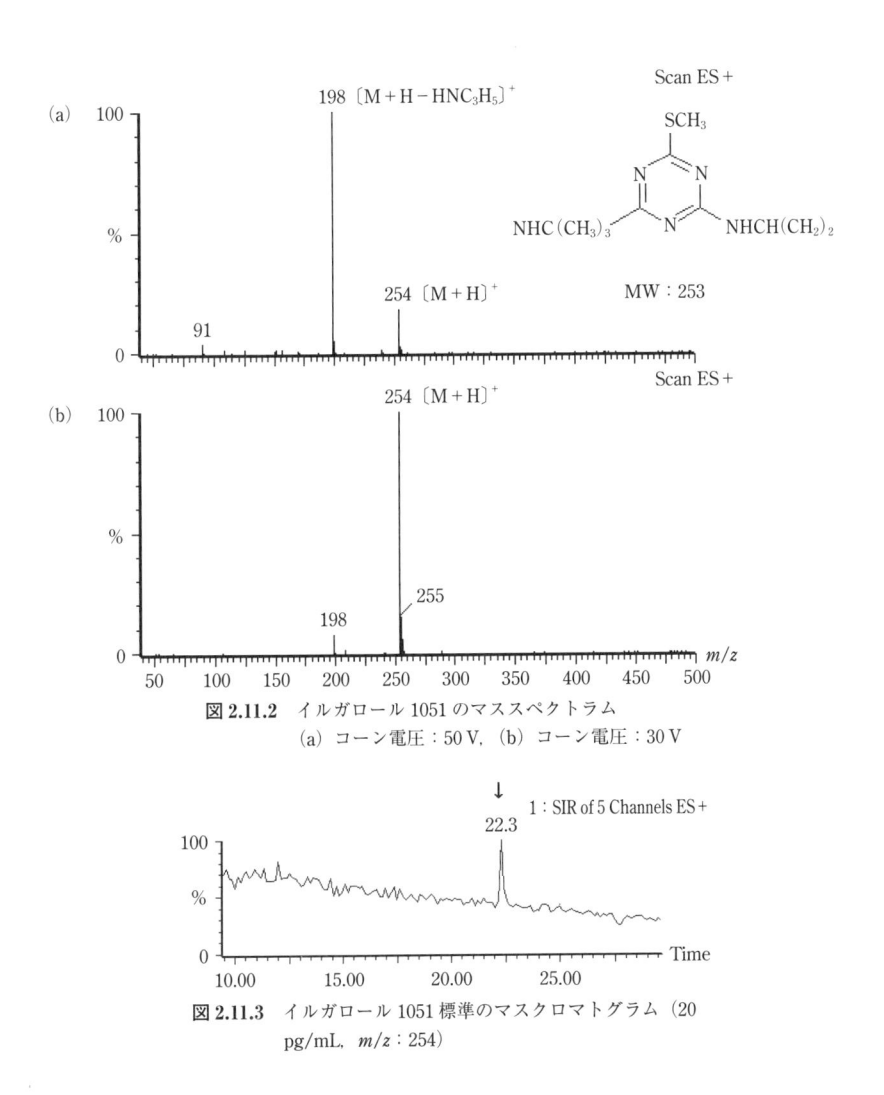

図2.11.2 イルガロール1051のマススペクトラム
(a) コーン電圧：50 V, (b) コーン電圧：30 V

図2.11.3 イルガロール1051標準のマスクロマトグラム (20 pg/mL, m/z：254)

検出下限

検出下限には，装置検出下限（IDL），分析法の検出下限（MDL）のほか定量下限（LOQ, MQL などと呼ばれる）などいくつかの検出限界が使われている．分析法の評価でしばしば実用的に用いられる MDL は以下のような方法で求められている[4]．

① 添加回収実験の標準偏差から求める．

予想される検出限界に近い濃度の同一 7 試料を分析法に従って分析し，その標準偏差を計算する．標準偏差に片側 t 分布における 95％信頼区間に相当する値（7 試料では 1.9431）を掛けた値を MDL とする．

② 添加回収試験および環境試料のクロマトグラムから S/N（signal-to-noise ratio）を求め，S/N =3 に換算した標準物質の濃度を検出下限とする．（詳しくは 4.2.6 参照）

船底塗料

ビストリブチルスズオキシド（TBTO）やトリフェニルスズ（TPT）等の有機スズ化合物は，フジツボ等の貝類や海藻類等が船底や魚網等に付着してその機能を低下させる等の被害を及ぼすことから，これらの付着を防止するための海棲生物防除剤（防汚剤）として使用されてきた．しかし，これら有機スズ化合物は海底堆積物や海洋生物の生体内に蓄積される等の環境への影響が懸念されることから，TPT は 1989 年 6 月から国内生産中止となり，1997 年（平成 9 年）以降は TBT 含有塗料の製造が中止された．世界においては，1996 年 7 月に開催された国際海事機関（IMO）における第 38 回海洋環境保護委員会（MEPC38）で，2003 年からの TBT 含有塗料の新たな塗布の禁止，2008 年からは船体への付着の禁止が決議され，全面的な禁止に向けて動き始めた．

TBT および TPT の分析法については，「外因性内分泌攪乱化学物質調査暫定マニュアル（水質，底質，水生生物）平成 10 年 10 月 環境庁水質保全局水質管理課」に示されている．分析法の概要についての抜粋を図 2.11.6 に示す．（参考）

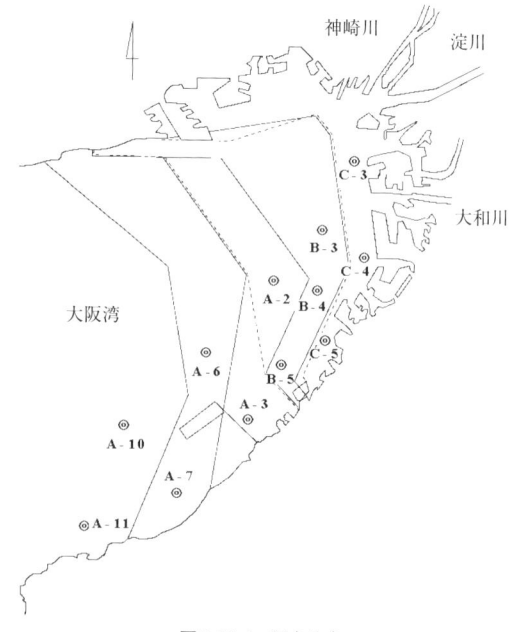

表 2.11.2 添加回収試験結果（回収率および相対標準偏差）

試料	試料量 (mL)	添加量 (ng/L)	回収率 (％)	相対標準偏差 (％)
精製水	500	0.25	92	6.1
精製水	500	0.5	102	4.3
精製水	500	1.0	101	5.1
海水	500	0.5	96	8.4

表 2.11.3 海域における Irgarol 1051 濃度

調査地点[注]	濃度 (ng/L)	採取地点[注]	濃度 (ng/L)
A-2	0.4	B-3	0.6
A-3	2.8	B-4	0.4
A-6	1.0	B-5	0.5
A-7	3.6	C-3	1.2
A-10	0.8	C-4	0.5
A-11	2.1	C-5	0.4

注）図 2.11.4 参照

Pacepavius, Y.L. Lau: *Wat. Res.*, **34**, p. 3523（2000）．

7) H. Harino, Y. Mori, Y. Yamaguchi, K. Shibata, T. Senda: *Arch. Environ. Contam. Toxicol.*, **46**, p. 1（2004）．

（参考）

水質中のトリブチルスズ（TBT）およびトリフェニルスズ（TPT）分析法の概要

試料水 500 mL に同位体標識した有機スズ化合物または塩化トリペンチルスズをサロゲート物質として添加後，塩

図 2.11.4 調査地点

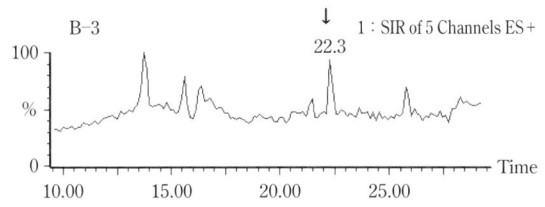

2.11 イルガロールのLC/MS分析法

図2.11.5 海水試料の分析例（B-3, 0.6 ng/L, m/z：254）
試料：大阪湾（地点：図2.11.4, B-3）
試料量：500 mL

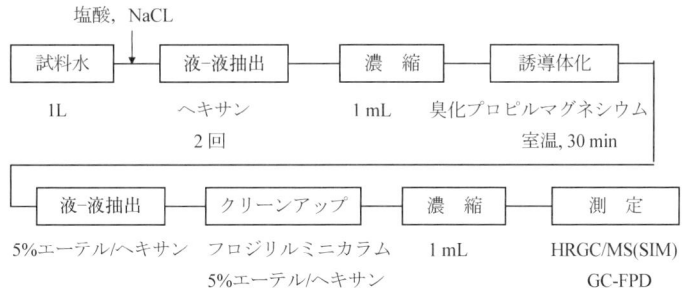

図2.11.6 TBT・TPT分析操作フロー

酢酸性下ヘキサンで抽出して脱水・濃縮後，臭化プロピルマグネシウムでプロピル化する．つぎに，プロピル化体を有機溶媒で抽出し，フロリジルカラムでクリーンアップ後濃縮してGC-FPDあるいはGC/MS-SIM法で定量する．

「外因性内分泌攪乱化学物質調査暫定マニュアル（水質，底質，水生生物）平成10年10月　環境庁水質保全局水質管理課」から引用．

2.12 農薬の分析法

農薬は病害虫や雑草から農作物を守る上で重要な役割を果たし,とくに化学合成農薬の登場は収穫量の増大や農作業の効率化をもたらし,農産物の安定供給に貢献している.しかし一方では,人に対する毒性が強いもの,あるいは農作物に残留する性質が高いものが報告されており,その影響が危惧されている.食品中に残留する農薬は「食の安全」として注目され,2006年に導入されたポジティブリスト制では800近い農薬等に基準値が設定された.この制度を運用するため,数種の一斉分析法が試験法として示されている.

農薬分析の特徴は,「農薬」というくくりの中に,酸性・塩基性物質,極性・非極性物質など幅広い特性をもつ多くの有機化合物が含まれること,そして対象試料(大気,水,食品),農産物の種類によりマトリクスが大きく異なることである.

前述のように,ポジティブリストの導入により300-400成分の農薬を一斉分析する方法が一般化した.そのため検出器としては,質量分離により高い選択性をもつ GC-MS あるいは LC-MS を用いた多成分同時分析が用いられている.対象成分によって検量線範囲が異なり,あるいは MS 検出器で感度が低い場合は FPD や ECD の併用が必要である.オクタノール/水分配係数が小さく,熱分解性の化合物では LC または LC-MS による定量が向いている.

対象農薬の特性とマトリクスに対応した抽出・精製工程を用いることは農薬分析においてとくに重要なポイントであり,近年は操作が簡便な固相抽出法を用いる方法が一般化している.親水性と疎水性をもち合わせたコンビネーションポリマー,脂肪酸除去を目的とした陰イオン交換カラム,色素除去のためのグラファイトカーボン,脂質を除去する C_{18},あるいはこれらを組み合わせた積層カラムが用いられており,EDTAの添加,使用時の pH,抽出溶媒の組成,などの条件と併せて最適化されている.

このほかにも超音波抽出時の容器形状,固相カートリッジの運搬,脱水・乾燥操作における注意点,固相カラム溶出方向選択上の注意点など貴重なノウハウが記載されているので参考にされたい.　〔吉田寧子〕

2.12.1 農薬の GC/MS 分析

環境大気,環境水,食品

本項目では固相抽出の前処理も踏まえ,大気,水,食品中に存在する農薬類を GC-MS で分析する手法に関しての解説を行う.

1) 代表的な試験法

農薬類の分析方法は多数存在するため,とくに代表的な試験法を表に記す(表 2.12.1).

a. 必要機材

必要機材に関しては分析対象項目によって異なるため,公定試験法を参考にして準備を行う.ただし,公定試験法では,必要な機材について詳細に記載されていないことがあるので,関連している文献等も収集し

表 2.12.1　GC/MS による農薬測定が記載されている代表的な試験法

分野	名称	団体
水質(環境)	外因性内分泌攪乱化学物質調査暫定マニュアル	環境省
水質(水道)	水質管理目標設定項目の検査法　別添方法 5	厚生労働省
水質(下水道)	下水試験方法	日本下水道協会
大気	室内空気中化学物質の測定マニュアル	厚生労働省
食品(残留農薬)	食品に残留する農薬,飼料添加物又は動物用医薬品の成分である物質の試験法	厚生労働省

確認を行う.

b. 標準物質と内部標準物質

標準物質は農薬分析用で純度または濃度が保証されたものを使用する. 各試薬メーカーが種々取り扱っており, 一斉分析に対応した調製済み混合試薬も販売されている. また, 農薬類のサロゲート物質は非常に高価であるため, 各成分すべてをそろえて添加することは現実的ではない. 必要な場合は, 特徴的な物性をもつ成分を代表として選択し(たとえば揮発性が高いものや $\log P_{ow}$ の高いものなど), それらの安定同位体を添加する. MS 検出器の安定性が確保できないときは, 感度補正用としての内部標準物質が必要である. 対象成分の保持時間や測定イオンによって使い分ける必要があるが, 一般的に農薬の場合はアントラセン-d_{10}, フェナンスレン-d_{10}, フルオランテン-d_{10}, クリセン-d_{12}, ペリレン-d_{12} 等の複数の内部標準物質を使用する事例が多い.

c. GC-MS による測定例

農薬類の一斉分析では, 微極性のキャピラリーカラムを用いることが多い. MS 検出器の汚染を低減させた低ブリードカラムや, 多成分農薬一斉分析に特化したキャピラリーカラムも市販されている. 170 成分の農薬を同時分析した例を図 2.12.1 に記載した. 最近では測定時間の短縮化を目的として, キャピラリー内径を細くした高速分析の検討もされている[1]).

d. GC/MS 分析の注意点

1. 検量線範囲

農薬一斉分析では個々の成分に対しての検出感度が大きく異なる. 全成分を同じ濃度域で検量線を作成できず, 直線性が確保できないことが多い. MS 検出器のダイナミックレンジを確認し, 適切な検量線範囲を確保することが必要となる.

2. MS 検出器で感度が低い成分について

有機リン系, 塩素系農薬は MS 検出器では感度が低い場合もあるため, 必要に応じて FPD 検出器や ECD 検出器を併用することが望ましい.

3. 異常回収率について

サンプル処理液を GC-MS で測定した場合に, 定量値が過大になり, 100%を超える異常回収率が得られる場合がある. 注入口やカラム内部の汚れが原因である場合が多く, サンプルの精製が不十分である可能性が高いため, 分析精度確保のためにはより高度な精製を考える必要がある[2]). PEG(ポリエチレングリコール)を共注入する事で低減が可能という報告もある[3]).

2) 環境大気中農薬類の GC/MS 分析法

環境大気中農薬類の捕集方法としては, 農薬成分は一般に揮発性有機化合物よりも沸点が高いので, 固体吸着-加熱脱着法も報告されているが, 固体吸着-溶媒抽出法がよく用いられる. また, 一斉分析において幅広く農薬成分の捕集可能な捕集剤を選択することが必要となり, 捕集剤としてスチレンジビニルベンゼン共重合体(SDB)[4-6]やオクタデシルシリル化シリカゲル[7], 含活性炭繊維[8,9] 等が報告されている. ここでは SDB 充填剤による固相カートリッジの分析例を紹

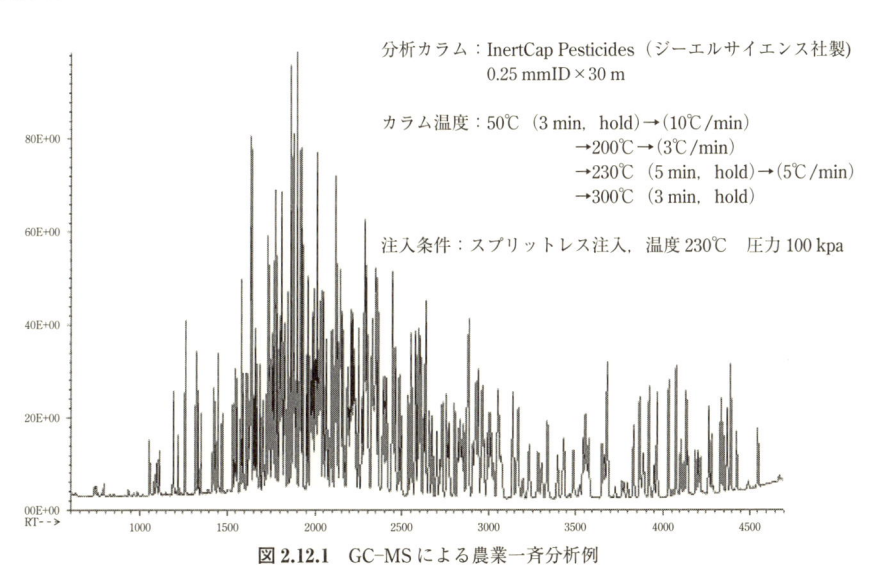

分析カラム:InertCap Pesticides(ジーエルサイエンス社製)
0.25 mmID×30 m

カラム温度:50℃(3 min, hold)→(10℃/min)
→200℃→(3℃/min)
→230℃(5 min, hold)→(5℃/min)
→300℃(3 min, hold)

注入条件:スプリットレス注入, 温度 230℃ 圧力 100 kpa

図 2.12.1 GC-MS による農薬一斉分析例

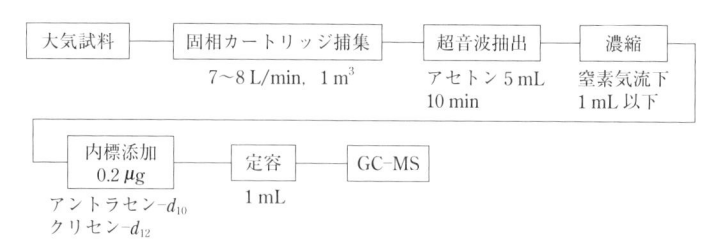

図 2.12.2 分析方法のフローチャート

介する.

a. 大気中農薬類の分析法

大気試料をスチレンジビニルベンゼン共重合体（AERO LE Cartridge SDB400HF）カートリッジ（ジーエルサイエンス社製）に 7〜8 L/min の一定流量で 24 時間捕集し，アセトンで抽出した後，GC-MS で分析する．分析方法のフローチャートを図 2.12.2 に示す．

b. 大気試料の前処理

大気試料を採取した固相カートリッジからガラス繊維ろ紙および捕集剤を共栓付試験管に入れ，アセトン 5 mL を加えて共栓をし，10 分間超音波抽出を行う．抽出液を別の濃縮用試験管に移し，先の試験管をアセトン 2 mL で洗浄し，その洗液を抽出液に合わせる．窒素ガスを吹き付けて 1 mL 以下まで濃縮し，内部標準溶液（10 µg/mL）を 20 µL 加えた後，アセトンで正確に 1 mL に定容し，GC/MS 分析試料とする．

大気捕集剤からの溶媒抽出の手法としてさまざまな方法がある．超音波抽出方法では，ソックスレー抽出方法等と比べて，溶媒量が少量で済み，抽出時間も短く，多検体を同時に処理できる利点がある．しかし，浴槽の液温の変化により，抽出効率も変わるため，抽出効率を安定させるには，なるべく超音波抽出機の浴槽液温を管理し，安定させて行うことが望ましい．

c. 大気中農薬分析の解説

1. 抽出前の条件検討

捕集剤から効率的に目的物質を回収できる溶媒等の条件は捕集剤の種類により異なる[10]．しかし，溶媒以外にも目的物質の抽出に影響を与える要因があり，事前に抽出条件を検討しておく必要がある．

(1) 抽出容器形状の影響

超音波抽出を行う場合，抽出用試験管の形状により抽出効率が不十分な場合もあるので，事前に抽出用試験管を決定し抽出効率を求めることが望ましい．そこで，先端の形状および径の異なる 5 種類の試験管（試験管 A（外径 12 mm（先尖り）），B（外径 11 mm（丸底）），C（外径 16.5 mm（先尖り）），D（外径 16.7 mm（丸底）），E（外径 22 mm（丸底）））を用いて，固相カートリッジに標準溶液を添加し，農薬成分に対する抽出効率の検討を行った結果を示す．なお，抽出溶媒にはアセトン 5 mL を用い，抽出効率試験の詳細手順は「(2) 抽出効率試験」で後述する．表 2.12.2 に検討結果の例をあげる．

検討結果より，全体的な傾向として，丸底タイプで径の太い試験管の方が抽出効率のよいことがわかった．よって，抽出用試験管として，市販されている外径 22 mm の丸底タイプの共栓付試験管（GL-SPE 試験管 25 mL 等）等，よい結果を示す試験管を用いることが重要である．

(2) 抽出効率試験

農薬分析における抽出溶媒として，ジクロロメタンはさまざまな捕集剤に適用可能である[10]が，ジクロロメタンは毒性が高く，環境への負荷も大きい．そこで，ジクロロメタンのほか，アセトンを用いて超音波

表 2.12.2 試験管形状による抽出効率（%）の違い

化合物	試験管 A 12 mm 尖	試験管 B 11 mm 丸底	試験管 C 16.5 mm 尖	試験管 D 16.7 mm 丸底	試験管 E 22 mm 丸底
アラクロール	81.3	88.7	93.7	97.1	98.2
フサライド	84.6	90.7	92.7	93.7	98.1

注）表中の試験管に関する表記は上段：外径，下段：先端形状

抽出による抽出効率の比較検討を行った．また，抽出溶媒量は5 mLにて検討を行った．手順を以下に示す．

大気捕集カートリッジの吸引側から捕集剤にシリンジを用いて，農薬類標準溶液を各成分1.0 μg添加した．数分間大気を吸引して農薬類を十分に吸着させた後，「2) b. 大気試料の前処理」の操作手順に従って処理し，抽出効率を算出した．なお，捕集剤へ添加した農薬量に対する捕集剤から抽出された農薬の百分率からの回収量を抽出効率（％）とする．

多成分農薬標準溶液で検討した結果，抽出溶媒がジクロロメタンおよびアセトンの場合でもほぼ同様の傾向が確認されたので，抽出溶媒にはアセトンを選択した[5]．

2. 添加回収試験

大気捕集カートリッジに農薬類を1 μg添加後，1 m^{3}の大気を通気した．カートリッジを「2) b. 大気試料の前処理」の操作手順に従って処理し，回収率を算出した．その結果，274成分で70～120％の回収率が得られた．

3. ブランクの確認と検出下限値

ブランクの確認は検出下限値の確認と同様に，大気捕集量を決定する上でもっとも重要な要素のひとつと考えられる．測定結果にブランクが認められる場合，各工程における汚染を確認することが重要である．

ブランクの種類には，装置ブランク，操作ブランク，試薬由来のブランクのほか，トラベルブランクなどがある．しかしながら，いずれの場合でも測定に影響を及ぼすブランクが出ているのであれば，ブランク問題を解決する必要がある[12]．しかし，必要とされている測定結果に影響が小さい，もしくはない場合で，そのブランクが安定していれば，解決のための検証を行う必要はない．

トラベルブランクでは，おもにサンプリング地点−分析室間の運搬行程で汚染されるブランク問題で

図 2.12.3 運搬保管ケース（AERO LE Cartridge 用）
密閉容器のため，外部からのブランクを遮断できる．
分析時まで冷凍庫に保管可能．

ある[11]．トラベルブランクを低減する手段として汚染低減を行えるような密閉容器が各捕集剤向けに市販（図2.12.3）されているので，それらを利用して対策を行う．

3) 水中農薬類のGC/MS分析法

水中のGC/MS農薬分析方法は，「ゴルフ場で使用される農薬による水質汚濁の防止に係る暫定指導指針」や，「厚生労働省水質試験法による101成分農薬の測定方法」に定められている．その前処理方法には固相抽出が採用され，固相カートリッジには，疎水性と親水性をもち合わせたコンビネーションポリマーが広く利用されている．水質分析での固相の一般的な使い方は，水質試料中の微量目的成分を固相に保持させ，目的成分を数百倍から数千倍濃縮する濃縮前処理法である．とくにGC/MS農薬分析における固相前処理操作では，結果に大きく影響を及ぼす操作として固相の脱水・乾燥操作などの分析上の注意点がいくつかある．

a. 水中農薬 GC/MS 一斉分析方法について

日本国内において水質試料の農薬GC/MS一斉分析でよく用いられている方法は，厚生労働省健康局水道課長通知の水質管理目標設定項目の検査法[13]である．

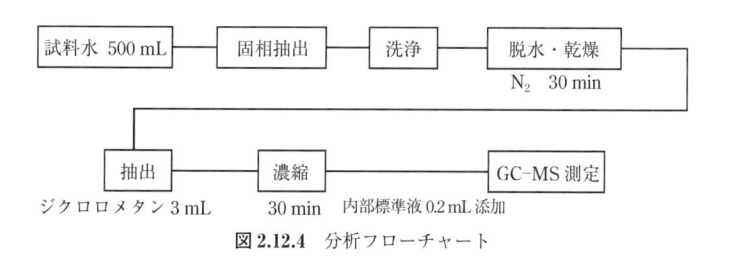

図 2.12.4 分析フローチャート

試料水 500 mL → 固相抽出 → 洗浄 → 脱水・乾燥 N$_2$ 30 min → 抽出 ジクロロメタン 3 mL → 濃縮 30 min → GC-MS測定 内部標準液 0.2 mL 添加

表 2.12.3 液-液抽出と固相抽出の比較

	利点	欠点
液-液抽出	・事例,応用例が豊富 ・多くの試料に適応可能 （溶媒の選択,pH 調製）	・有機溶媒使用量が多い ・エマルジョンの発生 ・操作が煩雑 ・多検体処理が困難
固相抽出	・多くの試験法に採用されている. ・有機溶媒量の低減 ・操作が簡単で多検体処理が可能 ・エマルジョン発生する試料に対応 ・メーカーのサポートがある.	・ランニングコスト ・機材の初期投資が必要 ・保持容量に限りがある.

そのフローチャートを図 2.12.4 に示す.

b. 水質農薬一斉分析の解説

1. 固相抽出の利点

液-液抽出に比べて,固相抽出には多くの利点がある.そのため,多くの分野で固相抽出法が注目されるようになり,近年固相抽出が幅広く利用されるようになった.液-液抽出方法と固相抽出方法の比較を表 2.12.3 にまとめた.とくに水分析では,固相抽出（濃縮）法がだれにでも簡単に多検体を効率よく処理できることから広く普及している.

2. 試料中の pH 影響について

水中農薬への pH 影響についての事例を紹介する.固相カートリッジには,コンビネーションポリマーと呼ばれる充填剤を充填している Aqusis PLS-3Jr.（ジーエルサイエンス社製）を用い,GC/MS 対象混合農薬 324 成分混合液を添加.精製水を酸性（pH=3）,中性（pH=7）,アルカリ性（pH=11）に調整し,pH 条件による違いによる添加回収試験を確認した.結果は精製水 pH が中性から酸性条件の固相回収率は 80～120% に入っている物質が 220 成分前後であったのに対して,精製水をアルカリ性条件に調整した結果では,回収率が 80～120% に入った成分は 120 成分未満と減った.多成分一斉で効率よく処理するには試料水の pH を中性から酸性条件にする必要がある.図 2.12.5 に結果を示す.

3. 河川水サンプルでの注意点

GC/MS 対象混合農薬 324 成分混合液を河川水（pH=7）に添加し,固相カートリッジ Aqusis PLS-3Jr. を用いて添加回収試験を行った事例について紹介する.結果は,河川水中に添加すると 80～120% の回収率を示していた成分が精製水添加に比べて 2 割ほど減少した.また,120% 以上の異常回収率を示す物質が増加した.このことにより,異常回収率の原因は河川水中の夾雑成分によるマトリクス効果と呼ばれる現象がガスクロマトグラフィー部分でおこることが原因といわれている.これら異常回収率への対応には固相濃縮試験液をさらに固相クリーンアップ処理する方法やマトリクス効果を前提としてガスクロマトグラフィーでの対応（標準サンプル等へのマトリクススパイク等）をする必要がある[14].精製水での添加回収試験結果と河川水への添加回収試験結果を図 2.12.6 に示す.

4. 脱水・乾燥操作での注意点

脱水・乾燥を効率よく行うには窒素吹付けをしながら吸引する方法がある.GC/MS 農薬分析において

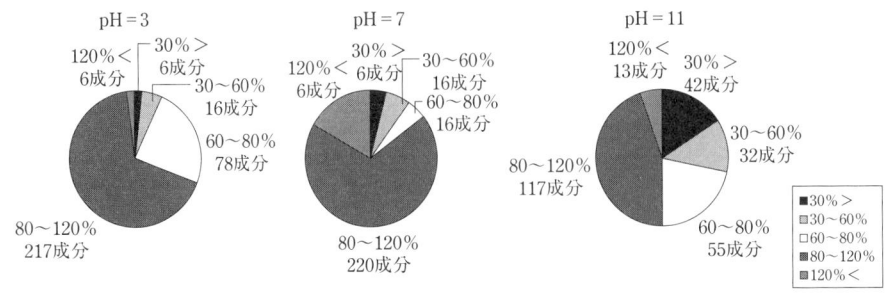

図 2.12.5 pH の違いによる添加回収試験の結果

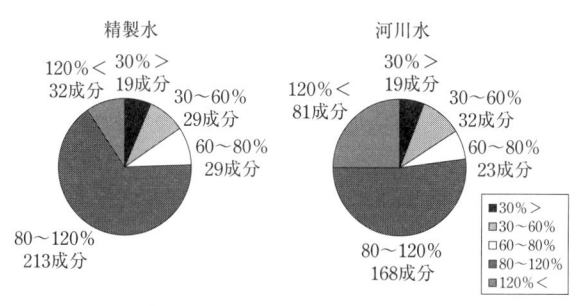

図2.12.6 精製水添加回収試験と河川水添加回収試験における結果

は，固相カートリッジの脱水・乾燥が不十分である場合に以下にあげるような影響が見られる[15]．

① 目的成分のピーク形状の劣化
② 分析再現性の低下
③ 固相カートリッジからの溶出効率の低下（低回収率）
④ 誘導体化反応の阻害（低回収率）

5. 溶出操作での注意点

固相カートリッジの溶出は通水方向と同じ方向で行う方法と通水方向とは逆から溶出させるバックフラッシュ溶出方法がある．固相カートリッジからの溶出が困難な農薬へはバックフラッシュ溶出が有効である．しかし，バックフラッシュ溶出方法は目的物質以外の夾雑物質や固相カートリッジ上部に堆積している粒子（SS）も一緒に溶出される．そのため，オートサンプラーによる試験液吸引エラーやマトリクス効果による異常回収率等の悪影響がある．溶出方法を検討する場合は目的成分の溶出だけでなくサンプル水についても十分に考慮する必要がある．

4）食品中の農薬 GC/MS 一斉分析法

食品中の残留農薬については年間を通して国内外を問わず違反事例が報道されることから，国民の関心も高い．日本では2005年にポジティブリスト制度の導入という大きな法改正があり，300〜400成分近くの農薬を同時に分析する手法が一般化された．食品中残留農薬の分析は有機物の固まりである食品の中から，ごく微量の農薬（有機物）を抽出し，分析する作業であるため，精製（クリーンアップ）という観点での前処理操作の考え方が非常に重要となる．残留農薬分析の精製方法は GPC（gel permeation chromatography）法やカラムクロマトが頻繁に用いられていたが，操作が煩雑であるため，操作が簡単な固相ミニカラムを用

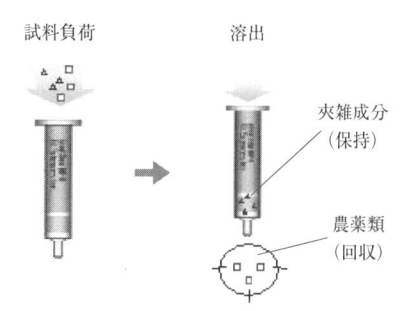

図2.12.7 夾雑除去のための前処理
目的成分（□）と夾雑成分（△）が混在した試料をミニカラムに負荷し，追溶出をかけることで，目的成分は素通りし，夾雑成分はミニカラム上に残留する．

いる手法が多く用いられている．食品中の農薬分析では，これまで述べてきた大気中や水中に存在する農薬の処理方法とは異なり，農薬類を素通りさせ，夾雑成分をミニカラム上に保持させることにより精製を行う点が特徴となる（図2.12.7）．この手法はいろいろな食品に対してメソッドを統一させることが可能となり，使用する溶媒種も少なく，操作手順も非常に簡単なことから広く普及している．

a. 残留農薬一斉試験法について

日本国内における農薬類の一斉試験法で広く用いられている方法は，「厚生労働省が定める，食品に残留する農薬，飼料添加物又は動物用医薬品の成分である物質の試験法」によって定められている手法である[16]．そのうちの「GC/MSによる農薬等の一斉試験法（農作物）」に記載されている方法をフロー図にして示す（図2.12.8）．

b. 残留農薬一斉試験法の解説

1. 脂肪酸除去のための陰イオン交換ミニカラム

残留農薬分析として用いられるミニカラムとして，陰イオン交換ミニカラムがあげられる．陰イオン交換ミニカラムはシリカゲル母体にアミン系の官能基が化学

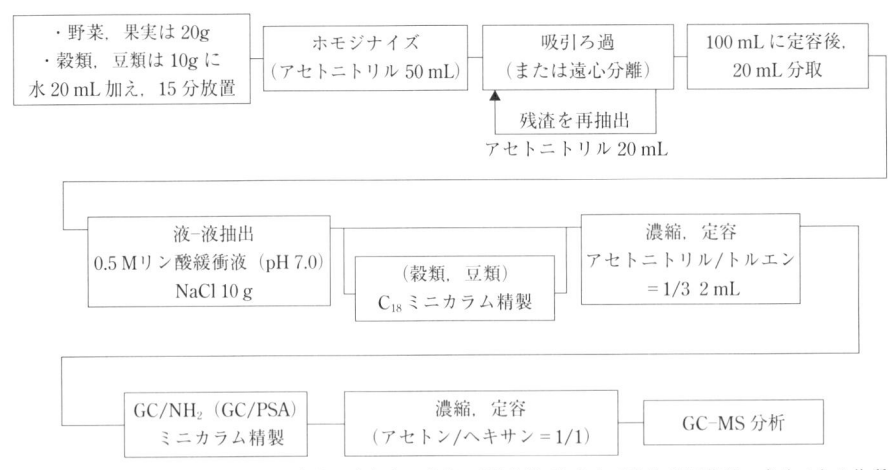

図 2.12.8 厚生労働省が定める，食品に残留する農薬，飼料添加物または動物用医薬品の成分である物質の試験法

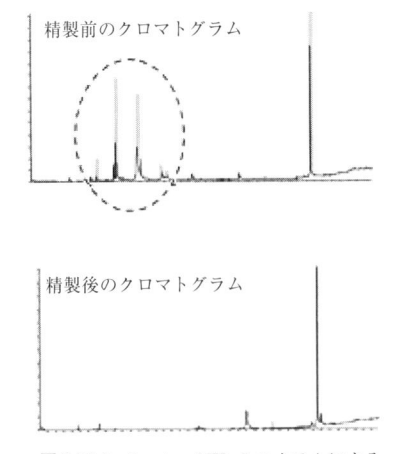

```
・野菜，果実は 20g          ホモジナイズ         吸引ろ過           100 mL に定容後，
・穀類，豆類は 10g に   →  （アセトニトリル  → （または遠心分離）→  20 mL 分取
  水 20 mL 加え，15 分放置    50 mL）             ↑
                                           残渣を再抽出
                                           アセトニトリル 20 mL
                                                                   ↓
 液-液抽出                                                      濃縮，定容
 0.5 M リン酸緩衝液（pH 7.0） → （穀類，豆類）         →        アセトニトリル/トルエン
 NaCl 10 g                    C₁₈ ミニカラム精製              = 1/3  2 mL
      ↓
 GC/NH₂（GC/PSA）      →   濃縮，定容              →   GC-MS 分析
 ミニカラム精製            （アセトン/ヘキサン=1/1）
```

図 2.12.9 Insetsep NH₂ ミニカラムによる脂肪除去効果

食品抽出液をそのまま GC 測定をかけた場合，脂肪酸の大きな妨害ピークが確認される．しかし，InertSep NH₂ ミニカラムを通液させることで，除去が可能となる．

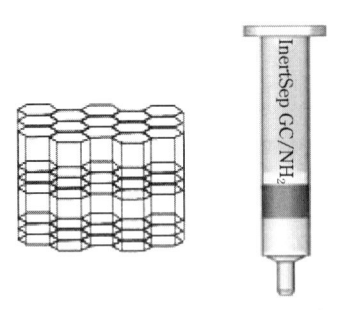

図 2.12.10 グラファイトカーボン充填剤の構造と GC/NH₂ 積層ミニカラム

結合しているため，酸性物質に対して強い相互作用をもつ．調製したサンプル抽出液を陰イオン交換ミニカラムに流し込むことによって，食品中に存在する脂肪酸を効果的に除去することができる（図 2.12.9）．市販されている陰イオン交換ミニカラムとして広く利用されているのは，弱イオン交換性といわれる PSA（primary secondary amine）と NH₂（aminopropyl）の 2 種類である．どちらもほぼ同じ物性をもつ充填剤であるが，一般的に NH₂ に比べ PSA が精製効果は高い[17]．ただし，一部農薬類に関しては PSA や NH₂ に吸着する成分もあるため，確認し注意する必要がある[18]．また，強イオン交換性を有する SAX（trimethylaminopropyl）と PSA を積層させた SAX/PSA ミニカラムは Luke II 法として知られており，日本国内でも広く用いられている[19,20]．

2. 色素成分除去のためのグラファイトカーボン

食品中に存在する色素成分は一般的に分子量が大きく沸点も高いため，GC 注入口部分やキャピラリーカラムの先端部を汚染しやすい．正確な分析を行う場合の支障となるので，精製が必須である．グラファイトカーボンは平面構造の炭素で構成された非孔性の充填剤であり，クロロフィルをはじめとした色素成分に対して大きな除去効果を有する．しかし，脂肪酸等の成分を精製する効果は期待できないため，通常はグラファイトカーボンと NH₂ を積層させたミニカラムを使用する（図 2.12.10）．多くの農薬類は多少なりとも立体構造を有するため，相互作用をもつことなく素通りする性質をもつが，平面性をもつ一部農薬類は溶出が

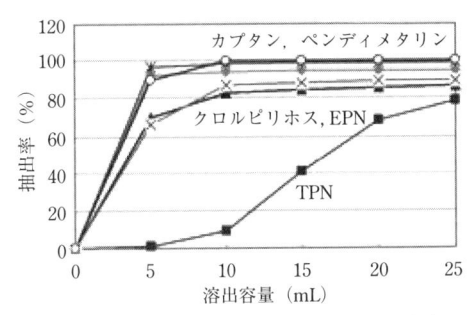

図 2.12.11 グラファイトカーボンミニカラムからの溶出曲線
平面性を有する農薬である TPN はグラファイトからの溶出挙動がほかの農薬類と比べて遅れる傾向がある。

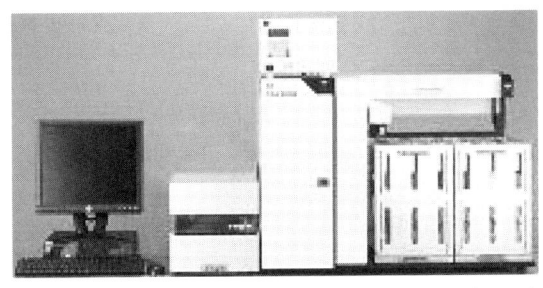

図 2.12.12 市販 GPC システム（G-PrepGPC, ジーエルサイエンス）
GPC システムは自動化されたシステムで運用される。左よりコントロール PC，オートサンプラー，UV 検出器，カラムオーブン，フラクションコレクター．

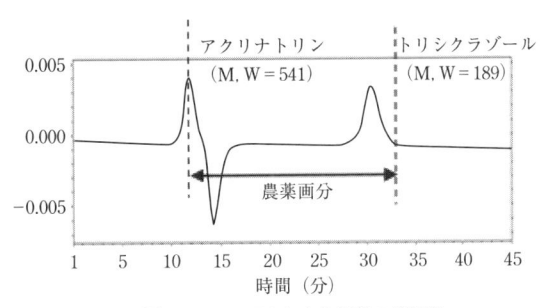

図 2.12.13 GPC による農薬の前処理

困難となる場合があるため，注意が必要である（図2.12.11）．

3. 脂質除去のための C_{18}

食品中に含まれる油分は GC 分析においてインサートやキャピラリーカラムに悪影響を与えるだけでなく，MS 検出器に重度の汚染を引き起こす要因ともなる。アセトニトリルで抽出された穀類や豆類の抽出液でも，少なからず脂質が含まれており，これは GC/NH_2 では除去することができない。そこで，アセトニトリルで抽出した液を C_{18} ミニカラムに通液することで農薬類を素通しさせ，脂溶性の高い夾雑成分は C_{18} 上に保持する手法が利用されている。ただし，使用する C_{18} ミニカラム製品によっては，農薬類の回収率や溶出挙動，ブランク等に違いがあることから，事前の確認試験を行うことが重要である[21]．C_{18} を用いた脱脂法は非常に簡易であるが，抽出溶媒の種類や脱脂量に制限があるため，必要に応じて GPC や液液分配による脱脂などとの使い分けを行うこと．

4. 脂質除去のための GPC 法

GPC によるクリーンアップは，分子の大きさに応じたふるい分けを利用した精製方法で，古くから残留農薬分析に使用されてきた手法である。脂質が多い試料に対して有効で，農薬類の損失も少なく，自動で処理が行える利点がある（図 2.12.12）．農薬指標物質のクロマトグラム例を図 2.12.13 に示す。アクリナトリンのピークトップから農薬の分画を開始し，トリシクラゾールのピークエンドまでを分取することで，多成分の農薬類を回収することが可能となる。アクリナトリンより分子量の大きい脂質分は廃棄されているため，分析への悪影響を避けることができる。また，脂質だけでなく，色素などの高分子成分も同時に除去できるため，加工食品のような複雑なマトリクスを有するサンプルを処理する場合にも有効な手法となる。GPC は比較的堅実な前処理手法であるが，室温の変化による溶出位置の変動や試料注入時の粘度効果による分離能の低下がおこるため，温度安定性の確保が重要である[22]．

〔今中努志〕

参考文献

1) 西村他：第 18 回環境化学討論会講演要旨集，p.642（2009）．
2) F.J. Schenck et al.: *Journal of Chromatography A*, **868** p.51 (2000).
3) 奥村為男他：環境化学，Vol. 5, No. 3, p.575（1995）．
4) 今中努志他：第 15 回環境化学討論会講演要旨集，p.536（2006）．
5) 鈴木明他：第 16 回環境化学討論会講演要旨集，p.566（2007）．
6) H. Murayama et al.: *Analytical Sciences*, **16**, p. 257 (2000).
7) 松村年郎他：室内環境学会講演要旨集，p.58（1999）．
8) 鈴木茂：分析化学，**41**, p.115（1992）．
9) 家合浩明他：環境化学，**16**, p.71（2006）．
10) 小田淳子他：大気汚染学会誌，**29**, p.133（1994）．
11) 環境庁大気保全局大気規制課：有害大気汚染物質の測定方法マニュアル（1997）．
12) 環境省：化学物質環境実態調査実施の手引き（2005）．
13) 厚生労働省健康局水道課長通知：水質管理目標設定項目

14) 今中努志他：第16回環境化学討論会講演要旨集，p.560 (2007)
15) 石井一行他：第18回環境化学討論会講演要旨集，p.696 (2009).
16) （厚生労働省）厚生労働省通知法，食品に残留する農薬，飼料添加物又は動物用医薬品の成分である物質の試験法．http://www.mhlw.go.jp/topics/bukyoku/iyaku/syoku-anzen/zanryu3/siken.html#2
17) 伊藤正子他：食品衛生学雑誌，Vol. 39, No 3, p.218 (1998).
18) 秋山由美他：食品衛生学雑誌，Vol. 37, No. 6, p.351 (1996).
19) M.A. Luke: 8th International Congress of Pesticide Chemistry: Options 2000. Eds. Ragsdale, Kearnley and Plummer, American Chemical Society (1995).
20) 平原嘉親：食品衛生研究，Vo.l56, No. 2, p.41 (2006).
21) 今中努志他：第94回日本食品衛生学会学術講演会講演要旨集，p.103 (2007).
22) 上野英二他：食品衛生学雑誌，Vol. 48, No. 4, J-273 (2007).

測定の落とし穴　DBP

難しい測定はいろいろあるが，精度よい定量が困難で，操作に神経を使うものにフタル酸エステル類のDBP（フタル酸ジブチル）とDEHP（フタル酸ジエチルヘキシル，DOPともいう）がある．GC/MSを使えば，簡単に測れるこれらの物質がなぜ，定量が困難かというと，嵐のようなコンタミにあい，何を測っているかわからなくなってしまうからである．DBPとDEHPはメジャーな可塑剤であり，GC/MSの部品を含め，身の回りのありとあらゆるプラスチック類やチューブ類に使われているので，何に触れても試料が汚染されてしまう，という事態をまねく．考えられる限りの対策をとり，超高純度の試薬を購入しても，ブランク値はゼロとは程遠く，大量の試料を採り，相対的にブランク値の寄与率を下げる，といった対応をせざるを得なかった．DBPほど激しくなくても，似たような状況にあったものには，BHT（ジブチルヒドロキシトルエン：酸化防止剤），有機フッ素化合物（PFOA等：撥水剤）などがある．身近なところで大量に使用されている物質を測定する場合には，特別な配慮が必要となることがある．

2.12.2 農薬のLC/MS分析

環境水（ゴルフ場等）

化学構造・慣用名	IUPAC名	CAS No./分子式/分子量	オクタノール/水分配係数
シマジン	6-chloro-N^2,N^4-diethyl-1,3,5-triazine-2,4-diamine	122-34-9/ $C_7H_{12}ClN_5$/ 201.7	$\log P_{ow}=2.1$（25℃）
備考．水溶解性：6.2 mg/L（22℃）　除草剤　適用対象：畑，ゴルフ場，果樹園			
チオジカルブ	3,7,9,13-tetramethyl-5,11-dioxa-2,8,14-trithia-4,7,9,12-*tetra*-azapentadeca-3,12-diene-6,10-dione	59669-26-0/ $C_{10}H_{18}N_4O_4S_3$/ 354.5	$\log P_{ow}=1.62$（25℃）
備考．水溶解性：22.19 mg/L（25℃）　殺虫剤　適用対象：畑，家庭，果樹園，ゴルフ場			
チウラム	bis(dimethylthiocarbamoyl) disulfide, tetramethyl-thiuram disulfide	137-26-8/ $C_6H_{12}N_2S_4$/ 240.4	$\log P_{ow}=1.79$（pH6.3, 25℃）
備考．水溶解性：21.28 mg/L（30℃）　殺菌剤　適用対象：果樹園，畑，ゴルフ場，田他			
メコプロップ	(RS)-2-(4-chloro-*o*-tolyloxy)propionic acid	7085-19-0/ $C_{10}H_{11}ClO_3$/ 214.6	$\log P_{ow}=-0.43$（pH7）
備考．水溶解性：699 mg/L（精製水，20℃）　除草剤　適用対象：ゴルフ場他			
トリクロピル	3,5,6-trichloro-2-pyridyloxyacetic acid	55335-06-3/ $C_7H_4Cl_3NO_3$/ 256.5	$\log P_{ow}=-0.45$（pH7, 25℃）
備考．水溶解性：>500 g/L（20℃）　除草剤　適用対象：ゴルフ場，森林他			

化学構造・慣用名	IUPAC 名	CAS No./分子式/分子量	オクタノール/水分配係数
フラザスルフロン	1-(4,6-dimethoxypyrimidin-2-yl)-3-(3-trifluoromethyl-2-pyridylsulfonyl)urea	104040-78-0/ $C_{13}H_{12}F_3N_5O_5S$/ 407.3	$\log P_{ow} = 1.30$ （pH5, 25℃）
備考．水溶解性：27 mg/L（pH5, 25℃）　除草剤　適用対象：ゴルフ場，畑			
ハロスルフロンメチル	methyl 3-chloro-5-(4,6-dimethoxypyrimidin-2-ylcarbamoylsulfamoyl)-1-methylpyrazole-4-carboxylate	100784-20-1/ $C_{13}H_{15}ClN_6O_7S$/ 434.8	$\log P_{ow} = 1.67$ （pH5）
備考．水溶解性：10.2 mg/L（20℃）　除草剤　適用対象：田，ゴルフ場，畑			
シデュロン	1-(2-methylcyclohexyl)-3-phenylurea	1982-49-6/ $C_{14}H_{20}N_2O$/ 232.3	$\log P_{ow} = 3.8^*$
備考．水溶解性：13.3 mg/L（25℃）　除草剤　適用対象：ゴルフ場，畑			
アゾキシストロビン	methyl(E)-2-{2-[6-(2-cyanophenoxy)pyrimidin-4-yloxy]phenyl}-3-methoxyacrylate	131860-33-8/ $C_{22}H_{17}N_3O_5$/ 403.4	$\log P_{ow} = 2.5$ （20℃）
備考．水溶解性：6 g/L（20℃）　殺菌剤　適用対象：畑，ゴルフ場，田，果樹園			
イプロジオン	3-(3,5-dichlorophenyl)-N-isopropyl-2,4-dioxoimidazolidine-1-carboxamide	36734-19-7/ $C_{13}H_{13}Cl_2N_3O_3$/ 330.2	$\log P_{ow} = 3.00$ （pH5, 25℃）
備考．水溶解性：11.5 mg/L（20℃）　殺菌剤　適用対象：畑，果樹園，ゴルフ場			

化学構造・慣用名	IUPAC 名	CAS No./分子式/分子量	オクタノール/水分配係数
プロピコナゾール	1-[2-(2,4-dichlorophenyl)-4-propyl-1,3-dioxolan-2-yl-methyl]-1H-1,2,4-triazole	60207-90-1/ $C_{15}H_{17}Cl_2N_3O_2$/ 342.2	$\log P_{ow} = 3.72$
備考.水溶解性：0.10 g/L（20℃） 殺菌剤 適用対象：畑，ゴルフ場			
ベンスリド	O,O-diisopropyl S-2-phenylsulfonylaminoethyl phosphorodithioate	741-58-2/ $C_{14}H_{24}NO_4PS_3$/ 397.5	$\log P_{ow} = 4.2$*
備考.水溶解性：25 mg/L（25℃）* 除草剤 失効農薬			

＊を付した値は The pesticide Manual[1] を，それ以外の値については農薬ハンドブック[2] を参照した．

シマジン，チオジカルブ，チウラム，メコプロップ，トリクロピル，フラザスルフロン，ハロスルフロンメチル，シデュロン，アゾキシストロビン，イプロジオン，プロピコナゾールおよびベンスリドは，ゴルフ場で使用される農薬による水質汚濁の防止に係る暫定指導指針において排出水中の指針値が示されている農薬であり（ベンスリドは平成25年6月の改正で除外された）．また，水道法による水道管理目標設定項目の対象農薬となっている．これらの物質は，比較的オクタノール/水分配係数が小さく，チウラム等熱分解性の化合物もあり，液体クロマトグラフや液体クロマトグラフ質量分析計で測定されるケースが多い[3-5]．

上記ゴルフ場農薬に係る指針は，平成22年9月に改正され，数十種類の農薬が対象農薬に追加されるとともに，別添記載の標準分析方法にLC-MS/MSによる測定が導入された．さらに，平成25年6月の改正により，LC-MS/MS測定対象農薬は大幅に増加し，今後も追加されていく予定である．なお本項目は，平成21年9月の時点での同指針の状況をもとにして検討した分析方法について記載している．

1) 12種農薬の一斉分析法

水試料はエチレンジアミン四酢酸二ナトリウム（EDTA・2Na）を0.2%（w/v）になるように添加した後，1M 硝酸を用いてpHを約3.5に調整後，ポリマーゲルを捕集素材とした固相カートリッジ（たとえば，Presep-C Agri）を用いて捕集する．固相カートリッジからアセトニトリルで溶出し，溶出液を窒素気流下にて濃縮してからLC-MS/MSで分析する．分析方法のフローチャートを図2.12.14に示す．

a. 試薬および標準溶液

農薬の標準物質は残留農薬試験用標準品などを使用する．標準品をアセトニトリルに溶解して100 μg/mLのアセトニトリル溶液を調製し標準原液とする．混合標準溶液（各0.2～100 ng/mL）は各標準原液からアセトニトリルおよび精製水を用いて，アセトニト

水質試料 → 固相抽出 → 間隙水除去 → 溶出
200 mL　　Presep-C Agri（Short）　遠心分離　アセトニトリル
0.2% EDTA, pH3.5　10 mL/min　　3000 rpm, 5 min　5 mL

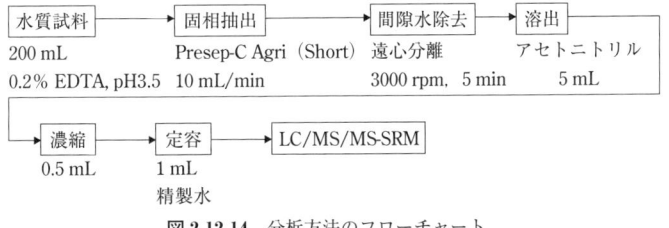

→ 濃縮 → 定容 → LC/MS/MS-SRM
　　0.5 mL　1 mL
　　　　　精製水

図2.12.14 分析方法のフローチャート

表 2.12.4　装置および分析条件例（SRM 分析）

LC 条件			
	機種：Waters 社製　Alliance 2695		
	カラム：Waters 社製　XBridge™ C18（2.1 mmφ×100 mm, 3.5 μm）		
	移動相：A：0.1％ギ酸溶液　B：アセトニトリル，0.25 mL/min		
	0→3 min	A：80→50	B：20→50 linear gradient
	3→5 min	A：B＝50：50	
	5→10 min	A：50→10	B：50→90 linear gradient
	10→12 min	A：B＝10：90	
	12→12.1 min	A：10→80	B：90→20 linear gradient
	12.1→20 min	A：B＝80：20	
	カラム温度：40℃		
	注入量：5 μL		
MS 条件			
	機種：Waters 社製　Quattro micro™ API		
	イオン化法：ESI-negative（メコプロップ及びトリクロピル）		
	ESI-positive（上記物質以外）		
	キャピラリー電圧：1.5 kV		
	イオン源温度：120℃		
	脱溶媒温度：400℃		
	脱溶媒ガス流量：600 L/hr		
	モニターイオン：シマジン	202→132	
	チオジカルブ	355→88	
	チウラム	241→88	
	メコプロップ	213→141	
	トリクロピル	254→196	
	フラザスルフロン	408→182	
	ハロスルフロンメチル	435→182	
	シデュロン	233→137	
	アゾキシストロビン	404→372	
	イプロジオン	330→245	
	プロピコナゾール	342→159	
	ベンスリド	398→314	

リル/精製水（1/1）溶液となるように適宜調製する．

アセトニトリル，メタノールおよびギ酸はLC/MS用，硝酸およびエチレンジアミン四酢酸二ナトリウムは特級を使用する．精製水としてはMerck製milliQ-gradientで精製した後，活性炭処理したものを用いる．水質試料の捕集剤にはPresep-C Agri（Short）（和光純薬社製）を使用する．

b. 装置および分析条件

装置および分析条件の例を表2.12.4（SRM分析）に示す．

c. 試料の前処理

水質試料は，0.2％（w/v）となるようにエチレンジアミン四酢酸二ナトリウム（EDTA・2Na）を添加後，1M硝酸水溶液にてpHを約3.5に調製してから，アセトニトリル10 mL，メタノール10 mLおよび精製水10 mLでコンディショニングしたPresep-C Agri（Short）カートリッジに10 mL/minの流速で200 mL通水する．10 mLの精製水でカートリッジを洗浄してから，遠心分離機を用いて（3,000 rpm，5分間）カートリッジに残留している水分を除去し，アセトニトリル5 mLで溶出する．溶出液は窒素気流下にて0.5 mLまで濃縮してから，精製水を加えて1 mLに合わせ，LC-MS/MS測定試料とする．

2) 解説

a. 捕集剤（固相）および試料溶液のpH選択

環境水に存在する12種農薬を捕集するための捕集剤（固相）として，ポリマー系3種の固相（スチレンジビニルベンゼン共重合体ポリマー：Sep-Pak Plus PS-2（Waters社製），スチレンジビニルベンゼン/メタクリレート系ポリマー：Presep-C Agri（Short）およびジビニルベンゼン N-ビニルピロリドン共重合体ポリマー：Oasis HLB Plus（Waters社製））について検討した．100 ng/L濃度の12種農薬を含む精製水200 mL（pH3.5およびpH7.1）を各固相に通水し，農薬の回収率を求めた（図2.12.15）．ゴルフ場農薬の公

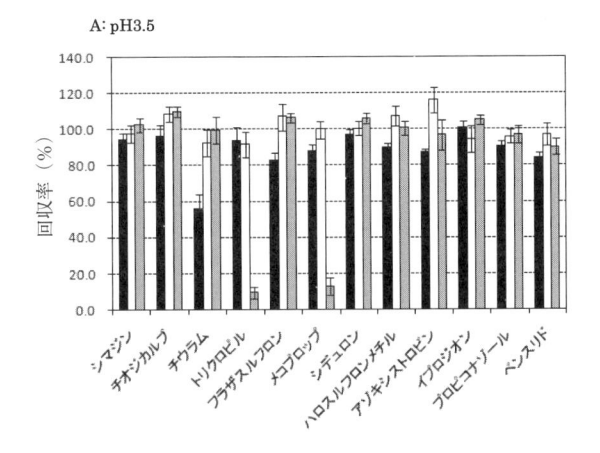

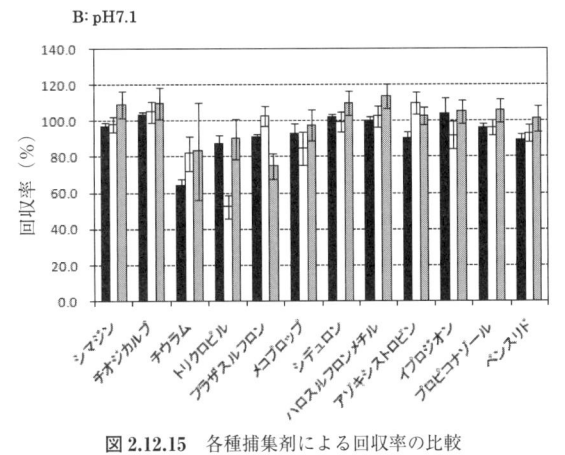

図 2.12.15 各種捕集剤による回収率の比較
■ Sep-Pak PS-2, □ Presep-C Agri, ▨ Oasis HLB

定法[4]および水道法の検査方法[5]に準じて試料を酸性(pH3.5)にした場合，スチレンジビニルベンゼン/メタクリレート系ポリマー(Presep-C Agri (Short))ではすべての農薬において良好な回収率を有していたが，ジビニルベンゼン N-ビニルピロリドン共重合体ポリマー(Oasis HLB Plus)では，トリクロピルとメコプロップの回収率が20%に達しなかった．一方，中性(pH7.1)条件では，ジビニルベンゼン N-ビニルピロリドン共重合体ポリマー(Oasis HLB Plus)によるトリクロピルおよびメコプロップの回収率は良好であるが，スチレンジビニルベンゼン/メタクリレート系ポリマー(Presep-C Agri (Short))によるトリクロピルの回収率が低い結果となった．スチレンジビニルベンゼン共重合体ポリマー(Sep-Pak Plus PS-2)においては，どちらのpHにおいてもチウラムの回収が悪く，70%以上の回収率を得ることができなかった．農薬の回収率およびそのばらつきの大きさを考慮し，捕集剤としてはスチレンジビニルベンゼン/メタクリレート系ポリマーである Presep-C Agri (Short)を，試料溶液の調整pHとしては3.5を選択した．

なお，各捕集剤による農薬の回収率は，今回は検討を行わなかった溶出溶媒の種類や固相カートリッジの脱水の度合いによって変化するため，これらの条件を検討することによって，他の捕集剤でも十分な回収率を得ることができる．

b. EDTA添加の効果

固相カートリッジにて水質試料を捕集する際のEDTAの効果について検討を行った．精製水に農薬を添加し，Presep-C Agri (Short)を用いて回収率を評価した場合，EDTAの添加によりチウラムの回収率は92.7から95.3%にやや向上し，両条件ともに良好な回収率を示していた．一方，河川水に農薬を添加して回収率を比較した場合は，EDTAを添加しないと50 ng/Lの濃度においてチウラムの回収率は8%に満た

試料溶媒：アセトニトリル/精製水（1/1）　　　　　　試料溶媒：アセトニトリル

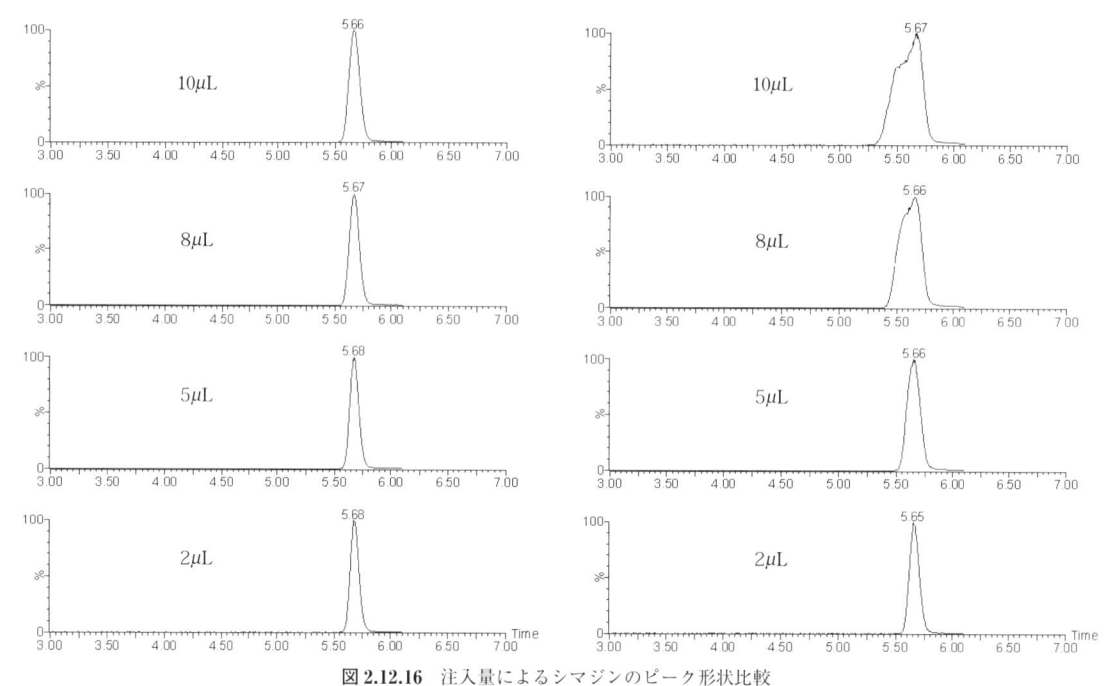

図 2.12.16 注入量によるシマジンのピーク形状比較

なかったが，添加すると 26% 程度まで向上した（表 2.16.6）．なお，ほかの農薬に関しては EDTA の添加が回収率に与える影響はなかった．これらの結果からできるだけチウラムの検出が可能となるよう試料溶液にエチレンジアミン四酢酸二ナトリウム（EDTA・2Na）を添加することとした．

c．LC-MS/MS 測定試料溶媒と注入量

LC-MS/MS 測定試料溶液に用いる溶媒を検討するため，アセトニトリル 100% およびアセトニトリル/精製水（1/1）溶液で試料溶液を調製し，注入量を変えて測定を行い保持時間の一番短いシマジンのピーク形状を比較した（図 2.12.16）．アセトニトリル 100% の溶液で試料を注入した場合，2 μL 注入に比べ 5 μL 注入では明らかにピーク幅が広がり，さらに 8 μL 注入および 10 μL 注入ではリーディングがみられた．一方，アセトニトリル/精製水（1/1）溶液の場合は，注入量の増加とともに若干ピーク幅は広くなっていったが，アセトニトリル 100% 溶液に比べその程度は小さく，5 μL 注入では良好なピーク形状を保っていた．これらの結果から，試料調製用溶媒としてはアセトニトリル/精製水（1/1）溶液を使用し，注入量は 5 μL とした．

d．検量線および検出下限（MDL）

0.2 ng/mL～100 ng/mL の濃度範囲で 12 種農薬の混合標準溶液を調製し，5 μL 注入して検量線を作成した．表 2.12.4 の測定条件で，チウラム以外の農薬では相関係数が 0.998 以上となり直線関係が得られた．環境実態調査実施の手引き[3] に従って S/N が 10 程度になる濃度の標準液の測定値の標準偏差から計算した装置の検出下限値は農薬によりかなりの開きがあるが，0.017～1.9 ng/mL（表 2.12.5）となった．標準溶液のクロマトグラムを図 2.12.17 に示した．

MDL は，混合標準溶液を各農薬の定量下限付近の濃度になるように河川水に添加して試料溶液を調製してから「1）c．試料の前処理」の操作手順に従って処理し，分析して求めた．環境実態調査実施の手引き[3] に従って測定値の標準偏差から計算した MDL は 0.80～41 ng/L（表 2.12.5）であった．ただし，チウラムは添加した濃度ではピークが確認できず，算出することができなかった．

e．添加回収試験

河川水に 12 種農薬の混合標準溶液を添加して調製した 50 ng/L および 500 ng/L の試料を「1）c．試料の前処理」の操作手順に従って処理し，実試料からの

2.12 農薬の分析法

表 2.12.5 検量線評価，装置の検出下限値（IDL）および測定方法の検出下限値（MDL）例

	検量線範囲 (ng/mL)	決定係数 r^2	IDL (ng/mL)	IDL試料換算値 (ng/L)	MDL (ng/L)
シマジン	0.2–20	0.9999	0.017	0.085	0.68
チオジカルブ	0.4–50	0.9997	0.12	0.60	3.2
チウラム	1–100	—[1]	0.22	1.1	—[2]
トリクロピル	5–100	0.9984	1.9	9.5	21
フラザスルフロン	0.2–50	0.9996	0.030	0.15	0.66
メコプロップ	2–50	0.9990	0.80	4.0	12
シデュロン	0.2–70	0.9990	0.046	0.23	1.7
ハロスルフロンメチル	0.2–50	0.9997	0.064	0.32	0.92
アゾキシストロビン	0.2–20	0.9998	0.028	0.14	0.91
イプロジオン	1–70	0.9997	0.12	0.60	2.4
プロピコナゾール	0.2–100	0.9997	0.034	0.17	0.39
ベンスリド	0.4–70	0.9996	0.14	0.70	1.5

（注）
1）：チウラムは，5 ng/mL 以下の濃度と 10 ng/mL 以上の濃度で検量線の傾きが異なり，1–100 ng/mL の濃度範囲で直線性は認められなかった．また，低濃度範囲では傾きが緩やかな傾向が見られた．
2）：チウラムは，河川水に標準液を定量下限付近濃度になるように添加した試料を分析した際，ピークが認められず算出することができなかった．

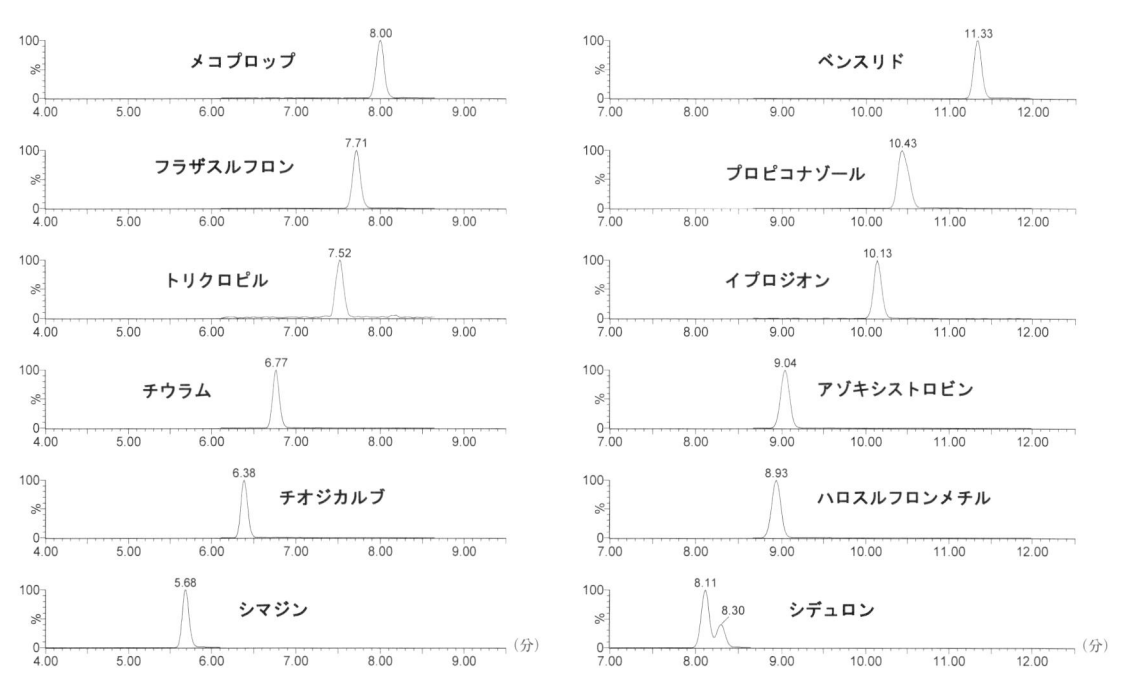

図 2.12.17 12 種農薬標準溶液の LC/MS/MS による SRM クロマトグラム
（表 2.12.4 の測定条件による　濃度：各 20 ng/mL）

回収率を求めた．各 6 試料溶液について分析した結果，チウラムは高濃度試料溶液においても回収率は 55％程度であったが，チウラム以外の農薬の平均回収率は 91.3～118％および 91.9～113％であり，変動係数は 5.0～10.5％および 0.5～6.9％であった（表 2.12.6）．

f. 実試料の分析

埼玉県所沢市内の河川水の分析例を図 2.12.18 に示す．濁りは見られなかったため，ろ過することなく分析試料とした．SRM クロマトグラムのモニターイオンでとくに妨害となるピークは認められなかった．ま

表 2.12.6 河川水への添加回収例 (n=6)

	濃度1			濃度2		
	添加濃度 (ng/L)	回収率 (%)	変動係数 (CV%)	添加濃度 (ng/L)	回収率 (%)	変動係数 (CV%)
シマジン	50	91.3	5.4	500	99.1	0.5
チオジカルブ	50	105	8.4	500	113	6.9
チウラム	50	25.7	7.8	500	54.7	16.4
トリクロピル	50	117	8.1	500	103	6.8
フラザスルフロン	50	109	7.9	500	91.9	3.2
メコプロップ	50	118	7.4	500	109	4.7
シデュロン	50	101	7.7	500	102	2.6
ハロスルフロンメチル	50	108	5.7	500	102	1.1
アゾキシストロビン	50	118	7.4	500	102	1.2
イプロジオン	50	93.8	10.5	500	100	3.9
プロピコナゾール	50	101	6.0	500	99.5	1.3
ベンスリド	50	98.4	5.0	500	97.2	1.2

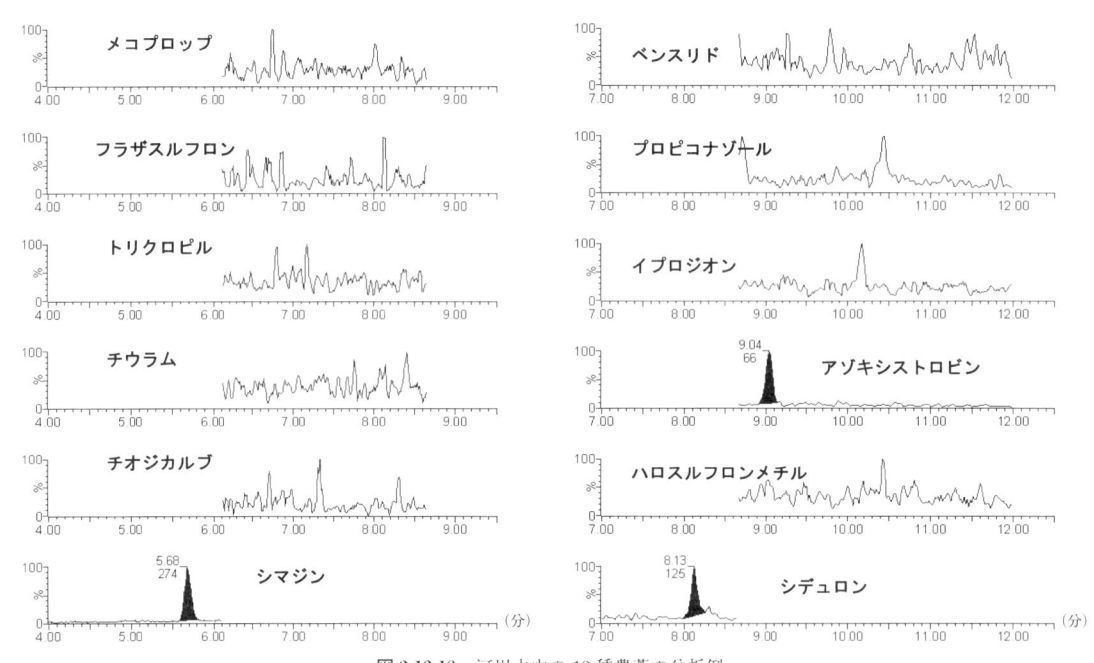

図 2.12.18 河川水中の12種農薬の分析例

た，マトリクスの影響を検討したところ，イオン化抑制および促進ともに見られなかった．なお，ピークが認められたシマジン，シデュロンおよびアゾキシストロビンに関してはすべて定量下限値以下であった．

〔四ノ宮美保〕

参考文献

1) The Pesticide Manual 12th edition, C.D.S. Tomlin eds. (2000) British Crop Protection Council Publications.
2) 社団法人日本植物防疫協会：農薬ハンドブック，2005年版（改訂新版）(2005).
3) 環境省総合環境政策局環境保健部環境安全課：化学物質と環境 平成19年化学物質分析法開発調査報告書，p. 1399 (2008).
4) 環境庁水質保全局長通知：ゴルフ場で使用される農薬による水質汚濁の防止に係る暫定指導指針，別添 II 排出水に係る標準分析方法 平成2年5月24日 環水土77号，(1990)（最終改正 平成25年6月18日 環水大土発第1306181号）.
5) 厚生労働省健康局水道課：別添4 水質管理目標設定項目の検査方法（平成15年10月10日付健水発第1010001号）（最終改正 平成25年3月28日）.
6) 環境省総合環境政策局環境保健部環境安全課：環境実態調査実施の手引き 平成20年度版 (2008).

2.12.3 農薬の LC/MC 分析

食品

農薬の規制は，従来のネガティブリスト制度（原則無規制，規制するものには基準を設定する）から，ポジティブ制度（原則使用禁止，使用するものには基準を設定．基準のないものには一律基準原則 0.01 ppm を適用）と大きく舵を切り，2006 年 5 月 29 日農薬，動物用医薬品および飼料添加物（以下農薬等という）が残留する食品の販売などを原則禁止する制度（ポジティブリスト制度）が施行され，800 種近い農薬等に基準値が設定された．この制度を運用するために，農薬を一斉に分析する方法として従来（告示試験法：食品衛生法の文面に分析法が記載されており，本来はそれに従って分析を行う必要がある．現在も不検出基準の農薬は告示試験法が記載されている[1]）は確認手段とされた MS 法が採用され，農産物は 3 方法（GC/MS1, LC/MS/MS2），畜水産物は 4 方法（GC/MS1, LC/MS/MS1, HPLC2）が通知試験法として出されている（図 2.12.19，2.12.20）[2]．

しかし，残留農薬の一斉分析では「農薬」という一つのくくりの中に，酸性・塩基性物質，極性・非極性物質などあらゆる有機化合物を一つの分析方法で行うため，分析結果に思いがけないバイアスがかかることはつねに注意しておく必要がある．また，農産物は栽培された土地，季節によりマトリクスが異なる場合もある．分析法は穀類・大豆など，野菜・果実など，茶・ホップなどと 3 つに分類しているが，それぞれの農産物により回収率が異なることも理解しておく必要

がある．

この章では，食品中の残留農薬分析の LC-MS を用いた分析法について解説をするが，詳細は厚生労働省の残留農薬の一斉分析法[1]を参照願いたい．

1）残留農薬の LC/MS 一斉分析法による分析対象農薬

分析対象農薬としては現在「LC/MS による農産物の一斉分析法 I」で 98 種類，「一斉分析法 II」で 58 種類の農薬が対象となっている．表 2.12.7 には一斉分析法 I に記載されている農薬の品目名，分析対象農薬名（スピノサドの場合はスピノシン A と D が分析対象となる），LC での相対保持時間，LC/MS 測定イオン，LC/MS/MS 測定イオン（m/z），測定限界の一部を紹介する（対象農薬が別表に掲載）．それに従って測定イオンを選択するか，装置メーカーが提供するデータベースからイオン化の際のコリジョンエナジーと共に選択してもよい．対象農薬の一部を表 2.12.7 に記載した（LC/MS 測定イオンは省略）．測定限界としては明らかに S/N の良好な LC/MS/MS のほうがよい農薬が多い．

2）試料調製

均一な試料調製が食品中残留分析のキーポイントであり，この部分のばらつきが分析工程の中で一番大きい．そのため，できるだけ検体全体を代表するサンプリングをする必要がある．果実の皮と身ではほとんど皮に残留している．葉物の表と裏，イチゴのように畑のあちこちから集めるものなども農薬残留に大きな差

- 第 1 章：総則
- 第 2 章：一斉試験法
  - GC/MS による農薬等の一斉試験法（農産物）
  - LC/MS による農薬等の一斉試験法 I（農産物）
  - LC/MS による農薬等の一斉試験法 II（農産物）
  - GC/MS による農薬等の一斉試験法（畜水産物）
  - LC/MS による農薬等の一斉試験法（畜水産物）
  - HPLC による動物用医薬品等の一斉試験法 I（畜水産物）
  - HPLC による動物用医薬品等の一斉試験法 II（畜水産物）
  - HPLC による動物用医薬品等の一斉試験法 III（畜水産物）
- 第 3 章：個別試験法
  - BHC 等試験法
  - 2, 4-D 等試験法
    …（以下省略）

図 2.12.19 食品に残留する農薬，飼料添加物または動物用医薬品の成分である物質の試験法

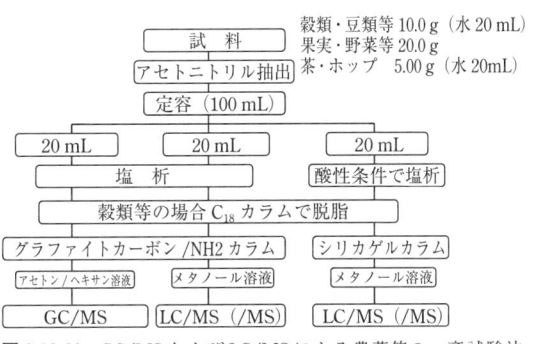

図 2.12.20 GC/MS および LC/MS による農薬等の一斉試験法（農産物）

表 2.12.7　LC/MS による農薬等の一斉試験法 I（農産物）

品目名	分析対象化合物名	相対保持時間	LC/MS/MS 測定イオン（m/z） ポジティブ測定					測定限界（ng）	
			プリカーサー[*1]	プロダクト(定量)[*2]		プロダクト(定性)[*2]		LC/MS	LC/MS/MS
アジンホスメチル	アジンホスメチル	1.05	318	160	77	132		0.005	0.003
アゾキシストロビン	アゾキシストロビン	1.07	404	372		344		—	0.002
アバメクチン	アベルメクチン B1a	1.46	891	567	305	568		0.024	0.026
アルジカルブ	アルジカルブ	0.76	208	116		191	89	—	0.014
イプロジオン	イプロジオン	1.17	330	245		288		—	0.033
イマザリル	イマザリル	1.2	297	159		255		—	0.008
イミダクロプリド	イミダクロプリド	0.53	256	209	175			0.008	0.005
インドキサカルブ	インドキサカルブ	1.28	528	150		203		0.002	0.004
オキサミル	オキサミル	0.43	237	72		237	90		0.007
オキシカルボキシン	オキシカルボキシン	0.62	268	175		147		0.004	0.001
カルバリル	カルバリル	0.91	219	202	202	145	145	127	0.006
カルボフラン	カルボフラン	0.87	222	165		123		—	0.01
クミルロン	クミルロン	1.17	303	185		125		0.008	0.0002
クロチアニジン	クロチアニジン	0.54	250	169		132		0.002	0.002
クロフェンテジン	クロフェンテジン	1.24	303	138		102		—	0.006
ジウロン	ジウロン	1.01	233	72		233	160	—	0.007
ジフルベンズロン	ジフルベンズロン	1.17	328	311	158	311	141	—	0.002
ジメトモルフ	ジメトモルフ（E）	1.08	388	301		165			0.001
	ジメトモルフ（Z）	1.1	388	301		165			0.002
シラフルオフェン	シラフルオフェン	1.63	426	287		168			0.012
スピノサド	スピノシン A	1.44	732	142		98			0.0003
	スピノシン D	1.49	746	142		98			0.001
ダイムロン	ダイムロン	1.15	269	151		91		0.028	0.001
チアクロプリド	チアクロプリド	0.64	253	126		90	73	0.004	0.002
チアベンダゾール	チアベンダゾール	0.75	202	175		131		0.001	0.001
チオジカルブ及びメソミル	チオジカルブ	0.92	355	88		108		0.012	0.001
テトラクロルビンホス	テトラクロルビンホス（Z）	1.19	367	127		206		0.053	0.005
ノバルロン	ノバルロン	1.28	493	158		141		0.105	0.008
ピリミカルブ	ピリミカルブ	0.96	239	182	72	182	72	0.002	0.003
フェノブカルブ	フェノブカルブ	1.07	208	95		152		0.027	0.002
フェンピロキシメート	フェンピロキシメート（E）	1.38	422	366		214	135	0.02	0.001
	フェンピロキシメート（Z）	1.33	422	366		214	135	0.019	0.001
フルフェノクスロン	フルフェノクスロン	1.36	489	158		141		0.002	0.005
ヘキシチアゾクス	ヘキシチアゾクス	1.43	353	228		168		0.018	0.005
ボスカリド	ボスカリド	1.12	343	307		140		0.015	0.01
チオジカルブ及びメソミル	メソミル	0.42	163	88		106		—	0.017
メチオカルブ	メチオカルブ	1.11	226	169		121		0.01	0.001
メパニピリム	メパニピリム	1.2	224	106		77		0.004	0.001
モノリニュロン	モノリニュロン	0.89	215	126		148		0.133	0.003
リニュロン	リニュロン	1.09	249	182		160		0.015	0.003

＊1. 前駆イオン　＊2. プロダクトイオン

がある．検査サンプルのばらつきの例としては，2000年スウェーデンで輸入されたキプロス産のブドウからランダムに 10 箱サンプリングして検査したところ，そのうち 4 箱から殺虫剤モノクロトホスが 0.05，0.42，1.12，2.12 ppm 検出され，残りの 6 箱からは検出されなかった．作物の種類にもよるが，ばらつくとこの程度の差は出る事例である．

① 穀類，豆類および種実類：検体を 425 μm の標準網ふるいを通るように粉砕する（はじめは荒い網ふるいで均一にして，さらにそれを細かい網ふるいで均一にしていくとよい．粉砕時の発熱に注意．ピーナッツのように脂肪分が溶けてペースト状になってしまう）．

② 果実，野菜およびハーブ：検体約1 kgを精密に測り，必要に応じて適量の水を量って加え，細切均一化する（一般的には数個の試料から分け取った1 kg以上の検体，キャベツや白菜は4等分してその4分の1をとり均一にして検査サンプルとする）．
③ 茶およびホップ：検体を425 μmの標準網ふるいを通るように粉砕し，抹茶以外の茶の場合は均一化する．スパイスの場合は，その形状に応じて，種実類または果実の場合に準ずる．

3) 抽出および精製

1. LC/MSによる農産物の一斉分析法Ⅰの方法

各農薬等を試料からアセトニトリルで抽出し，塩析で水を除いた後，果実，野菜等についてはそのまま，穀類，豆類および種実類についてはオクタデシルシリル化シリカゲルミニカラムで精製後，いずれもグラファイトカーボン/アミノプロピルシリル化シリカゲル積層ミニカラムで精製し，LC-MSまたはLC-MS/MSで測定および確認する方法である．

(1) 抽出
(1)-1 穀類，豆類および種実類

試料10.0 gに水20 mLを加え，15分間放置する（十分に浸潤させ抽出効率を上げる．以前は2時間放置であったが，一部の農薬は検体のもつ酵素により分解することがあり，現在では抽出効率がほぼ同じの15分が採用されている）．これにアセトニトリル50 mLを加え，ホモジナイズした後，吸引ろ過（粘性のあるものは弱い吸引の方が早く終わる場合もある）する．ろ紙上の残留物にアセトニトリル20 mLを加え，ホモジナイズした後，吸引ろ過する．得られたろ液を合わせ，アセトニトリルを加えて正確に100 mLとする．

抽出液20 mLを採り，塩化ナトリウム10 g（十分に飽和する量）および0.5 mol/Lリン酸緩衝液（pH7.0）20 mLを加え，10分間振とうする（この塩析操作 salting out は，水と混和していたアセトニトリルが水の塩濃度が高くなり水層と分離する原理を利用．分離したアセトニトリル層は7-8%の含水状態である）．静置した後，分離した水層を捨てる．穀類，大豆など脂質を含む検体は以下のODSカラムによる脱脂操作を行う．

オクタデシルシリル化シリカゲルODSミニカラム（1,000 mg）にアセトニトリル10 mLを注入し，流出液は捨てる．このカラムに上記のアセトニトリル層を注入し，さらに，アセトニトリル2 mLを注入して，全溶出液を採り，無水硫酸ナトリウムを加えて脱水し，無水硫酸ナトリウムをろ別した後，ろ液を40℃以下で濃縮し，溶媒を除去する（濃縮，溶媒を完全に除去する操作は，窒素気流を用いて穏やかに行う．以下同様）．残留物にアセトニトリルおよびトルエン（3:1）混液（つぎの精製カラムの溶出溶媒）2 mLを加えて溶かす．

(1)-2 果実，野菜，ハーブ，茶およびホップの場合

果実，野菜およびハーブの場合は，試料20.0 gを秤取る．茶およびホップの場合は，試料5.00 g（5.0 gではなく5.00 gに注意）に水20 mLを加え，15分間放置する．これにアセトニトリル50 mLを加え，ホモジナイズした後，吸引ろ過する．ろ紙上の残留物にアセトニトリル20 mLを加え，ホモジナイズした後，吸引ろ過する．得られたろ液を合わせ，アセトニトリルを加えて正確に100 mLとする．

抽出液20 mLを取り，塩化ナトリウム10 gおよび0.5 mol/Lリン酸緩衝液（pH7.0）20 mLを加え，振とうする．静置した後，分離した水層を捨てる．アセトニトリル層に無水硫酸ナトリウムを加えて脱水し，無水硫酸ナトリウムをろ別した後，ろ液を40℃以下で濃縮し，溶媒を除去する．残留物にアセトニトリル及びトルエン（3:1）混液2 mLを加えて溶かす．

(2) 精製

グラファイトカーボン/アミノプロピルシリル化シリカゲル積層ミニカラム（500 mg/500 mg，市販品ではEnvicarb/NH2等．脂肪酸を除去できるEnvicarb/PSAを用いる場合もある）に，アセトニトリルおよびトルエン（3:1）混液10 mLを注入し，流出液は捨てる．このカラムに(1)で得られた溶液を注入した後，アセトニトリルおよびトルエン（3:1）混液20 mLを注入し，全溶出液を40℃以下で1 mL以下に濃縮する（トルエンは精製カラムからアセトニトリルだけでは溶出しない農薬を溶出させるために加えてある）．これにアセトン10 mLを加えて40℃以下で1 mL以下に濃縮し，再度アセトン5 mLを加えて濃縮し，溶媒を除去する．残留物をメタノールに溶かして，正確に4 mLとしたものを試験溶液とする．

2. LC/MSによる農産物の一斉分析法Ⅱの方法

おもに酸性化合物を対象とし，一部試験法Ⅰとの変更部分のみ紹介する．

(1) 抽出
(1)-1 穀類，豆類および種実類の場合

　アセトニトリル抽出は試験法Ⅰと同様に行い，正確に 100 mL とする．

　抽出液 20 mL を取り，塩化ナトリウム 10 g および 0.01 mol/L 塩酸 20 mL を加え，15 分間振とうする．静置した後，分離した水層を捨てる（試験法Ⅰでは，中性付近で水層分離を行うが，酸性物質を抽出するため水層の pH を低くして抽出効率を上げる）．

　オクタデシルシリル化シリカゲルミニカラム（1,000 mg）にアセトニトリル 10 mL を注入し，流出液は捨てる．このカラムに上記のアセトニトリル層を注入し，さらに，アセトニトリル 2 mL を注入して，全溶出液を採り，無水硫酸ナトリウムを加えて脱水し，無水硫酸ナトリウムをろ別した後，ろ液を 40℃ 以下で濃縮し，溶媒を除去する．残留物にアセトン，トリエチルアミンおよび n-ヘキサン（20：0.5：80）混液 2 mL を加えて溶かす．

(1)-2 果実，野菜，ハーブ，茶およびホップの場合

　アセトニトリル抽出は試験法Ⅰと同様に行い，正確に 100 mL とする．

　抽出液 20 mL を取り，塩化ナトリウム 10 g および 0.01 mol/L 塩酸 20 mL を加え，振とうする．静置した後，分離した水層を捨てる．アセトニトリル層に無水硫酸ナトリウムを加えて脱水し，無水硫酸ナトリウムをろ別した後，ろ液を 40℃ 以下で濃縮し，溶媒を除去する．残留物にアセトン，トリエチルアミンおよび n-ヘキサン（20：0.5：80）混液 2 mL を加えて溶かす．

(2) 精製

　シリカゲルミニカラム（500 mg）に，メタノール，アセトン各 5 mL を順次注入し，各流出液は捨てる（Envicarb/NH2 では吸着する化合物も適用可能）．さらに n-ヘキサン 10 mL を注入し，流出液は捨てる．このカラムに (1) で得られた溶液を注入した後，アセトン，トリエチルアミンおよび n-ヘキサン（20：0.5：80）混液 10 mL を注入し，流出液は捨てる．ついで，アセトンおよびメタノール（1：1）混液 2 mL で (1) で得られた溶液が入っていた容器を洗い，洗液をシリカゲルミニカラムに注入し，さらにアセトンおよびメタノール（1：1）混液 18 mL を注入し，溶出液を 40℃ 以下で濃縮し，溶媒を除去する．残留物をメタノールに溶かして，正確に 4 mL としたものを試験溶液とする．

4）LC/MS/MS による定量

1. 検量線の作成

　各農薬等の標準品について，それぞれのアセトニトリル溶液を調製し，それらを混合した後，適切な濃度範囲の各農薬等を含むメタノール溶液を数点調製する．それぞれ 5 μL（感度が十分取れる場合は少なくても良い）を LC-MS または LC-MS/MS に注入し，ピーク高法またはピーク面積法で検量線を作成する．

2. 定量

　試験溶液 5 μL を LC-MS または LC-MS/MS に注入し，5 の検量線を用いて各農薬等の含量を求める．

3. 確認試験

　LC-MS または LC-MS/MS により確認する（プロダクトイオンの変更，カラムの分離条件の変更，カラムの種類の変更などを行い標準品との一致を確認する）．

4. 測定条件

　代表的な条件を記す．

カラム：オクタデシルシリル化シリカゲル（粒径 3〜3.5 μm）　内径 2〜2.1 mm，長さ 150 mm
カラム温度：40℃
移動相：A 液および B 液について表 2.12.8 の濃度勾配で送液する．
移動相流量：0.2 mL/min
A 液：5 mmol/L 酢酸アンモニウム水溶液
B 液：5 mmol/L 酢酸アンモニウム/メタノール溶液
イオン化モード：ESI

　おもなイオン（m/z）および保持時間，測定限界は

表 2.12.8

時間（分）	A 液（%）	B 液（%）
0	85	15
1	60	40
4.5	60	40
10.5	50	50
18.5	45	55
36	5	95
66	5	95
96	85	15

（分析目的，農薬の分離条件に合わせて分析時間は変更可能）

表 2.12.7 を参照

対象農薬全体は厚生労働省ホームページの別表参照.

5) 分析に際して注意事項

LC/MS/MS は高感度の機器のため，試験溶液をさらにメタノールで希釈することにより，マトリクスの影響によるイオン化抑制を改善することができる．測定上イオン化抑制（一部イオン化増強）がみられる場合は，① 10 倍希釈 50 倍希釈することによる改善，② さらに精製を行い夾雑物質を減らす，③ 安定同位体標準品（サロゲート）の利用などの対処法がある．

とくにメタノール溶液中では不安定な農薬等があるため，測定は試験溶液の調製後速やかに行う．検量線用溶液は用時調製する．常温のオートサンプラーラック中に試験溶液を長時間置かない．正確な測定値を得るためには，マトリクス添加標準溶液又は標準添加法を用いることが必要な場合がある（matrix matched calibration）．

定量限界は，使用する機器，試験溶液の濃縮倍率および試験溶液注入量により異なるので，必要に応じて最適条件を検討する．

サンプル溶媒が有機溶媒 100％のことが多いため，RT（保持時間）が早い農薬で，注入量によって，保持が悪くピーク形状が悪くなったり，ピークがスプリットしてしまったりして，再現性や定量性などにも影響するケースやサンプルマトリクスの影響で変わってしまうケースがある．図 2.12.21 に示すように保持時間の短い農薬は注入量がピーク形状に大きく影響するので少量注入，水で希釈などで改善する場合がある．

マトリクス由来の ion suppression（Enhance）に関する対応：カラムの保持が十分でないために，最初のボイドに溶出する塩の影響を受けていたり，最後のカラムの洗いのため，有機溶媒を上げたところで溶出していて，影響をひどく受けている場合がある．この場合は，LC 条件やカラムを変更することで改善可能なケースあり．また，カラムの洗いが十分でないため，脂溶性のマトリクスが不定期に溶出され，その影響でサプレッションが起きたり，起きなかったりし，再現性不良のケースもある．この場合は，最後のカラムの洗いの有機溶媒比を高くするか，洗いの時間を長くするか，溶出力の高い溶媒（メタノールにアセトニトリルを加える等）を混ぜることで改善することがある．

多くのトラブル事例では，それぞれの実情により原因は異なるのでケースバイケースの対応とならざるを得ない．

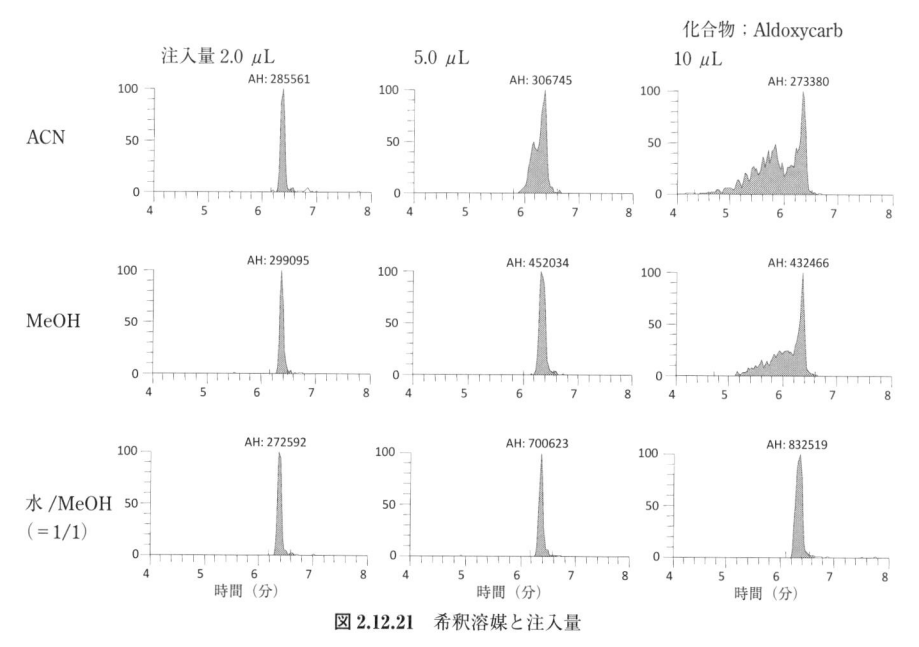

図 2.12.21 希釈溶媒と注入量

（サーモフィッシャーサイエンティフィック社資料より）

6）装置および分析条件例（SRM 分析）

LC 条件　機種：SHISEIDO NANOSPACE S1-2
　　　　　カラム：L-column　ODS2® 2.1φ×150 mm（5μ）（化学物質評価研究機構製）
　　　　　移動相：A）2mM phosphate buffer
　　　　　　　　　B）methanol
　　　　　　　　　A）95%　→　5%（15 min）→ 5%
　　　　　流量：0.2 mL/min，注入量：5μL
　　　　　カラム温度：40℃
MS 条件　機種：Thermo TSQ Quantum Discovery Max（サーモフィッシャーサイエンティフィック社製）
　　　　　イオン化法：ESI positive
　　　　　spray voltage 3,250V, vaporizer temp.300℃, capillary temp.300 ℃

7）クロマトグラムの例

図 2.12.22 には，リンゴから殺虫剤チアクロプリド，殺菌剤トリフロキシストロビンの検出事例を示す．通常収穫前 2 カ月以内に散布された農薬が微量残留する場合が多い．この事例もチアクロプリドは 0.02 ppm（残留基準 2 ppm），トリフロキシストロビンは 0.11 ppm（残留基準 3 ppm）と基準の 10 分の 1 以下の残留濃度の場合が多い．

図 2.12.23 には，ナシからカルバリル，ボスカリド，アセタミプリド，ピラクロストロビンの検出例事例を示す．0.01 ppm〜0.06 ppm の残留濃度であるが，基本的に農薬は外から散布されるので残留は大部分が外

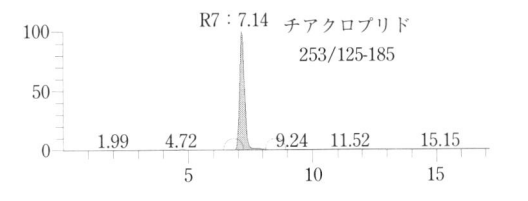

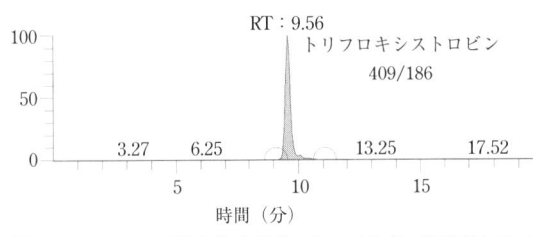

図 2.12.22　リンゴから殺虫剤チアクロプリド，殺菌剤トリフロキシストロビンの SRM による検出事例

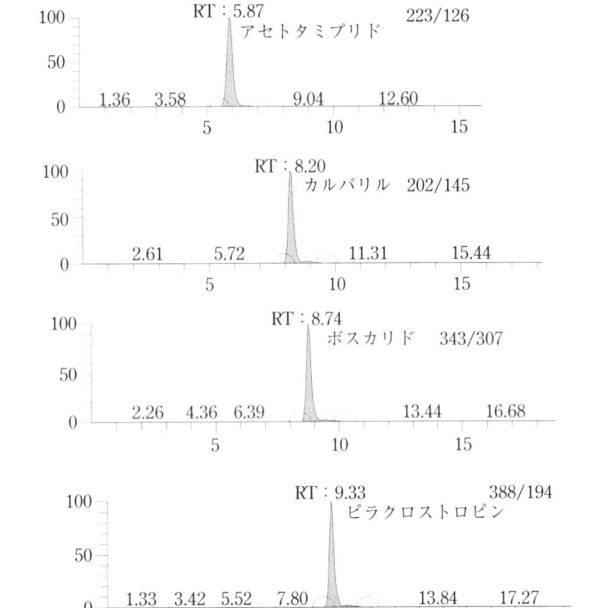

図 2.12.23　ナシからカルバリル，ボスカリド，アセタミプリド，ピラクロストロビンの SRM による検出例

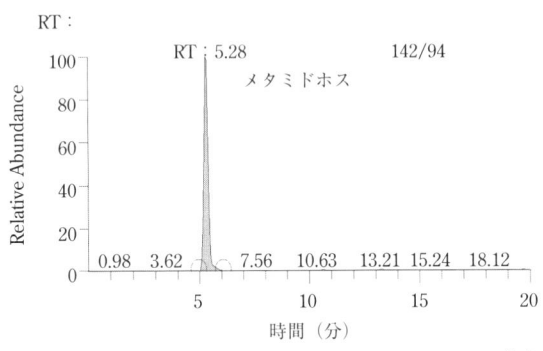

図 2.12.24　中華加工食品からのメタミドホスの SRM による検出事例

果皮に存在し，ナシのように皮をむいて食する果実は残留農薬をほとんど食しない．

従来は加工食品への残留基準は一部しか設定されておらず，農産物などの原材料管理ができていれば加工食品は当然いろいろな原材料が使われるため希釈されて低濃度となり，健康影響はないとの観点から分析対象とはなっていなかった．しかし，2008 年の中国産冷凍餃子事件を受けて，加工食品中の残留農薬検査は増加している．しかし，いろいろな原材料，香辛料，脂質・油類など分析上妨害となる物質が多くその除去操作を加えたりする必要があり，加工食品からの残留

農薬検出事例は少ない割には，分析上多大な労力がかかる分析となっている．図 2.12.24 に加工食品から微量に有機リン剤メタミドホスが検出された事例を紹介する．水系が多い移動相からスタートしているので極性の高いメタミドホスであるが良好なピーク形状で検出できている．

e. 終わりに

近年，食品中残留農薬分析は，急速に対象農薬を拡大し食品衛生法のポジティブリスト制度に対応した検査体制が取られつつある．従来，GC/MS で分析されていた農薬が，世界的なヘリウムガスの供給減少に伴ない LC/MS/MS による分析に変更される状況もある．しかし，LC/MS/MS は一斉分析の効果的方法であるが，思いがけない分析結果を提供してくれる場合もある．農産物から微量の新しい農薬が検出された場合は，プロダクトイオン，コリジョンエナジーの変更，LC 分離条件の変更，分離カラムの変更などいろいろな検討を行った上で検出を確認する作業をするべきである．可能ならば，GC/MS での測定，LC/TOFMS での測定なども有力な情報を提供してくれるだろう．

多種類の食品，多種類の対象農薬を一斉に分析する利便性を得るためには，機器のメンテナンスを含め，十分に精製された試験溶液の調製など日々の努力が求められている． 〔斎藤　勲〕

測定の落とし穴　空試験

一連の測定では必ず空試験を行う．これは試料の採取以外のすべての操作を実施した検体を一緒に測定することで，ここに対象物質が検出されなければ，コンタミネーションの影響は受けていないと判断できるが，出てきた場合，原因を探らないと正確な測定が困難になる．分析機器の部品や移動相の汚染，溶媒の劣化，ガラス器具やシリンジ類の不適切な使い方等，原因になりうるものは数多い．また環境中にたくさんあるものだと，長く止めてあった機器が汚染されていたり，部品の製造工程で使用されていた物質が検出されたり，思いもかけない原因に足をすくわれることもある．

参考文献

1) 食品，添加物等の規格基準（昭和 34 年厚生省告示第 370 号）に規定する試験法（告示試験法）．
   http://www.mhlw.go.jp/topics/bukyoku/iyaku/syoku-anzen/zanryu3/siken.html#sankou
2) 厚生労働法ホームページ ［食品に残留する農薬，飼料添加物又は動物用医薬品の成分である物質の試験法］（平成 17 年 1 月 24 日付け食安発第 0124001 号厚生労働省医薬食品局食品安全部長通知）．
   http://www.mhlw.go.jp/topics/bukyoku/iyaku/syoku-anzen/zanryu3/siken.html#2
3) 日本農薬学会：残留分析知っておきたい問答あれこれ 改定 2 版，(2005)．

2.13 4,6-ジニトロ-*o*-クレゾールおよび 2,6-ジニトロ-*p*-クレゾールの LC/MS 分析法

環境水，浸出水

化学構造・慣用名	IUPAC 名	CAS No./分子式/分子量	オクタノール/水分配係数
4,6-ジニトロ-*o*-クレゾール	4,6-dinitro-*o*-cresol, 2-methyl-4,6-dinitrophenol	534-52-1/ $C_7H_6N_2O_5$/ 198.14	$\log P_{ow} = 1.86 \sim 2.56$
備考．水溶解性：0.694 g/100 mL（20℃），エーテル，アセトン，クロロホルム，アルコール等有機溶剤に可溶			
2,6-ジニトロ-*p*-クレゾール	2,6-dinitro-*p*-cresol, 4-methyl-2,6-dinitrophenol	609-93-8/ $C_7H_6N_2O_5$/ 198.14	$\log P_{ow} = 1.86 \sim 2.56$
備考．用途：農薬（殺虫剤）　毒性：水生生物に対しきわめて強い毒性をもつ．急性毒性物質．眼・皮膚・気道を刺激する．酵素阻害作用，生殖毒性，変異原性あり．			

4,6-ジニトロ-*o*-クレゾール（DNOC）および 2,6-ジニトロ-*p*-クレゾール（DNPC）は，水に溶けやすく（198（20℃）および 512（25℃）mg/L），オクタノール/水分配係数は（4.3.1 に解説）は中程度であるが，酸性物質であるため試料からの抽出が難しい．

1）分析法

水質試料（pH3）は，固相カートリッジ（Autoprep@PS-Liq）に 50 mL/min で 20 分通水して捕集し，アセトニトリル 5 mL で溶出する．溶出液は 5 mL に定容後，LC/MS-ESI-negative で分析する．分析方法のフローチャートを図 2.13.1 に示す．

a. 試薬および標準溶液

DNOC および DNPC の標準物質は林純薬工業（株）製標準品を使用した．DNOC および DNPC 標準品 10 mg を正確に秤取り，メタノール 10 mL に溶解し標準原液（1.0 mg/mL）を調製した．標準溶液（0.1～100 ng/mL および 100 μg/mL）は標準原液をアセトニトリルで適宜希釈して調製した．5～50 ng/mL の DNOC および DNPC を含む試料水は精製水 100 mL に対してアセトニトリル標準溶液（100 μg/mL）5～50 μL を添加して調製した．また，0.1～0.5 ng/mL の DNOC および DNPC を含む試料水は精製水 1,000 mL に対してアセトニトリル標準溶液（100 μg/mL）を 1～5 μL 添加して調製した．pH 調整にはギ酸（10％水溶液）を用いた．

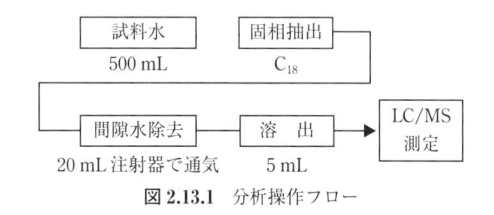

メタノール，アセトニトリルおよび移動相の調製に用いた水は和光純薬工業社製液体クロマトグラフ用，ギ酸および酢酸アンモニウムは和光純薬工業社製試薬特級を用いた．10％ギ酸水溶液は試薬特級ギ酸を精製水で希釈して調製した．精製水は純水製造装置（ヤマト社製 WG55）および超純水製造装置（Merck 社製 MiLiQPLUS）で処理したものを用いた．

b. 装置および分析条件

装置および分析条件の例を表 2.13.1 に示す．

図 2.13.1　分析操作フロー

表 2.13.1　LC/MS/MS 分析条件

LC/MS/MS 機種名	Applied Biosystems 社製 API 3200
(LC)	：Shimadzu LC 10ADvp
カラム	：ODS-3（2.1 mmϕ×50 mm, 5 μm）
移動相	：A：5 mM 酢酸アンモニウム／0.1％ギ酸　B：メタノール
	0 → 2 min　　　A：B＝95：5
	2 → 12 min　　A：95 → 5　B：5 → 95 linear gradient
	12 → 22 min　　A：B＝5：95
流　量	：0.2 mL/min
カラム温度	：40℃
注入量	：10 μL
(MS)	API 3200
イオン源電圧	：−3,000 V
イオン源温度	：600℃
ネブライザーガス	：80 psi
カーテンガス	：40 psi
モニターイオン	：定量イオン；Q_1/Q_3：197/180，確認イオン；Q_1/Q_3：197/167

Q_1：前駆イオン，Q_3：プロダクトイオン

c. 試料の前処理

pH3 に調整した環境水はメタノール，アセトニトリル各 10 mL および精製水 20 mL で洗浄した PS-Liq. カートリッジに 50 mL/min の流速で 1,000 mL 通水する．通水後，20 mL のディスポーザブル注射器で空気を通気して PS-Liq カートリッジに残留している水分を除去し，アセトニトリル 5 mL で溶出する．溶出液は 5 mL に定容して分析試料とする．なお，懸濁物質が多い場合は直径 47 mm のガラス繊維ろ紙（GS-25, ADVANTEC 製）でろ過し，ろ紙は 10 mL 程度のアセトニトリルで超音波抽出し，ろ液に合わせて処理する．

> **塩濃度の高い試料水は固相抽出に適さない**
>
> 固相抽出では溶媒抽出と異なり，塩を添加すると抽出効率は低下することが多い．試料水の大量の塩が捕集対象物質の固相との接触を妨げるためと考えられる．
>
> 試料水を十分に希釈して固相に通じると，改善することがしばしばある．

2）解説

a. 捕集剤（固相）の選択

環境水中の DNOC および DNPC の捕集剤（固相）として 6 種類の固相カートリッジについて捕集効率の検討を行った．2 種類の試料水（5 ng/mL および 50 ng/mL）各々について 20 mL を通水し，さらに精製水 100 mL 通水した．捕集剤に捕集された対象物質をアセトニトリル 5 mL で溶出して捕集効率（添加量に対する捕集量）を評価した（図 2.13.2）．

DNOC についてはシリカゲル系化学結合型の固相である C_8 および C_{18} の捕集効率は 20％以下であったが，スチレンジビニルベンゼン共重合体等ポリマー系の固相での捕集効率は 50％以上と良好であり，とくに PS-2 および PS-Liq での捕集効率は 90％以上であった．DNPC についてはポリマー系の固相である HLB の捕集効率は 20％程度と低く，その他の固相カートリッジで 40～70％程度であり，PS-Liq および PS-2 はそれぞれ 52～72％および 47～57％であった．

以上の結果，DNOC および DNPC を同時に捕集するには PS-Liq あるいは PS-2 が適当であると判断した．

b. 固相での捕集に対する pH の影響

捕集効率が比較的優れている PS-Liq および PS-2 の 2 種類の固相カートリッジについて，試料水の pH の影響について検討した．ギ酸（10％水溶液）で pH3, pH5 および pH7 に調整した各試料水（0.5 ng/mL）200 mL を PS-Liq および PS-2 カートリッジに通水し，通水後のカートリッジに捕集された DNOC および DNPC 濃度を求めて固相への捕集効率を算出した．結果を表 2.13.2 に示す．DNOC は PS-2 および PS-Liq カートリッジ共に pH の影響を受けずに定量的に捕集された．一方，DNPC は PS-Liq カートリッジに比較して PS-2 での捕集効率が低いが，両カートリッジ共に中性領域での捕集効率が低下する傾向に

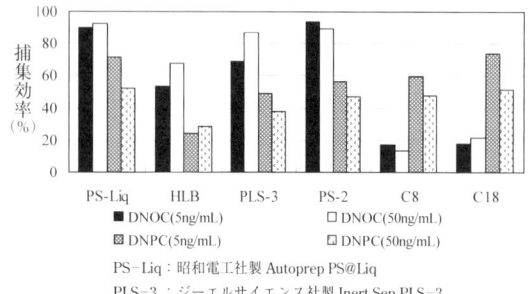

PS-Liq ： 昭和電工社製 Autoprep PS@Liq
PLS-3 ： ジーエルサイエンス社製 Inert Sep PLS-3
HLB ： Waters 製 Oasis
PS-2 ： Waters 製 Sep Pak PS-2
C8 ： Waters 製 Sep Pak C8
C18 ： Waters 製 Sep Pak C18

図 2.13.2 固相カートリッジにおける捕集効率

あった．したがって，DNOC および DNPC を同時に捕集するには，環境水は pH3 程度に調整する必要がある．

c. 通水速度

pH3 に調整した試料水（0.1 ng/mL）を流速 10〜50 mL/min の範囲で変えて 20 分間通水し，通水速度の影響を検討した．また，破過の有無を調べるため，通水速度が 10〜30 mL/min 場合は 2 個のカートリッジ，50 mL/min の場合は 3 個のカートリッジを直列に接続した．2 つのカートリッジともに 1 段目のカートリッジでほぼ 100 ％ 捕集された．また，通水速度が 50 mL/min までは通水速度と捕集量は直線関係にあった．結果を図 2.13.3 に示す．したがって，50 mL/min のかなり速い通水速度でも 1 段のカートリッジで 1,000 mL（20 分間）の試料を処理できることがわかった．

また，環境水中の DNOC および DNPC を同時に捕集する固相カートリッジは PS-Liq（昭和電工社製）を使用することとした．

d. 検量線

DNOC および DNPC の検量線を作成した．DNOC は 0.1〜50 ng/mL（相関係数，$r = 1.0000$）で，DNPC は 0.25〜50 ng/mL（$r = 0.9993$）の濃度範囲で良好な直線関係が得られた．DNOC の装置の検出下限（IDL）は 0.1 ng/mL の標準溶液を 7 回分析し，測定値の標準偏差に危険率 5 ％ となる t-分布（片側検定）の t 値を乗じてさらにこれを 2 倍した値とした[1]．7 回測定時の相対標準偏差（RSD）は 7.2 ％ であり，IDL は 0.04 ng/mL であった．また，0.25 ng/mL 標準溶液について同様に測定して求めた DNPC の IDL は 0.09 ng/mL（RSD = 9.0 ％）であった．

e. 測定方法の検出下限（MDL）

MDL は，検量線の最低濃度レベルに調製した試料水 1,000 mL を本法で定めた「2.13.1」c. 試料の前処理」に従って処理した 7 検体について測定し，IDL と同様に測定値の標準偏差より求めた．ただし，DNOC は精製水を同様に処理した分析試料から操作ブランク（図 2.13.4）として 0.1 ng/mL 程度の DNOC が検出されたため，DNOC 標準溶液を添加していない精製水

表 2.13.2 固相カートリッジによる捕集時における pH の影響

カートリッジ	4,6-ジニトロ-o-クレゾール			2,6-ジニトロ-p-クレゾール		
	pH3	pH5	pH7	pH3	pH5	pH7
PS-2	95	102	100	90	84	66
PS-Liq	105	103	96	108	116	86

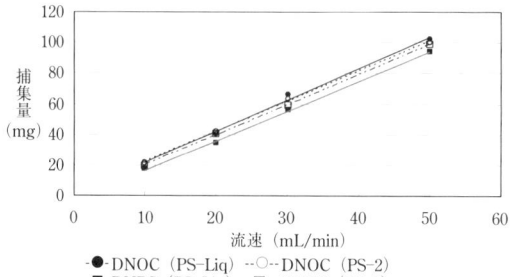

図 2.13.3 固相カートリッジ（pS-Liq, PS-2）での通水速度と捕集効率との関係

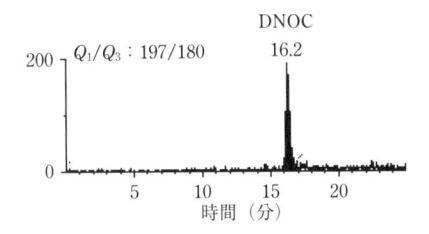

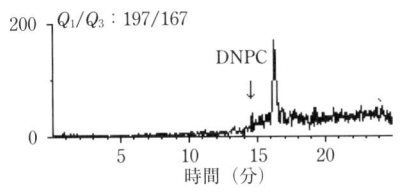

図2.13.4 MDL算出時のマスクロマトグラム
（固相カートリッジ：PS-Liq）

を処理して求めた．DNOCのMDLは0.24 ng/Lであった（RSD＝11％）．DNPCのMDLは0.49 ng/L（RSD＝7.6％）であり，1.5 ng/Lの試料水について同様に処理して求めた．

f. 添加回収試験

大阪市内の河川水，海水および精製水の各1Lに5 ngおよび25 ngのDNOCおよびDNPC標準溶液を添加した試料水について，「2.13.1) c.) 試料の前処理」に従って処理した．実試料からの添加回収率は添加量に対する添加試料水と無添加試料水の測定値との差の比から求めた．結果を表2.13.3に示す．DNOCの精製水（5 ng）への添加回収率は120％（RSD＝11％）であり，河川水からは86〜88％の回収率であった．また，海水からは98〜123％であった．

DNPCは精製水への添加回収率は94％（RSD＝7.3％），河川水は80〜108％（RSD＝3.5％）であり，海水からは88〜96％であった．なお，試験に用いた河川水のDNOCおよびDNPCの濃度は70〜74 ng/Lおよび18〜43 ng/Lであり，海水のDNOCおよびDNPCの濃度は10 ng/Lおよび1.2 ng/Lであった．

g. 実試料の分析

平成19年7月〜8月に採取した大阪府内の河川水および海水の分析に本分析法を適応し，汚染状況について調査した．結果を図2.13.5に示す．

河川水からDNOCは2.1〜56 ng/L，DNPCは検出限界未満（n.d.）〜22 ng/L，海水からは11〜18 ng/Lおよび1.5〜2.1 ng/L検出された．DNOCは内陸部より沿岸部に近い河川水の濃度が高い傾向にあった．DNPCはDNOCよりかなり低い濃度であったが，一部の河川水で高濃度を示した．

DNOCはわが国で農薬としての登録が失効して数十年経過しているが，化審法では難分解性と判断されている[2]．また，使用が禁止されているデンマークにおいて降水中から高濃度で検出されたDNOCは，遠隔地の汚染源からの大気拡散によるものと推定している[3]．このように，DNOCは環境中ではかなり安定に存在することが考えられる．　〔上堀美和子〕

表2.13.3 添加回収試験結果

試料名	添加量(ng)	測定回数	検出濃度 (ng/L) DNOC	検出濃度 (ng/L) DNPC	回収率 (％) DNOC	回収率 (％) DNPC	変動係数 (％) DNOC	変動係数 (％) DNPC
精製水	無添加	7	0.54	0.0	—	—	11	—
	5	7	6.5	4.7	120	94	6.6	7.2
河川水-1	無添加	1	70	18	—	—	—	—
	5	3	74	22	88	80	2.1	9.4
河川水-2	無添加	2	74	43	—	—	—	—
	25	4	95	70	85	108	1.8	3.5
海水	無添加	2	10	1.2	—	—	—	—
	5	2	16	6.0	126	96	—	—
	25	1	34	23	98	88	—	—

注）相対標準偏差
　　試料量：1 L，流速および捕集時間：50 mL/min, 20分

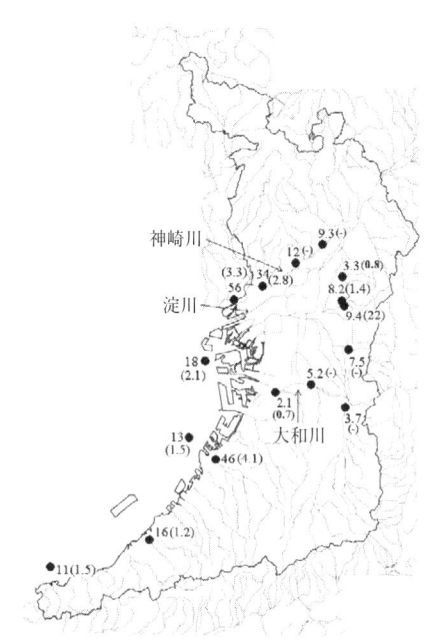

図 2.13.5 試料採取地点と測定結果
測定結果：DNOP（DNPC），単位：ng/L
（—）：検出下限未満（＜0.49 ng/L）
試料量：1,000 mL

分析法開発と実試料への応用（その1）

廃棄物や環境の試料を分析するとき，考慮を要するのは，何が共存しているかわからない，ということである．共存するものがほとんどない標準物質ではうまくいっても，実際の試料ではなかなか…というのはよくある．分析法を開発するときに典型例はクリアしても，常に大丈夫とは限らない．せっかく捕集したものが，環境中の酸素とかオゾンで変質してしまうとかは，ある程度予測がつくが，クロマトグラムのピークがかぶって定量が困難になってしまうような事例だと，分析するまでわからない．分析法を作ったら，必ず実際の試料で使い物になるかどうか，確認を繰り返す必要がある．

参考文献

1) 環境省総合環境政策局環境保健部環境安全課，化学物質実態調査実施の手引き（平成18年度版），p. 5.
2) 経済産業省製造産業局 既存化学物質の微生物等による分解性及び魚介類の体内における濃縮性について，www.meti.go.jp/policy/chemical_management/03kanri/a9.html.
3) W.A.H. Asman, A. Jorgensen, R. Bossi, K.V. Vejrup, B.B. Mogensen, M. Glasius: *Chemosphere*, **59**, p. 1023（2005）.

2.14 パラヒドロキシ安息香酸エステル（パラベン）のLC/MS分析法

環境水

パラヒドロキシ安息香酸エステル（パラベン）は，パラヒドロキシ安息香酸に異なる側鎖がエステル結合した化合物の総称である．エステル結合した側鎖の違いによりメチルパラベン，エチルパラベン，ベンジルパラベンなど，多数のパラベンが存在し，数種のパラベンを混合して保存料，防腐剤等としてわれわれの生活に広く使われている．

2.14.1 パラヒドロキシ安息香酸メチルエステル（メチルパラベン）の分析法

化学構造・慣用名	IUPAC名	CAS No./分子式/分子量	オクタノール/水分配係数
HO-〈benzene〉-C(=O)-O-Me　メチルパラベン	methyl 4-hydroxybenzoate	99-76-3/ $C_8H_8O_3$/ 152.15	$\log P_{ow} = 1.96$

備考．水溶解度：2.5 mg/mL（25℃）[1]

1）分析法

a. 分析法の概要

水試料に酢酸を加えて酸性とし，ポリマー系固相カートリッジ（Oasis HLB Plus, Waters社製）に通水してパラヒドロキシ安息香酸エステルを捕集する．これをメタノールで溶出し，内標準としてビスフェノールA-d_{14}（BPA-d_{14}）を添加してLC/MS/MSで分析する．分析方法のフローチャートを図2.14.1に示す．

b. 試薬および標準溶液

パラベン，BPA-d_{14}の標準物質は残留農薬試験用標準品などを使用する．標準品をメタノールに溶解して1.0 mg/mLのメタノール溶液を調製し標準原液とする．パラベン標準溶液（0.1～100 ng/mL）はパラベン標準原液をメタノールで適宜希釈して調製する．BPA-d_{14}は標準原液を適宜メタノールで希釈し，パラベン標準溶液中の濃度が100 ng/mLとなるよう添加し，内標準として使用する．

メタノール，酢酸はLC/MS用，精製水は超純粋製造装置により製造されたものを用いる．水質試料の捕集剤にはOasis HLB Plus（HLBカートリッジと略す）を用いる．

c. 装置および分析条件

装置および分析条件の例を表2.14.1（SRM分析）に示す．

d. 試料の前処理

試料水200 mLに酢酸約120 mgを加えて酸性とし，メタノール20 mLおよび蒸留水5 mLで洗浄したHLBカートリッジに10 mL/minの流速で通水する（通水は，加圧通水装置，減圧通水装置などを用いると便利である）．通水後のHLBカートリッジに精製水5 mLを通して洗浄した後，窒素ガスを5分間通気して乾燥する（20 mLのディスポーザブル注射器で空気を通気したり，遠心機等を用いてカートリッジ内の水分を除去してもよい）．ついで5 mLのメタノールで溶出し窒素ガスを吹き付けて1 mLまで濃縮し（エバポレーターを用いてもよい），内標準として10 ng/mL BPA-d_{14}溶液を10 μL添加して分析試料とする．

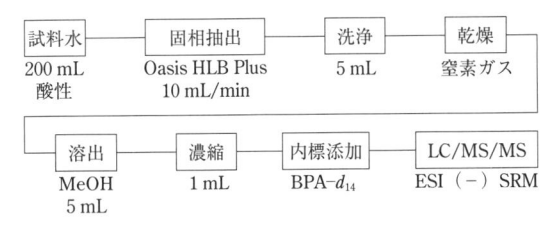

```
試料水        固相抽出          洗浄      乾燥
200 mL  →   Oasis HLB Plus  →  5 mL  →  窒素ガス
酸性         10 mL/min

溶出      濃縮      内標添加        LC/MS/MS
MeOH  →  1 mL  →  BPA-d₁₄   →   ESI（-）SRM
5 mL
```

図2.14.1　分析方法のフローチャート

表 2.14.1 装置および分析条件

LC 条件	機種	：Agilent Technologies 社製 1100
	カラム	：Supelco 社製　Ascentis RP-Amide（10 cm×2.1 mm, 3 μm）
	溶離液	：A：精製水　B：メタノール
		0 → 25 min　　A：90 → 5　　B：10 → 95 linear gradient
		25 → 34 min　　A：B = 5：95
		34 → 35 min　　A：5 → 90　　B：90 → 10 linear gradient
		35 → 45 min　　A：B = 90：10
	流量	：0.2 mL/min
	カラム温度	：30℃
	注入量	：10 μL
MS 条件	機種	：Applied Biosystems 社製　API3200
	イオン化法	：ESI-Negative SRM
	モニターイオン	：メチルパラベン　　151/92
		：BPA-d_{14}　　　　241/223

2）解説

a．コンタミネーションについて

パラベンは保存料，防腐剤として広く使われていることから，ガラス器具，分析機器，人の皮膚表面などに付着している可能性が高く，コンタミネーションの防止について十分な注意が必要である．

ガラス器具は使用前にメタノールで洗浄する必要がある．プラスチック製品やゴム栓（シリコーン製，天然ゴム製など）等については，メタノールに漬けて超音波洗浄などを行うことで表面に付着したパラベンの大部分を除去できるが，完全に除去するのは難しい．

加圧通水装置，減圧通水装置，ディスポーザブル注射器等の固相カートリッジを接続する部分についてもメタノールによる洗浄が必要である．可能であれば，接続部を装置から外し，メタノールで超音波洗浄を行う．なお，一度洗浄しても，人の皮膚が触れると再度パラベンが付着する可能性がある．同じ装置を他の分析で使用した後などは，とくに注意が必要である．

人の皮膚表面に付着したパラベンを除去するのは非常に難しい．皮膚表面のパラベンの除去を目的として，手をエタノールで数回洗浄してみたが，その後も手からのパラベンの溶出は収まらなかった．素手で触った場所はパラベンが付着している可能性が高い．

注意して分析操作を行うなら必ずしも必要ではないが，手袋（表面にパラベンの付着していないもの）を使用することにより，手からのコンタミネーションを抑えることができる．採水から分析までの過程において，人の皮膚が触れた場所はパラベンが付着している可能性があることを念頭において作業する必要がある．

b．捕集剤（固相）の選択

環境水中に存在するパラベンを捕集するための捕集剤（固相）として，8種類の固相について検討した．パラベンを添加した精製水を「1) d．試料の前処理」に従って操作し，固相による捕集率の比較を行った．結果を表 2.14.2 に示した（$n = 3$，パラベン添加量各 5 ng）．Oasis HLB Plus（Waters 社製），Sep-Pak PS-2（Waters 社製），Bond Elut Jr. NEXUS（Agilent 社製），Aqusis PLS-3（ジーエルサイエンス社製），Auto Prep EDS-1（昭和電工社製）等極性カラムである Sep-PakNH$_2$（Waters 社製）を除き，良好な回収率が得られた．

c．溶離液条件について

表 2.14.1 に示した分析例の溶離液条件を用いると，1 分析あたり 45 分とやや時間がかかってしまう．これは，複数のパラベン類を同時に分析することを想定しており，実際の分析においては，目的とするパラベンを選択し，溶離液条件を工夫して分析時間の短縮を計るのが望ましい．表 2.14.1 の溶離液条件でパラベン類を同時分析した例を図 2.14.2 に示した．各ピークは左から順にメチルパラベン，エチルパラベン，プロピルパラベン…の順である．

d．検量線および検出下限（IDL，MDL）

0.1～10 ng/mL および 1～100 ng/mL の濃度範囲でのメチルパラベン標準溶液を調製し，10 μL を注入して検量線を作成した．表 2.14.1 の条件で測定した結果，相関係数は 0.1～10 ng/mL で 0.9997，1～100 ng/mL では 0.9999 の直線関係が得られた．「化学物質環境実態調査実施の手引」（平成 17 年 3 月，環境省）に従って 0.10 ng/mL 標準液の測定値の標準偏差から計

2.14 パラヒドロキシ安息香酸エステル（パラベン）のLC/MS分析法

表 2.14.2　固相のパラベン捕集率（%）

	Auto Prep EDS-1	Sep-Pak C_{18}	Sep-Pak tC_{18}	Bond Elute Nexus	Sep-Pak PS-2	GL Pak PLS-3	Waters Oasis	Sep-Pak NH2
MP	79	80	92	99	93	91	86	9
EP	75	101	98	110	103	108	98	13
n-ProP	55	52	82	58	54	55	51	5
i-ProP	81	88	48	100	97	93	88	6
n-BP	147	136	134	147	139	143	129	8
i-BP	110	113	105	133	114	129	117	7
sec-bp	81	90	82	101	99	98	92	6
n-PenP	121	90	82	114	109	102	105	5
i-PenP	92	84	67	96	102	108	89	3
HexP	93	62	60	92	104	96	92	32
HepP	70	32	40	66	84	80	73	14
OP	61	32	44	57	81	77	76	47
NP	28	10	16	21	22	36	25	20
DP	50	44	47	50	45	57	46	46
PheP	98	92	82	101	95	99	80	8
BenP	97	85	75	96	91	92	70	8

M：メチル，E：エチル，*n*-Pro：プロピル，*i*-Pro：イソプロピル，*n*-B：ブチル，*i*-B：イソブチル，*sec*-B：*sec*-ブチル，*n*-Pen：ペンチル，*i*-Pen：イソペンチル，Hex：ヘキシル，Hep：ヘプチル，O：オクチル，N：ノニル，D：デカニル，Phe：フェニル，Ben：ベンジル，それぞれの後に続くPはパラベンの略

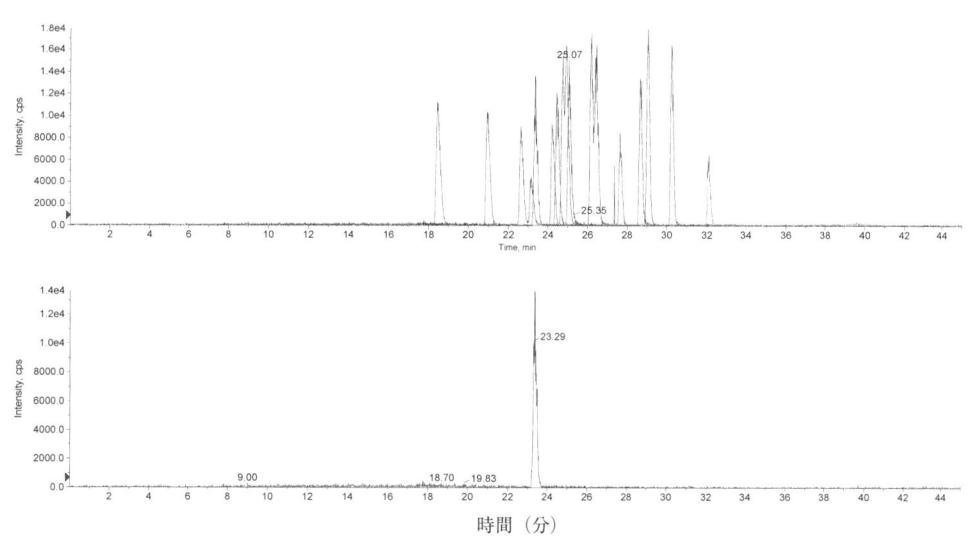

図 2.14.2　パラベン類同時分析例（SRM）

算した装置の検出下限（IDL）は，0.029 ng/mL であった．標準のクロマトグラムを図 2.14.3 に示した．

MDL は，メチルパラベンの濃度を 0.75 ng/L に調製した水試料 200 mL を「1) d. 試料の前処理」に従って処理し，分析して求めた．「化学物質環境実態調査実施の手引」（平成 17 年 3 月，環境省）に従って測定値の標準偏差から求めた MDL は 0.25 ng/L であった．

e. 添加回収試験

精製水，河川水，海水にメチルパラベン標準液を添

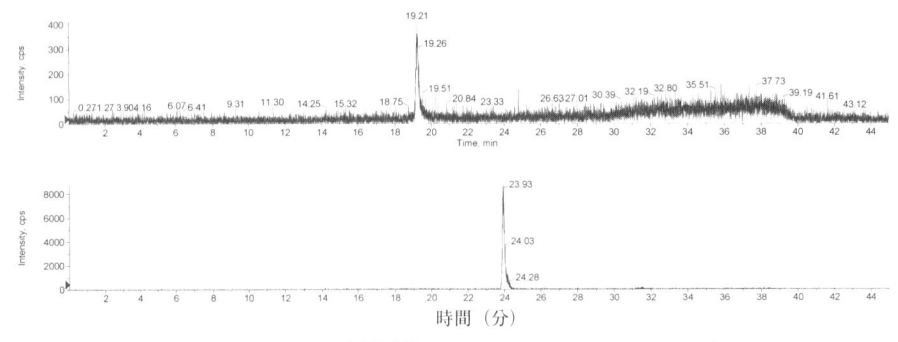

図 2.14.3 メチルパラベン標準溶液の LC/MS/MS による SRM クロマトグラム

表 2.14.3 添加回収試験結果

試料名	試料量 (mL)	添加量 (ng)	測定回数	検出濃度 (ng/L)	回収率 (%)	変動係数 (%)
精製水	200	無添加	5	0.27	---	---
	200	0.15	7	0.86	78	7.5
	200	1.0	5	5.04	95	5.5
河川水	200	無添加	3	0.57	---	---
	200	1.0	3	5.61	101	6.0
海水	200	無添加	3	3.25	---	---
	200	1.0	3	7.95	94	4.4

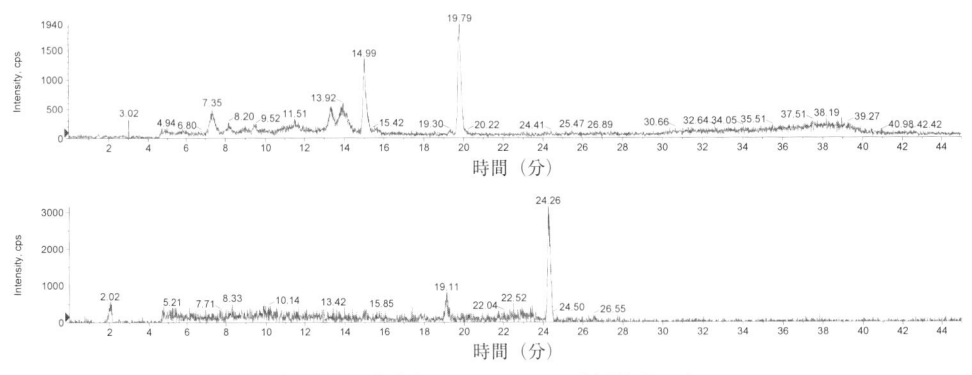

図 2.14.4 海水中のメチルパラベン分析例（SRM）

加し，「1) d. 試料の前処理」の操作手順に従って処理し，回収率を求めた結果を表 2.14.3 に示した．コンタミネーションによる操作ブランクを検出してしまう（無くすことは非常に困難）ので，回収率は無添加時の検出濃度を差し引いて算出した．

f. 実試料の分析

　海水中のメチルパラベンを表 2.14.1 の条件で分析したクロマトグラムを図 2.14.4 に示した．定量した結果 3.25 ng/L を検出した． 〔麓　岳文〕

参考文献

1) 独立行政法人　製品評価技術基盤機構. 化学物質総合情報提供システム. http://www.safe.nite.go.jp/japan/db.html

2.14.2 パラヒドロキシ安息香酸エステル類の一斉分析法[1]

1) 分析法の概要

水試料 200 mL に酢酸を加えて 10 mM に調製し，固相カートリッジ（Agilent 社製）に通水し捕集する．通水後，蒸留水 5 mL を通して洗浄しメタノール 5 mL で溶出する．溶出液を N_2 ガスで 2 mL まで濃縮し，内標準として BPA-d_{13} を添加し，試料液とする．下水処理水など溶出液に懸濁が認められる場合は，濃縮後フッ素樹脂フィルター（DISMIC-13HP）を用いてろ過を行う．

2) 試薬および溶媒

methyl 4-hydroxybenzoate（東京化成　特級）
ethyl 4-hydroxybenzoate（東京化成　特級）
propyl 4-hydroxybenzoate（東京化成　特級）
isopropyl 4-hydroxybenzoate（東京化成　特級）
butyl 4-hydroxybenzoate（東京化成　特級）
isobutyl 4-hydroxybenzoate（東京化成　特級）
benzyl 4-hydroxybenzoate（東京化成　特級）
acetone（関東化学　PCB 試験用）
methanol（MERCK　HPLC 用）
acetonitril（MERCK　液体クロマトグラフィー用）
hexane（関東化学　PCB 試験用）
distilled water（関東化学　LC/MS 用）

3) 装置および分析条件

〈LC 条件〉機種：Waters Alliance2695
カラム：化学物質評価研究機構　L-column ODS（3 um）
移動層流量：0.2 mL/min　カラム温度：40℃
注入量：10.0 μL
移動相：0 → 22 min：水 90/ メタノール 10 → 水 5/ メタノール 95
　　　　22 → 25 min：水 5/ メタノール 95
〈MS 条件〉機種：Agilent LC/MSD-Trap-XCT
イオン化法：エレクトロスプレーイオン化法（ESI）
SIM モニターイオン　　メチルパラベン 151
　　　　　　　　　　　エチルパラベン 165
　　　　　　　　　　　iso-プロピルパラベン，
　　　　　　　　　　　n-プロピルパラベン 179
　　　　　　　　　　　iso-ブチルパラベン，
　　　　　　　　　　　n-ブチルパラベン 193
　　　　　　　　　　　ベンジルパラベン 227

4) 前処理のフロー

前処理のフローチャートは図 2.14.1 と同じである．水試料 200 mL に酢酸を加えて 10 mM に調製し，アセトンと蒸留水でコンディショニングした NEXUS カートリッジに試料水を通水して捕集する．通水後，蒸留水 5 mL を通して洗浄し，メタノール 5 mL で溶出を行い，N_2 ガスにより 2 mL まで濃縮し LC/MS 分析用試料液とする．

5) 添加回収率

河川水 200 mL にパラベン類の濃度がそれぞれ 1 ng/mL となるよう添加したときの，7 回の回収率と相対標準偏差を表 2.14.4 に示す．パラベン類すべてにおいておおむね 90％以上，標準偏差は 10〜22％の回収率を得た．

6) 試料分析例

図 2.14.5 に下水処理場の流入水および処理水中のパラベン類の SIM クロマトグラムを示す．

流入水中のパラベン類は，処理水ではほとんど検出されない．また，別途実施した活性汚泥中でもパラベン類はきわめてわずかであった．生活用品を主な発生源とするパラベン類は，下水中に ng/mL のレベルで

表 2.14.4　河川水からのパラベンの回収率（実験濃度 1 ng/mL, $n=7$）

	回収率（％）	標準偏差（％）
メチルパラベン	108.0	19
エチルパラベン	95.7	16
イソプロピルパラベン	94.0	12
プロピルパラベン	110.4	10
イソブチルパラベン	92.7	17
ブチルパラベン	90.6	22
ベンジルパラベン	97.0	12

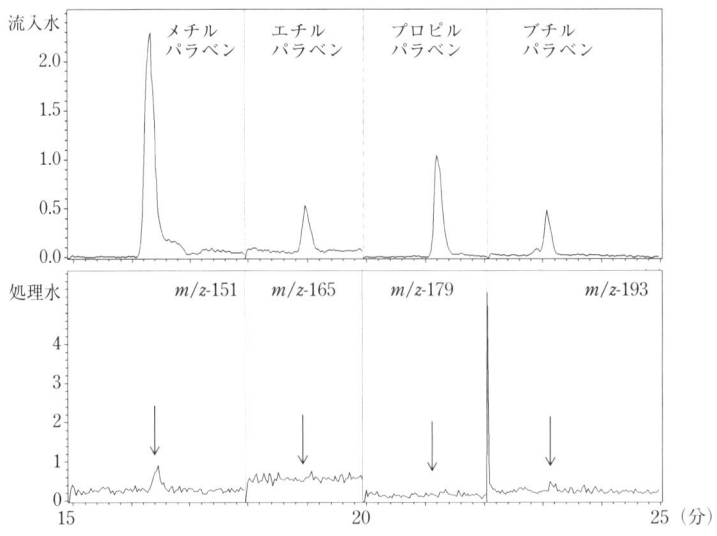

図 2.14.5 下水処理場の流入水および処理水中のパラベン類の SIM クロマトグラムの例

存在するが，調査した下水処理施設では下水処理によりそのほとんどが分解されていた．

〔鈴木　茂／原田祥行〕

参考文献
1) 原田祥行, 鈴木茂：LC/MSによる環境水中のパラベン類の動態に関する基礎研究, 第43回水環境学会, 山口市 (2009).
2) 原田祥行, 鈴木茂：LC/MSによる環境水中のパラベン類の動態に関する基礎研究, 第18回環境化学討論会, 口頭発表, 筑波 (2009).

分析法開発と実試料への応用（その2）

A法とB法で，同じ試料から同じ物質を定量した場合（これを平行測定という），A法もB法も正しければ，理論的には同じ結果が得られるはずである．現実には，さまざまな誤差要因があるので，一致は困難であろうが．でも明らかに得られる値が違う場合は，どう判断するか．考えられるのは，A法は正しくてB法は不適切である，A法が不適切でB法が正しい，A法もB法も不適切である，の3通りである．こういう事態に遭遇するのは，たいてい新型の機器を入れたとかで，精度に大きな差があり，新しいのが正しかろう，となるのだが，そうはならなかったこともある．新しい方法に変更するはずが，平行測定の値が一致せず，問題は新しい方法のほうにあることが推定されたため，古い方法を使い続けることになったのである．環境や廃棄物の試料を測定する場合，何が共存しているかわからないので，慎重であるべきである．方法を変えるのなら，平行測定は欠かせない．

2.15 水溶性物質の分析方法

本節で取り上げるメラミンおよびアミトロールの水溶解度はそれぞれ 3.24 g/L および 280 g/L と大きく，log P_{ow} が小さいために液液抽出法や疎水性モードの固相抽出では濃縮が難しい．このような物質の抽出にはカーボン系の固相充填剤を用いることが有効で，高い捕集率を得ることができる．しかし捕集効率がよいために，脱離させる工程で回収が困難であったり，あるいは夾雑物質も同時に溶出されて LC–MS による測定が安定しなくなる場合もある．メラミンやアミトロールといったアミン系の高極性物質では，活性炭系吸着剤に捕集した対象物質を塩基性下で溶出させることにより安定した濃縮工程を行うことが可能である．また，溶出効率を上げるためにはカートリッジ内に残留する水分を除去すること，あるいはバックフラッシュ法を用いることなどが有効である．

またこれら水溶性物質は，ODS など疎水性の LC 分離カラムではほとんど保持されない．そのため，メラミンではシクロデキストリン系カラム SUMICHIRAL OA–7000，アミトロールでは高極性塩基性化合物を保持する Discovery HS F5 カラムを用いて良好な保持を得ている．

2.15.1 メラミンの LC/MS 分析法

環境水，底質，浸出水

化学構造・慣用名	IUPAC 名	CAS No./分子式/分子量	オクタノール/水分配係数
メラミン（構造式）	melamine, 1,3,5-triazine-2,4,6-triamine	108-78-1/ $C_3H_6N_6$/ 126.1	log P_{ow} = −1.37

備考．水溶解性：3.24 g/L (20℃)

廃棄物処分場浸出水や不法投棄廃棄物中の化学物質調査では，これまで計測手法としてガスクロマトグラフ-質量分析計（GC–MS）が主として用いられ，環境ホルモン様物質やその他の化学物質の検出が報告されている[1-3]．しかしながら，GC–MS は高分子量・高極性物質あるいは難揮発性物質に対しての適用範囲はせまい傾向にあり，そのような化学物質については実態の解明が進んでいない．そこで，高速液体クロマトグラフ-質量分析装置（LC–MS）を用い，極性が高く GC–MS で測定するには誘導体化が必要なメラミン（1,3,5-triazine-2,4,6-triamine）について，誘導体化することなく簡便な定量法を検討し，実際の廃棄物関連試料に適用した．メラミンの構造式を上に示す．主用途はメラミン樹脂合成中間体である．メラミン樹脂の安定性は非常に高く，耐熱性，耐水性にも優れており，その 70% 強が接着剤として，その他には積層板，織物，食器や家庭用品として使用されている．本物質は，水溶解度が 0.324 g/100 mL（log P_{ow} = −1.37）と非常に高く，化審法による分解性試験では難分解性で濃縮性が低い[4] とされることから，環境中での移動性が高いと予測され，その挙動が注目される．これまでに活性炭固相抽出シリル誘導体化-GC/MS 法が定量法として報告されており[5]，その検出下限値は水質試料について 0.08 μg/L である．しかしながら GC/MS 法では，抽出に用いる活性炭が抽出液中に脱落して誘導体化が阻害される場合があり，より安定した高精度な定量法の開発が必要である．なお，GC/MS 法によるメラミンの平成 6 年度のモニタリン

グデータでは水質中の濃度は 0.11～6.4 μg/L と報告されている[6]．

1） メラミンの分析法

試料水を C_{18} 固相カラムと連結したカーボンカラムに通水する．C_{18} 固相カラムは疎水性物質の除去を目的としてカーボンカラムの前段に装着し，カーボンカラムでメラミンを捕集する．目的物質を有機溶媒によりカラムから溶出し，窒素気流で濃縮後，アセトニトリルを用いて定容し，LC-MS 測定供試液とする．

廃棄物処分場底質あるいは土壌については，試料 100 g に対して超純水 1 L を加え，30 分振とう後に遠心分離で上澄みを分取したのち，水質試料と同様の前処理を行い LC-MS 測定に供する．

a. 試薬および標準溶液

メラミンの標準物質は関東化学株式会社製等を使用する．28％アンモニア水は試薬特級，アセトニトリルは高速液体クロマトグラフィー（HPLC）用，メタノールおよびクロロホルムは残留農薬試験用でいずれも関東化学株式会社製等を使用する．固相カートリッジのコンディショニングおよび移動相用の水は超純水 (Milli-Q) 等を用いる．

b. 装置および分析条件

LC は Agilent 1100 Series，MS は Agilent 1100 LCMSD SL を使用した．測定に用いた LC-MS 条件を表 2.15.1 に示した．

c. 試料の前処理

試料水 250 mL を C_{18} 固相カラム（Sep-Pak Plus C_{18}，日本ウォーターズ製）と連結したカーボンカラム（Sep-Pak Plus AC-2，日本ウォーターズ製）に流速 10 mL/min で通水する．精製水 10 mL を通水して洗浄後，前段の C_{18} 固相カラムは取り外し，カーボンカラムに捕集されたメラミンを，28％アンモニア水：クロロホルム：メタノール = 10：10：30 混合溶液 10 mL にて 1 mL/min で溶出する．バックフラッシュ法を用いることでより少量の有機溶剤での溶出が可能である．溶出液は窒素パージにより 0.5 mL 程度まで濃縮後，アセトニトリルで 1 mL に定容し LC-MS 測定供試液とする．廃棄物処分場底質あるいは土壌については試料 100 g に対して超純水 1 L を加え，30 分振とう後に遠心分離で上澄みを分取したのち，水質試料と同様の前処理を行い LC-MS 測定に供する．分析方法のフローチャートを図 2.15.1 および図 2.15.2 に示す．

2） 解説

a. イオン化条件の検討

10 mg/L 標準溶液を用いてフローインジェクションによる SCAN 測定を実施した結果，エレクトロスプ

表 2.15.1　LC-MS 測定条件

LC: Agilent1100	MS: Agilent 1100SL
column: SUMICHIRAL　OA-7000（5 μm, 2 mm i.d. × 150 mm）	ionization: APCI/positive
mobile phase: H_2O/acetonitrile = 20/80	mode: SIM　m/z: 127
flow: 0.2 mL/min	fragmentor: 140 V
temp: 40℃	gas temp: 320℃
inject: 10 μL	vaporizer: 320℃
	drying gas: 8.0 L/min
	Neb pres: 40 psig
	VCap（positive）: 3,000 V
	Corona（positive）: 6.0 μA

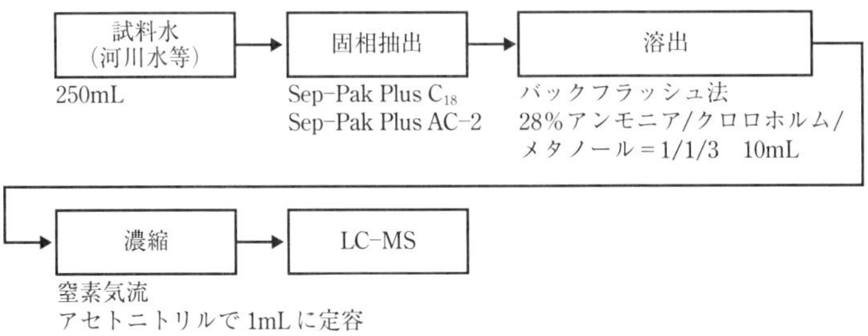

図 2.15.1　分析方法のフローチャート（水質試料）

2.15 水溶性物質の分析方法

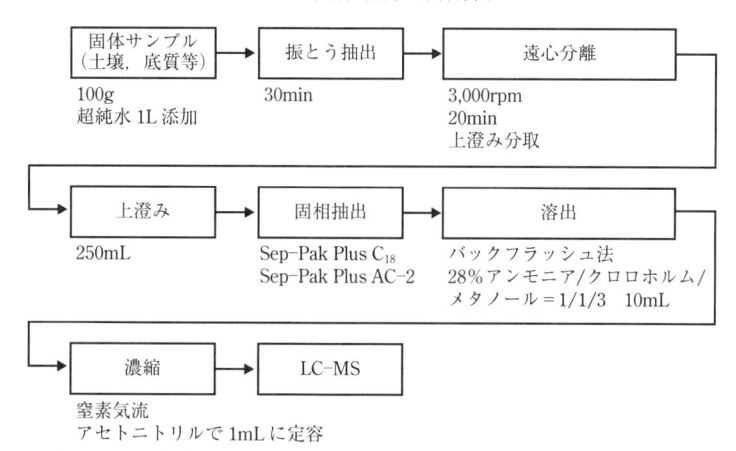

図 2.15.2 分析方法のフローチャート（土壌，汚泥，廃棄物などの固体試料）

レーイオン化法（ESI: electrospray ionization）および大気圧化学イオン化法（APCI: atmospheric pressure chemical ionization）いずれのイオン化法においても，positive モードで m/z 127 の $[M+H]^+$ イオンが特徴的に得られた．一方 negative モードでは特徴的なイオンは観測されなかった．フラグメンター電圧を変更し，$[M+H]^+$ 強度の変化を確認したところ，ESI および APCI 共にフラグメンター電圧 140 V で最高感度を得た．フラグメンター電圧を変更した際のピーク面積の変動を図 2.15.3 に示した．また，図 2.15.4 に APCI で標準溶液の SCAN モード測定を行った際のマススペクトルを示した．

b. LC 分離条件の検討

メラミンは非常に水溶性が高いため，ODS カラムでは保持することが困難である．そのため GPC カラム，イオン交換カラム，極性物質対応の ODS カラム，順相系のカラム等を検討したが，いずれも良好な保持を得ることはできなかった．本メソッドに用いた SUMICHIRAL OA-7000（5 μm, 2 mm i.d. × 150 mm 住化分析センター製）はシクロデキストリン系のキラルカラムであり，通常光学異性体の分離に用いられるタイプのものである．推奨使用 pH は 2～3.5 と非常にせまく，この範囲外ではリテンションタイムの変動が激しい場合がある．本対象物質の場合にはとくに pH 調整は行わなかったが，そのような変動はなく安定したリテンションタイムで測定が可能であった．

c. 検量線および装置検出限界の検討

APCI および ESI にて検量線の作成および装置検出下限（IDL: instrument detection limit）の算出を行った．m/z 127 を定量用イオンとし，SIM（selected ion monitoring）モードで測定した．検量線は絶対検量線法により作成した．

APCI で作成した検量線は試料相当濃度として 0.02～4.0 μg/L の濃度範囲で R^2 が 0.999 以上となり，良好な直線性を得ることができた．一方 ESI では相対的に高い面積値が得られるものの，相関係数は低い傾向であった．図 2.15.5 に作成した検量線を示した．

また，50 ng/mL（試料中濃度として 0.2 μg/L 相当）の標準溶液を 7 回繰り返し測定し，式(1) より IDL を算出した．

$$IDL = t(n-1, 0.05) \times \sigma_{n-1} \times 2 \tag{1}$$

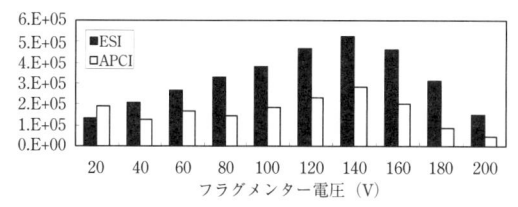

図 2.15.3 フラグメンター電圧とピーク面積

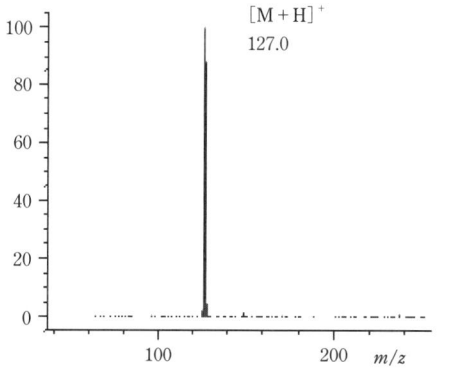

図 2.15.4 メラミンのマススペクトル（APCI/positive/SCAN）

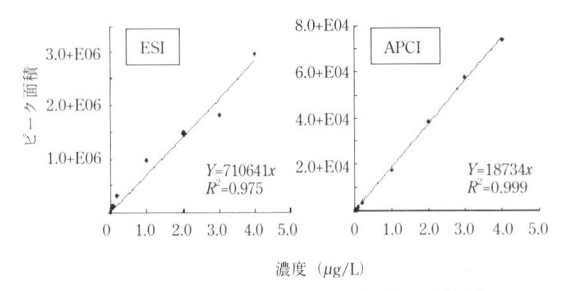

図2.15.5 ESIおよびAPCIにより作成した検量線

$t(n-1, 0.05)$：危険率5%，自由度$n-1$のt値（片側）

σ_{n-1}：標本標準偏差

得られたIDLはAPCIの場合4.1 ng/mL（試料中濃度として0.016 μg/L）と良好だったが，ESIでは繰返し測定における安定性が悪いため22 ng/mL（試料中濃度として0.090 μg/L）と高く算出された．これらの結果より，イオン化法としては，感度は相対的に低いが検量線の直線性，繰返し安定性も良好な結果が得られるAPCIを選択した．

d. 前処理における濃縮・溶出方法の検討

カーボンカラムに捕集されたメラミンを，28%アンモニア水：クロロホルム：メタノール＝10：10：30混合溶液10 mLにて1 mL/minで溶出した．バックフラッシュ法を用いることでより少量の有機溶剤での溶出が可能であった．溶出パターンを図2.15.6に示す．

e. 検量線および検出下限（MDL）

水質試料分析法の検出下限（MDL: method detection limit）は，は図2.15.1に示した前処理フローに従い，精製水に0.2 μg/L（試料相当濃度）となるように標準溶液を加え，試行数7の添加回収試験を実施した．下記の式(2)によりMDLを算出した．なお，操作ブランクでは対象化合物は検出されなかった．

$$MDL = t(n-1, 0.05) \times \sigma_{n-1} \times 2 \quad (2)$$

得られたMDLは0.018 μg/Lであり，その際の平均回収率は93%，RSDは2.5%で良好であった．

f. 実試料の測定

2003年に採取した浸出水サンプル（Y, U）・土壌水抽出サンプル（No.8, No.14）・底質水抽出サンプル（Y, U）および2004年のシュレッダーダストについて本分析法を適用した．土壌および底質は図2.15.2に示したフローチャートに従い精製水を加え，振とう後上澄みを分取して水質試料と同様に前処理を実施した．測定は試料量が少量であるため各々$n=1$とし，Y浸出水を用いて添加回収試験を実施した結果を表2.15.2に示した．試料250 mLを用いた場合の検出限界値はMDLより0.02 μg/Lとしたが，採取された実試料量は少量であったため，試料量は25 mLとして測定を行った．また，2004年度に採取されたシュレッダーダストについては精製水を用いた溶出試験を行った．試料としたシュレッダーダストは①TV背面ケーシングのシュレッダーダストと②シュレッダーダストの2種類である．これらのシュレッダーダストは，試料20 gに対して200 mLの精製水を加え，4時間振とう後GF/Cフィルターによりろ過をして試験に供した．②シュレッダーダストについてはGF/Cフィルターによるろ過が非常に困難であり，通水できなかったため，遠心分離3,000 rpmを10 min実施した．

U浸出水の測定クロマトグラムを実試料の測定クロマトグラムの例として図2.15.7に示す．今回測定したこれら廃棄物関連試料のLC-MS測定において夾雑物質によるイオン化阻害は見られなかった．

3）まとめ

環境中のメラミンを定量する方法としてはこれまで誘導体化GC/MS法が報告されているが，APCIをイ

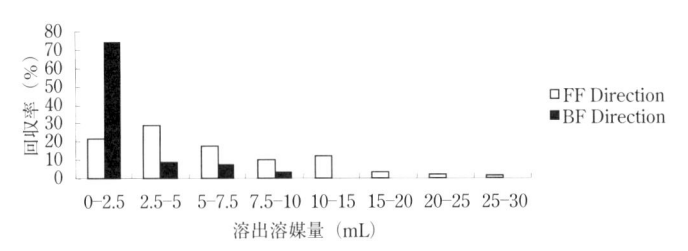

図2.15.6 バックフラッシュ法によるメラミンの溶出
（溶媒：28% Ammonia/Chloroform/Methanol＝1/1/3，FF [Forward flush, 通液と同じ方向から溶出]，BF [Back flush, 通液と反対方向から溶出]）

2.15 水溶性物質の分析方法

表 2.15.2 廃棄物関連試料中のメラミン測定結果

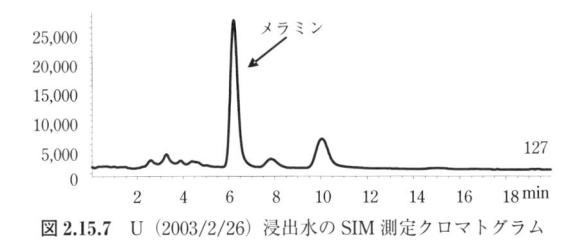

試料	採取日	濃度（μg/L）
操作ブランク	—	＜0.02
Y 浸出水	2003 年 2 月 25 日	0.6 ※回収率 84.9%
U 浸出水	2003 年 2 月 26 日	21
U 土壌 No.8（水抽出）	2003 年 2 月 26 日	3.6
U 土壌 No.14（水抽出）	2003 年 2 月 26 日	3.1
Y 底質（水抽出）	2003 年 2 月 25 日	0.9
U 底質（水抽出）	2003 年 2 月 26 日	3.5
シュレッダーダスト（TV 背面ケーシング水抽出）	2004 年	31 ※回収率 88.3%
シュレッダーダスト（水抽出）	2004 年	110 ※回収率 51.9%

図 2.15.7 U（2003/2/26）浸出水の SIM 測定クロマトグラム

オン化法として用いた LC/MS 法によっても検出および定量が可能であることを確認した．本検討より算出された IDL および MDL はそれぞれ 0.016 μg/L および 0.018 μg/L であり，GC-MS 法により確認された検出限界値 0.08 μg/L を満足することができた．また，MDL 算出時における回収率は 93.4%，RSD は 2.5% で良好であった．この方法を廃棄物関連の実試料に適用した場合でも回収率は 51.9〜84.9% と良好な値が得られ，バックグラウンドによる影響も少ないことが確認された．また，本試験の結果，すべての試料よりメラミンが検出された．試料のうち，もっとも高濃度で検出されたのはシュレッダーダストの溶出水で 110 μg/L であった．環境中のメラミンについて，昭和 61・62 年度，平成 4 年度に調査が実施されているが[6]，水質試料中の検出範囲は 0.1〜7.6 μg/L であり，また，その調査における検出頻度は昭和 61 年度で 21 検出箇所/30 調査箇所，昭和 62 年度で 89/150，平成 4 年度では 43/450 であり，全試料が 0.1 μg/L を超えていることを考えると通常の環境分布に比較して高い傾向であるといえる．また，シュレッダーダストの寄与はきわめて大きいといえる．前述したようにメラミンはメラミン樹脂原料としての利用がもっとも多いが，近年は代替難燃剤としての用途も多く，詳細な環境中の挙動については今後も注目が必要である．

〔吉田寧子〕

参考文献

1) 白石寛明：国立環境研究所特別研究報告概要（SR-28-1999）（平成 6〜9 年度）．
2) 安原昭夫，鈴木茂，山本貴士，毛利紫乃，山田正人，井上雄三，行谷義：第 13 回廃棄物学会研究発表会講演論文集，p. 1025（2002）．
3) 山田和哉，浦瀬太郎，松尾友矩，鈴木規之：水環境学会誌，**22**, p. 40（1999）．
4) 通産省化学品安全課監修，化学品検査協会編：化審法の既存化学物質安全性点検データ集，日本科学物質安全・情報センター（1992）．
5) 環境庁環境保健部保健調査室：平成 5 年度化学物質分析法調査報告書（1994）．
6) 環境庁環境保健部環境安全課監修：化学物質と環境（1999）．

2.15.2　アミトロールの LC/MS 分析法

環境水，底質，浸出水

化学構造・慣用名	IUPAC 名	CAS No./分子式/分子量	オクタノール/水分配係数
(構造式) アミトロール	3-amino-1H-1,2,4-triazole: 1H-1,2,4-triazol-3-amine	61-82-5/ $C_2H_4N_4$/ 84.08	$\log P_{ow} = -0.65$

備考．水溶解性：280 g/L 溶解（25℃）

アミトロール（3-amino-1H-1,2,4-triazole）は，農薬のほか分散染料，写真薬品，樹脂の硬化剤に使われている．水溶解度が高く（280 g/L），オクタノール水分配係数（$\log P_{ow}$）が小さいため試料からの抽出が難しい．

1) アミトロールの分析法

水試料はそのまま，底質試料は抽出した水溶液を，活性炭系捕集剤（Sep-Pak Plus AC-2）カートリッジを用いてアミトロールを捕集する．活性炭系吸着剤からは塩基性下で溶媒抽出（25％アンモニア水/クロロホルム/アセトニトリル（10/9/81））することにより，LC/MS/MS で分析する．分析方法のフローチャートを図 2.15.8 に示す．

a. 試薬および標準溶液

アミトロールの標準物質は残留農薬試験用標準品などを使用する．標準品をアセトニトリルに溶解して 1.0 mg/mL のアセトニトリル溶液を調製し標準原液とする．標準溶液（0.1〜100 ng/mL）は標準原液をアセトニトリルで適宜希釈して調製する．

アセトニトリル，クロロホルムおよび蒸留水は液体クロマトグラフ用，25％アンモニア水および酢酸アンモニウムは試薬特級を用いる．水質試料の捕集剤には Sep-Pak Plus AC-2（AC-2 カートリッジと略す）（Waters 社製）を用いる．

b. 装置および分析条件

装置および分析条件の例を表 2.15.3（SRM 分析）および表 2.15.4（SIM 分析）に示す．

c. 試料の前処理

水質試料は，アセトニトリル 10 mL および蒸留水 20 mL で洗浄した AC-2 カートリッジに試料水を 10 mL/min の流速で 200 mL 通水する（通水は，加圧通水装置，減圧通水装置などを用いると便利である）．通水後，20 mL のディスポーザブル注射器で空気を通

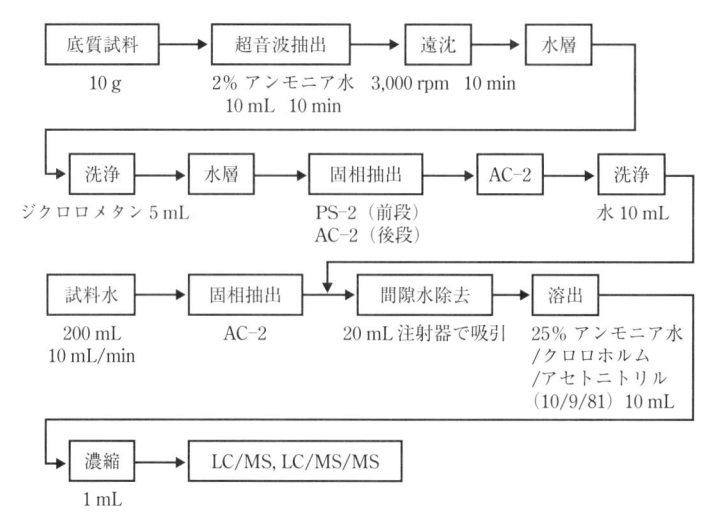

```
底質試料 → 超音波抽出 → 遠沈 → 水層
 10 g     2％アンモニア水  3,000 rpm 10 min
          10 mL 10 min

→ 洗浄 → 水層 → 固相抽出 → AC-2 → 洗浄
  ジクロロメタン 5 mL    PS-2（前段）      水 10 mL
                       AC-2（後段）

試料水 → 固相抽出 → 間隙水除去 → 溶出
200 mL   AC-2      20 mL 注射器で吸引  25％アンモニア水
10 mL/min                            /クロロホルム
                                     /アセトニトリル
                                     （10/9/81）10 mL

→ 濃縮 → LC/MS, LC/MS/MS
  1 mL
```

図 2.15.8　分析方法のフローチャート

表 2.15.3 装置および分析条件（SRM 分析）

LC 条件	機種	: Agilent Technologies 社製　1100
	カラム	: SUPELCO 社製 Discovery HS F5（4.6 mmφ×250 mm, 5 μm）
	溶離液	: アセトニトリル／10 mM 酢酸アンモニウム（pH6.8）（75/25），0.3 mL/min
	カラム温度	: 40℃
	注入量	: 5 μL
MS 条件	機種	: Applied Biosystems 社製 API4000
	イオン化法	: ESI-positive
	モニターイオン	: 85/43（85/57）

表 2.15.4 装置および分析条件（SIM 分析）

LC 条件	機種	: Waters Alliance 2690
	カラム	: SUPELCO 社製 Discovery HS F5（4.6 mmφ×250 mm, 5 μm）
	溶離液	: アセトニトリル／水（70/30），0.2 mL/min
	カラム温度	: 40℃
	注入量	: 10 μL
MS 条件	機種	: Waters ZMD4000
	イオン化法	: ESI-positive
	モニターイオン	: 85

気して AC-2 カートリッジに残留している水分を除去し（理由はコラムを参照），25%アンモニア水／クロロホルム／アセトニトリル（10/9/81）混合溶媒 10 mL で溶出する．溶出液は窒素ガスを吹き付けて 1 mL まで濃縮し分析試料とする．

底質試料 10 g は 50 mL 遠沈管に入れ 2%アンモニア水 10 mL を加え試料を十分懸濁させ，10 分間超音波抽出を行う．これを 3,000 rpm で 10 分間遠心分離し，アンモニア水層を分取する．この操作を 2 回行う．アンモニア水層を合わせ，ジクロロメタン 5 mL で抽出洗浄する．洗浄後のアンモニア水層を前段に Sep-Pak Plus PS-2（Waters 製）を接続した AC-2 カートリッジに通水し，つぎに水 10 mL を通水する．以下は水質試料と同様に処理し，AC-2 カートリッジからの溶出液を直接あるいは窒素ガスを吹き付けて 1 mL まで濃縮し分析試料とする．

> **イオン性物質はイオン交換固相が使える**
>
> アミトロールなど水中の塩基性化合物の捕集には，陽イオン交換固相が使用できる可能性がある．一般に弱イオン性の物質は，強イオン交換固相で捕集し，メタノールなどの極性溶媒で固相を洗浄後，アンモニア/メタノールなど比較的強い塩基と極性溶媒（メタノール）で溶出する方法が考えられる．

2）解説

a. 捕集剤（固相）の選択理由

環境水中に存在するアミトロールを捕集するための捕集剤（固相）として活性炭，シリカ系 C_{18} 等 8 種類の固相について検討した．20 ng/mL のアミトロールを含む水溶液 20 mL を各固相に通水し，さらに精製水 100 mL を通してアミトロールの捕集効率を求めた．その結果，活性炭を充填した AC-2 カートリッジの捕集効率は 97～100%と良好な結果が得られたことから，水質試料の捕集に AC-2 カートリッジを使用した．

b. 固相捕集に対する pH の影響

固相に水質試料を捕集する際，AC-2 の捕集効率に及ぼす試料水の pH の影響について検討した．アミトロールを含む水溶液（20 ng/mL）の pH を 1 mol 塩酸，5%アンモニア水でそれぞれ pH3, pH10 に調整した試料水および pH 調整を行わなかった試料水（pH7）の 3 種類を AC-2 カートリッジに通水し，捕集効率を求めた．その結果，pH が酸性領域（pH3）では若干の溶出がみられ，捕集効率は 87%であった．中性領域（pH7）から pH10 では通水後の試料水からアミトロールはほとんど検出されず，捕集効率は 100%であった．したがって水質試料は pH7～10 の範囲に調整して固相に通水することとした．

c. 固相からの溶出条件

試料水を AC-2 カートリッジに通水して捕集した

後, AC-2カートリッジからの溶出溶媒について検討した. 検討した混合溶媒は, アセトニトリル (溶媒A), ギ酸酸性アセトニトリル (溶媒B), アンモニア水/アセトニトリル (5:95) (溶媒C), クロロホルム/アセトニトリル (10/90) (溶媒D) およびアンモニア水/クロロホルム/アセトニトリル (1/9/90) (溶媒E) である.

各種溶媒5 mLで溶出した場合, 溶媒Bでは溶媒Aで溶出した場合より回収率は低く32.4%であった. アルカリ性の溶媒Cあるいはクロロホルムを含む溶媒Dにおいてはそれぞれ63.8%, 63.7%の回収率が得られた. また, 溶媒Cと溶媒Dの3種の溶媒を混合した溶媒Eでは70.1%ともっとも高い回収率が得られた. この結果から, アンモニア水/クロロホルム/アセトニトリルの混合溶媒についてそれらの混合割合について検討した. なお, クロロホルムの割合については F. Andreolini等の報告[1]にエストロジェンとその抱合体をグラファイトカーボンブラックから分画溶出する方法があり, そのときの値9%を採用した. 結果を図2.15.9に示す. アンモニア水の割合が増加するに従って回収率が高くなり, クロロホルム/アセトニトリル (9/91) の混合溶媒に対し10~15%のときがもっとも回収率が高く87~90%であった. さらに, この混合系で溶出量を10 mLに増やした場合, 回収率は93~94%に向上した. 以上の結果, 溶出溶媒は25%アンモニア水/クロロホルム/アセトニトリル (10/9/81) の混合溶媒を使用し, 溶出量を10 mLとした.

d. 捕集量と捕集効率

AC-2カートリッジを3個直列に接続し, 濃度0.1 ng/mLおよび1 ng/mLに調製したアミトロール試料水を100~1,000 mL通水して, 各段のAC-2カートリッジに捕集されたアミトロールを溶出溶媒10 mLで溶出してその割合を求めた.

通水量が200 mLまでは0.1および1 ng/mLの試料水とも1段目の捕集管で97~100%捕集することができた. さらに通水量を増し500 mLを通水した場合には1段目の捕集管で68.9~74.4%, 1,000 mLを通水した場合は42.8~44.0%しか捕集されず2段目, 3段目の捕集管へと破過していた. また, 500 mLを通水した場合は1段目と2段目の捕集管で100%捕集されることがわかった. したがって, 200 mLの水試料を処理する場合には1本の捕集管, 500 mLの水試料を処理する場合には2本の捕集管が必要であった.

e. 検量線および検出下限 (MDL)

0.1~100 ng/mL濃度範囲でのアミトロールのアセトニトリル標準溶液を調製し, 5 μLまたは10 μLを注入して検量線を作成した. 表2.15.3 (SRM 85/43) および表2.15.4 (SIM m/z 85) の条件で, 相関係数はそれぞれ0.9972および0.9945の直線関係が得られた. 化学物質分析法開発マニュアル (環境省)[2]に従って0.2 ng/mL標準液の測定値の標準偏差から計算した装置の検出下限は, ともに0.01 ng/mLであった. 標準のクロマトグラムを図2.15.10 (SRM) および図2.15.11 (SIM) に示した.

MDLは, アミトロールの濃度を0.0025, 0.005および0.01 ng/mLに調製した水試料200 mL, 底質試料は2 μg/kgに調製した底質10 gを「2) c. 試料の前処理」の操作手順に従って処理し, 分析して求めた. 化学物質分析法開発マニュアル[2]に従って測定値の標

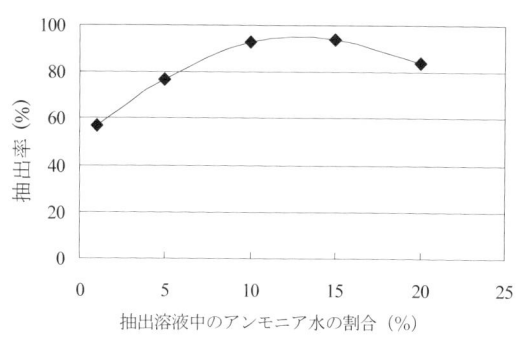

図2.15.9 抽出溶液に占めるアンモニア水の割合 (%) と固相 (AC-2) からの抽出率 (%)
使用したアンモニア水の濃度は25%である.

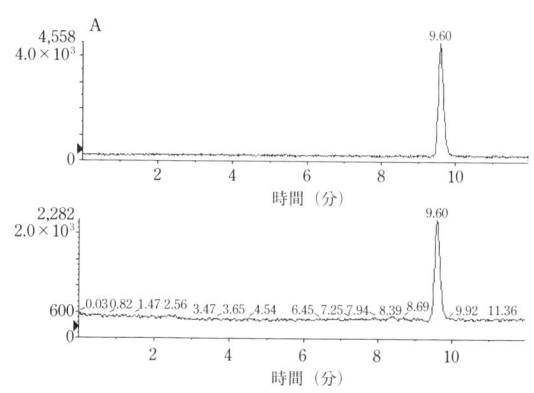

図2.15.10 アミトロール標準溶液のLC/MS/MSによるSRMクロマトグラム
測定条件: 表2.15.3, A (上段): モニターイオン85/43, B (下段): モニターイオン85/57

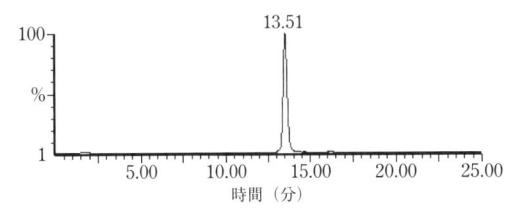

図 2.15.11 アミトロール標準溶液の LC/MS による SIM クロマトグラム

測定条件：表 2.15.4，*m/z* 85

準偏差から求めた MDL は水質試料では 1.0 μg/L，底質試料では 0.36 μg/kg であった[*1]．

f. 添加回収試験

各々河川水にアミトロール標準溶液を添加して調製した 0.01 μg/L（A），0.1 μg/L（B）および 2 μg/kg-wet（C）の試料を，「2）c. 試料の前処理」の操作手順に従って処理し実試料からの回収率を求めた．

試料溶液 A の場合は 1 mL まで濃縮した試料を，試料溶液 B および C については溶出液そのものを分析試料溶液とした．各 6 試料溶液について前処理し分析した結果，平均回収率はそれぞれ 88.5，107% および 78.5% であり，相対標準偏差はそれぞれ 3.6，4.2% および 6.7% であった．

g. 実試料の分析

これまでに河川水および廃棄物処分場からの浸出水を多数分析した．直径 47 mm のガラス繊維ろ紙（GS-25, ADVANTEC 製）でろ過し，図 2.15.8 の試料の前処理を行い表 2.15.3 の条件で分析試料とした．I 市の産業廃棄物埋立地浸出水の分析例を図 2.15.12 に示す．浸出水は懸濁が少なかったためろ過することなく分析試料溶液とした．SRM クロマトグラムのモニターイオン 85/43 でとくに妨害となるピークは認められなかった．定量の結果 0.6 μg/L を検出した．

4）水溶性物質の LC/MS 分析の可能性について

環境汚染物質排出移動登録制度（化学物質管理促進法（PRTR））[3] の第一種指定化学物質に指定されている物質には，水溶解度の高い物質が多く含まれている．表 2.15.5 に LC/MS 分析可能性がある 15 物質について，物性と LC/MS におけるおもなモニターイオンの例を示す．他方，多くの場合水溶性物質の試料からの抽出に困難が予想され，一般的な方法の開発は難しい．物性が比較的類似した物質について，極性ポリマー，イオン交換ポリマー，活性炭などの固相捕集剤と，塩析，pH 操作，液—液分配などの濃縮・精製・抽出の方法を組み合わせて検討を進めることが，分析法開発の基本的な方法論であろう． 〔上堀美知子〕

参考文献
1) F. Andreolini, C. Borra, F. Caccamo, A.D. Corcia, R. Samperi: *Anal. Chem.*, **59**, p. 1720 (1987).
2) 環境庁環境保健部保健調査室：化学物質分析法開発マニュアル（1987）．
3) 環境汚染物質排出移動登録制度（1997）．

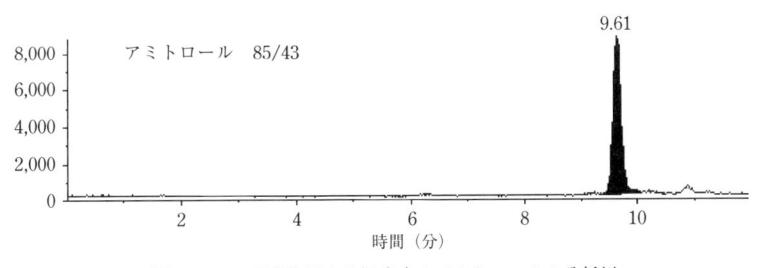

図 2.15.12 廃棄物埋立地浸出水のアミトロールの分析例

[*1] まれなケースであるが，一部の河川水では，selected reaction monitoring（SRM）のモニターイオン（前駆イオン／プロダクトイオン：85/43）のクロマトグラムに妨害となるピークが出現した．その際も，表 2.15.3 の SRM（85/57）の条件では妨害なく測定できた．SRM（85/57）の分析条件においても検量線は良好な直線を示すが，検出下限（MDL）は SRM（85/43）の 1/2 程度となる．

表 2.15.5 LC/MS 分析の可能性のある水溶性物質

	PRTR 番号	化合物	分子式	水溶解度 (25℃)	log P_{ow}	分子量	発がん性	モニターイオン
	326*	2-isopropoxyphenyl N-methylcarbamate	$C_{11}H_{15}NO_3$	1.86 g/L	1.52	209.2		171$^+$
2	6	4-amino-1-hydroxybenzene	C_6H_7NO	6 g/L	0.04	109.1		110$^+$
1	32	ethylene thiourea	$C_3H_6N_2S$	20 g/L (30℃)	−0.66	102.2	2B (IARC)	103$^+$
1	2	acrylamide	C_3H_5NO	64 g/L	−0.67	71.08	2A (IARC)	72$^+$
	10*	adiponitrile	$C_6H_8N_2$	80 g/L	−0.32	108.14	—	131$^+$
1	181	thiourea	CH_4N_2S	142 g/L	−1.08	76.1	2B (IARC)	77$^+$
1	19	3-amino-1H-1,2,4-triazole	$C_2H_4N_4$	280 g/L	−0.86	84.1		85$^+$
1	198	1,3,5,7-tetraazatricyclo[3.3.1.13.7]decane	$C_6H_{12}N_4$	448.6 g/L	−2.2	140.2		141$^+$
1	260	o-dihydroxybenzene	$C_6H_6N_2$	461 g/L	0.88	110.1	2B (IARC)	109$^+$
1	51	1,1′-ethylene-2,2′-bipyridyldiylium dibromide	$C_{12}H_{12}Br_2N_2$	700 g/L	−4.6	344.1		81$^+$
1	80	chloroacetic acid	$C_2H_3ClO_2$	858 g/L	0.22	94.5		94$^-$
1	218	1,3,5-tris(2,3-epoxypropyl)-1,3,5-triazine-2,4,6(1H,3H,5H)-trione	$C_{12}H_{15}N_3O_6$	900 mg/100 mL	−0.8	297.3		320$^+$
	17*	N-(2-aminoethyl)-1,2-ethanediamine	$C_4H_{13}N_3$	1,000 g/L	−1.3	103.2		104$^+$
	351*	dimethyl(E)-1-methyl-2-(N-methylcarbamoyl)vinyl phosphate	$C_7H_{14}NO_5P$	1,000 g/L	−0.2	223.2		224$^+$
	345*	mercaptoacetic acid	$C_2H_4O_2S$	1,000 g/L	0.09	92.1		91$^-$

＊平成 20 年 11 月 21 日改正の PRTR 法で指定物質から削除された．

2.16 スクラロース,サッカリン,アセスルファムK（人工甘味料）のLC/MS分析法

環境水

化学構造・慣用名	IUPAC名	CAS No./分子式/分子量	オクタノール/水分配係数
スクラロース	1,6-dichloro-1,6-dideoxy-β-D-fructofuranosyl 4-chloro-4-deoxy-α-D-galactopyranoside	56038-13-2/ $C_{12}H_{19}Cl_3O_8$/ 397.64	$\log P_{ow} = 0.32$
備考. 0～15 mg/kg/day　甘みはショ糖の約600倍. 日本での認可は1999年.			
サッカリン	1,2-benzisothiazol-3(2H)-one, 1,1-dioxide	81-07-2/ $C_7H_5NO_3S$/ 183.19	$\log P_{ow} < 0.3$
備考. 0～5 mg/kg/day　水にほとんど溶けないため水溶性のナトリウム塩がよく用いられる. Cas.No: 128-44-9			
アセスルファムカリウム	potassium, 6-methyl-2,2-dioxo-oxathiazine-4-olate	55589-62-3/ $C_4H_4KNO_4S$/ 201.24	$\log P_{ow}$: データなし. ただし水溶性高い.
備考. 0～15 mg/kg/day　甘みはショ糖の約200倍. 日本での認可は2000年.			

　これらの物質は人工甘味料として食品に添加されるものであって,いわゆる有害物質ではない. いずれも砂糖よりはるかに強い甘味をもちながらほとんどカロリーがなく,ダイエット効果をうたう飲食物によく使用されている. カロリーがないとは人体内でエネルギーにならないということだが,代謝を受けないまま,いわば人体内を素通りする物質は,下水処理の微生物による分解もほとんど受けず,下水処理場の放流水中の濃度は流入水と大差なく環境中に出ても長期間安定に存在する,ということが起こりうる. 現実に下水処理水が流入する湖などの閉鎖水系で人工甘味料濃度が高くなっている報告がなされるようになった. 一方そういった特性を生かして下水の漏えいを調べるトレーサーや下水処理水の影響が及んでいる範囲の調査に人工甘味料に使われる物質が有望とも考えられる.

1) 人工甘味料の測定（LC/MS）

a. スクラロース

　試料水を注射筒などで固相抽出カートリッジに通して対象物質を濃縮し,溶出,濃縮,転溶してLC/MS-SIMで分析する. 分析方法のフローチャートを図2.16.1に示す.

b. サッカリンおよびアセスルファム

　対象物質はナトリウムやカリウム塩として使われることがほとんどで,そのままでは固相抽出もLC分析も困難であるため,必要に応じて試料水やLC移動相にイオンペア剤を用いる. イオンペア剤は用いず,pH3程度の酸性にしている分析例もある.

　イオンペア剤はスクラロースには作用しないので,サッカリン用の試料処理をした試験液やLC移動相でスクラロースの測定をすることも可能である. また濃

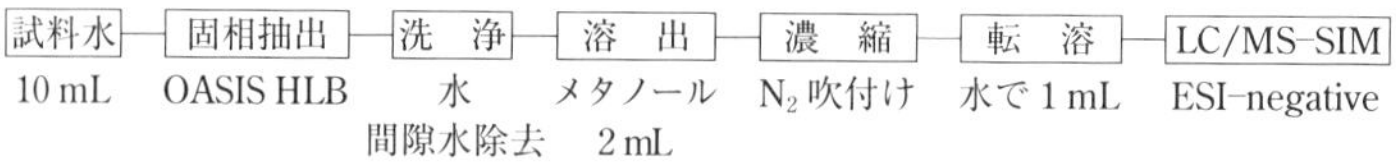

図 2.16.1 スクラロース分析方法のフローチャート

試料水 → 固相抽出 → 洗浄 → 溶出 → 濃縮 → 転溶 → LC/MS-SIM
10 mL　OASIS HLB　水　メタノール　N₂吹付け　水で1 mL　ESI-negative
　　　　　　　　　間隙水除去　2 mL

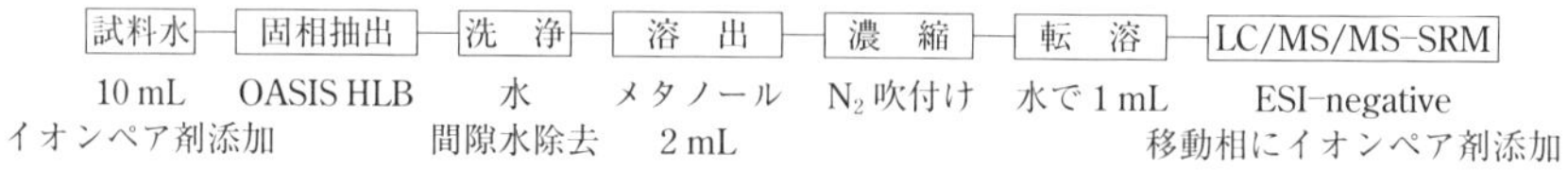

図 2.16.2 サッカリンなど分析方法のフローチャート

試料水 → 固相抽出 → 洗浄 → 溶出 → 濃縮 → 転溶 → LC/MS/MS-SRM
10 mL　OASIS HLB　水　メタノール　N₂吹付け　水で1 mL　ESI-negative
イオンペア剤添加　間隙水除去　2 mL　　　　　　　　　　移動相にイオンペア剤添加

度によっては3物質ともLC/MS-SIMで測定してもよい．

c. 試薬および標準溶液

各対象物質はできるだけ純度の高い試薬を標準とし，メタノールに溶解して1 mg/mLの標準原液を調製する．この標準原液を適宜水で希釈して検量線作成用標準溶液とする．イオンペア剤としてジアミルアンモニウムアセタート（DAAA）を用いた．0.5 M水溶液などで販売されている．これを試料水中濃度0.05 mMになるよう添加した．メタノール，水はLC/MSグレードを用いる．

d. 器具等

水質試料採取：固相抽出カートリッジOASIS HLB plus（Waters製），注射筒
試料調製：窒素吹付け濃縮装置，マイクロシリンジ

e. 装置および分析条件

表2.16.1を参照．

f. 水質試料前処理法

試料水に0.5 M DAAA水溶液を0.05 mMになるよう添加して，固相抽出用カートリッジに通液して対象物質を捕集する．水10 mLを通液して洗浄してから間隙水を除く．試料を抽出した固相抽出カートリッジにメタノール2 mLを加えて溶出する．溶出液に窒素ガスを吹き付けて濃縮する．0.3 mLほどの水が残るので，水を加えて1 mLに定容したものを試験溶液とする．未使用の固相抽出カートリッジを同様に処理したものを空試験溶液とする．スクラロースのみを対象とするのであればイオンペア剤を添加しなくともよい．

表 2.16.1 装置および分析条件

LC条件	機　種	：Waters ACQUITY UPLC
	カラム	：ACQUITY UPLC BEH — Shield RP18 2.1 × 150 mm 1.7 μm
	溶離液	：A：1 mM DAAA水溶液　B：メタノール
	0 → 6　min	A：90 → 60%　B：10 → 40% linear gradient
	6 → 6.5　min	A：60 → 10%　B：40 → 90% linear gradient
	6.5 → 7.3　min	A：B = 10：90
	7.3 → 9　min	A：10 → 90　B：90 → 10 linear gradient
	9 → 10　min	A：B = 90：10
		0.2 mL/min
	カラム温度	：40℃
	注入量	：10 μL
MS条件	機　種	：Waters Quattro Premier XE
	イオン化法	：ESI negative
	モニターイオン	：スクラロース　397，395（シングルイオン化）
		サッカリン　182
		アセスルファム　162
		もしくはサッカリン　182 → 42（タンデムイオン化）
		アセスルファム　162 → 82
		スクラロース[注]　395 → 359

注）感度はきわめて低く実試料では用いなかった．

2) 解説

a. 測定条件の選択

共存物質の影響を避けて高感度分析をするにはシングルよりタンデムの方が有利であることが多い．しかし筆者使用のLC/MSではスクラロースから生成するフラグメントイオンはモニターするのに感度が低すぎたので，シングルイオン化2チャンネルで測定することとした．サッカリンとアセスルファムもシングルイオン化で同時測定できる．しかし低濃度では，ベースラインの乱れや妨害ピークが現れ定量精度が落ちる場合があったので，このような場合はタンデムイオン化で測定するとよい．図2.16.3にそれぞれの測定条件での標準物質のクロマトグラムを示す．

b. 添加回収実験

人工甘味料の標準溶液を添加した試料水と無添加の試料水をそれぞれ前処理して測定し，定量値の差から添加回収率を求めた．試料は河川水である．表2.16.2に示すように回収率はやや低めであるが環境実態の把握に適用することは可能と考えられる．

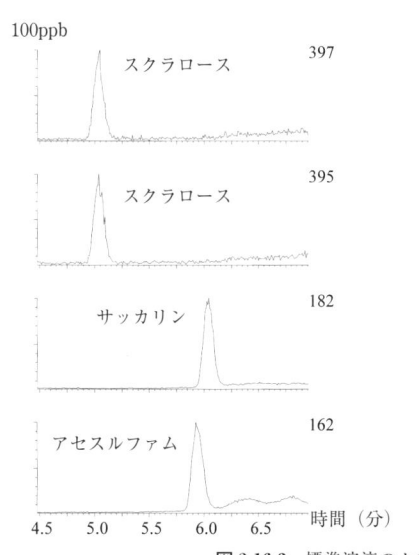

c. 実試料への適用

神奈川県内の下水処理場からの放流水と31カ所の河川水を分析した結果，すべての検体からサッカリンとアセスルファムが検出された（表2.16.3）．これらは天然には存在しない化合物なので，人為的な影響が広く及んでいることが確認できた．

なお芦ノ湖の湖水からは3種とも不検出であった．芦ノ湖周辺の下水道普及率は約8割，処理水は湖から流れ出す河川に放流されており，湖には入らない．

d. 考察

食品添加物として認可されたものであるから，これらの人工甘味料はヒトへの毒性はないのだろう．しかし下水など人工排水にはさまざまな有害物質が含まれている可能性がある．それらの影響が及びうる範囲を推定するのに人工甘味料物質を利用することができそうである．環境濃度と感度から考えて，下水の漏えいや処理水などの影響範囲を調査するトレーサーとしてもっとも有望なのはアセスルファムであると思われる．湖水など閉鎖水系にどれほど影響を与えているかは興味深い検討対象になるであろう．分子に塩素を含む構造からしてスクラロースも監視しておくべきと思われる．

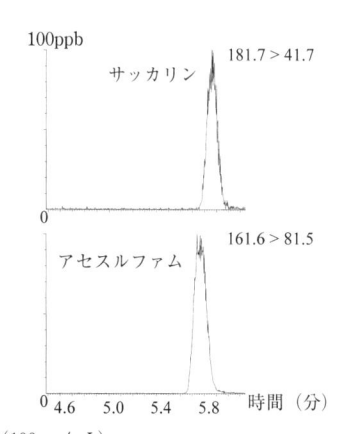

〔長谷川敦子〕

図 2.16.3　標準溶液のクロマトグラム（100 ng/mL）
左：LC/MS，右：サッカリン，アセスルファムのLC/MS/MSクロマトグラム

表 2.16.2　回収率と相対標準偏差（RSD）

化合物	試料量 (mL)	n	添加量 (ng)	回収率 (%)	RSD (%)	検出下限 (µg/L)
スクラロース	10	8	10	82.4	12	0.2
サッカリン	10	8	10	87.2	7.2	0.04 (0.02：SRM)
アセスルファム	10	8	10	80.5	3.0	0.04 (0.01：SRM)

表 2.16.3　人工甘味料測定結果

		スクラロース	サッカリン	アセスルファム
下水処理場放流水（μg/L）		2.6	0.55	3.7
河川水（μg/L）				
採取地点　1	(2008.8)	<0.2	0.83	0.25
	(2008.12)	<0.2		
2		0.3	0.65	1.9
		<0.2		
3		0.3	0.67	3.0
		0.3		
4		<0.2	0.38	0.29
		<0.2		
5		1.2	2.8	5.2
		0.7		
6		<0.2	1.1	0.92
		<0.2		
7		<0.2	0.21	0.32
		<0.2		
8		<0.2	0.41	0.57
		<0.2		
9		1.2	1.5	17
		0.7		
10		0.9	1.4	3.8
		0.3		
11	(2008.9)	<0.2	0.13	0.14
12		<0.2	0.09	0.24
13		<0.2	0.76	0.48
14		<0.2	0.12	0.68
15		<0.2	0.22	0.37
16		0.9	0.43	2.8
17		2.6	0.63	6.9
18		<0.2	0.17	0.33
19	(2008.12)	<0.2	0.21	0.43
20		<0.2	1.3	0.66
21		0.2	2.0	0.75
22		<0.2	1.1	0.81
23		<0.2	0.48	0.67
24		0.3	1.4	1.2
25		0.3	0.92	1.0
26		<0.2	0.30	0.47
27	(2009.6)	0.4	0.16	0.72
28		0.7	0.07	0.57
29		0.3	0.21	0.30
30		1.6	0.25	2.5
31		0.6	0.21	1.2
		<0.2〜2.6	0.07〜2.8	0.14〜17
検出数／試料数		19/41	31/31	31/31

参考文献

食品添加物の FAO/WHO 合同食品添加物専門家会議（JECFA: Joint FAO/WHO Expert Committee on Food Additives） http://jecfa.ilsi.org/

Swedish EPA: Report "Measurements of Sucralose in the Swedish Screening Program 2007"（2008）.

N. Lubick: *Environ. Sci. Technol.*, **42**（9）, p. 3125（2008）.

M. Scheurer, H.J. Brauch, F.T. Lange: *Anal. Bioanal. Chem.*, **394**（6）, p. 1585（2009）.

I.J. Buerge, H.R. Buser, M. Kahle, M.D. Müller, T. Poiger: *Environ. Sci. Technol.*, **43**（12）, p. 4381（2009）.

2.17 放射能測定法

環境水，土壌，底質，食品

2.17.1 はじめに

1) 放射能と放射線

放射性物質は原子核が崩壊するときに放射線を放射する．放射能とは，物質がもつ放射線を出す能力のことで，放射性物質の意味で使われることもある．放射能の単位は SI 単位系のベクレル（Bq）で，1 秒間に崩壊する原子核の数を表す．したがって，1 秒間に 1 個の原子核が崩壊（decay）する 1 decay/sec が 1 Bq である．かつての放射能単位，キュリー（Ci）では，1 Ci は 3.7×10^{10} Bq に相当する．

放射線は高いエネルギーをもった粒子あるいは電磁波で，その種類には，大きく α 線，β 線，γ 線，X 線，中性子線がある．α 線は荷電粒子のヘリウム原子核で，飛程はきわめて小さく，紙一枚で遮へいされる．β 線は荷電粒子の電子線で，α 線より飛程が大きく，アルミ板で遮へいされる．γ 線・X 線は電磁波で，透過力が強く，鉛板や鉄板で遮へいされる．中性子線は原子核を構成する非荷電粒子で，透過力が強く，水やパラフィン，厚いコンクリートで遮へいされる．このように，放射線はその種類によって異なった性質をもつため，表 2.17.1 に示したように測定時の検出器も異なる．したがって，分析対象とする放射性物質が，どのような放射線を放出する核種であるかによって，分析法の選択が異なる．すなわち，物質への透過力が強くおもに光電効果（コラム参照）によって固有なエネルギーをもつ γ 線放出核種については，多核種一斉分析が可能である．β 線放出核種は連続エネルギーをもつため，分析対象とする放射性物質を化学的に分離精製したのち，β 線計測する．α 線放出核種は固有のエネルギーをもつが，物質透過力がきわめて小さいため，試料の自己吸収（次頁のコラム参照）を少なくする必要があり，分析対象とする放射性物質を化

光電効果

γ 線のエネルギーがおもに 1 MeV より小さい場合に起こり，衝突した物質から 1 個の電子（おもに K 軌道電子）が飛び出す現象をいう．γ 線はこの作用の繰返しによって，γ 線のもつ全エネルギーを放出する．一般に，γ 線と物質との相互作用は低エネルギーでは光電効果，中エネルギーではコンプトン効果，高エネルギーでは電子対生成が大きく寄与している．

表 2.17.1 放射線の検出器

検出器		おもな測定対象放射線
電離箱		α 線，β 線，γ 線
GM 計数管		β 線，γ 線
ガスフロー計数管		α 線，β 線
比例計数管		中性子線
半導体検出器	Si（Li）半導体	α 線，γ（X）線
	Ge（Li）半導体[注]，Ge 半導体	γ（X）線
シンチレーション検出器	NaI（Tl），CsI（Tl）シンチレータ	γ（X）線
	ZnS（Ag）シンチレータ	α 線
	プラスチックシンチレータ	β 線
	液体シンチレータ	α 線，β 線

注）液体窒素により常時冷却

> **自己吸収**
> 計測に用いる試料自身の厚みで放射線が散乱あるいは吸収によって減弱する現象のこと．試料の厚みが厚いほど，試料の線減衰係数が大きいほど，起こりやすい．

学的に分離精製後，ステンレス鋼板上に電着処理するなどして，α線計測する．

2) 日本における放射能測定の経緯

日本における放射能測定は，広島・長崎に原爆が落とされた第二次世界大戦末期の1945年8月に始まった．放射能測定が全国規模で実施されるようになったのは，1954年3月1日に太平洋マーシャル諸島のビキニ環礁でアメリカが実施した水爆実験以降である．いわゆる死の灰を浴びて静岡県焼津港に戻ったマグロ漁船第五福竜丸とその乗組員23名（内1名が急性放射線障害で死亡）の被ばく調査や，マグロ漁船などがもち帰った海産物の汚染調査であった．また，その当時は，アメリカ，イギリス，旧ソ連邦によって核実験による核競争が行われており，1960年にはフランス，1964年には中国も核実験を開始した．これらの核実験はおもに大気圏内で実施されたため，放射能汚染は地球規模で広がった．とりわけ北半球の汚染は甚大で，日本でもビキニ事件以降，順次，放射能監視体制が整備された．

とくに，中国の核実験場はタクラマカン砂漠東端のロプノールであったが，大気圏内核実験が実施されると，数日後にはその影響が日本で観測されたため，そのたびに全国的な緊急時放射能測定が実施された．こうした軍事目的の核実験に対して，1942年にシカゴ大学でエンリコ・フェルミが原子力発電の原理となる核分裂の連鎖反応を実験炉で成功し，原子力発電の開発が盛んになった．日本における初の商業用原子力発電所は1966年の東海発電所であり，2011年までに54基が設置された．それにともなって，原子力発電所をもつ都道府県では，より高度で密な放射能監視体制が敷かれた．大気圏内核実験は，1980年10月の中国の核実験を最後に，汚染の比較的少ない地下核実験となった．国連科学委員会（UNSCEAR：United Nations Scientific Committee on the Effects of Atomic Radiation）の2000年報告書[1]によれば，大気圏内核

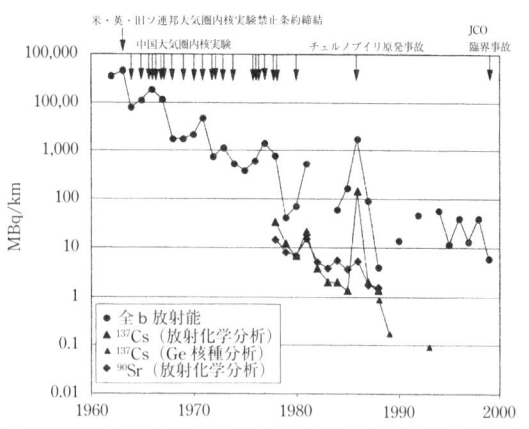

図 2.17.1 放射性降下物量の経年推移（測定場所：愛知県衛生研究所）

実験は1945年から1980年にかけて543回行われ，大気圏に放出されたおもな放射性核種と放出量は^{131}Iで675,000 PBq，^{137}Csで948 PBq，^{90}Srで622 PBqであった．大気圏内核実験以降のおもな核関連事故は，1979年3月28日のアメリカにおけるスリーマイル原発事故，1986年4月26日の旧ソ連邦におけるチェルノブイリ原発事故，日本国内では1999年9月30日の茨城県東海村における動燃事業団東海再処理工場の臨界事故などである．21世紀にむかって，チェルノブイリ原発事故などの影響等局地的な放射能汚染や，大気圏内核実験の影響によって飲食物を含む環境試料中に半減期の長い^{137}Csや^{90}Srの検出はあったものの，図2.17.1に示した[2]ように地球規模での環境放射能としては減少傾向にあった．

こうした状況の下，2011年3月11日に東日本大震災（M 9.0）が発生し，地震にともなう津波とともに全電源喪失による東京電力福島第一原発事故を誘発した．1～3号機の原子炉の炉心溶融と水素爆発および定期点検中の4号機の爆発によって，国内では広島・長崎をしのぎ，世界的には原子炉事故としては最大級であったチェルノブイリ原発事故に並ぶ放射能汚染事故となった．チェルノブイリ原発事故による放射性物質の総放出量が5,200 PBq（ヨウ素換算値）であったのに対して，2011年6月6日，福島第一原発からの大気放出量は，^{131}Iが160 PBq，^{137}Csが15 PBqで総放出量は770 PBq（同）と推定された[3]．事故から2年半以上が経過した現在（2013年11月），福島第一原発から放出された半減期の短い^{131}I（半減期8.040日）などは消滅し，事故時に^{137}Cs（同30.174年）と

の放出比が 1 : 1 であった ^{134}Cs（同 2.062 年）も 1 : 0.43 まで減少した．しかし，事故現場では，原発敷地内への地下水や雨水の流入に起因するコントロールできない汚染水によって ^{3}H や ^{90}Sr などの海への放出も続いており，事故収束の見通しは立っていない．おもに土壌・海水などが，今もなお，半減期の長い ^{3}H，^{137}Cs，^{90}Sr，^{239}Pu などの放射性物質によって汚染された状態にある．

したがって，今後も，福島第一原発から放出された放射性物質による環境および飲食物への汚染実態の把握のために詳細な放射測調査が必要となる．ここでは，おもに ^{131}I や ^{137}Cs などの γ 線放出核種の分析法である γ 線スペクトロメトリー法について述べるが，この他に，β 線放出核種の ^{90}Sr についてはガスフロー計数管法，^{3}H については液体シンチレーションカウンター法，また，α 線放出核種の U については Si 半導体検出器による α 線スペクトロメトリー法や ICP-MS 法，Pu については Si 半導体検出器による α 線スペクトロメトリー法や Zns（Ag）シンチレーションカウンター法を用いる[4]．

3) 測定対象となるおもな放射性物質

環境中に放射性物質が放出された場合，まずは，サーベイメータとモニタリングポストによる空間放射線量率の測定や水中モニターによる水中放射能測定を行う．そこで平常値を超える汚染が推測・確認された場合，空間放射線量率から人体への外部被ばく線量の算出は可能であるが，さらに，放射性物質の核種を同定し，その放射能濃度を求めることによって，より詳細な外部被ばく線量と何よりも内部被ばく線量の推定・算出をすることが可能となる．このような場合，通常，とりあえず測定対象となる放射性物質は，おもに γ 線放出核種である．

原子力規制委員会（2013 年 4 月文部科学省より移管）による原子炉等施設周辺の環境放射能のモニタリング調査の一環として，各都道府県の研究機関では，日常的に Ge 半導体検出器による γ 線スペクトロメトリーを実施している．表 2.17.2 に，γ 線スペクトロメトリーの測定対象となる放射性物質の核データを示した．これらの核種は，ほとんどの場合，β 線も同時に出している．

この他に，β 線のみを放出する核種[5] としては，^{3}H［半減期 12.33 y，最大エネルギー 0.0186 MeV（放出比 100 %）］，同様に ^{89}Sr［50.53 d，1.495 MeV（100 %）］，^{90}Sr［28.74 y，0.546 MeV（100 %）］などが重要である．

また，α 線を放出する核種[5] としては，^{238}U［半減期 4.468×10^{9}y，おもなエネルギー 4.198 MeV（放出比 79.0 %）］，同様に ^{234}U［2.457×10^{5}y，4.775 MeV（71.4 %）］，^{235}U［7.038×10^{8}y，4.398 MeV（55.0 %）］，^{238}Pu［87.7 y，5.499 MeV（70.9 %）］，^{239}Pu［2.411×10^{4} y，5.157 MeV（73.3 %）］，^{240}Pu［6.564×10^{3}y，5.168 MeV（72.8 %）］，^{241}Am［432.2 y，5.486 MeV（84.5 %）］，^{242}Cm［162.8 d，6.113 MeV（74.0 %）］などが重要である．

参考までに，核関連事故発生時に，試料の側から測定対象を判断する目安として，国際原子力機関（IAEA: International Atomic Energy Agency）が示す「食物と環境試料（食物につながる経路の一部をなす物質）の汚染においてきわめて重要な核種」を表 2.17.3 に示した[6]．

4) γ 線スペクトロメトリーによる ^{131}I や ^{137}Cs など γ 線放出核種の一斉分析

表 2.17.3 に見るように，事故発生時は γ 線放出核種が多く放出される．被ばく線量の評価などのためには，^{131}I や ^{137}Cs などについて迅速な放射能測定をする必要がある．ここでは，γ 線スペクトロメトリー法である NaI（Tl）シンチレーション検出器核種分析装置による ^{131}I，^{134}Cs，^{137}Cs の分析，および Ge 半導体検出器核種分析装置による γ 線放出核種の一斉分析について述べる．

試料採取法やこれらの装置および測定原理の詳細は，文部科学省放射能測定シリーズ[4]「13 ゲルマニウム半導体検出器等を用いる機器分析のための試料の前処理法」（1982 年），「24 緊急時におけるガンマ線スペクトロメトリーのための試料前処理法」（1992 年），「6 NaI（Tl）シンチレーションスペクトロメータ機器分析法」（1974 年），「7 ゲルマニウム半導体検出器による γ 線スペクトロメトリー」（1992 年），厚生労働省[7]「水道水等の放射能測定マニュアル」（平成 23 年 10 月）などを参照されたい．

表 2.17.2 おもなγ線放出核種の核データ

核種名	半減期	エネルギー (KeV) [放出比 (%)]
^{7}Be	53.29 d	477.593 [10.35]
^{40}K	1.277×10^9y	1460.75 [10.67]
^{51}Cr	27.701 d	320.076 [10.2]
^{54}Mn	312.20 d	834.827 [100]
^{56}Mn	2.5785 h	846.754 [98.87], 1810.72 [27.2]
^{58}Co	70.78 d	810.755 [99.44]
^{59}Fe	44.56 d	142.648 [1.02], 192.344 [3.08], 1099.224 [56.5], 1291.564 [43.2]
^{60}Co	5.2719 y	1173.210 [100], 1332.470 [100]
^{63}Zn	38.01 m	669.62 [8.4], 962.06 [6.6]
^{65}Zn	244.0 d	1115.518 [50.75],
^{74}Ga	8.25 m	595.88 [91.2], 604.22 [2.87], 608.40 [14.6]
^{74}As	17.79 d	595.90 [60],
^{75}Ge	82.78 m	198.56 [1.14], 264.61 [11.1].
^{75m}Ge	47.7 s	139.68 [39]
^{91}Sr	9.48 h	555.57 [61], 652.3 [2.9], 652.9 [7.6], 653 [0.46], 749.8 [23], 1024.3 [33]
^{91}Y	58.51 d	1208 [0.30]
^{93}Y	10.25 h	266.9 [6.8], 947.1 [1.9], 1917.8 [1.4]
^{95}Zr	63.98 d	724.184 [43.1], 756.72 [54.6]
^{95}Nb	34.97 d	765.786 [99.82]
^{97}Zr	16.90 h	218.87 [0.18], 254.15 [1.25], 272.27 [0.25], 355.39 [2.27], 400.39 [0.32], 507.63 [5.06], 513.38 [0.6], 602.41 [1.39], 690.63 [0.25], 699.2 [0.12], 743.36 [92.8], 804.53 [0.65], 829.80 [0.22], 854.90 [0.33], 971.39 [0.29], 1021.3 [1.35], 1110.45 [0.11], 1147.95 [2.64], 1276.09 [0.974], 1362.66 [1.35], 1750.46 [1.35], 1851.55 [0.35]
^{97}Nb	72.1 m	657.92 [98.2], 1024.53 [1.1], 1268.63 [0.16], 1515.64 [0.12]
^{99}Mo	66.02 h	40.55 [0.87], 181.07 [6.29], 366.45 [1.35], 739.4 [12.6], 777.8 [4.40], 822.8 [0.140]
^{99m}Tc	6.007 h	140.511 [89.0], 142.63 [6.4]
^{103}Ru	39.35 d	294.98 [0.242], 497.08 [86.4], 557.04 [0.80], 610.33 [5.44]
^{106}Ru	366.5 d	511.80 [19], 616.33 [0.82], 622.2 [9.8], 1050.47 [1.6]
^{108m}Ag	127 y	79.4 [6.6], 434.00 [90.5], 614.37 [89.7], 722.95 [89.7]
^{110m}Ag	252.2 d	620.346 [2.78], 657.749 [94.4], 6747.602 [10.6], 686.988 [6.45], 706.670 [16.3], 744.260 [4.65], 763.928 [22.3], 818.016 [7.28], 884.667 [72.8], 937.478 [34.3], 1334.242 [0.141], 1384.270 [24.6], 1475.760 [4.04], 1505.001 [13.2], 1562.266 [1.19]
^{124}Sb	60.20 d	645.82 [7.23], 722.78 [11.30], 1691.02 [49.0]
^{125}Sb	2.71 y	176.29 [6.8], 380.51 [1.5], 429.95 [30], 463.51 [11], 600.77 [18], 606.82 [4.9], 636.15 [12], 671.66 [1.7]
^{127}Sb	3.91 d	473.0 [25], 685.7 [36], 783.7 [15]
^{129}Te	69.5 m	459.60 [7.1], 487.39 [1.3], 1083.99 [0.56]
^{129m}Te	33.52 d	695.98 [2.9], 729.62 [0.69]
^{131}I	8.040 d	80.183 [2.6], 177.210 [0.26], 284.298 [6.0], 364.480 [81], 636.973 [7.2], 722.893 [1.8]
^{132}I	2.2846 h	147.2 [0.24], 254.8 [0.19], 262.7 [1.44], 316.5 [0.16], 363.5 [0.49], 387.8 [0.17], 416.8 [0.46], 431.9 [0.45], 446.0 [0.67], 505.90 [5.0], 522.65 [16.1], 535.5 [0.52], 547.1 [1.25], 621.0 [2.0], 630.22 [13.7], 650.6 [2.7], 667.69 [98.7], 669.8 [4.9], 671.6 [5.2], 727.1 [6.5], 772.61 [76.2], 780.2 [1.23], 809.8 [2.9], 812.2 [5.6], 863.3 [0.59], 876.8 [1.08], 910.3 [0.92], 927.6 [0.44], 954.55 [18.1], 984.5 [0.56], 1034.7 [0.57], 1136.03 [3.0], 1143.4 [1.4], 1173.2 [1.1], 1290.7 [1.14], 1295.3 [2.0], 1298.2 [0.9], 1317.1 [0.12], 1372.07 [2.5], 1398.57 [7.1], 1442.56 [1.42], 1757.5 [0.38], 1921.08 [1.18], 2002.30 [1.1]
^{132}Te	78.2 h	49.72 [14], 111.76 [1.8], 116.30 [1.9], 228.16 [88]
^{134}Cs	2.062 y	475.35 [1.465], 563.26 [8.38], 569.29 [15.43], 604.66 [97.56], 795.76 [85.44], 801.84 [8.73], 1038.50 [1.00], 1167.86 [1.805], 1365.13 [3.04]
^{136}Cs	13.00 d	66.91 [12.5], 153.22 [7.47], 163.89 [4.62], 176.55 [13.6], 273.65 [12.7], 340.57 [46.8], 818.50 [99.70], 1048.07 [79.8], 1235.34 [19.7]
^{137}Cs	30.174 y	661.638 [85.0]

2.17 放射能測定法

核種名	半減期	エネルギー (KeV) [放出比 (%)]
^{140}Ba	12.789 d	162.61 [6.11], 304.85 [4.37], 423.72 [3.07], 437.58 [2.0], 537.27 [23.6]
^{140}La	40.27 h	328.768 [18.5], 432.530 [2.72], 487.029 [43.0], 751.827 [4.20], 815.85 [22.4], 867.82 [5.3], 919.63 [2.52], 925.24 [6.8], 951.4 [0.53], 1596.49 [95.5]
^{141}Ce	32.55 d	145.444 [48.4]
^{143}Ce	33.0 h	57.365 [~12], 231.559 [~2.0], 293.262 [~42], 350.587 [~3.4], 490.36 [~2.0], 587.28 [~0.24], 664.55 [5.3], 721.96 [~5.1], 880.39 [~0.92], 1102.98 [~0.37]
^{144}Ce	284.5 d	33.622 [0.291], 80.106 [1.13], 133.544 [11.1]
^{147}Nd	10.98 d	91.1050 [27.2], 120.490 [0.40], 275.42 [0.82], 319.41 [2.0], 439.85 [1.1], 531.01 [12.0], 685.80 [0.71]
^{206}Tl	4.183 m	803.3 [0.0055],
^{207}Bi	38.3 y	569.653 [97.74], 1063.630 [73.8], 1770.220 [6.79]
^{208}Tl	3.0527 m	277.4 [6.8], 510.723 [21.6], 583.139 [86], 763.13 [1.64], 860.37 [12.0], 1093.9 [0.37]
^{210}Pb	22.26 y	46.503 [4.05]
^{210}Po	138.3763 d	803 [0.00122]
^{211}Pb	36.1 m	404.8 [3.5], 426.9 [1.6], 831.8 [2.8]
^{211}Bi	2.15 m	351.0 [12.7]
^{212}Pb	10.643 h	238.626 [43], 300.11 [3.3]
^{212}Bi	60.600 m	288.07 [0.32], 452.83 [0.35], 727.27 [6.3], 785.46 [1.0], 1078.80 [0.51], 1620.62 [1.4]
^{214}Pb	26.8 m	53.226 [2.2], 241.924 [7.6], 295.217 [18.9], 351.992 [36.7], 785.95 [0.86], 839.20 [0.59]
^{214}Bi	19.7 m	405.74 [0.17], 609.312 [46.1], 665.453 [1.56], 703.11 [0.47], 719.86 [0.40], 768.356 [4.91], 786.1 [0.31], 806.174 [1.23], 934.061 [3.19], 1120.287 [15.0], 1155.19 [1.69], 1238.11 [5.95], 1280.96 [1.47], 1377.669 [4.05], 1385.31 [0.78], 1401.50 [1.39], 1407.98 [2.48], 1509.228 [2.19], 1583.22 [0.72], 1599.31 [0.33], 1661.28 [1.15], 1729.60 [2.98], 1764.50 [15.8], 1847.42 [2.10]
^{219}Rn	3.96 s	271.20 [10], 401.8 [6.5]
^{223}Ra	11.4346 d	122.4 [1.23], 144.3 [3.34], 154.3 [5.74], 269.6 [14.0], 324.1 [4.12], 338.6 [2.96], 445.5 [1.54]
^{224}Ra	3.665 d	240.981 [3.9]
^{226}Ra	1599 y	186.180 [3.3]
^{227}Th	18.7176 d	50.2 [7.2], 79.8 [1.7], 94.0 [1.2], 236.0 [11], 256.3 [6.3], 286.2 [1.4], 300.0 [1.9], 329.9 [2.4]
^{228}Ac	6.13 h	99.5 [1.3], 100.40 [0.12], 129.1 [2.6], 154.0 [0.80], 209.5 [4.3], 270.2 [3.6], 321.9 [0.22], 328.3 [3.1], 332.9 [0.35], 338.7 [12], 409.8 [2.1], 463.3 [4.6], 562.6 [0.86], 726.7 [0.78], 755.3 [1.0], 771.8 [1.6], 782.0 [0.51], 795.0 [4.4], 796 [0.12], 830.4 [0.65], 835.6 [1.7], 840.4 [0.97], 904.1 [0.82], 911.2 [27], 964.4 [4.7], 968.8 [16], 1245.0 [0.16], 1246.9 [0.38], 1249.3 [0.11], 1459.2 [0.93], 1496.2 [0.98], 1501.7 [0.54], 1539.0 [0.054], 1588.3 [3.5], 1625.3 [0.32], 1630.7 [1.5], 1638.3 [0.46], 1685.8 [0.092]
^{228}Th	1.91313 y	84.371 [1.21]
^{231}Th	25.52 h	84.21 [6.5], 89.95 [0.94]
^{231}Pa	3.276×10^4 y	283.56 [1.7], 299.94 [2.5], 302.52 [2.5], 329.89 [1.4]
^{234}Th	24.101 d	63.29 [3.8], 92.80 [5.4]
^{234m}Pa	1.175 m	766.6 [0.21], 1001.025 [0.59]
^{235}U	7.038×10^8 y	109.14 [1.5], 143.76 [11], 163.35 [4.7], 185.715 [54]
^{239}Np	2.346 d	99.55 [14.5], 103.76 [22.2], 106.14 [27.8], 117.26 [8.1], 120.6 [2.77], 209.76 [3.42], 228.2 [11.4], 254.4 [0.11], 277.60 [14.5], 285.5 [0.76], 315.9 [1.52], 334.3 [1.95]

参考：文部科学省放射能測定シリーズ 7 ゲルマニウム半導体検出器によるγ線スペクトロメトリー

表 2.17.3 食物と環境試料（食物につながる経路の一部をなす物質）の汚染において重要な放射性核種[4]

大気	^{131}I, ^{134}Cs, ^{137}Cs
水	^{3}H$^{\beta}$, ^{89}Sr$^{\beta}$, ^{90}Sr$^{\beta}$, ^{131}I, ^{134}Cs, ^{137}Cs
ミルク	^{89}Sr$^{\beta}$, ^{90}Sr$^{\beta}$, ^{131}I, ^{134}Cs, ^{137}Cs
肉	^{134}Cs, ^{137}Cs
他の食品	^{89}Sr$^{\beta}$, ^{90}Sr$^{\beta}$, ^{134}Cs, ^{137}Cs
植物	^{89}Sr$^{\beta}$, ^{90}Sr$^{\beta}$, ^{95}Zr, ^{95}Nb, ^{103}Ru, ^{106}Ru$^{\beta}$, ^{131}I, ^{134}Cs, ^{137}Cs, ^{141}Ce, ^{144}Ce
土壌	^{90}Sr$^{\beta}$, ^{134}Cs, ^{137}Cs, ^{238}Pu$^{\alpha}$, $^{239+240}$Pu$^{\alpha}$, ^{241}Am$^{\alpha}$, ^{242}Cm$^{\alpha}$

$^{\beta}$：β線のみ放出する核種　　$^{\alpha}$：α線放出核種
ほかは，おもにγ線とβ線を放出する核種

2.17.2 γ線スペクトロメトリーにおける核種分析装置

γ線検出器内では，検出器素材と試料中に含まれる核種からのγ線との相互作用によって核種ごとに固有な光子エネルギー（光電ピーク）が放出される．未知のγ線のエネルギーを知るには，光電ピークのパルス波高値とγ線エネルギーが比例することを利用する．通常，標準線源に使用された核種の光電ピークのエネルギーとパルス波高の位置から，チャンネル-エネルギー校正曲線を描き，この曲線の近似式を求めて，未知のγ線の光電ピークの位置から，そのエネルギーを特定して核種の同定を行う．また，その大きさのエネルギーを放出する光子数を計測することによって，放射能濃度を求める．

1）NaI（Tl）シンチレーション検出器核種分析装置

検出器の蛍光体（シンチレータ）にはいろいろな素材が使用されるが，一般的に，γ線エネルギーの蛍光への変換効率の高いこと，蛍光の透過性が高いこと，蛍光の波長分布が使用する光電子増倍管（コラム参照）の分光感度に適応していることなどが必要で，原子番号の大きい元素を含む素材は検出効率が高く，微量のTlを含むNaIがもっとも一般的である．装置の構成を図2.17.2に示したが，NaI（Tl）シンチレータと光電子増倍管を光学的に組み合わせて一つの金属ケースに納めたものが検出器である．NaI（Tl）シンチレーション検出器の検出効率は，3インチφ×3インチ長の大きさのもので，^{60}Co密封点線源から25 cmの距離における1,332.5 keV γ線に対するピーク効率は$1.2×10^{-3}$である．なお，エネルギー分解能（コラム参照）は，^{137}Csの661.6 keVで8％（53 keV）前後であるため，多核種一斉分析には適さない．食品分析に使用されるNaI（Tl）食品放射能測定装置の測定対象核種は，おもに^{131}I, ^{134}Cs, ^{137}Csである．この場合も，^{137}Csのピークに対して^{131}Iや^{134}Csのピークが重なるため，解析時には注意が必要である．遮へい体は，検出器と測定容器全体を覆って外部からの放射線を減少させるためのもので，その形状は厚さ10～50 mm程

光電子増倍管（PMT：photomultiplier tube）
光電効果によって入射光を内部で増幅して電気信号に変えて出力する光センサーのこと．

エネルギー分解能
放射線のエネルギースペクトルにおいて，近接する2本のピークを分離する能力の目安．NaIシンチレーション検出器の場合は，通常^{137}Csの661.6 keVのピークにおける半値幅［ピークトップの高さの半分の所のピーク幅をエネルギー（または波高分析器のチャンネル数）で表したもの］をピークトップのエネルギー（またはチャンネル数）で割ったものを百分率で表す．Ge半導体検出器の場合は，通常^{60}Coの1332.5 keVのピークについて求めるが，半値幅そのもので表すことが多い．

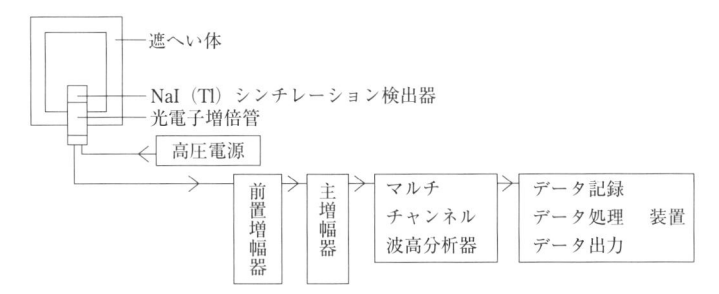

図 2.17.2 NaI（Tl）シンチレーション検出器核種分析装置の構成（例）

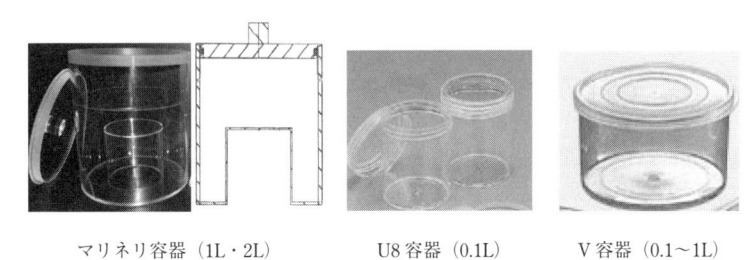

マリネリ容器（1L・2L）　　U8 容器（0.1L）　　V 容器（0.1〜1L）
図 2.17.3 γ線スペクトロメトリーに用いる測定容器（例）

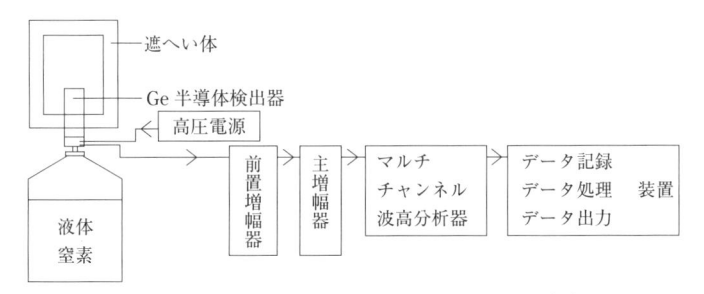

図 2.17.4 Ge 半導体検出器核種分析装置の構成図（例）

度の鉛の立方体または円筒形様である．鉛厚が厚いほど，バックグラウンドのカウント値を下げるとともに，しいては検出下限値も下げることが可能である．

測定に際して，エネルギーチャンネル校正とエネルギー効率校正が必要である．標準線源は，使用する測定容器（図2.17.3，通常，マリネリ容器は1L，U8容器は試料高50 mm．ほかに円柱形状のV容器等）について，（公社）日本アイソトープ協会より入手する（自作も可）．NaI（Tl）シンチレーション検出器に用いる標準線源の核種の組み合わせの一例を以下に示す．

　　^{131}I，^{134}Cs，^{137}Cs，^{40}K

エネルギーチャンネル校正は，少なくとも，測定容器に入った標準線源や密封点線源の ^{137}Cs の 661 keV または測定容器などに入った KCl の ^{40}K の 1,460 keV のピークを波高分析器の対応するチャンネル位置に合わせることで，使用の都度行う．設置場所の温度変化によってピーク位置が変動しやすいので，注意が必要である．また，エネルギー効率校正は，少なくとも年に1回程度，使用する測定容器について測定対象試料の構成素材（水，土壌，有機物等）毎に実施し，測定対象核種の解析エネルギー別に計数効率を求めておく必要がある．なお，密度も加味した効率校正式をもつ解析ソフトの使用が望ましい．

2）Ge 半導体検出器核種分析装置

Ge 半導体検出器核種分析装置の構成を図2.17.4に示す．Ge は，原子番号が比較的大きく，エネルギー分解能の目安となるエネルギーギャップが小さい半導体となることから，高エネルギー分解能をもつγ線検出器として使用されている．Ge 半導体検出器は，p層/空乏層/n層から構成されており，空乏層内に生成

される電子・ホール対を液体窒素温度で測定することにより放射線を検出する．Ge 半導体検出器の 25 cm 相対効率（コラム参照）は，10〜200 ％であるが，通常 10〜50 ％程度のものが使用される．なお，エネルギー分解能が，2 keV（[60]Co の 1,332.5 keV の γ 線ピークの半値幅）前後であるため，多核種一斉分析が可能である．遮へい体は，前項 1）と同様に外部からの放射線を減少させるためのもので，たとえば，厚さ 100 mm の鉛に 1 mm 厚の Cd［Pb-KX 線（約 75 keV）吸収］，1 mm 厚の Cu［Cd-KX 線（約 23 keV）吸収］，2 mm 厚のプラスチック板（汚染防止）の内張りなどを施した金庫様の形状である．

測定に際して，エネルギーチャンネル校正とエネルギー効率校正が必要である．標準線源を，使用する測定容器（図 2.17.3，通常，マリネリ容器は 2 L，U8 容器は底面からの試料の高さが 5, 10, 20, 30, 50 mm の容積線源 5 種類など）について，（公社）日本アイソトープ協会より入手する（自作も可）．Ge 半導体検出器に用いる標準線源の核種の組合せの一例を以下に示す．

[109]Cd, [57]Co, [139]Ce, ^{51}Cr, [85]Sr, ^{137}Cs, [54]Mn, [88]Y, [60]Co

エネルギーチャンネル校正は，必要に応じて，いずれかの標準線源を用いて，線源核種の γ 線エネルギーについて実施し，解析ソフト中の近似式を更新する．また，エネルギー効率校正は，使用するマリネリ容器と U8 容器の容積線源 5 種類を使用して，1 年に 1 回程度実施し，必要に応じて解析ソフト中の近似式を更新する．マリネリ容器や U8 容器の容積試料から放出された γ 線は，試料自体との相互作用によって試料の厚みに応じて減衰するため，線減弱係数（コラム参照）と呼ぶ相互作用のしやすさの指標と試料の厚みによって，計数効率が異なる．文部科学省仕様の解析ソフトでは，U8 容器を使用する場合は，5 種類の容積線源によって求めた 5 本の効率校正曲線より，調製試料ごとの U8 容器底面からの高さについて補正が可能である．したがって，U8 容器を用いて測定する場合は，試料情報として，試料の構成元素情報とともに，必ず試料の高さ情報が必要である．

3）測定容器とエネルギー効率校正

γ 線スペクトロメトリーに用いられる測定容器としては，図 2.17.3 に示したアクリル製のマリネリ容器（容量 1 L または 2 L に刻線）とスチロール製またはポリプロピレン製の U8 容器（容量 100 mL）が一般的である．マリネリ容器は，試料量が多い場合や，原子炉事故時のような緊急時測定の場合などにおいて試料の灰化など前処理なしで直接測定する場合に用いられる．U8 容器は，土壌の測定や試料量の少ない場合，および灰化など前処理した試料の測定に用いられるが，試料量によっては細密充填した場合の高さが異なるため，その試料の高さによる幾何学的計数効率の違いは計測値に大きく影響する．マリネリ容器と U8 容器の 5, 10, 20, 30, 50 mm の高さの異なる容積線源 5 種類を用いて，検出器ごとにエネルギー効率校正を実施する．

なお，標準線源に用いる核種濃度は，それ自体は放射性物質としての法的規制を受けない濃度レベルであるが，多くの放射性核種からの希釈調製が必要であり，入手価格が高価で半減期の短い核種の減衰によって使用期間が限られるという不便さがある．

そのため，近年，標準線源を必要としない ISOCS（*in situ* object calibration software）というピーク効率校正計算法が用いられるようになってきた．ISOCS は，γ 線検出器の周りの空間座標に関して，効率レスポンス関数に基づくモンテカルロシミュレーションによってピーク効率の校正をするものである．この手法によって，マリネリ容器や U8 容器のみならず，円柱形状のスチロール製の V 容器（容量 0.1〜1 L）など任

---

25 cm 相対効率

Ge 半導体検出器の検出効率の表し方で，[60]Co 密封点線源から 25 cm の距離における 1332.5 keVγ 線に対するピーク効率について，3 インチ φ×3 インチ長の NaI（Tl）シンチレータ検出器のピーク効率に対する Ge 半導体検出器のピーク効率の比を百分率で示す．

線減弱係数

γ 線や X 線が物質との相互作用で失われる確率［断面積（cm^2）］を物質の単位体積（cm^3）当たりに換算したもので，物質を通過する際に起こる吸収の大きさを表す．放射線の種類や物質の種類，エネルギーの大きさによって異なる．単位は cm^{-1}．

意の形状の容積試料に関しても，標準線源を必要とせずにピーク効率校正が可能である．

なお，検出器に測定容器を載せる場合は，検出器および鉛遮へい体内部を汚染しないように測定容器にはビニール袋をかけるなどの注意が必要である．また，一度高レベルの放射性物質を測定した測定容器は，洗浄後も微量の放射性物質が残留する場合があるため，場合によっては，測定容器の内壁にあった内袋の使用も有効である．

2.17.3 試料採取と測定試料調製

γ線は，透過力が強く自己吸収の影響が小さいために試料の調製が比較的容易である．γ線スペクトロメトリーの測定容器は，計測に使用する検出器について効率校正（γ線エネルギーとピーク計数効率の関係式を解析ソフトに入力）が行われた形状のものを，試料の性状や容量に応じて選択する．通常は，1～2 Lのマリネリ容器または100 mLのU8容器を使用する．なお，前述のISOCS等によってピーク効率校正が可能なシステムをもつ装置であれば，ほかに底面が平らで扁平な円柱形状のV容器なども使用可能である．

以下に，試料の分類別に，試料採取およびおもな測定試料調製について述べる．いずれの試料においても，試料名，採取年月日時分，採取場所，採取量，灰化率，測定供試量（測定容器中の試料量），測定供試料密度，U8容器の場合は試料の高さなどの試料情報を記録し，容器表面にラベル貼付する．

1) 環境：水

地下水，表流水（河川水・湖沼水など），海水など水試料の採取場所は，目的の試料を代表する位置（例：河川水であれば川の流れのある中央部），および状態（例：地下水が井戸水であれば，しばらく汲み上げた後）のものを，現地にて水試料でよくとも洗いした2 Lのポリビンに，直接またはバケツなどの採取用具やバンドーン採水器（深層での多層採取可能）などを用いて採取する．実験室にて，木片など異物を取り除いた後，水試料をよく混和して均一溶液とし，マリネリ容器の刻線まで入れて蓋をする．なお，必要に応じて，あらかじめマリネリ容器の風袋を秤量し，水試料を入れた後，再度秤量して，水試料の重量を算出する．また，水試料に沈殿物などが含まれる場合は，必要に応じてろ過処理をした後，測定容器に入れる．試料調製したマリネリ容器は，ビニール袋に入れて保存する．

2) 環境：土壌・底質

陸地土壌および河川底泥，海底土など底質試料の採取場所は，目的の試料を代表する位置（例：採取場所の広さを考慮して，狭い場合は中央部で1か所，広い場合は5～8等分した区画の中央部で計5～8か所採取），および深さ（表層，0～5 cm，5～20 cmなど）別に，おおよそ100 g～5 kgを目安に，スコップ，エックマンバージ採泥器，口径面積既知のコア採取用具（単位面積当たりの放射能濃度を測定する場合には必須で，深さ5 cmおよび20 cmの円筒形）などを用いて採取する．実験室にて，木片・草木根・貝殻など異物を取り除いた後，蒸発皿・シャーレなどに入れて，105℃の乾燥器で乾燥する．乾燥後，粉砕し，必要に応じてふるい（2 mmメッシュ）を通過させた後，混合して均一試料にする．さらに，紙の上に平らに試料量に応じた厚みで延ばし，面積に応じて適当な区画に仕切り，スパーテルで各区画中央より均等に採取して，あらかじめ重量を測定したU容器に詰める．U8容器を軽く実験台に打ち付けながら試料をできる限り細密充填し，最上部を平らにした後，U8容器中の試料の高さが50 mmであることを確認，または高さが50 mm未満の場合は高さを測定し，密栓して重量（U8容器＋試料）を測定し，風袋を差し引いて試料重量を求める．試料量が十分にある場合は，同様に，マリネリ容器の刻線まで試料を詰め，蓋をして測定試料とする．試料調製したU8容器やマリネリ容器は，ビニール袋に入れて保存する．

3) 食品：飲料水を含む食品全般

a. 飲料水・牛乳など液体の食品

飲料水・牛乳など液体試料の場合は，あらかじめ重

量を測定したマリネリ容器の刻線まで，試料を直接入れて蓋をする．重量（マリネリ容器＋試料）を測定し，風袋を差し引いて試料重量を求める．試料調製したマリネリ容器は，ビニール袋に入れて保存する．

b．米麦など穀類・穀物類

米麦など穀類・穀物類の場合は，試料の状態によって，異物の除去・洗浄・乾燥（風乾または乾燥器にて60〜70℃で1〜2昼夜放置）を行い，試料量が多い場合には，試料を直接または粉砕して，あらかじめ重量を測定したマリネリ容器の刻線まで細密充填して蓋をする．重量（マリネリ容器＋試料）を測定し，風袋を差し引いて試料重量を求める．また，一般的にU8容器を用いて測定試料調製を行う場合は，試料の重量を秤量後，砂浴上のステンレス製中華鍋でゆるやかに炭化処理後，450℃の電気炉にて48時間で灰化処理を施し，放冷後灰分の重さを秤量して灰化率を求める．その後，必要に応じて粉砕し，ふるい（0.35 mmメッシュ）を通過させた後，混合して均一試料にする．この灰化試料から，できるだけ偏りがないように（灰分が多い場合は土壌の乾燥後と同様な操作によって）灰分を分取して，重量既知のU容器に詰める．U8容器を軽く実験台に打ち付けながら試料をできる限り細密充填し，最上部を平らにした後，U8容器中の試料の高さが50 mmであることを確認，または高さが50 mm未満の場合は高さを測定し，密栓して重量（U8容器＋試料）を測定し，風袋を差し引いて試料重量を求める．試料調製したU8容器やマリネリ容器は，ビニール袋に入れて保存する．

c．野菜類・芋類・魚介類・肉類などその他食品

野菜類・芋類・魚介類・肉類などその他食品の場合，試料の種類・状態によって，原則可食部を測定に供するために，可食としない部位（野菜類・芋類では付着土壌・根・葉・皮など，魚介類では付着砂・頭部・鱗・骨・内臓・殻など，肉類では皮・脂身など）を切除・除去し，洗浄後，ペーパータオルなどで水分を拭き取って除去（試料によっては，風乾または乾燥器にて60〜70℃で1〜2昼夜放置）する．試料が多量にある場合などは，試料を直接またはフードプロセッサーなどで刻んだり粉砕した後，あらかじめ重量を測定したマリネリ容器の刻線まで細密充填し蓋をする．重量（マリネリ容器＋試料）を測定し，風袋を差し引いて試料重量を求める．また，一般的にU8容器を用いて測定試料調製を行う場合は，試料の重量を秤量後，砂浴上のステンレス製中華鍋でゆるやかに炭化処理後，450℃の電気炉にて48時間で灰化処理を施し，放冷後灰分の重さを秤量して灰化率を求める．その後，必要に応じて粉砕し，ふるい（0.35 mmメッシュ）を通過させた後，混合して均一試料にする．この灰化試料から，できるだけ偏りがないように（灰分が多い場合は土壌の乾燥後と同様な操作によって）灰分を分取して，あらかじめ重量を測定したU8容器に詰める．U8容器を軽く実験台に打ち付けながら試料をできる限り細密充填し，最上部を平らにした後，U8容器中の試料の高さが50 mmであることを確認，または高さが50 mm未満の場合は高さを測定する．密栓して重量（U8容器＋試料）を測定し，風袋を差し引いて試料重量を求める．U8容器の場合，マリネリ容器と同様にほとんど前処理なしで測定に供することも可能であるが，測定供試量が少ないなど感度的には劣る．試料調製したマリネリ容器やU8容器は，ビニール袋に入れて保存する．

個々の食品ではなく，調理品や陰膳方式などによる日常食（コラム参照）なども混合均一試料として，この項に従って試料調製する．

日常食
成人が1日に経口摂取したものの全量を指し，通常成人5名分を1試料として扱い，測定結果をBq/人日で算出する．

2.17.4 測定

測定装置にはつねに電源を供給し，検出器部への高圧電源も供給して維持管理したほうが，装置の安定性が良い．試料の測定にあたっては，必要に応じて，エネルギー分解能の確認，エネルギーチャンネル校正，エネルギー効率校正などを装置のマニュアルに従って実施する．また，バックグラウンドの測定は，あらか

表 2.17.4　Ge 半導体検出器（相対効率 15 %）による 2 L マリネリ容器（上段）・小型容器（50 mmφ × 50 mm）*（下段）を用いた時の測定時間と分析目標レベル（試料：飲料水・牛乳）

供試量	^{131}I 定量可能レベル				^{137}Cs 定量可能レベル				単位
	10 分間計測	30 分間計測	1 時間計測	10 時間計測	10 分間計測	30 分間計測	1 時間計測	10 時間計測	
2 L	18	10	8	4	40	24	16	6	Bq/L
100 mL	220	140	100	40	500	300	200	80	Bq/L

＊：U8 容器など
参考：文部科学省放射能測定シリーズ　29　緊急時におけるガンマ線スペクトル解析法

じめ測定試料を置かない状態もしくは空の測定容器を置いた状態で，600〜80,000 秒測定する．

試料の測定は，測定試料容器を包んでいたビニールを新しいものに替えた後，遮へい体内部の検出器のエンドキャップまたは検出器部試料架台上に載せる．計測システムソフトに，試料名，灰化率，測定供試量，測定供試料密度，採取年月日時分，計測時間，減衰補正年月日時分，U8 容器の場合は試料の高さなどを入力する．計測時間は，通常，600〜80,000 秒とする．分析目標値は，検出器の計数効率，試料量，計測時間によって異なる（表 2.17.4）．

2.17.5　測定結果と評価

各核種の単位時間当たりのピーク積分計数値から，相当するバックグラウンドの単位時間当たりの積分計数値を差し引いて，核種ごとに正味の単位時間当たりの計数値を求める．その際，下記の計算式より，計数誤差を求め，正味の計数率がその計数誤差の 3 倍以上

$$n_0 \pm \sigma_0 = \left(\frac{N}{t} - \frac{N_b}{t_b}\right) \pm \sqrt{\left(\frac{\sqrt{N}}{t}\right)^2 + \left(\frac{\sqrt{N_b}}{t_b}\right)^2}$$

$$= (n - n_b) \pm \sqrt{\frac{n}{t} + \frac{n_b}{t_b}}$$

n_0：正味の計数率，σ_0：計数誤差
$N(n)$：全計数値（計数率），$t(t_b)$：計数時間（バックグラウンド計数時間）
$N_b(n_b)$：バックグラウンド計数値（バックグラウンド計数率）

であれば，その核種は検出されたと判断する．検出核種について，ピーク計数効率，γ線放出比，灰化率，測定供試量，測定開始時または測定中心時からの減衰補正時（一般には試料採取時）への減衰について補正し，検出下限値（コラム参照）以上の核種について，測定結果とする．なお，通常，計測値から測定結果を導く計算は，解析システムソフトに試料情報を入力することによって自動的になされるが，検出された核種に妨害ピークの影響がないことを確認する．

最終的な測定結果の評価の参考として，表 2.17.5 に福島第一原発事故直後の 2011 年 3 月 17 日に決められた飲食物摂取制限に関する指標と，表 2.17.6 に 2012 年 4 月 1 日施行の食品中の放射性物質に係る規格基準を示した．また，下記の計算式より内部被ばく線量を算出し，測定結果を評価する[8]．

検出下限値

核種が検出されたか否かを判定する目安の数値．市販解析ソフトによく使用される Cooper 法は，試料の測定時間（t 秒）と測定対象 γ 線に対応するピーク領域内のベースライン計数率（n_B）によって，検出下限計数率（n_{DL}）を算出し，

$$n_{DL} = \frac{k}{t}\left(\frac{k}{2} + \sqrt{\frac{k^2}{4} + 2n_B t}\right)$$

k：信頼度計数，$k = 3$（信頼度 99.7 %）

ピーク計数効率，γ線放出比，灰化率，測定供試料量，測定開始時または測定中心時からの減衰補正時（一般には試料採取時）への減衰について補正したもの．Cooper 法のほかに，Curri 法：$n_{DL} = 5.4/t + 3.3\sqrt{(2n_B/t)}$ なども使用される．

表 2.17.5　放射能汚染された食品の取扱いについて（食安発 0317 第 3 号平成 23 年 3 月 17 日厚生労働省医薬食品局食品安全部長通知）

○飲食物摂取制限に関する指標

核種		原子力施設等の防災対策に係る指針における摂取制限に関する指標値（Bq/kg）	
放射性ヨウ素 （混合核種の代表核種：^{131}I）	飲料水	300	
	牛乳・乳製品[注]		
	野菜類（根菜，芋類を除く）	2,000	
放射性セシウム	飲料水	200	
	牛乳・乳製品		
	野菜類	500	
	穀類		
	肉・卵・魚・その他		
ウラン	乳幼児用食品	20	
	飲料水		
	牛乳・乳製品		
	野菜類	100	
	穀類		
	肉・卵・魚・その他		
プルトニウムおよび超ウラン元素のアルファ核種 （^{238}Pu, ^{239}Pu, ^{240}Pu, ^{242}Pu, ^{241}Am, ^{242}Cm, ^{243}Cm, ^{244}Cm 放射能濃度の合計）	乳幼児用食品	1	
	飲料水		
	牛乳・乳製品		
	野菜類	10	
	穀物		
	肉・卵・魚・その他		

注）100 Bq/kg を超えるものは，乳児用調製粉乳および直接飲用に供する乳に使用しないよう指導すること．

表 2.17.6　食品中の放射性物質の規格基準

食品区分	放射性セシウムの基準値（Bq/kg）
飲料水	10
乳児用食品	50
牛乳	50
一般食品	100

参考：食安発 0315 第 1 号平成 24 年 3 月 15 日厚生労働省医薬食品局食品安全部長通知

表 2.17.7　1 Bq を経口摂取した場合の成人の実効線量係数（mSv/Bq）[9]

核種	（mSv/Bq）
^{3}H	4.2×10^{-8}（有機物） 1.8×10^{-8}（水）
^{90}Sr	2.8×10^{-5}
^{131}I	1.6×10^{-5}
^{134}Cs	1.9×10^{-5}
^{137}Cs	1.3×10^{-5}
^{235}U	4.7×10^{-5}
^{238}U	4.5×10^{-5}
^{238}Pu	2.3×10^{-4}
^{239}Pu	2.5×10^{-4}

預託実効線量(mSv)
　=実効線量係数(mSv/Bq)（表 2.17.7）
　×年間の核種摂取量(Bq)
　×市場希釈係数×調理等による減少補正
　※市場希釈係数と調理等による減少補正は必要があれば行う

> **預託実効線量**
> 体内に取り込まれた放射性物質による内部被ばく量を，成人は取り込み後50年間，子供は70歳になるまでの年数で積算した実効線量．

　　年間の核種摂取量(Bq)
　　　=環境試料中の年間平均核種濃度
　　　×その飲食物等の年間摂取量
または，
　　年間の核種摂取量(Bq)
　　　=Σ（環境試料中の毎日の核種濃度）
　　　×その飲食物等の毎日の摂取量

預託実効線量（コラム参照）は，摂取した年の1年間に受けたものと見なして，その年の外部被ばくの実効線量と合計し，その合計値が国際放射線防護委員会 (ICRP: International Commission on Radiological Protection) 1990年勧告による公衆の被ばく実効線量の線量限度である1 mSv/yを超えないようにする．

〔大沼章子〕

参考文献
1) United Nations Scientific Committee on the Effects of Atomic Radiation: UNSCEAR Report vol. 1, Sources and effects of ionizing radiation, p.159 (2000).
2) 大沼章子，小迫真紀，猪飼誉友，山田直樹，富田伴一：愛知県環境調査センター所報，**29**，p.128（2001）．
3) 経済産業省原子力安全・保安院原子力災害対策本部：原子力安全に関するIAEA閣僚会議に対する日本政府の報告書—東京電力福島原子力発電所の事故について—，平成23年6月6日．
4) 文部科学省：放射能測定シリーズ，
http://www.kankyo-hoshano.go.jp/series/pdf_series_index.html
5) (社) 日本アイソトープ協会編：アイソトープ手帳　10版，丸善（2001）．
6) International Atomic Energy Agency: Technical Reports Series No. 295, Measurement of Radionuclides in Food and the environment, A Guidebook, p.10, Vienna (1989).
7) 厚生労働省健康局水道課：水道水等の放射能測定マニュアル，平成23年10月．
http://www.mhlw.go.jp/topics/bukyoku/kenkou/suido/kentoukai/dl/houshasei_20120206_01.pdf
8) 原子力安全委員会：環境放射線モニタリング指針　平成20年3月，p.42.
9) 同上，p.45

第3章　有害物質の分析法
定性編：ターゲット分析とノンターゲット分析

　この章では，有害物質の定性を目的として3.1節でターゲット分析法，3.2節でノンターゲット分析法について記した．

　3.1.1項では，浸出水，底質，土壌中からLC/MS分析でその有無を一斉に分析する方法を記した．PRTR（Pollutant Release and Transfer Register）法（特定化学物質の環境への排出量の把握等及び管理の改善の促進に関する法律）に指定されている物質から137物質を選び，一斉分析の試料抽出方法，分画方法，LC/MS分析方法について説明した．また，検討した物質のLCの保持指標，LC/MSスペクトルを掲載した．なお，ここに記した結果の一部は，平成14年度から16年度の廃棄物処理等科学研究費補助金（環境省）により進められた「不法投棄廃棄物等に含まれる化学物質の包括的計測手法の開発に関する研究」によるものである．

　3.1.2項では，有害物質のスクリーニングを精密質量が測定できるLC/TOFMSによって行う方法について記した．

　3.2.1項では，GC/MSによるノンターゲット分析法について，質量スペクトルデータベースを用いる方法を主に記した．

　3.2.2項では，これまで十分な開発が行われていないLC/MSによるノンターゲット分析として，LC/Q-TOFMS/MSによる精密質量のMS/MSスペクトルを用いる方法を記した．定性分析として現在利用できる方法論，解析ツールとそれらを駆使する方法，最新のノンターゲット分析に関する文献を記した．

3.1 スクリーニング分析法

環境試料中に含まれている有機汚染物質を包括的に把握するには，迅速・簡便な分析法が有用である．その分析法の1つとして，試料中から対象物質を幅広く捕集し，系統的に分離精製する前処理とLC/MSなどクロマトグラフィーとマススペクトロメトリーの保持時間と質量スペクトルをデータベースとして対象物質を一斉にスクリーニングする方法がある．有機汚染物質には揮発性および難揮発性の化学物質があるが，揮発性物質のスクリーニングはGC/MSによる方法が普及している．他方，難揮発性化学物質ではLC/MSによるスクリーニング方法が望ましいが，限られた報告しかない．ここでは，LC/MSによるスクリーニング方法として，試料の前処理方法と有害物質の分離挙動（3.1.1），スクリーニングに用いるLC/MSデータベース（3.1.2）作成について，実例と知見を紹介する．

対象物質は特定化学物質の環境への排出量の把握等および管理の改善の促進に関する法律（PRTR法または化学物質管理促進法）[*1]に指定されている物質，農薬等のうちGC/MSでは分析困難と考えられる物質から選択した153物質（表3.15）である．分子量（MW）は56～1,053，分配係数（オクタノール/水）（log P_{ow}）は，－2.71～7.6の範囲にある．

3.1.1 LC/MSによるPRTR対象化学物質スクリーニング（target analysis）の前処理方法

環境試料中に含まれる有害化学物質の前処理法には，溶媒抽出および捕集剤を充填した固相カートリッジを用いる固相抽出法等がある．本項では，試料の前処理法として一般的に用いられている固相抽出法について記載する．

1) 試料処理法

a. 固相の構成

固相抽出法における固相の構成は，前段に無極性～中極性物質の保持に適した固相と後段に高極性物質を保持するとされる固相を連結したものであり，前者の固相としては，シリカゲルの基材にオクタデシルシランを化学結合させた固相（ODS）およびポリスチレン系等ポリマー系があり，後者の固相としては，おもに活性炭が使用される．活性炭は強い疎水性相互作用とともに酸化された部分に極性を有するためである．

本項では，第1段目の固相としては，水に対して浸潤性が良く，ポリマー基材のため広いpH範囲（1～14）で使用可能なOASIS HLB（Waters製），2段目の固相としてAC-2（Waters製）を用いる組合せについての検討結果を示す[*2]．

b. 試料の調製および固相抽出法による分画

LC/MSスクリーニング用試料は，廃棄物埋立地（U地およびY地）の浸出水を混合した混合浸出水（pH 8.4），U地の底質および土壌を水で抽出した底質水抽出液（pH 8.1）および土壌水抽出液（pH 7.3）の3つのマトリクス試料水100 mLにPRTR指定物質などから137物質[*3]を5グループに分けて各4 μgを添加し，図3.1.1に従って分画処理して調製した（1試料につき5検体で計15検体）．操作ブランクとしてコンディショニングしたHLBとAC-2，対象として純水についても同様の操作を行った．処理したHLBはヘキサン5 mLおよびメタノール5 mLで溶出してそれぞれHLB-ヘキサン溶出画分（HLB-hexane）およ

[*1] PRTR法に指定されている物質（第1種および第2種PRTR指定物質：435物質）の中でlog P_{ow} が既知である307物質中302物質のlog P_{ow} はこの範囲にある．なお，PRTR法は，平成20年11月21日に改正公布（平成22年4月1日施行）され，改正後の第1種および第2種PRTR指定物質は合わせて562物質である．

[*2] 固相については，同じ種類の固相であってもメーカーによりその性質が異なり，また，同じメーカーでもロットごとに微妙に異なることもある．

[*3] PRTRに指定されている物質などの中から，従来のGC/MS法では分析が困難と考えられる物質で，分子量範囲（53～1053）およびlog P_{ow}（－2.71～7.6）が広範囲となるように選択した．

3.1 スクリーニング分析法

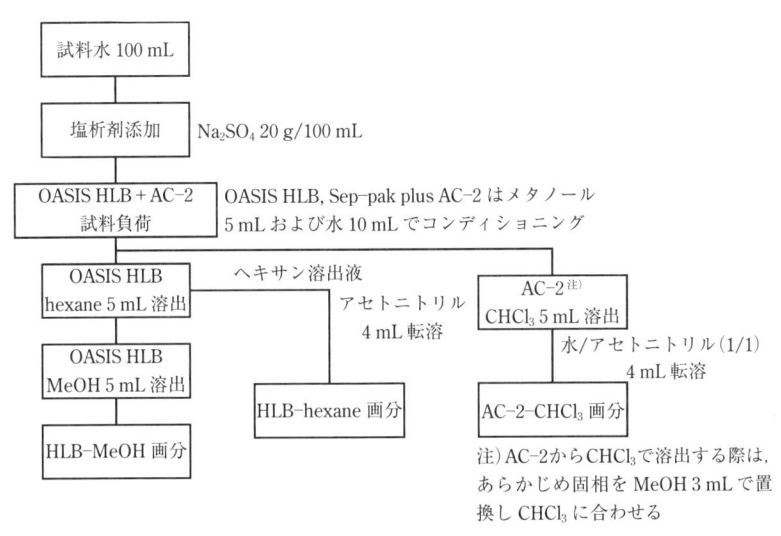

図3.1.1 固相抽出分画法前処理操作フロー

```
試料水 100 mL
    ↓
塩析剤添加 ― Na₂SO₄ 20 g/100 mL
    ↓
OASIS HLB + AC-2 ― OASIS HLB, Sep-pak plus AC-2 はメタノール
試料負荷          5 mL および水 10 mL でコンディショニング
    ↓
OASIS HLB          ヘキサン溶出液    AC-2(注)
hexane 5 mL 溶出  ―アセトニトリル― CHCl₃ 5 mL 溶出
    ↓              4 mL 転溶           ↓
OASIS HLB                          水/アセトニトリル(1/1)
MeOH 5 mL 溶出                      4 mL 転溶
    ↓              HLB-hexane 画分    AC-2-CHCl₃ 画分
HLB-MeOH 画分
                                    注)AC-2 から CHCl₃ で溶出する際は,
                                    あらかじめ固相を MeOH 3 mL で置
                                    換し CHCl₃ に合わせる
```

び HLB-メタノール溶出画分 (HLB-MeOH), AC-2 はクロロホルム 5 mL で溶出して AC-2-クロロホルム溶出画分 (AC-2-CHCl₃) の 3 つに分画した.

c. 装置および分析条件

使用した LC/MS 装置は TSQ7000 (Thermo Quest 社製:A 機種), ZMD4000 (Waters 社製:B 機種), API3000 (Applied Biosystems 社製:C 機種) および HP1100MSD (Agilent 社製:D 機種) の 4 種を使用した. 分析条件は表 3.1.1 に示す. それぞれのマトリクス試料について 4 機種の LC/MS 装置で測定した.

2) 分画 (添加回収) 試験

添加した 137 物質のうちマトリクス試料中で LC/MS 分析でのモニターイオンとなる分子関連イオン等のマススペクトルが得られた物質は機種により異なるが 81〜96 物質であった. それ以外はマトリクス試料中ではマススペクトルが確認できなかった. 操作ブランクとしてコンディショニングした HLB と AC-2 か

表 3.1.1 LC/MS および LC/MS/MS 分析条件

LC/MS	TSQ7000・ZMD4000
	API3000 ・HP1100MSD
ionization mode	ESI & APCI/positive & negative
column	SUMIPAX ODS-A (2.0 mm i.d.×150 mm, 5 μm)
mobile phase	(A)acetonitrile/(B)H₂O
	1% (A) hold in 3min, linear gradient for 25min, 99% (A)
	hold in 15 min, linear gradient for 2min, 1% (A) hold in 13min
flow rate	0.2 mL/min
injection volume	5, 10 μL

表 3.1.2 実試料での添加回収結果

画分	HLB-Hexane 画分				HLB-MeOH 画分				AC-2-CHCl₃ 画分			
試料	浸出水	底質水	土壌水	対象	浸出水	底質水	土壌水	対象	浸出水	底質水	土壌水	対象
物質数	1	4	1	0	63	71	69	84	3	0	0	3
物質例	trifluralin, diazinon, chlorpyrifosmethyl di-2-ethylhexyl phthalate, nonylphenol				phenacetin, octylphenol, nonylphenol bisphenol A, aniline, pentachlorophenol 2,4,6-trichlorophenol, etc				amitrole, ethylene thiourea mercaptoacetic acid, methacrylic acid chlopyrifosmethyl			
	diazinon, dibutyl phthalate, dihexyl phthalate, di-2-ethylhexyl phthalate, bis (2-ethylhexyl) adipate											

ら，対象物質は検出されなかった．

3つのマトリクス試料および対象である純水を処理した結果，HLB-Hexane, HLB-MeOH および AC-2-CHCl$_3$ 画分のいずれかのフラクションから溶出した物質は測定可能であった物質のうち 65～87 物質，いずれのフラクションからも溶出しなかった物質は 11～31 物質であった．

溶出が確認できた物質については，混合浸出水，底質の水抽出液および土壌の水抽出液の間で回収率の差がほとんど見られなかった．ただし chlorpyrifosmethyl は混合浸出水では HLB-Hexane および AC-2-CHCl$_3$ 画分から溶出しているが，他の 2 マトリクス試料では HLB-MeOH 画分から溶出していた．各マトリクス試料について HLB-MeOH, HLB-Hexane および AC-2-CHCl$_3$ 画分から主画分として溶出した物質または回収率が 10 % 以上の物質数を表 3.1.2 に示す．また，各溶出画分について，いずれかの試料から検出された物質例も表 3.1.2 に示す．

a．HLB-Hexane 画分から検出された物質

HLB-Hexane 画分から溶出した物質は trifluraline 等 6 物質であった．これらの物質の回収率は HLB-MeOH 画分と大きな差がなかった．その結果，HLB-Hexane 画分の分析は HLB-MeOH 画分を分析することで，スクリーニングの目的は達成できると考えられる．

b．AC-2-CHCl$_3$ 画分から検出された物質

AC-2-CHCl$_3$ 画分を主画分として溶出した amitrole（水溶解度：280 g/L, log P_{ow}：-0.86)，ethylene thiourea

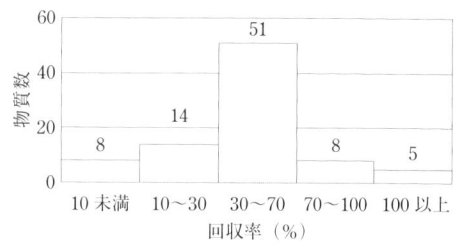

図 3.1.2 HLB-MeOH 画分の回収率の分布

（水溶解度：20 g/L, log P_{ow}：-0.66) 等は水溶性が高く，本実験で使用した分析カラムではほとんど保持されなかった物質であり，回収率は 10 % 程度と低い結果であった．この 2 物質については，AC-2 をメタノールあるいはアセトニトリルで溶出（溶出量：10 mL 程度）した場合は 50 % 程度[5]の回収率が得られている．

c．HLB-MeOH 画分から検出された物質

溶出が確認できた物質の 9 割は HLB-MeOH 画分に存在していた．

HLB-MeOH 画分から溶出した物質について 3 つのマトリクス試料における平均回収率の分布を図 3.1.2 に示した．回収率が 10 % 以下の物質は ioxynil（log P_{ow}：6.42), trifluralin（log P_{ow}：5.34) および thiuram（log P_{ow}：1.73) 等 8 物質であった[*4]．回収率が 100 % 以上であった物質は，dihexyl phthalate および di-2-ethylhexyl phthalate 等 5 物質である[*5]．

HLB-MeOH 画分から溶出した物質の約 7 割の物質は回収率が 30～100 % の範囲にあり，全物質の平均回収率は約 49 % であった．

表 3.1.3 溶出の確認ができなかった物質

アクリルアミド	アクリル酸	クロロアセチルクロリド
シクロヘキシルアミン	エチレンジアミン	ジエチレントリアミド
グリオキサール	グルタルアルデヒド	パラコート
ピペラジン	トリクロロ酢酸	
アリルアルコール	アルキルアミンオキシド	m-アミノフェノール
ベンザルクロリド	2,4-ジアミノトルエン	ジチアノン
メタクリル酸 2-(ジメチルアミノ) エチル	トリクロロアセトアルデヒド（クロラール）	ノニルアルコール
スチレンオキシド		4-ビニル-1-シクロヘキセン

[*4] ioxynil 等のように log P_{ow} が 6 前後と疎水性がかなり高いにもかかわらず回収率が低い値を示したことは，マトリクス中に含まれる塩や添加した塩析剤により塩析効果が逆効果となり固相への保持が抑制されたとものと考えられる．また，thirum は分解しやすい物質であることから，一部がすでに分解したとも考えられた．

[*5] フタル酸エステル化合物は環境中につねに存在する物質であり，回収分に加え環境中の存在量および装置，試薬等の操作ブランクが回収率に加算された結果であると推測できる．

d. 溶出の確認ができなかった物質

いずれのフラクションからも溶出しなかった物質のうちモニターイオンがマトリクス試料中で確認できなかった24物質を表3.1.3に示す．

表3.1.3の上段の11物質はlog P_{ow}（-0.18〜-2.71）が小さく極性の高い物質あるいは水溶解度の高い物質であり，本実験で使用したODSカラムではほとんど保持されなかった物質である．これらの物質については，別のLC分析条件での検討が必要と考えられる．

下段の12物質はlog P_{ow}が0.14〜4.67の範囲にあり，疎水性の高い物質をも含まれ，ODS分析カラムでの保持も小さくなかった物質であった．OASIS-HLBおよびAC-2のいずれにも捕集されずに通過したか，捕集されたが溶出溶媒であるヘキサン，メタノールおよびクロロホルムでは溶出できなかった可能性がある．また，標準物質では[M-1]$^+$あるいは[M-1]$^-$の分子関連イオンスペクトルが得られたにもかかわらず，マトリクス試料からはフラグメントイオンのスペクトルしか得られなかった物質もあり，マトリクス試料中の夾雑物質の影響を受けイオン化が阻害されたとも考えられる．

e. まとめ

- LC/MSによるスクリーニング法のための前処理方法としては，操作が簡便であり短時間で処理でき，また使用溶媒が少ない固相抽出による分画法は有効な手段である．
- 提案した固相抽出分画法を廃棄物関連試料へ応用しその適応性についての検討結果から，すべての溶出画分を測定することなくOASIS HLB-メタノール画分のみの測定により1 μg/mL程度の濃度でのスクリーニングは可能である．

3.1.2 スクリーニング用LC/MSデータベース（PRTR対象化学物質に関する検討）

LC/MSで用いられているイオン化方式にはエレクトロスプレーイオン化法（ESI）と大気圧化学イオン化法（APCI）の2種類の方式があり，各方式に対して正イオン（positive）と負イオン（negative）2つのモードでの測定が可能である．したがって，1物質に対し4種類のマススペクトルが得られる．一方，LC/MSで得られるマススペクトルは機種により異なるといわれている．また，溶出に要する時間（保持時間）も化学物質を同定・確認するための情報の一つである．

本項では，LC/MSデータベースについて，4機種のLC/MS装置により各4つのモードで測定されたマススペクトルおよび相対保持時間の比較，評価結果を紹介する．

1）実験方法

a. 測定用試料の調製

各標準物質（対象物質は3.1.1と同じ物質）は，ア

表3.1.4 化学物質のマススペクトルおよび相対保持時間

化合物	分子式	平均分子量	陽イオン		陰イオン		相対保持時間	
			ESI	APCI	ESI	APCI	平均	変動率（%）
acephate	$C_4H_{10}NO_3PS$	183	184, 206	184, 206	182	182		
acrylamide	C_3H_5NO	71	72	72				
acrylic acid	$C_3H_4O_2$	72			71	71		
alkylamine oxide	$C_{14}H_{31}NO$	229	230, 460					
allyl alcohol	C_3H_6O	58		59				
m-aminophenol	C_6H_7NO	109	110	110	108	108		
amitraz	$C_{19}H_{23}N_3$	293	294, 163	294, 163			1.61	4.2
amitrole	$C_2H_4N_4$	84	85	85	83	83		
aniline	C_6H_7N	93	94, 135, 199	94, 135, 199			0.69	2.4
asulam	$C_8H_{10}N_2O_4S$	230	231	231	229	229		

化合物	分子式	平均分子量	陽イオン ESI	陽イオン APCI	陰イオン ESI	陰イオン APCI	相対保持時間 平均	変動率（%）
benomyl	$C_{14}H_{18}N_4O_3$	290	192, 291	291, 192			0.89	26
benzaldehyde	C_7H_6O	106		107				
benzotrichloride	$C_7H_5Cl_3$	196			195	195	1.03	27
bis(2-ethylhexyl)adipate	$C_{22}H_{42}O_4$	370	371, 241	371			1.90	1.0
bisphenol A	$C_{15}H_{16}O_2$	228		229	227	227	1.07	0.3
bitertanol	$C_{20}H_{23}N_3O_2$	337	338	338, 269			1.28	2.1
bromochloroacetic acid	$BrClCH_2COOH$	174			129, 173	173		
p-bromophenol	C_6H_5BrO	173			79, 81, 171, 173	171, 173, 343, 345	1.02	0.6
butyl benzyl phthalate	$C_{19}H_{20}O_4$	312	132, 205, 313	132, 313, 334			1.41	9.6
caffeine	$C_8H_{10}N_4O_2$	194	195	195				
catechol	$C_6H_6O_2$	110			109	109		
chinometionat	$C_{10}H_6N_2OS_2$	234	235, 413	235, 209			1.45	0.3
chlorendic acid	$C_9H_4Cl_6O_4$	389			387, 351, 277	229, 387		
m-chloroamiline	C_6H_6ClN	128	128, 169	128, 169		126	0.99	0.5
o-chloroamiline	C_6H_6ClN	128	128, 169	128, 169		126	1.00	0.0
p-chloroamiline	C_6H_6ClN	128	128, 169	128, 169		126	0.97	0.9
chlorpyrifosmethyl	$C_7H_7Cl_3NO_3PS$	323	322	322			1.51	8.2
clofentezine	$C_{14}H_8Cl_2N_4$	303	303	303	301	301	1.41	0.4
p-cresidine	$C_8H_{11}NO$	137	138	138			0.98	1.4
m-cresol	$CH_3C_6H_4OH$	108			107	107	0.92	2.0
o-cresol	$CH_3C_6H_4OH$	108			107	107	0.94	1.6
p-cresol	$CH_3C_6H_4OH$	108			107	107	0.92	2.1
cyanuric chloride	$C_3Cl_3N_3$	184			164	164	1.01	13
cyclohexanone	$C_6H_{10}O$	98		99, 140				
cyclohexylamine	$C_6H_{13}N$	99	100	100				
2,4-D	$C_8H_6Cl_2O_3$	221			219, 161	219, 161	0.72	12
dazomet	$C_5H_{10}N_2S_2$	162	163	163			0.79	21
di-2-ethylhexyl phthalate	$C_{24}H_{38}O_4$	390	391, 270, 190	190, 391			1.88	0.7
diallyl phthalate	$C_6H_4(COOCHCH_2CH_2)_2$	246	189, 247	189, 247			1.26	1.0
2,4-diaminotoluene	$C_7H_{10}N_2$	122	123, 243	123			0.55	1.6
diazinon	$C_{12}H_{21}N_2O_3PS$	304	305	305			1.40	2.3
dibromoacetic acid	$C_2H_2Br_2O_2$	218			173, 217	173, 217, 81		
dibutyl phthalate	$C_{16}H_{22}O_4$	278	190, 205, 279	190, 205, 279			1.48	2.7
dichloroacetic acid	$Cl_2CHCOOH$	129			127, 83	127		
dicyclohexylamine	$C_{12}H_{23}N$	181	182, 223, 426	182				
diethyl phthalate	$C_{12}H_{14}O_4$	222	177, 190, 223	190, 223, 245			1.18	0.6
difenoconazole	$C_{19}H_{17}Cl_2N_3O_3$	406	407, 370	407, 370			1.36	1.7
diheptyl phthalate	$C_{22}H_{34}O_4$	362	163, 190, 363, 247	163, 190, 363, 247			1.81	0.8
dihexyl phthalate	$C_{20}H_{30}O_4$	334	190, 233, 336	190, 233, 336			1.72	0.8
di-isobutyl phthalate	$C_{16}H_{22}O_4$	278	190, 205, 279	190, 205, 279			1.47	2.5
dimepiperate	$C_{15}H_{21}NOS$	263	86, 187, 264	146, 187, 264			1.40	6.2
dimethyl phthalate	$C_{10}H_{10}O_4$	194	163, 195	163, 195			1.01	1.3
2-(dimethylamino)ethyl methacrylate	$C_8H_{15}NO_2$	157	158	158				
2,6-dimethylaniline	$C_8H_{11}N$	121	122, 163, 241	121, 163, 240			1.03	2.9
2,4-dinitroaniline	$C_6H_5N_3O_4$	183			182	182	0.97	1.1
2,4-dinitrophenol	$C_6H_4N_2O_5$	184			183	183		
dioctyl phthalate	$C_{24}H_{38}O_4$	390	182, 261, 391	190, 391			1.92	0.6
dipentyl phthalate	$C_{18}H_{26}O_4$	306	190, 219, 308	190, 219, 308			1.59	3.7
diphenylamine	$C_{12}H_{11}N$	169	170, 337	170	168	168	1.29	1.4
dipropyl phthalate	$C_{14}H_{18}O_4$	250	190, 191, 251	190, 251, 273			1.34	1.8

3.1 スクリーニング分析法

化合物	分子式	平均分子量	陽イオン ESI	陽イオン APCI	陰イオン ESI	陰イオン APCI	相対保持時間 平均	変動率（%）
dithianon	$C_{14}H_4N_2O_2S_2$	296			296, 264	296, 264	1.27	1.7
diuron	$C_9H_{10}Cl_2N_2O$	233	233, 72	233	231	231	1.07	0.8
ethion	$C_9H_{22}O_4P_2S_4$	384	385, 199	385	186	186, 355	1.55	0.8
ethylene thiourea	$C_3H_6N_2S$	102	103	103		102		
fenbutatin-oxide	$C_{60}H_{78}OSn_2$	1053	519, 520, 1054	519, 520			1.70	0.8
fenobucarb	$C_{12}H_{17}NO_2$	207	208, 152, 95	208			1.19	0.3
fluazinam	$C_{13}H_4Cl_2F_6N_4O_4$	465		465	463	463	1.47	2.3
flusulfamide	$C_{13}H_7Cl_2F_3N_2O_4S$	415			413, 415	243, 413, 415		
glutaraldehyde	$C_5H_8O_2$	100	101					
glyoxal	$C_2H_2O_2$	58	59, 60	59				
hexamethylenediamine	$C_6H_{16}N_2$	116	116		115			
hydroquinone	$C_6H_6O_2$	110			109	109		
ioxynil	$C_{15}H_{17}I_2NO_2$	497			127, 370	127, 370	1.67	0.5
iprobenfos	$C_{13}H_{21}O_3PS$	288	289	289, 246, 312		197	1.29	1.1
isoprocarb	$C_{11}H_{15}NO_2$	193	194	194			1.11	0.7
isoxathion	$C_{13}H_{16}NO_4PS$	313	314	314	312, 169	169	1.43	2.4
linuron	$C_9H_{10}Cl_2N_2O_2$	249	249	249	247	247	1.20	1.2
maleic anhydride	$C_4H_2O_3$	98	99				0.74	
MCPA	$C_9H_9ClO_3$	201			200	200	0.76	15
mercaptoacetic acid	$C_2H_4O_2S$	92			91			
2-mercaptobenzothiazole	$C_7H_5NS_2$	167	168	168	166	166	0.94	2.5
methacrylic acid	$C_4H_6O_2$	86			85	85		
methomyl	$C_5H_{10}N_2O_2S$	162	163, 226, 88	163			0.65	4.8
methoxsalen	$C_{12}H_8O_4$	216	217	217, 239		256, 215	1.02	1.6
metlachlor	$C_{15}H_{22}ClNO_2$	284	284,285,347,589	284, 285			1.30	1.4
4,4-methylenebis(2-chloroaniline)	$C_{13}H_{12}Cl_2N_2$	267	267	267	265	265	1.23	1.0
N-ethylaniline	$C_8H_{11}N$	121	122, 163	122, 163			1.12	0.6
nicotine	$C_{10}H_{14}N_2$	162	163	163				
N-methylaniline	C_7H_9N	107	108, 212	108, 212			0.98	1.5
nonylphenol	$C_{15}H_{24}O$	220			219	219	1.54	2.4
octylphenol	$C_{14}H_{22}O$	206			205	205	1.46	2.1
o-phenylenediamine	$C_6H_8N_2$	108	109, 213	109				
o-tolidine	$C_{14}H_{16}N_2$	212	213	213, 254			1.00	0.8
o-toluidine	C_7H_9N	107	108, 213	108			0.88	2.7
pentachlorophenol	C_6HCl_5O	266			265	231, 265	1.26	7.0
phenacetin	$C_{10}H_{13}NO_2$	179	180, 221	180, 221	178	178	0.85	1.2
phenol	C_6H_6O	94			93	93	0.74	5.9
phenthoate	$C_{12}H_{17}O_4PS_2$	320	321, 247, 163	343	157	157, 319	1.37	2.2
phthalic anhydride	$C_8H_4O_3$	148			165, 121	165	0.86	6.4
2,4,5-T	$C_8H_5Cl_3O_3$	255			195,197,254	195,197,254	0.83	14
piperazine	$C_4H_{10}N_2$	86	87	87				
profenofos	$C_{11}H_{15}BrClO_3PS$	374	375, 295	375		265, 345	1.45	2.4
propoxur	$C_{11}H_{15}NO_3$	209	168, 210	210, 168, 232			1.01	1.2
prothiophos	$C_{11}H_{15}Cl_2O_2PS_2$	345	345	345		161	1.67	0.9
p-toluidine	C_7H_9N	107	108, 213	108			0.88	2.8
pyraclofos	$C_{14}H_{18}ClN_2O_3PS$	361	361	361		317	1.37	1.6
pyributicarb	$C_{18}H_{22}N_2O_2S$	330	331	331			1.53	3.0
2,4,6-trichlorophenol	$Cl_3C_6H_2OH$	197			195, 197	195, 197	1.20	1.7
pyridaben	$C_{19}H_{25}ClN_2OS$	365	365, 366, 309	365,366,309,310		217, 218, 363	1.60	3.9
styrene oxide	C_8H_8O	120				119	0.95	11

化合物	分子式	平均分子量	陽イオン		陰イオン		相対保持時間	
			ESI	APCI	ESI	APCI	平均	変動率(%)
sulprofos	$C_{12}H_{19}O_2PS_3$	322	323	323			1.55	2.7
thiobencarb	$C_{12}H_{16}ClNOS$	258	258, 74	258			1.41	2.3
thiourea	CH_4N_2S	76	77	77	75	75		
thiuram	$C_6H_{12}N_2S_4$	240	241, 88	241			1.06	0.5
2,4,6-tribromophenol	$C_6H_3Br_3O$	331			79, 81, 329	79, 81, 329	1.28	2.1
tributyl phosphate	$C_{12}H_{27}O_4P$	266	267	267			1.39	1.4
trichloroacetic acid	$C_2HCl_3O_2$	163			127, 83			
triclopyr	$C_7H_4Cl_3NO_3$	256			196,198,254,256	196,198,254,256	0.76	13
trifluralin	$C_{13}H_{16}F_3N_3O_4$	335	336	336	334	334	1.55	0.8
triglycidyl isocyanurate	$C_{12}H_{15}N_3O_6$	297	298, 320	298, 320			0.64	18
trimellitic anhydride	$C_9H_4O_5$	192			191	191		
tris(2-chloroethyl) phosphate	$C_6H_{12}Cl_3O_4P$	286	285, 287, 328	285, 287, 328			1.02	0.7
4-vinyl-1-cyclohexene	C_8H_{12}	108			107		1.71	
2-vinylpyridine	C_7H_7N	105	106	106			0.81	2.9
XMC	$C_{10}H_{13}NO_2$	179	180, 123	180, 123, 202		121	1.06	0.8
2,4-xylenol	$C_8H_{10}O$	122		123	121, 241	121	1.03	1.5
2,6-xylenol	$C_8H_{10}O$	122			121, 241	121	1.05	0.8

セトニトリルあるいはメタノールに溶解して1,000 µg/mLの標準溶液を調製し,さらに,アセトニトリルで希釈して1~50 µg/mLの溶液とした.

b. 装置および測定条件

LC/MS装置は3.1.1と同様にTSQ7000 (Thermo Quest社製:A機種),ZMD4000 (Waters社製:B機種),API3000 (Applied Biosystems社製:C機種) および HP1100MSD (Agilent社製:D機種)の4機種を使用した(測定条件:表3.1.1).MS条件は装置により設定項目の名称および設定値等が異なるが,各装置の最適条件に設定した.マススペクトルの測定はESIとAPCIの2つの方式により,おのおのpositiveとnegativeの2つのモードによる質量走査分析法(scan法)で行った.質量範囲は m/z 50~1,100である.分析カラムは,同じ製造ロットのSUMIPAX ODS-A (2.0 mm i.d.×150 mm, 5 µm) を使用した.なお,装置間でカラムを交換して保持時間を測定し,カラムの分離性能に差がないことを確認した.保持時間は移動相がアセトニトリル/水のグラジエント分析により測定して求めた.

2) 解説

a. マススペクトル情報

対象化合物のマススペクトルで分子関連イオンおよびフラグメントイオンの相対強度が10%以上のイオンを表3.1.4に示した.調製した標準溶液の濃度範囲 (1~50 µg/mL) で対象物質153物質中127物質についてマススペクトルが得られた.

ESI-positiveモードで得られたマススペクトルはイオン化した溶媒分子からの電荷の移動により生成した対象物質の分子関連イオン [M+1]$^+$ によるものが主であり,物質によっては分子関連イオンから塩素原子などの置換基 (Y) が脱離したフラグメントイオン [M-Y]$^+$ が観察された.このモードでマススペクトルが得られた物質はプロトン付加しやすい酸素,硫黄,窒素原子を含む物質であり,フラグメントイオンが観察された物質は85物質 (85/127) あった.また,negativeモードで得られたマススペクトルは対象物質の分子関連イオン [M-1]$^-$ が主であり,positiveモードと同様に置換基の開裂によるフラグメントイオン [M-Y]$^-$ が観測された.このモードでマススペクトルが得られた物質は電子親和力の強いハロゲン原子等を含む物質やニトロ化合物であり,フラグメントイオンが観察された物質は54物質 (54/127) あった.また,ハロゲン基 [X] を有する物質等ではハロゲン分子の同位体イオンの質量パターン [X]$^-$ が観察されるので,2つのモードでのマススペクトルパターンを比較検討することにより,構造式の推定が可能である.

APCI-positiveモードで得られたマススペクトルはイオン化した溶媒分子により生成した対象物質の分子関連イオン [M+1]$^+$ によるものが主であり,ESIに

比較するとイオン化エネルギーはさらに高いといわれている．APCI 方式で得られたマススペクトルは ESI とほぼ同じマススペクトルを示し，APCI-positive モードでフラグメントイオンが観察された物質は 87 物質（87/127）あった．また，APCI-negative モードでフラグメントイオンが観察された物質は 63 物質（63/127）あった．

positive モードでマススペクトルが得られた物質は 91（ESI で 85，APCI で 87）物質あり，そのうち 81 物質（90％）は ESI および APCI の両方でマススペクトルが得られた．negative モードでは，67（ESI で 53，APCI で 63）物質中 49 物質（75％）について ESI および APCI の両方でマススペクトルが得られた．

以上の結果，ESI および APCI で得られるマススペクトルの分子関連イオンおよびフラグメントイオンに差はほとんど見られないので両者の区別はしないで正と負のモードで構成することができることがわかった．したがってデータベースに収録するマススペクトル情報は ESI および APCI の positive および negative における 4 つのすべてのモードでのマススペクトルを収録することとした．

b．マススペクトルパターン

ここではマススペクトル構成比すなわちマススペクトルパターンについて検討した．

positive モードでマススペクトルが得られた 91 物質のうち，分子関連イオン［M+1］$^+$がベースピークであった物質は 90（ESI で 84，APCI で 86）物質あり，ほとんどの物質は分子関連イオンがベースピークであった．一方，negative モードではマススペクトルが得られた 67 物質のうち，分子関連イオン［M-1］$^-$がベースピークとなった物質は 57（ESI で 47，APCI で 53）物質あり約 85％の物質は分子関連イオンがベースピークであった．

positive モードで特徴的なフラグメントイオンとして，アミノ基を含む 2,6-ジメチルアニリン（MW：121）等は分子関連イオンがベースピークであったが，2 量体イオンも観測された（図 3.1.3（a））．また，フ

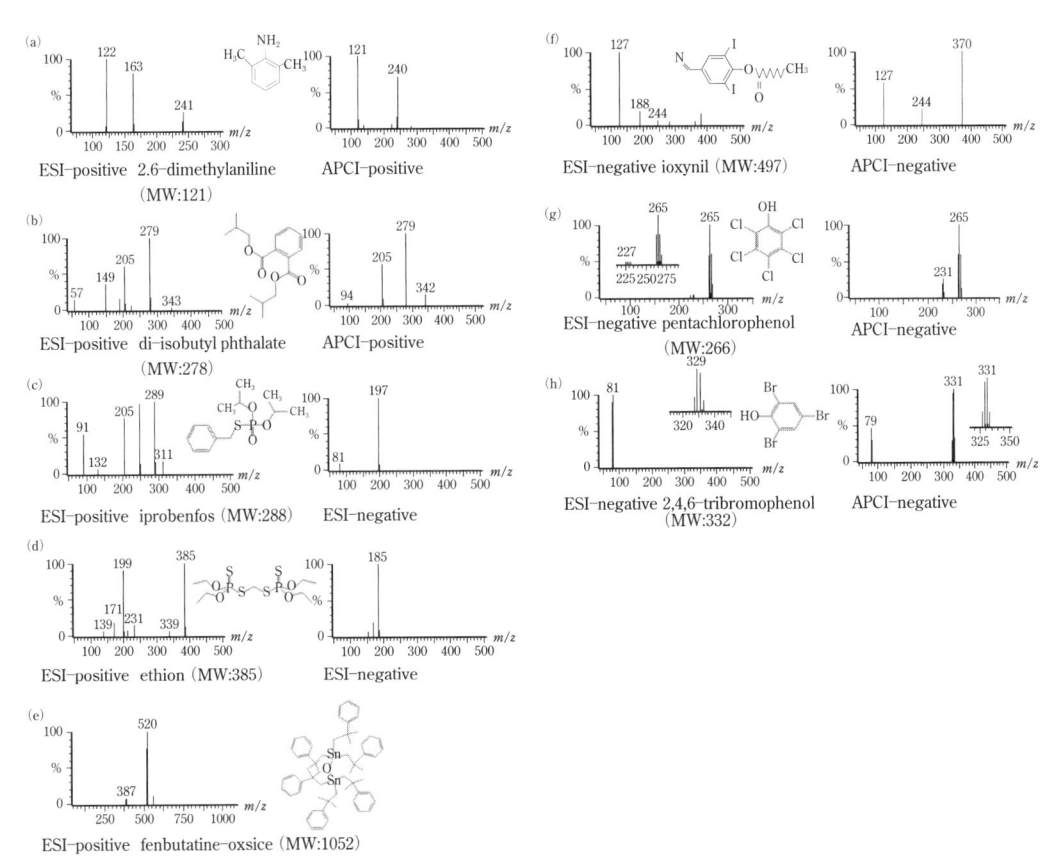

図 3.1.3 代表的な化学物質のマススペクトル

タル酸エステル類は分子関連イオンとともに多数のフラグメントイオンが観察された（図3.1.3 (b)). さらに, チオリン酸基を有する iprobenfos (MW: 288) 等 $[R-SPO_3-R']$ は $S-PO_3$ が開裂した $[-SPO_3-R']^+$ のフラグメントイオンを示し, ethion (MW: 385) 等のジチオリン酸基を有する物質も同様に $[-S_2PO_2R']^+$ を示した（図3.1.3 (c), (d)).

negative モードで特徴的なフラグメントイオンが得られた物質はハロゲン化合物であり, アイオキシニル (MW: 497) はヨウ素 [I] が脱離した $[M-I]^-$ (m/z 370) を示し（図3.1.3 (f)), トリクロロ酢酸 (MW: 163) は塩素 [Cl] が脱離した $[M-Cl]^-$ (m/z 127) を示した. さらに, 塩素や臭素等複数個のハロゲン原子を有するペンタクロロフェノールや2,4,6-トリブロモフェノール等は特徴的なハロゲン原子の同位体構成比からなるフラグメントイオン $[R-X_n]^-$ ($n=2-3$) のパターン（図3.1.3 (g), (h)) を示した.

また, エチオン等あるいはイプロベンフォス等は negative モードでは各々 $[R-S_2PO_2]^-$, $[R-SPO_3]^-$ を示しており, 先に記載した positive モードとは異なる部位で解裂することがわかった.

以上の結果, 4機種の LC/MS 装置でマススペクトルが測定された127物質のうち, 117物質は分子関連イオンを主とするマススペクトルを示した. 分子関連イオンは分子量に関する情報を反映するので化学物質の検索には有効な情報である. また, フラグメントイオンから得られる情報は, 分子からの置換基等の開裂を示唆しているので構造式の解析に有効であることがわかった. また, 同一物質について positive と negative モードのマススペクトルを解析することにより構造式を推定することも可能であることが示唆された.

c. マススペクトルの機種間差

LC/MS では, 物質によってはマススペクトルが測定できる機種とできない機種が存在することがわかったので, マススペクトルの機種間における差について検討した.

ESI-positive モードでは, マススペクトルが測定できなかった物質数は A, B, C および D 機種についてそれぞれ0, 2, 32 および9物質あり, また, APCI-positive モードではそれぞれ2, 9, 1, 9物質あった.

ESI-negative では, マススペクトルが測定できなかった物質数は A, B, C および D 機種についてそれぞれ2, 1, 7 および10物質あり, また, APCI-negative モードではそれぞれ4, 9, 7, 15物質あった.

以上のように, positive および negative モードで測定できなかった物質数は最大それぞれ32, 15物質あるが, 必ずしも同じ物質であるとは限らず機種間において差があることがわかった. したがって, 効率よく検索するためには, ESI および APCI の2つの方式で測定したマススペクトルを用いる必要がある.

d. 保持容量に関する情報

1. LC 分析条件の設定

LC/MS で得られるマススペクトル情報の他に, 相対保持時間をデータベースに取り込むための標準的な LC 分析条件については, つぎのとおりである.

分析カラムは LC 分析に広く使用されている ODS 系カラムである SUMIPAX ODS-A (2.0 mm i.d.×150 mm, 5 μm) を選択. ODS 系カラムは極性物質の分離には十分な性能をもたないが, 疎水性物質には適度の分離性能を有するカラムである. 移動相は水99％からアセトニトリル99％の直線的なモードのグラジエント条件に設定し（表3.1.1), 分析時間は約60分である. この LC 分析条件は, 本検討で対象とした物質を40分以内で溶出できる[*6].

2. 相対保持時間（RRT）

表3.1.1に示した LC 分析条件により対象化合物の保持時間を4社の LC/MS 装置で ESI あるいは APCI の positive または negative モードで測定した. 保持時間 (t_R') は標準溶液をカラムに注入しマススペクトルが測定されるまでの時間 (t_R) から, 溶媒がカラムを溶出する時間 (t_0) を差し引いた値である.

各装置で測定して得られた保持時間 (t_R') は, カラムの分離性能に差がないことを確認した同じ製造ロットのカラムを使用して測定したにもかかわらず, 各装置によってあきらかに差が認められた. カラムを相互に交換しても同様の結果であったことから, 保持時間に差が表れた主要な原因の1つとして, 移動相（アセトニトリル/水）のグラジエント条件が同じであっても, 装置により2つの溶媒の混合機構, 混合状態および装置の空容積（デッドボリューム）が異なること

[*6] PRTR における第1種および第2種指定化学物質（435物質）[1] 中, log P_{ow} が既知の物質は307物質であるが, そのほとんどの物質（302物質）の log P_{ow} は −2.71〜7.6 の範囲にある. したがって, 表3.1.1 に示す LC 分析条件は, PRTR 指定物質等の溶出が可能で保持時間を測定できる条件であると提案することができる.

が考えられる．そこで，t_R' の代わりに保持時間の指標物質に対する相対保持時間（RRT）を用いる．表3.1.4 に 4 社の装置で測定して得られた 91 物質について，o-クロロアニリン*7 に対する RRT の平均値とその変動係数（CV％）を示す．

4 社の LC/MS 装置により得られた各物質の RRT の CV 値は 0.1～27.2％の範囲にあり，CV 値が 10％以下の物質は 81 物質で全体の 90％，CV 値が 20％を越えていた物質はダゾメット，ベノミルおよびベンゾトリクロライドの 3 物質である．

したがって，相対保持時間を化学物質検索のための検索キーの一つとして設定することにより，相対保持時間の 10％の誤差範囲内で化学物質を絞り込むことが可能である．

3. 分配係数（オクタノール/水，$\log P_{ow}$）に関する情報

分配係数（オクタノール/水）は環境中における化学物質の生物濃縮性を示す指標であり，化学物質の人への蓄積性を比較的簡単に評価することができる重要な要因である．このため，環境省が実施する水質，底質分析法開発等の調査では，化学物質の分配係数（オクタノール/水）に関する情報が同時に集積されている．したがって，分配係数（オクタノール/水）も化学物質検索のための検索キーの 1 つとして重要である．

分配係数（オクタノール/水）を実験的に求める方法の 1 つとして逆相分配型液体クロマトグラフ法がある[4]．この方法は化学物質の真の保持時間（t_R'）の対数値と $\log P_{ow}$ が直線関係にあることを利用したものである．LC/MS で測定した 127 物質について RRT と $\log P_{ow}$ の関係を図 3.1.4 に示す．両者の間には相関関係が認められ，相関係数 0.9105 であり，回帰直線（$\log P_{ow} = 13.3 \times \log RRT + 2.3$）を求めることができる．この回帰直線を用いて化学物質の RRT から $\log P_{ow}$ を推定することが可能である*8．

4. まとめ

● 本項で提案したスクリーニングに活用するための LC/MS スペクトルデータベースは，ESI および APCI 法の 2 つのイオン化法でそれぞれ positive および negative モードでの 4 つのモードで測定したマススペクトル情報，o-クロロアニリンを指標物質とした相対保持時間およびオクタノール/水分配係数を収載している．LC/MS 装置の違いによる生成するイオンの違い等は ESI および APCI 法を併用すること，また保持時間差についても指標物質を設定することによりとくに問題とはならない．

● LC/MS スペクトルデータベースの手法は，LC/MS で得られるスペクトルが LC/MS 装置，移動相，イオン化条件などによって変化しやすいためにこれまで整備が不十分であったデータベースの構築の方向性を示すことが可能である．

〔上堀美知子〕

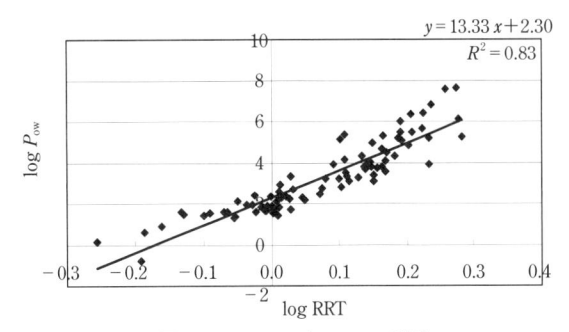

図 3.1.4　log RRT と log P_{ow} の関係
$y = 13.33 x + 2.30$
$R^2 = 0.83$

参考文献
1) 環境省・経済産業省：環境汚染物質排出移動登録制度（化学物質管理促進法；PRTR），平成 11 年 7 月
2) 平成 14 年度廃棄物処理等科学研究費補助金研究成果報告書「不法投棄廃棄物等に含まれる化学物質の包括的計測手法の開発に関する研究」，平成 15 年 3 月，p.70.
3) 同上，平成 15 年 3 月，p.91.
4) 環境庁：化学物質分析法開発マニュアル　昭和 62 年 3 月，環境保健部保健調査室，p.196（1987）．
5) 2) に同じ，平成 15 年 3 月，p.57

---

*7 指標物質は対象物質の保持時間に影響を与えない物質であり，中間的な保持時間を示す物質を選択することが望ましい．今回は，対象物質の中から，中間的な保持時間を示す o-chloroaniline を選んだ．

*8 求められた回帰直線は，*6 により対象とする PRTR 指定物質以外の物質にも適応できる．

表 3.1.5 スクリーニングの対象物質および物性

No.	化合物名	PRTR番号	CAS No.	平均分子量	分子式	log P_{ow}	改正後PRTR番号
1	acylamide	1-2	79-06-1	71	C_3H_5NO	-0.67	1-2
2	acrylic acid	1-3	79-10-7	72	$C_3H_4O_2$	0.35	1-4
3	acrolein	1-8	107-02-8	56	$H_2CH=CHO$	-0.01	1-10
4	bis(2-ethylhexyl)adipate	1-9	103-23-1	370	$C_{22}H_{42}O_4$	6.11	削除
5	aniline	1-15	62-53-3	93	C_6H_7N	0.9	1-18
6	diethylenetriamine	1-17	111-40-0	103	$C_4H_{13}N_3$	-2.13	削除
7	amitrole	1-19	61-82-5	84	$C_2H_4N_4$	-0.86	1-2-4
8	m-aminophenol	1-21	591-27-5	109	C_6H_7NO	0.21	1-24
9	allyl alcohol	1-22	107-18-6	58	C_3H_6O	0.17	1-28
10	allyl glycidil ether	1-23	106-92-3	114	$C_6H_{10}O_2$	0.45	1-29
11	bisphenol A	1-29	80-05-7	228	$C_{15}H_{16}O_2$	3.32	1-37
12	ethylene thiourea	1-32	96-45-7	102	$C_3H_6N_2S$	-0.66	1-42
13	ethylene glycol	1-43	107-21-1	62	$C_2H_6O_2$	-1.36	削除
14	2-ethoxyethanol	1-44	110-80-5	90	$C_4H_{10}O_2$	-0.32	1-57
15	2-methoxyethanol	1-45	109-86-4	76	$C_3H_8O_2$	-0.77	1-58
16	ethylenediamine	1-46	107-15-3	60	$C_2H_8N_2$	-2.04	1-59
17	phenacetin	1-52	62-44-2	179	$C_{10}H_{13}NO_2$	1.58	削除
18	octylphenol	—	140-66-9	206	$C_{14}H_{22}O$	5.28	—
19	nonylphenol	1-242	25154-52-3	220	$C_{15}H_{24}O$	5.99	1-320
20	2,6-xylenol	1-62	576-26-1	122	$C_8H_{10}O$	2.36	1-79
21	2,4-xylenol	2-17	105-67-9	122	$C_8H_{10}O$	2.3	1-78
22	glyoxal	1-65	107-22-2	58	$C_2H_2O_2$	-1.66	1-84
23	glutaraldehyde	1-66	111-30-8	100	$C_5H_8O_2$	-0.18	1-85
24	p-bromophenol	2-67	106-41-2	173	C_6H_5BrO	2.59	削除
25	chloroacetyl chloride	1-70	79-04-9	113	$C_2H_2Cl_2O$	-0.22	削除
26	o-chloroaniline	1-71	95-51-2	128	C_6H_6ClN	1.9	1-89
27	p-chloroaniline	1-72	106-47-8	128	C_6H_6ClN	1.83	1-89
28	m-chloroaniline	1-73	108-42-9	128	C_6H_6ClN	1.88	1-89
29	metlachlor	1-76	51218-45-2	284	$C_{15}H_{22}ClNO_2$	3.13	1-93
30	fluazinam	1-78	79622-59-6	465	$C_{13}H_4Cl_2F_6N_4O_4$	3.56	1-95
31	difenoconazole	1-79	119446-68-3	406	$C_{19}H_{17}Cl_2N_3O_3$	4.3	1-96
32	MCPA	1-97	94-74-6	201	$C_9H_9ClO_3$	3.25	1-130
33	thiobencarb	1-110	28249-77-6	258	$C_{12}H_{16}ClNOS$	3.4	1-147
34	dioxane	1-113	123-91-1	88	$C_4H_8O_2$	-0.27	1-150
35	cyclohexylamine	1-114	108-91-8	99	$C_6H_{13}N$	1.49	1-154
36	4,4-methylenebis(2-chloroaniline)	1-120	101-14-4	267	$C_{13}H_{12}Cl_2N_2$	3.91	1-160
37	flusulfamide	1-125	106917-52-6	415	$C_{13}H_7Cl_2F_3N_2O_4S$	2.8	削除
38	diuron	1-129	330-54-1	233	$C_9H_{10}Cl_2N_2O$	2.68	1-169
39	linuron	1-130	330-55-2	249	$C_9H_{10}Cl_2N_2O_2$	3.2	1-174
40	2,4-D	1-131	94-75-7	221	$C_8H_6Cl_2O_3$	2.81	1-175

表 3.1.5 続き

No.	化合物名	PRTR番号	CAS No.	平均分子量	分子式	$\log P_{ow}$	改正後PRTR番号
41	2,6-dichlorobenzonitrile	1-143	1194-65-6	172	$C_7H_3Cl_2N$	2.74	1-184
42	dithianon	1-146	3347-22-6	296	$C_{14}H_4N_2O_2S_2$	2.84	1-187
43	thiometon	1-149	640-15-3	264	$C_6H_{15}O_2PS_3$	3.15	削除
44	sulprofos	1-150	35400-43-2	322	$C_{12}H_{19}O_2PS_3$	5.48	削除
45	prothiophos	1-153	34643-46-4	345	$C_{11}H_{15}Cl_2O_2PS_2$	5.67	1-195
46	2,4-dinitrophenol	1-158	51-28-5	184	$C_6H_4N_2O_5$	1.67	1-201
47	diphenylamine	1-159	122-39-4	169	$C_{12}H_{11}N$	3.5	1-203
48	2,6-dimethylaniline	1-163	87-62-7	121	$C_8H_{11}N$	1.84	1-215
49	alkylamine oxide	1-166	1643-20-5	229	$C_{14}H_{31}NO$	4.67	1-224
50	paraquat	1-169	1910-42-5	257	$C_{12}H_{14}Cl_2N_2$	-2.71	1-227
51	o-tolidine	1-171	119-93-7	212	$C_{14}H_{16}N_2$	2.34	1-231
52	phenthoate	1-173	2597-03-7	320	$C_{12}H_{17}O_4PS_2$	3.69	1-233
53	ioxynil	1-174	3861-47-0	497	$C_{15}H_{17}I_2NO_2$	6.42	1-236
54	dazomet	1-180	533-74-4	162	$C_5H_{10}N_2S_2$	1.4	1-244
55	thiourea	1-181	62-56-6	76	CH_4N_2S	-1.08	1-245
56	pyraclofos	1-183	77458-01-6	361	$C_{14}H_{18}ClN_2O_3PS$	3.77	1-247
57	diazinon	1-185	333-41-5	304	$C_{12}H_{21}N_2O_3PS$	3.81	1-248
58	isoxathion	1-189	18854-01-8	313	$C_{13}H_{16}NO_4PS$	3.73	1-250
59	chlorpyrifosmethyl	1-194	5598-13-0	323	$C_7H_7Cl_3NO_3PS$	4.31	2-2-59
60	profenofos	1-195	41198-08-7	374	$C_{11}H_{15}BrClO_3PS$	4.68	1-253
61	iprobenfos	1-196	26087-47-8	288	$C_{13}H_{21}O_3PS$	3.34	1-254
62	thiuram	1-204	137-26-8	240	$C_6H_{12}N_2S_4$	1.73	1-268
63	trichloroacetaldehyde	1-208	75-87-6	147	C_2HCl_3O	0.99	削除
64	cyanuric chloride	1-212	108-77-0	184	$C_3Cl_3N_3$	1.73	1-283
65	triclopyr	1-216	55335-06-3	256	$C_7H_4Cl_3NO_3$	2.53	1-286
66	triglycidyl isocyanurate	1-218	2451-62-9	297	$C_{12}H_{15}N_3O_6$	-0.8	1-291
67	trinitrotoluene	1-219	118-96-7	227	$C_7H_5N_3O_6$	1.6	1-292
68	trifluralin	1-220	1582-09-8	335	$C_{13}H_{16}F_3N_3O_4$	5.34	1-293
69	2,4,6-tribromophenol	1-221	118-79-6	331	$C_6H_3Br_3O$	4.13	1-294
70	nonyl alcohol	1-223	3452-97-9	144	$C_9H_{20}O$	3.11	1-295
71	o-toluidine	1-225	95-53-4	107	C_7H_9N	1.32	1-299
72	p-toluidine	1-226	106-49-0	107	C_7H_9N	1.39	1-299
73	2,4-diaminotoluene	1-228	95-80-7	122	$C_7H_{10}N_2$	0.14	1-301
74	nitroglycol	1-235	628-96-6	152	$C_2H_4N_2O_6$	1.16	削除
75	nitroglycerine	1-236	55-63-0	227	$C_3H_5N_3O_9$	1.62	1-313
76	carbon disulfide	1-241	75-15-0	76	CS_2	1.94	1-318
77	clofentezine	1-247	74115-24-5	303	$C_{14}H_8Cl_2N_4$	3.1	1-326
78	ethion	1-248	563-12-2	384	$C_9H_{22}O_4P_2S_4$	5.07	削除
79	hydroquinone	1-254	123-31-9	110	$C_6H_6O_2$	0.59	1-336
80	4-vinyl-1-cyclohexene	1-255	100-40-3	108	C_8H_{12}	3.93	1-337

第 3 章 有害物質の分析法：定性編

表 3.1.5 続き

No.	化合物名	PRTR 番号	CAS No.	平均分子量	分子式	$\log P_{ow}$	改正後 PRTR 番号
81	vinylpyridine	1−256	100−69−6	105	C_7H_7N	1.54	1−338
82	bitertanol	1−257	55179−31−2	337	$C_{20}H_{23}N_3O_2$	4.16	2−2−76
83	piperazine	1−258	110−85−0	86	$C_4H_{10}N_2$	−1.5	1−341
84	catechol	1−260	120−80−9	110	$C_6H_6O_2$	0.88	1−343
85	styrene oxide	1−261	96−09−3	120	C_8H_8O	1.61	1−344
86	o−phenylenediamine	1−262	95−54−5	108	$C_6H_8N_2$	0.15	1−348
87	phenol	1−266	108−95−2	94	C_6H_6O	1.46	1−349
88	dimethyl phthalate	—	131−11−3	194	$C_{10}H_{10}O_4$	1.56	—
89	diethyl phthalate	—	84−66−2	222	$C_{12}H_{14}O_4$	2.47	1−353
90	dibutyl phthalate	1−270	84−74−2	278	$C_{16}H_{22}O_4$	4.5	1−354
91	di−isobutyl phthalate	2−60	84−69−5	278	$C_{16}H_{22}O_4$	4.11	削除
92	dipropyl phthalate	—	131−16−8	250	$C_{14}H_{18}O_4$	3.27	—
93	dipentyl phthalate	—	131−18−0	306	$C_{18}H_{26}O_4$	4.85	
94	dihexyl phthalate	—	84−75−3	3334	$C_{20}H_{30}O_4$	6.82	
95	diheptyl phthalate	1−271	3648−21−3	362	$C_{22}H_{34}O_4$	7.56	削除
96	butyl benzyl phthalate	—	85−68−7	312	$C_{19}H_{20}O_4$	4.94	1−356
97	dioctyl phthalate	1−269	117−84−0	390	$C_{24}H_{38}O_4$	5.22	削除
98	di−2−ethylhexyl phthalate	1−272	117−81−7	390	$C_{22}H_{34}O_4$	7.56	1−355
99	diallyl phthalate	—	131−17−9	246	$C_{14}H_{14}O_4$	3.23	1−352
100	benomyl	1−276	17804−35−2	290	$C_{14}H_{18}N_4O_3$	2.12	1−360
101	pyridaben	1−280	96489−71−3	365	$C_{19}H_{25}ClN_2OS$	6.37	1−370
102	fenbutatin−oxide	1−289	13356−08−6	1053	$C_{60}H_{78}OSn_2$	5.2	1−387
103	chlorendic acid	1−290	115−28−6	389	$C_9H_4Cl_6O_4$	3.14	2−2−84
104	hexamethylenediamine	1−292	124−09−4	116	$C_6H_{16}N_2$	0.35	1−390
105	hexanediisocyanate	1−293	822−06−0	168	$C_8H_{12}N_2O_2$	3.2	1−391
106	benzotrichloride	1−295	98−07−7	196	$C_7H_5Cl_3$	2.92	1−397
107	benzodichloride	1−296	98−87−3	161	$C_7H_6Cl_2$	2.97	削除
108	benzochloride	1−297	100−44−7	127	C_7H_7Cl	2.3	1−398
109	benzaldehyde	1−298	100−52−7	106	C_7H_6O	1.48	1−399
110	trimellitic anhydride	1−300	552−30−7	192	$C_9H_4O_5$	1.95	1−401
111	pentachlorophenol	1−303	87−86−5	266	C_6HCl_5O	5.12	1−404
112	phthalic anhydride	1−312	85−44−9	148	$C_8H_4O_3$	1.6	1−413
113	maleic anhydride	1−313	108−31−6	98	$C_4H_2O_3$	1.62	1−414
114	methacrylic acid	1−314	79−41−4	86	$C_4H_6O_2$	0.93	1−415
115	2−ethylhexyl methacrylate	1−315	688−84−6	198	$C_{12}H_{22}O_2$	4.54	1−416
116	2−(dimethylamino)ethyl methacrytate	1−318	2867−47−2	157	$C_8H_{15}NO_2$	0.97	1−418
117	N−methylaniline	1−323	100−61−8	107	C_7H_9N	1.66	2−2−90
118	methyl isothiocyanate	1−324	556−61−6	73	C_7H_9N	0.94	1−424
119	isoprocarb	1−325	2631−40−5	193	$C_{11}H_{15}NO_2$	2.31	1−425
120	propoxur	1−326	114−26−1	209	$C_{11}H_{15}NO_3$	1.52	削除

表 3.1.5 続き

No.	化合物名	PRTR番号	CAS No.	平均分子量	分子式	log P_{ow}	改正後PRTR番号
121	XMC	1-328	2655-14-3	179	$C_{10}H_{13}NO_2$	2.23	削除
122	fenobucarb	1-330	3766-81-2	207	$C_{12}H_{17}NO_2$	2.78	1-428
123	amitraz	1-332	33089-61-1	293	$C_{19}H_{23}N_3$	5.5	1-432
124	chinomethionat	1-334	2439-01-2	234	$C_{10}H_6N_2OS_2$	3.78	2-2-91
125	dimepiperate	1-337	61432-55-1	263	$C_{15}H_{21}NOS$	4.02	削除
126	tolylene diisocyanate	1-338	26471-62-5	174	$C_9H_6N_2O_2$	3.74	1-298
127	pyributicarb	1-342	88678-67-5	330	$C_{18}H_{22}N_2O_2S$	5.18	1-450
128	methoxsalen	1-343	298-81-7	216	$C_{12}H_8O_4$	2.14	削除
129	p-cresidine	1-344	120-71-8	137	$C_8H_{11}NO$	1.67	1-451
130	mercaptoacetic acid	1-345	68-11-1	92	$C_2H_4O_2S$	0.09	削除
131	tris(2-chloroethyl) phosphate	1-352	115-96-8	286	$C_6H_{12}Cl_3O_4P$	1.44	1-459
132	tributyl phosphate	1-354	126-73-8	266	$C_{12}H_{27}O_4P$	4	1-462
133	N-ethylaniline	2-10	103-69-5	121	$C_8H_{11}N$	2.16	2-2-9
134	caffeine	—	58-08-2	194	$C_8H_{10}N_4O_2$	-0.07	—
135	o-cresol	—	95-48-7	108	$CH_3C_6H_4OH$	1.95	—
136	m-cresol	—	108-39-4	108	$CH_3C_6H_4OH$	1.96	—
137	p-cresol	—	106-44-5	108	$CH_3C_6H_4OH$	1.94	—
138	cyclohexanone	—	108-94-1	98	$C_6H_{10}O$	0.81	—
139	tert-butanol	—	75-65-0	74	$C_4H_{10}O$	0.4	—
140	2-propanol	—	67-63-0	60	C_3H_8O	0.05	—
141	nicotine	—	54-11-5	162	$C_{10}H_{14}N_2$	1.2	—
142	dichloroacetic acid	—	79-43-6	129	$Cl_2CHCOOH$	0.92	1-2-25
143	trichloroacetic acid	—	76-03-9	163	$C_2HCl_3O_2$	1.7	1-282
144	2,4,6-trichlorophenol	—	88-06-2	197	$Cl_3C_6H_2OH$	3.87	1-287
145	asulam	—	3337-71-1	230	$C_8H_{10}N_2O_4S$	0.05	—
146	acephate	—	30560-19-1	183	$C_4H_{10}NO_3PS$	-0.9	1-212
147	dicyclohexylamine	—	101-83-7	181	$C_{12}H_{23}N$	3.5	1-188
148	2,4-dinitroaniline	—	97-02-9	183	$C_6H_5N_3O_4$	1.84	—
149	2,4,5-T	—	93-76-5	255	$C_8H_5Cl_3O_3$	4	—
150	methomyl	—	16752-77-5	162	$C_5H_{10}N_2O_2S$	0.6	—
151	2-mercaptobenzothiazole	—	149-30-4	167	$C_7H_5NS_2$	2.41	1-452
152	bromochloroacetic acid	—	5589-96-8	174	$BrClCH_2COOH$	1.08	—
153	dibromoacetic acid	—	631-64-1	218	$C_2H_2Br_2O_2$	1.22	—

3.1.3 LC/TOFMSによる有害物質のスクリーニング (target analysis)

LC/TOFMSは質量分析計に飛行時間型質量分析計 (time-of-flight mass spectrometer: TOFMS) を使用した分析法であり，TOFMSは以下の特徴を有している．
- 取込み速度が速い
- フルスペクトル感度が高い
- 高分解能で測定が可能
- 精密質量測定が可能

これらの特徴は有害物を高速，高感度，高選択的に測定が可能であり包括的スクリーニング法にもっとも有効な手法である．近年LC/TOFMSに四重極質量分析計，イオントラップ型質量分析計などを組み合わせたハイブリッド型のLC/Q-TOFMS, LC/IT-TOFMSなどはさまざまな試料の包括的スクリーニング法に用いられている．

この包括的スクリーニング法にはGarcı́a-Reyesらが提唱するターゲットスクリーニング法とノンターゲットスクリーニング法に分けられる[1]．そこで本項ではそれぞれの手法について詳細に解説する．

1) ターゲットスクリーニング法

ターゲットスクリーニング法は対象有害物質をあらかじめ設定した分析法であり，すでに基準値が設定されており分析法が確立された化合物などが対象となる．したがって，測定対象有害物質の標準品の入手が必要な手法である．現在でももっとも広く使用されているターゲットスクリーニング法は高感度，高選択的分析が可能な三連四重極型質量分析計を用いたLC/MS/MS法である．しかし，LC/TOFMS法はLC/MS/MS法と比較して以下のような利点があることから，最近のターゲットスクリーニング法の傾向である多成分一斉分析法ではLC/TOFMS法が有効である．
- 測定対象分析種の数に制限がなく感度が低下しない
- 測定対象分析種以外の化合物の同時測定が可能
- 精密質量による正確な同定が可能

また，最近のTOFMSの技術の進展は著しく，感度に関しても残留分析に支障のない装置が市販されている．そこでまず，LC/TOFMSを用いたターゲットスクリーニング法の手法について解説する．

a. スクリーニング手順

LC/TOFMSによるターゲットスクリーニングの場合，測定は高分解能-フルスペクトルモードを使用することからノンターゲット測定である．したがって，分析カラムにはもっとも汎用的な逆相系カラムであるODS系カラムを使用し，移動相には酸性移動相を使用する場合が多い．酸性移動相を使用する目的はできるかぎりカラムのシラノールの影響を避けるためである．LC/TOFMSを用いたスクリーニング法では分析種のデータベースの作成が必要である．データベースの例を図3.1.5に示したが，最近では多くのメーカーから市販のソフトウエアが販売されており使用する装置に依存する．図3.1.5の例ではターゲット分析種のMS/MSスペクトルまで含めたさまざまな情報が登録されているが最低限必要なのは分析種の名前，組成式，モノアイソトピック質量である．保持時間は必ずしも必要ではないが，偽陽性を避けるためには分析条件を固定して保持時間も登録することが有効である．図3.1.6にはターゲットスクリーニング手法の手順を示す．ターゲットスクリーニング法では，はじめにターゲット分析種の偽陰性を極力避けるためにデータベース中の全ターゲット分析種の抽出イオンクロマトグラムを作成する．この際使用するモニターイオンはプロトン化分子，アンモニウム付加体などベースピークとなるイオンを使用する．また，保持時間情報がある場合には抽出イオンクロマトグラム (EIC) を作成する時間を絞り込むことが可能であり，ターゲット分析種以外の試料マトリクス由来のゴーストピークを削除することが可能である (偽陽性の低減が可能)．つぎに全ターゲット分析種のEIC (extracted ion chromatogram) を積分することでピークの検出を行う．ピークが検出された場合，そのピークの質量スペクトルを採取し，質量スペクトル中のモニターイオンから計算した精密質量とデータベース中のターゲット分析種のモノアイソトピック質量との質量誤差が許容範囲内で一致するかを判定する．さらに，図3.1.7に示したように質量スペクトルの同位体イオン比，同位体イオン質量差も考慮して一致度を計算し結果を出力する．結果の出力に関して全対象分析種のEICの出

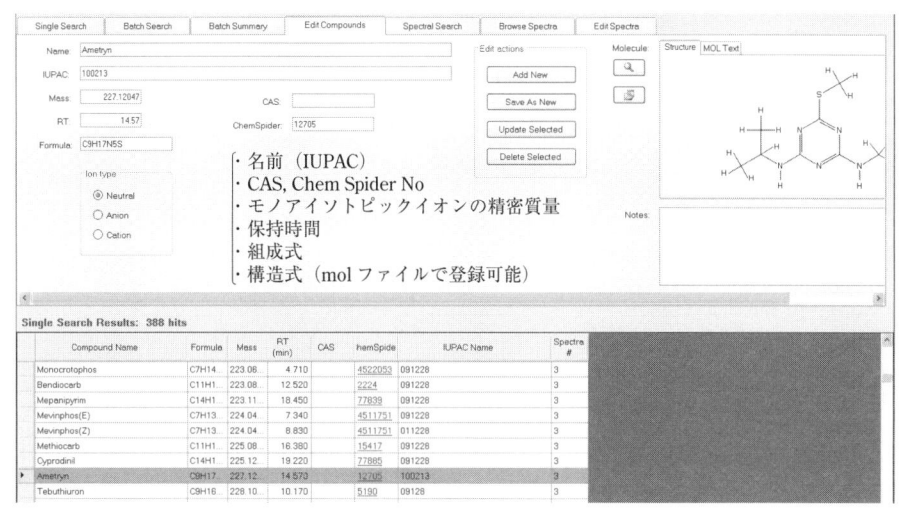

図 3.1.5 ターゲット分析種のデータベース

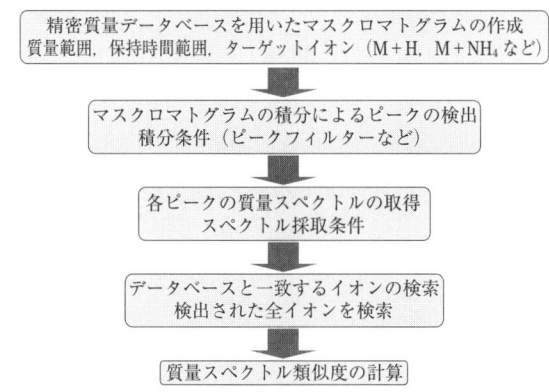

図 3.1.6 ターゲットスクリーニング手法

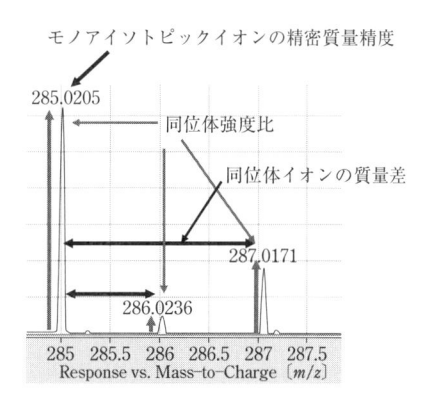

図 3.1.7 質量スペクトル一致度に使用するパラメーター

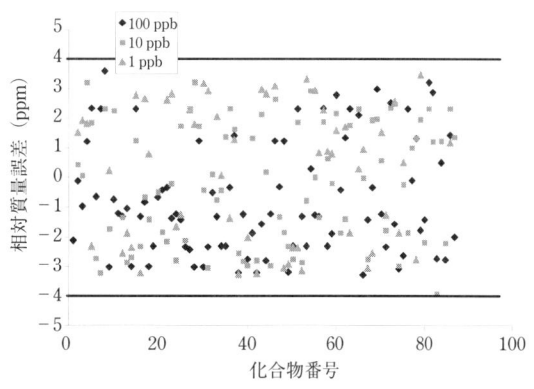

図 3.1.8 87 種類 PPCPs 標準液での測定相対質量誤差 (ppm)

力は,全分析種のピークの有無を目視できるので不可欠である.

b. 装置性能およびスクリーニング条件

ターゲットスクリーニングでは偽陽性や偽陰性を極力なくす必要があるがターゲットスクリーニング結果は使用する LC/TOFMS の性能に大きく影響する.そこでターゲットスクリーニング結果に影響する装置性能について解説する.

1. 測定質量誤差

分析種の精密質量の実測値と理論値の質量誤差はスクリーニングを実施する際の許容範囲を設定する上で,使用する装置の測定質量精度として把握しておく必要がある.

図 3.1.8 には LC/TOFMS を使用して 87 種類の PPCPs (pharmaceutical and personal care products) と呼ばれる医薬品類の標準品を測定した際の各 PPCPs で観察されたベースピークイオンの測定値と理論値との相対質量誤差を示した.結果は,100, 10, 1 ppb 濃度で相対質量誤差は 4 ppm 以内と良好な結果が

得られている．したがってスクリーニング条件として許容相対質量誤差 5 ppm で偽陰性のないスクリーニングが可能である．

2. 測定分解能

分解能の向上によって選択性が高くなりバックグラウンドノイズが低減し，その結果 S/N 比の改善や偽陽性の低減ができる．図 3.1.9 には分解能 14,000 と 34,000 での食品中クロリダゾンの EIC を示した．このクロマトグラムのうち上段の EIC（分解能＝14,000）ではクロリダゾンのピーク以外にマトリクス由来の妨害ピークが観察されたが，下段の EIC（分解能＝34,000）ではマトリクス由来のピークは観察されなかった．また，S/N 比も 86（分解能＝14,000）と 160（分解能＝34,000）と分解能が高い程，選択性が向上して S/N 比の改善につながったと考えられる．さらに分解能は選択性だけでなく，測定精密質量にも影響を与えることから重要なパラメーターである．一般的に TOFMS では半値幅分解能が使用され m/z＝300 程度のイオンで 6,000〜30,000 程度の装置が市販されている．図 3.1.10 には分解能の違いが測定精密質量精度に与える影響を示した．図は約 300 農薬の混合溶液を分解能 6,300, 14,000 および 34,000 で LC/TOFMS を用いて測定した際のシアノホスおよびエトベンザニドの質量スペクトルである．シアノホスで観察されたプロトン化分子イオンはクロフェンテジンのプロトン化分子由来の同位体イオンとの質量差が約 0.03 Da であり分解能が 6,300 ではこれらイオンが分離できず測定された結果，シアノホスのプロトン化分子イオンの精密質量が理論値から大きくずれている．一方，分解能が 14,000 および 34,000 ではこれらイオンの分離が可能でありシアノホスのプロトン化分子イオンの精密質量は相対質量誤差が 1 ppm 以内と良好であった．同様にエトベンザニドで観察されたプロトン化分子イオンは精密質量が類似したゾキサミドの同位体イオンの影響を受ける．分解能が 6,300 と 14,000 では観察されたプロトン化分子イオンの測定精密質量は理論値とは 0.01 Da 以上ずれていた．一方，分解能が 34,000 では両イオンの分離が可能でありエトベンザニドのプロトン化分子イオンの測定精密質量の理論値に対する相対質量誤差は 1 ppm 以内であった．

3. 保持時間

分析種の保持時間情報はターゲットスクリーニングでの偽陽性を低減させるのに効果があると述べた．高マトリクス試料中ではマトリクス成分由来のピークが検出され偽陽性の原因となる．図 3.1.11 には食品中 1-ナフチルアセトアミドの EIC を示した．標準溶液と比較して目的分析種以外のマトリクス由来の妨害ピークが観察された．したがって保持時間を設定しないターゲットスクリーニングではこの妨害ピークが偽陽性の原因となる．図 3.1.12 には 5 種類の食品抽出液を LC/TOFMS で分析後，約 400 種の農薬データベースを用いてターゲットスクリーニングを実施した際の偽

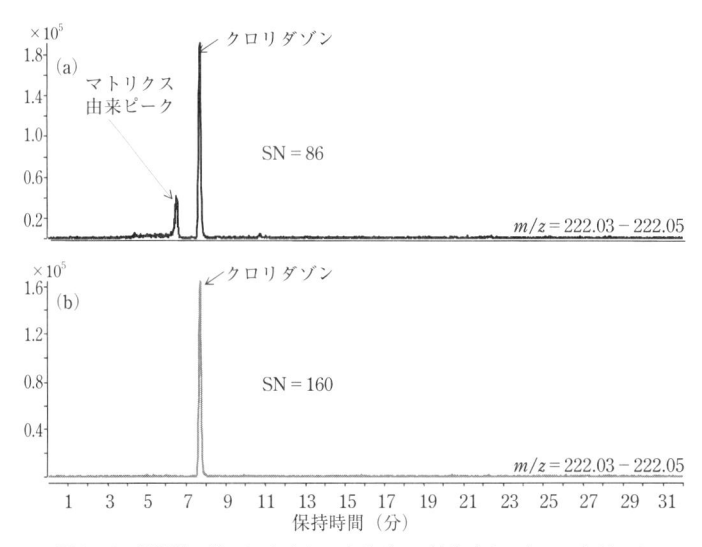

図 3.1.9 分解能の違いによるクロリダゾンの抽出イオンクロマトグラム
(a)：分解能＝14,000　(b)：分解能＝34,000

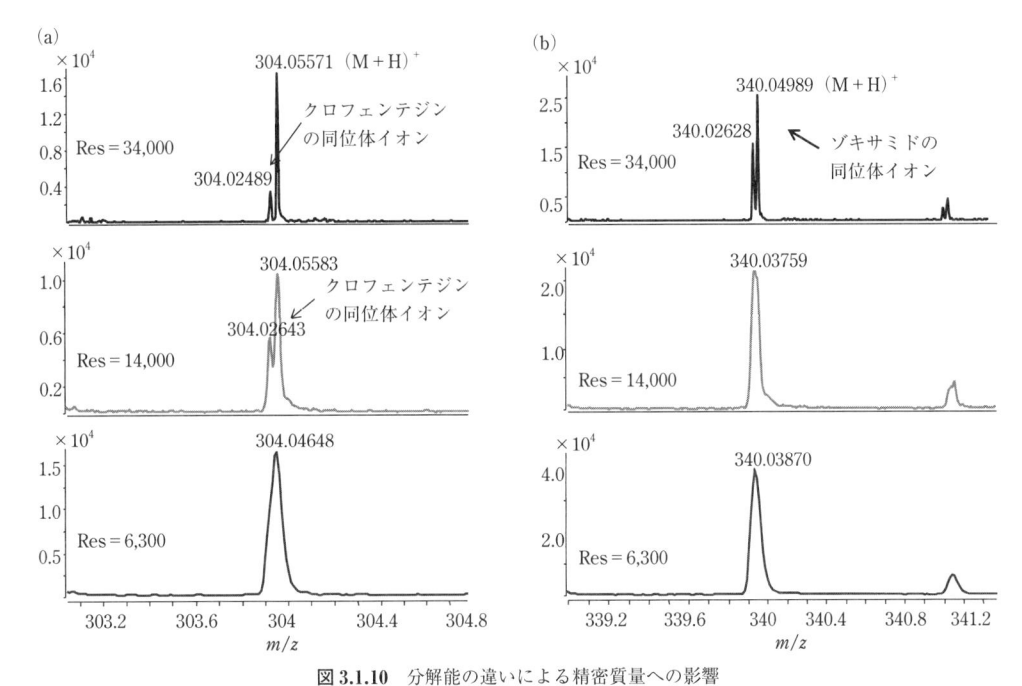

図 3.1.10 分解能の違いによる精密質量への影響
(a)：シアノホスの質量スペクトル　(b)：エトベンザニドの質量スペクトル

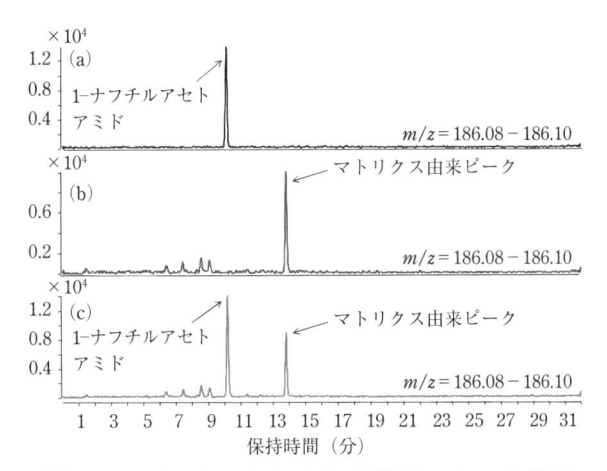

図 3.1.11 1-ナフチルアセトアミドの抽出イオンクロマトグラム
(a)：標準溶液（10 ng/mL）　(b)：食品抽出液　(c)：標準液添加食品抽出液

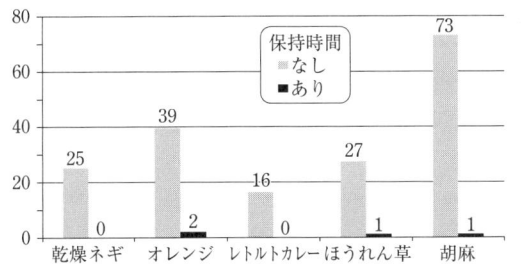

図 3.1.12 ターゲットスクリーニングによる食品抽出液中偽陽性の数

陽性の数を示した．保持時間を設定しなかった場合，食品による違いはあるが16〜73農薬で偽陽性が認められた．一方，各農薬の保持時間を設定した場合（許容保持時間幅：1分）には2農薬以下とほとんど認められなかった．したがって，ターゲットスクリーニングでは保持時間の設定がきわめて重要である．

図 3.1.13 には医薬品類を添加した河川水抽出液をLC/TOFMSで測定後，ターゲットスクリーニング法を用いた結果を示した．この結果では使用した87医

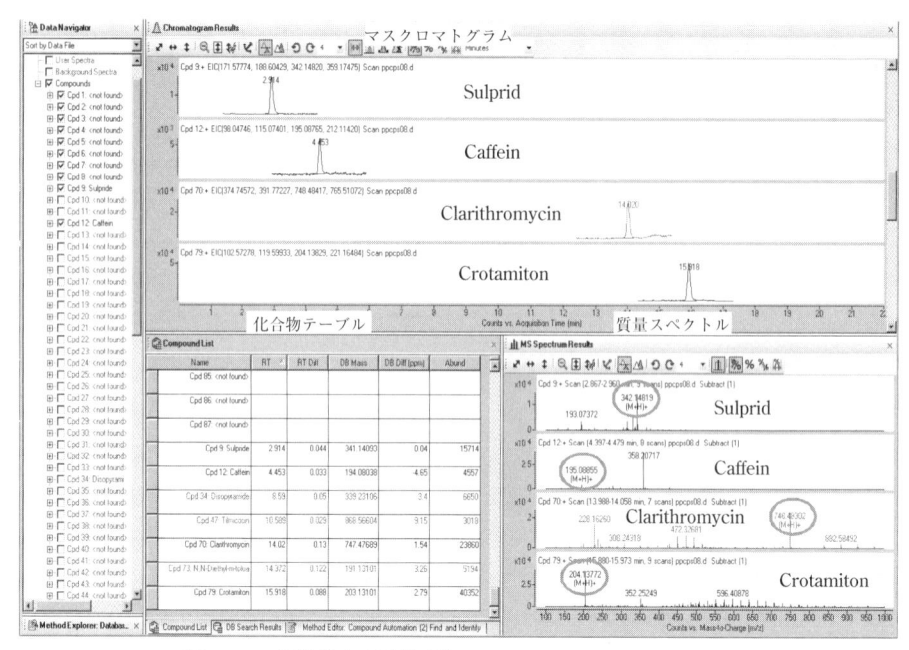

図 3.1.13 農薬添加河川水抽出液のターゲットスクリーニング結果

薬品類が登録されているデータベースを使用したことから，全対象医薬品類のEICを表示し検出された化合物に関してはその精密質量スペクトルを表示している．さらに，対象分析種の一覧表も表示することで検出の有無，測定相対質量誤差，保持時間誤差などの確認が可能である．

2) ノンターゲットスクリーニング法

2009年に発生した毒入り餃子事件などの食中毒事件以来，食品への想定外の有害物質による混入が懸念されている．また環境分析においても不法に投棄された廃棄物などから溶出した有害物質による生活環境の汚染も大きな問題であり，これら対象化合物を特定できない場合にはターゲットスクリーニングでは見逃してしまう．一方，ノンターゲットスクリーニングは広範囲の化学物質を対象としてスクリーニング法であることから，今後ますますその重要性が高まると思われる．ノンターゲットスクリーニング法は数千以上の化学物質を対象としたスクリーニング法であることから測定対象分析種の全EICによる分析種の検出は不可能である．しかし通常，LC/TOFMSで測定したトータルイオンクロマトグラム（TIC）では試料由来ピークやベースラインに埋もれてしまうことが多く，微量に存在する化合物のピークは観察できず包括的なスクリーニングとはならない．したがって，何らかの手法を使用して分析対象試料中に存在する化合物をできるかぎる包括的に検出する必要がある．そこでその手法および手順について解説する．

a. スクリーニング手順

ノンターゲットスクリーニングも分析条件はターゲットスクリーニングと同一である．ノンターゲットスクリーニングでははじめに，全時間軸で観察された全イオンに対して一定強度（S/N比）以上のイオンについて短い時間幅でイオンクロマトグラムの抽出を行いピークの有無を確認する．ピークが認識されたイオンは，図3.1.14に示したように（a）の通り保持時間が異なったイオンはそれぞれ別の化合物と判断する．一方，（b）のように保持時間同一のイオンに対しては精密質量差からこれら2イオンが同一化合物由来のイオン（付加イオン，同位体イオン，多価イオン，クラスターイオンなど）であるかどうかを判断し，同一化合物由来のイオン種から計算した化合物のモノアイソトピック質量と保持時間を検出された化合物情報とする．この手法を用いることでTIC中に埋もれた微量化合物の検出が可能である．図3.1.15には河川水抽出液をLC/TOFMSで分析したTICおよびこの手法を用いて抽出した抽出化合物クロマトグラム（ECC）の結果を示した．TICでは確認できるピークは100以

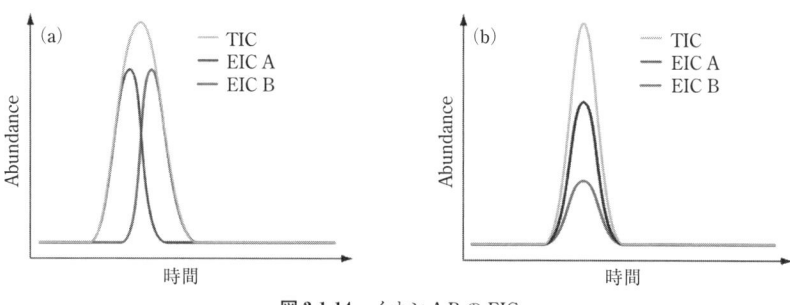

図 3.1.14 イオン A,B の EIC
(a)：保持時間が異なる　(b)：保持時間が同一

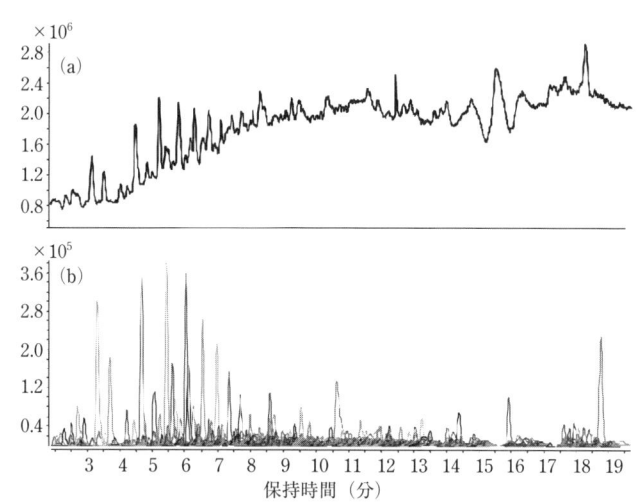

図 3.1.15 河川水抽出液のクロマトグラム
(a)：TIC　(b)：ECC

下であったが，ECC では 700 以上のピークが検出された．このデータ処理手法は処理する際の条件を最適化することでいかに多くの化合物を包括的に検出するかが重要であり，通常この手法を用いることで数百〜数千の化合物を検出することが可能である．

ノンターゲットスクリーニングに使用するデータベースはターゲットスクリーニングとは異なり包括的スクリーニングであることから使用するデータベースは保持時間情報を含まない．したがって実際に測定することなく化合物の組成式のみでデータベースの構築が可能であり，より多くの化合物の登録が可能である．図 3.1.16 にはノンターゲットスクリーニングの手順を示した．この手法では前述のデータ処理により検出された化合物をそのモノアイソトピック質量からデータベース検索を行う．このときの検索は精密質量の誤差のみを使用した検索法であることから数千の化合物の検索を短時間に行うことが可能である．

検出された一定強度（絶対値，S/N 比）の全イオンのマスクロマトグラムの抽出（ピーク幅範囲）
↓
同一保持時間のイオンに関して化合物由来イオンの割当て
付加イオン，同位体イオン，多価イオン，クラスターイオン
↓
化合物リストの作成，質量スペクトルの構築，
抽出化合物クロマトグラムの作成
↓
精密質量データベース検察
↓
スコア（精密質量類似度，同位体比，同位体質量差）

図 3.1.16 ノンターゲットスクリーニングの手順

b．装置性能およびスクリーニング条件

ノンターゲットスクリーニング法もターゲットスクリーニング法と同様に TOFMS の基本性能である質量誤差と分解能はスクリーニング結果に大きく影響を与えるが保持時間に関してはノンターゲットスクリーニング法では必要ない．その他ノンターゲットスク

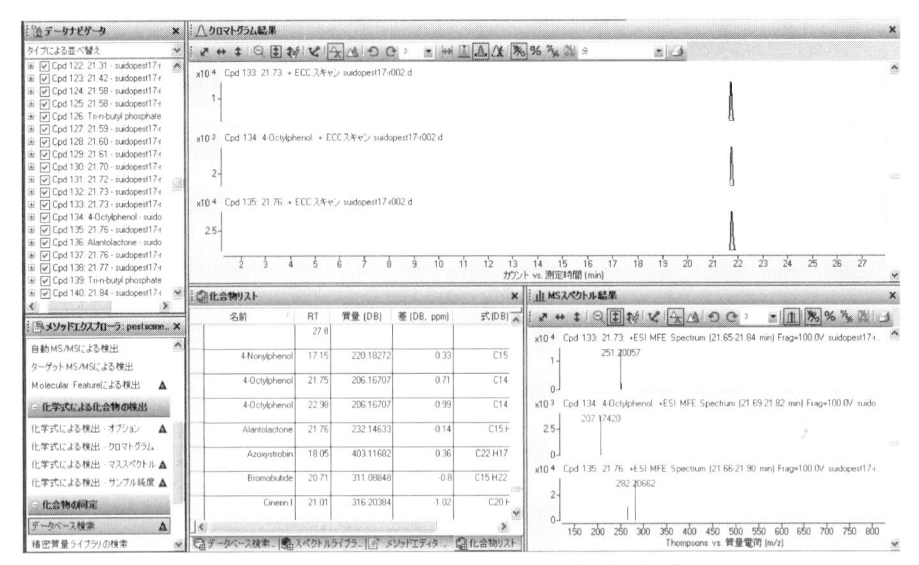

図 3.1.17　ノンターゲットスクリーニング結果の表示例

リーニング法では前述の通り，データ加工する際の条件がきわめて重要である．この部分に関しては装置メーカーにより異なることから装置メーカーの取扱説明書を参照されたい．

図 3.1.17 には有害物質を添加した河川水抽出液を約 1,500 の有害汚染物質データベースデを使用してノンターゲットスクリーニングを実施した検索結果を示したが，アルキルフェノール類としてオクチルフェノールおよびノニルフェノールが検出されモノアイソトピックイオンの精密質量は理論値に対して相対質量誤差が 1 ppm 以内であった．このようにターゲットスクリーニングで検出できない汚染物質の検出が可能である．しかし，ノンターゲットスクリーニングでは偽陽性も多く，標準品による確認も必要である．

以上，LC/TOFMS による有害物質のスクリーニング手法について述べたが，一般的にはターゲットスクリーニング法で既存物質のスクリーニングを実施し，その後ノンターゲットスクリーニング法を用いることでより幅広い有害汚染物質の検索を実施することを勧める．　　　　　　　　　　　　　　　　　〔滝埜昌彦〕

参考文献

1) J.F. Garcia-Reyes, M.D. Hernando, A. Monina-Diaz, A.R. Fernandez-Alba: *Trends in Abnalytical Chemistry*, **26**（8），p. 828（2007）.

3.2 未知物質を調べる分析法（target analysis）

3.2.1 GC/MSによる有害物質の定性分析

GC/MSでは，GCの保持時間および質量スペクトルから化合物の定性分析を行うことが可能である．GC/MS定性分析では電子イオン化（electron ionization: EI）法がおもに使用され，40万種以上の化合物のEIによる質量スペクトルデータベースがあり，それを用いる検索プログラムも近年急速に発展している．さらに，最近ではGCの保持時間や質量スペクトルを加工する技術も開発され，より信頼性の高い定性分析が可能である．そこで以下にGC/MSによる定性手法について述べる．

1) イオン化法

GC/MSのイオン化法は大きく分けて上述のEI法と化学イオン化（chemical ionization: CI）法の二法がある．とくにEI法は成熟した技術であり，安定した結果が得られることからもっとも広く使用されている．一方，CI法は使用頻度はわずかであるが最近使用頻度は増加している．これら二法のイオン源は類似したイオン源が使用され図3.2.1にイオン源の一例を示した．このイオン源でGCカラムから導入された目的化合物はイオン化室でイオンを生成しリペラー電極で質量分析部に押し出される．その際に数枚のレンズ（イオンフォーカスレンズ，エントランスレンズなど）でイオンは収束され質量分析部に導入される．以下にEI法とCI法について述べる．

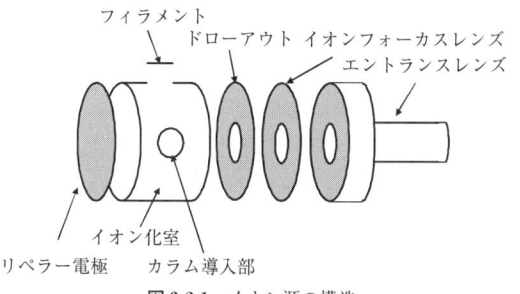

図3.2.1 イオン源の構造

a. EI法

EI法はGC/MSでもっとも広く使用されているイオン化法でありGCで測定可能な化合物はほとんどイオン化が可能である．EI法は真空中でフィラメントから生成した電子を化合物に照射することでイオン化させる手法である．この際の電子のエネルギーは70 eVが一般的である．もっとも単純化したイオン化は分子から電子が1個失われることで生成する分子イオンである．しかし，イオン化の際に生じる余剰の内部エネルギーにより分子イオンは容易に解裂しさまざまなフラグメンイオンが観察される．このEI法の特徴は分子量情報を得るには不利であるが，一方で多くのフラグメントイオンが観察されることから特徴的なフラグメントイオンやパターン認識によるライブラリサーチには非常に有効である．

b. CI法

CI法はメタンガス，イソブタンガス，アンモニアなどの試薬ガスを使用するイオン化法であり，正イオンを生成するPCI法と負イオンを生成するNCI法が存在する．イオン化のメカニズムは異なりPCI法はEI法同様にほとんどの化合物でイオン化が可能である．一方，NCI法はハロゲンを有する化合物など電子親和力の大きい化合物を特異的にイオン化する方法であり定性分析には使用することは少ない．したがってPCI法についてのみ以下に述べる．

PCI法のイオン化メカニズムは前で述べたようにメタン，イソブタン，アンモニアなどの試薬ガスから生じた反応イオンと目的化合物のイオン分子反応による．このイオン化法でのエネルギーの授受は非常に小さく「ソフトなイオン化」といわれており分子関連イオンが生成しやすい．イオン分子反応には以下のようなものがあげられる．

$$M + HX^+ \longrightarrow MH^+ + X$$
（プロトン交換反応）

$$M + HX^+ \longrightarrow (M-H)^+ + XH_2$$

$$M + R^+ \longrightarrow M^+ + R \quad (\text{ヒドリドの引き抜き反応})$$

$$\quad\quad\quad\quad\quad\quad\quad\quad\quad\quad\quad\quad (\text{電荷交換反応})$$

$$M + R^+ \longrightarrow (M + R)^+ \quad (\text{付加反応})$$

式中の M は目的化合物であり HX^+ や $M+R^+$ は試薬ガスから生成する反応イオンである．代表的な試薬ガスから生成する反応イオンは以下に示す．

メタン：$CH_5^+, C_2H_5^+, C_3H_5^+$
イソブタン：$t\text{-}C_4H_9^+, C_3H_7^+$
アンモニア：$NH_4^+, (NH_3)_2H^+$

観察される質量スペクトルはプロトン化分子：$(MH)^+$ や反応イオンが付加した付加イオン：$(M+C_2H_5)^+$，$(M+C_3H_5)^+$，$(M+t\text{-}C_4H_9)^+$，$(M+NH_4)^+$ などが観察されることが多く，これらイオンが観察されることで分子量の推定が容易となる．

2) 質量スペクトルの測定

GC/MS では GC で分離された全成分の質量スペクトルを採取する方法として全イオン検出（TIM）法が使用されるが，物質が GC から溶出する短時間に質量スペクトルを測定しなくてはならず，TIM 条件の最適化が必要である．図 3.2.2 に TIC のピークと TIM 法での走査概念を示した．この図ではクロマトグラムの1つのピーク中に測定可能な質量スペクトルは①～⑫で，この場合は信頼のおける質量スペクトルの測定が可能である．しかしもし極端に走査速度が遅いか，ピーク幅が狭い場合にはピーク中で測定可能な質量スペクトルの数が減少し信頼のおける質量スペクトルが得られない．一般的には1つのピーク中で少なくとも5個の質量スペクトルの採取が可能な走査速度が必要である．したがってピーク容出時間が短い高速 GC には高速走査速度が必要である．最近では飛行時間型質量分析計を用いた場合，1秒間に 500 回程度の走査が可能である．またピーク中で測定される質量スペクトルはピークの測定部分によりパターンが異なる．たとえば，④ の位置での質量スペクトルは高 m/z 値から走査した場合，高 m/z を検出しているときのイオン源に導入される化合物量は低 m/z を検出しているときの化合物量より少なくなる．したがって質量スペクトルの低 m/z 値のイオン強度が大きくなる．以上のことから，質量スペクトルはピーク全体の質量スペクトルを平均するか，全イオン量の変動の小さいピーク頂点付近の質量スペクトルを採ることが望ましい．

3) 質量スペクトルによるライブラリサーチ

GC/MS による未知化合物の同定に関しては，質量スペクトルから得られる情報から分子量や組成式を推定することも可能であるが，EI 法を使用した場合，現在もっとも広く普及しているのはライブラリサーチである．この手法では質量スペクトルをデータベース化して構築した質量スペクトルライブラリが使用され，未知化合物から得られた質量スペクトルをライブラリと照合する作業がライブラリサーチである．この方法により未知化合物から得られた質量スペクトルに類似した質量スペクトルをもつ化合物をデータベースから抽出することが可能である．図 3.2.3 にはライブラリサーチ結果の一例を示す．この例ではニトロベンゼンが未知化合物の質量スペクトルと類似していることから第一候補にリストアップされている．ライブラリサーチで使用する質量スペクトルライブラリは EI 法で得られた質量スペクトルを使用するが，これは EI 法の歴史が古く，もっとも広く普及しているだけでなく，多くのフラグメントイオンを生成することや測定条件が固定しやすく，測定日や装置による違いがなく再現性のある質量スペクトルが得られるからである．市販のライブラリの代表的なものとして，NIST（National Institute of Standards and Technology，米国国立標準技術研究所）ライブラリおよび Wiely ライブラリがある．これらライブラリには前者で 20 万弱，後者で 40 万超の質量スペクトルが収載されているが，これらの数は十分ではなくむしろ GC-MS で測定で

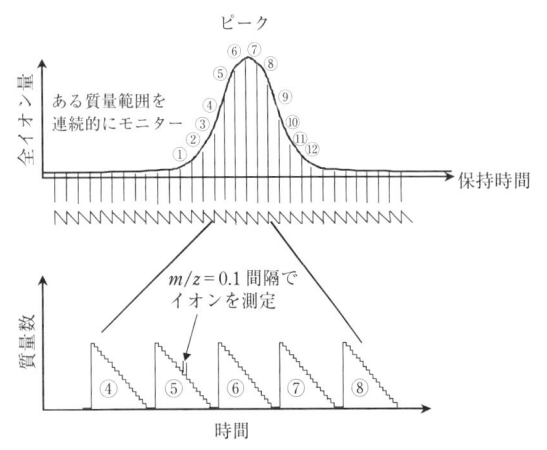

図 3.2.2 TIC 中ピークと TIM 法での走査概念

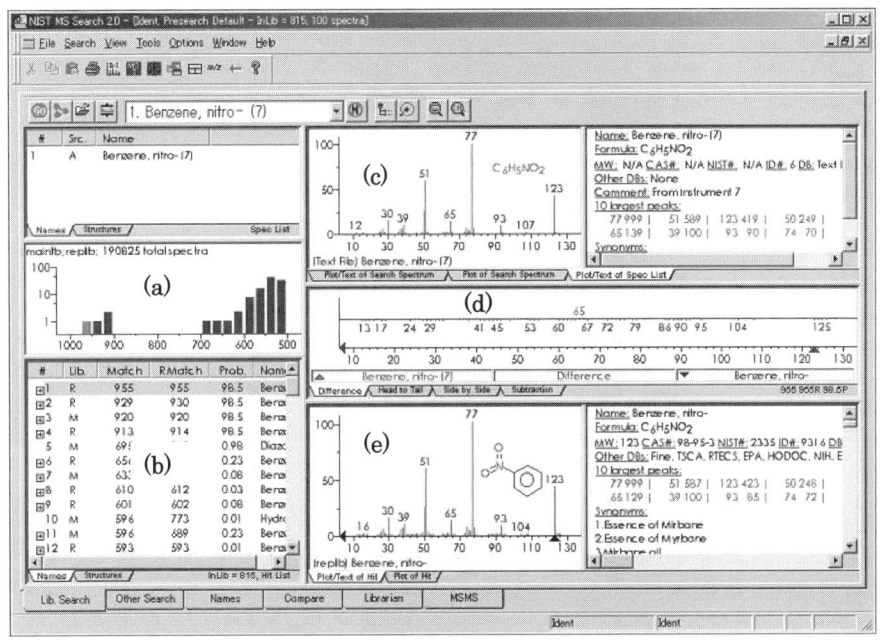

(a) ライブラリ中ヒットした化合物数と一致度のヒストグラム
(b) ライブラリサーチ結果
(c) ライブラリサーチする化合物の質量スペクトル
(d) ライブラリサーチでヒットした化合物との差スペクトル
(e) ライブラリサーチでヒットした化合物の質量スペクトル

図 3.2.3 NIST サーチエンジンによるライブラリサーチ結果の一例

きる化合物の一部にすぎない．したがって，測定した化合物がライブラリに収載されていない場合もあることを念頭におく必要がある．このほか各装置メーカーから薬物，農薬などの特定化合物のターゲットライブラリも供給されており，これらライブラリに収載されている質量スペクトル数は数百～数千である．また，ほとんどの MS ソフトウエアには所有する装置で測定した質量スペクトルを簡単にライブラリに登録することが可能なことからプライベートライブリの構築が可能である．このプラベートライブラリは収載されている質量スペクトルが目的化合物と同一装置，条件で測定が可能なことから質量スペクトルの整合性が取りやすくより信頼性の高いサーチが可能である．通常，ライブラリには数百～数十万の質量スペクトルが登録されていることからライブラリサーチにはコンピューターが必要であり，さまざまなサーチ手法が開発されている．EI 法での質量スペクトルは再現性のよい結果が得られるが，測定条件が違った場合には観察されるイオンは同じでも強度のバランスが異なる場合がある．このような場合，同じ化合物の質量スペクトルでもひどく違って見えることもある．したがって，質量スペクトルの類似度だけでライブラリサーチを行うと一致するものをうまく見出せないことがありさまざまな工夫がなされている．一般的にライブラリサーチの手順は以下の通りである．

① 測定した質量スペクトルを強度および"ユニークさ"を考慮して検索上，重要と考えられるイオンのみとする質量スペクトルの簡略化

② 簡略化した質量スペクトルをデータベースと照合して一致する可能性のある質量スペクトルをデータベースからふるいわけるプレサーチ

③ プレサーチで残った質量スペクトルをそれぞれ詳細な照合計算を実施して一致度を判定するメインサーチ

④ 結果の表示

①～③の手順は以下に示す手法をもとにして装置メーカーやライブラリ供給元ごとに独自の工夫がなされている．ライブラリサーチの手法はフォワードサイチとリバースサイチに大きく分けることができる．それぞれの特徴は以下の通りである．

a. フォワードサーチ

この手法は測定した未知化合物の質量スペクトルがデータベースの質量スペクトルと照合することで一致する質量スペクトルを見出す方法である．この手法では未知化合物の質量スペクトルの主要イオンがデータベース中の化合物の質量スペクトルにより多く含んでいる場合に一致率は高くなる．しかし測定された質量スペクトルが目的化合物以外のピークを含む場合一致率が低下することから，多くの化合物が存在する試料には不向きである．この手法を用いたものとしてはテンピーク法やBiemann法[1]がある．

b. リバースサーチ

この手法はフォワードサーチとは逆で，データベース中の質量スペクトルを未知化合物の質量スペクトルと照合していく手法であり，データベース中の化合物のもつ主要イオンが未知化合物の質量スペクトルにより多く含まれる場合に一致率が高くなる．この手法の特徴は測定した未知化合物の質量スペクトルに余計なイオンが存在していても一致率が低下しないことから多くの化合物が存在する試料に適している．この手法は現在では一般的であり，PBM法[2]，NIST法[3]などがこの手法を使用したものである．現在ではNIST法がもっとも広く普及している．

図3.2.4にはフォワードサーチとリバースサーチの違いを理解しやすくするため単純化した質量スペクトルでの比較を示した．この例ではフォワードサーチを使用した場合，未知化合物のうち1のみが高い一致率を示し，2,3はどちらも主要イオンが2本欠落していると判断され一致度が低くなる．一方，リバースサーチでは1,2はともにデータベース中の質量スペクトルに存在する全イオンを含んでいることから一致率は高い．しかし未知化合物3は主要イオンが2本欠落していることから一致率が低くなる．

ライブラリサーチでは質の高い質量スペクトルを採ることが重要であるが，質の悪い質量スペクトルの要因は化合物の主要イオンの欠落，余計なイオンの存在などである．前者は未知化合物の導入量が少ない場合に生じ，後者は未知化合物から妨害成分由来のイオンを上手く除去できていない場合に生じる．前者の解決法は導入量を増やすことであるが，後者はGCで分離を改善させることで解決できるが妨害成分の量がきわめて高い場合，GCの分離条件で完全に除去することは困難である．このような場合，以下に述べるデコンボリューションの手法が有効である．

c. デコンボリューション

一般に試料中の目的化合物の分析には，目的化合物以外の試料由来成分（マトリクス）を除去するために精製などを行うが，目的化合物を選択的に精製することは困難である．そのため，実際のクロマトグラム上に存在するピークは，ほとんどが同時に抽出された試料マトリクスピークで，目的化合物のピークは微小であることが多い．そのため目的化合物がマトリクスピ

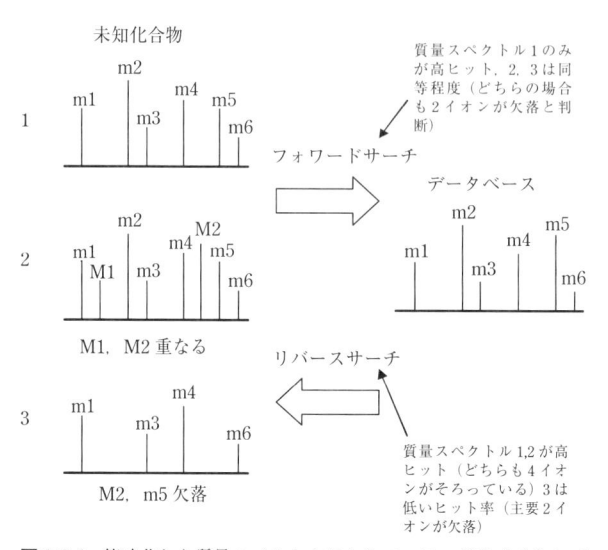

図3.2.4 簡略化した質量スペクトルによるフォワードサーチとリバースサーチの違い

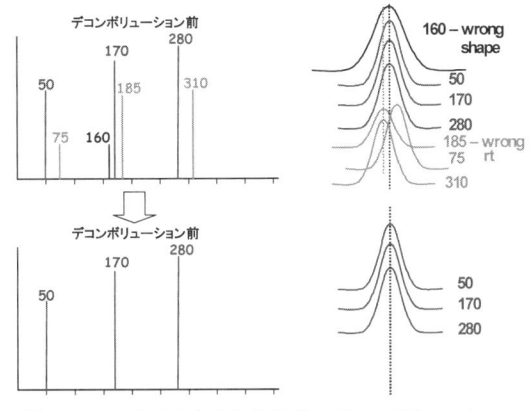

図 3.2.5 GC/MS における AMDIS のデコンボリューション

ークと完全に分離したピークとして溶出することは少なく，マトリクスと重なることが多い．その結果，質の良い質量スペクトルを得ることは難しくライブラリサーチによる化合物の同定は困難となる場合がある．一方，NIST は，化学兵器禁止条約に違反した化学物質を自動検出するために，Automatic Mass spectral Deconvolution and Identification Software（AMDIS）[4]を開発した．AMDIS は，デコンボリューション手法を用いて複雑なマトリクスと共に存在する目的化合物を自動で検出することが可能である．AMDIS については図 3.2.5 に例を示したが，GC/MS データにおいて目的化合物の質量スペクトル中観察される各 m/z のマスクロマトグラム（m/z = 50, 75, 160, 170, 185, 280, 310）より，同一の保持時間および同一の形状を有するピークのイオン（m/z = 50, 170, 280）のみを1つのマススペクトルとして再構築する．その結果，再構築された質量スペクトルは目的化合物由来のイオンのみとなり質の高い質量スペクトルとなる．この作業をデコンボリューションと呼び，その単一成分を AMDIS ではコンポーネントと呼ぶ．図 3.2.6 には AMDIS でのサーチ結果画面を示したが最上画面に，コンポーネントのピーク頂点上部に▼印が付く．その各コンポーネントを，ターゲットライブラリ（たとえば，農薬のライブラリ）を用いるライブラリサーチを行い，一致率および保持指標あるいは保持時間が許容範囲内であれば，AMDIS 画面上に T 印がそのピーク上部に付く．保持指標や保持時間での制限は任意であるが，使用することで異性体など質量スペクトルが同一の化合物の識別が可能となり信頼性を高くすることができる．AMDIS 画面の最下段画面に，デコンボリューションしたコンポーネントの質量スペクトル（白色）とターゲットライブラリの質量マススペクトル（黒色）が表示される．第 2 段目の画面右横にコンポーネントのライブラリサーチ結果として成分名，スペクトル一致率，保持時間のずれ幅などが表示される．このように，AMDIS はデコンボリューションにより純粋な質の高い質量スペクトルを取り出し，それに対

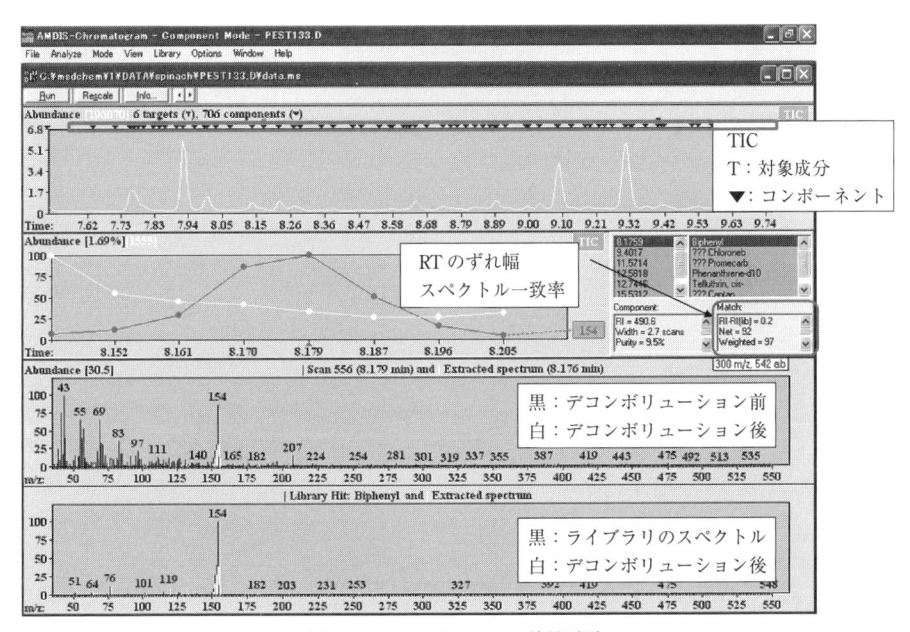

図 3.2.6 AMDIS のサーチ結果画面

図 3.2.7 玄米抽出液の TIC

表 3.2.1 農薬添加玄米抽出液の AMDIS の結果

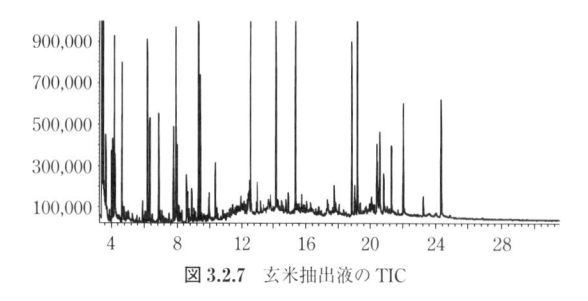

農薬	一致率（％）	保持時間差（秒）	陽性/陰性
biphenyl	45	−0.12	陽性
ditiopyr	67	−0.15	陽性
esprocarb	42	0.35	陽性
pendimethalin	40	−0.09	陽性
tricyclazole	72	−3.24	陽性
mepronil	93	−0.12	陽性
pyriproxyfen	67	0.04	陽性
ethofenprox	86	−0.11	陽性
promecarb	43	8.43	陰性
spiroxamine 1	44	−5.26	陰性
metribuzin	43	7.86	陰性

してターゲットライブラリや NIST ライブラリを用いる検索を行うため，不特定成分の検出，同定に対して迅速かつ信頼性の高い結果を得ることが可能である．

食品中残留農薬スクリーニング例として図 3.2.7 に農薬を添加した玄米抽出液の TIC を示したが，強度の大きいピークは玄米のマトリクス由来成分で，残留農薬は微小ピークで TIC 中ではピークが観察されない場合も多い．したがって TIC 中で観察されたピークのみライブラリサーチを行っても農薬は同定できない．通常は対象農薬を決めて，保持時間および代表的な m/z のマスクロマトグラムによりピークを確認する．しかしながら食品抽出液のように多くのマトリクス成分が存在する場合，マスクロマトグラムで検出されたピークの質量スペクトルは多くのマトリクス由来のイオンを含むことからライブラリ中の目的化合物の質量スペクトルと大きく異なり正確に同定することが困難な場合が多い．一方，ADMIS ではデコンボリューションにより純粋なマススペクトルを得て，ターゲットライブラリ（431 農薬の質量スペクトル，保持時間を収載）を用いるライブラリサーチを行い，スペクトル一致率および保持時間により絞込みを行うことから信頼性の高い同定が可能である．表 3.2.1 に玄米抽出液の ADMIS で処理した結果（農薬名，スペクトル一致率，RT のずれ幅）および陽/陰性を示した．AMDIS により農薬 11 成分が検出されたが，そのうち 3 成分はスペクトル一致率が 45％以下，保持時間のずれ幅が 5 秒以上であったことから陰性と判断した．以上のように食品中残留農薬の検出に関してはマトリクス成分によりスペクトル一致率が極端に低下し偽陽性になるこが多いが AMDIS を使用することで偽陽性の数を劇的に減少させることが可能である．

〔滝埜昌彦〕

参考文献
1) K. Biemann et al.: *Anal. Chem.*, **43**, p. 681（1971）.
2) F.W. McLafferty, D.B. Stauffer: *J. Chem. Inf. Comput. Sci.*, **25**, p. 245（1985）.
3) E.S. Stefen, R.C. Ronald: *J. Am. Soc. Mass Spectrom.*, **5**, p. 859（1994）.
4) S.E. Stein: *J. Am. Soc. Mass Spectrom.*, **10**, p. 770（1999）.

3.2.2 LC/Q-TOFMS/MS による定性分析（non-target analysis）

LC/MS によって未知の汚染物質（環境，廃棄物，血液，食品）を定性分析するには以下の2つの制約がある．

① 一般に LC/MS のスペクトルは単純で，定性に関する情報が乏しい．

② 機種，イオン化法，分析条件により LC/MS のスペクトルは変化する．

この制約のため，GC/MS で活用されているような共通のスペクトルデータベースを使って未知物質を定性する方法はほとんど用をなさない．LC/MS による定性には，LC/四重極-飛行時間形質量分析計（LC/Q-TOFMS/MS）（図 3.2.8）などによる精密質量スペクトルを活用する方法が有効である．

1) 定性分析法の流れ

図 3.2.9 に定性分析法の流れを示す．その概要は以下の通りである．

① はじめに，LC/Q-TOFMS/MS などの装置を用いて，定性する試料に含まれる物質の分子関連イオン（intact molecular ion），プロダクトイオン（product ions）の精密質量を測定し，あわせてそれらの差から中性ロス（neutral losses）の精密質量も計算する．

② MS 装置に付属する「精密質量→元素組成」の演算を行うプログラムを用いて，測定した分子関連イオン，プロダクトイオン，中性ロスの精密質量と一致するそれぞれの元素組成の候補をすべて出力する．

③ 出力されたそれぞれの候補の中から元素組成が"分子関連イオン＝プロダクトイオン＋中性ロス"の条件を満たす組成の組合せを抽出するアルゴリズム[1]を使って，分子関連イオン，プロダクトイオン，中性ロスの元素組成の候補を絞り込む．

④ 絞り込まれた候補から，用途，生産量，その他の周辺情報を参照して候補化合物を決定する．

④' なお現在開発中であるが，分子関連イオン，プロダクトイオン，中性ロスの精密質量から推定した元素組成から，フラグメンテーションデータベース（作成中）を参照し，物質の部分構造を推定する方法は今後発展すると思われる[2]．

以下，図 3.2.9 の流れに沿って方法を解説する．

2) 試料溶液

試料溶液は，LC/MS で明瞭なクロマトグラムとスペクトルが得られるよう調製する．必要ならカラムクロマトグラフィー，液-液抽出などよる精製，濃縮を行う．

3) LC/Q-TOFMS/MS などによる精密質量測定

LC/Q-TOFMS/MS など精密質量分析（質量誤差＜2ppm 程度）ができる MS/MS 装置を使用し，対象とする未知成分について以下の精密質量を測定する．

a. 分子関連イオンの精密質量測定

インソースで分子関連イオンが明瞭に得られるようなるべく CID（collision induced dissosiation：衝突誘起解離）を極力起こさない条件を選び，その精密質量スペクトル（±$\Delta m/m$＜1～3 ppm，または±Δm＜1～

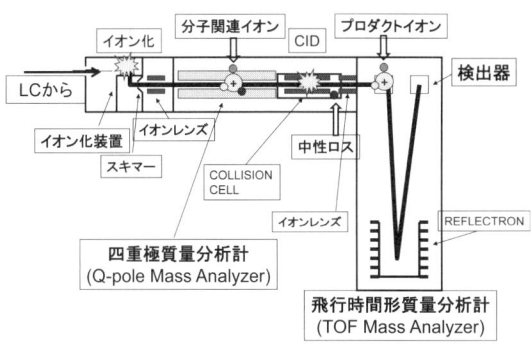

図 3.2.8 LC/四重極-飛行時間形質量分析計

図 3.2.9 LC/MS 定性分析の流れ

精密質量スペクトルの測定

精密質量スペクトルはイオン強度が質量軸（m/z）に連続に（プロファイル形で）記録され，精密質量はその重心の質量を読み取る．下図の左のピークはS/Nが低く，右のピークは強度が過大で，いずれも平均質量の精度が低い．

良好な精度の精密質量が得られるイオン強度は，装置メーカの取扱いマニュアル等に示されている．質量精度を検証するには，質量既知の物質を使い高い精度が得られるイオン強度の範囲を確認する．

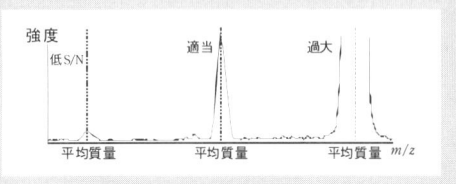

MS/MSスペクトルの測定

MS/MS測定するイオン（前駆イオン）を第一MSで選び，CIDで前駆イオンのピークが元の1/3以下で消失しない程度を目安にCIDの電圧を印可する．LC/MS/MSではCIDを行うイオンに与えるエネルギーが低いため（low energy collision），すべてのイオンがCIDで解離してプロダクトイオンを生成するわけではない．十分高いCID電圧を印加してもプロダクトイオンが観測できない場合は，そのイオンはCIDを起こさない．なお，一般にMS/MSスペクトルの精密質量の精度は，CIDにより生成イオンのエネルギー分布が広がるため，MS/MSを行わない場合に比べ低い．

2 mDa）を測定する．

b. プロダクトイオンの精密質量測定

分子関連イオンを前駆イオンとしてcollision cell（図3.2.8中央）でCIDを行い，生成するプロダクトイオンのすべてを質量誤差（$\pm \Delta m/m < 3$ ppm，または$\pm \Delta m < 5$ mDa）で測定する．

4）元素組成演算

MS/MSで得られる分子関連イオン，プロダクトイオンおよびその差である中性ロスについて，それぞれの精密質量に該当する元素組成を演算する．合理的な元素組成を得るため，演算に先立ち演算条件をスペクトルから読み取る．

a. 演算条件の抽出（スペクトルから読み取る）

（1）特徴的な同位体をもつ元素の有無

環境，廃棄物，工業製品，食品などに含まれる可能性が高い化合物のなかで，質量スペクトルから特徴的な同位体を容易に判断できる元素は，塩素（^{35}Cl, ^{37}Cl），臭素（^{79}Br, ^{81}Br），ケイ素（^{28}Si, ^{29}Si, ^{30}Si）などである．MSスペクトルのパターンからこれらの元素の有無やその元素数を推定し，演算条件に反映させる．図3.2.10にCl, Br, Siの元素数と同位体のMSパターンを例示する．

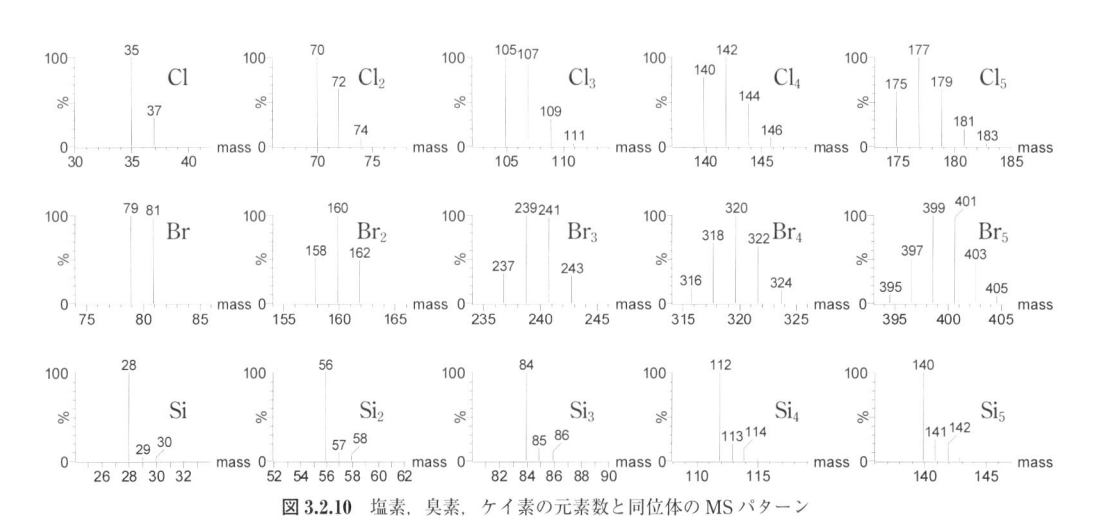

図 3.2.10 塩素，臭素，ケイ素の元素数と同位体のMSパターン

(2) 炭素数の推定

炭素を含んでいる分子関連イオン，プロダクトイオンでは，Cが ^{12}C のみからなるイオンと ^{13}C を1つだけ含む質量が"+1"大きいイオンの強度から以下の計算で炭素数を推定できる．なお，以下の式で"≦"を使って"範囲"として推定を行う理由は，炭素数が少ない場合に"+1"ピークのシグナル・ノイズ比（S/N）が小さくノイズによりピーク高が過大になることがあるためで，経験的な補正として理論値より5程度少ない炭素数までを推定の範囲とする．

$(R \div 0.011) - 5 \leq $ 炭素数 $\leq R \div 0.011$

R：（対象イオンの質量+1のピーク高）／（対象イオンのピーク高）

(3) スペクトルから読み取れるその他の元素組成情報

① "+イオン"スペクトルで観測される付加イオン

+イオンではしばしば H^+, Na^+, NH_4^+, K^+ などの付加イオンが生成する．多くの場合，$M+H^+$ と共存するので，スペクトルにはそれらの質量差である $22 = (M+Na^+) - (M+H^+)$, $38 = (M+K^+) - (M+H^+)$, $17 = (M+NH_4^+) - (M+H^+)$ の間隔のピークが観測される．

炭素数推定方法

① 一般に炭素の同位体は ^{13}C が ^{12}C に対し約1.1％存在するため，対象とする有機物のイオンは，^{12}C で計算した質量"+1"の位置に ^{13}C を1個含む同位体のイオンが観測されることが多い．n 個の炭素原子を含むイオンでは，すべてのCが ^{12}C で構成される天然存在比が最大のイオン（monoisotopic ion）より1質量大きいイオンが，^{12}C のイオンの約 $1.1\% \times n$ の高さで観測される．

② したがって，分子関連イオンあるいはプロダクトイオンより1質量大きいところのイオン強度が対象イオンの X％あれば，そのイオンにはおよそ $(X\% \div 1.1\%)$ 個かそれより少し少ない数のCが含まれていると推定できる．

③ なお，"+1"イオンを作る同位体をもつ元素には，N（^{15}N/^{14}N = 0.367 %），O（^{17}O/^{16}O = 0.038％）などが存在するが，Cに比べ"+1"同位体の存在割合が低く，また多くの場合 N, O の数はCよりずっと少ないため，通常はこれら元素の同位体の影響はわずかと考えてよい．

---

② "−イオン"スペクトルで観測される付加イオン

"−イオン"で付加イオンが観測される場合は少なく，Cl^- 付加が認められる程度である．$M-H^+$ と共存することが多く，それらの質量差である $36 = (M+{}^{35}Cl^-) - (M-H^+)$, $38 = (M+{}^{37}Cl^-) - (M-H^+)$ 間隔のピークが同時に，かつ両者の高さ比約3：1で観測される．

(4)「窒素ルール」

窒素は原子量が14（偶数）で奇数原子価をもつため，窒素原子奇数個を含む分子は奇数分子量である．このような原子は Be を除いて全元素中で窒素しかない．このことから，"奇数質量の分子は窒素を奇数個含んでいる"と判断できる．

LC/MS では多くの場合，プロトンなどの"イオン"の付加で偶数電子イオンを生成する場合が多く，電子の脱離，奇数電子イオンの付加などで奇数電子イオンを生成する場合もある．「窒素ルール」をこのことに適用すると次のようになる：

① 偶数電子イオンの場合，イオンの質量数が偶数ならば，イオン中にN原子が奇数個ある．

② 奇数電子イオンの場合，イオンの質量数が奇数ならば，イオン中にN原子が奇数個ある．

b. 元素組成演算ソフトウェアによる組成演算

組成演算条件が決まったら，質量分析計に付属する元素組成演算ソフトウェアを使ってイオン，中性ロスの元素組成演算を行う．図3.2.11に元素組成演算ソフトウェアの入力画面の一例を示す．演算で入力するおもな条件として，(1) 質量誤差，(2) 不飽和度，(3) 含まれる電子の数（奇数／偶数），(4) 含まれる可能性のある元素とその数（範囲）などがある．

(1) 質量誤差

① 前駆イオンは，前駆イオン測定時に求めた標準物質の質量誤差（装置，測定環境により変わるが，±$\Delta m/m$<1〜3 ppm，または±Δm<2 mDa 程度の誤差が必要）

② プロダクトイオン，中性ロスは，プロダクトイオン測定時に求めた標準物質の質量誤差（装置，測定環境により変わるが，±$\Delta m/m$<3 ppm，または±Δm<5 mDa 程度の誤差が必要）

(2) 不飽和度（double bond equivalent：DBE）

DBE は二重結合および飽和脂肪族環の数の合計として定義される．精密質量を使って求めた元素組成についても DBE を計算することができる．もし計算し

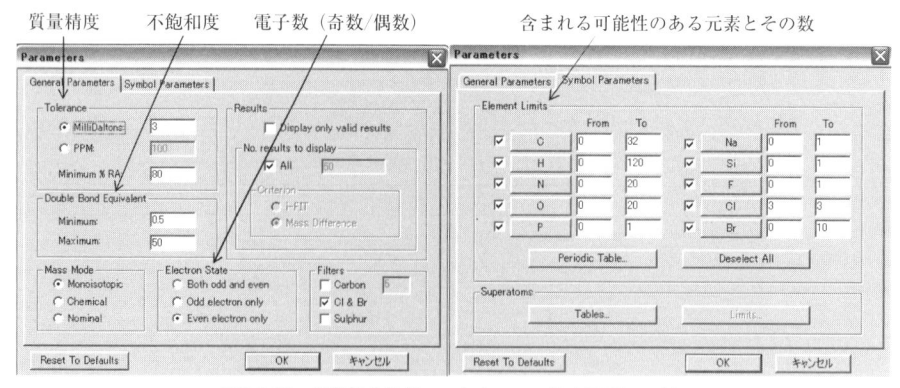

図3.2.11 元素組成演算ソフトウェアの入力画面の一例

た不飽和度が0または正の値であれば，その元素組成の分子は存在するが，負の値であれば原子価を上回る結合があることになるので，その原子は存在しない．すなわち，DEBが負になると，精密質量の計算からはあり得る元素組成でも，それらを結合させて分子を作り得ないとして除外できる．

LC/MSで測定されたイオンの元素組成については以下の条件を入力する．

① "＋イオン"の場合　DBE＞−0.5（下限値は飽和の分子より電子が1つ不足な場合）

② "−イオン"の場合　DBE＞0.5（下限値は飽和の分子より電子が1つ過剰な場合）

③ 中性ロスの場合　DBE＞−(n−1)（下限値はn個の中性ロスに分解している場合）

(3) 含まれる電子の数（奇数／偶数）

LC/MSではイオン化がESI，APCIなどほとんど大気圧下で行われるため，前駆イオンのほとんどは偶数電子であるが，奇数である場合もある．対象化学種に含まれる電子の数の奇数／偶数の判断は，それが前駆イオンであるか，プロダクトイオンまたは中性ロスであるかで大きく異なる．

① 前駆イオンの場合

前駆イオンの多くは偶数電子イオンである．比較的安定な奇数電子イオンを作るトルエン，アセトン，アセトニトリルなどが移動相に数パーセント以上含まれる場合など（メタノールなどの溶媒でも起こり得るが）で，対象化学種のM$^+$またはM$^-$（Mは分子の質量）が大気圧中で安定である場合は奇数電子イオンができ易い．試料に関する情報がない場合は，確率的に高い偶数電子イオンとして演算し，合理的な組成が得られない場合に奇数電子イオンとして再演算することが効率的である．

② プロダクトイオンまたは中性ロスの場合

プロダクトイオン，中性ロスの生成は減圧雰囲気であるため，一般にそれらは奇数電子でも偶数電子でも十分に存在し得る．前駆イオンが偶数電子イオンの場合，経験上プロダクトイオンも偶数電子イオンである可能性が高いが，奇数電子イオンとして存在する確率も低くない．奇数電子，偶数電子の判別がつかなければどちらもあり得ると考え"奇数＆偶数"で演算する．

(4) 含まれる可能性のある元素とその数（範囲）

「a. 演算条件の抽出」で質量スペクトルから読み取った存在可能性のある元素とその数の範囲を組成演算条件に加える．

① 「a. (1)」のBr, Cl, Siの有無，および存在する場合はあり得る原子数の範囲

② 「a. (2)」で推定したあり得るCの数の範囲

不飽和度（DBE）の計算方法

以下の式を使って，元素組成から不飽和度を計算できる．

$$DBE = 1 - a/2 + b/2 + c$$

a：原子価1の原子（H, Na, K, F, Cl, Br, Iなど）の数の合計

b：原子価3の原子（B, Al, N, Pなど）の数の合計

c：原子価4の原子（C, Siなど）の数の合計

なお，原子価2の原子（O, Sなど）の数はDBE計算には関係しない．

③ H の数の範囲として，② で推定した C の数を n としたとき，$2n+2$ 程度以下を指定する（ごくまれに N, P, Si などにより $2n+2$ を超えることがあるので，最大値は幾分大きめにしてもよい）．

④ N の数の最大値として以下の値を指定する．なお，式中の"12"，"14"はそれぞれ炭素，窒素の原子量である．

((対象イオンまたは中性ロス質量) − (推定される C の数の最小値)×12) ÷ 14

また，「a.（4）」で窒素が奇数個入っていることが分かれば N の数の最小値を 1 とする．（なお，「窒素ルール」では，N が偶数個あるか 0 個かは判別できない）

④ O の数の最大値として以下の値を指定する．なお，式中の"12"，"16"はそれぞれ炭素，酸素の原子量である．

((対象イオンまたは中性ロス質量) − (推定される C の数の最小値)×12) ÷ 16

⑤ その他の小量含まれる可能性のある元素の数
- P と S は生体試料，農薬，プラスチック添加物などに含まれることが多いが，分子の主要な元素であることはほとんどないため，通常はそれぞれ数個以下として演算する．
- Na, K は付加イオンである場合がほとんどで，通常 1～2 個以内程度である．

なお，ほかに試料関連情報からわかる原子数があれば条件に加える．

5) 合理的組成を抽出するアルゴリズム

c. で演算して求めた元素組成の候補は，十分少ないとはいえない．とくに対象とするイオンや中性ロスの質量数が増加すると，それにともなって元素組成候補の数は指数関数的に増加する．そこで，得られた結果を精査して存在し得ない組成を除外する．方法の詳細は文献 1) にあるので，ここでは ① 合理的組成抽出アルゴリズムの概要，② 合理的組成抽出ソフトウェアの入手・使用方法，③ 合理的組成抽出結果の例を紹介する．

a. アルゴリズムの概要

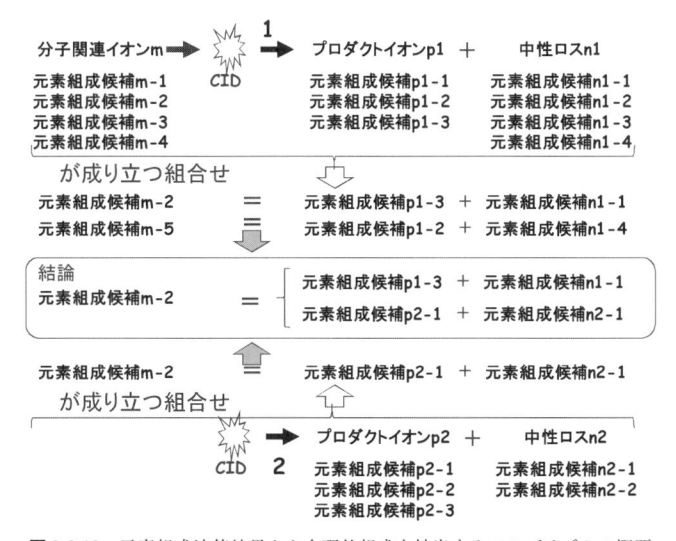

図 3.2.12 に元素組成演算結果から合理的組成を抽出するアルゴリズムの概要を示す．分子関連イオン，プロダクトイオン，中性ロスの精密質量をもとに演算した元素組成の候補は，一般には十分少ない数ではない．これらの候補は精密質量から計算すれば「あり得る組成」であるが，"分子関連イオンの組成＝プロダクトイオンの組成＋中性ロスの組成"を満足しないものが少なからず存在する．"合理的組成を抽出アルゴリズム"はその論理演算方法である．

b. 合理的組成抽出ソフトウェアの入手・使用方法

一般にこの演算は複雑であることからフリーソフトウェア（MsMaFilter.exe）が独立行政法人国立環境研究所[3] および株式会社環境総合研究所大阪本社[4] から提供されている．元素組成候補の中から合理的組成を抽出する手順を以下に示す．

① MsMaFilter.exe ファイルをパソコンの任意のホ

図 3.2.12 元素組成演算結果から合理的組成を抽出するアルゴリズムの概要

元素組成候補のスプレッドシートへの記述

①MS装置付属のソフトウェアで演算を行った元素組成候補をスプレッドシートに出力する．

現在，MassLynx, AnalystQS のスプレッドシート出力フォーマットに対応している．異なる形式のデータでは，どちらかのフォーマットにデータを上書きして実行する．

②元素組成候補出力の並べ方を下図に示す．出力した結果はフォーマットを変更することなく，前駆イオン，プロダクトイオン1，プロダクトイオン2，……プロダクトイオンn，中性ロス1，中性ロス2，……中性ロスnの順番で，出力フォーマットの間に行を空けることなくスプレッドシートに上から貼り付ける．

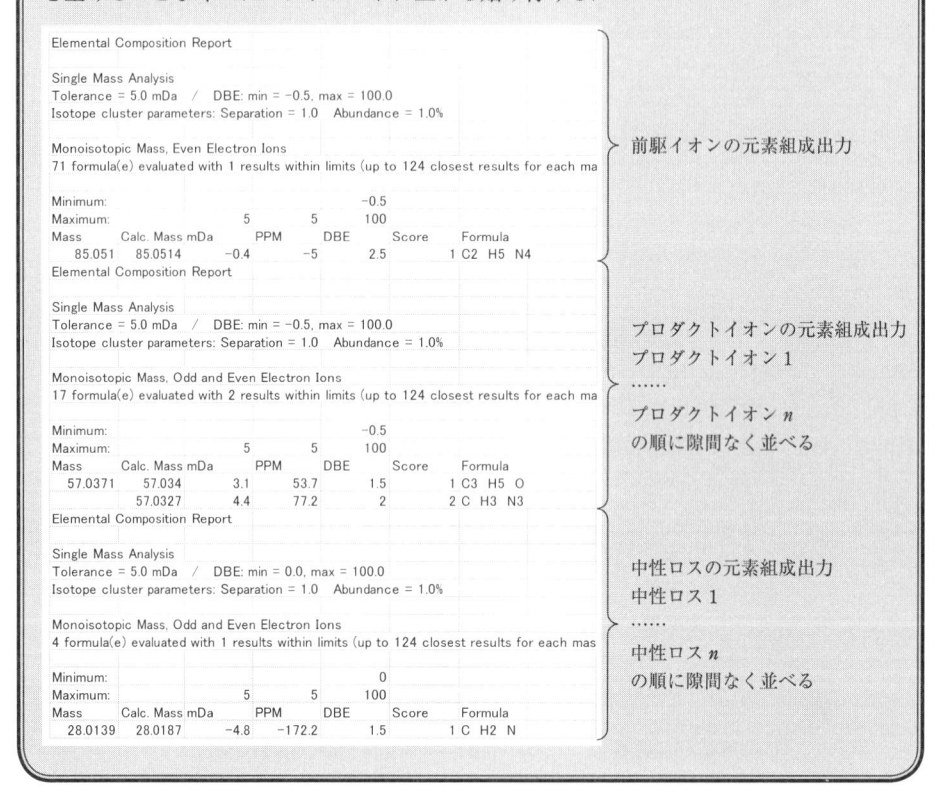

```
Elemental Composition Report

Single Mass Analysis
Tolerance = 5.0 mDa   /   DBE: min = -0.5, max = 100.0
Isotope cluster parameters: Separation = 1.0   Abundance = 1.0%

Monoisotopic Mass, Even Electron Ions
71 formula(e) evaluated with 1 results within limits (up to 124 closest results for each ma

Minimum:                               -0.5
Maximum:               5       5      100
Mass      Calc. Mass mDa    PPM    DBE    Score    Formula
 85.051    85.0514    -0.4    -5    2.5       1 C2 H5 N4
```
} 前駆イオンの元素組成出力

```
Elemental Composition Report

Single Mass Analysis
Tolerance = 5.0 mDa   /   DBE: min = -0.5, max = 100.0
Isotope cluster parameters: Separation = 1.0   Abundance = 1.0%

Monoisotopic Mass, Odd and Even Electron Ions
17 formula(e) evaluated with 2 results within limits (up to 124 closest results for each ma

Minimum:                               -0.5
Maximum:               5       5      100
Mass      Calc. Mass mDa    PPM    DBE    Score    Formula
 57.0371   57.034     3.1   53.7   1.5       1 C3 H5 O
           57.0327    4.4   77.2     2       2 C H3 N3
```
} プロダクトイオンの元素組成出力
プロダクトイオン1
……
プロダクトイオンn
の順に隙間なく並べる

```
Elemental Composition Report

Single Mass Analysis
Tolerance = 5.0 mDa   /   DBE: min = 0.0, max = 100.0
Isotope cluster parameters: Separation = 1.0   Abundance = 1.0%

Monoisotopic Mass, Odd and Even Electron Ions
4 formula(e) evaluated with 1 results within limits (up to 124 closest results for each mas

Minimum:                                0
Maximum:               5       5      100
Mass      Calc. Mass mDa    PPM    DBE    Score    Formula
 28.0139   28.0187   -4.8  -172.2  1.5       1 C H2 N
```
} 中性ロスの元素組成出力
中性ロス1
……
中性ロスn
の順に隙間なく並べる

ルダーにダウンロードする（コンパクトなプログラムなので，標準的なパソコンで動作できる）．

②MS装置付属のソフトウェアで演算した元素組成候補をスプレッドシートに記述する（たとえばMS-Excelのsheetである必要はなく，スプレッドシートであればソフトウェアは限定されない）．

③MsMaFilter.exeを起動する．

④元素組成候補が書き込まれたスプレッドシート1枚の全領域を選択し，それをクリップボードにコピーする．

⑤MsMaFilter.exeの初期画面の上部にある"分子式候補の絞込み"ボタンをクリックする．

初期画面の"絞込み結果"の枠内の表示が変わり絞込みが終了すると同時に，絞込み結果は自動的にクリップボードにコピーされている．

⑥データが記入されていないスプレッドシートを開き，左上隅のセルをクリックして"貼付け"ると，演算結果がシート上に記録される．

c．合理的組成抽出結果の例

精密質量から演算した元素組成候補に対して，MsMSFilter.exeを使用して合理的組成を抽出した例を以下に示す．

【精密質量測定結果と推定される元素組成の候補】

①分子関連イオン（intact molecular ion）の精密質量：

182.0202 Da，測定精度：＜2 mDa

推定組成	Δm（理論値-実測値）
$C_6H_4N_3O_4$	0.0 mDa
C_8H_9NPS	0.9 mDa
$H_5N_7O_3P$	1.0 mDa
C_7N_7	−1.3 mDa
$C_4H_9NO_5P$	−1.6 mDa

② プロダクトイオン（product ion）の精密質量：89.0159 Da，測定精度：＜5 mDa

推定組成	Δm（理論値-実測値）
C_3H_6OP	0.3 mDa
$C_2H_5N_2S$	−1.4 mDa
CH_4N_3P	1.0 mDa
C_5HN_2	1.9 mDa
$C_2H_3NO_3$	4.6 mDa

③ 中性ロス（neutral loss）の精密質量：93.0043 Da，測定精度：＜5 mDa

推定組成	Δm（理論値-実測値）
CH_3NO_4	−1.9 mDa
$C_2H_7P_2$	2.0 mDa
$C_2H_5O_2S$	3.3 mDa
C_4HN_2O	−4.6 mDa
H_3N_3OS	4.6 mDa
H_4N_3OP	−4.9 mDa

【① の候補＝② の候補＋③ の候補　を満足する候補の組合せの抽出】

MsMSFilter.exe による $C_6H_4N_3O_4$ を行うと，以下の2つの組合せが抽出される．

候補1
　分子関連イオン $C_6H_4N_3O_4$（Δm: 0.0 mDa）
　プロダクトイオン C_5HN_2（Δm: 1.9 mDa）
　中性ロス CH_3NO_4（Δm: −1.9 mDa）

候補2
　分子関連イオン $C_4H_9NO_5P$（Δm: −1.6 mDa）
　プロダクトイオン C_3H_6OP（Δm: 0.3 mDa）
　中性ロス CH_3NO_4（Δm: −1.9 mDa）

このとき，精密質量測定に用いたのは2,4-dinitroaniline（$C_6H_4N_3O_4$）であり，この方法で絞り込んだ2つの候補のうちの候補1と元素組成が一致する．

この例のように精密質量から元素組成を候補を選び，それから合理的組成の候補を抽出することで，分子量が500弱程度の物質の場合，元素組成候補をたかだか11以下に絞り込むことができた[1]．その後の研究で，分子量1,000程度以下であれば，多くの物質の元素組成候補を20程度以下に絞り込める感触を得ている．

6）化学物質検索

絞り込まれた元素組成に対応する化学物質をデータベースから検索する方法は，未知の化学物質を見つけ出す有効な手段である．利用できるデータベースにはChemSpider[5]（化学物質情報），MassBank（精密質量スペクトル）[6] などがあり，近年これらのデータベースで検索された物質のMS/MSスペクトルを計算によって推定し未知物質と比較する方法が，いくつかのMSメーカーのソフトウェアに組み込まれている．ごく最近開発されたMetFrag（Leibniz-Institut für Pflanzenbiochemie）[7] は，4種類のデータベースから検索した元素組成が一致する化学物質の質量スペクトルを理論的に推定し，測定スペクトルと類似する物質を検索するフリーウェアで，未知物質分析（non-target analysis）の可能性を大きく前進させた．

現在提供されているLC/Q-TOFMS/MSによる定性分析方法は不十分であるが，分析する試料の情報，元素組成が一致する生産物情報など，周辺の情報を活用することで，候補をさらに絞り込むことは比較的容易である．また，生成するイオンや中性ロスから構造情報を抽出し，それを用いて分子構造を決定する方法の開発可能性も高く[7]，近い将来，それらを利用して物質を同定できる可能性は大きい．　　　〔鈴木　茂〕

参考文献

1) S. Suzuki, T. Ishii, A. Yasuhara, S. Sakai: *Rapid. Comm. Mass. Spec.*, **19**, p 3500（2005）．
2) 鈴木茂：分析化学，**62**（5），p.379（2013）．
3) MsMsFilter：国立環境研究所，http://www.nies.go.jp/msmsf/index.htm
4) MsMsFilter：（株）環境総合研究所，http://www.eri.co.jp/MsMs/
5) ChemSpider: Royal Society of Chemistry, http://www.chemspider.com/
6) MassBank：日本質量分析学会，http://www.massbank.jp/
7) MetFrag: Leibniz Institute of Plant Biochemistry, http://msbi.ipb-halle.de/MetFrag/

第4章　有害物質分析の知恵袋
knowledge database

　この章では，有害物質分析に役立つさまざまな技術，原理，ノウハウ，情報源などを記した．有害物質分析に豊富な経験をもつ研究者，技術者が，現在あるいは将来有害物質分析を担う可能性のある読者に向けて蓄積してきた技術を移転すること，および最近開発された装置による効率的な分析を紹介することを目的にまとめた．挿入されているコラムも分析のヒントになる．

　4.1節では装置による迅速分析として，最近の加熱脱着方法，スターバー（攪拌子）を捕集剤とする抽出法について記した．

　4.2節には，分析法のシナリオの作り方，知ると便利なLC/MSの技，知ると便利な抽出の技，試料のクリーンアップ方法，試料の捕集方法，検出限界の求め方を設けて，豊富な分析経験にもとづくノウハウ，他では得られない多くの基礎データ，分析の背景にある原理などを記した．

　4.3節では，分析法を作ったり理解したりするために有用な，有害物質の性質とその分析方法に関する情報源情報を記した．

4.1 装置を用いた迅速分析

4.1.1 加熱脱着-GC-MS

GC-MS による揮発性有機化合物（volatile organic compounds: VOCs）の分析では，古くから加熱脱着法が適用されてきた．加熱脱着法では，専用の加熱脱着装置やパージアンドトラップ（P&T）装置を用いることにより，大気試料や水試料から吸着剤へ捕集・濃縮した VOCs を GC-MS へ精度よく全量（またはスプリット）導入することが可能である．また，加熱脱着法は，試料前処理操作において溶媒を一切使用しないため，溶媒抽出法に比べて試料の損失や汚染のリスクが低い．さらに，試料前処理と GC-MS 分析とをオンラインで結合できるため，自動化が可能であり，分析結果における個人差を小さくし，かつ省力化も実現できる．最近では，加熱脱着装置，および GC-MS 周辺装置の性能が大きく向上したことに加え，試料前処理法として固相マイクロ抽出（solid phase microextraction: SPME）やスターバー抽出（stir bar sorptive extraction: SBSE）も広く普及している．そのため，加熱脱着/GC/MS は，従来の大気中，水中の VOCs 分析に加え，さまざまな環境試料中の半揮発性有機化合物（semi-volatile organic compounds: SVOCs）の分析まで適用が広がっている．ここでは，加熱脱着法における装置，試料と加熱脱着/GC/MS の SVOCs への応用例について紹介する．

1) 装置

加熱脱着法では，加熱脱着装置，熱分解装置，GC 注入口等が用いられるが，水中の VOCs 分析の場合，加熱脱着装置を組み込んだ専用の P&T 装置が使用される．加熱脱着装置は，吸着捕集剤，分配型固相デバイス，固体試料などから VOCs, SVOCs などを加熱脱着し，オンラインで GC-MS へ導入することが可能である．吸着捕集剤を充填したチューブ，あるいは固体試料などを入れた専用のガラスチューブを 20～30℃ 程度に保持した加熱脱着部に挿入し，キャリアーガス（50 mL/min 程度）で置換後，昇温プログラムにより加熱脱着を行う．試料から対象成分を脱着する条件（温度，流量，時間など）は，試料の組成（マトリックス），試料量，対象成分と吸着剤等との親和性などに依存する．加熱脱着のプロセスでは，脱着時に対象成分の時間的，空間的な広がりを生むため，GC 導入の直前における対象成分のフォーカシングやスプリット条件が重要となる．

市販の装置は，GC 注入部上に装置を設置する「バルブレスショートパスタイプ」と GC 横に装置を置きトランスファーラインを介して GC に導入する「バルブ付トランスファーラインタイプ」がある．前者では，加熱脱着された成分は GC 注入部の昇温気化型（programmed temperature vaporizing: PTV）注入口などによりクライオフォーカシングされ，PTV 注入口などの急速加熱により GC カラムに全量あるいはスプリット導入される．この場合，試料が通過する経路はきわめて短く，コールドスポットが少ないため，試料成分（とくに極性成分や低揮発性成分）の吸着による損失が少ない．最近では，ロボット型オートサンプラーとの組合せにより，標準溶液などの自動注入/添加も可能となっている．一方後者では，比較的装置が大型のため，回転バルブなどを用いた流路が構築でき，試料から発生する水分のドライパージ，装置内での 2 次濃縮，試料の再捕集などが容易となる．図 4.1.1 にバルブレスショートパスタイプの加熱脱着装置の例を示した．

2) 試料

a. 気体試料

環境大気など気体試料中の VOCs, SVOCs を加熱脱着法で分析する場合，試料は吸着剤を充填したチューブに吸引ポンプを用いて一定流量で通気・捕集される．吸着剤の種類は，活性炭系とポリマー系に大別され，より揮発性の高い化合物が対象となる場合，グラファイトカーボンブラック（GCB），カーボンモレキ

り，水試料中のSVOCs分析への適用が進んだ[4]．SPMEは固定相の種類が豊富であり，分配型のPDMSと吸着型のジビニルベンゼン（DVB），カルボキシセン等を混合させた固定相によるVOCs～SVOCsの分析も行われている．また，SPMEを発展させたSBSEは，固定相の種類が現在PDMSだけではあるものの，SPMEと比較して固定相の体積が50倍以上も大きいため，高感度化が可能であり，水試料中のng/LレベルのSVOCs分析などに適用されている（SBSEでは専用の加熱脱着装置が使用される[5]．詳細は4.1.2項を参照）．

c. 固体試料

従来の加熱脱着装置は，おもにVOCsの分析専用に設計されていたため，その適用範囲は限られたものであった．最近では，より揮発性の低い化合物への適用を考えた装置が開発され，大気粒子中に含まれる多環芳香族炭化水素（PAHs）等のSVOCsを加熱脱着装置により直接熱抽出する手法が報告されている[6]．従来，大気粒子中のPAHs等の分析では，石英繊維製ろ紙などに捕集した後，超音波照射溶媒抽出，クリーンアップ，濃縮などの操作を経て得られた最終抽出液の一部（μLレベル）をGC-MS（あるいはHPLC）に導入する．そのため，溶媒使用による煩雑な操作，試料の損失／汚染，感度不足，などの問題が指摘されていた．加熱脱着法では，石英繊維製ろ紙やアルミ箔に捕集した試料の一部を切り取り（1〜2 cm^{2}程度），加熱脱着装置で直接熱抽出を行い，抽出した全量をGC-MSに導入するため，簡易な操作で高感度かつ高精度な分析が可能となる．

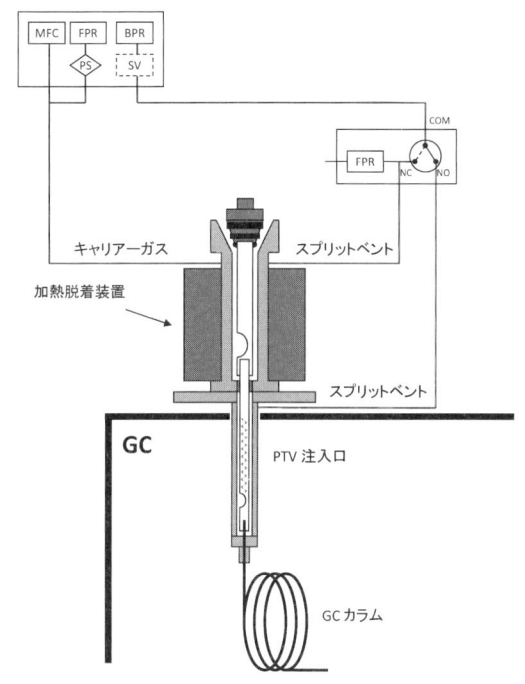

図4.1.1 バルブレスショートパスタイプ加熱脱着装置
MFC：マスフローコントローラ　FPR：前圧調整器
BPR：背圧調整器　PS：圧力センサー　SV：ソレノイドバルブ

ュラーシーブ（CMS）等の活性炭系の吸着剤が用いられ，揮発性が中程度以上の化合物や極性化合物が対象となる場合，Tenax TA/GR等のポリマー系の充填剤が使用される．加熱脱着法では，保持力が強い吸着剤は脱着時に問題となる場合がある．たとえば，溶媒抽出法で用いられるCMSの単独使用では，SVOCsの脱着が難しくなるため，特徴の異なる吸着剤（たとえばCMSとGCB）を組み合わせたマルチベッド型の捕集管が用いられる．吸着型の捕集管を用いる場合，脱着温度の高さにより対象成分の分解が起こる場合や，使用最高温度においても脱着しない場合がある．そのため，ポリジメチルシロキサン（PDMS）等の分配型の固相をチューブに充填した手法も検討されており[1-3]，吸着剤と比較した利点として，①SVOCsへの適用性の高さ，②不活性さ，③置換反応のリスクの無さ，④水分保持の無さ，⑤脱着温度の低さ，などがあげられている．

b. 液体試料

加熱脱着法による液体試料の分析では，P&T装置を用いた水中のVOCs分析が広く普及しているが，GC注入口で加熱脱着導入を行うSPMEの開発によ

3) 応用

加熱脱着/GC/MSは，わが国でも有害大気汚染物質の分析や水中のVOCsの分析に採用され，日常的な分析法として広く普及しているが，SVOCsへの応用は比較的新しい試みとなる．大気中のPAHsなどSVOCsは，気体として存在するものと大気粒子に吸着した状態で存在するものに分かれる．そのため，従来法では，石英繊維ろ紙とポリウレタンフォームや樹脂系吸着剤を組み合わせた捕集法が用いられ，捕集後に超音波照射やソックスレーによる溶媒抽出が行われている．Sandraら[7]は加熱脱着法による大気中のPAHs分析専用として，PDMSフォーム，PDMS粒子，Tenax TAを用いたマルチベッド型の捕集管を作

成し，24時間採取における従来法との比較を行っている．その結果，加熱脱着/GC/MSによる定量値は，従来法の定量値を大きく上回り，ナフタレン，アセナフチレンなど揮発性が高めのPAHsは，それぞれ35倍，23倍，3環以上のPAHsにおいては1.2～3倍の定量値を示した．また，total toxicity equivalence value（TEQ）は，従来法の2倍の値を示し，従来法による大気中PAHsのリスク評価が過小評価されていることを指摘している．

水試料中のSVOCs分析への応用は，SPME，SBSEを用いた手法がほとんどであり，とくにSBSEでは，農薬，内分泌攪乱物質，残留性有機汚染物質，PAHsなどさまざまなSVOCsをsub-ng/Lレベルで検出した例が報告されている[5]．

固体試料では，大気粒子中のSVOCs分析への適用が進んでおり，とくに極微小粒子（内径 0.1 μm）やナノ粒子（内径 0.05 μm）等の粒径別に採取した μgレベルの試料への適用が注目されている．伏見ら[8]は加熱脱着/GC/MSにより，ディーゼル排気および大気中ナノ粒子中のアルカン，ホパン，PAHsの高感度分析法（検出感度pgレベル）を検討し，沿道大気粒子等中の粒径 0.032 μm 以下の粒子から初めて上記有機成分を検出・定量した．

4）今後の展開

大気中のVOCs分析，水中のVOCs分析において広く普及した加熱脱着/GC/MSは，装置および周辺技術の進化・発展にともない，さまざまな環境試料中のSVOCs分析への適用が進んでいる．加熱脱着法では，前処理操作の簡易化，溶媒の除去，自動化，高感度化などさまざまな利点があるが，SVOCs分析への適用においては，試料中の難揮発性成分によって徐々に装置の汚染が進行する場合がある．そのため，大気粒子中PAHsの連続測定などにおいては，定期的なライナー交換などのメンテナンスが重要となる．一方，SBSEと加熱脱着法によるSVOCsの分析では，目的成分が固定相のPDMSから脱離する温度が比較的低いため，加熱温度を最適化することにより，目的成分のみをGCへ導入し，難揮発性の夾雑成分をPDMS相に残すことも可能である（PDMS相は溶媒脱離による再コンディショニングを行う）．そのため，固体試料においては，まず高速溶媒抽出や超臨界流体抽出を行い，得られた水溶性有機溶媒の素抽出液を水希釈した後，SBSEを濃縮兼クリーンアップ操作として適用し，感度と装置の堅牢性を高める手法も注目されている[5]．

〔落合伸夫〕

参考文献

1) E. Baltussen, H.-G. Janssen, P. Sandra, C. Cramers: *J. High Resolt. Chromatogr.*, **20**, p. 385（1997）.
2) E. Baltussen, F. David, P. Sandra, H.-G. Janssen, C. Cramers: *J. High Resolt. Chromatogr.*, **21**, p. 333（1998）.
3) E. Baltussen, C. Cramers, P. Sandra: *Anal. Bioanal. Chem.*, **373**, p. 3（2002）.
4) A. Peñalver, E. Pocurull, F. Borrull, R.M. Marcé: *Trends Anal. Chem.*, **18**, p. 557（1999）.
5) F. David, P. Sandra: *J. Chromatogr. A*, **1152**, p. 54（2007）.
6) Michael D. Hays, Richard J. Lavrich: *Trends Anal. Chem.*, **28**, p. 88（2007）.
7) E. Wauters, P. Van Caeter, G. Desmet, F. David, C. Devos, P. Sandra: *J. Chromatogr. A*, **1190**, p. 286（2008）.
8) 伏見暁洋，長谷川就一，藤谷雄二，高橋克行，斎藤勝美，田邊潔，小林伸治：エアロゾル研究，**23**, p. 163（2008）．

4.1.2 スターバー抽出

有害物質の分析では通常何らかの試料前処理をともなうが,対象成分が微量となるほど,抽出,濃縮,クリーンアップといった操作が増える.しかし,ろ過,液-液抽出,カラムクロマトグラフィー,溶媒留去など従来の前処理操作は煩雑であり,多大な時間と労力を必要とする場合が多く,有機溶媒の使用量も多い.また,通常は前処理された試料のごく一部のみを分析装置に導入するため,従来の前処理のみでは感度が不十分な場合が多い.それゆえ,簡便かつ迅速で,より高感度な分析を実現する試料前処理技術の開発がつねに望まれている.このような背景から,前処理プロセスのスケールをミニチュア化し,溶媒を一切使用せず,抽出した全量をGCに導入できる手法として,固相マイクロ抽出(solid phase microextraction: SPME)が開発され,幅広い分野で普及している.1999年になるとSPMEを発展させ,より高感度な分析を実現したスターバー抽出(stir bar sorptive extraction: SBSE)が開発された[1].水系試料におけるSBSEはきわめて簡単で,固定相をコーティングした撹拌子(商品名:Twister, GERSTEL社製)を試料溶液中で撹拌させるだけで抽出・濃縮が可能となる(Twisterは再利用可能).ここでは,SBSEの原理,特長とともに回収率の向上に関するノウハウについても簡単に紹介する.

1) 原理

SBSEとは,固定相として100%ポリジメチルシロキサン(polydimethylsiloxane: PDMS)などをコーティングした撹拌子を試料溶液中で撹拌させて目的成分を抽出,濃縮する技術のことで,SPMEと同様に固定相を液相とした溶媒抽出の原理を応用している.試料溶液中の物質は,分配係数 $[K=C_s(スターバー固定相中濃度)/C_l(試料溶液中濃度)]$(抽出する固相に着目するため,ここでは C_s を分子として K を定義する)にのっとり試料溶液-抽出相(固定相)間に分配し,平衡にいたるまで固定相へ移行して抽出される.物質がそれぞれの相に移行する量比は分配係数を試料溶液と固定相の体積比(相比:β)で補正した分配比 k で表される.SPMEの場合,一般的な溶媒抽出と異なり固定相の体積が非常に小さいため(通常 0.5 μL 程度)β は大きくなり,大きな分配係数をもつ物質のみ大きな分配比が得られ,分配係数が小さな物質は小さな分配比しか得られない.したがって,分配係数の小さい物質は低い回収率しか得ることができない.SBSEでは固定相体積を適度に大きくし(24〜126 μL),β を小さくすることによって分配比を改善し(回収率を向上させ),より高感度な分析を実現している.

PDMSを固定相に用いたSPMEやSBSEではオクタノール/水分配係数(P_{ow})が回収率の目安として利用される.試料溶液体積を10 mL,SBSEで使用するTwisterのPDMS体積を24 μL,SPMEファイバーのPDMS体積を0.5 μL として,P_{ow} から分配比(p_{ow})を算出しSBSEとSPMEにおける回収率を予測した結果を図4.1.2に示す[2].SPMEでは,$\log P_{ow}$ が3.0の場合,回収率は5%程度しかなく,$\log P_{ow}$ が4.0の場合でも回収率は35%以下であるが,SBSEでは,$\log P_{ow}$ が3.0の場合でも70%程度の回収率となり,$\log P_{ow}$ が4.0の場合,ほぼ100%近い回収率が予測される.実際試料においては,試料マトリクスの影響や,平衡化前の抽出時間のため,予測回収率よりも低い値を示す場合があるが,SBSEの回収率はSPMEよりも格段に高いことが報告されている[1].

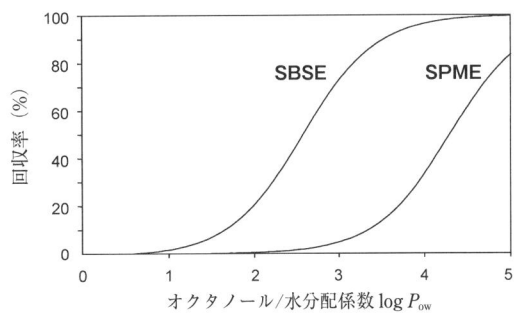

図 4.1.2 $\log P_{ow}$ によるSBSEとSPMEの回収率の比較 [1]
SPME:100 μm fiber, 0.5 μL PDMS
SBSE:1 cm × 0.5 mm i.d., 24 μL PDMS
試料量:10 mL

2）操作，抽出条件

　SBSE の操作はきわめて簡単で，あらかじめ不活性ガス下 300℃ で 30 分程度コンディショニングしておいた Twister と試料溶液をバイアルなどに入れ，セプタムなどで蓋をした後，スターラーにより一定時間撹拌させるだけで行える（通常の撹拌子と同じ操作を 1,000 rpm 程度の回転数で 1～2 時間）．農薬など半揮発性の成分を対象とする場合，若干ヘッドスペース部分を残した状態で蓋をするとよい（撹拌時に試料溶液が気相を巻き込むことにより，撹拌効率が高まるため）．スターラーの中心からバイアルが動くとスターバーがバイアル壁にあたって傷ついたり，跳ねて破損したりするため注意する．このとき，多検体用（10～20 検体用）のスターラーを用いれば，複数の試料を同時に処理することができる．抽出後の Twister はピンセットで取り出し，蒸留水で洗浄し，無塵紙などで水分を拭きとった後，加熱脱着または溶媒抽出（逆抽出）を行う．加熱脱着の場合，専用のガラス製チューブなどに Twister を挿入し，加熱脱着装置に装着する．200～280℃ 前後で加熱脱離された成分は，GC 試料注入口に装着された昇温気化型注入口にてクライオフォーカスされ，急速加熱によって GC カラムに全量，あるいはスプリット導入される．溶媒抽出の場合，2 mL バイアル用のマイクロバイアル（250 μL 程度）などにスターバーと脱着溶媒（アセトン，アセトニトリル，ジクロロメタンなど 100 μL）を入れ，蓋をした後，15～20 分程度の超音波照射抽出を行う．また，10 mL のヘッドスペースバイアルにスターバーと脱着溶媒（500～1,000 μL）を入れて蓋をした後，500 rpm 程度で 30 分～1 時間撹拌を行ってもよい．使用後の Twister は塩，イオンなどを除去するため蒸留水に 1 日浸した後，さらにジクロロメタン/メタノール（1：1）やアセトニトリルに 1 日浸し乾燥後，再コンディショニングを行う．図 4.1.3 に SBSE の操作フローを示した．

　抽出条件の最適化は基本的に SPME と同様で，① 固定相の種類，② 膜厚，③ 試料採取法，④ 加温，⑤ 塩析，⑥ 抽出時間，⑦ 試料量，⑧ pH 調整，⑨ 試料マトリクスの影響，などがあげられる．①，② は現在のところ，固定相が PDMS で長さ 10 mm，20 mm，膜厚 500 μm，1,000 μm のものが市販されている．③ は SBSE 以外に Twister をヘッドスペースに固定して採取する headspace sorptive extraction（HSSE）と気体試料に用いる passive sampling sorptive extraction（PSSE）が用いられている[2]．HSSE の場合，物質の平衡は，試料-ヘッドスペース-固定相間で成り立ち，

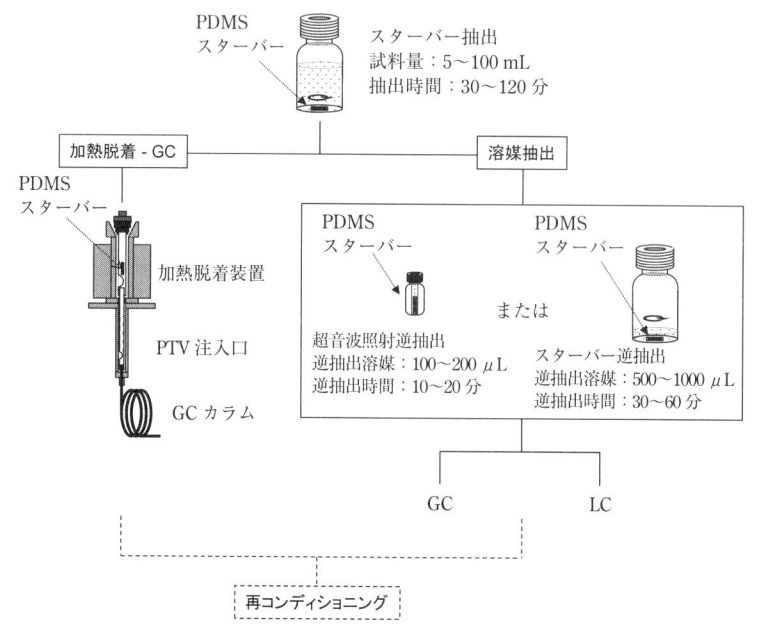

図 4.1.3　SBSE の操作フロー

PSSE の場合は，気-液平衡が成り立つ．④ は平衡化時間を短縮することができるが，SBSE の場合，同時に分配係数が小さくなるため，感度との兼ね合いが必要である．HSSE の場合は，試料分子の気相への移行が促進され，かつ SPME に顕著な加温による固定相からの脱離の影響が小さいことから高感度化が期待できる．⑤ は水溶液中の溶解度を低下させ，回収率の向上が期待できる（通常は塩化ナトリウムなどを 10～30％程度加える）．SBSE ではとくに水溶性，極性化合物に効果的だが，疎水性化合物の場合かえって分配が阻害される事がある（(3)参照）．HSSE では，気相への移行が促進されるため疎水性化合物にも効果的である．⑥ は標準試料を用いてあらかじめ回収率との関係を把握する．感度と再現性を得るためには，平衡化時間，あるいは平衡に近い時間を選択することが重要である．⑦ は試料体積の増減による対象成分絶対量の変化，分配比の変化（回収率の変化），平衡化時間の変化などを考慮して決定する．試料量を増やすと分配比（回収率）は低くなるが，疎水性成分の場合，試料絶対量が増えるため結果として高感度化が期待できる場合もある（この時平衡化時間は長くなる）．⑧ は酸性成分の時は pH を低くして，塩基性成分の時は pH を高くして対象成分を非解離状態にして抽出を行うことが重要である．また，クロマトグラフィーで妨害となる試料マトリクスを pH 調整により解離させ，その影響を低減することもできる（たとえば，pH を高くして脂肪酸などを解離させる）．⑨ は繊維や粒子といった固形物や共存の有機化合物（アルコール飲料中のエタノール）などにより分配が阻害されたり分配係数が低下したりするため，影響が大きいときはろ過，遠心分離，希釈などを行う．また，定量を行う場合は標準添加法や同位体希釈法（GC/MS の場合）などを用いることにより回収率やバラツキを補正できる．

3) 回収率の向上と対象成分の拡大

SBSE は，SPME と比較して固定相体積が適度に大きいことから，より高感度な分析を実現している．しかし，市販されている固定相が無極性の PDMS のみのため，水溶性の高い成分や極性成分の回収率が低い傾向がある．また，Twister はバイアルの底で回転しているため，試料量が大きい場合や，バイアルの形状によっては，対象成分が効率的に Twister に接触できないことがある．この場合，疎水性の高い成分がバイアル壁に吸着してしまい，回収率が低下することもある．対象成分をより効率的に Twister に接触させ，平衡化時間を短くするためには，できるだけ相比を小さくすることが重要である．図 4.1.4 にミネラル水 (a) 10 mL，(b) 5 mL に農薬 80 成分を添加し（各 500 ng/L），PDMS 体積 24 μL の Twister で 2 時間抽出を行ったときの回収率と log P_{ow} の関係，および理論回収率曲線を示した[3]．

試料量 (a) 10 mL における log P_{ow} <6.0 以下の成分は，理論回収率曲線におおむね一致するものが多く見られたが，log P_{ow} >6.0 の疎水性の高い成分は理論値を大きく下回り，バイアル壁への吸着の影響が顕著となった．一方，試料量 (b) 5 mL では疎水性成分の回収率が大幅に向上し，ほとんどの成分において理論回収率曲線との良好な一致が認められた．これは，試料体積と相比（β：試料体積/PDMS 体積）が半分と

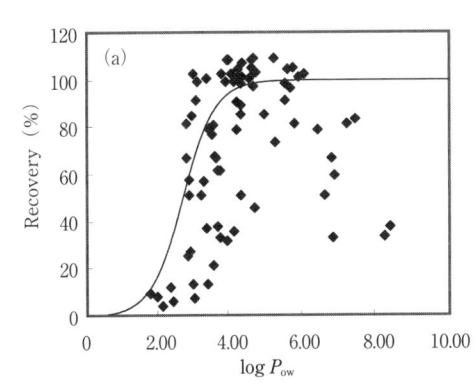

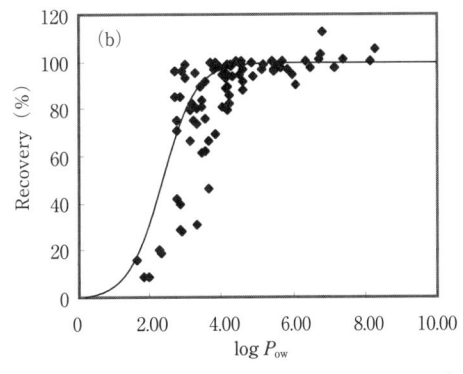

図 4.1.4 試料量（相比）の違いによるミネラル水中の農薬 80 成分の回収率と log P_{ow} の関係，および理論回収率曲線[3]
(a) 試料量 10 mL，(b) 試料量 5 mL；Twister（PDMS 24 μL），SBSE：2 時間

図 4.1.5 試料量（相比）の違いによる SBSE の比較[3]
(a) 試料量 10 mL，(b) 試料量 5 mL；Twister（PDMS 24 μL）

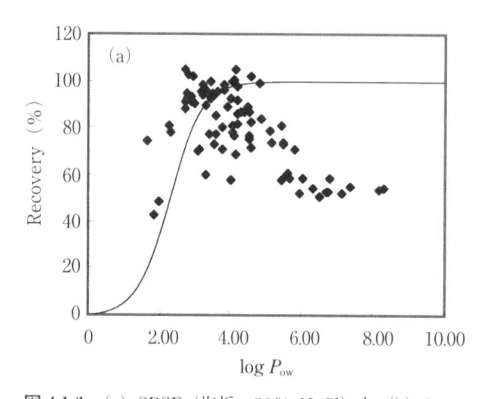

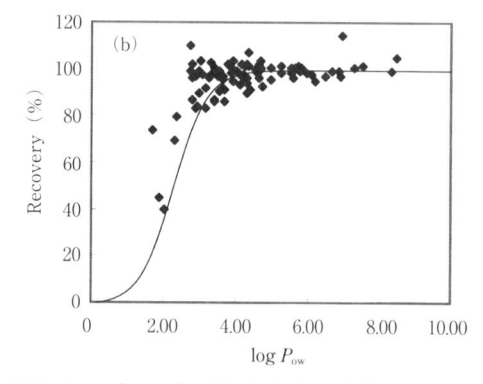

図 4.1.6 (a) SBSE（塩析，30% NaCl）と (b) Sequential SBSE によるミネラル水中の農薬 80 成分の回収率と $\log P_{ow}$ の関係，および理論回収率曲線[3]
試料量 5 mL；Twister（PDMS 24 μL），SBSE：2 時間，Sequential SBSE：1 時間 + 1 時間

なり，対象成分のバイアル壁への接触機会が減るとともに，試料溶液の撹拌がより効率的に行われ Twister への接触が増加したためと思われる．図 4.1.5 に SBSE における試料量の比較として，(a) 10 mL バイアルに試料量 10 mL，(b) 10 mL バイアルに試料量 5 mL を用いたときの撹拌の様子を示した（撹拌速度：1,500 rpm）．試料量 (a) 10 mL では，上方部分にわずかに渦巻きが見える程度だが，試料量 (b) 5 mL では，バイアル底部まで渦巻きが発生し，激しく撹拌されている様子がわかる[3]．

SPME や SBSE では，液-液抽出のように塩析操作を行い，水溶性成分，極性成分の回収率を向上させることがある．しかし，同時に疎水性の高い成分の回収率が低下することが報告されている[4,5]．図 4.1.6 (a) に農薬 80 成分を添加した（各 500 ng/L）ミネラル水 5 mL における SBSE（塩析あり）の回収率と $\log P_{ow}$ の関係，および理論回収率曲線を示した[3]．塩析により $\log P_{ow} < 4.0$ 以下の成分の回収率は各段に向上したが，$\log P_{ow} > 4.0$ 以上の成分は，回収率の大幅な低下が確認できる．

疎水性の高い成分の回収率を低下させることなく，塩析による水溶性成分，極性成分の回収率を向上させる手法として，連続スターバー抽出（Sequential SBSE）が開発された[3]．Sequential SBSE では，同一試料から抽出条件（モディファイアの有無，種類，抽出時間など）を変えながら連続的に SBSE を行う．そのため，最初の抽出操作では，塩析を行わない（何も添加しない）SBSE で疎水性の高い成分を対象とした抽出を行い，一旦 Twister を取り出す．つぎに同じ試料溶液に塩析を行い，再び Twister を加えた後，今度は 2 段目の抽出として水溶性成分と極性成分を対象とした抽出を行う．図 4.1.6 に農薬 80 成分を添加した（各 500 ng/L）ミネラル水 5 mL における Sequential SBSE の回収率と $\log P_{ow}$ の関係，および理論回収率曲線を示した[3]．Sequential SBSE では，塩析による疎水性の高い成分の回収率低下が無くなり，なおかつ

水溶性成分,極性成分の回収率が向上するため,log P_{ow}>2.5の75成分すべての回収率が80％以上となった.また,log P_{ow}<2.5の5成分に関してもK_{ow}から求めた理論回収率よりも高い回収率を得ている.

sequential SBSEによる連続的な抽出を行う場合,一つのTwisterを用いる場合と,抽出条件の変更とともにTwisterを変え,試料導入時に複数のTwisterを合わせて加熱脱着する場合がある.前者は,2段目以降の抽出条件により,先の抽出で分配した成分に影響を与えない場合に用いられ,後者は,2段目以降の抽出において,有機溶媒の添加,誘導体化試薬の添加などによる影響が懸念される場合に用いられる.また,複数のTwisterを用いて異なる抽出条件のSBSEを並行して行う手法として,Dual SBSEが野菜果物中の残留農薬[6],水中の農薬[7],Multi-shot SBSEが排水中の外因性内分泌撹乱物質[8]の分析に適用されている.

5) 今後の展開

SBSEの開発から10年が経過し,現在では環境,食品,包装用品,法中毒,医薬といったさまざまな分野において応用が進んでいる[2,9-11].たとえば,環境分野の水系試料では,水中の外因性内分泌撹乱物質,残留性有機汚染物質,農薬,カビ臭原因物質などの高感度分析(pg/L〜ng/L)に適用されている.また,固体試料では,高速溶媒抽出,超音波照射溶媒抽出,マイクロ波照射溶媒抽出とSBSEを組み合わせ(水溶性有機溶媒を用いた素抽出液を水希釈し,SBSEにより抽出・濃縮する),土壌中や大気粒子中の半揮発性有機化学物質,多環芳香族炭化水素に適用した例がある.さらに,試料前処理における簡便性に着目し,試料採取地でSBSEを行い,専用容器/ケースにてTwisterのみを実験室に送り,測定を行うOn-site SBSEも適用されている[12].最近ではPDMS以外の固定相として,PDMSチューブ内に活性炭系吸着剤を充填したDual Phase Twister[13],alkyl-diol-silica(ADS)restricted access material(RAM)[14],polyurethane form[15],poly(methacrylic acid stearyl ester-ethylene dimethacrylate)[16],poly(vinylpyridine-ethylene dimethacrylate)[17]などを用いたSBSEが報告されているが,いまだ試験的な運用の域をでていない.今後は,これらの固定相などからPDMS Twister並みに堅牢で,日常的に使用可能なものの市販化が望まれる.

〔落合伸夫〕

参考文献

1) E. Baltussen P. Sandra, F. David, C. Cramer et al.,: *J. Microcolumn Sep.*, **11**, p. 737 (1999).
2) F. David, P. Sandra: *J. Chromatogr. A*, **1152**, p. 54 (2007).
3) N. Ochiai, K. Sasamoto, H. Kanda, E. Pfannkoch: *J. Chromaogr. A*, **1200**, p. 72 (2008).
4) S. Magdig, J. Pawliszyn: *J. Chromatogr. A*, **723**, p. 111 (1996).
5) S. Nakamura, S. Daishima: *Anal. Bioanal. Chem.*, **382**, p. 99 (2005).
6) N. Ochiai, K. Sasamoto, H. Kanda, T. Yamagami, F. David, B. Tienpont, P. Sandra: *J. Sep. Sci.*, **28**, p. 1083 (2005).
7) N. Ochiai, K. Sasamoto, H. Kanda, S. Nakamura: *J. Chromatogr. A*, **1130**, p. 83 (2006).
8) E.V. Hoeck, F. Canale, C. Cordero, S. Comprenolle, C. Bicchi, P. Sandra: *Anal. Bioanal. Chem.*, **393**, p. 907 (2009).
9) M. Kawaguchi, R. Ito, K. Saito, H. Nakazawa: *J. Pharm. Biomed. Anal.*, **40**, p. 500 (2006).
10) F.M. Lancas, M.E.C. Queiroz, P. Grossi, I.R.B. Olivares: *J. Sep. Sci.*, **32**, p. 813 (2009).
11) R.E. Majors: *LC-GC North America*, **27**, p. 5 (2009).
12) D. Benanou, E. Corbi, C. Vincelet, D. Benali, J. Cigana: 27th International Symposium on Capillary Chromatography CD-ROM paper PL45 (2004).
13) C. Bicchi, C. Cordero, E. Liberto, P. Lubiolo, B. Sgorbini, F. David, P. Sandra: *J. Chromatogr. A*, **1094**, p. 9 (2005).
14) J.P. Lumbert, W.M. Mullett, E. Kwong, D. Lubda: *J. Chromatogr. A*, **1075**, p. 43 (2005).
15) N.R. Neng, M.L. Pinto, J. Pires, P.M. Marcos, J.M.F. Nogueira: *J. Chromatogr. A*, **1171**, p. 8 (2007).
16) X. Huang, D. Yuan, B. Huang: *Talanta*, **75**, p. 172 (2008).
17) X. Huang, N. Qiu, D. Yuan: *J. Chromatogr. A*, **1194**, p. 134 (2008).

4.2 有害物質分析のノウハウ

4.2.1 有害物質分析法の作り方：分析シナリオを作る

環境：大気，水，底質，廃棄物：処分場浸出水，廃棄物，工業製品

有害物質分析方法開発の大まかな流れを図4.2.1に示す．分析法開発では「1）有害物質の物理・化学的性質（物性）の調査」「2）既存の分析法の調査」「3）GC/MS, LC/MSなど分析装置決定と標準物質分析方法を確立」「4）試料採取方法の決定と採取試料からの対象物質の抽出方法の確立」「5）実試料による分析方法の検証」を順番に行う．さらに3）～5）ではそれぞれを開発後，分析法の中で疑われる単位操作や連続した複数の操作について，妨害，汚染，吸着，分解などの原因を明らかにし，分析法を修正する．以下，それらについて解説する．

1）有害物質の物理・化学的性質（物性）の調査

有害物質の物性情報は，試料採取と処理の方法，分析装置の選択など当初の分析方法のシナリオを描く上で重要である．分子構造，オクタノール/水分配係数，沸点，融点，蒸気圧，イオンエネルギー特性（イオン化エネルギー，プロトン親和力，電子親和力，気相酸度，出現エネルギー）などの物理・化学的性質（物性），またわかれば熱，光，空気，水などに対する安定性，有害性などの情報を調査する（調査方法は，4.3.1にある）．

a. 分子構造

分子構造からは，物質の反応性や吸着性とその部位，その物質と親和力の高い溶媒などがわかる．できれば，分子軌道を描けるようなソフトウェアを使って検討を行うことをお勧めする．経験の多い技術者はそれらの基本的な情報を知っているかも知れないが，思い違いや不正確な理解もしばしばある．このような方法は，物質の基本的な性質を理解するために必要である．

b. オクタノール/水分配係数（P_{ow}, K_{ow}）

オクタノール/水分配係数 P_{ow}（K_{ow}）は，（オクタノール中の濃度）/（水中の濃度）として定義され，一般にその対数である $\log P_{ow}$（$\log K_{ow}$）が利用される．$\log P_{ow}$（$\log K_{ow}$）の疎水性，親水性の目安となるほか，P_{ow}（K_{ow}）を（疎水性溶媒中の濃度）/（水中の濃度）と見なして有機溶媒への抽出率の推測もできる．

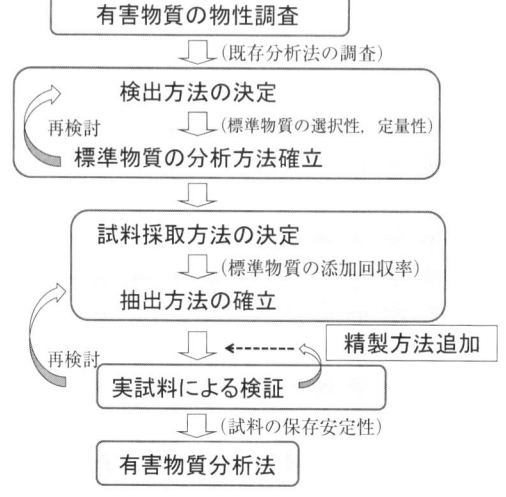

図4.2.1 有害物質分析方法開発の大まかな流れ

大まかな目安であるが，① log P_{ow}＜1 の物質は親水性が高く溶媒抽出は困難であること，② log P_{ow}＞6 の物質は抽出用固相からの溶媒脱離が悪いことが知られている．

c．分解温度

一部の化学物質，天然由来の抽出物など分解温度がとくに低い物質は，GC/MS, LC/MS 分析のときだけでなく試料採取，処理，保存時の分解も考慮して，安定な物質への誘導，極低温での取扱いなど効果的な熱分解対策を検討する．一般に GC/MS は試料の気化に熱を必要とするため，比較的分解温度が低い物質の分析には適さない．たとえば農薬の DEP (2,2,2-trichloro-1-dimethoxyphosphorylethanol，別名 trichlorfon) はしばしば GC 注入口で分解し DDVP (2,2-dichloroethenyl dimethyl phosphate，別名 dichlorvos) を生成するため，GC/MS ではオンカラム注入など穏やかな加熱による注入方法が必要である．他方 LC/MS では，一般に DEP より高い熱分解性の物質も分析できる．とくに ESI は普及している LC/MS イオン化法のなかでは熱分解性の高い物質の分析に適用できる可能性が高い．ESI でも熱分解を起こす物質にはコールドスプレーイオン化[1]などのイオン化を用いれば分析できることも少なくない．

d．極性（polarity）

一般に，極性の高い物質は揮発しにくく，また熱分解しやすいため，それらの分析には気化をともなう分析法である GC/MS は適さない．これらの物質を GC/MS で分析するには，極性の高い部分を誘導体化して極性を下げるなどの方法が必要である．極性物質を誘導体化を行わずに分析するには LC/MS が適する．おおむね 1 Debye より大きい双極子モーメントをもつ物質は，GC/MS で直接分析することが難しい．

LC/MS で極性物質を分析する場合の留意点は，① 分離カラムと移動相の選択および ② カラム等での有害物質の分解である．① 分離カラムと移動相の選択では，極性カラムによる順相（いわゆる逆逆相を含めて）による分析の可能性，無・低極性カラムとアンモニウム緩衝液やイオンペア試薬溶液を含む移動相による逆相分析の可能性を評価する．② カラム等での有害物質の分解は，有機金属など分子内の結合が弱い物質でしばしば生じる．分解が分析システムのどこで起こるかは，カラムを外しフローインジェクションにより確認できる．一般的な分解防止対策はなく，移動相の pH，カラムの基材，配管の材質，イオン化条件などを検討し，分析可能性を探る．

e．分子量（MW）

分子量は質量分析で検出するイオンの m/z の予測に必要である．その際，一般的に提供される物性データは平均分子量であるため，予測に役立たないことが多い．質量分析計のデータ解析ツールにはほとんどの場合，分子式から特定の同位体ごとの分子量を計算する機能があるので，それを利用する．

GC/MS では分析する物質が気化して移動相に移るため，ほとんど気化しない大分子量の物質は分析できない．GC/MS で分析可能な大分子量の物質は分子間力の低い無極性，低極性物質で，たとえば pentacontane (MW 840), DBDE (decabromodiphenylether，平均 MW 960) などがほぼ上限である．他方 LC/MS では，移動相に溶解する物質であれば，ESI イオン化などによって生成する多価イオンを活用することで比較的小型の質量分析計で数万 Da 程度の分子量まで分析できる．

f．沸点（bp）

GC/MS は揮発し難い高沸点物質の分析ができない（多環芳香族炭化水素コロネンの沸点 590℃ がほぼ上限）反面，吸着カラムを用いれば沸点 −192℃ の N_2 まで比較的容易に分析できる．他方，LC/MS では，高沸点物質の分析は広く分析できるが，移動相に溶解しない気体は分析できない．たとえばメチルアミン（bp. −6℃）は LC/MS で分析できる沸点がもっとも低い物質のひとつと考えられる．

g．イオンエネルギーに関する特性

イオン化エネルギー，プロトン親和力などのイオンエネルギーに関する特性からは GC/MS, LC/MS のイオン化の可能性を予測できる（イオンエネルギーに関する特性情報は 4.3.1 で紹介）．GC/MS のもっとも一般的なイオン化法である電子イオン化（EI）は，30〜70 eV の高いイオン化エネルギーによってほとんどすべての有機化合物をイオン化できる．EI で生成する分子イオンは奇数電子であるため，一般に安定ではなく，開裂してフラグメントイオンを生成することが多い．他方 GC/MS の化学イオン化（CI）や LC/MS の一般的なイオン化法であるエレクトロスプレーイオン化（ESI），大気圧化学イオン化（APCI）などのソフトなイオン化では，プロトン化，脱プロトン化，イオ

ン付加などによって安定な偶数電子の分子関連イオンを生成する場合が多い．ソフトなイオン化では，対象物質の周辺にある試薬ガスや溶媒から生成したイオンと対象物質の間で電子やプロトンなどを授受するため，両者のプロトン親和力，酸度，イオン化エネルギー，電子親和力の大小関係およびそれらの安定性がイオン化の可能性と効率を左右する．

2) 既存の分析法の調査

有害物質の分析法開発のシナリオを考えるには，既存の分析法，類似物質の分析法を調査する（4.3.2で解説）ことが重要である．既存の分析法や類似物質の分析法からは，対象物質が試料採取，保存，分析試料の調製，分析の過程で，どのような振舞いをするかを予想することができる．他方，既存分析法は必ずしも確かな方法とは限らないことも承知しておくべきである．既存の分析法を鵜呑みにせず標準物質の添加回収実験などを行い，その分析法が自分の分析目的に適するか評価することが重要である．これらを「ひとつの情報」として，有害物質の分析装置，捕集方法，処理方法のシナリオを描き，それを実験によって修正しながら分析法開発を進める．

3) 分析装置の決定・標準物質の分析方法の確立

a. 分析装置の決定

調査した情報をもとに，有害物質のGC/MS，LC/MSなどの分析装置を決定し，標準物質の選択性，定量性が確保できる分析方法を確立する．（GC/MS，LC/MS以外の分析装置については，それらを使用する場合はほとんどないので記述しない）．以下の解説を参考にして初めの選択として装置を選び，実際に分析して対象物質に対する装置の選択性，感度，定量性を評価して最終的に使用する装置を決める．

b. 標準物質の分析方法の確立

適する分析装置が決まったら，以下の項目について確認し，標準物質の分析法を確立する．

【標準物質の選択的分析条件の決定】
- 標準物質を溶媒，水などで希釈し1 mg/L程度の標準溶液を調製する．
- 標準溶液をGC/MSまたはLC/MSに導入して分析し，クロマトグラムと質量スペクトルから対象物質のm/zを探し，そのマスクロマトグラムのピークの形状を評価する．
- もしクロマトグラムでピーク幅が太い，形状が対称でない，ドリフトが大きいなどの場合は，カラムの劣化，分析系のデッドボリュームや漏れ，汚染がないことの確認後，クロマトグラフィー条件を検討し修正する．
- 上記の問題がなければ，物質由来のイオンのマスクロマトグラムについて，ブランクおよび妨害の有無を調べ，あれば原因を調べ取り除く．妨害が除けない場合，クロマトの分離条件の変更，MS/MS，イオン化法の変更など選択性を高める方法もある．

【検量線と装置検出下限（IDL: instrument detection limit）の測定】
- 選択的分析条件が決まったらその分析条件で，低濃度の標準溶液を調製し，選択イオン検出（SIM）または選択反応検出（SRM）により分析する．
- そのクロマトグラムで対象物質のピーク高さがベースラインの変動幅の10～100倍程度になる範囲でそれぞれの濃度がほぼ等間隔に増加する4～5種類の濃度の標準を調製して分析し，濃度と応答が直線関係になる領域を検量線とする．
- 検量線の最低濃度付近の標準を繰り返しn回（7回を推奨）分析して検量線でそれぞれの濃度を定量する．定量値の母標準偏差σ_{n-1}を計算する．つぎにt分布表で危険率α（片側危険率0.05，両側危険率のみの表では0.10に相当）のときの$t(n-1, \alpha)$を参照し，以下の式を使って装置検出下限（IDL）を求める．

$$IDL = t(n-1, \alpha) \times \sigma_{n-1} \times 2$$

ちなみに，$n=7$，$\alpha=0.05$のとき$t(n-1, \alpha)=t(6, 0.05)=1.9432$である．なお，$t$分布表にはさまざまな$n$と$\alpha$の値について$t(n-1, \alpha)$が掲載されている．
- IDLが検量線の最低濃度とその1/10の間にあれば標準物質の分析ははほぼ良好と判断できる．

4) 試料採取方法の決定・採取試料からの対象物質の抽出方法の確立

物性情報と標準物質の分析方法を考慮して，試料の採取方法を決定し，試料からの有害物質の抽出方法を検討する．標準を添加し，回収率が確保できる抽出方法を確立する．試料の処理と抽出方法は，試料が気体，水，固体のいずれかによって異なる．それらの方法は4.2.3～4.2.5に記す．

5) 実試料による分析方法の検証

4) で，最小限の実試料を使った検討は済んでいる．ここでは，確立した分析法が，さまざまな状態の試料に適用可能であるかを評価し，必要であれば新たな試料精製方法を追加するなど4) を修正して，どの範囲の試料に適用できる分析法であるかを検証する．実試料を使用して，標準の回収率，妨害成分などを評価し，不良であれば，抽出方法の再検討，試料抽出液の精製方法の追加を行い，良好な方法を確立する．検証の方法として，検出下限（MDL: method detection limit）を求めることを推奨する．実試料に標準を添加して一連の分析操作を行い分析値を求める．これを繰り返し n 回（7回を推奨）分析し，定量値の母標準偏差 σ_{n-1} を計算する．t 分布表で危険率 α（片側危険率0.05，両側危険率のみの表では0.10に相当）のときの $t(n-1, \alpha)$ を参照し，以下の式を使って検出下限（MDL）を求める．

$$MDL = t(n-1, \alpha) \times \sigma_{n-1} \times 2$$

ちなみに，$n=7$，$\alpha=0.05$ のとき $t(n-1, \alpha) = t(6, 0.05) = 1.9432$ である．

また，採取試料および分析用処理試料について，保存安定性など補足的な検討を行い，その期間内に分析することを方法に明記し，有害物質分析法を完成する．

〔鈴木　茂〕

参考文献

1) K. Yamaguchi: *J. Mass Spec.*, **38**, p.473（2003）．
2) European or preferentially transatlantic scale, ISO, CEN and US EPA, Human Bioaccessibility of Heavy Metals and PAH from Soil, http://www2.mst.dk/common/Udgivramme/Frame.asp?http://www2.mst.dk/udgiv/publications/2003/87-7972-877-4/html/kap11_eng.htm
3) J.B. Hansen, A.G. Oomen, I. Edelgaard, C. Grøn: *Engineering in Life Sciences*, **7**, p.170（2007）．
4) 辻真奈美，鈴木茂，有機質量分析法を用いた青果類に含まれる農薬のバイオアクセシビリティに関する研究，第43回日本水環境学会講演集，p.478，山口県，Mar 16（2009）．

4.2.2　知ると便利な LC/MS の技

1) GC-MS と LC-MS の使い分け

GC-MSでは測定試料を気化させる必要があるため，測定対象物質にある程度の揮発性があることと，その際熱分解しないことが必要である．そのため高極性物質を対象とする場合には官能基を誘導体化し，より感度良く検出する方法が開発されてきた．一方LC-MSでは高極性物質をそのまま系内に導入し，イオン化して検出することが可能である．揮発性が低い物質や高分子量物質はGC-MSよりも感度を得やすい傾向がある．GC-MS, LC-MSいずれでも検出可能な物質の場合には，誘導体化の必要のないLC-MSの方が簡便にしかも高感度に検出できる可能性がある（表4.2.1）．

それぞれのイオン化法の特徴も考慮する必要がある．GC-MSで広く用いられているEI（electron ionization）法は多くのフラグメントイオンが得られ，それらの質量スペクトルがライブラリ化され市販されているために不明成分を推定することも比較的容易である（ライブラリによる不明成分の推定はスペクトルパターンの類似のみで行うため，結果の妥当性が高くない場合も少なくない）．一方，LC-MSではソフトなイオン化法が用いられているために，分子関連イオンは得られるがフラグメンテーションは起こりにくく構造情報を得にくい．また，イオン化装置の構造や制御するパラメーターも各装置により異なるため生成イオンも異なる場合が少なくない．これらの理由からLC/MS共通のライブラリは2013年現在整備されておらず，四重極タイプのMSでは定性分析を行うことは困難である．しかし，近年TOFMSなどの質量分解能が向上し，精密質量を測定することにより元素組成解析を行い対応する有害物質を探索する方法は実用的になっている（3.2.2項参照）．

GC-MSとLC-MS二者選択の具体的な目安については，4章「有害物質分析の知恵袋」4.2.1-3）に詳しく解説されているので参照されたい．

2) 抽出に向く溶媒・固相の選択は「分子間力」を考える

物質が溶媒に「溶け」たり固相に「捕集され」たりするのは，物質の分子と抽出溶媒や固相とに働いてい

る分子間力があるためでる．大きく分けて分子間力は無・低極性物質に働く分子間力と極性物質に働く分子間力があり，それぞれ作用の仕方が異なる．有害物質には無・低極性部分と極性部分をあわせもつものも少なくなく，そのような場合は，部分的にそれぞれに異なる分子間力が働いている．有害物質と固相，溶媒などとの分子間力を理解することで，捕集，抽出方法を効率よく検討することができる．

a．無・低極性物質に働く分子間力

　無・低極性物質に働く分子間力は，分散力（ロンドン分散力）と弱い双極子-双極子力で，この「分子間力」が働く分子同士が互いに引きつけ合い，それが溶媒なら「溶け」，固相なら「捕まる」．特徴は以下のとおりである（図4.2.2）．

① とても弱い静電気的な力であるため，「分子同士が接近できる」場合に働く．

②「分子同士が接近できる」のは，分子構造が類似している場合で，部分構造が類似している場合，その部分に分子間力が働くチャンスがある．

　例：脂肪族炭化水素は構造が類似したヘキサンと，芳香族炭化水素は構造が類似したベンゼンやトルエンとそれぞれ分子間力が働くため，それぞれの抽出溶媒として使用できる．このうち芳香族炭化水素や二重結合，三重結合など π 電子を持つ分子の π 電子同士は無・低極性物質に働く分子間力ではもっとも強い相互作用（π-π 結合と呼ばれる）で互いの分子を引きつける．つまり，π 電子をもつ分子同士は互いに引きつけ合い，それが溶媒なら「溶け」，固相なら「捕まる」．

③ とても弱い静電気的な力であるため，強極性の強い静電気的な力でも分子同士が接近できなければ働かない．

　例：脂肪族炭化水素，芳香族炭化水素は構造が類似しない水やメタノールなどの極性溶媒とはあまり分子間力が働かない．

b．極性物質に働く分子間力

　極性物質に働く分子間力は，強い双極子—双極子力や水素結合などに働くとても強い静電気的な力で，この「強い静電気的な力」が働く分子同士が互いに引きつけ合い，それが溶媒なら「溶け」，固相なら「捕まる」．特徴は以下のとおりである（図4.2.3）．

① とても強い静電気的な力であるため，分子の構造の類似の程度よりも，「分極の程度が大きい分子」により強く働く．

②「分極の程度が大きい分子」の溶媒としては水やメタノールなど，固相ではシリカゲルやポリマーの表面にアルコール（OH基），アミン（>N-），スルホン酸（-SO(=O)$_2$-）などを形成したものがあり，高い極性やイオン性を示す．

3）LC/MS測定のための前処理（抽出・濃縮・精製）とLCカラムの分離モード

　LC/MS測定に供する前に，各サンプルから対象物質を抽出し，濃縮し，必要に応じて精製する工程が必要である．次の4.2.3項では知ると便利な抽出の技として「1）固相抽出のノウハウ」，「2）溶媒抽出のノウハウ」が記載されているので参照されたい．

　溶媒抽出法は対象物質をマクロに抽出することが可能でありその歴史も長いが，抽出に用いる有機溶剤自体が有害性をもつ場合があり，現在では環境負荷の低減に配慮して，固相抽出法が用いられる機会が増えてきている．溶媒抽出法では一般に $\log P_{ow}$ の大きい疎水性物質について良好な回収率が得やすい．親水性物質の回収率の向上には塩析，pHの調整，あるいはイオンペア試薬を用いる手法などがある．

　他方，固相抽出では系内の吸着が大きいような対象

表4.2.1　GC/MSとLC/MSの特徴

	GC/MS	LC/MS
分離の原理	固定相からの蒸発	固定相からの溶出
操作要素	固定相，温度，圧力，流量	固定相，移動相，マトリクス，流量，温度
分離単位	分子	分子，クラスター
相間の平衡	平衡時間：短	平衡時間：長
分離	高速，高分離	中速，中分離
異性体分離	通常可	可な場合有
イオン化	おもにEI（ハードなイオン化）	おもにESI，APCI（ソフトなイオン化）

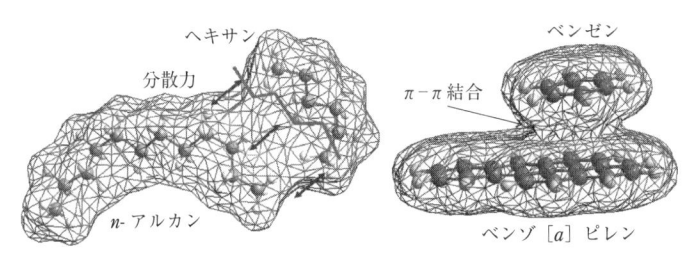

図 4.2.2 無・低極性物質に働く分子間力（分散力）

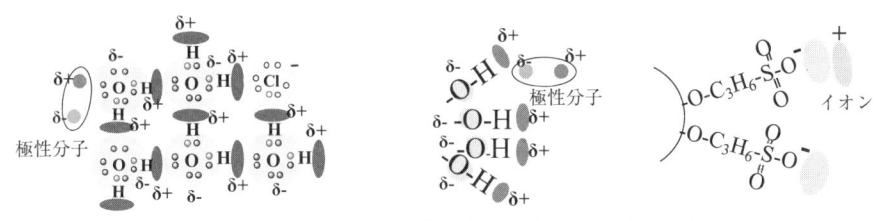

図 4.2.3 極性物質に働く分子間力（水素結合，双極子-双極子力）

物質の場合にも，溶媒抽出では安定した高い回収率を得られる場合もある．固相抽出法は現在広く環境試料の前処理，とくに水質試料の濃縮法に使用されている．充填剤の種類も多く，ポリスチレン系あるいはシリカゲルに ODS 修飾したタイプの疎水系，あるいはさまざまな官能基を修飾しイオン交換系，炭素系，あるいはさまざまな種類の充填剤を何層にか積層したものなどさまざまである．各充填剤の特徴や一般的な手順は 4.2.4 項に，その他の濃縮・精製手法とあわせて詳しく解説されている．

固相抽出は濃縮するだけではなく，濃縮後の溶出溶媒の組成を検討することによりマトリクスから効率的に対象物質を選択性よく分離することができる．あるいは，いくつかの異なるカートリッジを組み合わせることにより濃縮と分離精製を同時に実施することが可能である．この際，濃縮に用いる固相，精製に用いる固相，LC 分離に用いるカラム充填剤の分離モードができるだけ異なるようにすると対象物質の選択性が高くなり，LC/MS 測定におけるマトリクス阻害も低くすることが可能である．次項に設計の一例を示す．

4) LC カラムの選択方法と分析フローの設計

環境試料中の対象物質を分離・定量するのに LC の保持条件，つまりカラムと移動相の決定は非常に重要である．「LC/MS を用いた化学物質分析法開発マニュアル（平成 12 年 4 月　環境庁　環境保健部　環境安全課）」[1] にも詳しく解説されているので参照された

い．この中では環境分析のほとんどが逆相分離モードで分離分析されており，平成 12 年当時の認識として環境分析では水を含む試料を取り扱うことが多いこと，順相モードでの分析は保持時間の再現性が悪いことを指摘している．他方近年では保持特性の優れた HILIC カラム，シクロデキストリンカラムなど $\log P_{ow}$ がマイナスの高極性物質の分析に適用されるようになり，以前に比べ分析条件選択の幅が広がった．

2), 3) を踏まえ，水質試料について高沸点・高極性化学物質に対する前処理から分析までの分析条件選択フローの例を図 4.2.4 に示した．

a. 水質試料中の対象物質の $\log P_{ow}$ 2 以上の物質

① C_{18}, SDB, HLB（Waters 社製），NEXUS（Agilent 社製）などのカートリッジで捕集できる可能性が高い．

C_{18}, SDB, HLB, NEXUS などで捕集・濃縮された対象成分は逆相系の C_{18}, C_8, Ph 系などの HPLC カラムで十分に保持が可能である．

② イオン性がなければ，イオン交換系カートリッジを使った精製が可能である．

③ 下水処理場流入水などマトリクスが多い試料は，GPC カラムで精製も効果的である．

④ 極性の比較的低ければ，シリカゲル・フロリジルなどの順相系カラムによる精製も効果が得られる．

⑤ 溶出溶媒とその組成割合を変更することでも精製が可能である．

> **調製試料の溶媒組成は移動相の溶媒組成に近づける必要があるか？**
>
> 　カラムでの分離「だけ」を考えれば「それが無難」である．他方，試料溶媒の組成を移動相組成に近づけると容器の壁などに試料の一部が吸着する恐れがある場合，「試料成分を十分に溶かす適当な溶媒組成」を選ぶ．「移動相によく溶け，試料成分をよく溶かし，不活性で，不純物の少ない」溶媒組成であれば，基本的には制限はない．以下がその解説である．
>
> 　クロマトグラフィーでは，注入された試料成分はカラム入り口付近の固定相に一旦濃縮され，その後移動相溶媒の組成を変化させてカラム入り口付近にある試料成分を溶出させる（試料成分バンドのフォーカス）．このとき，試料成分がカラム入り口付近の狭い範囲に存在すれば溶出するピークは細くシャープになり，広い範囲に分布していれば太いピークになる．「試料成分がカラム入り口付近の狭い範囲に」濃縮されるための条件は，以下の2つである．
> ① 初期の溶媒組成の移動相が，試料成分と親和力が低い（成分が「溶け難い」）．
> ② 初期の溶媒組成の移動相に試料の溶媒がよく解ける（よく溶ける溶媒であれば，試料成分が速やかに移動相に分散し，固定相の狭い範囲に濃縮される）．
>
> 　試料溶媒の組成としては②の条件を満たせば，注入された試料成分はカラム入り口付近の固定相の狭い範囲に濃縮できる．それに試料溶媒の一般的要件である「不活性で，不純物の少ない」ことを考慮すればよい．

b．$logP_{ow}$ が2よりも小さい物質
① イオン性であればイオン交換能をもつ固相 MCX, MAX, WCX, WAX（いずれも Waters 社製），SCX, SAX（いずれも Agilent 社製）などで捕集できる可能性が高い．
　C_{18}, SDB 固相カラムではほとんど回収されないことが多い．
② イオン性でないものは活性炭固相により濃縮することが可能である．
　水質試料を濃縮する場合，その前段に C_{18} や PS, SDB などの疎水性の固相を装着することにより，疎水性成分を除去できる．こちらも，溶出溶媒の組成，pH を変更することでマトリクスとの分離をはかることが可能である．
③ HPLC カラムはシクロデキストリン，イオン交換系，GPC, HILIC などを用いる．
　C_{18} 系では対象物質の保持が困難なため極性，イオン性のあるカラムを使用する．
④ 固定相が極性であるため移動相は逆相系溶媒を主にして分離する．
　移動相を決定する際，もし対象物質が付加イオンで検出される場合には，安定して検出されるような組成・濃度で移動相を調製する．もし，検出自体は付加イオンでも，分離上は加えない方が分離良好であるならば，カラム分離後，イオンソースの手前で付加イオン用の緩衝液を注入する（ポストカラム）方法もある．

c．LC/MS のイオン化法選択
① LC/MS ではほとんどの場合 APCI, ESI でイオン化し分析する．
② 大まかには分子量 2,000 程度以下で極性が低いと APCI, 極性物質，高分子は ESI が適する場合が多い．
　実際には装置により適する範囲が異なるので，フローインジェクションなどで両者の感度，再現性を比較して決める．

5) LC/MS の移動相と感度（メタノールとアセトニトリル移動相で高感度はどちらか）

　LC/MS では始めに移動相溶媒に電荷を与え，その移動相から電荷を受け取った分子が MS で検出される．読者はこのことから，電荷の受け取りやすさが LC/MS の感度を左右し，感度は分析する物質，移動相溶媒の種類によって異なると想像できるであろう．実際，非常に多くの場合，LC-MS の感度は移動相の種類とできるイオンが偶数電子であるか奇数電子であるかに影響を受ける．以下に，もっとも多く使われている移動相溶媒である，メタノールとアセトニトリルの感度に与える影響を説明する．なお，イオン化には溶媒分子と分析対象の構造の類似性などの要素も影響すると考えられるので，例外は存在する．

a．偶数電子のイオンを生成する場合の感度の比較
　LC-MS で生成するイオンの多くが偶数電子であ

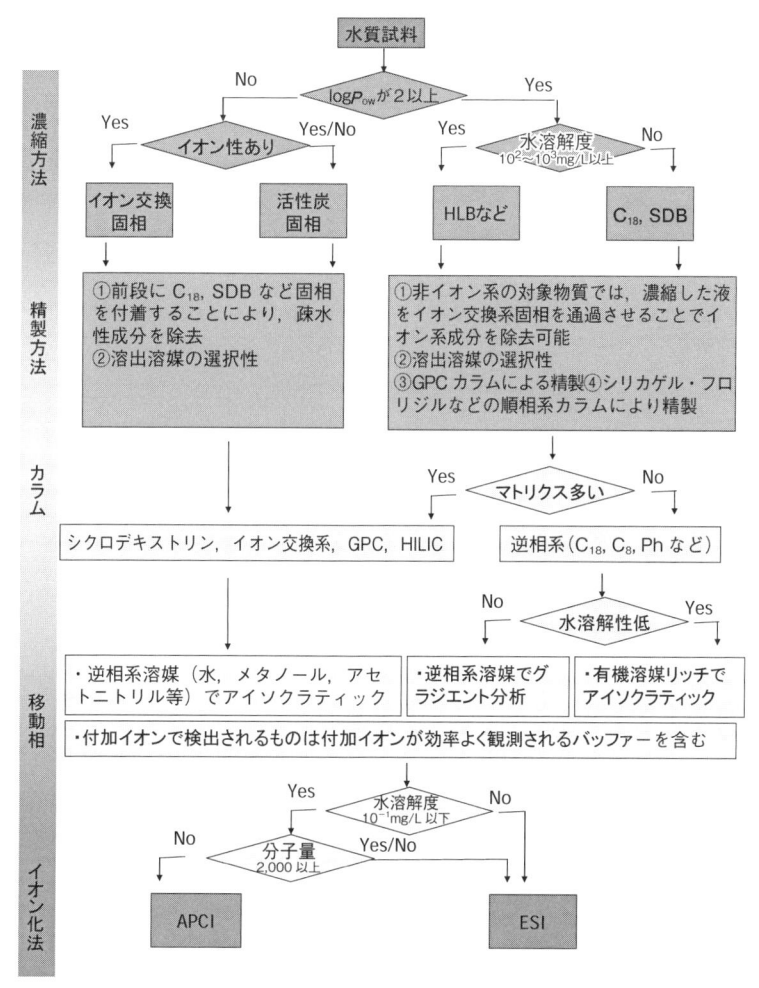

図 4.2.4 水質試料定量法の選択フロー

る．H^+, Na^+, NH_4^+, Cl^- などのイオンが付加する，あるいは脱離して生成する．代表的な例として H^+ 脱離（プロトン化）と H^+ 脱離（脱プロトン）について，移動相がメタノールとアセトニトリルの場合を比較する．偶数電子の溶媒イオンは奇数電子のイオンに比べはるかに安定なため，一般に「より不安定な溶媒の偶数電子イオン」は溶けている分子を「より多くイオンにしやすい（＝高感度）」といえる．

【プロトン化のとき】

プロトン化メタノールとプロトン化アセトニトリルでは，「より不安定」なプロトン化メタノールがより分子 M にプロトンを与えやすい（メタノールの方が高感度）．

$$CH_3\overset{H^+}{\ddot{O}}H + M \rightarrow CH_3OH + MH^+ \; と$$

$$CH_3C \equiv N : H^+ + M \rightarrow CH_3C \equiv N + MH^+$$

【脱プロトンのとき】

メタノールからプロトンが脱離した CH_3O^- とアセトニトリルから H^+ が脱離した CH_2CN^- では，「より不安定」な CH_3O^- が分子 M からプロトンを脱離（イオン化）させやすいため，メタノールの方が高感度となる．図 4.2.5 に実例を示す．

b. 奇数電子のイオンを生成する場合の感度の比較

LC/MS など大気圧下で奇数電子イオンを生成する原理は，「溶媒やガスから電子 1 つが脱離した奇数電子イオン」が対象分子に近づき，分子から電子を奪うことに因ると考えられる．しかし一般に奇数電子のイオンは反応性が高いため，「より安定な奇数電子の溶媒（またはガス）イオン」ほど効率よく分子に近づきより効率よくイオン化できる．メタノールとアセトニ

トリルを比較した場合,「より安定な奇数電子イオン」を作るアセトニトリルの方が分子を効率よく奇数電子イオンにしやすい（アセトニトリルの方が高感度）．

$$CH_3O^{\cdot+}H + M \rightarrow CH_3OH + M^{\cdot+} \text{ と}$$
$$CH_3C\equiv N^{\cdot+} + M \rightarrow CH_3C\equiv N + M^{\cdot+}$$

奇数電子の負イオン生成でも，同様にアセトニトリルの方が高感度といえる．しかし，奇数電子の負イオンは電子捕獲（electron capture）によって生成するため，LC-MS ではあまり観測されない．

6) LC-MS 測定におけるその他の高感度化

a. 付加イオンによる検出

LC-MS で特徴的なイオンを観測するとき，ESI では付加イオンが観測されることがある．$[M+Na]^+$，$[M+NH_4]^+$ などは比較的高い頻度で観測されるイオンである．これらは装置の材料やその表面処理，あるいは移動相などの影響によって生成する．付加イオンを安定的に得るには，付加させるイオンを系内にある程度の濃度を意図的に添加する必要があるが，不揮発性緩衝液は LC-MS 測定において安定性に影響を及ぼす場合があり，一般的には揮発性緩衝液が多く用いられ，たとえば NH_4^+ 付加イオンを生成させたい場合には酢酸アンモニウムを含む移動相を調整することになる．もし酢酸アンモニウムを移動相に加えることが好ましくない場合には，LC カラム分離後，MS 導入部分（イオンソース）直前で酢酸アンモニウム水溶液を添加する系（ポストカラム）とする方法が考えられ，この場合には別途ポンプが必要ではあるが，カラム分離への影響やグラジエントによる濃度勾配をなくすことが可能である．

b. ナノ・マイクロ LC

ESI によるイオン化は，移動相中の分析対象物質の"濃度"に依存するが"量"には依存しない（ESI は濃度検出器である）．移動相の流量を小さくすることは対象物質のイオン化をより効率よく行うことができるので，検出感度の向上に寄与することが可能である．吉兼らは μL オーダーの流量を用い高感度に MS/MS 検出する方法を報告している[2]．nL あるいは μL オーダーの LC 経路を用いる場合はポンプ・グラジエントの安定性や系の接続，カラムの保持特性・保持容量等に注意が必要である[3,4]．

c. TOFMS の利用

精密質量測定を用いバックグラウンドを低減させより高い選択性を得る方法がある．標準溶液の測定の結果から得られる C.V. 値は四重極の MS/MS の方が安定していること，他方 TOFMS では，質量精度が数 ppm と高いことなどを考慮して検出方法を選択する必要がある．

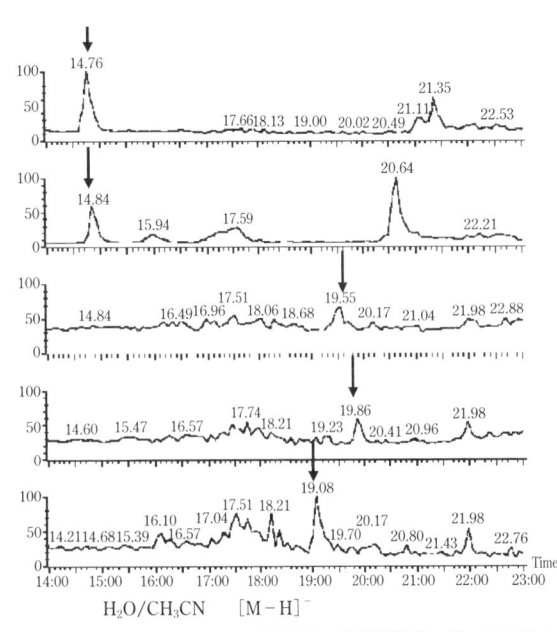

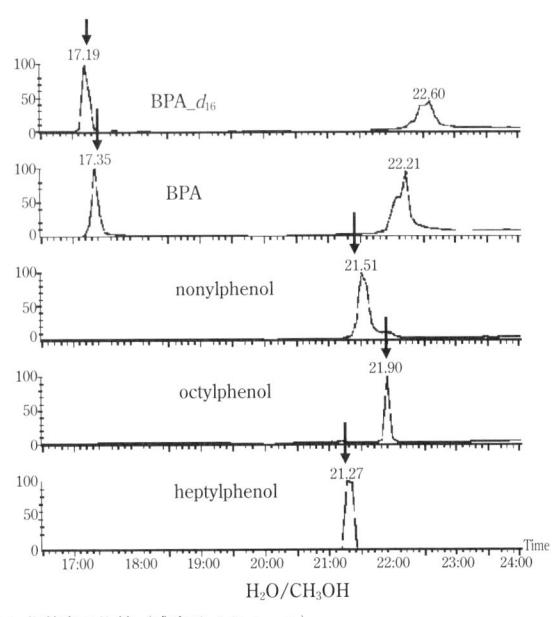

図 4.2.5 移動相溶媒の違いによるイオン化効率の比較（感度はメタノール）

7) LC/MS 測定の精度を確保するには

a. イオン化阻害・促進の影響

マトリクスによるイオン化阻害の程度は，サンプルごとに異なる．その為，内標準物質を添加し，内標準法により感度が補正された定量値を得るのが望ましいが，内標準物質として適当なものが入手できない場合は絶対検量線法により定量せざるを得ない．その場合マトリクスによる阻害（あるいは促進）の程度をどのように把握するかは重要である．マトリクスの影響を判断する方法としては，前処理液の測定時，いくつかの希釈列を用意することである．対象物質が含有されている場合，それらの測定結果が希釈率と整合性が取れたものであればマトリクスの影響は少ないと考えることができる．あるいは，対象物質が含まれていない場合には既知の標準物質を添加し，阻害あるいは促進を起こさずイオン化されているかを確認することによって定量値を保証することが可能である．これらの確認作業を行い，一定基準以上の変動があることが確認された場合には前処理の工程あるいは方法を変更するか，LC分離法を見直すかあるいはカラムスイッチング法の導入などの検討が必要である．

b. バックグラウンドの低減

LC/MS 測定におけるバックグラウンド・ブランクの低減については，移動相として使用する純水・有機溶媒・緩衝液等に用いる試薬，あるいは装置に用いられている材料からの溶出に注意すべきである．系全体としてブランクレベルが高い場合には，移動相として用いられるアセトニトリルやメタノール，あるいはイソプロピルアルコールを用いて系内の洗浄を長時間行うことで低減できる場合もある．移動相からの混入が原因である場合には，配管に固相カートリッジを接続して系内でブランクの除去を行う場合もある．

c. カラムを変えて対象物質を確認する

LC/MS/MS による検出・定量はプリカーサーイオンとプロダクトイオンの両方の確認が必要であり，DADや蛍光あるいはシングルMSと比較して，非常に高い選択性をもつ測定装置である．しかしながら，MS/MS だからマトリクス中に存在する類似物質と必ず分離できているということはいえない．ODSカラムによる保持時間が同等であり，MS/MS により定量用イオン，確認用イオンの両方が確認されたが，イオン交換系カラムで評価したところ対象物質ではなく類縁体であることが確認された例もある．分析法開発の時点で少なくとも2種類以上のカラムで測定条件を開発しておくことが望ましい．　　　　　　　　〔吉田寧子〕

参考文献

1) 環境庁：LC-MS を用いた化学物質分析法開発マニュアル，p.19 (2000).
2) M. Yoshikane, et al.: 1st International Symposium on Metallomics, Nagoya, Japan (2007).
3) S. Suzuki, et al.: Tenth international symposium on hyphenated techniques in chromatography and hyphenated chromatographic analyzers, Belgium (2008).
4) 鈴木茂ら：第17回環境化学討論会 (2008).

4.2.3 知ると便利な抽出の技

1) 溶媒抽出法とそのノウハウ

本書の読者の多くが行う溶媒抽出は，有害物質を水試料から有機溶媒に抽出する方法と思う．水試料に水と混ざらない有機溶媒を加え，試料中の物質を抽出する．抽出溶媒の選択条件として，抽出効率が高いことに加え，人や環境におよぼす影響が少ない，濃縮しやすい，精製等のために溶媒交換しやすい，対象物質や共存物質を化学変化させないことなどを考える必要がある．

a. 溶媒抽出の原理

物質がどれだけ抽出できるかは，分配係数（記号 K や P で表されることが多い），水/溶媒体積比および抽出回数により決まる．溶媒抽出で抽出できる有機物質の分配係数はおおむね 10 以上が実用的である．図4.2.6 に，水/溶媒体積比 20/1（たとえば 1 L の水に 50 mL の溶媒を加えた場合）で分配係数 K がそれぞれ 0.1, 1, 10, 100, 1,000, 10,000 のときの抽出回数と抽出率の関係を例示する．分配係数 100 の物質では水/溶媒体積比 20/1 で 2 回抽出すれば 90% 以上が抽出されるが，分配係数 1 以下の物質は，溶媒抽出で高い抽出率を得ることはできない．

有機溶媒と水の分配係数は実験によって求めることができる．等量の有機溶媒と水を分液ロートやナス型フラスコに入れ，これに極小量の溶媒に溶かした対象物質を加えよく混ぜた後，有機溶媒と水の層を分離する．有機溶媒層の濃度（C_s）と水層の濃度（C_w）を測定すれば，その比（C_s/C_w）が対象物質の分配係数である．疎水性溶媒と水の分配係数を実験で求める代わりにオクタノール/水分配係数（P_{ow}，K_{ow} または log P_{ow}，log K_{ow}）からおおよその値の見通しをつけることも有用である．オクタノール/水分配係数の値が見あたらない場合は，分子構造から推算することもできる（4.3.1 項参照）．

また，分配係数が小さく高い抽出率が期待できない場合，分配係数を高くして抽出率を高める方法，固相抽出でイオン交換樹脂など極性官能基をもつ固相を利用する方法が考えられる．分配係数を高くする方法について b. に，また，抽出率を左右する分子間力については c. に簡単に説明する．

b. 分配係数を高くする方法

分配係数を高くする方法としては，分配係数が高い別の溶媒を探す，pH を変化させる，塩析効果を使う，イオン対試薬との付加体を作る，誘導体化試薬により抽出可能な化合物に変えるなどの方法が考えられる．

● 分配係数が高い溶媒を探す

一般に，物質を抽出しやすい溶媒は，その物質と共通の部分構造をもっている（c. 参照）．共通な部分が大きいほど抽出力は大きいが，他方，溶媒として，水と混和しない，揮発性がある，有害性が低いなどの条件を満たす必要もある．

● pH を操作する

極性物質の多くは酸性や塩基性の官能基があり，pH を操作して官能基の H^+ の解離の抑制，非共有電子対のマスキングなどを行い，疎水性を高くする可能性がある．pH 調整には，ギ酸，アンモニアなどの弱酸，弱塩基が用いられる．

● 塩析効果を使う

水相によく溶ける塩類を試料水に溶かし，水分子に付加させ対象とする極性有機物と水との分子間力を弱め，有機溶媒への抽出効率を高める．塩析に用いる試薬としては，NaCl などの強電解質の塩が広く使用でき，とくに Na_2SO_4，$(NH_4)_2SO_4$ などは水溶解度が高くイオン強度も大きいため有用な塩析剤である．

● イオン対試薬を使う

イオン性の高い物質にイオン対試薬を付加させ，疎

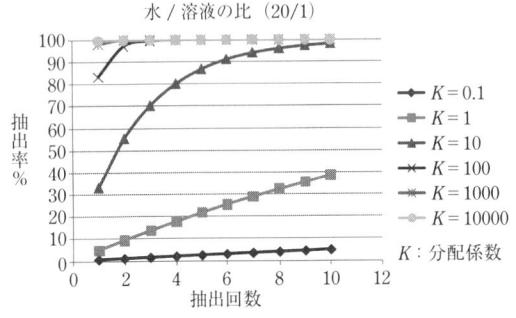

図 4.2.6 水/溶媒比のときに物質の分配係数と抽出回数と抽出率の関係

水性の付加体として溶媒抽出する．塩基性物質のイオン対にはpH3～4程度でアルキルスルホン酸イオンなどを添加し，酸性物質のイオン対にはpH7.5～9.5程度（ただしクロマトグラフィーを行うときは基材のシリカの融解を避けるためpH7.5以下にする）テトラアルキルアンモニウムイオン，トリアルキルアンモニウムイオンなどが用いられる．添加するイオン対試薬の量は，マトリクスの量により異なるが多くの場合5～50 mmol/L程度の濃度となるよう添加する．本書では「2.16 人工甘味料」（スクラロース，サッカリン，アセスルファムK）に固相抽出への応用例がある．

● 誘導体化を行う

誘導体化試薬との化学反応により極性官能基を疎水性に変え，有機溶媒への抽出効率を高める．水から溶媒への抽出率を高めるには，ベンゼンスルホニルクロライド同族体など水中で使用できる試薬を用いる．一般に水中での誘導体化は困難な場合が多いため，①水と混ざらない極性抽出溶媒中に誘導体化試薬を溶かして極性物質の抽出と誘導体化を行う方法，②イオン対試薬で疎水性溶媒に抽出し，その後誘導体化試薬により安定な疎水性の誘導体を合成する方法も有用である．

c. 抽出率を左右する分子間力

物質が水や有機溶媒に溶ける原理を図4.2.7で説明する．一般に抽出率の高い溶媒は，物質との間に働く分子間力の大きい溶媒である．極性の高い物質やイオンは水に溶けやすく，極性の有無によらず物質は部分構造が類似する溶媒に溶けやすい．炭素数が少ない分子の溶媒ほどさまざまな物質の部分構造に類似する可能性が高いため，汎用性の高い抽出溶媒の候補となる．また，イオンにならない程度に分極している溶媒もさまざまな物質と相互作用する可能性が高く，汎用性の高い抽出溶媒の候補である．

● 水と物質の分子間力

水分子では，水素-酸素間の結合で水素の唯一の電子が電気陰性度の大きい酸素原子に引き付けられ，水素原子の周囲は核の正電荷の影響が強く，酸素原子の周囲は引き寄せられた電子の負電荷の影響が強いことはよく知られている．水に溶ける物質はこの強い電荷に引き付けられるイオンや極性の物質である．

● 有機溶媒と物質の分子間力

はじめに疎水性溶媒に働く分子間力を考える．疎水性溶媒の分子では，構成原子の間の電気陰性度の差が小さく，わずかな電荷のかたよりによるロンドン分散力が主要な分子間力である．ロンドン分散力による分

表4.2.2 よく使われるイオン対試薬

塩基性物質とイオン対を作る試薬	酸性物質とイオン対を作る試薬
sodium 1-propanesulfonate	tetramethyl ammonium bromide
sodium 1-butanesulfonate	tetraethylammonium hydroxide
sodium 1-pentanesulfonate	tetrabutylammonium chloride
sodium 1-hexanesulfonate	tetrabutylammonium bromide
sodium 1-heptanesulfonate	tetrabutylammonium hydroxide
sodium 1-octanesulfonate	tetrabutylammonium hydrogen sulfate
sodium 1-nonanesulfonate	tetrabutylammonium phosphate
sodium 1-decanesulfonate	tetrapentyl ammonium bromide
sodium 1-undecanesulfonate	tetrahexylammonium bromid
sodium 1-dodecanesulfonate	tetraheptyl ammonium bromide
sodium 1-tridecanesulfonate	tetraoctyl ammonium bromide
sodium dodecyl sulfate	trihexylamine, trioctylamine
trifluoroacetic acid	dipropylammonium acetate
pentafluoropropionic acid	dibutylammonium acetate
heptafluorobutyric acid	diamylammonium acetate
nonafluorovaleric acid	dihexylammonium acetate
undecafluorohexanoic acid	
tridecafluoroheptanoic acid	
pentadecafluorooctanoic acid	

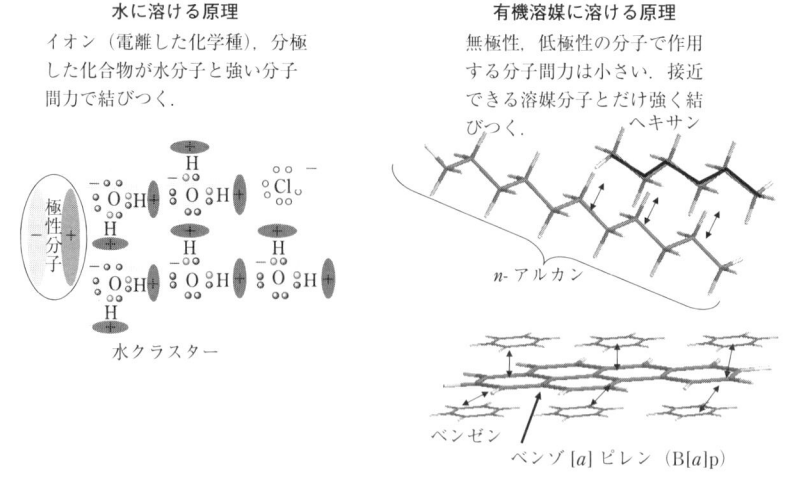

水に溶ける原理
イオン（電離した化学種），分極した化合物が水分子と強い分子間力で結びつく．

有機溶媒に溶ける原理
無極性，低極性の分子で作用する分子間力は小さい．接近できる溶媒分子とだけ強く結びつく．

図 4.2.7　水，有機溶媒に物質が溶ける原理

子間力は弱いため，溶媒分子に接近できる＝分子の形が類似する物質のみを強く引き付ける．すなわち，似た構造の分子が疎水性溶媒に溶ける．また，極性有機溶媒ではロンドン分散力とともに分極による静電気的力が働くため，溶媒の極性の強さにより程度は異なるが水と疎水性溶媒の中間の性質を示し，分子構造が類似する物質や極性の物質，イオンを溶かす．

2）固相抽出法とそのノウハウ

固相抽出法は，固相全体または固相表面の化学構造と対象とする化学種との親和力を利用して気体，液体中の化学種を抽出する方法である．この方法は，対象化学種の抽出のほか共存物質の分離，精製に利用される．

a．抽出用固相の選択

抽出用の固相は，基材の化学組成，粒子サイズ，充填量が多種類あり，抽出対象物質，溶媒，共存物質，濃縮量などを考えて選択する．

1．疎水性固相

固相全体または表面が，オクタデシル（C_{18}）基，オクチル（C_8）基，フェニル基，環状アミン，環状ケトンなどの疎水性，部分的極性の疎水性構造をもち，それらと相互作用が大きい疎水性の化学種を捕集（抽出）する．

疎水性固相にはシリカゲル基材にオクタデシル基，オクチル基，フェニル基などを化学修飾した固相，スチレン，スチレン-ジビニルベンゼン，エチルビニルベンゼン-ジビニルベンゼン，ビニルピロリドン，ビニルピリジン，エチレングリコールジメタクリレートなどのポリマー固相，グラファイト，カーボンモレキュラーシーブおよび活性炭の固相があり，疎水性相互作用の大きさは，概してオクタデシル基修飾シリカ≒ポリマー≒グラファイト＜カーボンモレキュラーシーブ＜活性炭の順で，同じ構造の固相では表面積の大きい固相ほど大きい．

シリカゲルを基材とする固相では，オクタデシル基，オクチル基などのほかに，シリカゲルに残存するシラノール基の極性が捕集に関与する．シラノール基は極性が高く極性化学種との相互作用があるが，大気，水に多量にある水分子を捕集すると極性化学種の捕集力は低くなる．

ポリマー系の疎水性固相では，スチレン，スチレン-ジビニルベンゼン，エチルビニルベンゼン-ジビニルベンゼンなどの疎水性が高いポリマー，ビニルピロリドン，ビニルピリジン，エチレングリコールジメタクリレートなどの極性基を導入したポリマー，またフェニレンオキサイド系の加熱脱離分析用ポリマーなど他の固相に比べ多様な固相の選択性があり，コンディショニングなど取扱いも容易である．他方，ポリマーの種類によって異なるが，テトラヒドロフランなどポリマーを分解する溶媒がある．使用する溶媒の選択時にはポリマーを溶かさないことも確認する．

活性炭系の固相は，グラファイト構造とそれが部分的に酸化した極性構造があり，表面積が大きいため，大きな疎水性相互作用とわずかな極性をもつ．疎水性相互作用の大きさは表面積が数十から数百 m^2/g のグ

ラファイトがもっとも小さく，ついで数百〜1,000 m²/g 程度のカーボンモレキュラーシーブ，2,000 m²/g 近い活性炭がもっとも大きい．活性炭系固相はほかの固相に比べ高温で使用できる，強い疎水性相互作用があるなどの特徴から，大気試料成分の吸着捕集/加熱脱離，水試料中極性化学種の捕集に使われる．

2. 極性固相

シリカゲル，フロリジルなどの非イオン性固相とイオン交換系固相がある．シリカゲル，フロリジルは水分子の吸着により化学種との親和力がほとんど無くなるため，水溶液中の化学種には適さず，疎水性溶媒中の極性化学種の捕集，精製に使用する．

イオン交換系固相はイオン交換基と非イオン性の極性官能基をあわせもつ樹脂で，解離度の異なるイオン交換基の固相があり，極性化学種の捕集，精製に広く利用できる．陽イオン（cation）交換系固相では，解離度の小さい-COOH 基と非イオン性の極性官能基をあわせもつ弱陽イオン交換（WCX: weak cation exchange）樹脂，解離度の大きい-SO_3^- 基と非イオン性の極性官能基をあわせもつ陽イオン交換・疎水性混合（MCX: mixed mode cation exchange）樹脂がある．陰イオン（anion）交換系固相では，解離度の小さい>N—基と非イオン性の極性官能基をあわせもつ弱陰イオン交換（WAX: weak anion exchange）樹脂，解離度の大きい>N^+<基と非イオン性の極性官能基をあわせもつ陰イオン交換・疎水性混合（MAX: mixed mode anion exchange）樹脂がある．

b．固相抽出の原理とノウハウ

固相抽出の原理は，固相と対象化学種との疎水性相互作用と静電的相互作用である．

1. 疎水性固相

疎水性の固相ではロンドン分散力をおもな相互作用として対象化学種を捕集する．疎水性相互作用は固相の化学構造の違いによる選択性は乏しく，化学構造の違いは分子間力の大きさに反映する．疎水性固相に働くロンドン分散力の大きさは，対象化学種と固相との部分構造が一致するほど大きく，またフェニル基，二重結合，三重結合などによるπ-π相互作用はもっとも大きい分散力である．活性炭系固相は，π電子をもつ化学種と表面のグラファイトと構造がπ-π相互作用による強い分子間力を持つ．図 4.2.8 に疎水性固相からの捕集物質の抽出の基本方針を示す．

① 抽出に用いる溶媒は，対象化学種との分子間力が大きいものを用いる．大きい分子間力を示す適当な溶媒がない場合でも pH を変化させることで分子間力が大きくなる場合がある．なお，抽出溶媒量を増やせば 1) と同様の原理で，固相からの抽出率を高めることができる．

② 熱を加えて物質の分子運動を大きくし，対象化学種と固相との分子間力を弱める．一般に抽出温度を高めることで，固相に吸着している化学種の平均エネルギーが増加し，溶媒による抽出を容易にする．高速溶媒抽出（ASE: accelerated solvent extraction），ソックスレー抽出，超音波抽出などは，おもに抽出溶媒の温度を高めることで抽出効率を高めている．他方，温度が高くなると対象化学種，試料マトリクスおよび固相の分解や溶媒の散逸を起こす場合がある．分解の恐れがない範囲に限られるが，とくに ASE は抽出系を加圧することで溶媒の散逸を抑え，より効率的な方法で固相に限らず，底質，土壌，食品，工業製品などからの抽出にも採用されている．本書では「2.9 フッ素系界面活性剤ペルフルオロオクタンスルホン酸（PFOS），ペルフルオロオクタン酸（PFOA）分析法」に応用例がある．

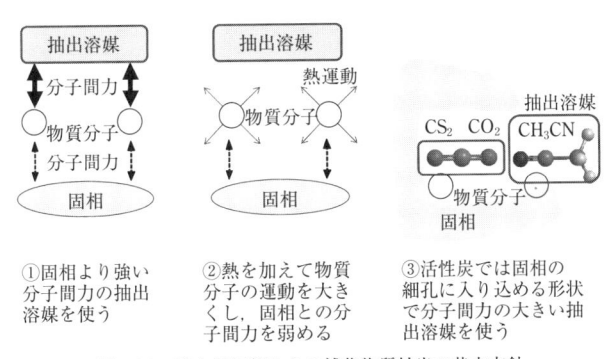

図 4.2.8 疎水性固相からの捕集物質抽出の基本方針

③ 活性炭系固相では固相の細孔に入り込める形状で分子間力の大きい抽出溶媒を使う．活性炭からの抽出効率が高い溶媒として CS_2, CO_2, CH_3CN などが効果的であることが知られているが，これらが効果的であると考えられる理由は，π電子があることと，活性炭の細孔に浸入しやすい直線形の分子構造をもっていることと考えられる．図 4.2.9 には活性炭に添加した農薬 37 種の抽出率を農薬分子に占める芳香環の割合および抽出溶媒について比較したものである．CH_2Cl_2 および $CH_3C(=O)CH_3$ が活性炭からの抽出率が比較的高い溶媒であったが，その理由として，CH_2Cl_2 は分子が小さく極性があるため活性炭の細孔に浸入して

図 4.2.9 農薬分子に占める芳香環の割合とその活性炭固相からの抽出率

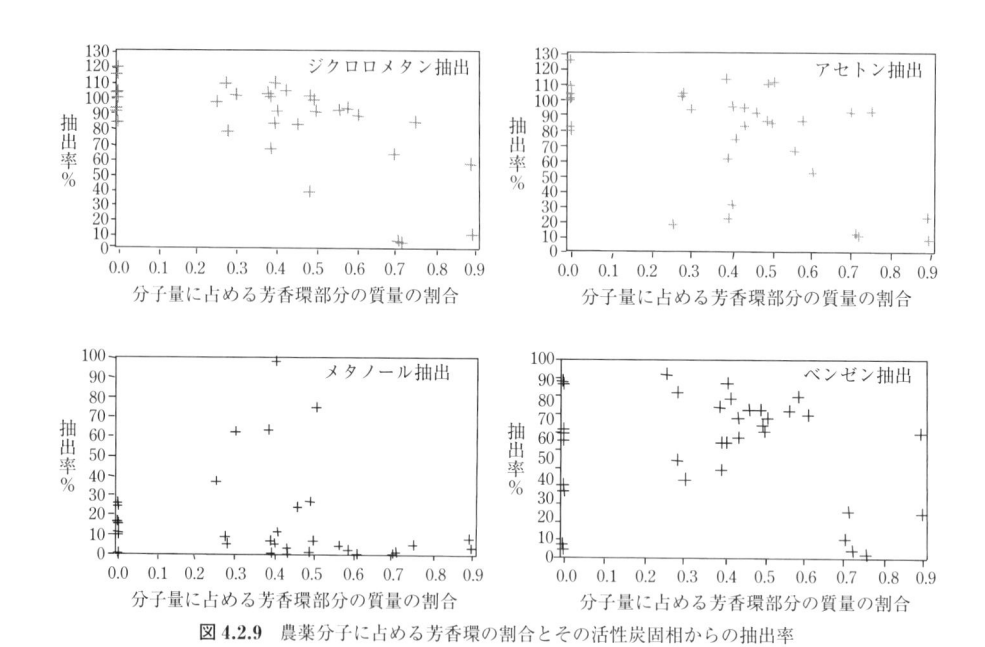

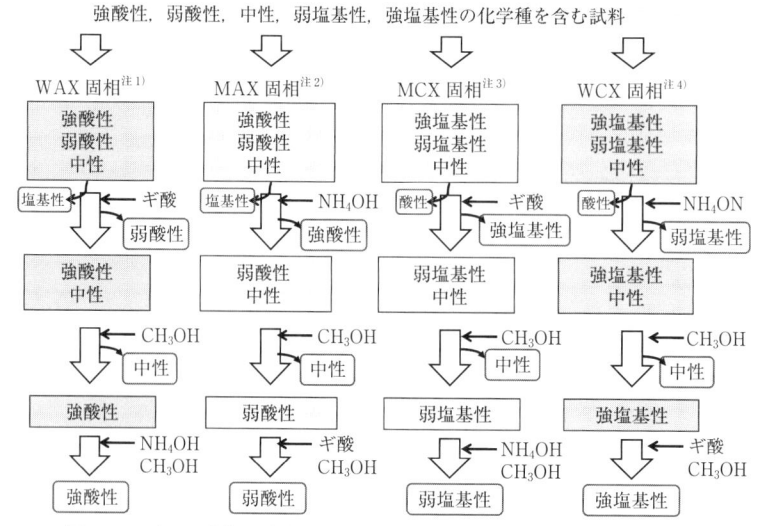

図 4.2.10 イオン交換/疎水性分離固相による有害物質捕集・精製のスキーム

注 1) 弱陰イオン交換固相（>N-等と極性官能基からなる）
注 2) 陰イオン交換・疎水性混合固相（>N$^+$<等と極性官能基からなる）
注 3) 陽イオン交換・疎水性混合固相（-SO$_3$などと極性官能基からなる）
注 4) 弱陽イオン交換固相（-COOH等と極性官能基からなる）

農薬分子に接近できること，$CH_3C(=O)CH_3$ は比較的分子が小さく π 電子があるため細孔内の農薬分子を π-π 相互作用により抽出できたためと考えられる．他方 CH_3OH は分子は小さいが疎水性相互作用はほとんどないこと，C_6H_6 は π-π 相互作用はあるが分子が大きく，活性炭の細孔に浸入し難いことから抽出率の高い農薬が少なかったと考えられる．また，分子に占める芳香環の割合が大きい（π-π 相互作用が大きい）ほど抽出率が低い傾向が認められ，活性炭と捕集化学種とのおもな分子間力が π-π 相互作用であることが示唆される．活性炭では捕集した化学種の脱離が難しい場合が多く，さまざまな方法が試みられている．本書では「2.15.1 メラミンの LC/MS 分析法」，「2.15.2 アミトロールの LC/MS 分析法」に応用例がある．

2. 極性固相

図 4.2.10 にイオン交換／疎水性分離固相による有害物質捕集・精製のスキームを示す．はじめに，酸性，塩基性，中性の化学種を含む試料溶液から WAX, MAX 固相では酸性，中性の化学種を捕集し，WCX, MCX では塩基性，中性の化学種を捕集する．WAX をギ酸洗浄するとイオン交換によりギ酸と置換した弱酸性化学種が溶出する．WAX に残る中性と強酸性の化学種は，それぞれ順次メタノール，アンモニア/メタノールで溶出する．イオン交換基の解離定数がギ酸より大きい MAX では，ギ酸による十分なイオン交換が期待できないため，はじめにアンモニア水を用いて強酸性化学種を溶出させる（すべての強酸性物質ではない）．つぎにメタノールで中性の化学種を溶出し，残った弱酸性物質はギ酸/メタノールによりイオン交換/疎水性相互作用により溶出する．WCX, MCX からの塩基性，中性化学種の順次溶出は，同様の考え方でギ酸とアンモニア水の用い方を逆にして行う．

〔鈴木　茂〕

> **SRM で気をつけること**
> モニターする前駆イオンとプロダクトイオンは測定対象物質から生じた証拠をとろう．
> 　部分構造が共通する物質とは"異なる"前駆イオンとプロダクトイオンの組み合わせを選ぼう．
> 　クロストークを避けるため，連続して同じプロダクトイオンをモニターしないよう，SRM の順序を考えよう．
> 　前駆イオンは unit mass 以上の質量分解能で，プロダクトイオンはそれより低い分解能でモニターしてよい．

4.2.4 試料のクリーンアップ方法：疎水性有害物質を中心とする試料精製方法

クリーンアップ操作は，試料液の中に含まれる夾雑成分の量と質によって，適用すべき方法が異なってくる．一般に，水質試料のように夾雑成分が少ない試料の場合は，固相抽出カラムやカートリッジカラムを用いた簡便なクリーンアップのみでよいが，夾雑成分に富む底質や生物試料では多種類のクリーンアップ方法を組み合わせた複雑な操作が要求される．

クリーンアップの方法は，水試料などからの抽出時に行う簡易クリーンアップ，液-液抽出等により得られた抽出液中に存在する夾雑物質を粗クリーンアップする方法，カラムクロマトグラフィー等により目的成分と夾雑物を精密に相互分離する方法に大別できる．

1) 抽出時に行う簡易なクリーンアップ方法

水質試料の有害物質の分析は，目的物質を水から抽出分離し，精製し，分析する操作からなる場合が多い．従来から使用されてきた液-液抽出法は多量の有機溶媒を使用して目的物質を分離抽出する方法であるが，ジクロロメタン等の多量の有害物質を抽出溶媒として使用すること，抽出時に妨害物質を選択的に分離することが困難なことなどから，最近では固相カラム等を使用した固相抽出法が主流となっている．

固相抽出法は，抽出剤として使用する樹脂（固相）等を充填したカラムやディスクに試料水を通液し，固相との相互作用が高い物質を選択的に分配・吸着した後，少量の溶出溶媒で目的物質を溶出できるため，抽出と同時に濃縮も行うことが可能で，有機溶媒の使用量も削減できる優れた抽出法である．固相に用いられる素材としては，シリカゲルにオクタデシル（C_{18}）基等を化学結合させた化学結合型シリカゲル（他にオクチル基：C_8，エチル基：C_2，フェニル基：Ph 等）の他，スチレンジビニルベンゼン共重合体等のポリマー（PS2, PLS, PLS-2, XC, XD 等）がおもに用いられているが，極性物質の抽出を目的とする場合には，シアノプロピル基，アミノプロピル基等をシリカゲルに化学結合させた固相材やイオン交換樹脂等も用いられる．

分配型の固相抽出の一般的な手順を図4.2.11に示したが，試料水を抽出後，カラムをあらかじめ目的物質が溶出しないような弱い溶出力のある溶媒（たとえば C_{18} 等では10％メタノール含有水溶液）で洗浄し夾雑成分を洗浄除去した後，強い極性で溶出力のある溶媒（たとえば純メタノール）で目的物質を溶出する場合が多い．しかし，このような溶出溶媒の極性を変化させた溶出方法は選択性に乏しいことから，夾雑成分が増加した場合には洗浄工程に目的物質が溶出する場合もあり，とくに多成分分析では適切な条件を設定するのが難しい．

分配型の固相は，水溶性が高い高極性物質の抽出には適さないが，最近では親油性のジビニルベンゼンに親水性の N-ビニルピロリドンを共重合させて低極性から高極性物質までの幅広い物質の抽出に適した固相（Oasis HLB など）が開発され，固相抽出法の適用範囲が大幅に広くなった．さらにこれにイオン交換基を導入したミックスモード固相（Oasis MCX, MAX 等）が開発され，低極性から高極性のイオン製物質までを選択的に抽出することが試みられている（図4.2.12）．この方法では，目的物質のもつ物性（中性，酸性，塩基性，酸解離定数（pK_a））に応じて，固相を選択するとともに，目的物質がイオン交換作用により固相に強固に吸着していることに着目し，酸塩基等を含む洗浄溶媒や純有機溶媒でカラムを洗浄し，妨害成分を分離除去した後，洗浄溶媒とは異なる液性の溶出液を用いて目的物質を選択的に溶出することができる（詳細は図4.2.10を参照）．Oasis MCX を用いた血漿中

1　試料調整
2　コンディショニングと平衡化
　　メタノール
　　水
3　試料ロード
4　洗浄
　　弱溶媒
5　脱離
　　強溶媒
6　エバポレート，再溶解，分析

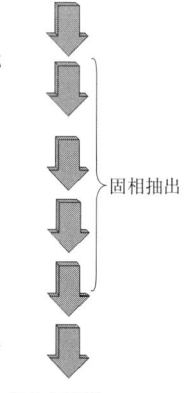

｝固相抽出

図4.2.11 分配型固相抽出法の一般的な手順

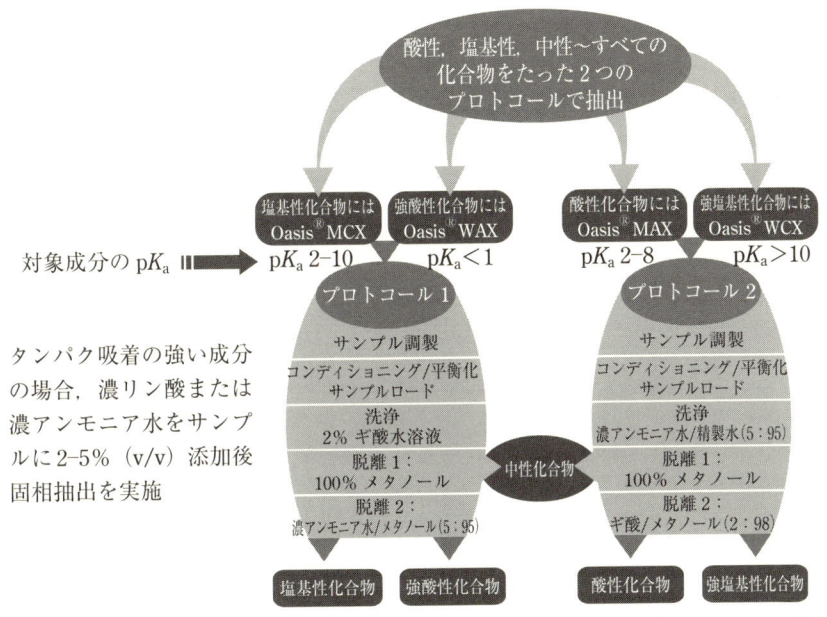

図4.2.12 イオン交換基を有するミックスモード固相を用いる固相抽出と選択的クリーンアップ方法（Waters Oasis® 2×4 メソッド）

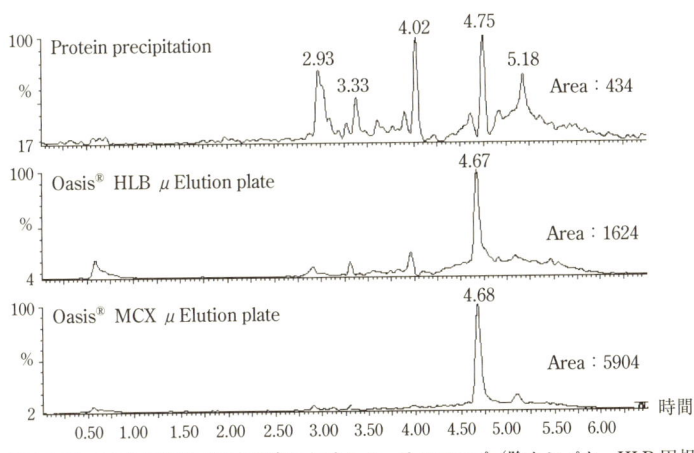

図4.2.13 LC/MS/MS-SRM測定におけるクリーンアップ（除タンパク，HLB固相処理，MCX固相処理）の効果（血漿中 Amitriptyline 0.1 ng/mL, ESI）

amitriptyline のクリーンアップの効果を図4.2.13に示したが，除タンパク操作や Oasis HLB 処理で除去できなかった妨害成分が Oasis MCX を用いることにより効果的に除去できている．図に示した LC/MS/MS-SRM 測定はきわめて選択性の高い測定法であるが，血漿試料のように夾雑成分に富む試料を妨害なく分析するためには，クリーンアップが必須であった．一方，GC/MS 測定では，装置に注入された試料液は注入口で加熱されカラムを経由してイオン化室に導入されるため，不揮発性成分がイオン化室に流入してイオン源等の検出系を汚染する可能性は低いが，LC/MS は，移動相に可溶な成分はすべてイオン源に流入するため，夾雑成分の除去が不十分な場合は，イオン源および検出系の汚染やイオン化抑制による分析精度の低下が生じる可能性がある．たとえば，海水試料に含まれる塩分なども，イオン源に流入すると障害の原因となるため，除塩とクリーンアップ操作を兼ねて固相抽出を行う必要が生じる．

2) 液−液分配を用いたクリーンアップ方法

底質，生体試料からの抽出液は，多量の夾雑物質を含むことから，カラムクロマトグラフィー等の精密なクリーンアップを行う前に，液−液分配等の操作を行い夾雑物質の大部分を除去する場合が多い．

a. アセトニトリル/ヘキサン分配，メタノール/ヘキサン分配，酸塩基分配等

生体中に含まれる脂肪分や底質中に含まれる鉱物油成分等の疎水性成分を除去する操作として，アセトニトリル/ヘキサン分配[7,8]，メタノール/ヘキサン分配[8,9]およびジメチルスルホキシド（DMSO）/ヘキサン分配[10,11]が利用されている．この操作により，図4.2.14に示すように，底質中の鉱物油成分や生物試料中の脂肪分の大部分をヘキサン相に除去することができる．この分配操作は，単独の前処理法としても使用できるが，試料からの抽出をアセトニトリルまたはメタノールで行った場合には，試料抽出液を少量のヘキサンで洗浄することにより，同等のクリーンアップ効果を得ることができる[7]．

目的物質のアセトニトリル等の極性溶媒相への転溶率は，極性溶媒相の含水率を調整することにより制御することができ，また，必要な回収率を得るために必要な分配回数を理論的に予測できる．図4.2.15にPCB異性体（^{13}C安定同位体標準品）のアセトニトリル/ヘキサン分配およびメタノール/ヘキサン分配における回収率を示したが，PCBは塩素数が増加するに従い疎水的となるため，極性溶媒相（アセトニトリル等）への転溶率は低下する．一般に疎水的な物質の転溶率は低く，また，フタル酸2-エチルヘキシル等の長鎖のアルキル基を有する物質の転溶率も低い傾向を示す．なお，メタノールを極性溶媒相とした場合には，メタノール層を5%程度含水させないと，メタノール層に多量のヘキサンが溶解するとともに，メタノール層への疎水性成分の移行率が高くなり，クリーンアップ効果が低下するので注意が必要である．これらの分配操作を行った場合には，極性溶媒相（アセトニトリル等）を水に希釈して，ヘキサン，ジクロロメタン等を用いて再抽出する必要があるが，アセトニトリルは，ジクロロメタンによりほぼ全量が抽出されるため，抽出液の濃縮が困難になり，また，アセトニトリルが残存するとカラムクロマトグラフィーの分離に悪影響を及ぼす欠点がある．このため，ジクロロメタン抽出を必要とする農薬等の分析では，ジクロロメタン相に抽出されない性質があるメタノール/ヘキサン分配が使用される場合が多い．

b. アルカリ分解法

アルカリ分解法は，脂肪，タンパク質，エステル類等の成分を効率的に分解・除去できる方法であり，PCBs[11-13]，ダイオキシン類[14]，多環芳香族炭化水素類[18]等の分析で使用されている．とくに，生体試料では，ホモジナイズ試料に直接アルカリ溶液（通常エタノールまたはメタノール溶液）を添加して，試料の分解・可溶化と抽出を同時に行える利点がある．また，酸性化合物をほぼ完全に除去できること，底質中に多量に含まれる単体硫黄も分解除去できる利点がある．

アルカリ分解法には加熱分解法と室温分解法があるが，ダイオキシン類[14]等では，加熱により脱塩素化が生じるため室温分解法が採用されている．図4.2.16にPCBsの例を示すように，加熱アルカリ分解を行うと，8塩素以上の高塩素化PCBsが顕著に分解し，と

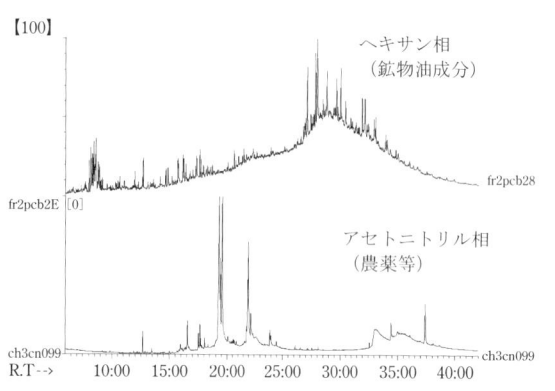

図4.2.14 底質試料に対するアセトニトリル/ヘキサン分配の効果

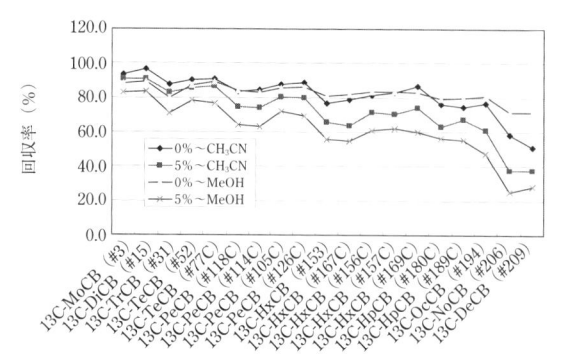

図4.2.15 PCB異性体（^{13}C安定同位体標準品）のアセトニトリル/ヘキサン分配およびメタノール/ヘキサン分配における回収率と溶媒含水の影響
容積比＝100：10（溶媒：ヘキサン），1回抽出
#はIUPAC番号

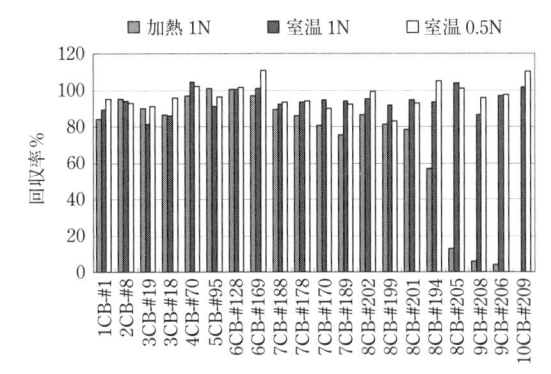

図 4.2.16 PCBs の PCBs のアルカリ分解と脱ハロゲン化（分解時間：1 時間，エタノール溶液）

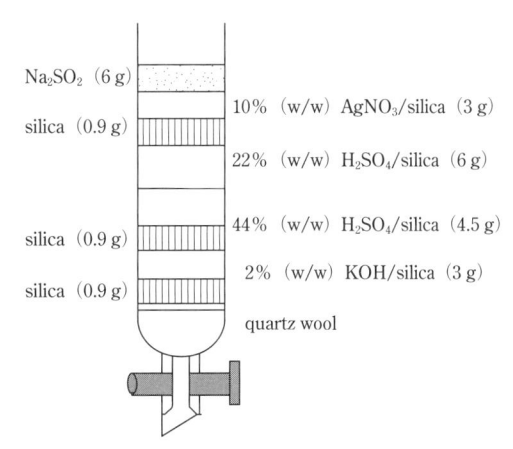

図 4.2.17 多層シリカゲルクロマトグラフィーの例

くに 10 塩素化物は完全に分解する[4]．このような脱塩素化は，アルカリ濃度の低下，分解時間の短縮，分解温度の低下等の処置により防止できるが，分解する傾向が認められる場合には，d. で述べる多層カラムクロマトグラフィーによる精製を検討したほうがよい．

c. 硫酸洗浄

硫酸洗浄はヘキサンに溶解した試料液を濃硫酸で洗浄し，夾雑成分を濃硫酸層に抽出・除去する方法である．硫酸洗浄が適用できる物質はアルカリ分解と同様に，PCBs[4]，ポリ塩化ナフタレン（PCNs）[6]，ダイオキシン類[14] 等の安定性のよい化学物質に限定される（表 4.2.2）．硫酸洗浄によるクリーンアップ効果は，濃硫酸による有機物の分解作用が大きな役割を果たしているが，表 4.2.3 に示すように安定的に硫酸層に抽出される物質がある．このような現象は，多環芳香族炭化水素類（PAHs），フタル酸エステル類（PAEs），OPEs 等でも生じることから，硫酸層に抽出後，水に希釈後，再抽出してクリーンアップできる場合もある．

なお，硫酸を含水させた場合には，硫酸層への移行量が増加する物質もあるため，使用する硫酸の含水率，試料液の含水量には注意を要する．

d. 多層シリカゲルクロマトグラフィー

ダイオキシン類の分析では多層シリカゲルクロマトグラフィー（以下，多層シリカという）が用いられている（図 4.2.17）[2, 6, 14]．多層シリカは，硝酸銀，硫酸，

表 4.2.2 有機塩素系農薬等の多層カラム，硫酸洗浄および室温アルカリ分解における挙動

物 質 名	多層カラム			硫酸洗浄		アルカリ分解	
	4 層	Ag/H$_2$SO$_4$	H$_2$SO$_4$/KOH	ヘキサン層	硫酸層	室温	0.5 N
4-nitrotoluene	1	5	1	5	93		106
benzophenon	0	0	0	0	95		102
α-HCH	0	21	2	95	0		1
β-HCH	2	1	1	96	0		84
γ-HCH	0	1	1	96	2		1
δ-HCH	0	0	0	97	1		0
HCB	93	96	100	97	1		97
chlordene	97	100	109	96	7		91
alachlor	0	1	1	4	1		79
heptachlor	0	1	90	100	1		108
aldrin	0	1	15	90	1		107
octachlorostylene	98	102	101	103	1		103
oxychlordane	6	77	22	102	5		107
heptachlor-exo-epoxi	1	6	3	85	1		116
heptachlor-end-epoxi	1	0	1	43	1		103
2,4,8-TCDF	95	105	110	104	1		111
trans-chlordane	34	91	92	95	0		108
o,p′-DDE	5	6	116	101	1		189

表 4.2.3 農薬類の多層カラム，硫酸洗浄および室温アルカリ分解における挙動

物 質 名	多層カラム			硫酸洗浄		アルカリ分解	
	4 層	Ag /H$_2$SO$_4$	H$_2$SO$_4$/KOH	ヘキサン層	硫酸層	室温	0.5 N
DDVP	1	1	0	1	37		0
MTMC (metolcarb)	1	0	1	0	16		1
echlomezole	0	0	0	0	112		104
chlorneb	1	4	—	4	88		124
MIPC (isoprocarb)	1	0	0	0	65		0
XMC	1	0	0	0	47		0
BPMC	1	0	0	0	76		0
pencycuron	0	0	1	0	0		34
trifluralin	1	2	0	1	112		109
bethrodine	1	1	0	0	104		102
simazine	1	0	5	0	0		3
atrazine	1	0	2	0	0		12
chlorothalonil (TPN)	1	1	2	2	97		1
propyzamide	0	0	0	0	1		22
diazinon	0	0	2	1	1		57
ethylthiomethone	6	4	2	5	5		66
IBP	0	0	0	0	0		28
metribuzin	1	0	0	0	0		1
MCPB-ethyl	1	1	1	1	4		13
palathion-methyl	1	1	0	0	81		17
NAC (carbaryl)	0	0	0	0	0		0
chlorpyriphos-methyl	0	0	0	0	0		0
simetryn	0	0	0	0	0		9
bromobutide	1	0	1	0	0		68
vinclozoline	3	1	1	1	95		0
tolchlofos-methyl	0	0	0	0	91		79
MBPMC (Terbutol)	0	0	0	0	75		14

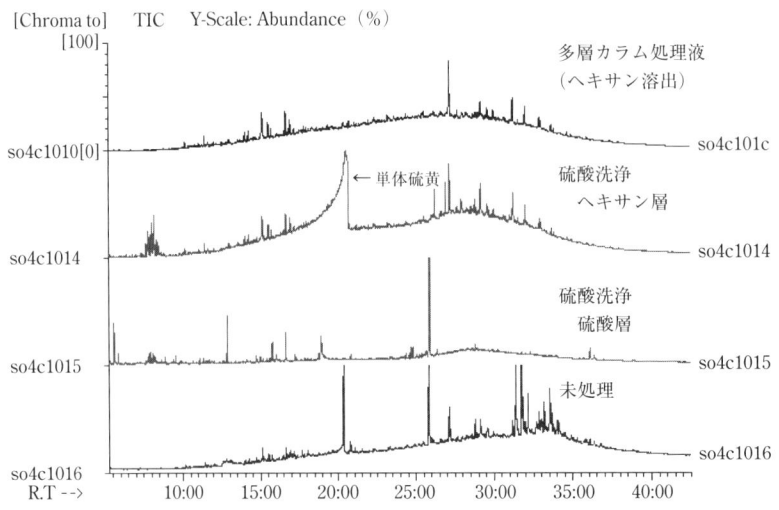

図 4.2.18 多層カラム（4層）および硫酸洗浄の底質試料に対するクリーンアップ効果

水酸化カリウムを含浸させたシリカゲルを重層してあることから，硫黄成分，塩基性成分，酸性成分やさまざまな化学物質を除去できる特長（表 4.2.2 および 4.2.3）をもち，b. および c. に示したアルカリ分解や硫酸洗浄に比較して不揮発性成分の除去効果が高く，良好なクロマトグラムが得られることから（図 4.2.18），PCBs[4]，ダイオキシン類[14]，有機塩素系化合物（表 4.2.2）などのクリーンアップに使用されている．ポリ臭素化ビフェニルエーテル類（PBDEs）の多層カラムにおける回収率試験の例を図 4.2.19 に示したが，この例では低臭素化物の回収率が低くなる傾向を示し，また，回収率が比較的よい 5 臭素化物（P5BDE）でも特定の異性体（#116）の回収率が低く

なる現象が生じた[16]．このような現象は，硝酸銀含浸シリカゲルの劣化が原因と考えられることから，このような現象が生じた場合には硝酸銀含浸シリカゲルを使用しない多層カラムを作成する必要がある．

3）クロマトグラフィーを用いたクリーンアップ方法

クロマトグラフィーは，固定相（吸着剤，分配剤等）と移動相（溶離液）との間で生じる分配（吸着）平衡により目的物質を相互に分離する方法であり，通常は，カラムに固定相を充填し，試料液を負荷した後，移動相の組成や極性を順次変化させながら試料中に含まれる目的物質を順次分離し，目的外の夾雑物質を除去する方法である．図 4.2.20 に　カラムクロマト

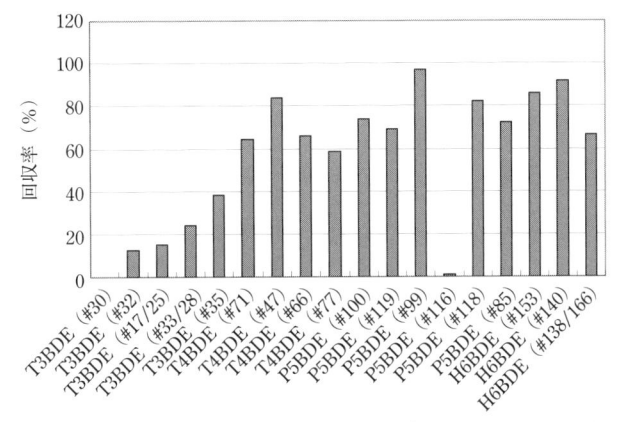

図 4.2.19 ポリ臭素化ビフェニルエーテル類の多層シリカゲルクロマトグラフィーにおける回収率（＃は IUPAC 番号）

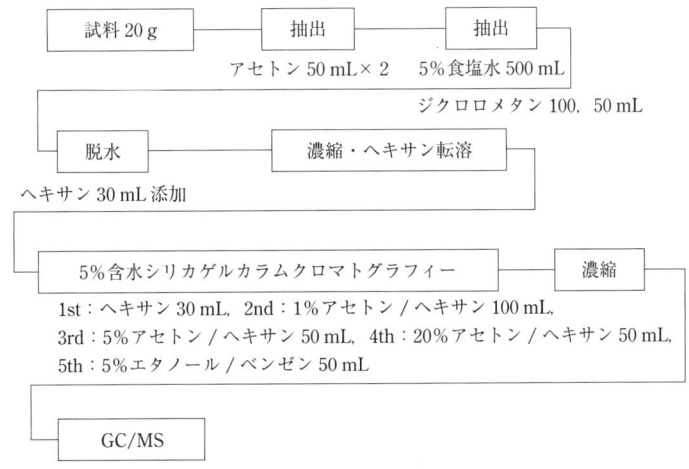

図 4.2.20 カラムクロマトグラフィーを使用した分析法の例
不正軽油製造廃棄物中の軽油識別剤（クマリン）の分析

グラフィーを使用した分析法の例を示したが，試料抽出液をシリカゲルを充塡したカラムに負荷し，溶離液であるヘキサンに含まれるアセトンの含量を順次増加させることにより，低極性物質から高極性物質までを順次溶離させる方法であり，多成分を同時分析する場合に，必須のクリーンアップ法となっている．

クロマトグラフィーはシリカゲル，フロリジル等を固相とした順相カラムクロマトグラフィー，化学結合型シリカゲルを用いた逆相カラムクロマトグラフィー，活性炭等を用いた吸着クロマトグラフィー，イオン交換型カラムクロマトグラフィー等がある．また，ダイオキシン類等の分析では，d．で述べた多層シリカゲルクロマトグラフィーが使用されている．さらに，ゲル浸透クロマトグラフィー（gel permeation chromatography：GPC）は，分子のサイズ（分子量）によって分画できるため，高分子化合物等の夾雑成分を目的成分と再現性よく分離できる特長がある．

逆相カラムクロマトグラフィーおよびイオン交換型カラムクロマトグラフィーは，主として強極性物質のクリーンアップに適しており，順相および吸着型は，無極性から中極性成分のクリーンアップに適している．

一般に水質等の夾雑成分の少ない試料ではカートリッジ形のカラムが使用できるが，底質，生物試料等では夾雑成分の負荷量が大きくできるオープンカラムがおもに用いられている．

a．順相カラムクロマトグラフィー

極性の強い固定相をカラムに充塡し，試料液をヘキサン等の疎水性溶媒でカラムに負荷させた後，次第に溶離液の極性を増加させることにより目的成分を順次増加させる方法である．環境分析では，フロリジル，シリカゲル，アルミナ等を固定相として用いる場合が多い（吸着力の強さはシリカゲル＜フロリジル＜アルミナの順）．フロリジルは，生体中の脂肪分の保持能力が高い利点をもち，生物試料のクリーンアップに適しているが，強極性成分が溶離し難い傾向がある．シリカゲルは，底質試料の中の夾雑成分の分離には適しているが生体成分の保持能力が劣る欠点をもっている．アルミナは強極性の担体で吸着性が強く，また，中性，酸性および塩基性の担体を選択できることから，目的物質の酸塩基性に着目したクリーンアップが行える．また，吸着性が強いことから，シリカゲルやフロリジル等では分離が困難な物質を目的物質のわずかな極性の差を利用して分離できる場合があり，通常のPCBからコプラナーPCBを分離する場合に適用されている．

図4.2.21に廃棄物中に含まれる鉱物油成分の5％含水シリカゲルクロマトグラフィーにおける分画例を示したが，最初のヘキサン分画には極性の弱い炭化水素類が，第2分画（1％アセトン/ヘキサン）には多環芳香族炭化水素類（PAHs）等芳香族化合物が，第3分画（5％アセトン/ヘキサン）には，芳香族系のリン酸エステルやフタル酸エステルが，第4分画には極性のやや強い農薬等が溶出し，第5分画には更に極性の強い物質が溶出する．順相クロマトグラフィーでは，担体の種類，量，溶離液の組成が溶出パターンに

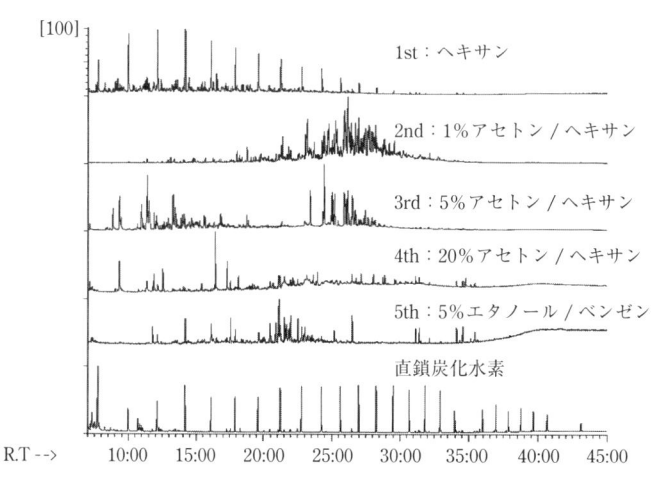

図4.2.21 廃棄物中に含まれる鉱物油成分の5％含水シリカゲルカラムクロマトグラフィー（10 mmφ，5 g）による分画例

表4.2.4 農薬類のカートリッジカラムにおける分離（スペルコ社製ガラス製カートリッジカラム，シリカゲル，1g）

溶離液	ヘキサン			20%アセトン/ヘキサン					30%アセトン/ヘキサン					5% EtOH/Bz	回収率合計
分画（mL）	0-2	2-4	4-6	0-2	2-4	4-6	6-8	8-10	0-2	2-4	4-6	6-8	8-10	0-10	
DDVP	0	0	0	0	0	84	19	0	0	0	0	0	0	0	103
MTMC (metolcarb)	0	0	0	0	0	71	20	0	0	0	0	0	0	0	91
echlomezole	0	0	0	0	63	38	0	0	0	0	0	0	0	0	100
chlorneb	0	0	0	0	58	40	0	0	0	0	0	0	0	0	99
MIPC (isoprocarb)	0	0	0	0	6	90	1	0	0	0	0	0	0	0	98
XMC	0	0	0	0	0	92	5	0	0	0	0	0	0	0	97
BPMC	0	0	0	0	27	69	0	0	0	0	0	0	0	0	96
monocrotophos	0	0	0	0	0	0	0	0	0	0	0	0	0	0	0
pencycuron	0	0	0	0	27	44	0	0	0	0	0	0	0	0	71
trifluralin	0	0	0	0	69	29	0	0	0	0	0	0	0	0	98
bethrodine	0	0	0	0	60	28	0	0	0	0	0	0	0	0	88
simazine	0	0	0	0	0	80	7	0	0	0	0	0	0	0	87
atrazine	0	0	0	0	26	61	0	0	0	0	0	0	0	0	87
chlorothalonil (TPN)	0	0	0	0	56	37	0	0	0	0	0	0	0	0	93
propyzamide	0	0	0	0	45	44	0	0	0	0	0	0	0	0	89
diazinon	0	0	0	0	47	39	0	0	0	0	0	0	0	0	86
ethylthiomethone	0	0	0	0	37	35	0	0	0	0	0	0	0	0	72
IBP	0	0	0	0	41	50	0	0	0	0	0	0	0	0	92
metribuzin	0	0	0	0	30	45	0	0	0	0	0	0	0	0	75
MCPB-ethyl	0	0	0	0	44	41	0	0	0	0	0	0	0	0	85
palathion-methyl	0	0	0	0	32	49	0	0	0	0	0	0	0	0	82
NAC (carbaryl)	0	0	0	0	0	4	39	1	0	0	0	0	0	0	45
chlorpyriphos-methyl	0	0	0	0	55	40	0	0	0	0	0	0	0	0	95
simetryn	0	0	0	0	0	82	3	0	0	0	0	0	0	0	85
bromobutide	0	0	0	0	45	41	0	0	0	0	0	0	0	0	86
vinclozoline	0	0	0	0	53	37	0	0	0	0	0	0	0	0	91
tolchlofos-methyl	0	0	0	0	53	41	0	0	0	0	0	0	0	0	94
MBPMC (Terbutol)	0	0	0	0	47	44	0	0	0	0	0	0	0	0	91
metalaxyl	0	0	0	0	0	22	46	2	0	0	0	0	0	0	70
prometrin	0	0	0	0	39	41	0	0	0	0	0	0	0	0	79
probenazole	0	0	0	0	0	3	54	3	0	0	0	0	0	0	59
MEP	0	0	0	0	38	42	0	0	0	0	0	0	0	0	81
dithiopyr	0	0	0	0	50	41	0	0	0	0	0	0	0	0	91
esprocarb	0	0	0	0	45	41	0	0	0	0	0	0	0	0	86
thiobencarb	0	0	0	0	46	39	0	0	0	0	0	0	0	0	85
malathion	0	0	0	0	36	48	0	0	0	0	0	0	0	0	84
MPP	0	0	0	0	43	35	0	0	0	0	0	0	0	0	79
dimethylvinphos	0	0	0	0	0	68	12	0	0	0	0	0	0	0	81
metolachlor	0	0	0	0	44	40	0	0	0	0	0	0	0	0	85
bentazone	0	0	0	0	0	0	0	0	0	0	0	0	0	0	0
fthalide	0	0	0	0	56	41	0	0	0	0	0	0	0	0	97
parathion	0	0	0	0	45	36	0	0	0	0	0	0	0	0	82
chlorpyrifos	0	0	0	0	53	38	0	0	0	0	0	0	0	0	90
captan	0	0	0	0	31	54	0	0	0	0	0	0	0	0	85
a-CVP	0	0	0	0	43	55	0	0	0	0	0	0	0	0	99
pendimethalin	0	0	0	0	47	37	0	0	0	0	0	0	0	0	84
methyl dymron	0	0	0	0	23	58	0	0	0	0	0	0	0	0	81
b-CVP	0	0	0	0	25	55	0	0	0	0	0	0	0	0	80
PAP (phenthoate)	0	0	0	0	48	41	0	0	0	0	0	0	0	0	89
isophenphos	0	0	0	0	43	39	0	0	0	0	0	0	0	0	83
ferimzone	0	0	0	0	0	40	22	0	0	0	0	0	0	0	63
methidathion	0	0	0	0	22	57	0	0	0	0	0	0	0	0	78
CVMP	0	0	0	0	13	71	0	0	0	0	0	0	0	0	84
a-endosulfan	0	0	0	0	66	36	0	0	0	0	0	0	0	0	102
isoprothiolane	0	0	0	0	28	52	0	0	0	0	0	0	0	0	79
butamifos	0	0	0	0	43	39	0	0	0	0	0	0	0	0	82
napropamide	0	0	0	0	24	56	0	0	0	0	0	0	0	0	80
butachlor	0	0	0	0	41	42	0	0	0	0	0	0	0	0	83
flutolanil	0	0	0	0	0	35	32	0	0	0	0	0	0	0	68
pretilachlor	0	0	0	0	40	39	0	0	0	0	0	0	0	0	79

表 4.2.4 続き

溶離液	ヘキサン			20%アセトン/ヘキサン					30%アセトン/ヘキサン					5% EtOH/Bz	
分画（mL）	0-2	2-4	4-6	0-2	2-4	4-6	6-8	8-10	0-2	2-4	4-6	6-8	8-10	0-10	回収率合計
oxadiazon	0	0	0	0	48	44	0	0	0	0	0	0	0	0	92
buprofezin	0	0	0	0	50	48	0	0	0	0	0	0	0	0	98
NIP	0	0	0	0	39	34	0	0	0	0	0	0	0	0	73
isoxathion	0	0	0	0	38	38	0	0	0	0	0	0	0	0	76
b-endosulfan	0	0	0	0	50	40	0	0	0	0	0	0	0	0	90
MPP-sulfoxide	0	0	0	0	0	0	0	0	0	0	2	26	3	0	30
MPP-sulfon (fenthion)	0	0	0	0	0	0	0	10	19	4	0	0	0	0	33
chlorbenzilate	0	0	0	0	42	38	0	0	0	0	0	0	0	0	81
mepronil	0	0	0	0	14	63	0	0	0	0	0	0	0	0	76
EDDP	0	0	0	0	14	60	0	0	0	0	0	0	0	0	74
endosulfansulfate	0	0	0	0	44	51	0	0	0	0	0	0	0	0	95
CNP	0	0	0	0	48	32	0	0	0	0	0	0	0	0	79
daimuron	0	0	0	0	0	34	14	0	0	0	0	0	0	0	48
thenylchlor	0	0	0	0	22	61	0	0	0	0	0	0	0	0	83
nitralin	0	0	0	0	1	75	4	0	0	0	0	0	0	0	80
X-52	0	0	0	0	32	37	0	0	0	0	0	0	0	0	68
pyributicarb	0	0	0	0	36	37	0	0	0	0	0	0	0	0	74
pyridaphenthion	0	0	0	0	0	19	25	0	0	0	0	0	0	0	44
iprodione	0	0	0	0	10	63	0	0	0	0	0	0	0	0	73
EPN	0	0	0	0	34	33	0	0	0	0	0	0	0	0	67
bifenox	0	0	0	0	31	36	0	0	0	0	0	0	0	0	67
phosalone	0	0	0	0	34	38	0	0	0	0	0	0	0	0	72
mefenacet	0	0	0	0	0	65	0	0	0	0	0	0	0	0	65
benfuracarb	0	0	0	0	40	26	0	0	0	0	0	0	0	0	66
cis-permethrin	0	0	0	0	38	38	0	0	0	0	0	0	0	0	76
trans-permethrin	0	0	0	0	34	37	0	0	0	0	0	0	0	0	70
prochloraz	0	0	0	0	0	0	0	0	0	0	24	0	0	0	24
ethofenprox	0	0	0	0	31	39	0	0	0	0	0	0	0	0	70
fenvalerate	0	0	0	0	45	43	0	0	0	0	0	0	0	0	88
es-fenvalerate	0	0	0	0	32	34	0	0	0	0	0	0	0	0	65
alachlor	0	0	0	0	40	41	0	0	0	0	0	0	0	0	80

影響する．担体量が小さいカートリッジカラムにおける農薬類の溶出パターンを表4.2.4に示したが，大部分の農薬は第2分画（20％アセトン/ヘキサン）に溶出し，鉱物油等の鉱物成分が溶出する第1分画（ヘキサン）や強極性物質が溶出する第3分画（30％アセトン/ヘキサン）以後の分画と分離できた．なお，溶離液の極性の制御は，一般にヘキサンにエチルエーテル，アセトン，アセトニトリル，酢酸エチル，エチルアルコール等の極性溶媒を添加して行うが，極性の弱いPCBs，ダイオキシン類，PBDEs等のクリーンアップでは，ジクロロメタンを含むヘキサンを溶離液として使用し，マイルドな溶離液を用いて非極性の目的物質のみを溶離させ，極性を有する夾雑物をカラムに残留させる場合が多い．

順相カラムクロマトグラフィーでよい再現性を得るためには，担体となる吸着剤を加熱して，均一な活性化を行う場合が多い．しかし，活性度が高すぎる場合には，溶離液の極性を高めても，強極性成分が担体に不可逆吸着して溶離しない場合がある．これを防止する目的で担体を含水させる方法[7,8]が有効であるが，たとえばシリカゲルの場合は20％以上のアセトンを含む溶離溶媒を使用した場合には担体中の水分が溶脱するため，アセトンに換えてエタノール等の極性溶媒を使用する必要がある．

担体を実験直前に充填できるオープンカラムは担体の活性度を制御することが容易であるが，市販のカートリッジカラムは担体がカートリッジカラムに充填された状態で出荷されるため，製造後長期間を経過すると，湿気がパッケージ内に滲入し，活性度が低下する懸念がある．カートリッジカラムは加熱による再活性化が不可能なため，金子らの報告に従い，強力な脱水力を有するアセトンによりカラムを洗浄し，その後ヘキサンで洗浄してアセトンを除去する方法により再活性化する方法を試みた．シリカゲルカートリッジカラムをアセトンにより再活性化した場合の溶離パターンの変化を表4.2.5に示した．カートリッジカラムを開

表 4.2.5　シリカゲルカートリッジカラムのアセトンによる再活性化の効果

物質名	処理方法	LC-silica（1 g）　溶離溶媒各 5 mL						
		ヘキサン	1% Ac	5% Ac	10% Ac	20% Ac	50% Ac	総量
dichlobenil（DBN）	開封直後	0	0	1	91	0	0	92
	室内放置	0	0	10	91	0	0	101
	再活性化	0	0	52	41	0	0	93
MTMC（metolcarb）	開封直後	3	4	5	33	105	1	150
	室内放置	0	0	0	118	0	2	121
	再活性化	1	1	0	25	74	2	103
echlomezole	開封直後	0	0	11	88	0	0	101
	室内放置	1	81	10	0	0	0	92
	再活性化	0	2	72	8	3	3	87
XMC	開封直後	0	0	0	0	121	0	121
	室内放置	0	0	35	86	0	0	121
	再活性化	0	0	0	48	43	1	91
simazine（CAT）	開封直後	1	0	0	0	125	1	126
	室内放置	0	0	5	91	0	0	97
	再活性化	0	1	0	28	50	1	80
IBP（iprobenfos）	開封直後	0	0	0	33	57	0	90
	室内放置	0	0	64	43	0	0	107
	再活性化	0	0	0	75	14	1	89
prometrin	開封直後	0	0	0	80	0	0	82
	室内放置	0	0	95	1	0	0	96
	再活性化	0	0	19	48	1	0	68
MEP（fenitrothion）	開封直後	0	1	3	75	1	1	81
	室内放置	0	2	105	1	1	1	109
	再活性化	0	1	14	48	1	2	66
thiobencarb	開封直後	1	0	0	89	1	1	92
	室内放置	0	14	77	0	0	0	92
	再活性化	0	0	65	3	1	1	69
daimuron	開封直後	0	0	0	0	54	3	57
	室内放置	0	0	0	86	2	2	90
	再活性化	0	0	0	2	70	4	76

注 1）Ac＝アセトン
注 2）再活性化は，アセトン 5 mL で洗浄後，ヘキサン各 5 mL で 4 回洗浄した．

封し室内に放置することにより活性度が低下し極性の弱い分画で溶出していた MTMC（metolcarb），echlomezole, IBP（iprobenfos）等がアセトンによる再活性化により本来の溶出位置に復帰した．シリカゲルカラムを再活性化した例を表 4.2.5 に示したが，フロリジルでも再活性化の効果が認められた．カートリッジカラム洗浄液のクロマトグラムを図 4.2.22 に示したが，カラム中に含まれる夾雑物質がアセトンにより除去されており，アセトンを用いた事前洗浄は再活性化ばかりでなく，カラムの清浄化にも効果があることが判明した．

b. 活性炭系カラムクロマトグラフィー

活性炭やグラファイトカーボンを用いたカラムクロマトグラフィーは，活性炭等の担体と溶媒間の相互作

用に依存した分離特性を示すことから，順相カラムクロマトグラフィーとは異なった分離挙動を示す．また，化学物質の立体構造が分離に強く影響し，芳香族性の強い化合物やコプラナー（平面）構造をもった物質は強く保持されることから，たとえば，コプラナーPCB の分析[2, 6, 14] では，非コプラナー性PCBs とコプラナーPCB の分離に利用されている．活性炭系カラムからの溶出は，最初ヘキサン，アセトン等の脂肪族系溶媒を用いて溶離し，つぎにベンゼン，トルエン等芳香族系溶媒を使用して活性炭に強く吸着した芳香族化合物を溶離する方法が一般的である．なお，活性炭は不純物を多量に含む場合があることから，使用前にトルエン等の芳香族系溶媒で洗浄した後，ヘキサンに溶離液を置換してから使用することが望ましい．シリカゲルカラム等では，農薬は底質中の着色成分とともに溶離する場合が多いが，図 4.2.23 に示すように，グラファイトカーボン系カラムである ENVI-Carb では大部分の農薬類は着色成分が溶離しないヘキサン，アセトン等のフラクションに溶離するが，平面構造を有する chlorothalonil（TPN）は溶出が遅くなる傾向を示す．活性炭系のカラムは底質中の着色成分の除去に有効であり，また，図 4.2.24 に示すように底質中の鉱物油成分はヘキサン分画に溶出し，この分画には PCBs, PCNs, ダイオキシン類等の芳香族系化合物は溶出しないことから，シリカゲルカラムで鉱物油との分離が困難なこれらの物質を分析する場合には有効である．

c. ゲル浸透クロマトグラフィー

ゲル浸透クロマトグラフィー（GPC）は，図 4.2.25 に示すように高速液体クロマトグラフ（HPLC）とフラクションコレクターを組み合わせることにより，分子量分布に依存して目的物質を分画できる．従来，GPC は食品中の残留農薬クリーンアップ法としてシクロヘキサン等の疎水性溶媒を用いた方法が行われてきたが，最近では環境中のフタル酸エステル類の分析で親水性溶媒（アセトニトリル，アセトン等）を用いた方法[17] が開発されている．

図 4.2.26 に底質試料を GPC 処理した例を示したが，PCBs 等の分析の妨害となる鉱物油成分の大部分は 10～14 分に，単体硫黄は 18～20 分のフラクションに溶出し，PCBs（14～16 分）および PCNs（16～18 分）のフラクションには少量のビフェニルおよびナフタレン誘導体のみが溶出し，妨害成分の大部分を除去することができた．また，魚介類においても，生体成分に由来する妨害成分の大部分は，図 4.2.27 に 10～14 分のフラクションに溶出した[7]．

GPC は，ポリマー系のカラムを使用することから，吸着等が生じにくく，図 4.2.28 に示すように目的物質

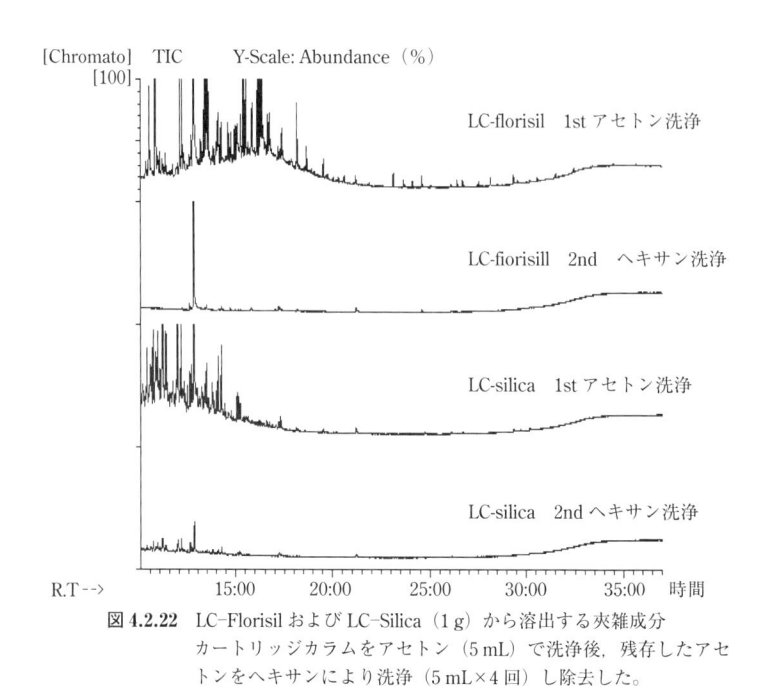

図 4.2.22 LC-Florisil および LC-Silica（1 g）から溶出する夾雑成分
カートリッジカラムをアセトン（5 mL）で洗浄後，残存したアセトンをヘキサンにより洗浄（5 mL×4 回）し除去した。

4.2 有害物質分析のノウハウ

ENV-Carb 250mg	溶離溶媒(5mL)					
物質名	Hexane	50%Ac	Acetone	DCM	10%Tol-DCM	総計
DDVP(Diechlovos)	93	1	2	2	1	98
Dichlobenil(DBN)	81	6	0	0	0	88
MTMC(metolcarb)	94	7	0	0	0	103
G1 Echlomezole	110	0	0	0	0	111
G2 Chloroneb	93	9	0	10	13	125
MIPC(isoprocarb)	99	0	0	0	0	99
Molinate	100	0	0	0	0	101
XMC	95	1	0	0	0	95
BPMC(fenobucarb)	99	0	0	0	0	99
Trifluralin	115	1	0	0	0	117
G4 Bethrodine(benflu	115	0	0	0	0	116
Dimethoate	50	24	0	0	0	74
G5 Simazine(CAT)	0	113	0	1	0	115
Atrazine	0	103	0	0	0	104
Chlorothalonil(TPN)	0	1	14	44	14	72
Pyroquilon	52	40	0	0	1	94
G7 Propyzamide	99	0	0	1	0	101
G8 Diazinon	99	0	0	0	0	99
Ethylthiomethone	97	1	1	2	1	102
IBP(iprobenfos)	101	1	0	0	0	102
Metribuzin	98	0	1	1	0	100
MCPB-ethyl	104	1	0	0	0	105
Palathion-methyl	107	2	2	1	0	112
NAC(carbaryl)	2	102	1	0	0	105
G9* Chlorpyriphos-me	67	24	0	0	0	91
Simetryn	0	70	4	0	0	74
Bromobutide	102	0	0	0	0	103
Vinclozoline	98	0	0	0	0	100
Tolchlofos-methyl	98	1	0	0	0	99
G10 MBPMC(Terbutol)	102	0	0	0	0	103
G12 Metalaxyl	57	10	0	0	0	68
Prometrin	1	92	0	0	0	93
Probenazole	0	92	1	1	1	95

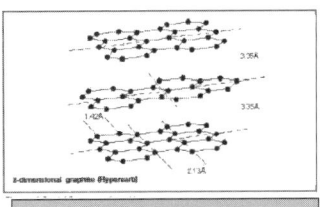

グラファイトカーボンの構造

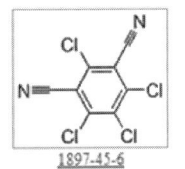

Chlorothalonil (TPN)

図 4.2.23 カーボングラファイトカラム（ENVI-Carb, 250 mg）における農薬類の溶出

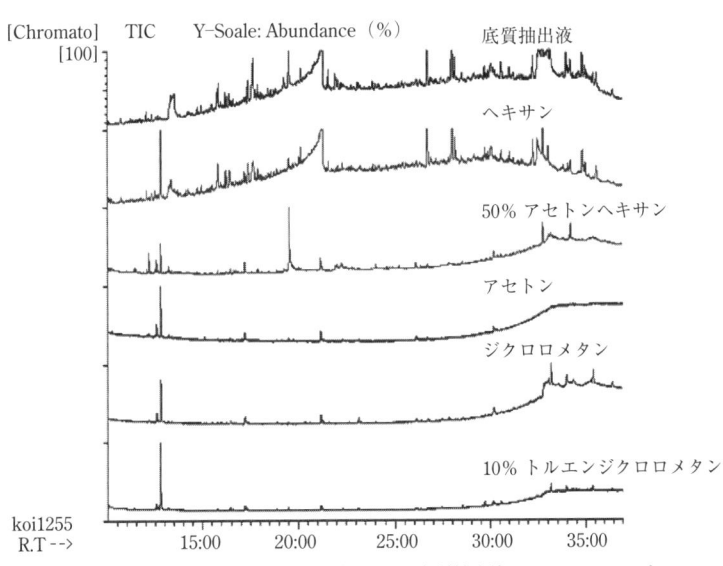

図 4.2.24 ENVI-Card（260 mg）による底質抽出液のクリーンアップ

をきわめて狭い分画範囲（通常 8 mL）に溶離できることから濃縮時間の短縮が可能になり，また，妨害成分を効率的に分離・除去できることから，最終のクリーンアップ法として簡便なカートリッジ形カラムを使用できる利点がある．とくに，廃油中の PCBs の分析では，効率的に PCBs と鉱物油成分を相互に分離できるため，絶縁油中の PCBs の分析に適用されている．GPC は，表 4.2.6 に示すように多様な有害化学物質を相互に分離・回収できること，また，HPLC で操作できるため自動化が可能であり，将来的には LC/MS 等と直結して，前処理と測定の自動化も可能と考えられる．

〔剱持堅志〕

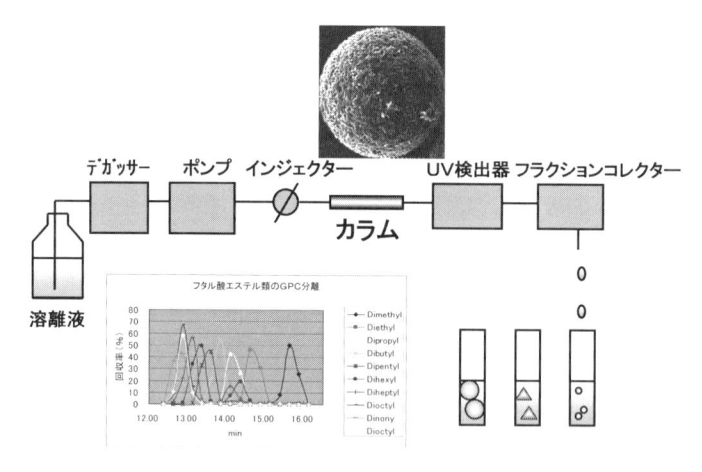

図 4.2.25 GPC 装置の概要

GPC の条件　カラム：Shodex GLNpak PAE-2000（20 mmϕ× 300 mm），溶離条件
（アセトン：シクロヘキサン（95：5），4 mL/min，40°C）

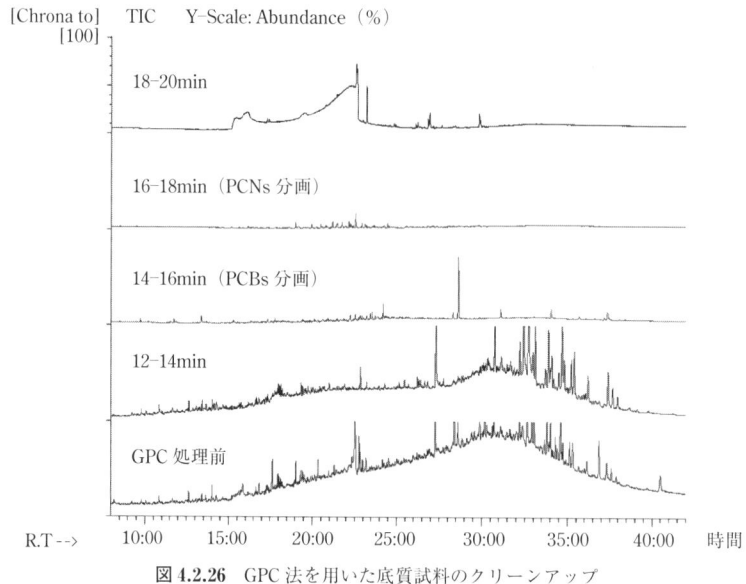

図 4.2.26 GPC 法を用いた底質試料のクリーンアップ

カラム：Shodex CLNpak PAE-2000（20 mmϕ × 300 mm），
溶離液：アセトン 4 mL/min，40℃

参考文献

1) 環境庁環境安全課：平成 10 年度化学物質分析法開発調査報告書（その 2），岡山県環境保健センター，p.71（2000）．
2) 日本工業規格（JIS）　K0312（工業用水・工場排水中のダイオキシン類及びコプラナーPCB の測定方法），日本規格協会（1999）．
3) 環境省環境安全課：モニタリング調査マニュアル（2004）．
4) 環境省環境安全課：平成 14 年度化学物質分析法開発調査報告書，岡山県環境保健センター，p.48（2003）．
5) 環境庁環境安全課：平成 10 年度化学物質分析法開発調査報告書（その 2），岡山県環境保健センター，p.1（1999）．
6) 環境庁水質保全局水質管理課：ダイオキシン類に係る底質調査マニュアル（2000）．
7) 劒持堅志他：環境化学，3，p.279，（1993）．
8) 環境庁水質保全局：水質，底質及び生物の内分泌撹乱化学物質（環境ホルモン）の分析法（1999）．
9) 環境庁保健調査室：平成 5 年度化学物質分析法開発調査報告書，岡山県環境保健センター，p.102（1984）．
10) 高菅卓三，井上毅，大井悦雅：環境化学，5，p. 667（1995）．
11) 廃棄物処理振興財団：PCB 処理技術ガイドブック，p. 198 ぎょうせい（1999）．

4.2 有害物質分析のノウハウ

表 4.2.6 代表的な環境汚染物質の GPC における分離状況

Rt	化合物
10 min～	n-Paraffin(＞C17), CPs(40% Cl), Di(2-ethylhexyl) Adipate
12 min～	n-Paraffin(＜C17), CPs(70% Cl), α-Endsulfan, Diisopropylnaphthalene Tetraphenylethylene, Tetraphenyltin TBP, TCPP-2,3, TNAP, CRP, ODP, TBXP, TOP, TCP, TBPP(OPEs) Di-i-BP, Di-n-BP, Dipent-P, BPBG, Dihexyl-P, Benzyl butyl-P, Di(2-butoxy) Phthalate Dicyclo-P, DihepP, DEHP, Diphnyl-P, DinonyP, Di-n-octyl Phthalate, Pesticides
14 min～	PCBs, Biphenyl, PCTs, Terphenyl, 4-Nitrotoluene, HCHs, Chlordene, Heptachlor Aldrin, Octachlorostylene, Oxychlordane, Heptachlor-epoxi, Chlordane, Nonachlor DDTs, NIP, Dieldrin, Endrin, β-Endsulfon, Endsulfan Sulfate, Methoxychlor Mirex, Stylene-Dimers&Trimers, Dimethylnaphthalen, Benzophenone, 1-Phenynaphthalene Triphenylmethane, Reten, 4-Benzylbiphenyl, Tetraphenylene, p-Quaterphenyl TEP, TAP, TCEP, TCPP-1, TPP, TDBP(OPEs), DMP, Dimethyl tere-Phthalate DEP, Diethyl tere-P, Di-iso-Propyl-P, Di-n-propyl-P, Diallyl Phthalate, Pesticides
16 min～	PCNs, Naphthalene, 1-Naphthol, 2,4,8-TCDF, Dibenzofuran, Dibenzo-p-dioxin, PBDEs Stylene-Dimers&Trimers, HCB, Acenaphthene, Fluorene, Dibenzothiophene, Phenanthrene Anthracene, Fluoranthene, 2,3-Benzofluorene, NAC, Fthalide, MPP-sulfoxide
18 min～	Kepone, Benzo[c]cinnoline, Anthraquinone, Pyrene, Benzo[a]anthracene, Chrysene Triphenylene, Naphthacene, Benzo[b+j+k]fluoranthene, 3-Methylcholanthrene Dibenz[a, h]anthracen,
20 min～	Benzo[a]pyrene, Benzo[e]pyrene, Perylene, Indeno[1,2,3-cd]pyrene, Benzanthrone
22 min～	Benzo[ghi]perylene, Anthanthrene, Naphtho[2,3-a]pyrene

注）カラム：Shodex CLNpak PAE-2000 溶離液：アセトン（4 ml/min, 40℃）

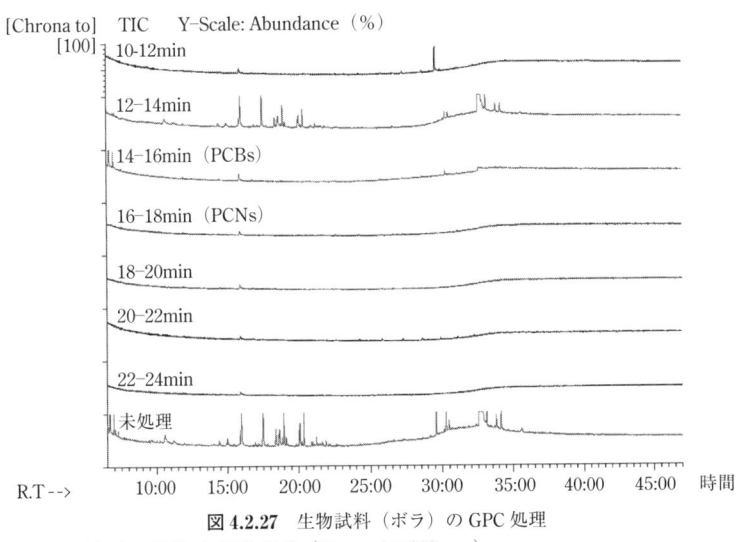

図 4.2.27 生物試料（ボラ）の GPC 処理

カラム：Shodex CLNpak PAE-2000（20 mmφ×300 mm），
溶離液：アセトン 4 mL/min，40℃

12) 日本工業規格（JIS） K0093（ポリ塩化ビフェニル），日本規格協会，1998
13) 日本薬学会：衛生試験法・注解，p.467（2000）．
14) 厚生省化学物質安全対策室：血液中のダイオキシン類測定暫定マニュアル（2000）．
15) 環境庁環境安全課：平成9年度化学物質分析法開発調査報告書，岡山県環境保健センター，p.176（1998）．
16) 環境省環境安全課：平成15年度化学物質分析法開発調査報告書，岡山県環境保健センター，p.153（2004）．
17) 環境庁水質保全局：水質，底質及び生物の内分泌攪乱化学物質（環境ホルモン）の分析法（1999）．

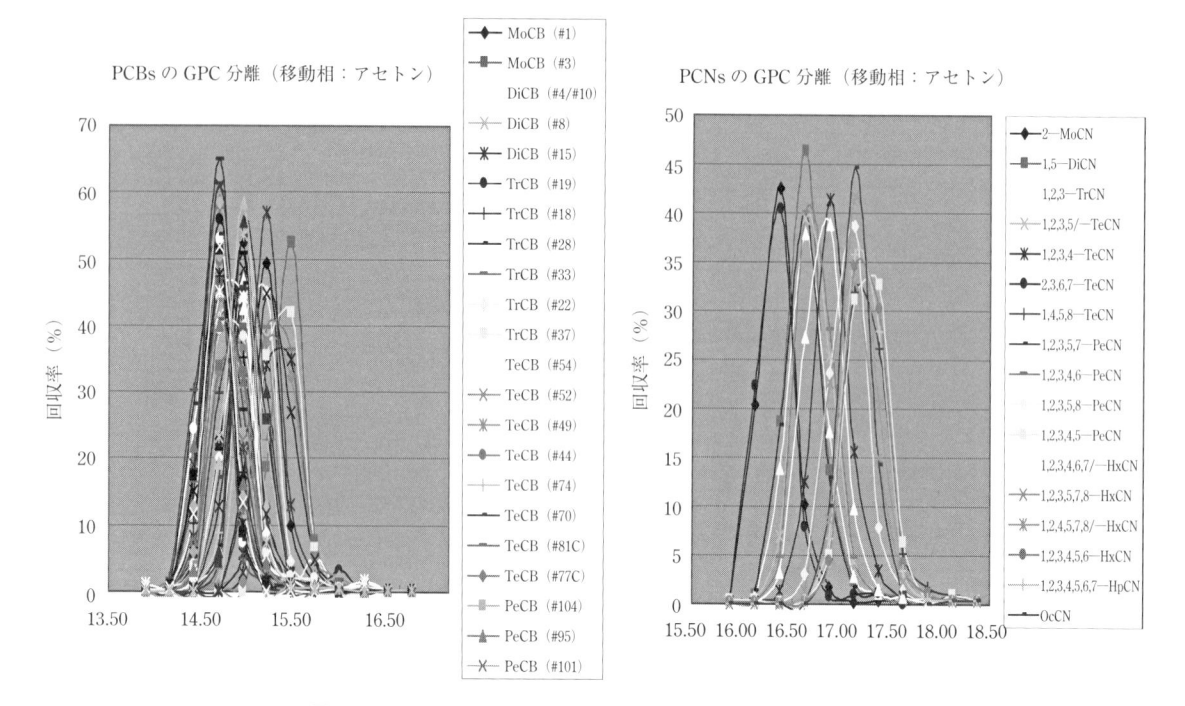

図 4.2.28 GPC における PCBs と PCNs の分離（移動相：アセトン）
カラム：Shodex CLNpak PAE 2000（20 mm φ × 300 mm），# は IUPAC 番号

4.2.5 試料の捕集方法

1) 気体試料の採取と抽出方法

a. 気体試料の採取方法

　数リットル以下の気体試料をキャニスター吸引捕集する方法は，2.8 揮発性有機化合物（VOC）の GC/MS 分析法に詳しく書かれているのでここではキャニスター以外の方法について解説する．気体試料採取方法の一般的なモデルを図 4.2.29 に示す．

- 気体試料の捕集は，ろ紙，吸着剤などを捕集材として，これに吸引ポンプで気体を通し，気体中の物質を捕集材に捕集する．通した気体の量は，ポンプの排気側に流量計を付けて計測する．
- 捕集の際，揮発性の低い物質の捕集材を上流に通気する．このことによって，揮発性の高い物質を捕集する吸着力の高い捕集材に難揮発性の物質が吸着して吸着能が低下することを防ぐことができる．一般には，はじめにろ紙によって粒子状物質を捕集し，そこを通過する中・低揮発性物質を吸着力の弱い捕集材で捕集し，それも通過する高揮発性物質を吸着力の強い捕集材で捕集する．
- また，吸着能を低下させる水分や捕集物質を酸化させる酸化剤による影響を防ぐ必要がある場合には，捕集材の上流に脱水剤，酸化防止剤を詰めたフィルターを付ける方法がある．フィルターを付ける場合，それによって目的物質の減少，増加がないことを確かめておく．
- もし気体試料が煙道排ガスのような高温，高湿の場合，目的物質を損失しない範囲で冷却，除湿などを行った空気を試料とするが，排ガスの状態，対象物質などを考慮した個別の捕集方法が必要である．

b. 捕集した試料の抽出方法

　試料の抽出方法は，捕集材および対象物質の物性を考慮して決定する．抽出溶媒は一般に濃縮しやすい程度に揮発性があり，不純物，分解物が少ないことも必要条件である．以下のことを考慮して抽出条件を検討する．

- ろ紙には，粒子状物質の成分である炭素微粒子，土壌微粒子が捕集され，有機物質は水分子とともにこれら粒子状物質とろ紙素材に吸着している．したがって有機物質の抽出には炭素微粒子からの抽出効率が良い溶媒と，抽出を妨害する水分子を溶かす溶媒が必要となる．アセトニトリル，アセトンは上記の両方の働きが期待されるが，これらと有機物質に広く親和力のあるジクロロメタン，酢酸エチル，クロロホルムや，炭素微粒子に部分構造が似ている芳香族炭化水素との組合せが考えられる．
- 中・低揮発性の捕集材は吸着力が比較的弱いため，抽出溶媒の選択の幅は広がる．水との親和力が大きく揮発性が高いメタノール，アセトンなどが一般的である．
- 高揮発性物質の捕集材は吸着力が強く，おもにグラファイトカーボンが用いられている．ろ紙上の炭素微粒子からの抽出と基本的には同じ方法が適しており，アセトニトリル，アセトン，メタノールとジクロロメタン，酢酸エチル，クロロホルムや芳香族炭化水素との組合せが適している．
- 熱安定性の高い物質には，捕集材を高温にしてGC/MS に導入する加熱脱着法も選択肢のひとつである．捕集材の充填された捕集管の内部に残る水，酸素などを不活性ガスで十分に追い出し，GC とオンラインで接続して加熱し分析する．

c. 標準の添加回収率実験の方法

　ろ紙や捕集材に標準溶液を添加する場合には，ろ紙のみ回収実験の場合は直接添加し，捕集材への添加では直接添加は行わず，捕集管入口に入れた石英ウール等に添加した後，空気を通気し，対象物質が気体または粒子状で捕集材に到達するように行う．添加する標準物質の量は，予想される大気濃度の 5〜10 倍程度

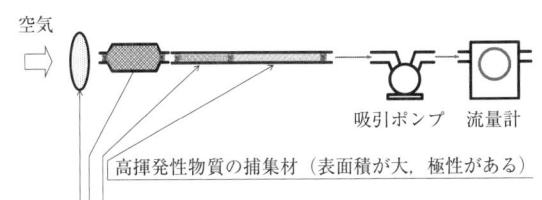

図 4.2.29 気体試料採取方法の一般的モデル

（もし，空気中に対象物質が含まれていない場合は，この実験で予想される検出限界の 30 倍程度の量）になるように標準物質を添加（回収率に影響を及ぼさないよう極小量の揮発性溶媒に溶かして添加し，溶媒が乾くのを待つ）したもの（3 試料以上）と無添加のもの（2 試料以上）を用意し，マニホールド等を使用して，開発した捕集方法で所定量の大気を並行採取し，測定に供する．無添加試料との回収量の差を添加量で割れば回収率が得られる．なお，標準物質と性質がほとんど同じと考えられる ^{13}C や ^2H で標識した標準を添加してよく混ぜたものの回収率も同時に行えれば，より確かな評価ができる．（標識体は標準物質と異なる挙動をする場合があることに留意する．）

2) 液体試料の採取と抽出方法

a. 水試料の採取方法

- 水試料の採取は清浄なガラス容器などに採取し，菌類の繁殖を抑えるため冷蔵，冷凍，酸添加などの方法の中から対象物質に変化を与えない方法を選んで試料を保存する．試料の保存が困難な場合は，速やかに抽出を行う．
- 採取容器への試料成分の吸着の恐れがある場合は，1 回の抽出に使用する量を 1 つの容器に採取し，濃縮に際しては容器壁に吸着する物質も抽出する．

b. 水試料の抽出方法

水試料からの有機物質の抽出は，有機物の $\log P_{ow}$ が非常に小さい場合を除いて，固相充填カラムか有機溶媒によって行う．$\log P_{ow}$ が非常に小さく，どのような操作でも有機相への抽出が期待できない物質は，試料の希釈，共存有機物の抽出や水蒸気蒸留などを行って精製した水溶液を直接分析するが，必ずしもよい方法が見出されるとは限らない．このような場合を除く抽出法の選択の目安を以下に示す．

- 揮発性の高い有機物質は，ヘッドスペース法，パージ＆トラップ法など，水と平衡状態にある気相中の有機物を吸着剤の充填された固相に捕集し，脱水，脱酸素後オンラインで GC/MS に導入する．
- 中～低揮発性の有機物質は，溶媒抽出または固相抽出によって有機相に抽出する．$\log P_{ow}$ をキーにした両者の選択の目安を図 4.2.30 に示す．（固相抽出の発展形のひとつであるスターバー抽出については 4.1.2 を参照されたい）

溶媒抽出は分配係数によってすべて説明できる．溶

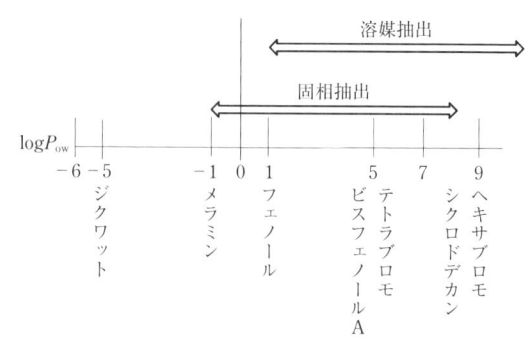

図 4.2.30 $\log P_{ow}$ をキーにした溶媒抽出，固相抽出の選択の目安

媒抽出では抽出できる有機物質の $\log P_{ow}$ はおおむね 1 以上と考えられ，経験も含め例外なくこのルールが適用できる．他方，固相抽出は固相の立体構造，不均一性など分配係数では説明できない要素が含まれるため，図 4.2.30 に示すように $\log P_{ow}$ が −1 の有機物質が抽出できる場合がある一方 $\log P_{ow}$ が 1 以上の有機物質が抽出できない場合もある．また，固相抽出では $\log P_{ow}$ が 7 程度以上の物質の場合，捕集した固相からの抽出率が低下することも経験している．固相には多くの種類があることから図 4.2.30 を目安に実験で確かめることが不可欠である．（4.2.3-2）捕集材の選択を参照）

- 極性物質の抽出には，塩析効果，pH 操作，イオンペアなどの方法がある．溶媒抽出の場合，溶媒量が十分にあるため特段の注意をすることなくこれらの方法を活用でき，これらを活用して共存物の除去を効率的に行うこともできる．固相抽出では，これらの効果が働かなかったり，期待とは反対の結果を招く場合もある．たとえば，塩析効果を期待して塩を添加すると，塩が固相表面に残留して有機物質の捕集率が低下することもある．一般に固相抽出では，高濃度の塩は捕集に負の影響が大きいと考えられ，海水，浸出水など高濃度の塩を含む試料は，水で希釈して固相に通じる方法が採られている．
- 固相に捕集された有機物質を溶媒で抽出するには，水との親和力が大きく揮発性が高いメタノール，アセトンなどが一般的である．グラファイトカーボンなど吸着力の強い吸着剤に捕集された物質の抽出には，アセトニトリル，アセトン，メタノールなどとジクロロメタン，クロロホルムや芳香族炭化水素などを組み合わせ，水分子を溶かし，目的物質を溶か

し，グラファイトカーボンからの抽出に効果のある分子構造の溶媒を組み合わせることが効果的である．
- 浮遊物質（SS）に含まれる有機物質は，ろ過後のろ滓を溶媒抽出する．水のSSへの残留の可能性を考慮すると，抽出溶媒はアセトンなど水溶性で多種類の有機物を溶かすことができる溶媒が適している．

c．標準の添加回収率実験の方法

　添加回収用試験水として，調査対象の水かそれに近い水を使用する．予想される水中濃度の5～10倍程度の濃度（もし，水中に対象物質が含まれていない場合は，この実験で予想される検出限界の30倍程度の量）になるように調査対象物質を添加（回収率に影響を及ぼさないよう極小量の水溶性溶媒に溶かして添加する）した試料（3試料以上）と，無添加試料（2試料以上）との分析値の差を回収量とし，添加量で割れば回収率が得られる．なお，標準物質と性質がほとんど同じと考えられる^{13}Cや^{2}Hで標識した標準を添加してよく混ぜたものの回収率も同時に行えれば，より確かな評価ができる．

3）固体試料の処理と抽出方法

　固体試料は，土壌，底質，生物，食品，工業製品など多種多様であり，採取，抽出方法も細かく記述することはできない．とくに採取方法については技術的要素はほとんどない．他方固体試料は抽出可能な形態でないことが多く，ここでは固体試料の処理方法と抽出方法について考え方を中心に解説する．

a．固体試料の処理方法
- 微粒子状にする方法：もっとも一般的に行われる抽出のための試料の処理方法である．土壌，底質はふるいで，食品，生物試料はホモジナイザーで，工業製品等はボールミル，乳鉢などで微粒子にして試料とし，抽出効率を高める方法である．
- 完全に分解する方法：食品，生物試料は酵素などを用いて，プラスチック製などの工業製品はそれを溶かす溶媒を用いて固体試料を液体にし，それを試料とする．
- 溶出させる方法：土壌，底質，生物，食品，工業製品などから化学物質が溶出する状況を想定し，その環境に似せた条件で溶出した液（水溶液）を試料とする．最近，ヨーロッパ諸国を中心に，これらの物質を摂取した場合の評価試験方法として，人の消化過程を模した人工消化液により溶出する物質を評価する方法（バイオアクセシビリティ試験）が広がりつつあり，今後普及がすすむものと思われる．

b．固体試料の抽出方法
- 微粒子試料からの抽出方法：土壌，底質，食品，生物試料ではアセトニトリル，アセトン，メタノールなど水と混ざり合う溶媒で水分を除き，さらに対象物質を抽出するのに適する溶媒で，工業製品ではその素材に浸透し易い溶媒で抽出する．
- 分解した試料からの抽出方法：試料が水溶液の場合は，前ページの「4.2.5-2）b．水試料の抽出方法」と同様の考え方で抽出する．試料が有機溶媒の場合は，プラスチックなどの材料が溶けているため，材料成分が溶けず目的物質が溶ける溶媒を添加して材料成分を沈殿させて分離する．
- 溶出試料からの抽出方法：水試料として扱えるので，前ページの「4.2.5-2）b．水試料の抽出方法」と同様の考え方で抽出する．

c．標準の添加回収率実験の方法

　固体試料では含有する対象物質の全量が抽出されるかどうかを判別することは難しい．工業製品では既知量の物質を添加して含有量既知の試料が調製できれば可能であるが，微粒子化の過程などでの対象物質の分解，汚染，妨害物質の混入などについてあらかじめ評価する必要がある．他方，土壌，底質，生物，食品では既知の標準物質を含む試料の調製は困難なため，表面に添加した標準の回収率で調査結果を評価せざるを得ない．

　添加回収の方法は前述の「4.2.5-2）c．標準の添加回収率実験の方法」の水の代わりに固体試料として行う．多くの場合，標準を直接固体試料に添加して回収率を調べても，簡単には良好な結果が得られない．そのような場合，固体試料からの抽出液に標準を添加してその回収率を確認し，良好な場合に，固体試料に添加した回収率を求める方法を推奨する．　　〔鈴木　茂〕

4.2.6 検出下限（IDL, MDL）の求め方

検出限界，とくに下限の求め方にはさまざまな考え方があるが，機器分析で一番一般的なのはS/N（シグナルとノイズの比）が3相当のピーク強度を与える濃度を試料量で換算したものである．ノイズレベルの3倍を超えなければ検出したと判断できない，とは感覚的に理解しやすい．ただそこに影響するのは感度のみで分析機器の不安定さや応答のばらつきが加味されていない．そこで有害大気汚染物質のモニタリング調査で用いられる方法は，もう少し複雑に，低濃度繰り返し測定結果の標準偏差を取り，その3倍としている（http://www.jesc.or.jp/work/assessment/analysis/04.html，結果は http://www.env.go.jp/air/osen/monitoring/index.html）．これで感度と応答の精度に配慮したことになる．ここでは環境省の化学物質環境実態調査（http://www.env.go.jp/chemi/kurohon/index.html）で用いられている方法を中心に説明する．

1) IDL（装置検出下限：instrument detection limit）

分析に用いる機器の基本性能に依存する値で，試料の注入にオートインジェクターなど機械を使うのならば分析者の習熟度に左右されない．その装置を使うならどこまで測定できるか，を判断するために用い，濃度または絶対量で表示する．一般的な求め方は検量線をかくときの最低濃度を繰り返し分析し，その応答値の標準偏差から算出するというものである．ここで最低濃度はS/N比が10程度で，応答値の変動係数が5%程度，悪くても10%以下であることが望ましい．変動が大きすぎるということは測定条件がIDL算出にふさわしくないか，機器が適切に設定されていないということである．最低濃度を7回測定し，その標準偏差が s だった場合，IDLは $s \times 2 \times 1.9432$ であると考える．1.9432とは危険率5%，自由度 $7-1$ の t 値（片側）であり，これに統計的にどのような意味があるかは文献 1) や他の専門書などを参考にして欲しい．ちなみに5回繰り返した場合の t 値は，自由度4の2.1318，10回繰り返したら自由度9の1.8331となる．表計算ソフトに計算式が入っていることが多い．この

ように低い濃度で多く繰り返せばIDLは低く算出されて有利であることが多いが，低すぎる濃度ではベースラインノイズが影響しすぎて標準偏差が大きくなる．応答精度が保てる範囲でなるべく低い濃度から算出するのが望ましい．ただし算出したIDLのS/N相当値が1を下回るようでは意味がないので再測定が必要である．一例をあげると，最低濃度（1 ng/mL，S/N=10 とする）を7回繰り返し測定し標準偏差が0.05 ng/mL（変動係数は5%）であったとすると，IDLは $0.05 \times 2 \times 1.9432 = 0.19432$ つまり 0.19 ng/mL となり，S/N相当値はおよそ2となる．

2) MDL（分析方法の検出下限：method detection limit）

それぞれの分析方法で対象物質を安定した精度で検出できる最低濃度をMDLという．IDLが試験液の濃度または絶対量で表示したのに対しMDLは媒体濃度（大気なら ng/m³，水質なら μg/L 等）で表示することが多い．IDLが標準溶液から算出するのに対してMDLは実際の試料の分析値から算出する．またIDLは標準溶液のバイアル1つからでも算出できるがMDLは繰返し数の試料を前処理して繰返し数の測定バイアルを調製するのではるかに手間がかかる．繰返し数に見合った量の均一な試料も必要である．MDLは装置性能の他，試料量，採取法，共存物質，前処理法，濃縮率，ブランクレベル，そして分析者の習熟度などに影響される．基本は定量下限値付近の濃度をもつ試料を処理して定量する操作を繰り返し，定量値の標準偏差から算出することになっているが，実際は最終試験液の濃度が検量線の最低濃度付近になるよう，試料に標準物質を添加して分析法通りの処理をし，定量値とその標準偏差を求めて算出することが多い．算出法自体はIDLと同じで，標準偏差 $\times 2 \times t$ 値である．また標準偏差 $\times 10$ をMQL（分析方法の定量下限値：method quantification limit），安定した精度で定量できる最低濃度と考える．操作ブランクが検出される場合はブランク値からも同様に算出し，大きい方をMDLとする．無添加の試料から高濃度の検出があるような物質の場合は，試料を希釈したり捕集管を2連

にして後段に標準物質を添加して分析するなど，最終試験液が適切な濃度になるよう調製することもある．適切に算出されていればMDLはIDLの試料換算値よりやや大きめの値になることが多い．実際の調査測定ではIDLを満足し，分析法に大した変更を加えないのであれば，MDLの算出はしないことが多い．

3) その他，SDL（試料測定時の検出下限値）

化学物質環境実態調査では用いられていないが，ダイオキシン測定では標準偏差×3で求めた検出下限（MDL）に加えて，さらに実際に測定したクロマトグラムのノイズとシグナルのレベルからSDL（ノイズレベルの3倍相当値）を求め，SDL≦MDL，つまりあらかじめ算出されていたMDLが本当に検出可能であったか確認することが求められている．

〔長谷川敦子〕

分析法開発と検出下限

何かを測定したいとき，書いてあるとおりにやればよい，というような，おあつらえ向きの測定法が見つかることはむしろまれで，たいていは自分の使える機材や要求される濃度レベルに合わせた，分析法を開発する必要が生じる．まずは，測定したい物質は，どんな機器で測れるか，測れる濃度はどれくらいか，を考え，条件に合う機器が手元にあるなら，そこからいろいろ検討する．大気環境測定に対して，作業環境測定の公定法など（労働衛生上の作業環境基準が定められている物質には，測定法が示されている）似たような方法が公表されていれば，大いに参考になる．そして，測れるかどうか，の第一歩が装置検出下限（IDL）なのである．

参考文献

1) 化学物質環境実態調査実施の手引き（平成21年度版）：環境省総合環境政策局環境保険部環境安全課

4.3 有害物質分析法の情報源

4.3.1 有害物質物性の調べ方

分析方法開発に有用な物性情報の収集は，インターネットを活用するのが効率的である．インターネットにはさまざまな物性の実測値や推算が掲載されており，分析法開発や実試料の採取，保存，処理などの際に役立つ．

1) 分子構造，蒸気圧などの物理・化学的性質（物性）の調査

これらの情報は，Web–kis plus (http://w-chemdb.nies.go.jp，国立環境研究所)，Chem Bio Finder (http://chembiofinder.cambridgesoft.com/chembiofinder/SimpleSearch.aspx, cambridge soft 社)などのデータベース，米国 EPA で提供する EPI suite などの物性計算ソフトウェアが無償で利用できる．このうち EPI suite では，微生物分解性，沸点，融点，蒸気圧，水溶解度，Henry 定数，土壌吸着係数，生物濃縮係数などの推定プログラムがあり，http://www.epa.gov/opptintr/exposure/pubs/episuite.htm からダウンロードできる．また，市販のソフトウェアを使って対象物質のさまざまな物性，質量スペクトルなどを推測できる．図 4.3.1 は市販のソフトウェアで分子構造を描き，その物質の物性を計算により求めた一例である．分子軌道，オクタノール/水分配係数，沸点，融点，蒸気圧，Henry 定数などの計算値を得ることができる．

2) オクタノール/水分配係数（P_{ow} または K_{ow}）の調査

オクタノール/水分配係数は有機相/水相での物質の存在比を推察することができるため，抽出方法や LC の分離条件の決定に有用な情報である．一般にはその対数である $\log P_{ow}$, $\log K_{ow}$ として物性情報に掲載されている．しかし化学物質の種類は非常に多いため，$\log P_{ow}$, $\log K_{ow}$ が不明な物質も多い．そのような場合，$\log K_{ow}$ の推定値を計算することができる．図 4.3.2 は EPI Suite（1）参照）による $\log K_{ow}$ 計算画面の一例である．K_{ow} の計算は SMILE（simplified molecular input line entry specification）式を入力するか，登録されている

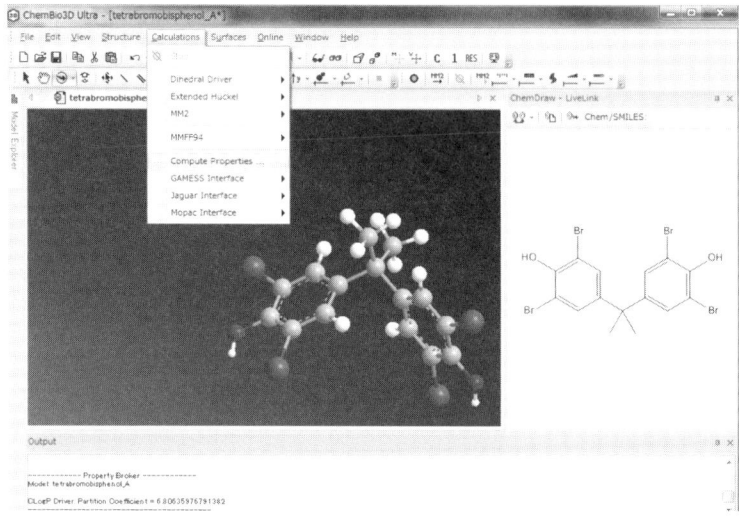

図 4.3.1　市販ソフトウェアによる有害物質分子構造の描画と物性演算の例

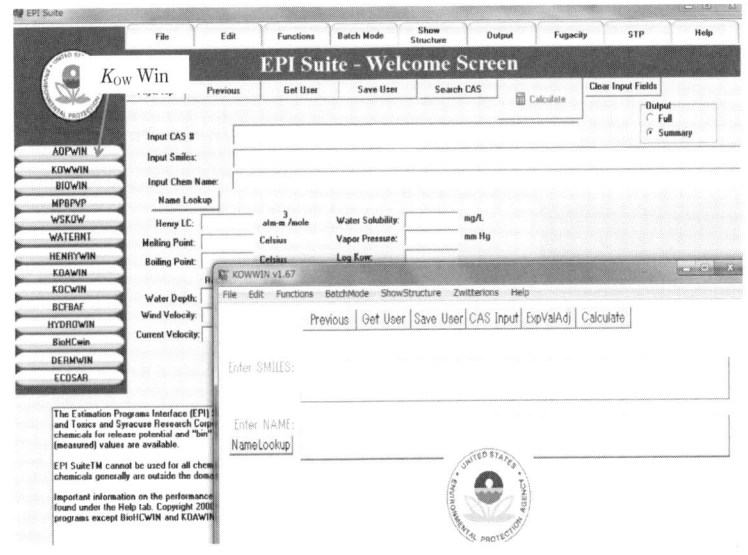

図 4.3.2　EPI Suite による $\log K_{ow}$ の計算

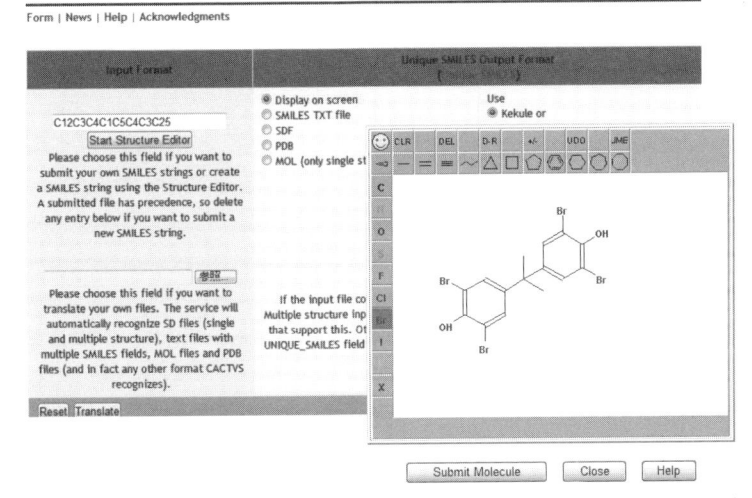

図 4.3.3　オンライン SMILE 変換ツールと Structure Editor（http://cactus.nci.nih.gov/translate/）

物質なら CAS か化学名を入力すると得られる．SMILE 式を作成する分子構造描画のフリーソフトウェア Online SMILES Translator and Structure File Generator と Structure Editor も http://cactus.nci.nih.gov/translate/ で米国 National Cancer Institute から提供されている（図 4.3.3）．

3) イオンエネルギー特性の調査

イオン化の可能性に関する情報を入手できるインターネット上のサイトは，NIST の Chemistry Web Book（http://webbook.nist.gov/chemistry/）で，図 4.3.4 に示すようにイオン化エネルギー，プロトン親和力，電子親和力，気相酸度，出現エネルギーについてそれぞれ 1,000 物質前後のデータが提供されている．しかし物質数が少ないことから，分析対象物質に関する情報がない場合が多い．そのような場合，構造の類似した物質の情報を参考に，どのようなイオンが生成しやすいか予想し，実際に分析して確認する（このような繰返しは，読者の質量分析の力量を高めることにつながるであろう）．

〔鈴木　茂〕

図 4.3.4 イオンエネルギーに関する特性の情報データベース (http://webbook.nist.gov/chemistry/)

4.3.2 既存分析方法の探し方

環境分析法では，環境測定法データベース (http://db-out3.nies.go.jp/emdb/，国立環境研究所) が有用である（図 4.3.5）．このデータベースのおもな部分は，環境省が進めている化学物質環境調査のために開発された方法で，詳細な分析方法に加え，分析法開発の段階で得られた知見が詳しく解説されているため，類似物質の分析，環境以外を対象とする分析でも大いに有用である．ほかには，インターネット検索などで，学術論文として報告されているものも参考になる．

〔鈴木　茂〕

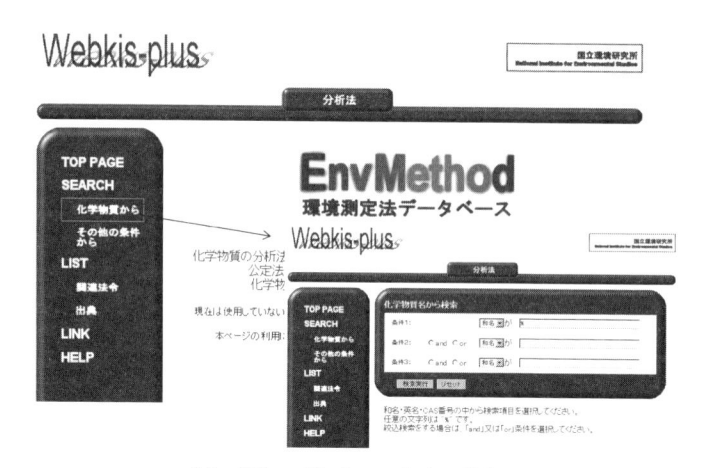

http://db-out3.nies.go.jp/emdb/
図 4.3.5　環境測定法データベース

索　　引

和文索引

■ア

アイオキシニル･･････････････････････････ 199
空容積･･････････････････････････････････ 200
アクリナトリン･･････････････････････････ 135
アセスルファムカリウム･･････････････････ 173
アセタミプリド･･････････････････････････ 150
アセトニトリル･･････････････････････････ 267
アセトニトリル/ヘキサン分配･････････ 41, 254
アセトン････････････････････････････････ 267
アゾキシストロビン･･････････････････････ 138
アミトロール････････････････････････ 163, 168
アルカリ分解法･･････････････････････････ 254
アルカン････････････････････････････････ 230
アルキル鎖･･････････････････････････････ 109
アルキルフェノールエトキシレート････････ 103
アルキルフェノール類････････････････････ 212
アルコールエトキシレート････････････････ 109
アルデヒド････････････････････････････････ 73
アルミナカラムクロマトグラフィー･････････ 41

イオン化エネルギー･･･････････････････ 237, 273
イオン化効率･････････････････････････････ 33
イオン化阻害・促進･････････････････････ 245
イオン交換型カラムクロマトグラフィー････ 258
イオン交換系固相････････････････････････ 249
イオン対試薬････････････････････････････ 246
移動相･･････････････････････････････････ 257
イプロジオン････････････････････････････ 138
芋類････････････････････････････････････ 186
イルガロール 1051 ･･･････････････････････ 123
陰イオン交換系固相･･････････････････････ 249
陰イオン交換・疎水性混合樹脂･･･････････ 249
陰イオン交換ミニカラム･･････････････････ 134
印刷インキ･･････････････････････････････ 29
飲料水･･････････････････････････････････ 185

エステル類･･････････････････････････････ 254
エチルパラベン･･････････････････････････ 157
エチレンジアミン四酢酸二ナトリウム･･････ 142
エックマンバージ採泥器･･････････････････ 185

エトキシ（EO）鎖･･･････････････････････ 109
エトベンザニド･･････････････････････････ 208
エネルギー効率校正･･････････････････････ 183
エネルギーチャンネル校正････････････････ 183
エネルギー分解能････････････････････････ 182
エレクトロスプレーイオン化･･････････････ 237
エレクトロスプレーイオン化法････ 115, 164, 195
塩化アルキルジメチルベンジルアンモニウム･･ 114
塩化ベンザルコニウム････････････････････ 114
塩析効果････････････････････････････････ 246
塩素化パラフィン･････････････････････････ 29
塩ビ可塑剤･･････････････････････････････ 29

応答精度････････････････････････････････ 270
オキシム誘導体･･････････････････････････ 74
オクタデシルシラン･･････････････････････ 192
オクタデシルシリル化シリカゲル･･････････ 129
オクタノール/水分配係数･････････ 4, 236, 272
オクチルフェノール･･････････････････ 103, 212
オクチルフェノールエトキシレート････････ 102
汚染･･･････････････････････････････････ 108
オゾンスクラバー････････････････････････ 74

■カ

加圧採取法･･････････････････････････････ 80
回収率･････････････････････････････････ 233
海棲生物防除剤･･････････････････････････ 123
界面活性剤･･････････････････････････････ 102
化学イオン化法･･････････････････････････ 213
化学物質環境調査････････････････････････ 274
化学物質管理促進法･･････････････････････ 192
化学物質排出移動量届出制度･･････････････ 82
核実験･････････････････････････････････ 178
河川底質････････････････････････････････ 121
カチオン系界面活性剤････････････････････ 114
活性炭カラムクロマトグラフィー･･････ 61, 261
活性炭素の固相･･････････････････････････ 248
カートリッジ････････････････････････････ 124
加熱脱着法･･････････････････････････････ 228
カーボンモレキュラーシーブ･･････････････ 229
可溶化剤････････････････････････････････ 109
カルバリル･･････････････････････････････ 150
カルボニル化合物････････････････････････ 73

含活性炭繊維・・・・・・・・・・・・・・・・・・・・・・・・・・・・ 129
環境汚染物質排出移動登録制度・・・・・・・・・・・・・・・ 171
環境測定法データベース・・・・・・・・・・・・・・・・・・・・ 274
環境大気中農薬類・・・・・・・・・・・・・・・・・・・・・・・・・ 129
環境濃度予測値・・・・・・・・・・・・・・・・・・・・・・・・・・・ 103
環境放射能・・・・・・・・・・・・・・・・・・・・・・・・・・・・・・ 178

疑似試料マトリクス・・・・・・・・・・・・・・・・・・・・・・・ 13
気相酸度・・・・・・・・・・・・・・・・・・・・・・・・・・・・・・・ 273
気体試料の採取方法・・・・・・・・・・・・・・・・・・・・・・・ 267
揮発性有機化合物・・・・・・・・・・・・・・・・・・・・・ 78, 228
逆性石鹸・・・・・・・・・・・・・・・・・・・・・・・・・・・・・・・ 114
逆相カラムクロマトグラフィー・・・・・・・・・・・・・・ 258
キャニスター・・・・・・・・・・・・・・・・・・・・・・・・・・・・ 81
吸着クロマトグラフィー・・・・・・・・・・・・・・・・・・・ 258
牛乳・・・・・・・・・・・・・・・・・・・・・・・・・・・・・・・・・・ 185
強イオン交換性・・・・・・・・・・・・・・・・・・・・・・・・・・ 134
共存物質・・・・・・・・・・・・・・・・・・・・・・・・・・・・・・・ 108
魚介類・・・・・・・・・・・・・・・・・・・・・・・・・・・・・・・・ 186
極性・・・・・・・・・・・・・・・・・・・・・・・・・・・・・・・・・・ 237
極性固相・・・・・・・・・・・・・・・・・・・・・・・・・・・・・・・ 249
極性物質の抽出・・・・・・・・・・・・・・・・・・・・・・・・・・ 268
極性有害物質・・・・・・・・・・・・・・・・・・・・・・・・・・・・ 6
金属加工油剤・・・・・・・・・・・・・・・・・・・・・・・・・・・・ 29

空試験・・・・・・・・・・・・・・・・・・・・・・・・・・・・・・・・ 151
グラジエント条件・・・・・・・・・・・・・・・・・・・・・・・・ 200
グラジエント分析・・・・・・・・・・・・・・・・・・・・・・・・ 198
グラファイトカーボンブラック・・・・・・・・・・・・・・ 228
クリーンアップスパイク・・・・・・・・・・・・・・・・・・・ 57
クリーンアップ方法・・・・・・・・・・・・・・・・・・・・・・ 252
クロスコンタミネーション・・・・・・・・・・・・・・・・・ 98
クロマトグラフィー・・・・・・・・・・・・・・・・・・・・・・ 258
クロリダゾン・・・・・・・・・・・・・・・・・・・・・・・・・・・ 208
クロロホルム・・・・・・・・・・・・・・・・・・・・・・・・・・・ 267

ケイ藻土・・・・・・・・・・・・・・・・・・・・・・・・・・・・・・・ 121
化粧品・・・・・・・・・・・・・・・・・・・・・・・・・・・・・・・・ 73
血清試料・・・・・・・・・・・・・・・・・・・・・・・・・・・・・・・ 86
ゲル浸透クロマトグラフィー・・・・・・・・・・ 41, 258, 262
ゲルパーミエーションクロマトグラフィー・・・・・・ 103
減圧採取法・・・・・・・・・・・・・・・・・・・・・・・・・・・・・ 80
検出下限・・・・・・・・・・・・・・・・・・・・・ 126, 239, 270, 271
検出下限値・・・・・・・・・・・・・・・・・・・・・・・・・・・・・ 189
元素組成演算・・・・・・・・・・・・・・・・・・・・・・・・・・・・ 220
元素組成候補・・・・・・・・・・・・・・・・・・・・・・・・・・・・ 224
元素組成情報・・・・・・・・・・・・・・・・・・・・・・・・・・・・ 221
検量線・・・・・・・・・・・・・・・・・・・・・・・・・・・・・ 105, 270
検量用 RRFcs ・・・・・・・・・・・・・・・・・・・・・・・・・・ 62

コア採取用具・・・・・・・・・・・・・・・・・・・・・・・・・・・・ 185
光化学オキシダント・・・・・・・・・・・・・・・・・・・・・・ 78
高揮発性物質の捕集材・・・・・・・・・・・・・・・・・・・・・ 267
高揮発性有機化合物・・・・・・・・・・・・・・・・・・・・・・ 78
工業用短鎖 CPs・・・・・・・・・・・・・・・・・・・・・・・・・ 35
光子エネルギー・・・・・・・・・・・・・・・・・・・・・・・・・・ 182
合成ゴム不燃化剤・・・・・・・・・・・・・・・・・・・・・・・・ 29
合成樹脂・・・・・・・・・・・・・・・・・・・・・・・・・・・・ 23, 73
合成染料・・・・・・・・・・・・・・・・・・・・・・・・・・・・・・・ 47
高性能 LC/MS/MS ・・・・・・・・・・・・・・・・・・・・・・ 99
高速溶媒抽出法・・・・・・・・・・・・・・・・・・・ 97, 114, 249
光電効果・・・・・・・・・・・・・・・・・・・・・・・・・・・・・・・ 177
光電子増倍管・・・・・・・・・・・・・・・・・・・・・・・・・・・・ 182
光電ピーク・・・・・・・・・・・・・・・・・・・・・・・・・・・・・ 182
合理的組成抽出アルゴリズム・・・・・・・・・・・・・・・・ 223
国際原子力機関・・・・・・・・・・・・・・・・・・・・・・・・・・ 179
告示試験法・・・・・・・・・・・・・・・・・・・・・・・・・・・・・ 145
湖沼底質・・・・・・・・・・・・・・・・・・・・・・・・・・・・・・・ 121
固相カートリッジ・・・・・・・・・・・・・・・・・・・・・・・・ 133
固相抽出法・・・・・・・・・・・・・・・・・・・・ 192, 240, 248, 252
固相マイクロ抽出・・・・・・・・・・・・・・・・・・・・・ 228, 231
固体試料の処理方法・・・・・・・・・・・・・・・・・・・・・・・ 269
固体試料の抽出方法・・・・・・・・・・・・・・・・・・・・・・・ 269
固定相・・・・・・・・・・・・・・・・・・・・・・・・・・・・・・・・ 257
コーティング剤・・・・・・・・・・・・・・・・・・・・・・・・・・ 29
コプラナーポリ塩化ビフェニル（PCB）・・・・・・・ 55, 262
ゴム老化防止剤・・・・・・・・・・・・・・・・・・・・・・・・・・ 67
ゴルフ場農薬・・・・・・・・・・・・・・・・・・・・・・・・・・・・ 139
コロナ電流値・・・・・・・・・・・・・・・・・・・・・・・・・・・・ 33
コロネン・・・・・・・・・・・・・・・・・・・・・・・・・・・・・・・ 47
コンタミネーション・・・・・・・・・・・・・・・・・・・ 88, 158
コンポーネント・・・・・・・・・・・・・・・・・・・・・・・・・・ 217
コンボリューション・・・・・・・・・・・・・・・・・・・・・・ 217

■サ

採取容器・・・・・・・・・・・・・・・・・・・・・・・・・・・・・・・ 81
最低濃度・・・・・・・・・・・・・・・・・・・・・・・・・・・・・・・ 270
酢酸エチル・・・・・・・・・・・・・・・・・・・・・・・・・・・・・ 267
砂質・・・・・・・・・・・・・・・・・・・・・・・・・・・・・・・・・・ 121
サッカリン・・・・・・・・・・・・・・・・・・・・・・・・・・・・・ 173
殺菌剤・・・・・・・・・・・・・・・・・・・・・・・・・・・・・・・・ 114
殺菌消毒剤・・・・・・・・・・・・・・・・・・・・・・・・・・・・・ 114
殺虫剤・・・・・・・・・・・・・・・・・・・・・・・・・・・・・・・・ 85
サロゲート・・・・・・・・・・・・・・・・・・・・・・・・・・・・・ 54
酸塩基分配・・・・・・・・・・・・・・・・・・・・・・・・・・・・・ 254
サンプリングスパイク・・・・・・・・・・・・・・・・・・・・・ 57
残留農薬一斉試験法・・・・・・・・・・・・・・・・・・・・・・・ 133
残留農薬検査・・・・・・・・・・・・・・・・・・・・・・・・・・・・ 150

シアノホス	208
ジアミルアンモニウムアセタート	174
N,N'-ジアリール-p-フェニレンジアミン	67
シクロデキストリンカラム	241
ジクロロメタン	267
自己吸収	177
脂質除去	135
ジチオリン酸基	199
室温	72
質量誤差	221
質量スペクトル	214, 216
質量走査分析法	198
シデュロン	138
2,6-ジニトロ-p-クレゾール	152
4,6-ジニトロ-o-クレゾール	152
ジブチルヒドロキシトルエン	136
脂肪	254
シマジン	137
ジメチルスルホキシド/ヘキサン分配	254
弱陰イオン交換樹脂	249
弱陽イオン交換樹脂	249
写真薬品	168
臭素化ジフェニルエーテル	21
臭素化難燃剤	23
樹脂の硬化剤	168
出現エネルギー	273
シュレッダーダスト	166
潤滑油	29
順相カラムクロマトグラフィー	258, 260
昇温気化型注入口	228
蒸気圧	272
衝突誘起解離	219
食品	3, 73
食品残留農薬	128
食品中残留農薬スクリーニング	218
シラノール	206
シリカゲル	248
シリカゲルカートリッジカラム	52
シリカゲルカラムクロマトグラフィー	61
試料処理法	192
試料濃縮条件	80
試料保存期間	108
シリンジスパイク	57
人工甘味料	173
親水性	102
水試料の採取方法	268
水試料の抽出方法	268
水生生物	123
水爆実験	178
水溶解度	272
スクラロース	173
スクリーニング	192
スクリーニング条件	207
スターバー抽出	228, 231
スチレンジビニルベンゼン共重合体	129
ストックホルム条約	29
スペクトル一致率	217
スポットクリーナー	85
生体試料	254
製品	3
生物	3
生物濃縮係数	272
精密質量スペクトル	220
精密質量分析	219
石鹸	102
切削油	29, 109
絶対検量線法	117
全イオン検出（TIM）法	214
線減弱係数	184
洗剤	102
船底塗料	126
相対感度係数	55, 62
相対感度係数法	55
装置検出下限	126, 238, 270
装置性能	207
測定用バイアル	46
疎水性	102
疎水性固相	249
ソックスレー抽出法	10, 97
ソフトなイオン化	238

■タ

ダイオキシン	55, 254
ダイオキシン様 PCB	55
大気	3
大気圧化学イオン化	237
大気圧化学イオン化法	164, 195
大気環境基準値	63
大気圏内核実験	178
大気中ナノ粒子	230
大気粉じん	70
多環芳香族炭化水素	47, 254
ターゲットスクリーニング法	206
ターゲットライブラリ	217
多層シリカゲルクロマトグラフィー	255
脱プロトン	243

短鎖塩素化パラフィン················ 29
炭素数推定方法··················· 221
タンパク質······················ 254

チアクロプリド··················· 150
チウラム······················· 137
チオジカルブ···················· 137
窒素ルール····················· 221
中鎖塩素化パラフィン················ 29
抽出イオンクロマトグラム············· 206
抽出化合物クロマトグラム············· 211
抽出効率························ 98
抽出用固相····················· 248
中性ロス······················ 219
超音波抽出··············· 97, 114, 249
長鎖塩素化パラフィン················ 29

通水速度······················ 154

泥質·························· 121
底質···························· 3
底質試料······················ 114
ディーゼル排気··················· 230
定量下限······················ 126
デカブロモシクロドデカン·············· 23
デコンボリューション················ 216
2,3,7,8-テトラクロロジベンゾ-パラ-ジオキシン ···· 55
テトラブロモビスフェノール A············ 23
テフロン························ 85
添加回収試験···················· 106
電子イオン化···················· 237
電子イオン化法··················· 213
電子親和力····················· 273
電子捕獲······················ 244
天然内標準物質···················· 91
テンピーク法···················· 216

東京湾底質······················ 40
道路粉じん······················ 69
毒性等価係数····················· 55
毒性等量························ 55
土壌···························· 3
土壌吸着係数···················· 272
トラベルブランク·················· 131
トリクロピル···················· 137
トリクロロアセティック酸············· 199
トリス（ペルフルオロヘプチル）-s-トリアジン ···· 14
トリフェニルスズ·················· 126
ドリフト（フラグメンター）電圧········· 88
トリフロキシストロビン·············· 150

トリブロモフェノール············· 23, 199
塗料·························· 29

■ナ

内分泌撹乱性···················· 103
難燃剤······················ 10, 29

肉類························· 186
25cm 相対効率··················· 184
日常食························ 186
乳化剤······················· 109

ネガティブリスト制度··············· 145
熱脱着-GC/MS 法················ 10, 17
燃料·························· 47

農薬···················· 109, 128, 168
農薬の規制····················· 145
ノニルフェノール··············· 103, 212
ノニルフェノールエトキシレート········· 102
ノンターゲットスクリーニング法······ 210, 212

■ハ

廃棄物処分場浸出水················ 163
π-π 相互作用··················· 251
廃プラスチック···················· 26
発がん性···················· 47, 78
バックグラウンドの低減·············· 245
バックフラッシュ法················· 110
バックフラッシュ溶出··············· 133
撥水撥油剤······················ 85
パラヒドロキシ安息香酸エステル········ 157
パラベン······················ 157
ハロスルフロンメチル··············· 138
半揮発性有機化合物················ 228
バンドーン採水器·················· 185

皮革処理剤······················ 29
飛行時間型質量分析計··············· 206
非コプラナー性 PCBs··············· 262
ビストリブチルスズオキシド·········· 126
微生物分解性···················· 272
被ばく線量····················· 179
ピラクロストロビン················ 150

フィラメント···················· 213
封止剤························· 29
フェニルトリルパラフェニレンジアミン····· 67

フォワードサーチ	216
付加イオン	244
フタル酸エステル類	199
フタル酸ジエチルヘキシル	136
フタル酸ジブチル	136
フッ素系界面活性剤	85
フッ素樹脂合成分散剤	85
沸点	237, 272
不法投棄廃棄物	28, 163
不飽和度	221
——の計算方法	222
浮遊粒子状物質	78
プライベートライブリ	215
フラグメンター電圧	165
フラグメントイオン	198
フラザスルフロン	138
ブランク	131
フルオランテン	47
フローインジェクション法	35
プロダクトイオン	219
プロトン化	243
プロトン化アセトニトリル	243
プロトン化分子イオン	208
プロトン化メタノール	243
プロトン親和力	237, 273
プロピコナゾール	139
分解温度	237
分画（添加回収）試験	193
分散剤	109
分散染料	168
分散力	240
分子間力	240, 247
分子関連イオン	219
分子構造	272
分子量	237
分析方法の検出下限	126, 270
分析方法の定量下限値	270
分配型の固相抽出	252
分配係数	200, 246
米麦	186
ベクレル	177
ペルフルオロオクタン酸	85
ペルフルオロオクタン酸フルオリド	85
ペルフルオロオクタンスルホン酸	85
ペルフルオロケロセン	14
ペルフルオロトリブチルアミン	14
ベンジルパラベン	157
ベンスリド	139
ベンゾ〔a〕ピレン	47
ペンタクロロフェノール	199
防汚剤	114, 123
防火塗料	29
防かび剤	114
放射性物質	177
放射能	177
泡消火剤	85
防虫剤	47
保持時間のずれ幅	217
ポジティブ制度	145
保持容量	200
ボスカリド	150
ポストカラム	244
ホパン	230
ポリ塩化ジベンゾ–パラ–ジオキシン	55
ポリ塩化ジベンゾフラン	55
ポリ塩化ナフタレン	255
ポリオキシエチレンアルキルエーテル	109
ポリジメチルシロキサン	231
ポリ臭素化ジフェニルエーテル類	10
ポリ臭素化ジベンゾ–パラ–ダイオキシン類	10
ポリ臭素化ジベンゾフラン類	10
ポリ臭素化ビフェニルエーテル類	257
ポリマー系の疎水性固相	248
ホルムアルデヒド	73

■マ

マイクロシリンジ	28
マススペクトル情報	198
マススペクトルの機種間差	199
マススペクトルパターン	198
マトリクス効果	132
マリネリ容器	184
水	3
未知物質分析	225
ミックスモード固相	252
無影響濃度予測値	103
メコプロップ	137
メタノール	267
メタノール／ヘキサン分配	254
メチルパラベン	157
メラミン	163
モノアイソトピック質量	206

■ヤ

野菜類・・・・・・・・・・・・・・・・・・・・・・・・・・・・・・・・・・・・ 186

有害化学物質の前処理法・・・・・・・・・・・・・・・・・・・・・ 192
有害物質物性・・・・・・・・・・・・・・・・・・・・・・・・・・・・・・・ 272
有機スズ化合物・・・・・・・・・・・・・・・・・・・・・・・・・・・・・ 126
有機フッ素化合物・・・・・・・・・・・・・・・・・・・・・・・・・・・ 136
融点・・・・・・・・・・・・・・・・・・・・・・・・・・・・・・・・・・・・・・ 272
誘導体化試薬・・・・・・・・・・・・・・・・・・・・・・・・・・・・・・・ 247

陽イオン交換系固相・・・・・・・・・・・・・・・・・・・・・・・・・ 249
陽イオン交換・疎水性混合樹脂・・・・・・・・・・・・・・・ 249
容器・・・・・・・・・・・・・・・・・・・・・・・・・・・・・・・・・・・・・・・ 84
溶媒抽出・・・・・・・・・・・・・・・・・・・・・・・・・・・・・ 246, 268
　　――GC/MS法・・・・・・・・・・・・・・・・・・・・・・・・ 10
　　――の原理・・・・・・・・・・・・・・・・・・・・・・・・・・ 246
溶媒抽出法・・・・・・・・・・・・・・・・・・・・・・・・・・・・・・・・ 240
溶離液条件・・・・・・・・・・・・・・・・・・・・・・・・・・・・・・・・ 158
預託実効線量・・・・・・・・・・・・・・・・・・・・・・・・・・・・・・ 189
弱い双極子-双極子力・・・・・・・・・・・・・・・・・・・・・・・ 240

■ラ

ライブラリサーチ・・・・・・・・・・・・・・・・・・・・・・・・・・・ 214

リバースサーチ・・・・・・・・・・・・・・・・・・・・・・・・・・・・・ 216
硫酸洗浄・・・・・・・・・・・・・・・・・・・・・・・・・・・・・・・・・・ 255

レシオチェック・・・・・・・・・・・・・・・・・・・・・・・・・・・・・・ 11
連続スターバー抽出・・・・・・・・・・・・・・・・・・・・・・・・ 234

ろ紙・・・・・・・・・・・・・・・・・・・・・・・・・・・・・・・・・・・・・・ 267
ロンドン分散力・・・・・・・・・・・・・・・・・・・・・・・・ 240, 248

欧文索引

■A

α 線・・・・・・・・・・・・・・・・・・・・・・・・・・・・・・・・・・・・・・ 177
ABS 樹脂・・・・・・・・・・・・・・・・・・・・・・・・・・・・・・・・・・ 19
AC-2-CHCl$_3$ 画分・・・・・・・・・・・・・・・・・・・・・・・・ 194
accelerated solvent extraction・・・・・・・・・・・・・・・ 249
accelerated solvent extractor・・・・・・・・・・・・・・・・ 114
AE・・・・・・・・・・・・・・・・・・・・・・・・・・・・・・・・・・・・・・・ 109
alchol ethoxylates・・・・・・・・・・・・・・・・・・・・・・・・・ 109
alkylbenzyldimethyl ammonium chlorides・・・・・・ 114
AMDIS・・・・・・・・・・・・・・・・・・・・・・・・・・・・・・・・・・ 217
aminopropyl・・・・・・・・・・・・・・・・・・・・・・・・・・・・・・ 134
amitrole・・・・・・・・・・・・・・・・・・・・・・・・・・・・・・・・・・ 194
APCI・・・・・・・・・・・・・・・・・・・・・・・・ 116, 164, 164, 195, 237
APEOS・・・・・・・・・・・・・・・・・・・・・・・・・・・・・・・・・・ 103
ASE・・・・・・・・・・・・・・・・・・・・・・・・・・・・・・・・・ 114, 249
atmospheric pressure chemical ionization・・・・・・ 116, 164
Automatic Mass spectral Deconvolution and Identification
　Software・・・・・・・・・・・・・・・・・・・・・・・・・・・・・・・ 217

■B

β 線・・・・・・・・・・・・・・・・・・・・・・・・・・・・・・・・・・・・・・ 177
BAC・・・・・・・・・・・・・・・・・・・・・・・・・・・・・・・・・・・・・ 114
benzo〔a〕pyrene・・・・・・・・・・・・・・・・・・・・・・・・・・・ 47
BHT・・・・・・・・・・・・・・・・・・・・・・・・・・・・・・・・・・・・・ 136
Biemann 法・・・・・・・・・・・・・・・・・・・・・・・・・・・・・・ 216

■C

chemical ionization・・・・・・・・・・・・・・・・・・・・・・・・ 213
Chemistry Web Book・・・・・・・・・・・・・・・・・・・・・・ 273
ChemSpider・・・・・・・・・・・・・・・・・・・・・・・・・・・・・・ 225
chlorothalonil・・・・・・・・・・・・・・・・・・・・・・・・・・・・・ 262
chlorpyrifosmethyl・・・・・・・・・・・・・・・・・・・・・・・・ 194
CI・・・・・・・・・・・・・・・・・・・・・・・・・・・・・・・・・・・・・・・ 213
CID・・・・・・・・・・・・・・・・・・・・・・・・・・・・・・・・・・・・・ 219
CMS・・・・・・・・・・・・・・・・・・・・・・・・・・・・・・・・・・・・ 229
Co-PCBs・・・・・・・・・・・・・・・・・・・・・・・・・・・・・ 55, 262
collision induced dissoiation・・・・・・・・・・・・・・・・ 219
coplaner-PCBs・・・・・・・・・・・・・・・・・・・・・・・・ 55, 262
coronene・・・・・・・・・・・・・・・・・・・・・・・・・・・・・・・・・・ 47
o-(4-cyano-2-ethoxybenzyl) hydroxylamine 誘導体　74

■D

DAAA・・・・・・・・・・・・・・・・・・・・・・・・・・・・・・・・・・・ 174

DBE ·· 221
DBP ·· 136
DDVP ·· 237
DEHP ·· 136
DEP ·· 237
2,2-dichloroethenyl dimethyl phosphate ············ 237
dichlorvos ··· 237
dihexyl phthalate ······································ 194
$N-$（1,3-dimethylbutyl）$-N'-$phenyl-1,4-
　phenylenediamine ·································· 67
2,4-dinitrophenylhydrazine（DNPH）誘導体 ······· 74
dioxin-like polychlorinated biphenyls ·············· 55
$N,N'-$diphenyl-$p-$phenylenediamine ············· 67
$N,N'-$ditolyl-$p-$phenylenediamine ··············· 67
DL-PCBs ··· 55
DNOC ·· 152
DNPC ·· 152
DOP ·· 136
double bond equivalent ······························· 221
DPPD ·· 67
DTPD ·· 67, 71
DXPD ·· 67

■E

ECC ·· 211
EDTA ·· 141
EGA-ダイレクト MS 分析法 ·························· 19
EI ··· 213
EIC ··· 206
electro spray ionization ······························· 115
electron ionization ···································· 213
electrospray ionization ······························· 164
ESI ································· 115, 164, 195, 237
　──によるイオン化 ·································· 244
ethylene thiourea ······································ 194
di-2-ethylhexyl phthalate ···························· 194
extracted ion chromatogram ························ 206

■F

fluoranthene ·· 47

■G

γ線 ··· 177
γ線スペクトロメトリー ······························· 184
γ線放出核種 ·· 179
GC/HRMS 測定 ·· 62
GC/MS-NCI 測定 ······································ 34

GCB ·· 229
GC-MS 分析 ··· 228
gel permeation chromatography ············· 29, 258
GPC ··· 29, 103, 258, 262
GPC 装置の操作条件 ··································· 33

■H

HBCD ·· 23
headspace sorptive extraction ······················ 232
Henry 定数 ·· 272
heptadecafluorooctane-1-sulfonic acid ··········· 85
hexabromocyclododecane ··························· 23
HILIC カラム ·· 241
HLB-Hexane 画分 ····································· 194
HSSE ·· 232

■I

IAEA ·· 179
IDL ··· 126, 238, 270
in situ object calibration software ················ 184
instrument detection limit ···················· 238, 270
intact molecular ion ·································· 219
International Atomic Energy Agency ············ 179
ion suppression ·· 149
ioxynil ··· 194
ISOCS ··· 184

■L

LC/MS/MS ··· 98
LC/Q-TOFMS/MS ···································· 219
LC/TOFMS ·· 206
$\log K_{ow}$ ··· 272
$\log P_{ow}$ ··· 4, 272
LOQ ··· 126

■M

MassBank ·· 225
MAX ·· 249
MCX ·· 249
MDL ·· 126, 239, 270
melamine ··· 163
MetFrag ·· 225
method detection limit ························ 239, 270
method quantification limit ························ 270
methyl 4-hydroxybenzoate ························· 157
mixed mode anion exchange ······················· 249

mixed mode cation exchange	249
MQL	126, 270
MS/MS 分析	99
MS/MS スペクトル	220

■N

NCI 法	213
neutral losses	219
NH_2	134
NIST 法	216
NIST ライブラリ	214
nonylphenol ethoxylates	102
NP	103
NPEO	103

■O

octylphenol ethoxylates	102
OP	103
OPEO	103

■P

PAHs	47, 230
passive sampling sorptive extraction	232
PBDDs	10
PBDEs	10, 257
PBDFs	10
PBM 法	216
PCBs	255
PCDDs	55
PCDFs	55
PCI 法	213
PCNs	255
PDMS	231
PEC	103
pentadecafluoroocatanoic acid	85
perfluoro kerosene	14
perfluorooctanesulfonic acid	85
perfluorooctane-1-sulfonic acid	85
perfluorooctanoic acid	85
perfluorotributylamine	14
PFK	14
PFOA	85
PFOA 自主削減プログラム	85
PFOS	85
PFOSF	85
PFTBA	14
pharmaceutical and personal care products	207
photomultiplier tube	182
pH 調整	246
PMT	182
PNEC	103
polarity	237
polybrominated diphenyl ethers	10
polychlorinated dibenzo-p-dioxins	55
polychlorinated dibenzofurans	55
polychlorinated paraffins	29
polydimethylsiloxane	231
PPCPS	207
6PPD	67
predicted environmental concentration	103
predicted no effect concentration	103
primary secondary amine	134
product ions	219
programmed temperature vaporizing	228
PRTR 指定物質	111
PRTR 制度	82
PRTR 法	192
PSA	134
PSSE	232
PTPD	67
PTV	228

■R

relative response factor	55
RRF_{cs}	62
RRF 法	55

■S

SAX	134
SBSE	228, 231
SDB	129
SDL	271
selected ion monitoring	24
selected reaction monitoring	24
semi-volatile organic compounds	228
Sequential SBSE	234
SIM	24
simplified molecular input line entry specification	272
SIM 測定	20
SMILE	272
solid phase microextraction	228, 231
SPM	78
SPME	228, 231
SRM	24, 251
stir bar sorptive extraction	228, 231

SVOCs	228

■T

taurodeoxycholic acid	88
TBBP-A	23
TBP	23
TBTO	126
2,3,7,8-TeCDD	55
TEF	55
TEQ	55, 230
tetrabromobisphenol A	23
thiuram	194
time-of-flight mass spectrometer	206
TIM 条件	214
TOFMS	206
N-tolyl-N'-xylyl-p-phenylenediamine	67
total toxicity equivalence value	230
toxic equivalency factor	55
toxic equivalent	55
TPN	262
TPT	126
2,4,6-tribromophenol	23
trichlorfon	237
2,2,2trichloro-1-dimethoxyphosphorylethanol	237
trifluralin	184
trimethylaminopropyl	134
TXPD	67

■V

VOC	78
VOCS	228
volatile organic compounds	78, 228
VVOC	78

■W

WAX	249
WCX	249
weak anion exchange	249
weak cation exchange	249
Wiely ライブラリ	214

■X

X線	177

資　料　編

掲載企業　目次

ジーエルサイエンス株式会社 …………………………………… 287
株式会社 住化分析センター …………………………………… 288
三浦工業株式会社 ………………………………………………… 289

固相抽出ミニカラム

InertSep®
(イナートセップ)

品質、再現性、堅牢性、操作性の良さを追求した安心してお使いいただける固相抽出ミニカラムです。豊富な充填剤およびフォーマットを取り揃えており、お客様の用途に合わせてご選択いただけます。

- 均一な粒度分布による確かな試料通液
- 吸着が少なく高回収率
- 豊富なカラムフォーマットを用意
- 真空包装出荷により低ブランクを実現

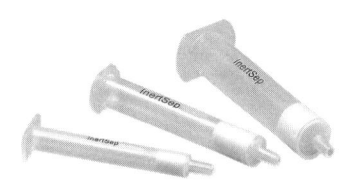

HPLC,LC/MSカラム

InertSustain®、Inertsil®
(イナートサステイン)(イナートシル)

ジーエルサイエンスでは、InertSustain、Inertsilという2つのブランドのHPLCカラムを販売しており、開発・製造から出荷検査まで国内の工場で一貫して行っております。
特に近年発売されたInertSustainシリーズは、シリカゲル母体の不活性さを高めることで良好なピーク形状を実現し、さらに耐久性も優れた高性能カラムです。

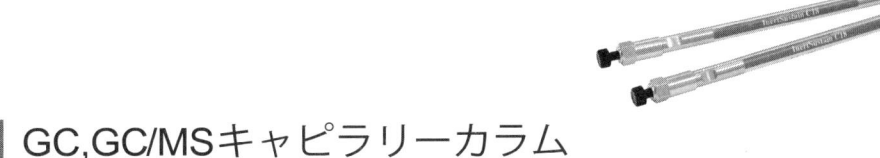

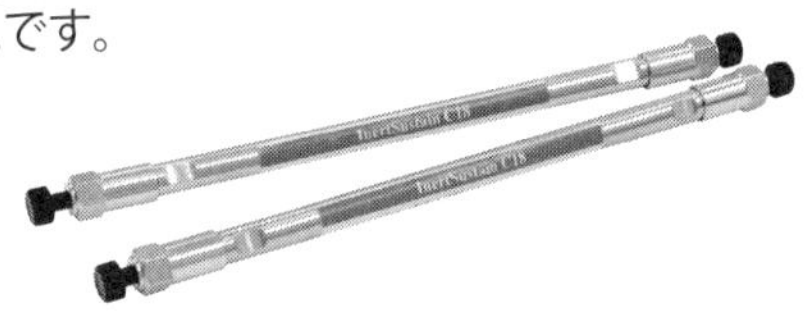

GC,GC/MSキャピラリーカラム

InertCap®
(イナートキャップ)

InertCapシリーズは、高不活性、低ブリードを追求したガスクロマトグラフィー用キャピラリーカラムです。国内の工場で製造から出荷検査まで一貫して行っており、いつでも安心してお使いいただけます。
無極性から高極性まで豊富なラインアップを揃え、さまざまな分野のGC分析に威力を発揮します。

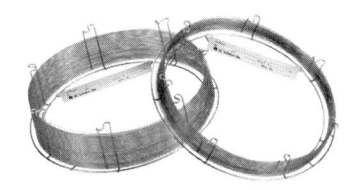

※詳しい資料をご希望の方は下記問い合わせ先まで請求してください。資料請求No. LC 0031

GL Sciences ジーエルサイエンス株式会社

本社 営業企画部
〒163-1130 東京都新宿区西新宿6丁目22番1号 新宿スクエアタワー 30F
電話03(5323)6617 FAX03(5323)6622
webページ:http://www.gls.co.jp/ E-mail:info@gls.co.jp

SCAS 株式会社 住化分析センター

事業概要

　住化分析センター（略称 SCAS）は、環境、電子、医薬品などあらゆる分析業務において、高い技術力と専門性を持ち、国内最大規模の総合分析会社として、四半世紀にわたってお客さまの信頼を得てまいりました。

分析トータルソリューション

- **環境調査・測定**
  土壌調査・室内空気汚染調査・水質調査・環境負荷物質分析評価・廃棄物調査・大気調査…

- **医薬品・バイオ**
  ・創薬研究支援
  ・品質・規格・安定性試験
  ・微量薬物濃度測定

- **エレクトロニクス**
  表面分析・形態観察・原材料分析評価・信頼性評価試験・アウトガス分析評価…

- **化学・工業用製品・原材料**
  一般化学品材料の組成解析・構造解析・高分子材料評価試験・危険性評価…

- **危険性評価**
  消防法などの法対応・ガス爆発・粉じん爆発・機械的感度・着火燃焼性…

- **化学物質の登録申請・安全性評価**
  新規化学物質申請・改正化審法申請・MSDS作成・高分子フロースキーム試験・有害性安全性評価…

- **食品分野・微生物試験**
  残留農薬分析・保存効力試験・微生物試験・食品添加物申請用試験…

- **HPLCカラム・分析装置・分析資材**
  HPLCカラム・元素分析計
  アルデヒドサンプラー・ヒトP450研究用試薬

住化分析センターの強み

■ 環境、電子、医薬品など幅広い業務をカバーし、単一の局面においても、またトータルなご依頼に対しても対応が可能です。

■ 基礎研究にはじまり、開発、工業化、工場での品質管理、販売後のクレーム対応、そして法的に対応が必要となる環境・人体への影響、危険度などの調査と評価（Regulatory Science：レギュラトリー・サイエンス）の領域にいたるまで、分析技術をご提供いたします。

■ すべての分析業務において高い技術力を有し、特にクリーンルームの評価技術では国内トップレベルを誇ります。

■ すべてのお客さまに対して、ご依頼の大小に関わらずきめ細かく対応いたします。

株式会社住化分析センター
お電話でのお問い合わせ　03-5689-1219　FAX でのお問い合わせ 03-5689-1222

http://www.scas.co.jp

長年培った精度の高い分析技術より
環境分析関連の商品開発・販売を行っております

ダイオアナ® フィルタ
排ガス中ダイオキシン類専用採取フィルタ

- JIS認定の採取装置
- 採取・分析の効率化

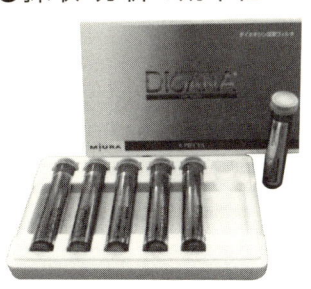

ダイオキシン類 自動前処理・測定システム

- 2時間で前処理完了
- 高効率精製および濃縮

ダイオフロック®
水中ダイオキシン類の固相抽出用凝集材

- 高い回収率
- 抽出・分析工程の効率化

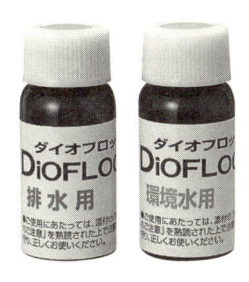

PCB分析前処理装置 ラピアナ®カラム

- 2時間で前処理完了
- 微量PCBに関する簡易測定法マニュアル採用

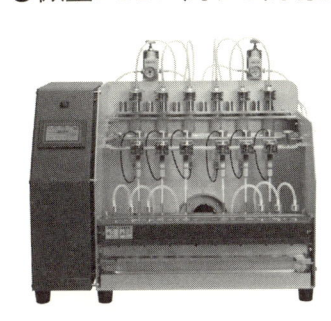

ダイオキシン類等の受託分析も随時受付中
お気軽にお問い合わせください

熱・水・環境のベストパートナー

MIURA
三浦工業株式会社
http://www.miura.co.jp
大証一部上場　証券コード：6005

お問い合わせ先

グリーンテクノロジーを創成する
三浦環境科学研究所
愛媛県松山市北条辻864番地1　〒799-2430
TEL 089-960-2350　FAX 089-960-2351

有害物質分析ハンドブック　　　　　　　定価はカバーに表示

2014年2月25日　初版第1刷

編　者	鈴　木　　　茂
	石　井　善　昭
	上　堀　美知子
	長谷川　敦　子
	吉　田　寧　子
発行者	朝　倉　邦　造
発行所	株式会社　朝　倉　書　店

東京都新宿区新小川町 6-29
郵便番号　162-8707
電　話　03(3260)0141
FAX　03(3260)0180
http://www.asakura.co.jp

〈検印省略〉

Ⓒ 2014〈無断複写・転載を禁ず〉　　　　シナノ印刷・渡辺製本

ISBN 978-4-254-14095-8　C 3043　　　　Printed in Japan

JCOPY ＜(社)出版者著作権管理機構 委託出版物＞

本書の無断複写は著作権法上での例外を除き禁じられています．複写される場合は，そのつど事前に，(社)出版者著作権管理機構（電話 03-3513-6969，FAX 03-3513-6979, e-mail: info@jcopy.or.jp）の許諾を得てください．

産業環境管理協会 指宿堯嗣・農環研 上路雅子・
前製品評価技術基盤機構 御園生誠編

環 境 化 学 の 事 典

18024-4 C3540　　　　A5判 468頁 本体9800円

化学の立場を通して環境問題をとらえ、これを理解し、解決する、との観点から発想し、約280のキーワードについて環境全般を概観しつつ理解できるよう解説。研究者・技術者・学生さらには一般読者にとって役立つ必携書。〔内容〕地球のシステムと環境問題／資源・エネルギーと環境／大気環境と化学／水・土壌環境と化学／生物環境と化学／生活環境と化学／化学物質の安全性・リスクと化学／環境保全への取組みと化学／グリーンケミストリー／廃棄物とリサイクル

日本環境毒性学会編

生態影響試験ハンドブック
―化学物質の環境リスク評価―

18012-1 C3040　　　　B5判 368頁 本体16000円

化学物質が生態系に及ぼす影響を評価するため用いる各種生物試験について、生物の入手・飼育法や試験法および評価法を解説。OECD準拠試験のみならず、国内の生物種を用いた独自の試験法も数多く掲載。〔内容〕序論／バクテリア／藻類・ウキクサ・陸上植物／動物プランクトン（ワムシ、ミジンコ）／各種無脊椎動物（ヌカエビ、ユスリカ、カゲロウ、イトトンボ、ホタル、二枚貝、ミミズなど）／魚類（メダカ、グッピー、ニジマス）／カエル／ウズラ／試験データの取扱い／付録

前東大 梅澤喜夫編

化 学 測 定 の 事 典
―確度・精度・感度―

14070-5 C3043　　　　A5判 352頁 本体9500円

化学測定の3要素といわれる"確度""精度""感度"の重要性を説明し、具体的な研究実験例にてその詳細を提示する。〔内容〕細胞機能（石井由晴・柳田敏雄）／プローブ分子（小澤岳昌）／DNAシーケンサー（神原秀記・釜堀政男）／蛍光プローブ（松本和子）／タンパク質（若林健之）／イオン化と質量分析（山下雅道）／隕石（海老原充）／星間分子（山本智）／火山ガス化学組成（野津憲治）／オゾンホール（廣田道夫）／ヒ素試料（中井泉）／ラマン分光（浜口宏夫）／STM（梅澤喜夫・西野智昭）

太田猛彦・住 明正・池淵周一・田渕俊雄・
眞柄泰基・松尾友矩・大塚柳太郎編

水 の 事 典

18015-2 C3540　　　　A5判 576頁 本体20000円

水は様々な物質の中で最も身近で重要なものである。その多様な側面を様々な角度から解説する、学問的かつ実用的な情報を満載した初の総合事典。〔内容〕水と自然（水の性質・地球の水・大気の水・海洋の水・河川と湖沼・地下水・土壌と水・植物と水・生態系と水）／水と社会（水資源・農業と水・水産業・水と工業・都市と水システム・水と交通・水と災害・水質と汚染・水と環境保全・水と法制度）／水と人間（水と人体・水と健康・生活と水・文明と水）

山崎昌廣・坂本和義・関 邦博編

人 間 の 許 容 限 界 事 典

10191-1 C3540　　　　B5判 1032頁 本体38000円

人間の能力の限界について、生理学、心理学、運動学、生物学、物理学、化学、栄養学の7分野より図表を多用し解説（約140項目）。〔内容〕視覚／聴覚／骨／筋／体液／睡眠／時間知覚／識別／記憶／学習／ストレス／体罰／やる気／歩行／走行／潜水／バランス能力／寿命／疫病／体脂肪／進化／低圧／高圧／振動／風／紫外線／電磁波／居住スペース／照明／環境ホルモン／酸素／不活性ガス／大気汚染／喫煙／地球温暖化／ビタミン／アルコール／必須アミノ酸／ダイエット／他

前日赤看護大 山崎 昶監訳
森　幸恵・お茶の水大 宮本恵子訳

ペンギン 化 学 辞 典

14081-1 C3543　　　　A5判 664頁 本体6700円

定評あるペンギンの辞典シリーズの一冊"Chemistry(Third Edition)"(2003年)の完訳版。サイエンス系のすべての学生だけでなく、日常業務で化学用語に出会う社会人（翻訳家、特許関連者など）に理想的な情報源を供する。近年の生化学や固体化学、物理学の進展も反映。包括的かつコンパクトに8600項目を収録。特色は①全分野（原子吸光分析から両性イオンまで）を網羅、②元素、化合物その他の物質の簡潔な記載、③重要なプロセスも収載、④巻末に農薬一覧など付録を収録。

日本分析化学会編

機器分析の事典

14069-9 C3543　　A5判 360頁 本体12000円

今日の科学の発展に伴い測定機器や計測技術は高度化し，測定の対象も拡大，微細化している。こうした状況の中で，実験の目的や環境，試料に適した機器を選び利用するために測定機器に関する知識をもつことの重要性は非常に大きい。本書は理工学・医学・薬学・農学等の分野において実際の測定に用いる機器の構成，作動原理，得られる定性・定量情報，用途，応用例などを解説する。〔内容〕ICP-MS／イオンセンサー／走査電子顕微鏡／等速電気泳動装置／超臨界流体抽出装置／他

日本分析化学会編

分離分析化学事典（普及版）

14085-9 C3543　　A5判 488頁 本体14000円

分離，分析に関する事象や現象，方法などについて，約500項目にまとめ，五十音順配列で解説した中項目の事典。〔内容〕界面／電解質／イオン半径／緩衝液／水和／溶液／平衡定数／化学平衡／溶解度／分配比／沈殿／透析／クロマトグラフィー／前処理／表面分析／分光分析／ダイオキシン／質量分析計／吸着／固定相／ゾル-ゲル法／水／検量線／蒸留／インジェクター／カラム／検出器／標準物質／昇華／残留農薬／データ処理／電気泳動／脱気／電極／分離度／他

日本分析化学会高分子分析研究懇談会編

高分子分析ハンドブック
（CD-ROM付）

25252-1 C3558　　B5判 1268頁 本体50000円

様々な高分子材料の分析について，網羅的に詳しく解説した。分析の記述だけでなく，材料や応用製品等の「物」に関する説明もある点が，本書の大きな特徴の一つである。〔内容〕目的別分析ガイド（材質判定／イメージング／他），手法別測定技術（分光分析／質量分析／他），基礎材料（プラスチック／生ゴム／他），機能性材料（水溶性高分子／塗料／他），加工品（硬化樹脂／フィルム・合成紙／他），応用製品・応用分野（包装／食品／他），副資材（ワックス・オイル／炭素材料）

前京大 糸川嘉則編

ミネラルの事典

10183-6 C3540　　A5判 712頁 本体22000円

現代の多様な食生活の中で，ミネラルの重要性が認識されている。本書はミネラルの基礎から各種ミネラルの解説，ミネラルと疾患との関係まで，一冊にまとめた総合事典である。〔内容〕ミネラルの基礎（概念・歴史，分類，化学，分析法・定量法，必要量・中毒量）／ミネラル各論（主要ミネラル，必須微量元素，必須性が推定されているミネラル）／応用編（食事摂取基準，食品・飲料水とミネラル）／疾患とミネラル（骨，循環器，血液，肝臓，皮膚，味覚・免疫異常，他）

環境影響研 牧野国義・
昭和女大 佐野武仁・清泉女大 篠原厚子・
横浜国大 中井里史・内閣府 原沢英夫著

環境と健康の事典

18030-5 C3540　　A5判 576頁 本体14000円

環境悪化が人類の健康に及ぼす影響は世界的規模なものから，日常生活に密着したものまで多岐にわたっており，本書は原因等の背景から健康影響，対策まで平易に解説〔内容〕〔地球環境〕地球温暖化／オゾン層破壊／酸性雨／気象，異常気象〔国内環境〕大気環境／水環境，水資源／音と振動／廃棄物／ダイオキシン，内分泌撹乱化学物質／環境アセスメント／リスクコミュニケーション〔室内環境〕化学物質／アスベスト／微生物／電磁波／住まいの暖かさ，涼しさ／住まいと採光，照明，色彩

産総研 中西準子・産総研 蒲生昌志・産総研 岸本充生・
産総研 宮本健一編

環境リスクマネジメントハンドブック

18014-5 C3040　　A5判 596頁 本体18000円

今日の自然と人間社会がさらされている環境リスクをいかにして発見し，測定し，管理するか——多様なアプローチから最新の手法を用いて解説。〔内容〕人の健康影響／野生生物の異変／PRTR／発生源を見つける／*in vivo* 試験／QSAR／環境中濃度評価／曝露量評価／疫学調査／動物試験／発ガンリスク／健康影響指標／生態リスク評価／不確実性／等リスク原則／費用効果分析／自動車排ガス対策／ダイオキシン対策／経済的インセンティブ／環境会計／LCA／政策評価／他

日本トキシコロジー学会教育委員会編	トキシコロジスト認定試験出題基準に準拠した標準テキスト。2002年版を全面改訂した最新版。〔内容〕毒性学とは／発現機序／動態・代謝／リスクアセスメント／化学物質の有害作用／臓器毒性・毒性試験／環境毒性／臨床中毒／実験動物他
新版 トキシコロジー 34025-9 C3047　　B5判 408頁 本体10000円	
農工大 渡邉　泉・前農工大 久野勝治編 **環 境 毒 性 学** 40020-5 C3061　　A5判 264頁 本体4200円	環境汚染物質と環境毒性について，歴史的背景から説き起こし，実証例にポイントを置きつつ平易に解説した，総合的な入門書。〔内容〕酸性降下物／有機化合物／重金属類／生物濃縮／起源推定／毒性発現メカニズム／解毒・耐性機構／他
日本分析化学会編 入門分析化学シリーズ **分　離　分　析** 14565-6 C3343　　B5判 136頁 本体3800円	化学の基本ともいえる物質の分離について平易に解説。〔内容〕分離とは／化学平衡／反応速度／溶媒の物性と溶質・溶媒相互作用／汎用試薬／溶媒抽出法／イオン交換分離法／クロマトグラフィー／膜分離／起泡分離／吸着体による分離・濃縮
舟橋重信編　内田哲男・金　継業・竹中豊英・ 中村　基・山田眞吉・山田碩道・湯地昭夫他著 **定　量　分　析** ──基礎と応用── 14064-4 C3043　　A5判 184頁 本体2900円	分析化学の基礎的原理や理論を実験も入れながら平易に解説した。〔内容〕溶液内反応の基礎／酸塩基平衡と中和滴定／錯形成平衡とキレート滴定／沈殿生成平衡と重量分析・沈殿滴定／酸化還元反応と酸化還元滴定／溶媒抽出／分光分析／他
前名工大 津田孝雄・広島大 廣川　健編著 **機 器 分 析 化 学** 14067-5 C3043　　B5判 216頁 本体3800円	大学理工系の学部，高専で初めて機器分析を学ぶ学生のための教科書。〔内容〕分離／電磁波を用いた分離法／温度を用いた分析法／化学反応を利用した分析法／電子移動・イオン移動を伴う分析法／NMR／電子スピン共鳴法／表面計測／他
日本分析化学会編 **基 本 分 析 化 学** 14066-8 C3043　　B5判 216頁 本体3600円	理学・工学系，農学系，薬学系の学部学生を対象に，必要十分な内容を盛り込んだ標準的な教科書。〔内容〕分析化学の基礎／化学分析，分離と濃縮・電気泳動／機器分析，元素分析法・電気化学分析法・熱分析法・表面分析法／生物学的分析法／他
熊丸尚宏・河嶌拓治・田端正明・中野恵文編著 板橋英之・澤田　清・藤原照文・山田眞吉他著 **基礎からの分析化学** 14077-4 C3043　　B5判 160頁 本体3400円	豊富な例題をあげながら，基本的事項を実際的に学べるよう，わかりやすく解説した。〔内容〕化学反応と化学平衡／酸塩基平衡／錯形成平衡／酸化還元平衡／沈殿生成平衡／容量分析／重量分析／溶媒抽出法／イオン交換法／吸光光度法／他
理科大 中井　泉・物質・材料研究機構 泉富士夫編著 **粉末X線解析の実際**（第2版） 14082-8 C3043　　B5判 296頁 本体5800円	〔内容〕原理の理解／データの測定／データの読み方／データ解析の基礎知識／特殊な測定法と試料／結晶学の基礎／リートベルト法／RIETAN-FPの使い方／回折データの測定／MEMによる解析／粉末結晶構造解析／解析の実際／他
東京理科大学安全教育企画委員会編 **研究のためのセーフティサイエンスガイド** ──これだけは知っておこう── 10254-3 C3040　　B5判 176頁 本体2000円	本書は，主に化学・製薬・生物系実験における安全教育について，卒業研究開始を目前にした学部3～4年生，高専の学生を対象にわかりやすく解説した。事故例を紹介することで，読者に注意を喚起し，理解が深まるよう練習問題を掲載。
前日赤看護大 山崎　昶著 やさしい化学30講シリーズ1 **溶 液 と 濃 度 30 講** 14671-4 C3343　　A5判 176頁 本体2600円	化学，生命系学科において，今までわかりにくかったことが，本シリーズで納得・理解できる。〔内容〕溶液とは濃度とは／いろいろな濃度表現／モル，当量とは／溶液の調整／水素イオン濃度，pH／酸とアルカリ／Tea Time／他
前日赤看護大 山崎　昶著 やさしい化学30講シリーズ2 **酸 化 と 還 元 30 講** 14672-1 C3343　　A5判 164頁 本体2600円	大学でつまずきやすい化学の基礎をやさしく解説。各講末には楽しいコラムも掲載。〔内容〕「酸化」「還元」とは何か／電子のやりとり／酸化還元滴定／身近な酸化剤・還元剤／工業・化学・生命分野における酸化・還元反応／Tea Time／他
前日赤看護大 山崎　昶著 やさしい化学30講シリーズ3 **酸 と 塩 基 30 講** 14673-8 C3343　　A5判 148頁 本体2500円	大学でつまずきやすい化学の基礎をやさしく解説。各講末にはコラムも掲載。〔内容〕酸素・水素の発見／酸性食品とアルカリ性食品／アレニウスの酸と塩基の定義／ブレンステッド-ローリーの酸と塩基／ハメットの酸度関数／Tea Time／他

上記価格（税別）は 2014 年 1 月現在